工程机械手册

HANDBOOK OF CONSTRUCTION MACHINERY

CONCRETE PRODUCTS MACHINERY

混凝土制品机械

主编 张声军

副主编 郭文武 曹映辉 傅炳煌 成彬 王国利

清华大学出版社
北京

内 容 简 介

本书介绍了混凝土制品的主要成型原理、生产线设计以及常用混凝土制品机械结构原理、设计选型、使用及安全要求等内容。全书共分5篇，第1篇：总论，内容包括混凝土制品机械概论、混凝土制品种类及成型方法、混凝土制品生产线规划等内容；第2篇：混凝土制品成型设备及生产线，主要介绍小型混凝土制品成型设备、装配式预制混凝土构件（制品）生产线及设备、蒸压加气混凝土制品生产线及设备、预制混凝土管片生产线设备、混凝土制管生产设备、混凝土轨枕及轨道板生产线等；第3篇：混凝土制品生产通用设备，主要介绍预制混凝土制备设备、预制混凝土摊布设备、混凝土制品生产用输送设备、托板转运及清理设备、码垛机、小型混凝土制品成型机模具等；第4篇：混凝土制品深加工设备，内容包括劈裂机、水洗机、抛丸机、磨光机、切割机等通用设备；第5篇：混凝土制品生产线控制与企业信息化服务，介绍了混凝土制品生产线控制及企业信息化应用实例。

本书可供混凝土制品机械及混凝土制品设计、生产相关工程技术人员、管理人员使用，也可供大专院校混凝土制品及机械相关专业学生学习参考。

图书在版编目（CIP）数据

工程机械手册：混凝土制品机械 / 张声军主编.
北京：清华大学出版社，2024. 9. -- ISBN 978-7-302
-67132-9

Ⅰ. TH2-62；TU64-62

中国国家版本馆 CIP 数据核字第 2024JT7438 号

责任编辑：王　欣　赵从棉
封面设计：傅瑞学
责任校对：赵丽敏
责任印制：丛怀宇

出版发行：清华大学出版社
　　　　　网　　　址：https://www.tup.com.cn，https://www.wqxuetang.com
　　　　　地　　　址：北京清华大学学研大厦 A 座　　　邮　　编：100084
　　　　　社 总 机：010-83470000　　　　　　　　　邮　　购：010-62786544
　　　　　投稿与读者服务：010-62776969，c-service@tup.tsinghua.edu.cn
　　　　　质量反馈：010-62772015，zhiliang@tup.tsinghua.edu.cn
印 装 者：三河市东方印刷有限公司
经　　销：全国新华书店
开　　本：185mm×260mm　　　印　　张：31.25　　　插　　页：9　　　字　　数：845 千字
版　　次：2024 年 9 月第 1 版　　　　　　　　　　　印　　次：2024 年 9 月第 1 次印刷
定　　价：218.00 元

产品编号：086614-01

《工程机械手册》编写委员会名单

主　编　石来德　周贤彪

副主编　（按姓氏笔画排序）

丁玉兰　马培忠　卞永明　刘子金　刘自明

杨安国　张兆国　张声军　易新乾　黄兴华

葛世荣　覃为刚

编　委　（按姓氏笔画排序）

卜王辉　王　锐　王　衡　王永鼎　王国利

毛伟琦　孔凡华　史佩京　成　彬　毕　胜

刘广军　李　刚　李　青　李　明　安玉涛

吴启新　张　珂　张丕界　张旭东　周　崎

周治民　孟令鹏　赵红学　郝尚清　胡国庆

秦倩云　徐志强　徐克生　郭文武　黄海波

曹映辉　盛金良　程海鹰　傅炳煌　舒文华

谢正元　鲍久圣　薛　白　魏世丞　魏加志

《工程机械手册——混凝土制品机械》编委会名单

顾　问
　　　　陶有生　原国家建筑材料工业局
主　编
　　　　张声军　中国建筑科学研究院有限公司建筑机械化研究分院
常务副主编
　　　　郭文武　石家庄铁道大学
　　　　傅炳煌　福建泉工股份有限公司
　　　　王国利　天津金城晟景建材有限公司
责任副主编
　　　　曹映辉　西安银马实业发展有限公司
　　　　成　彬　西安建筑科技大学
编委
　　　　杨志涛　天津市新实丰液压机械股份有限公司
　　　　罗先云　成都金瑞建工机械有限公司
　　　　韩彦军　石家庄铁道大学
　　　　张淑凡　河北新大地机电制造有限公司
　　　　程庆军　山东森元重工科技有限公司
　　　　李仰水　福建鸿益机械有限公司
　　　　季成云　玛莎（天津）建材机械有限公司
　　　　刘　亮　托普维克（廊坊）建材机械有限公司
　　　　朱敏涛　上海建工建材科技集团股份有限公司
　　　　于海滨　德州海天机电科技有限公司
　　　　苏永定　福建盛达机器股份公司
　　　　仲波涛　海安时新机械制造有限公司
　　　　石小虎　北京建筑机械化研究院有限公司

曹国巍　中国建筑科学研究院有限公司建筑机械化研究分院
傅鑫源　福建泉工股份有限公司
胡　漪　西安银马实业发展有限公司
傅志昌　福建卓越鸿昌环保智能装备股份有限公司
张　健　福建技术师范学院
王　璁　天津市驰跃建设工程有限公司
李中河　中铁六局集团太原铁路建设有限公司

编写组

组长： 成　彬

成员： 张建超　曹映皓　傅国华　薄立军　白晓军　周　强
陈炜宁　周　磊　陈碧书　高晓初　梁　晓　申浩铭
王驰邈　王丽丽　王喜霞　钟　迦　孙　涛　罗富文
樊　琛　邓　磊　张松松　吕慧慧　关丁杰　景冰雪
苗　凯　黄诺金　赵彬兵　王井浩　冯勇平　韦　东
冯　锦　翟小东　马肖丽　汶　浩　王　谦　崔海波
谢彩毓　李彬荻　张梦昕　李　静　杨　健　曹东栋
曾友伦　陈亚东

总序

PREFACE

根据国家标准,我国的工程机械分为20个大类。工程机械在我国基础设施建设及城乡工业与民用建筑工程中发挥了很大作用,而且出口至全球200多个国家和地区。作为中国工程机械行业中的学术组织,中国工程机械学会组织相关高校、研究单位和工程机械企业的专家、学者和技术人员,共同编写了《工程机械手册》。首期10卷分别为《挖掘机械》《铲土运输机械》《工程起重机械》《混凝土机械与砂浆机械》《桩工机械》《路面与压实机械》《隧道机械》《环卫与环保机械》《港口机械》《基础件》。除港口机械外,已涵盖了标准中的12个大类,其中"气动工具""掘进机械"和"凿岩机械"合在《隧道机械》内,"压实机械"和"路面施工与养护机械"合在《路面与压实机械》内。在清华大学出版社出版后,获得用户广泛欢迎,斯普林格出版社购买了英文版权。

为了完整体现工程机械的全貌,经与出版社协商,决定继续根据工程机械型谱出齐其他机械对应的各卷,包括:《工业车辆》《混凝土制品机械》《钢筋及预应力机械》《电梯、自动扶梯和自动人行道》。在市政工程中,尚有不少小型机具,故此将"高空作业机械"和"装修机械"与之合并,同时考虑到我国各大中城市游乐设施亦很普遍,故也将其归并其中,出一卷《市政机械与游乐设施》。我国幅员辽阔,江河众多,改革开放后,在各大江大河及山间峡谷之上建设了很多大桥;与此同时,在建设了很多高速公路之外,还建设了很多高速铁路。不论是大桥还是高速铁路,都已经成为我国交通建设的

名片,在我国实施"一带一路"倡议及支持亚非拉建设中均有一定的地位,在这些建设中,出现了自有的独特专用装备,因此,专门列出《桥梁施工机械》《铁路机械》及相关的《重大工程施工技术与装备》。我国矿藏很多,东北、西北、沿海地区有大量石油天然气,山西、陕西、贵州有大量煤矿,铁矿和有色金属矿藏也不少,勘探、开采及输送均需发展矿山机械,其中不少是通用机械,在专用机械如矿井下作业面的开采机械、矿井支护、井下的输送设备及竖井提升设备等方面均有较大成就,故列出《矿山机械》一卷。农林机械在结构、组成、布局、运行等方面与工程机械均有相似之处,仅作业对象不一样,因此,在常用工程机械手册出版之后,再出一卷《农林牧渔机械》。工程机械使用环境恶劣,极易出现故障,维修工作较为突出;大型工程机械如盾构机,价格较贵,在一次地下工程完成后,需要转场,在新的施工现场重新装配建造,对重要的零部件也将实施再制造,因此专列一卷《维修与再制造》。一门以人为本的新兴交叉学科——人机工程学正在不断向工程机械领域渗透,因此增列一卷《人机工程学》。

上述各卷涉及面很广,虽撰写者均为相关领域的专家,但其撰写风格各异,有待出版后,在读者品读并提出意见的基础上,逐步完善。

石来德

2022 年 3 月

前 言

FOREWORD

混凝土制品机械是用于生产各类混凝土构件（制品）的机械设备或生产线。因其具有工业固废消纳的天然利废功能,此类设备是今天生态文明建设的重要支撑技术之一。我国混凝土制品机械产业起步于 20 世纪 50 年代,经历 70 余年的发展,基本建立了齐全的产业体系,满足了工程建设需要。尤其是近年来,混凝土制品机械行业发展迅速,在建筑工业化、新城镇、海绵城市、地下综合管廊建设以及固体废弃物综合利用等关键领域发挥了重要作用,其技术水平已逐步接近或达到国际先进水平,成套产品出口到多个国家。

混凝土制品机械体系庞大,并且一直处于不断丰富和发展之中,当前行业迫切需要一本全面、系统介绍混凝土制品机械的专业技术资料来指导设计、制造及应用。在中国工程机械学会组织下,在行业企业的大力支持下,编写组通过总结国内外混凝土制品机械研究、设计、制造、使用、管理等方面的经验及成果,整理了国内外混凝土制品机械及相关配套设备的先进技术,按照突出成套装备、兼顾辅助配套设备的原则,组织编写了《工程机械手册——混凝土制品机械》(以下简称《手册》)。

《手册》编委会由混凝土制品机械领域内知名专家学者组成,由中国建筑科学研究院有限公司张声军研究员担任主编,石家庄铁道大学郭文武教授、西安银马实业发展有限公司曹映辉董事长、福建泉工股份有限公司傅炳煌董事长、西安建筑科技大学成彬教授及天津金城晟景建材有限公司王国利高级工程师担任副主编。行业资深专家陶有生教授担任本书顾问。

《手册》介绍了混凝土制品成型原理、生产线设计以及主要混凝土制品机械结构原理、设计选型、使用及安全要求等内容,全书共分 5 篇,包括总论、混凝土制品成型设备及生产线、混凝土制品生产通用设备、混凝土制品深加工设备、混凝土制品生产线控制与企业信息化服务。

由于混凝土制品机械是材料与装备的技术工艺融合体,隐性技术较多,行业大量技术资料处于不公开状态,相关资料匮乏,《手册》大量内容的编撰需要从零开始,因此要编写这样一本工具书需要的行业资源支持、需要付出的工作量以及存在的困难是难以想象的,这也是迄今全球混凝土制品机械行业还无法得到这样一部专著的根本原因。但值得庆幸和感激的是,《手册》的编写得到了行业同仁的鼎力支持,他们提供的很多资料乃是首次公诸于众,充分展现了行业同仁的无私奉献精神。

《手册》编写与出版全过程是在中国工程机械学会的关心和指导下,在清华大学出版社的支持与协助下进行的,特别是中国工程机械学会《工程机械手册》丛书主编石来德先生给予了极大的关心,提出了许多宝贵意见,大大提升了《手册》整体水平。在编写过程中得到了行业企业、科研单位、相关高校和相关专家的大力支持和热忱帮助,在全体参编单位和作者的共同努力下,历经 5 年多的艰辛调研、收集、整理与编撰,《手册》最终得以问世。全书体系完整、技术严谨并具有很强的实用性与指导性,可为科研、设计、制造、应用、教学及培训等全产业链相关单位提供亟需且实用的工具书。在此,《手册》编委会谨向全体关心、支持

《手册》出版的各级领导及单位致以诚挚的敬意,向提供相关文献资料的单位及个人致以真诚的谢意,对《手册》的所有作者及参编单位表示衷心的感谢!

本书在编写过程中,为了全面、客观地反映混凝土制品机械的产品技术与发展,参考了国内外专家与学者的著述,引用了高校、科研院所的技术文献,以及企业与产品的资料,在此向相关责任人表示感谢。但由于混凝土制品机械行业涉及面广、门类品种繁杂,且以《手册》的形式整合出版尚属首次,加之编写时间较短及编者水平所限,错漏之处在所难免,恳请广大读者批评指正。

编　者

2022 年 6 月

目 录

CONTENTS

第5篇　混凝土制品生产线控制与企业信息化服务

第1篇

总　　论

第1章

混凝土制品机械概论

1.1 定义

混凝土制品机械（concrete product machinery）是指混凝土制品被应用于建筑或构筑物前，成型或硬化过程中所使用的机械设备或生产线装备。预制过程一般发生在制品车间或露天预制场内，采用制品机械加工生产并将制品运送到安装现场。对形体巨大的构件，如大型桥梁构件一般采用现场预制的方式，以避免尺寸超限造成运输不便。

1.2 分类

混凝土制品机械需要针对不同的混凝土制品生产工艺而设计制造，而制品的品种和成型原理各不相同，并且品种在不断扩充，导致制品机械品种繁多并不断发展，任何单一方式的分类都存在局限性。为此下面从几个不同的角度对混凝土制品机械进行分类，以适应不同的应用场景。

1. 按照生产过程分类

混凝土制品的生产包括混凝土制备、布料、成型、养护等基本过程，以及物料运输、物料储存、制品检验、成品包装、产品深加工等辅助过程。根据生产过程，可将混凝土制品机械分为混凝土制备设备、摊布设备（也称布料设备）、成型设备、输送设备、养护设备以及辅助

设备等。

1) 混凝土制备设备

混凝土制备设备是把水泥、砂石骨料、水和外加剂等按一定配合比称量并拌制成混凝土拌和料的设备。混凝土制备设备是在混凝土搅拌单机的基础上辅以配料和运输设备组合而成。现在，混凝土制备设备已成为预拌混凝土工厂、混凝土制品厂和大型土木工程施工现场的主要设备。典型的混凝土制备设备有立轴（盘式）搅拌机、立轴行星搅拌机、卧式搅拌机、螺带式搅拌机、混凝土制浆机、筒转式搅拌机等。

2) 摊布设备

摊布设备是将拌制好的混凝土分布或浇注到模板或模具内的设备，按照动力源可分为手动布料机、电动摊布机、液压摊布机；按照摊布装置可分为管道（螺旋输送）、皮带、进退式料斗布料机；按照摊布方式可以分为强制式摊布机和自落式摊布机等。

3) 成型设备

混凝土成型设备是指通过振动密实成型、离心脱水密实成型、真空吸水成型、挤压成型等一种或多种成型方法，将混凝土凝聚成型的设备，一般称为主机。对应不同成型方法的主机分别被称为振动式成型机、离心（管）机、真空吸水成型机、挤出机、压机等。浇注成型的过程依靠模具定型并硬化脱模，如加气混凝土或者塑膜制品的生产，其过程中不需要成型设

备,成型在模具内完成。

4) 输送设备

输送设备在制品生产中提供原材料、拌和料、中间产品、成品、废品以及生产过程需要的模具、栈板、托盘等生产辅助设备的运输,输送设备可以是独立单机,也可以是其他设备的一部分。

5) 养护设备

养护设备通过对温度和湿度等条件的改变,促进水泥发生反应而使制品硬化。制品行业常用的养护方式有自然养护、加温养护、加湿养护、常压蒸汽养护以及加压蒸汽养护,每种养护方式对应不同的设备。

6) 辅助设备

辅助设备是混凝土成型过程中除主要设备外,必须配备的辅助及起配合作用的设备。辅助设备包括物料输送、物料储存、制品深加工、制品检测及实验等设备。

2. 按照自动化程度分类

全部设备或其中几种设备组合在一起成为制品生产线,根据自动化程度的不同可分为自动化生产线和半自动化生产线。

3. 按照所产出产品进行分类

依据制品将制品机械分类,可清楚地建立对应关系,适合于制品行业人员选购设备。混凝土制品机械依产品分为以下几类:

(1) 小型混凝土制品生产线;

(2) 装配式预制混凝土构件(制品)生产线及设备;

(3) 蒸压加气混凝土生产线;

(4) 预制混凝土管片生产线设备;

(5) 混凝土制管生产设备;

(6) 混凝土轨枕及轨道板生产线;

(7) 其他混凝土制品生产设备,包括混凝土发泡制品设备、轻质混凝土制品设备、混凝土瓦挤出机、其他特殊用途混凝土制品设备等。

4. 按照主机设备或制品是否移动分类

上述小型混凝土制品成型机械中,按照主机设备是否移动可以分为固定式设备和移动式设备。

1.3　行业发展历程

我国混凝土制品机械经历了以下几个发展阶段。

1. 早期发展阶段

我国混凝土制品机械产业起步于新中国成立初期,伴随着混凝土制品工业的发展而发展。20 世纪 50 年代,在苏联"装配式钢筋混凝土"技术路线的影响下,通过艰苦的技术攻关与工业实践,培养了一大批行业专家,并建成了初具规模的生产工厂,其发展方向实际已经指向今天的"建筑工业化"概念,形成了大量有价值的技术成果。

2. 中期发展阶段

从 20 世纪 60 年代到 80 年代,经济建设缓慢,行业处于发展低迷期。从行业内部看,建筑技术及工业基础条件相对落后使得许多问题得不到解决。这一时期混凝土制品机械技术成果相对较少。

3. 高速发展阶段

从 20 世纪 90 年代起,随着市场经济的发展和建设规模的扩大,节能环保等问题也日益突出,代表着可持续发展方向的混凝土制品和制品机械行业又悄然起步,曾经存在的问题随着工业水平和建筑技术的发展逐步解决,并在政府政策的引导下进入高速发展时期。

1.4　行业发展现状及趋势

据不完全统计,截至 2020 年全国各种混凝土制品机械设备主机生产企业总计有 530 余家(小微企业未计入),其中制品机械(振动式)生产企业 230 余家,轻质混凝土制品设备(含加气混凝土与发泡混凝土)生产厂家 150 余家,制瓦设备生产企业 40 余家,混凝土制管(桩、杆)设备生产企业 50 余家,预制混凝土制品设备(含墙板、楼板与楼梯设备)生产企业 60 余家。共有小型混凝土制品成型机模具、产品输送托板,以及制品机械检测、科研等专业相关企业 100 余家。

（1）预制混凝土（PC）建筑制品生产设备。目前国家强制推动建筑工业化发展,预制混凝土（PC）建筑制品生产设备发展较为迅速。三一重工、河北新大地、德州海天机电、河北雪龙机械、鞍重股份等多家企业纷纷进入该行业,EBAVE、ELEMATIC、AVERMANN等品牌也全面进入中国。

（2）小型混凝土制品机械。近年来,混凝土砌块在建筑工程中的应用逐步减少,小型混凝土制品主要用于城镇市政建设领域,其主要产品为路面砖、海绵城市建设透水砖、水工砖、景观混凝土制品等。

（3）混凝土管桩机械。由于南水北调等重大水利工程以及一大批基础设施启动,给混凝土管桩生产设备创造了一定的需求空间。

（4）其他相关制品机械。其他混凝土制品机械主要包括大型桥梁预制构件生产设备、小型混凝土制品模具、托板、搅拌机以及混凝土制品深加工设备等。

从发展趋势来看,我国混凝土制品机械具有以下特点：

（1）整体技术与制造水平不断提高,自动化、智能化、物联概念等技术应用日益广泛。

随着基础工业的发展,混凝土制品机械装备整体技术与制造水平显著提高,自动化和大型化装备逐步取代单机和半自动生产线,并继续朝着智能化、信息化方向发展,大大缩短了与国际水平的差距,并且由于大型企业的介入,整体提高了制品机械行业的发展水平。经过多年的技术完善与进步,行业产品质量水平大幅提升,智能化技术在生产中广泛应用,企业产品出口比例逐年增加,尤其在东南亚、俄罗斯等地区较受欢迎。

（2）安全环保意识继续加强。

《混凝土制品机械 砌块成型机安全要求》（GB/T 36515—2018）国家标准发布,行业企业尤其是生产线类产品的安全性在"十三五"期间得到了大幅提高,用户日益接受安全系统配置,缩小了与国际先进水平的差距。

用户日益关注设备振动噪声问题,在建筑工业化国家"十三五"重点研发专项计划中,纳入了振动降噪问题专题研究,越来越多的行业用户要求加装专用隔音房等降噪设施。

（3）国际化步伐进一步加快。

行业企业技术与市场能力显著提升,国际化步伐进一步加快。截至2020年,福建泉州地区部分企业出口销售额占比超过70%;2014年,福建泉工股份有限公司成功并购德国策尼特（Zenith）,被工业和信息化部评为行业单项冠军;山东德州海天机电有限公司等企业布局国际市场,聘请外籍专家,成立欧洲研发中心。

（4）建材与设备一体化发展,新材料技术推动新设备发展。

（5）出现联盟式发展模式,尤其是建筑废弃物处理行业。

第2章

混凝土制品种类及成型方法

2.1 混凝土制品的种类

混凝土制品一般按用途及产品外形分类，如表 2-1 所示。

表 2-1 混凝土制品分类

分类方法		用途
按用途分类	基础设施制品类	市政公用工程(如城市道路、广场、市政桥梁、市政给排水管道(管渠)和构筑物、园林景观、城市防洪工程等)、公路工程、铁路与轨道交通工程、港口与航道工程、水利工程、电力工程、农林工程等所用制品
	建筑制品类	房屋建筑工程制品(如柱、梁、楼板、墙板、屋面板、屋架、楼梯板、阳台板等结构构件，栏杆、雨篷、空调板、排气道、砖、小型混凝土制品、挂板等建筑制品)；建筑工程基础制品、铁道桥梁工程基础制品、其他工程基础制品
	装饰制品类	彩色混凝土劈裂砌块、彩色混凝土挂板、彩色水泥瓦、园艺及仿真混凝土制品、仿石装饰制品、混凝土雕塑制品等
按产品外形分类		可分为块材(砖、瓦等)、板材(楼板、墙板、路面板等)、条杆状制品(梁、柱、桩、电杆、轨枕等)、管状制品(给排水管、隧道管片等)、不规则制品(屋架、防浪块、管廊等)

2.2 混凝土制品成型方法

2.2.1 主要成型原理

1. 振动密实成型工艺原理

1) 混凝土拌和料的流动性

(1) 黏附力与内聚力

混凝土拌和料与干砂等不同，它有保持本身形状的能力，具有一定强度。如图 2-1 所示，物体 A 在 B 的表面开始滑动时，如果两物体之间不存在附着力，则物体 A 在 B 面上所产生的剪应力 τ 与垂直应力 p 之间满足库仑定律。

$$\tau = \mu p = p \tan\varphi \tag{2-1}$$

式中，μ 为摩擦系数；φ 为摩擦角。

假定两物体之间存在附着力，则 τ 和 p 的关系为

$$\tau = \tau_y + p \tan\varphi \tag{2-2}$$

式中，τ_y 为垂直应力 p 等于零时的抗剪力，或

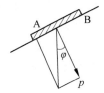

图 2-1 黏附力、内聚力示意图

称作黏附力。

从外部所加的垂直应力 p 即使等于零，物体 A 和 B 之间也存在内在的垂直应力 p'，那么，可以认为黏附力也就是由此而产生的抗剪力。即

$$\tau_y = p' \tan\varphi \qquad (2\text{-}3)$$
$$\tau = (p + p') \tan\varphi \qquad (2\text{-}4)$$

混凝土拌和料的黏附力和内聚力一般可由直接剪切试验求得，如图 2-2 所示。

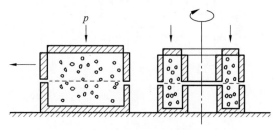

图 2-2 剪切变形示意图

把试料装入上下分成两段的容器内，在一定的垂直应力 p 下，向水平方向剪切，测定此时的最大剪应力，试验中可改变垂直应力的大小，在图上辅以垂直线，求出 p 与 τ 的数值。

（2）刚性模量与抗剪强度

在剪应力 τ 的作用下，弹性体发生角度为 α 的变形，其剪应变为

$$\gamma = \tan\alpha = \Delta x / y \qquad (2\text{-}5)$$

剪应力与剪应变成正比，即有 $\tau/\gamma = G$，G 称为刚性模量或抗剪弹性模量。由图 2-3 可知，在剪切变形中，不发生体积变化。

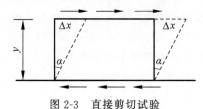

图 2-3 直接剪切试验

对混凝土拌和料施加的剪应力小于抗剪强度时，混凝土发生弹性变形。其弹性变形值可根据同轴旋转式圆筒测黏度的原理，通过测定旋转角与扭力之间的关系求得。剪应力小时，剪应力 τ 与剪应变 γ 呈直线关系。直线的斜率即刚性模量 G，最大剪应力就是黏附力 τ_y。如果施加比黏附力还大的剪应力，那么砂浆或混凝土将开始流动，在流变学中把 τ_y 称为屈服值。

2）混凝土的流动特性

图 2-4 示出了水泥浆及灌注用的水泥砂浆的 ω-T 曲线与甘油（代表牛顿液体）的 ω-T 曲线的比较，显示了水泥砂浆作为宾汉姆体的流动特性。

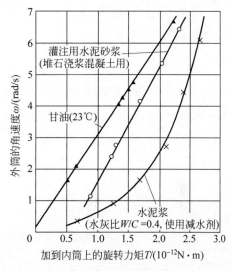

图 2-4 水泥浆与灌注用水泥砂浆的 ω-T 曲线

由图 2-4 可见，甘油的黏度系数虽大，但其屈服值（即极限剪应力）为 0。如把容器倒置时，经过长时间后甘油将全部流尽。但是水泥砂浆或混凝土则不同，这是由于混凝土材料具有屈服值 τ_y，如果剪应力小于 τ_y，则混凝土就停止流动。

3）拌和料极限剪应力及塑性黏度的确定方法

混凝土拌和料的极限剪应力及塑性黏度的确定方法，是将塑性状态的水泥砂浆或混凝土看成宾汉姆体（见图 2-5），所以流动特性可以用极限剪应力 τ_y 及塑性黏度 η_p 表示，其数

值可通过使用旋转式黏度计试验测得的 ω、T 值求得。

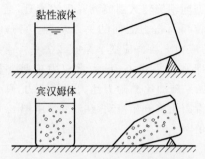

黏性液体

宾汉姆体

图 2-5 黏性液体和宾汉姆体的特性

试验时若全部试料在流动状态下，那么 ω-T 关系式为

$$\omega = \frac{T}{4\pi\eta_p L}\left(\frac{1}{R_1^2} - \frac{1}{R_2^2}\right) - \frac{\tau_y}{\eta_p}\ln\frac{R_1}{R_2} \quad (2\text{-}6)$$

此时，内筒表面剪应力值为

$$\tau_1 = \frac{T}{2\pi R_1^2 L} \quad (2\text{-}7)$$

代入式(2-6)，并设内外圆筒半径比 $R_2/R_1 = a$，整理后得

$$\frac{2\omega}{1 - \frac{1}{a^2}} = \frac{\tau_1}{\eta_p} - \frac{2\tau_y}{\left(1 - \frac{1}{a^2}\right)\eta_p}\ln a \quad (2\text{-}8)$$

以 $v = \dfrac{2\omega}{1 - \dfrac{1}{a^2}}$ 为纵轴、$\tau_1 = \dfrac{T}{2\pi R_1^2 L}$ 为横轴，画出

v-τ_1 关系直线，由式(2-8)可知，该直线的斜率 k 为 $1/\eta_p$，故可由直线直接求得 η_p 值，极限剪应力是 v-τ_1 直线与 τ_1 轴的交点，以 $(\tau_1)_{v=0}$ 表示，故极限剪应力值 τ_y 可用下式计算：

$$\tau_y = \frac{1}{2\ln a}\left(1 - \frac{1}{a^2}\right)[\tau_1]_{v=0} \quad (2\text{-}9)$$

图 2-6 所示为由图 2-4 中灌注水泥砂浆的 ω-T 试验结果和试验用黏度计的各项尺寸（$R_1 = 2.79$ m，$R_2 = 3.81$ m，$L = 14.5$ m）求得的 v-τ_1 直线，由直线斜率 $k = 1.1$，$(\tau_1)_{v=0} = 8.3$ Pa 求得水泥砂浆的塑性黏度和极限剪应力值 $\eta_p = 0.91$ Pa·s，$\tau_y = 6.09$ Pa。

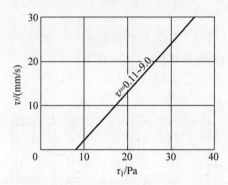

图 2-6 由 ω-T 关系求出的 v-τ_1 直线

表 2-2 所示为 ω-T 的测定结果与 τ_1、v 的计算结果。

表 2-2 ω-T 的测定结果与 τ_1、v 的计算结果

$\omega/(\text{rad/s})$	1.23	2.02	2.44	3.44	4.31	6.08
$T/(10^{-12}\ \text{N·m})$	0.92	1.17	1.24	1.55	1.80	2.24
$\tau_1 = \dfrac{T}{2\pi R_1^2 L}$	130	165	175	219	254	316
$v/(\text{mm/s})$	5.30	8.71	10.52	14.83	18.58	26.20

2. 混凝土拌和料的振动密实成型原理

振动密实成型的混凝土拌和料，在搅拌后不久，此时水泥的水化反应尚处于初期，生成的凝胶还不丰富，拌和料内主要是堆积的粗细不匀的固体颗粒，其处于静止状态，如加以振动，拌和料就开始流动。其原因在于：

（1）胶体粒子扩散层中的弱结合水由于受到荷电粒子的作用而吸附于胶体粒子的表面，当受到外力的干扰时（如振动作用、搅拌作用），这部分水解吸变成自由水，使拌和料呈现塑性性质，即发生触变作用，使胶体由凝胶转变为溶胶。

（2）微管压力造成颗粒间黏结力破坏。在拌和料中存在大量连通的微小孔隙，从而组成错综复杂的微小通道，由于部分自由水的存在，在孔隙的水和空气的分界面上就产生表面张力，从而使粒子互相靠近，形成一定的结构强度，也即产生了颗粒间的黏结力。在振动作用下，颗粒的接触点松开，破坏了微小通道，释放出部分自由水，从而破坏了颗粒间的黏结力，使拌和料易于流动。

（3）颗粒间机械啮合力的破坏。由于拌和料中颗粒粒子直接接触，其机械啮合力极大，内阻大大加强，在振动所做的功的作用下，颗粒的接触点互相松开，从而大大降低了内阻，使拌和料易于流动，见图 2-7。

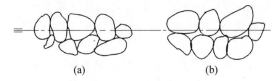

图 2-7　受振与未受振时颗粒的啮合情况

（a）未受振时内阻大，不易流动；（b）受振时接触点松开，易流动

由于上述原因，振动作用实质上是使拌和料的内阻大大降低，释放出部分扩散层水及自由水，从而使拌和料部分完全液化。

经搅拌以后的混凝土拌和料，由于混入大量空气，结构是松散的，有时是不连续的。在振动液化过程中，固相颗粒由于拌和料结构黏度的减小，在重力作用下纷纷下落并趋于最适宜的稳定位置，水泥砂浆填实于大尺寸固相颗粒的空隙中，而水泥净浆则填充于砂子颗粒间的空隙。并且，由于密度不同，原来存在于拌和料中的大部分空气排出，使原来的堆聚结构变密实。但是必须指出，在振动过程中，拌和料不断排出部分气体，而同时也吸入部分气体，但总的结果是排出多于吸入，使混凝土密实性不断提高。

混凝土拌和料的振动液化效率，用其液化后所具有的结构黏度来衡量。无振动作用时，拌和料基本上是宾汉姆体，即

$$\tau = \tau_0 + \eta \frac{\mathrm{d}v}{\mathrm{d}y} \qquad (2\text{-}10)$$

根据试验结果可知，拌和料的极限剪应力在某个极限速度以下为速度的函数，逾此则极限剪应力急剧下降并趋于零，如图 2-8 所示。也即有

$$\tau_0 = f(v), \quad v < v_{极限} \qquad (2\text{-}11)$$

$$\tau_0 = K \approx 0, \quad v \geqslant v_{极限} \qquad (2\text{-}12)$$

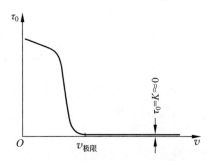

图 2-8　极限剪应力与速度的关系

由此可见，当混凝土拌和料内某点颗粒的实际运动速度大于 $v_{极限}$ 时，则此点就可认为完全被液化，当拌和料大部分颗粒的运动速度都大于 $v_{极限}$ 时，则整个拌和料接近于完全液化。拌和料的 $v_{极限}$ 主要取决于振动器的振动频率和振幅，并与水泥的品种、细度、水灰比、集料的表面性质、级配及粒度、介质的温度有关。根据杰索夫的试验资料，在一般情况下，硅酸盐水泥混凝土拌和料在不同振动频率时，颗粒的实际振动极限速度及相应的极限振幅与振动加速度应不低于表 2-3 所列的数值，否则拌和料不会液化，从而不能达到理想的振实效果。

表 2-3　混凝土拌和料的振动极限速度、振幅和加速度

振动频率 /（次/min）	极限振幅 /cm	极限速度 /（cm/s）	极限加速度 /（cm/s²）
1500	0.037	5.5	8.3
3000	0.014	3.3	10.0
4500	0.006	2.8	12.6
6000	0.004	2.5	15.0

必须指出的是，混凝土拌和料颗粒的实际振动速度并不等于振动设备的振动速度。这是由于：第一，振动波在拌和料中的传播有所衰减，靠近振源的振动波最强（振幅最大），远

离的逐渐减弱,直至消失。因此靠近振源的颗粒振动速度最大,远离的逐渐减小。第二,如果没有把模型和振动设备联结成为一个整体,则二者的振动频率就可能不一致。第三,拌和料内的颗粒大小不一致,大小不同的颗粒实际振动速度不一样,一般只是根据颗粒大小的某一平均值来选择频率和振幅的最佳值。第四,其他的干涉和减振因素。因此,混凝土拌和料的振动密实成型是一个极其复杂的问题,许多实际问题还只能依靠试验来解决。

3. 振动波的传播、衰减与振动器的有效作用范围

1) 振动波在混凝土拌和料中的传播

为正确估计各种振动设备(插入式、表面式、附着式振动器和振动台)的有效作用范围,必须首先掌握振动波在拌和料中的传播规律。试验表明,振动波的传播规律与地震波在土壤中的传播规律的性质相类似,本质上都是在半连续介质中弹性波的传播。弹性波在半连续介质中的衰减要比在连续介质中快得多。

设在半连续介质中有一点波源(振源),此点发生上下、左右、前后的振动。介质中的质点(微粒)挤满振源周围,将来自振源的冲击力传给相邻的粒子,并依次向各方传播出去,使之发生振动。波源的振动在介质中产生横波与纵波,并传播于波源四周介质中,成为容积波。此外,介质表面是介质与四周空间的分界面,介质与空气接触,这些粒子移动时受到的阻力比内部的粒子受到的阻力要小些,因此在波源附近的介质表面上还产生一种特别的沿表面传播的表面波。不在分界面上的粒子也由于表面波而发生振动,但此种振动很快随距波源距离的增大而减小,以致消失。

当波源振动所产生的每个波以一定的速度独立地传播时,波阵面的位置不断发生变化。所谓波阵面,是指从振源发出的振动波,经过同一传播时间达到各相位相同点所组成的面。容积波的波阵面是以波源为中心的同心球面,当波源在离介质表面不深的位置时,这个球面即被表面的平面所切割。表面波的波阵面为一种下部逐渐消失的同心环状面。

若将表面波沿半径两旁截取范围不大的宽度,则在此范围内的波可视为平面波,它的波阵面是与传播方向正交的、下部逐渐消失的相互平行的平面。

插入式振动器的振动情况,理论上可视作沿插入部分表面上每个点都是波源,而且插入深度不大。因此,在这种情况下波动的主导性质是表面波的性质。振动台施加于拌和料上的振动,是源自介质底面的振动。理论上的波源是该接触面上的无数点,每点所产生的各个波的波面只是半球面,但因波源是无数的,根据惠更斯原理,波群在横向相互干扰或抵消,只向一个方向自由传播(振动台向上传播,表面振动器向下传播),该波群的波阵面应是与接触面平行的平面。附着式振动器是直接振动模板,通过模壁振动拌和料,振动波的传播也属于平面波的性质。

因此,对于在混凝土制品生产中所遇到的拌和料的振动问题,由于介质(拌和料)是有限的,波源是无限的(理论上说),振动波的传播问题一般均可作为表面波或平面波处理,这样不但简化了计算,而且也与实际结果相符。

2) 振动波衰减的一般规律

振动波在弹性介质(混凝土拌和料)中传播,沿途消耗了大量的能量,其变化规律与地震波在土壤中传播相似。杰索夫根据戈里青地震波在土壤中传播的基本假设,求得振动波在拌和料中衰减的一般规律。

以表面波为例,波源为圆,波阵面为环状面。设 w 为距波源 r 的环状面上通过每单位环周长度在单位时间内所传播的振动能量。如振动能量在传播途中没有损耗,则由于波阵面的逐渐扩大,单位环周上的能量亦必然逐渐减少,当距离 r 增大到 $r+\mathrm{d}r$ 时,此能量将降为 w',则

$$w' = \frac{r}{r+\mathrm{d}r}w \qquad (2\text{-}13)$$

由于振动波在传播途中受到混凝土拌和料的阻尼作用,能量的损耗量与传播层的厚度 $\mathrm{d}r$ 及波阵面 r 处的能量 w 成正比,即等于 $\beta w \mathrm{d}r$,其中 β 为能量损耗系数,或称振动衰减

系数。因此当环状波阵面的半径由 r 扩大至 $r+\mathrm{d}r$ 时,单位环周上在单位时间内传播的能量的增量应为

$$\mathrm{d}w = -\beta w\mathrm{d}r - \left(w - \frac{r}{r+\mathrm{d}r}w\right) \quad (2\text{-}14)$$

式(2-14)中 $\frac{r}{r+\mathrm{d}r}$ 的近似值可用 $\frac{r-\mathrm{d}r}{r}$ 来代替,使之可以积分,则式(2-14)简化为

$$\frac{\mathrm{d}w}{w} = -\beta\mathrm{d}r - \frac{\mathrm{d}r}{r} \quad (2\text{-}15)$$

解上述微分方程,得波阵面 r 单位环周上在单位时间内传播的能量:

$$w = \frac{c}{r} \cdot \mathrm{e}^{-\beta r} \quad (2\text{-}16)$$

式中 c 为积分常数,可由边界条件求得。令 W_2 为单位时间内传播到半径为 r 的环状波阵面上的总能量,利用式(2-16)得

$$W_2 = 2\pi r w = 2\pi c\,\mathrm{e}^{-\beta r} \quad (2\text{-}17)$$

当半径 $r=0$ 时, $W_2 = W_0$ (振源的总能量),故有

$$c = \frac{W_0}{2\pi} \quad (2\text{-}18)$$

代入式(2-17)得

$$W_2 = W_0\,\mathrm{e}^{-\beta r} \quad (2\text{-}19)$$

此式即为振动能在混凝土中传播衰减的规律。β 与振动频率及拌和料成分有关,如 r 的单位为 cm,则 β 的单位为 $1/\mathrm{cm}$。

若将所讨论的环状波阵面(半径为 r)处的振动视作单自由度的黏阻强迫振动体系,则单位时间内传到该处的能量为

$$w = \frac{F}{2}A^2\omega^2 \quad (2\text{-}20)$$

式中,A 为所讨论波阵面处的振幅;ω 为圆频率;F 为介质黏阻系数。

将式(2-20)代入式(2-16),即得振幅衰减的一般规律

$$A = \frac{1}{\omega}\sqrt{\frac{2c}{Fr}}\,\mathrm{e}^{-\frac{\beta r}{2}} \quad (2\text{-}21)$$

必须指出的是,振动波在混凝土拌和料中的传播情况很复杂,除了前面所讨论的情况,尚有干涉、反射、折射等影响,但在有限介质中精确地考虑这些问题是困难的,一般将这些影响合并在简单的传播过程中,最后用实测的方法求其总的主导性质。事实证明,这种处理方法对于解决混凝土制品生产工艺中的振动问题一般是正确的。

3) 振动器的有效作用范围

混凝土拌和料的振动液化是由于其中的颗粒达到某一极限速度,而颗粒的振动速度又与其强迫振动的振幅成正比。在靠近振动器处的颗粒,其振幅即为振动器的振幅;但远离振动器的颗粒,由于拌和料阻尼的存在,其振幅为经衰减后的振幅,当振幅小于某个极限值时,拌和料就不能液化,振动效果则不佳。

(1) 插入式振动器的有效作用半径

插入式振动器的有效作用半径可直接应用上述振动波衰减的一般规律来求,因此在其工作时振动波基本上是以其轴为中心线向四周传播的表面波。如图 2-9 所示,插入式振动器的插入部分本身有一半径 r_1,与之接触的混凝土拌和料的振幅即振动器在拌和料中的振幅为 A_1,在任意波阵面半径处的振幅为 A_2,它们可通过式(2-21)求得,即有

$$\frac{A_2}{A_1} = \frac{\dfrac{1}{\omega_2}\sqrt{\dfrac{2c_2}{F_2 r_2}}\,\mathrm{e}^{-\frac{\beta}{2}r_2}}{\dfrac{1}{\omega_1}\sqrt{\dfrac{2c_1}{F_1 r_1}}\,\mathrm{e}^{-\frac{\beta}{2}r_1}} \quad (2\text{-}22)$$

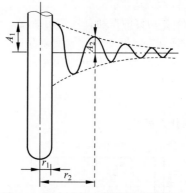

图 2-9 插入式振动器振幅在混凝土
拌和料中的衰减示意图

在强迫振动中,$\omega_1 = \omega_2$,又假定 $c_1 = c_2$,$F_1 = F_2$,则上式简化为

$$\frac{A_2}{A_1} = \sqrt{\frac{r_1}{r_2}}\,\mathrm{e}^{-\frac{\beta}{2}(r_2 - r_1)} \quad (2\text{-}23)$$

通过测定 A_1 及 A_2，可由上式求得衰减系数 β 值，若已知一般混凝土拌和料的 β 值，可由上式算出其有效作用半径 $r_0(r_2)$，此处混凝土拌和料的振幅应不低于表 2-4 中所列的数值。A_1 值可通过试验测定。

由试验得出，衰减系数取决于混凝土拌和料的结构黏度与振动频率。表 2-4 中所示为 β 值的估算值。

表 2-4　衰减系数 β 值　　单位：cm^{-1}

振动频率/(次/min)	硅酸盐水泥混凝土坍落度/cm			火山灰水泥混凝土坍落度/cm
	0~1	2~4	4~6	4~6
3000	0.13	0.10	0.07	0.19
4500	0.12	0.09	0.06	0.16
6000	0.11	0.08	0.05	0.12

由表 2-4 所列数据可知，高频率振动一般比低频率振动衰减得慢，但频率超过某一限度后，衰减反而加速。结构黏度愈大，衰减愈快。当振动器开始作用时，拌和料尚未完全液化，结构黏度甚大，因此 β 值亦大，有效作用半径 r_0 值较小，待振动延续一些时间后，β 值逐渐下降而趋于稳定，r_0 值也相应上升并趋于稳定。干硬性混凝土拌和料的 β 值比塑性混凝土拌和料的值更大，有时甚至需要采用振动加压的方法进行密实成型。

（2）振动台的振动有效作用高度

在垂直定向振动台上成型制品时，一般模型固定在振动台上（见图 2-10）。波动能量的衰减规律为

$$dw = -\beta w\, dx \qquad (2-24)$$

解此微分方程得

$$w = -c e^{-\beta x} \qquad (2-25)$$

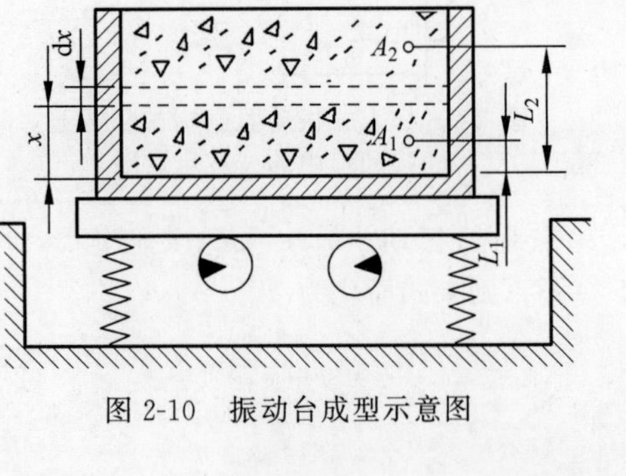

图 2-10　振动台成型示意图

设距振动台面 h_1 和 h_2 高处的能量分别为 W_1 和 W_2，则

$$W_1 = c e^{-\beta h_1}$$

$$W_2 = c e^{-\beta h_2}$$

$$\frac{W_2}{W_1} = e^{-\beta(h_2-h_1)} \qquad (2-26)$$

又设 h_1 和 h_2 高处的振幅分别为 A_1 和 A_2，根据式（2-26）得

$$W_1 = \frac{1}{2} F A_1^2 \omega^2$$

$$W_2 = \frac{1}{2} F A_2^2 \omega^2$$

$$\frac{W_2}{W_1} = \frac{A_2^2}{A_1^2}$$

故

$$\frac{A_2}{A_1} = e^{-\frac{\beta}{2}(h_2-h_1)}$$

设振动台的振动有效高度为 h，则 $h = h_2$，A_1 为振动台面满载时模型底部的平均振幅，则 $h_1 = 0$，故有

$$A_2 = A_1 e^{-\frac{\beta}{2}h} \qquad (2-27)$$

或

$$A_1 = A_2 e^{\frac{\beta}{2}h} \qquad (2-28)$$

由上式可知，如 A_1 一定，则制品在振动台上所能振实的厚度 h 也一定，逾此以外的部分均难以振实，故必须辅以其他措施。

（3）表面振动器的有效作用深度

表面振动器的工作情况与振动台不同。首先，振动器在拌和料上表面振动，这就要求表面振动器与所振的拌和料之间必须有足够的黏着力，这样拌和料才能随振动器的振动而密实。如果附着力太小或由于振动力（偏心块离心力）过大而破坏振动器与拌和料之间的黏结，则当振动器向上运动时，拌和料与之相脱离，向下运动时又与拌和料相接触，这样拌和料所受的不是振动，而是"捣击"，拌和料不会很好液化，致使密实的效果显著降低。其次，在黏着力未受破坏的情况下，与振动器黏结一起振动的拌和料层的厚度随时间的延续而增加（由于拌和料逐渐振实，颗粒相互黏着而成

整体），振动器本身的振幅随振动延续时间的增加而减小。振动板下各层拌和料的振幅，开始时由于黏着力未建立而较小，振动一段时间后，达到最大，随后又下降，最后渐趋稳定，如图2-11所示。由于拌和料对振动器振板的回弹力是个不定值，而使问题变得更复杂。鉴于上述特点，不能应用振动台有效作用高度的公式来计算表面振动器的有效作用深度。

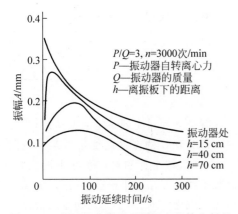

图2-11　表面振动器及不同深度的拌和料的振幅与振动延续时间的关系

影响表面振动器有效作用深度的主要参数有振动器本身的质量、振动板面积、偏心块的离心力、振动频率以及拌和料的性质（主要是用水量）等。

当表面振动器的振动板面积 S 及拌和料体积密度 ρ 已知时，则可根据下式近似计算表面振动器有效作用深度 h，即

$$h = \frac{m}{\rho S} \qquad (2\text{-}29)$$

式中，m 为被振实混凝土拌和料层的质量，可按下式计算

$$m = \frac{m_0 l}{A_1} - Q \qquad (2\text{-}30)$$

式中，m_0 为偏心块质量；l 为偏心距；Q 为振动器的质量；A_1 为振动器与拌和料一起振动时的最终振幅，不应低于表2-3中的数值。

（4）附着式振动器的有效作用范围

附着式振动器的工作特点在于它是直接振动模板，间接振动拌和料。其有效作用范围取决于振动器的功率和模板的刚度。在生产

实际中，不同的条件对其振动波的传播影响极大。其有效作用范围无法用简单的公式表示，只能经实测确定。

图2-12表示在断面40 cm×40 cm、高为4 m的模型中浇灌混凝土拌和料时利用附着式振动器（装于侧模距离底部80 cm处）振动的振幅实测情况。整个模型及其中拌和料成为传播振动的介质，振幅向上端衰减。由于振动器的频率约为46.6 Hz，按表2-3中的规定，欲使拌和料液化，最小振幅应为0.14 mm，则图2-12中2R一段即为该振动器的有效作用范围，由于拌和料逐渐被振实，其有效作用范围随着振动时间的延续而增大。

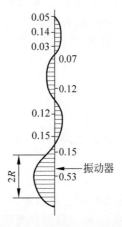

图2-12　附着式振动器在竖直侧模上振动时的振幅分布示例图（单位：mm）

4．振动参数和振动幅度

振动参数包括振动频率、振幅、振动速度、振动加速度、振动烈度及振动延续时间等。为了获得良好的振动效果，必须了解振动参数对混凝土密实度的影响，从而合理地选择这些参数。

1）振动频率和振幅

振动频率和振幅是振动的两个基本参数。对于一定的混凝土拌和料，振幅和频率的数值应该选得互相能协调，使颗粒振动衰减小，并在振动过程中不致出现静止状态。振幅与拌和料的颗粒大小及和易性有关，振幅过大或过小都会降低振动效果。振幅偏小，粗颗粒不起振，拌和料不足以振实；振幅偏大，则易使振动

转化为跳跃捣击,而不再是谐振运动,这样不但使振动效率降低并延长了振动时间,而且使拌和料呈现分层现象,跳跃过程使拌和料吸入大量空气,降低混凝土密实度。通常振幅取值为：流动性拌和料取 0.1～0.4 mm,干硬性拌和料可适当提高。

实验表明,对于表面振动器,当振动速度或振动加速度一定时,宜采用大振幅。这是由于振动波向下传播比向其他方面传播时振幅衰减得快,为了增加有效作用深度,增大振幅较为有利。但振幅一般不宜大于 0.5 mm,否则平板将脱离混凝土表面,变成捣击,这样会使振动效果及作用深度下降。

强迫振动的频率如果接近拌和料的固有效率,则产生共振,此时衰减最小,振幅可达最大。根据这个原理,可确定合适的频率。荷尔密特(R. L. Hermite)研究得出固有频率 n_0 与粒径 d_0 的关系为

$$n_0 = \sqrt{\frac{K}{d_0}} \qquad (2\text{-}31)$$

式中,K 为一常数,一般为 7×10^6,则

$$d_0 = \frac{K}{n_0^2} = \frac{7 \times 10^6}{n_0^2}$$

固体拌和料中颗粒粒级极多,不可能施以如此多种频率,只能一定粒径范围采用一种频率。如果 n_0 是与 d_0 相适应的共振频率,则对 $2d_0$ 粒径的颗粒,共振效果就很小,因而

$$d < \frac{14 \times 10^6}{n^2} \qquad (2\text{-}32)$$

由此可计算出下列具体数值：

$d < 6$ cm 时,$n \geqslant 1500$ 次/min；$d < 1.5$ cm 时,$n \geqslant 3000$ 次/min；$d < 0.4$ cm 时,$n \geqslant 6000$ 次/min；$d < 0.1$ cm 时,$n \geqslant 1.2 \times 10^4$ 次/min；$d < 0.01$ cm 时,$n \geqslant 3.7 \times 10^4$ 次/min。

如果拌和料中的集料粒径较小,宜采用较高的频率,振幅可相应减小。实际上,拌和料中各种颗粒大小不一,若采用高频振动,则可使水泥颗粒产生较大的相对运动,使其结构解体而液化,这对提高混凝土的密实度是有利的,但过高的频率(振幅较小)不能激起较粗颗粒的振动,从而使密实度降低。因此,根据上述原理,对拌和料采用多频振动是最为理想的。有人提出三种不同频率振动石子、砂及水泥颗粒,如采用 3000 次/min、6000 次/min 和 9000～15 000 次/min 的频率,其相应的振幅为 0.7 mm、0.2 mm 和 0.1 mm。目前采用的频率和振幅的适宜值一般是适应于拌和料颗粒大小和质量的某一平均值。根据实验结果,较合适的频率与集料粒径的关系如表 2-5 所示。

表 2-5　振动频率与集料粒径的关系

集料粒径/mm	10	20	30
适宜频率/(次/min)	6000	3000	2000

2) 振动速度

混凝土拌和料受到一定的振动后,当拌和料中大部分颗粒的振动速度超过某一极限速度(下限)时,整个拌和料体系处于液化状态,即混凝土拌和料从原来松散的、难以流动的堆聚结构变成密实的、易于流动的重质液体。如小于这个极限速度,就不能保证混合料充分液化,混凝土就难以达到应有的密实度。如振动速度超过极限速度而继续增大,拌和料结构黏度降低至一定程度时,粗集料的沉降(或浮起)作用显著,会引起混凝土结构的分层,此种情况尤以流动性拌和料为甚。因此,有时振动延续时间需受分层作用的限制,所以振动速度存在上限,逾此,则还未达到密实成型工艺的要求,而混凝土即已分层。

在简谐振动情况下,振动速度 v 为

$$v = A\omega \sin(\omega t) \qquad (2\text{-}33)$$

式中,t 为振动延续时间(s)。

当 $\sin(\omega t) = 1$ 时,速度最大,即 $v_{max} = A\omega$。用振动频率 n 代替圆频率 ω,则得

$$v_{max} = 0.105An \qquad (2\text{-}34)$$

可见,拌和料颗粒振动的频率和振幅与速度密切相关。拌和料过渡到流动状态主要是由频率和振幅二者的函数决定的。只有当颗粒运动速度足以克服阻碍拌和料流动的极限剪应力时,振动才是有效的,也就是说颗粒运动速度要超过极限速度。

3）振动加速度

振动加速度也是混凝土拌和料振动密实的重要参数之一。振动加速度 a 是频率和振幅的函数，其最大值为

$$a_{\max} = A\omega^2 \qquad (2\text{-}35)$$

或

$$a_{\max} = 0.01An^2 \qquad (2\text{-}36)$$

振动加速度对于结构黏度 η 有决定性的影响，这已为许多实验所证实。当 a 开始由小增大时，η 下降极快；但 a 继续增加，η 下降渐趋缓和；当 a 增大到一定数值后，η 趋于常数。同样，振动加速度与混凝土强度也有类似的关系。图 2-13 所示为低流动性混凝土抗压强度与振动加速度的实验曲线。

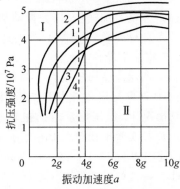

1—频率为 1500 次/min；2—频率为 3000 次/min；
3—频率为 5000 次/min；4—频率为 8000 次/min。

图 2-13　低流动性混凝土抗压强度与
振动加速度的实验曲线

由图 2-13 可知，振动加速度对该混凝土拌和料强度的影响可分为两个区域。在区域 I 中，强度随 a（图中 g 为重力加速度）的增加而增加；在区域 II 中，加速度 a 的增加对强度提升效果不显著，甚至会使强度降低。对于不同工作度的混凝土拌和料，其最佳振动加速度可参考表 2-6。

表 2-6　混凝土拌和料最佳振动加速度参考值

拌和料种类	工作度/s	最佳振动加速度 a
低流动性	20 以下	$4g\sim5g$
干硬性	$300\sim500$	$6g\sim7g$
特干硬性	500 以上	$7g\sim9g$（或更高）

必须指出，混凝土拌和料的组成对上述抗压强度与振动加速度的关系影响很大。当其组成在一般适用范围以内，且水泥用量一定时，水灰比在某个临界值以下，则拌和料表现为干硬性，振动时不易分层，振动加速度对抗压强度的影响服从图 2-13 所示的规律。如水灰比大于某个临界值，则拌和料表现为大流动性，当振动加速度增大时，会使拌和料的分层作用加速，致使抗压强度降低。水灰比的临界值参见表 2-7。

表 2-7　水灰比的临界值

混凝土配合比（水泥∶集料）		水灰比临界值
1∶4	优良级配	0.47
1∶6		0.50
1∶6	劣等级配	0.39

4）振动烈度

振动效果主要取决于振动速度或振动加速度。但从表 2-3 中可以看出，组成相同的拌和料，其振动频率、极限速度或极限加速度可能相差很大，而不是定值。

决定振动效果好坏的因素是振动烈度，只要振动烈度相同，则振动效果是相同的，这种观点的依据是，振实同一拌和料所消耗的能量应该是相同的。谐振时混凝土拌和料传播的能量与振幅的二次方及频率的三次方的乘积 A^2f^3 成正比，A^2f^3 即振动烈度指标，用 L 表示（单位为 cm^2/s^3）：

$$L = A^2f^3 \qquad (2\text{-}37)$$

由于 $v_{\max} = A\omega$，$a_{\max} = A\omega^2$，二者的乘积为

$$v_{\max} \cdot a_{\max} = A\omega \cdot A\omega^2 = 8\pi^2A^2f^3 \qquad (2\text{-}38)$$

可见，振动烈度指标与最大速度及最大加速度的乘积成正比。

因此，对组成相同的混凝土拌和料而言，在同一振动时间内，在不同的 A 和 f 下，只要符合下式，则其振实效果就是相同的：

$$A_1^2f_1^3 = A_2^2f_2^3 = A_3^2f_3^3 = \cdots = A_n^2f_n^3 \qquad (2\text{-}39)$$

振动烈度越大，拌和料的结构黏度越小，振实效果越好，即达到相同振实程度所需的时间越短。

5）振动延续时间

仅给定振动的频率和振幅或单独给定振动速度、振动加速度、振动烈度，均不能表达拌和料的振动效果，还必须给出其相应的振动延续时间。因此，振动延续时间是振动密实成型的一个重要参数。当选定的频率和振幅保持不变时，振动所需的最佳延续时间取决于混凝土拌和料的干硬度（或坍落度），其值可在几秒至几分钟之间。如果振动时间低于最佳值，则拌和料不能充分振实；如果高于最佳值，则混凝土的密实度也不会有显著的增加，甚至会产生分层离析现象，而降低混凝土的质量。振动时，若没有气泡排出，拌和料不再下沉并在表面出现水泥砂浆层时，表示拌和料已经充分振实。图 2-14 所示为拌和料的结构黏度、体积密度与振动烈度关系示意图。

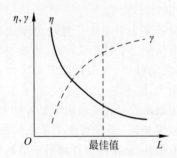

图 2-14　拌和料结构黏度 γ、体积密度 η、
振动烈度 L 关系示意图

振动延续时间不仅与拌和料的工作度有关，而且还随振动的速度、振动加速度或振动烈度的增大而缩短。

当拌和料特别干硬时，由于其中水分甚少，大部分被水泥及集料所吸附，所以不能自由流动，此时拌和料呈十分疏松状态，近于散体。振动时，如不在整个拌和料上表面施加相当大的压力（可达 1×10^4 Pa），以使它们相互聚集在一起，则整个拌和料体系就不会连续，即使再延长振动时间，拌和料也不会被振实。因此，对于特别干硬的拌和料，加压是振动密实的必要条件。

在水灰比比较小时，拌和料呈松散状态，为了防止在振动作用下粗集料发生跳动，一般在拌和料的表面加压 4.3×10^3 Pa，拌和料的振实

情况用体积密度表示，试验结果在图 2-15～图 2-17 中给出。

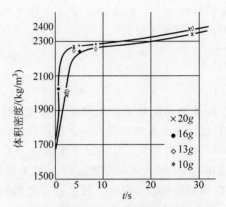

图 2-15　在 50 Hz 振动频率时振动效果

由图 2-15 可见，对拌和料施以 $10g$、$13g$、$16g$、$20g$（g 为重力加速度）四种振动加速度，拌和料的捣实速度在 $2 \sim 3$ s 内非常快，而在 10 s 以后变得非常慢。

图 2-16 所示为在加压振动 10 s 情况下的频率、振动加速度与拌和料体积密度之间的关系。一般情况下，加压振动时的振动频率在 $50 \sim 100$ Hz 振实效果较好。加速度为 $10g$ 时，相应的最佳频率为 50 Hz，$20g$ 时的最佳频率为 100 Hz。一般的振动延续时间为 $4 \sim 5$ s，其中加压振动时间与布料振动时间各占一半。

在加压振动时，振动的方向对振动密度效果有一定的影响。在模型上下运动时，加压板随之作垂直定向振动，振幅值又大，由于加压板的运动与模型的运动有一个相位差，因此便产生了振动夯实的作用。图 2-17 所示为法国混凝土生产工业研究中心所做的垂直定向振动与水平定向振动的对比试验结果。在胶结料不足的情况下，水平振动在 $2 \sim 5$ s 的振实效果比垂直振动好，而在 10 s 以后的振实效果更为显著。

6）振动幅度

由上可知，评价混凝土拌和料振动密实程度的基本参数有频率、振幅及振动延续时间（如果需要加压时，还应包括压强），总称为振动幅度。而振动速度、振动加速度和振动烈度是由 n、A 组成的综合指标，对振动效果起决定

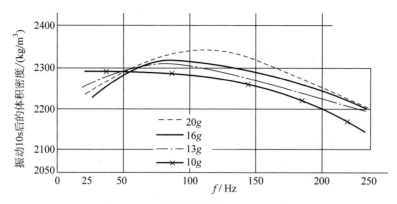

图 2-16　在各频率下振动 10 s 后的情况

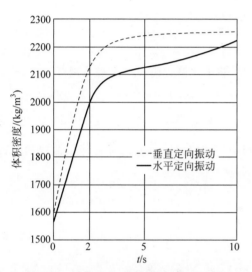

图 2-17　垂直定向和水平定向振动比较

作用。由于 n 值大于 A 值,所以采用较高的频率对于振动密实成型更为有利,但频率的提高也有个限度。

从能量的观点看,若消耗于振实拌和料的功相同,其振实效果亦应相同。实验表明,当振动烈度大于能使拌和料液化所必需的最小极限振动烈度时,使同一拌和料达到同样密实效果的 Lt 值应是一个常数,即

$$L_1 t_1^k = L_2 t_2^k = L_3 t_3^k = \cdots = L_n t_n^k = 常数$$

$$（2\text{-}40）$$

式中,t_1,t_2,t_3,$\cdots$,t_n 分别为相应于 L_1,L_2,L_3,$\cdots$,L_n 的振动延续时间;k 为系数,与拌和料的干硬度有关,干硬度<60 s 时,$k=2$;60 s≤干硬度<100 s 时,$k=3$;100 s≤干硬度<200 s 时,$k=4$。

图 2-18 表示出振实不同干硬度的混凝土拌和料所需的振动烈度 L 与振动延续时间 t 的关系。

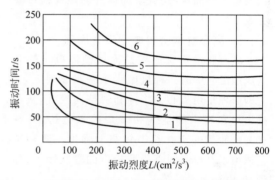

1—干硬度为 40 s;2—干硬度为 50 s;3—干硬度为 70 s;4—干硬度为 120 s;5—干硬度为 180 s;6—干硬度为 240 s。

图 2-18　不同干硬度的拌和料振动烈度 L 和振动延续时间 t 的关系

选择振动幅度时,首先可选出振动烈度 L 和振动时间 t。由式（2-40）可知,L 对振动效果的影响不如 t 大,所以一般将 L 选小些,t 选大些。但必须指出,如果将 t 选得过大,除浪费能量外,还将破坏混凝土的均匀性,使设备易于磨损,对操作工人的健康也有较大的影响。所以合适的做法是将 L 选在最佳值以内,然后再确定 t。一般常用的 L 范围为 80～300 cm^2/s^3。

图 2-19 所示为不同振动烈度的振幅和频率间的关系,阴影部分为常用范围。

同样,亦可采用先选择振动加速度的方法来确定频率、振幅以及振动延续时间。对于不

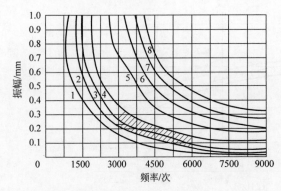

1—$L_1=30$；2—$L_2=80$；3—$L_3=150$；4—$L_4=300$；5—$L_5=700$；6—$L_6=1250$；7—$L_7=2000$；8—$L_8=2800$。（单位：cm^2/s^3）

图 2-19　不同振动烈度的振幅和频率间的关系曲线

同硬度的拌和料，其振动加速度的最佳值可参考表 2-6。

5. 离心脱水密实成型工艺原理

离心脱水密实成型是流动性混凝土拌和料成型工艺中的一种机械脱水密实成型工艺。它的原理是用离心力将拌和料挤向模壁，从而排出拌和料中的空气和多余的水分（20%～30%），使其密实并获得较高的强度。此种工艺适用于制造不同直径及长度的管状制品，如管材、电杆及管桩等。

1）离心脱水密实成型过程

（1）离心成型工艺

离心脱水密实成型过程中，由于滚圈和托轮间的接触程度、滚圈加工同心度及托轮安装精度等的影响，产生振动是不可避免的。适度的振动对拌和料的液化有利。

离心成型过程中的流动性拌和料可视作黏度很小的不可压缩的液体。这种假定，对流动性拌和料，在不计模型和钢筋骨架的阻力时，是符合实际情况的。例如，无离心力作用，则液体在重力的作用下其自由表面为水平面，当离心力增至一定值时，液体的平衡自由表面是圆柱面。

取液体中某一点 a 来研究（见图 2-20），a点所受的离心力 N 及重力 G 分别为

$$N = mr\omega^2, \quad G = mg \qquad (2-41)$$

式中，m 为 a 点液体的质量，kg；r 为 a 点离旋转中心的距离，cm；ω 为旋转角速度，rad/s；g 为重力加速度，m/s^2。

在重力和离心力的双重作用下，其平衡自由表面，可以利用流体力学的基本方程式表示：

$$dP = \rho(X dx + Y dy + Z dz) \qquad (2-42)$$

其平衡自由液面的方程式为

$$X dx + Y dy + Z dz = 0 \qquad (2-43)$$

式中，P 为作用在坐标为 (x,y,z) 的任意点上的压力；ρ 为液体的密度；X、Y、Z 为作用于该点上的力在相应坐标上的分量。

假定 a 点 $m = 1$ kg，$\cos\alpha = y/r$，$\cos\beta = x/r$，则

$$X = r\omega^2\cos\beta = \omega^2 x$$
$$Y = -g + r\omega^2\cos\alpha = -g + \omega^2 y \qquad (2-44)$$

将上述诸式代入式（2-42），则得

$$dP = \rho[\omega^2 x dx + (\omega^2 y - g)dy]$$
$$P = \rho\left(\frac{\omega^2 x^2}{2} + \frac{\omega^2 y^2}{2} - gy\right) + C_1 \qquad (2-45)$$

当 P 为常数时，由上式可得等压曲线的方程式，即

$$\frac{\omega^2 x^2}{2} + \frac{\omega^2 y^2}{2} - gy = C_2$$
$$\frac{x^2 + y^2}{2} - \frac{gy}{\omega^2} = \frac{C_2}{\omega^2} \qquad (2-46)$$

令 $e = \dfrac{g}{\omega^2}$（e 称为偏心度），并在上式两边均乘以 2 加 e^2，移项后简化可得

$$x^2 + y^2 - 2ey + e^2 = \frac{2C_2}{\omega^2} + e^2 \qquad (2-47)$$

令

$$C_3 = \frac{2C_2}{\omega^2} + e^2$$

则

$$x^2 + (y - e)^2 = C_3 \qquad (2-48)$$

由上式可见等压曲线是个圆，其圆心 O 在 y 轴上，离 x 轴的距离为 e，而等压表面是个与旋转轴形成偏心 e 的圆柱面，其轴通过点 O_1 并平行于旋转轴。由此可知，平衡自由表面（$P=0$）亦为与等压面同轴的圆柱面，如图 2-20 所示。实际情况与假定有出入，只有采取适当的工艺措施（如合理地投料）才能使理论与实

际相符合。

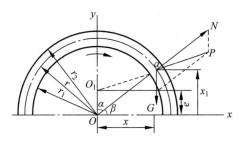

图 2-20　离心旋转时作用力分析

（2）离心过程的压力分布

由图 2-21 可见，拌和料在离心时某一瞬间所处的位置不同，其所受压力 P 也不同。如图 2-22 所示，a 点的合力 P 的一般方程式为

$$P = \sqrt{N^2 + G^2 - 2NG\cos\alpha} \quad (2\text{-}49)$$

若沿顺时针方向计算，可得在各 α 值时的压力分布如图 2-22 所示。

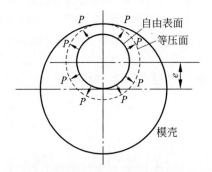

图 2-21　离心时自由表面的形成

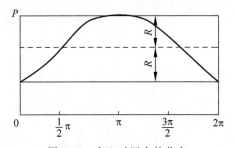

图 2-22　离心时压力的分布

当 $\alpha = 0°$ 时（最高点），重力与离心力方向相反，P 最小，即

$$P_{\min} = m(r\omega^2 - g) \quad (2\text{-}50)$$

当 $\alpha = 180°$ 时（最低点），重力与离心力的方向相同，P 最大，即

$$P_{\max} = m(r\omega^2 + g) \quad (2\text{-}51)$$

压力的平均值为 $P = mr\omega^2$，相应于此值时的 α 值可由下式（2-52）求得：

$$G^2 - 2NG\cos\alpha = 0$$

$$G = 2N\cos\alpha$$

$$\cos\alpha = \frac{G}{2N} = \frac{g}{2r\omega^2} = \frac{e}{2r} \quad (2\text{-}52)$$

由上式还可得出，若 ω 越大，e 将越小，可认为两轴重合。

2）离心混凝土的结构形式

在离心过程中，混凝土拌和料在离心力及其他外力（重力、冲击振动）作用下，粗细集料和水泥粒子沿离心力方向运动，也可视为沉降，结果把部分多余水分挤出来，混凝土的密实度提高了，同时也产生了内外分层。

混凝土拌和料就其组成来讲，可近似认为是一个多相的悬浮系统，即粗集料与砂浆、砂与水泥浆、水泥与水三个悬浮系统。在离心力作用下，这三个系统将分别产生沉降和密实。如果用 v_1 表示粗集料在砂浆中的沉降速度，v_2 表示砂在水泥浆中的沉降速度，v_3 表示水泥在水泥浆中的沉降速度，那么随沉降速度的不同，将得到不同的混凝土结构和性能。

首先假定 $v_1 > v_2 > v_3$，而且速度差很大，于是可将这三个同时开始而不同时结束的沉降过程看作是顺序进行的，即首先粗集料在砂浆中沉降，继而砂在水泥浆中沉降，最后水泥粒子在水中沉降。在悬浮体内，固相粒子受到离心力，主要是由于其附近的液相，液相在压力作用下（由于其密度比拌和料中任一种物质小）将向内表面流动，固相粒子在不断下沉过程中也逐渐相互靠近，最后粒子受到的离心力全部通过底层的颗粒而传给钢模。此时液相由于解除了固相压力作用，停止向外流动，固相颗粒产生相互搭接。粗集料在下沉过程中，细集料也已开始在水泥浆中沉降，水泥粒子也开始沉降，其结果是细集料相互搭接，而水泥粒子沉降的结果是把一部分水挤出混凝土体外，而少部分水却保留于集料的空隙中。由于颗粒距离很近，上述沉降过程并非完全自由沉降，还有干扰沉降和压缩沉降，故上述规律只能是大致的。

　　混凝土拌和料在离心沉降密实后明显地分成混凝土层、砂浆层和水泥浆层，这种现象称为外分层；而在粗集料之间因水泥、砂的沉降形成水膜层，称为内分层，如图2-23所示。

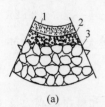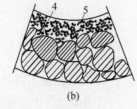

　　(a)　　　　　　　　(b)

1—水泥浆层；2—砂浆层；3—混凝土层；
4—集料；5—水膜层。

图2-23　离心混凝土结构分层情况示意图
(a) 外分层；(b) 内分层

　　当 v_1 与 v_2 相近而大于 v_3 时，则在内壁将形成较厚的水泥浆层，一般发生于水灰比高而砂率较低的情况下。当 v_1 与 v_2 相近而小于 v_3 时，将形成较厚的砂浆层，一般发生于砂率高、坍落度小的情况下。

　　如果在离心过程中有冲击振动，则上述情况发生一定的变化，即 v_1、v_2 和 v_3 的大小关系将发生变化。一般说来，低频振动有利于粗颗粒的沉降，因此，用自由托轮式离心时，一般都将产生分层现象。

　　综上所述，混凝土拌和料在离心后，将发生下列主要变化：

　　(1) 密实度提高。混凝土拌和料的坍落度一般为 5~7 cm，含水量为 180~250 kg/m³，水灰比为 0.4~0.5。经离心后，排出水分为 20%~30%，水灰比降低 0.3~0.4，混凝土的密实度显著提高。

　　(2) 外分层变化。经离心后，混凝土的结构为里层是水泥浆，外层是混凝土，中间是砂浆层。一般情况下，这种混凝土结构的强度都要低于离心后配合比和密实度相同的匀质混凝土。这是因为在受荷时，混凝土层因具有较高的弹性模量而将承受较大的荷载，砂浆与净浆弹模低而承受的力小，因而在总荷载比匀质混凝土小的情况下即遭破坏。

　　由于破坏了毛细通道的水泥浆层具有较

高的抗渗性，因此，在一定限度内，外分层对保证混凝土的抗渗性相对有利。

　　(3) 内分层变化。当集料沉降稳定后，由于水泥粒子继续沉降，在集料颗粒的底面处将形成水膜，从而局部破坏了集料颗粒与水泥石界面的黏结力。因此内分层对混凝土的强度、抗渗性是非常不利的。

　　离心时适度的振动作用是加速混凝土结构形成的重要因素。但当混凝土基本密实后，过大的振动反而会使已初凝的混凝土振裂。

　　可以看出，离心过程不仅是混凝土内部结构强化（提高密实度）的过程，同时还伴随着结构的破坏过程（内、外分层和冲击振动的破坏作用）。

　　在离心初期，因密实度提高较快，内分层及冲击振动的破坏作用尚未产生，所以混凝土的抗压强度随离心时间的延续而提高，但提高的速度越来越缓慢。到离心后期，即随离心时间延续，密实度不再显著变化时，上述的不利因素将占据优势，从此时起，混凝土的抗压强度将随离心时间延续而降低（见图2-24）。

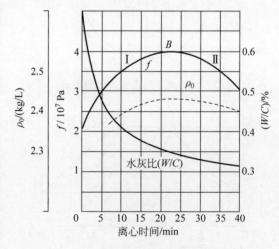

图2-24　离心混凝土强度 f、剩余水灰比(W/C)、体积密度 ρ_0 与离心时间的关系

　　图2-24中强度曲线由两段组成：提高段Ⅰ及降低段Ⅱ。根据原材料、混凝土配合比及离心制度的不同，高峰 B 可能提前或推迟，而当离心力太小时也可能不出现高峰（或出现的时间无限推迟），相应的强度值也将发生变化，

变化速率也不相同。

　　还可以看出,强度高峰 B 产生在剩余水灰比或体积密度趋于稳定阶段,此后,随着时间延长,不利因素增加,强度下降。

　　3) 离心速度的确定

　　混凝土的分层现象除与原材料和拌和料的性质有关外,离心制度也是一个重要的影响因素。离心制度主要指各个阶段的离心速度和离心时间。此外分层投料对离心制度以及混凝土性能也有很大影响。

　　离心速度一般按慢、中、快三档变化。慢速为布料阶段,其主要目的是在离心力的作用下,使拌和料均匀分布并初步成型;快速为密实阶段,其主要目的是在离心力作用下使拌和料充分密实;中速则为必要的过渡阶段,不仅是由慢速到快速的调速过程,而且可在继续布料及缓和增速过程中达到减弱内外分层的目的。

　　(1) 布料阶段转速(慢速)$n_{慢}$ 的确定

　　在离心过程中,布料阶段转速不宜很大,否则将使拌和料迅速密实而不易沿模壁均匀分布,同时还将产生严重的分层现象。在 $mr\omega^2 = mg$,即 $\omega = \sqrt{g/r}$ 时,物料在旋转过程中已不下落。此时的转速为临界转速 $n_{临}$:

$$n_{临} = \frac{30}{\pi}\omega \approx \frac{30}{\sqrt{r}} \qquad (2\text{-}53)$$

　　由于在旋转的同时往往还有振动作用,因此实际慢速转速 $n_{慢}$ 要比 $n_{临}$ 大,为它的 K 倍,即

$$n_{慢} = K\frac{30}{\sqrt{r}} \qquad (2\text{-}54)$$

式中,K 为经验系数,$K = 1.45 \sim 2.0$;r 为制品的内半径,m。

　　在生产中还要根据具体条件进行调整,一般慢速转速 $n_{慢}$ 为 $80 \sim 150\ \text{r/min}$。

　　(2) 密实成型阶段转速(快速)$n_{快}$ 的确定

　　假定制品的壁厚较均匀,即在转速较大时,可略去重力对壁厚的影响,只计算离心力对混凝土所产生的挤压力 P(即作用于钢模内表面上的单位离心压力)。从旋转中的混凝土拌和料中取微元体 $\mathrm{d}m$ 来分析(见图 2-25),它

距旋转中心的距离为 r,则此单元体受到的压力为

$$\mathrm{d}P = r\omega^2\,\mathrm{d}m \qquad (2\text{-}55)$$

其中

$$\mathrm{d}m = \rho\,\mathrm{d}r\left(r + \frac{\mathrm{d}r}{2}\right)\mathrm{d}\varphi \cdot h$$
$$= \rho h\,\mathrm{d}r\,\mathrm{d}\varphi + \rho\,\frac{(\mathrm{d}r)^2}{2}\mathrm{d}\varphi \cdot h$$
$$(2\text{-}56)$$

式中,ρ 为混凝土的体积密度;h 为垂直于图面方向的管件长度,取 $h = 1$。

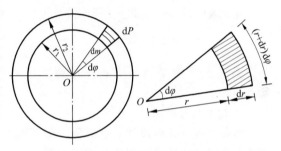

图 2-25　离心密实阶段转速计算示意图

　　在式(2-56)中略去微分高次项,即得

$$\mathrm{d}m = \rho r \cdot \mathrm{d}r \cdot \mathrm{d}\varphi$$
$$\mathrm{d}P = \rho r^2 \omega^2\,\mathrm{d}r \cdot \mathrm{d}\varphi \qquad (2\text{-}57)$$

则作用在单位长度钢模上的总压力 P 为

$$P = \int_0^{2\pi}\int_{r_1}^{r_2} \rho r^2 \omega^2\,\mathrm{d}r\,\mathrm{d}\varphi$$
$$= \rho\omega^2\int_0^{2\pi}\int_{r_1}^{r_2} r^2\,\mathrm{d}r\,\mathrm{d}\varphi = \frac{2\pi\rho\omega^2}{3}(r_2^3 - r_1^3)$$
$$(2\text{-}58)$$

式中,r_1 和 r_2 分别为制品的内、外半径。作用在钢模单位面积上的压力 P_0 为

$$P_0 = \frac{P}{2\pi r_2} = \frac{\rho\omega^2}{3}\left(r_2^2 - \frac{r_1^3}{r_2}\right) \qquad (2\text{-}59)$$

　　因为 $\omega = \dfrac{2\pi n_{快}}{60}$,若取 $\rho = 0.024\ \text{kg/cm}^3$,令 $A = r_2^2 - \dfrac{r_1^3}{r_2}$,则

$$P_0 = \frac{0.024}{273.85}A \cdot n_{快}^2 \qquad (2\text{-}60)$$

或 $n_{快} \approx 106.82\sqrt{\dfrac{P_0}{A}}$(当然,若 r 变化时,应另行计算)。

由式(2-60)可知,密实成型阶段的转速,应由制品的截面尺寸和密实拌和料所需的压力来确定。P_0 一般可取 $0.5 \sim 1.0 \ kgf/cm^2$[①],但 P_0 取高限时算出的 $n_{快}$ 很大,这时钢模将产生剧烈的跳动,甚至有从托轮上飞出的危险,并使混凝土强度下降。为了避免出现这种情况,实际生产中常采用不太大的 $n_{快}$ 而适当延长离心时间,以弥补快速离心转速的不足,达到所需求的密实度。根据制品直径的不同,转速 $n_{快}$ 一般取 $400 \sim 900 \ r/min$。

(3)过渡阶段转速(中速)$n_{中}$ 的确定

实验表明,最佳 $n_{中}$ 和 $n_{快}$ 间的关系为

$$n_{中} = \frac{n_{快}}{\sqrt{2}} \qquad (2\text{-}61)$$

目前生产中采用的中速转速为 $250 \sim 400 \ r/min$。

4)离心延续时间

离心过程中各阶段的延续时间一般通过实验来确定。其延续时间的长短对制品质量的影响很大。

(1)慢速时间的确定

慢速阶段所需时间主要随管径大小和投料方式而变化,一般控制在 $2 \sim 5 \ min$。

在其他工艺参数不变的条件下,慢速离心时间、混凝土强度和拌和料坍落度三者的关系如图2-26所示。由图可见,混凝土强度随着慢速时间增加而逐渐增加,达到最大值后,如再延长时间,强度反有渐减的趋势,故称混凝土强度达到最大值对应的慢速时间为最佳慢速时间。混凝土的坍落度越小,最佳慢速时间越长。

(2)快速时间的确定

快速时间也随管径的不同而变化。延续时间短,拌和料中多余水分未完全排出,即水灰比未能降低至极限;相反,延续时间过长,会使混凝土产生裂缝等,从而降低制品的质量。

试验表明,快速离心时间、转速和离心混凝土强度三者有如图2-27所示的关系。该图

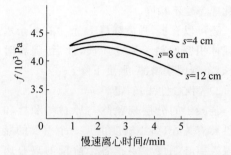

图 2-26　不同坍落度拌和料慢速离心时间与混凝土强度 f 的关系

曲线所用混凝土的配合比为水泥∶砂∶石 $= 1∶1.5∶2.7$,在小型轴式试验离心机上成型,慢速转速为 $125 \ r/min$,慢速旋转时间为 $3 \ min$。

由图2-27可见,当快速旋转速度一定时,随着旋转时间的延长混凝土强度逐渐降低,每一快速旋转速度均有一个强度高峰值及与之相应的最佳旋转时间。随着旋转速度的增加,最佳旋转时间越来越短,而混凝土强度也愈来愈低。这是由于剩余水灰比过大和材料的内部分层现象影响所致。另外,由于快速离心时间和转速不同,则剩余水灰比就不相同,故也使混凝土强度有差异。因此应合理选择快速离心时间,以有利于提高混凝土强度和生产率,并改善混凝土的性能。故快速旋转延续时间一般为 $15 \sim 25 \ min$。

(3)中速时间的确定

中速时间的确定,应尽量减少甚至克服离心力的突增,使拌和料能很好地分布就位,初步形成混凝土骨架和毛细管通道,多余水分和空气可沿此道及时排出,从而减少内分层现象,提高制品的密实度和抗渗性。中速时间一般控制在 $2 \sim 5 \ min$。

中速转速和离心时间与混凝土强度的关系见图2-28。由图可见,中速时间也不是越长越好,不同的中速旋转速度,强度的最大值也不同,中速旋转速度越大,达到强度最大值的

中速延续时间越短,所以要选择合适的中速旋转速度。

5) 分层投料

离心混凝土制品的壁厚超过 60 mm 时,常采用二次投料方法。其优点如下:

(1) 减轻内分层现象。分层投料以后,第二层物料离心时对第一层物料产生压挤作用,又因料层薄,故容易排水,使混凝土的剩余水灰比降低,密实度提高,其结果是混凝土的强度也显著提高。

(2) 增加外分层层数。分层投料以后,在制品壁厚的中部形成一个水泥浆层,此层受蒸汽养护和后期干缩的破坏作用小,使得管壁的抗渗性能有很大的改善。

表 2-8 为一次投料与二次投料成型法的对比试验结果。由表可见,二次投料的混凝土抗压强度提高 20%～30%,抗渗性也显著提高。

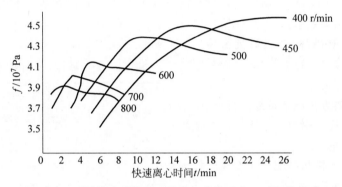

图 2-27　不同转速时混凝土强度 f 与快速离心时间的关系

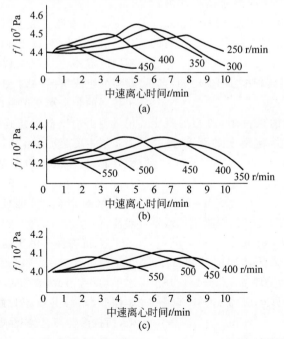

图 2-28　不同转速时的中速离心时间与混凝土强度 f 的关系

图(a)、(b)、(c)中快速转速与时间分别为：500 r/min、10 min；600 r/min、5 min；700 r/min、3 min

表 2-8　一次投料与二次投料的混凝土性能的比较

投料方法	第一次离心时间/min		第二次离心时间/min		抗压强度 /10^7Pa	透气系数 /(10^{-10}cm/s)	体积密度 /(kg/cm³)
	慢速	快速	慢速	快速			
一次投料	3	12	—	—	3.50	10.2	2.48
	3	10	—	—	3.65	9.2	2.47
二次投料	3	4	3	12	4.34	3	2.53
	3	7	3	12	4.68	2	2.51
	3	10	3	12	4.52	5	2.51

采用二次投料时必须控制投料厚度。第一次投料应埋没纵向钢筋,这样可使第一次投料的水泥浆层不被破坏,并提高抗渗性。以 $\phi 500$ 及 $\phi 600$ 的混凝土管为例,第一次与第二次投料的质量比可为 4:3。

分层投料成型方法虽然可缩短慢速、中速及第一次投料的快速时间,但存在离心时间长、劳动生产率低的缺点。

6) 离心混凝土拌和料配合比设计的特点及离心混凝土的性能

(1) 离心混凝土拌和料配合比的设计

可用假定体积密度法或绝对体积法进行设计,但是必须考虑到离心工艺的以下特点:

① 离心过程中拌和料会挤出 20% 左右的水,流失 5%～8% 的水泥。

② 离心后,拌和料体积缩小 10%～12%,单位体积质量增加 8% 左右。

③ 在水灰比相同的条件下,离心混凝土 28 天强度比一般振实混凝土的强度提高 20%～30%。

④ 离心混凝土的水泥用量一般应不低于 $350\sim400$ kg/m³。

⑤ 采用假定体积密度法时,混凝土的假定体积密度为 $2650\sim2700$ kg/m³。

⑥ 离心混凝土宜采用洁净的砂和石子。石子粒径不应超过制品壁厚的 1/3～1/4,并不能大于 15～20 mm。砂率应为 40%～50%。拌和料坍落度应控制在 3～7 cm。

(2) 离心混凝土的性能

① 强度。原始水灰比相同时,由于离心脱水的作用,离心混凝土的强度比振实混凝土的强度高。由表 2-9 可以看出,随着原始水灰比的增大,强度提高系数也增大,这是由于其脱水后的剩余水灰比远小于振实混凝土的水灰比。

表 2-9　离心混凝土与振实混凝土强度对比

原始 水灰比	28 天抗压强度/10^7Pa		强度提高系数 $f_离 / f_振$
	离心混凝土	振实混凝土	
0.70	5.03	2.30	2.19
0.60	5.21	2.59	2.01
0.50	6.38	3.19	2.00
0.45	6.68	3.53	1.89
0.40	7.07	4.62	1.53

② 抗渗性。由于离心过程中拌和料各组分的沉降速度不一,因而形成了各层组分比例不同的混凝土层状结构。由离心前后的各层材料的组成情况(见表 2-10)可见,离心后混凝土各层的剩余水灰比由内壁到外层递增,水泥用量则由内壁到外层递减。在管芯内壁的水泥浆层主要起抗渗作用,壁厚为 30 mm 的预应力管芯,抗渗试验的压力可在 1.5×10^6 Pa 左右,比普通混凝土高,采用多次投料法还可破坏孔隙的定向性,能使混凝土获得更高抗渗性。

③ 抗冻性。由于离心混凝土剩余水灰比小于原始水灰比,所以硬化以后的孔隙率和吸水率均小,因此,在混凝土原始配合比相同的条件下,离心混凝土比振实混凝土的孔隙率低,而抗渗性高,抗冻性也比振实混凝土高。

7) 悬辊离心成型工艺

1943 年由澳大利亚发明的上悬辊法,基本特点是辊轴带有驱动装置而旋转,利用辊轴支承管模及其内部混凝土所受重力而产生辊压力,

表 2-10　离心前后各层材料的组成

参　数	离　心　前	离心后		
		水泥浆层	砂浆层	混凝土层
层厚/mm	70	5	12	53
水灰比	0.45	0.22	0.26	0.30
砂率/%	44	0	100	39.1
水泥用量/(kg/m³)	625	1045	620	576
体积密度/(kg/m³)	2100	1275	1560	2480
配合比	水泥：砂：石：水＝1：1.2：5：0.45	水泥：水＝1：0.22	水泥：砂：水＝1：1.26：0.26	水泥：砂：石：水＝1：1.18：1.83：0.30

将管壁混凝土压实,如图 2-29 所示。因此,辊压作用是悬辊离心制管工艺的主要特征,也是离心法用干硬性混凝土拌和料能够密实成型的主要手段。离心力在该工艺中所起的密实作用是次要的,它只能使混凝土拌和料沿管模内壁分布起到成型作用。悬辊法一般可制作直径 10～3000 mm,长 1.5～5 m 的混凝土管。采用悬辊法生产的混凝土管,与一般离心成型相比,由于采用干硬性混凝土,其水灰比低,水泥用量小,成型后管壁没有分层泌水现象,匀质密实,抗渗性好。

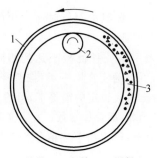

1—管模；2—辊轴；3—混凝土。

图 2-29　悬辊离心制管工艺原理图

管模的转速和辊压力的大小是悬辊工艺的主要参数。如图 2-30 所示,管模 3 两端的挡圈 1 压在辊轴 5 上,当辊轴以角速度 ω 旋转时,带动管模以角速度 ω_1 旋转。ω_1 与 ω 的关系由挡圈与辊轴的旋转半径 R_1 和 R 的比例而定,即 $\omega_1 : \omega = R : R_1$。离心成型时,要求管模角速度 ω_1 必须大于某一个下限值,以防止混凝土由模壁上部坍落下来。根据该条件,可求出混凝土不坍落时管模的最小角速度

$$\omega_1 = \sqrt{\frac{g}{K_1}} \qquad (2\text{-}62)$$

此时辊轴的角速度为

$$\omega = \frac{1}{R}\sqrt{R_1 g} \qquad (2\text{-}63)$$

式中,g 为重力加速度,$g = 9.8$ m/s²；R_1 为挡圈内半径；R 为辊轴半径。

必须指出,按上式求得的转速仍可适当提高,但离心力所引起的密实作用却依然很小(干硬性混凝土),主要还是依靠辊压力进行密实。辊轴对混凝土的辊压力为

$$F = G_R + G_f \qquad (2\text{-}64)$$

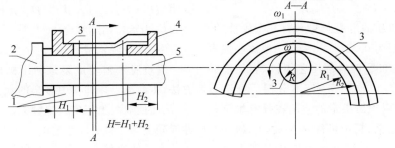

1—端部挡圈；2—机身；3—管模；4—钢筋骨架；5—辊轴。

图 2-30　悬辊法辊压示意图

式中，F 为辊压力；G_R 为混凝土管所受重力；G_f 为管模所受重力。

如图 2-31 所示，承受辊压力的混凝土面积为

$$A = \Delta s L \qquad (2-65)$$

式中，L 为混凝土管的长度，m；Δs 为承受辊压面的宽度，m。

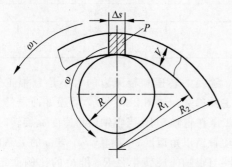

图 2-31　承受辊压力的混凝土面积

承受辊压的宽度 Δs 与辊轴和挡圈钢材的性能有关，它取决于两者受压时的变形量。由此得出辊压强度

$$P = \frac{F}{s} \qquad (2-66)$$

在两个钢辊相接触的情况下，Δs 可采用赫兹理论公式计算

$$\Delta s = 3.03 \sqrt{\frac{F}{HE} \cdot \frac{R_1 R}{R_1 - R}} \qquad (2-67)$$

式中，H 为两个挡圈的宽度之和；E 为钢材的弹性模量。

按上式计算的辊压宽度是在管模挡圈与辊轴接触的条件下求得的。把上式代入式(2-66)求得辊压强度为

$$P = \frac{1}{3.03L} \sqrt{\frac{FHE(R_1 - R)}{R_1 R}} \qquad (2-68)$$

悬辊法辊压的混凝土拌和料是干硬性的，其水灰比一般为 0.32～0.34，而一般离心混凝土为 0.5～0.65。两者的工艺不同，辊压混凝土比离心混凝土均匀密实，不分层。可以看出，由壁厚和管长所决定的空间在没有填满松散的混凝土之前，是不可能承受式(2-64)表示的辊压力的。只有把更多的松散混凝土装入管模，使其处于超厚状态，才能达到最高的密

实度。

每种混凝土都有一个与其组成有关的密实系数，其表达式为

$$\beta = \frac{松散混凝土体积}{密实混凝土体积} \geqslant 1 \qquad (2-69)$$

如果制成的混凝土管件体积 V_R 等于密实混凝土体积，则松散混凝土的喂入量可按下式计算

$$V = \beta V_R \qquad (2-70)$$

装在辊轴和模内壁之间的材料量决定了辊压能否达到最大压力值，采用此法所能施加的最大机械压强 P 如图 2-32 所示。

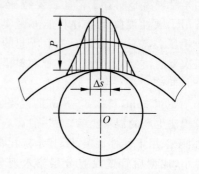

图 2-32　压辊对混凝土的压强

表 2-11 为悬辊法制管时所产生的最大密实压强的对比数据。

根据采用同一种混凝土达到相同密实作用的原则，可以确定在同一类（按管径划分）管材中，混凝土组成恒定的前提下，可将式(2-68)中的 F、H 和 E 都看作常数。在密实作用恒定不变的情况下，可得出下述值作为几何标准的关系式

$$\frac{H(R_1 - R)}{R} = 常数 \qquad (2-71)$$

式中，$H = H_1 + H_2$，其中 H_1 为插口挡圈宽度，H_2 为承口挡圈宽度。

6. 真空脱水成型法

真空脱水密实成型是利用机械抽真空的方法，将混凝土拌和料中多余的水分和空气排出，从而使混凝土密实。这种方法常用于流动性混凝土拌和料的成型过程。

为了使原始水灰比较大的流动性混凝土拌和料密实成型，除可用离心法排出部分多余

表 2-11　悬辊法制管时所产生的最大密实压强的对比

指 标 名 称	管子公称直径 D_n/cm ($D_n=2R_1$)		指 标 名 称	管子公称直径 D_n/cm ($D_n=2R_1$)	
	1.6×10^2	1.8×10^2		1.6×10^2	1.8×10^2
管所受重力 G_R/N	6.7×10^4	8.2×10^4	端部挡圈全宽 H/cm	30	30
模所受重力 G_f/N	4.45×10^4	7.16×10^4	辊宽度 Δs/cm	0.285	0.317
辊压力 $F=(G_R+G_f)$/N	1.15×10^5	1.536×10^5	辊压准面积 $A=\Delta sL$/cm^2	100	111.7
管长 L/cm	3.5×10^2				
辊轴半径 R/cm	10	10	可能的最大密实压强 P/Pa	1.15×10^7	1.41×10^7

水分外,还可用真空方法脱去部分多余水分。这时,必须使制品的局部形成负压,使大气压力作用于另一部分,部分多余水分及空气即在此压力差的作用下被排出混凝土外,制品整体收缩、密实,因而称为真空脱水密实成型工艺。实际生产中,常将真空脱水与振动配合使用,效果更佳。真空脱水密实成型工艺是机械脱水方法之一。这种工艺可以采用流动性稍大的混凝土拌和料,既便于浇注制作厚度较小、形状复杂的制品,又可在脱水成型后获得较高的初始结构强度,以便立即脱模与蒸养。硬化后的混凝土密实度较高,耐久性及耐磨性较好。

1) 混凝土拌和料的真空脱水密实成型过程

(1) 真空脱水密实成型工艺的物理力学基础

采用上真空脱水工艺时,先将流动性混凝土拌和料浇灌入模,再使其下部的真空腔内形成真空。与真空腔接触的混凝土内的压力逐渐下降。随着真空处理时间的延续,大气压力与真空腔负压间的压力差 ΔP 向混凝土深处传播,在其作用下,混凝土中的部分多余水分及空气被排出体外。

抽真空前,混凝土的表面受大气压力 P_a 的均匀作用(见图 2-33),位于混凝土中 x 点的自由水处于大气压力 P_a 及静水压 $\gamma_w h_x$ 的作用下,其所受压力为

$$P_x = P_a + \gamma_w h_x \qquad (2\text{-}72)$$

若真空腔中形成真空度 P_k,则作用于 x 点的压力随着真空度相应地降低。当略去拌和料本身重力的影响时,x 点的绝对压力降低到

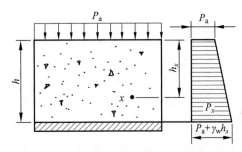

图 2-33　混凝土拌和料中压力作用示意图

$$P_{x1} = P_x - P_k \approx P_a - P_k \qquad (2\text{-}73)$$

式中,P_x 为真空度,即真空表读数,mmHg。

此时,作用在混凝土上的外力 ΔP 为

$$\Delta P = P_x - P_{x1} \approx P_k \qquad (2\text{-}74)$$

当真空度为 600 mmHg 时,每平方米混凝土约受到 8 t 压力的作用。饱水分散介质在此外荷载作用下,传递给水的一部分荷载产生将水从孔隙中挤压滤出的静水水头,由固相颗粒承受的一部分荷载使之互相靠近,细颗粒挤入邻近大颗粒间隙中。随着管中弯月面的形成,微管压力的作用也有利于混凝土的密实。水分继续挤压滤出,水泥浆浓缩,水灰比降低,混凝土密实度不断提高。真空处理后,剩余水灰比最低可达 0.30。依真空腔位置不同,真空脱水方式有上、下、侧吸水之分。

真空处理程度取决于混凝土的脱水速度。根据黏滞渗透原理,脱水速度 v 近似表达如下

$$v = K(\Delta P - \Delta P_0) \qquad (2\text{-}75)$$

式中,K 为渗透系数,与黏度系数 η 有关;ΔP_0 为初始压力差,即水开始渗透迁移时的压力差,与 η 值有关;ΔP 为压力差,与真空度 P_x 及极限剪应力 τ_0 有关。

脱水密实过程可分为三个阶段,如图 2-34 所示。

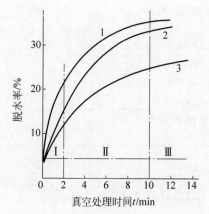

I—第一阶段;Ⅱ—第二阶段;Ⅲ—第三阶段;
1—上吸水;2—下吸水;3—侧吸水。

图 2-34　混凝土真空脱水率与时间的关系

第一阶段,由脱水之初至固相颗粒开始接触为止,游离水连续被挤压吸滤脱出。固相颗粒未接触之前,τ_0 与 η 均变化不大,因此脱水速度近于常数。脱水量与时间近似呈直线关系,脱水量大,时间短,密实度显著增大。

第二阶段,由固相颗粒开始接触至颗粒紧密排列为止。混凝土的可压缩性显著降低,液相的连续性不断被破坏,颗粒之间的水层厚度减小。τ_0 及 η 增大,以致固相承受的外荷载增大而水所承受的荷载减小,因而脱水速度逐渐减慢。

第三阶段,混凝土内部的剪应力达到最大值时,真空处理密实速度降低。同时,由于静水水头和混凝土渗透性明显降低,真空脱水速度也显著减慢。当作用在混凝土上的荷载等于其剪应力及水的残余压力时,真空处理过程即告结束。在此阶段,混凝土体积不再压缩。除局部区域在气相膨胀(气泡膨胀及水分汽化膨胀)作用下仍有少量脱水外,脱水密实过程基本停止。继续真空处理,只能导入过量空气,形成贯穿毛细孔。

(2) 真空处理有效系数

真空脱水密实成型是脱水与密实同步进行的过程,在理想状态下,体积脱水量 ΔV_w 应等于混凝土体积压缩量 ΔV_c。若振实混凝土的水灰比等于真空密实混凝土的剩余水灰比,理论上真空密实混凝土的孔隙率应低于振实混凝土,而强度则较高。但试验表明,真空脱水量通常大于混凝土体积压缩量,即 $\Delta V_w > \Delta V_c$,如图 2-35 所示。也就是说,脱水后固相颗粒未能填充所有孔隙,而 $\Delta V_w - \Delta V_c$ 即为孔隙体积的增量 ΔV_p。因此,真空混凝土的孔隙率实际上高于振实混凝土的孔隙率,而强度则稍低。

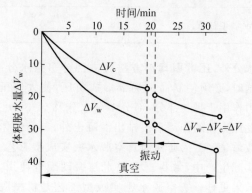

图 2-35　真空密实脱水过程中脱水量与
混凝土体积压缩量的变化

真空脱水密实混凝土的这种特征与真空处理过程中的脱水阻滞及混凝土的分层离析现象有关。局部区域颗粒间摩擦阻力过大,细颗粒无法填充脱水空穴,使脱水受阻,形成负压空间,即发生脱水阻滞现象,近真空腔的混凝土表面形成薄而密实的砂浆层(又称表面结皮)。在该层中,细集料颗粒及水泥含量增大,使远离真空腔的水分无法排出,因而,表面水灰比常低于内层,强度也有一定差异。

真空脱水密实的效果可用真空处理有效系数 K_k,即混凝土体积压缩量 ΔV_c 与脱水量 ΔV_w 的比值来表征。K_k 越趋近于 1,则真空脱水密实效果越好。

(3) 振动与真空的配合

为了提高真空处理的有效系数,常将真空密实工艺与振动密实工艺配合使用,从而提高混凝土的密实度。哈克斯(J. M. Hawkes)用水灰比为 0.5 及 0.704 的两种拌和料(配比水泥:砂:石子=1:2:3)进行了试验。试验时,真空时间(30 min)及真空度保持不变,仅改变振动时间。混凝土强度及振动时间的关系如图 2-36 所示。由图可见,振动时间在 10 min 以内时,真空密实混凝土的强度随着振动时间的延长明显增加。振动时间超过 10 min 后,真空密实混凝土的强度无明显增加。振动过久,将使混凝土产生反向离析,粗颗粒滞留在表层,细颗粒则沉于孔隙之中。因此,真空处理时,辅以间歇振动比持续振动效果更佳,二者的对比见表 2-12。

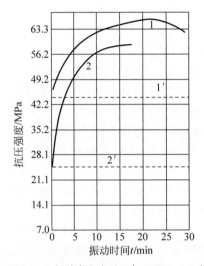

1—W/C=0.5,振动真空成型;1′—W/C=0.5,振动成型;2—W/C=0.704,振动真空成型;2′—W/C=0.704,振动成型。

图 2-36　真空处理振动时间对混凝土抗压强度的影响

试验表明,真空处理时,振动时间的长短对脱水量及剩余水灰比无显著影响。这时,施加振动的主要作用在于使混凝土处于液化状态,消除脱水阻滞现象,均匀脱除内部多余水分,排出气泡,使细颗粒填入脱水空穴,致使混凝土在压力差的作用下达到更高的密实度。

真空处理时,振动延续时间不宜过久,因为真空处理后期,混凝土已由流动性变为干硬性,尤其对于薄壁构件(厚度 6～10 cm),振动过久将导致其开裂,这也是间歇振动效果较好的原因之一。

2)振动真空密实成型工艺制度的确定

振动真空工艺制度包括真空腔的真空度、真空处理延续时间及真空处理时的振动制度。

(1)真空度的选择

真空处理时,足够的真空度是建立压力差,克服拌和料内部阻力,排出多余水分及空气的必要条件。

用配合比(水泥∶砂子∶石子∶水)为1∶1.8∶3.1∶0.5、水泥用量为 400 kg/m³ 的混凝土拌和料做的真空处理试验结果列于表 2-13。由表可见,真空度越高,脱水量越大,真空延续时间越短,混凝土也越密实。在实际生产中,一般选用的真空度为 500～600 mmHg。一般情况下,真空度低于 400 mmHg 时,总脱水量较少,真空处理时间延长,生产效率相应降低。

表 2-12　真空处理时持续振动与间歇振动效果对比

振动时间/min		真空处理时间/min		原始水灰比	脱水量/L	脱水率/%	剩余水灰比	抗压强度/MPa	
第一次	第二次	第一次	第二次					7 天	28 天
2	—	30	—	0.50	120	16.5	0.42	2.60	3.25
2	2	5	10	0.50	140～163	19.5	0.40	3.24	4.12

表 2-13　不同真空工艺制度下的脱水量

真空处理时间/min	不同真空工艺制度下的脱水量/mL		
	400 mmHg	500 mmHg	600 mmHg
5	60	64	100
10	75	81	120
15	78.5	96	130
20	80.0	103	134
25	80.0	106	138

注:脱水量是 15 cm³ 拌和料的脱水量。

(2) 真空处理延续时间的选择

真空处理延续时间与真空度、混凝土制品的厚度、水泥用量和品种、混凝土拌和料的坍落度及温度等因素有关。

① 混凝土厚度对真空处理延续时间的影响。真空度和混凝土配合比一定时，制品厚度越大，真空延续时间越长。在 500 mmHg 真空度下，用水灰比为 0.6～0.65 的普通混凝土所做的试验结果列于表 2-14。采用其他真空度时，表中所列真空处理时间应按下式调整

$$t_1 = t \frac{500}{P_1} \qquad (2\text{-}76)$$

式中，P_1 为实际真空度，mmHg；t_1 为对应于实际真空处理延续时间，min；t 为真空度为 500 mmHg 时真空处理延续时间，min。

表 2-14　制品厚度与真空处理延续时间的关系
（真空度为 500 mmHg）

制品厚度 d/cm	真空处理延续时间/min
<5	0.7d
6～10	3.5+(d-5)
11～15	8.5+1.5(d-10)
16～20	16+2(d-15)
21～25	26+2.5(d-20)

还应指出，真空处理开始时有大量多余水分和空气从混凝土中排出，随着真空处理过程的延续，脱水效率急剧下降。实际真空度低于 500 mmHg 时，真空处理时间应比表 2-13 中所列数值延长很多。因此，实际真空度较低时，制品厚度不宜过大。

② 水泥用量和品种及混凝土拌和料坍落度对真空处理延续时间的影响。一般情况下，水泥用量越大，混凝土拌和料坍落度越大，真空处理时间就越长；反之亦然。如采用火山灰水泥，由于其保水性较大，所需真空度及真空处理时间应适当提高和延长。在相同真空度下，其延续时间较普通水泥混凝土延长到 1.5 倍。因此，每一特定情况下的真空处理时间应从试验中获得。

(3) 真空处理时的振动制度

真空处理时的长时间持续振动将引起混凝土的分层离析，因此宜进行短暂间歇振动。每次振动时应暂停抽真空。因为真空腔内的真空度较大时，作用于混凝土拌和料的压力差，使集料颗粒挤紧，较难移动，影响混凝土的密实效果。当振动前中断真空（或减少真空度）后，真空腔内进入空气而使压力提高，而混凝土内部仍处于真空状态，这时若进行振动，混凝土内部阻力最小，振动效果最好。因此，中断真空后应立即振动，否则振动效果就会降低。每次间断振动后，真空腔内又恢复真空度，真空又传播到混凝土制品整个厚度，因此每次间断振动的间隔时间应等于真实传播到制品整个厚度的时间。制品厚度为 7 cm、10 cm、14 cm 时，真空传播到制品整个厚度的时间约为 60 s、100 s、200 s。根据有关试验资料，振动间断时间少于或超过上述时间，将使混凝土抗压强度降低，最多可降低 20%。

3) 真空脱水密实混凝土的物理力学性能

由于真空处理从混凝土中排出了部分多余水分和空气，因而改善了混凝土多项重要物理力学性能。

(1) 初始结构强度

真空处理结束后，混凝土内的孔由于失去部分水分而形成弯月面，并产生使孔壁收缩的微管压力，从而将混凝土颗粒骨架约束在一起。此外，密实成型后，混凝土内摩擦力也必然增加。微管压力和内摩擦力的作用使混凝土具有较高的结构强度。因此，真空处理后，混凝土制品可以立即脱模，从而大大提高模具的周转率。

(2) 不同龄期的强度

在自然养护下，振动真空密实混凝土的强度增长较快。与未经真空处理的普通振动混凝土相比较，抗压强度 3 天提高 46%，7 天提高 35%，28 天提高 25%，如图 2-37 所示；抗拉强度 7 天提高 21%，28 天提高 15%（见表 2-15）。

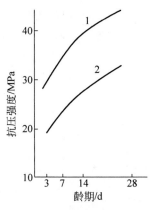

1—振动真空密实成型；2—振动成型。

图 2-37　振动真空混凝土和振实混凝土的
抗压强度比较

**表 2-15　振动真空混凝土和振实混凝土的
抗拉强度比较**

成型方法	抗拉强度/MPa	
	7 天	**28 天**
振动	2.2	3.03
振动真空	2.99	3.78

（3）抗渗性

真空密实混凝土密实度高，表面坚实光
滑，所以不易透水。一般其饱和吸水率比振实
混凝土低 40%～50%。因此，真空密实混凝土
的抗渗性好。表 2-16 所示为不同配合比振动
混凝土试件的抗渗试验结果（其振动真空制度
见表 2-13）。由表可见，振动真空密实混凝土
的抗渗压力均超过 2 MPa。

表 2-16　振动混凝土的抗渗性

混凝土配合比 （水泥∶砂∶石∶水）	水泥用量 /(kg/m²)	抗渗压力 /MPa
1∶1.8∶3.1∶0.465	380	72.0
1∶1.7∶2.68∶0.5	425	72.5
1∶1.66∶2.80∶0.5	400	72.5

由于真空密实混凝土具有坚实的表面，因
此不仅耐磨性能比一般混凝土提高 1～2 倍，而
且抗冻性也比一般混凝土提高 2～2.5 倍。

7. 挤压成型法

挤压成型法是预制混凝土制品工艺的新

发展，其特点是不用振动成型，可以消除噪声，
通过压缩的板材进入隧道窑内养护，如英国采
用大型滚压机生产墙板的压轧法等。

挤压密实成型工艺，不是将能量分布到混凝
土的整个体积，而是集中在局部区域内。应力集
中使混凝土容易发生剪切位移，颗粒较易产生移
动。这样，在外部压力的作用下，拌和料即发生排
气和体积压缩过程，并逐渐波及整体，最终达到较
好的密实成型效果。随压力的大小及拌和料性
能不同，有时挤压工艺仅起密实成型作用，有时则
在密实成型的同时还可起到脱水作用。

挤压成型按其是否与振动作用相配合，可
分为静力挤压与动力挤压。

1）挤压过程中混凝土拌和料各组分的作
用及其结构的变化

混凝土拌和料由粗骨料、细骨料、胶凝材
料及水混合而成，并在搅拌过程中混入大量空
气，因而拌和料应视为由固相、液相和气相所
组成的一个三相系统。固相粒子有大有小，呈
不规则形，表面致密或多孔，随着颗粒尺寸的
减小和比表面积的增加，颗粒相互靠近时所产
生的附着力增大。除起水化作用的水分外，拌
和料中多余的水分起下列作用：润湿固体颗粒
并使颗粒间发生湿接触；提高拌和料塑性并降
低成型时的摩擦力；有助于均匀成型并制取强
度较好的制品；由于毛细管压力而集结粉状材
料，有助于提高颗粒间相互连接的力。但是拌
和料中过多的水分也是有害的，因为在成型时
水会妨碍粒子的靠近，增加了弹性变形并会助
长裂纹和层裂。这是由于压制成型时，部分水
膜从颗粒间的接触处被挤入气孔中，当卸去外
压力后，水又重新进入颗粒之间，将颗粒推开，
使成型结束的试件发生膨胀。因此，从拌和料
的均匀性和密实性考虑，在压制成型时，适宜
的液相量极其重要。在成型时，拌和料中所含
的空气不论在什么条件下都起着不良的作用：
阻碍填充密实，降低颗粒的堆积密度并影响颗
粒的均匀分体，造成成型密度不匀并且增大残
余应力，成型后留在制品中的空气会造成附加
的弹性力，此时随同其他因素一起，在卸去负
荷后，引起制品的弹性变形。

2) 挤压成型过程

挤压开始前,拌和料是一种不密实的松散的宏观均质体,只有在自身所受重力作用下才发生塑性变形,此时人们认为它是各向同性的,如图2-38中状态1所示。

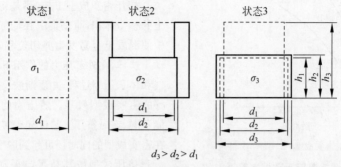

$d_3 > d_2 > d_1$

d_1、h_1、σ_1—原始状态下的试样直径、高度、湿体积密度;d_2、h_2、σ_2—在模型中经压实后的直径、高度、湿体积密度;d_3、h_3、σ_3—试样推出模箱后的直径、高度、湿体积密度。

图 2-38　试样在成型各阶段的线性尺寸变化

当挤压开始后,拌和料即处于三向应力状态,拌和料在模头的压力下发生压缩变形,首先受力的是大颗粒,并楔入比较小的颗粒,粒子互相靠近,重新组合,空气通过颗粒间隙排出,坯体体积显著减小,气孔率下降,颗粒接触面积增大。此时由于毛细管压力,固体颗粒的点接触增加及颗粒间的机械咬合作用增大,因而使颗粒间结合力增大。拌和料已由不连续的、松散的均质体转变为连续的、有一定密实度的均质体,坯体的塑性强度提高。此时模箱侧壁由于受到模头压力使坯体产生侧向膨胀压力而变形,变形值根据模箱刚度而定,变形值的大小就是坯体侧向膨胀值(见图2-38中状态2)。当继续加大压力时,颗粒产生塑性、脆性及弹性变形,颗粒接触表面有可能遭到破坏,内部空气通路堵塞,内部空气受到压缩并部分溶解于液相。由于水膜的黏滞力和颗粒的机械的咬合作用而阻碍颗粒的迅速移动,延长了颗粒的移动时间,因而坯体的弹性变形增大,坯体已转变为成型的制品。下一阶段是制品推出模箱,当制品推出模箱后,由于模头压力和模箱侧压力的突然消失,制品内部的压缩空气的压力及颗粒的弹性膨胀力等使制品在x、y、z三个方向产生弹性膨胀,制品尺寸将大于模箱尺寸,制品的湿体积密度降低,如图2-38中状态3所示。

为正确计算和选择成型设备,控制制品的成型和确定现有设备的工艺条件,必须确定坯体体积密度与单位成型压力之间的关系——用压制成型曲线表示。由拌和料的压制成型曲线(见图2-39)可见,压制开始阶段,在很小的压力下拌和料体积密度增长极快,当压制力升高到一定值时,体积密度增长速度减慢,最后压制力增长极快而体积密度增长极其缓慢。对于湿法成型制品,当加大压制力时,坯体体积密度可超过无气相的二相系统的极限体积密度,即有部分液相被排出。

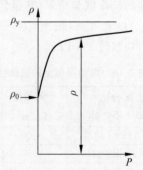

ρ_0—原始松散体积密度;ρ_y—固相密度;P—压制力。

图 2-39　拌和料压制成型曲线

该曲线可以用下式表示:

$$\rho_z = \rho_0 + aP_z^n \qquad (2\text{-}77)$$

式中,ρ_0 为拌和料的松、湿体积密度,kg/cm³;ρ_z 为拌和料在压力 P_z 下的密实湿体积密度,

kg/cm^3；P_z 为单位面积上的压制力，kg/cm^2；a、n 为系数，与拌和料配比有关。

3）坯体沿高度方向的压力变化及体积密度变化

拌和料的骨架是由固相颗粒所组成，颗粒之间的联结强度远小于颗粒本身强度，而且颗粒间还存在一定孔隙，由于胶凝材料的存在，颗粒之间的结合力随外压力同步变化，因此在宏观上仍可认为它是连续的匀质体。按此假定，则成型过程可用一般的连续力学方法进行研究，可近似认为内力沿压制品的断面连续分布。由于拌和料四周受到模箱侧壁的阻挡，在垂直压力（σ_z）作用下，坯料主要在垂直方向发生压缩，这种变形条件是坯料在 σ_z 作用下，同时又受到模箱刚性侧壁产生的侧向压力 σ_x 作用而形成的，由于模箱具有较大刚度，因此拌和料在压制成型过程中处于三向应力状态。

由图 2-40 可知：由活动模头向下传递的压力值沿砖坯的高度而降低，这是拌和料颗粒对模箱侧壁产生摩擦力的结果。为计算出在模头压力下砖坯沿高度压制力和制品体积密度的变化情况，首先必须计算出该层的压制应力。在 Δz 层高度范围内，坯体应力的增量为

$$(\sigma_{z2} - \sigma_{z1})A = \sigma_z K_\sigma fl \Delta z$$

实际上，压制应力是降低的，所以

$$\Delta \sigma_z = -\sigma_z K_\sigma f \frac{l}{A} \Delta z$$

当 Δz 很小时，有

$$d\sigma_z = -\sigma_z K_\sigma f \frac{l}{A} dz$$

$$\frac{d\sigma_z}{\sigma_z} = -K_\sigma f \frac{l}{A} dz$$

$$R_r = \frac{A}{l}$$

由于 $K_\sigma f$ 值在适用范围内随 σ_z 变化不大，可作为常数，积分得

$$\sigma_z = P e^{-K_\sigma fz \frac{l}{R_r}} \tag{2-78}$$

以上各式中，σ_z 为距活动模头 z 处坯体的压制应力，MPa；P 为活动模头的压制力（外压力），MPa；K_σ 为侧压力系数；f 为混合体与模箱壁的摩擦系数；A 为坯体受压力方向断面面积，

cm^2；l 为受压力方向周长，cm；R_r 为比值系数。

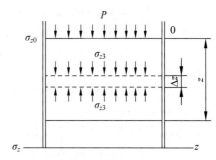

图 2-40 拌和料在模型中的受力分析

式（2-78）即为距活动模头 z 处，在外力 P 作用下的应力变化情况。

由式（2-77）可知：

$$\rho_z = \rho_0 + a P_z^n$$

此处，z 点的体积密度对应 z 点的压制力，则上式应改写为

$$\rho_z = \rho_0 + \delta_z^n \tag{2-79}$$

将式（2-78）代入式（2-79）得

$$\rho_z = \rho_0 + a \left(P \cdot e^{-K_\sigma fz \frac{l}{R_r}} \right)$$

$$\rho_z - \rho_0 = a \left(P \cdot e^{-K_\sigma fz \frac{l}{R_r}} \right) \tag{2-80}$$

令

$$x = n K_\sigma fz \frac{l}{R_r}$$

由于 $n \approx 0.1$，$K_\delta \approx 0.1 \sim 0.2$，所以 x 的二阶值可以忽略不计，于是有

$$e^{-K_\sigma fz \frac{l}{R_r}} = 1 - n K_\sigma fz \frac{l}{R_r}$$

则式（2-80）可改写为

$$\rho_0 - \rho_z = a P^n \left(n K_\sigma fz \frac{l}{R_r} - 1 \right) \tag{2-81}$$

由式（2-77）得

$$\rho_{z_0} = \rho_0 + a P_{z_0}^n$$

$$\rho_{z_0} - \rho_0 = a P_{z_0}^n$$

将上式代入式（2-81）并移项得

$$\rho_{z_0} - \rho_z = an K_\sigma f P^n \frac{z \cdot l}{R_r}$$

$$c = an K_\sigma f$$

$$\rho_{z_0} - \rho_z = c P^n \frac{z \cdot l}{R_r} \tag{2-82}$$

式中，P 为在 $z=0$ 处的压制力，即外压制应力，MPa；ρ_{z_0} 为在 $z=0$ 处坯体的体积密度，g/cm³；ρ_z 为在 z 处坯体的体积密度，g/cm³。

利用式(2-82)可以计算出在压力作用下，坯体沿高度方向的体积密度差，此处 $K_\sigma f$ 值可通过试验得出。

图 2-41 所示为含水量 18% 的废渣粉煤灰制品在压制成型过程中 $K_\sigma f$ 值的变化情况。由图可见，随着压制力的提高，$K_\sigma f$ 值迅速降低，而在压力达 5~10 MPa 时，$K_\sigma f$ 值趋于稳定。每一种配合比(不同废渣掺量)的拌和料都有固定的 $K_\sigma f$ 值。在同一坯体压制力情况下，随着废渣掺入量的提高，$K_\sigma f$ 值降低，产生此现象的原因是由于骨料掺量提高后，坯体骨架作用增强，刚度增大，向下传递应力的能力加强，因此侧向膨胀系数 K_σ 降低。同时由于骨料量增加，颗粒与模箱侧壁的接触点减少，摩擦系数 f 值降低，因此 $K_\sigma f$ 降低。图中所示五种不同废渣掺量的粉煤灰拌和料，在压制力 $\delta_z > 10$ MPa 时，其 $K_\sigma f$ 值在 0.1~0.28 范围内变化。

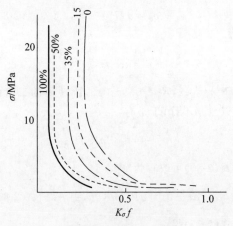

图 2-41　不同废渣掺量情况下的 $K_\sigma f$ 值与
压制力关系曲线

4) 压制密实成型工艺方法

压制成型工艺方法一般包括静力压制、辊轧、挤压、振动加压、振动挤压及振动模压工艺。

静力压制工艺制度包括成型最大压力、压制延续时间及加压方式。该种成型方法需采用较高的静压力，其压强可达数十兆帕。

由于静力压制工艺所需的成型压力较大，故一般只适用于成型小型制品，如煤渣砖、粉煤灰砖及灰砂砖。以标准砖(240 mm×115 mm×53 mm)为例，成型面积为 240 mm×115 mm。若成型压力为 15.0 MPa，则总压制力约需 40 t 以上；若成型较大面积的制品，则总压制力可达 100~200 t，将使设备复杂化。

加压速度一般以较缓慢为宜，这样使得拌和料中的气体在压力作用下较易排出，但会影响生产量。

加压方式一般分为一次加压、二次和多次加压，单面加压和双面加压等几种。双面加压可以获得较均匀的结构，但加压结构较为复杂。二次或多次加压比一次加压效果好，即先以较低的压力预压，再以较高的压力压实，从而可以减少压力在传递过程中的衰减，并使气体有充分的时间排出。多次加压时，应使压力逐步提高。已经压实的制品不能重复压制。

振动加压工艺是先对拌和料施加振动，使之达到初步密实和表面平整，再进行加压振动，以达到最终密实成型状态。振动加压工艺方法很多，图 2-42 所示即是一例，在振动器和气囊的双向振动压力作用下，制品上下两面受到同样的振动密实作用，使整个制品表面平整，密实度高，尤其对于干硬性混凝土更为有利。

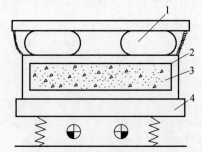

1—气囊；2—加压板；3—混凝土；4—振动台。

图 2-42　有气囊的振动台示意图

对于挤压或振动挤压工艺，则是利用螺旋铰刀挤压拌和料，或再辅以振动，使之成型和密实，有的制品则用胶囊进行挤压成型。图 2-43(a)所示为沟管的挤压成型示意图，图 2-43(b)所示为空心楼板的振动挤压成型示意图。

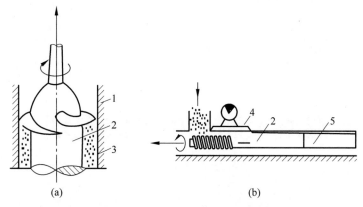

1—管模；2—螺旋挤压芯管；3—混凝土；4—振动器；5—台座。

图2-43　挤压及振动挤压密实成型示意图

(a) 沟管的挤压成型；(b) 空心楼板的振动挤压成型

2.2.2　混凝土制品生产流程

混凝土制品的生产流程包括混凝土制备、布料、成型、输送、养护等基本过程，以及物料运输、储存、制品检验、成品包装、产品深加工等辅助过程。

1. 基本生产过程

1）混凝土制备

混凝土制备是把水泥、砂石骨料、水和外加剂等按一定配合比称量并拌制成混凝土拌和料的过程。对物料进行破碎、筛分、磨细、洗选、预热或预反应，目的是改善颗粒级配、减小粒状物料空隙率、提高温度及洁净度、增大表面积以及提高活性等。

2）布料

布料是将拌制好的混凝土分布或浇注到模板或模具内的过程。

3）成型

混凝土成型是利用振动、离心、真空脱水、挤压等一种或多种成型方法，将混凝土凝聚成型的过程。对于浇注成型又不需要物理密实过程的生产方式，如加气混凝土的生产过程，无须专用成型设备，成型由模具完成。

4）输送

输送是指在制品生产中，进行原材料、拌和料、中间产品、成品、废品以及生产过程需要的模具、栈板、托盘等生产辅助设备的转运工作。

5）养护

养护可以看作通过对温度和湿度的改变，促进水泥发生反应而使制品硬化的过程。制品行业常用的养护方式有自然养护、加温养护、加湿养护、常压蒸汽养护以及加压蒸汽养护。在加速混凝土硬化的过程中，必须注意兼顾技术及经济效益，在不导致内部结构破坏，并发挥水泥潜在能量的条件下，最大限度地缩短养护周期和降低能耗。

2. 生产组织方法

考虑制品类型、生产场地条件、产能需求、设备类型、自动化程度等因素，生产的方法有台座法、机组流水法和流水传送法，后面章节有全面介绍。

第3章

混凝土制品生产线规划

3.1 一般原则

混凝土制品生产线规划设计一般遵循以下原则：

(1) 考虑工艺流程的合理性，从原材料输送到成品堆放，应避免倒流水作业。

(2) 因地制宜，充分利用地形条件，布置力求紧凑，节省用地面积，提高建筑系数。原材料及成品堆场应按照当地的运输、供应条件合理确定面积，留有一定的余地。

(3) 在关联车间之间，在满足防火和采光的条件下，应尽量缩短工艺流水线，避免长距离运输和交叉运输。建筑物和构筑物的距离在满足生产、防火和采光的要求下应尽量缩小。

(4) 较大型的生产线可适当地划分子生产线，按功能进行分区布置，将各功能区有机地组织起来。

(5) 各车间应按朝向和主导风向适当布置，产生粉尘和造成污染的车间应布置在工厂的下风方向。

(6) 应根据工厂的发展规划考虑扩大生产和改进生产的可能性，以便能以最少的投资，尽量在不拆除或少拆除原建筑物的条件下，达到扩建与改建的目的。

(7) 当分期建设时，应考虑公用设施及运输系统配置的合理性，力求后期建设不影响前期生产，先期建设为配合后期建设的投资不宜过多。

3.2 生产线规划

3.2.1 设计阶段和计划任务书

设计混凝土制品生产线，一般分为初步设计和施工图设计两个阶段。

开展初步设计应具备经批准的计划任务书、选址报告、环境评价报告，以及原料、燃料、水、电、运输等方面的协议文件和满足初步设计要求的勘察资料。开展施工图设计应具备经批准的初步设计和满足施工图设计要求的勘察资料及已订货主要设备的技术资料。

1. 设计阶段

1) 初步设计

初步设计要做好设计方案的比选和确定，满足主要设备、材料订货及基础建设的控制等要求，并编制出初步设计文件。

初步设计文件主要包括初步设计说明书、初步设计图纸和订货用设备、材料表等。

(1) 初步设计说明书

初步设计说明书由各专业设计人员编写，设计项目总负责人汇编。其主要内容包括总论、技术经济及各专业初步设计说明等，详细内容如下。

① 总论

• 设计依据。包括：上级批准的计划任务书（文号）；工厂用地批准文件（文号）；工程地质勘探报告；资源地质勘探报告；环境评价报告；原料可用性、生产新工艺验证试验报告；厂区地形测量图（比例）；气象条件、原材料供应及工厂供电、供水、供热、排水、交通运输、铁路专用线等主要协议文件。

- 生产规模及产品方案（纲领）。包括：产品品种与比例；年产量；产品规格及质量标准。
- 工厂组成及工作制度。包括：工厂建设项目；工厂全年工作天数，生产车间和配套生产车间的工作班制和时间。
- 建厂条件。包括：原料、燃料来源及运输方式；厂区位置、交通运输条件；工程地质、地震烈度、最高洪水位等气象条件；供水、排水、供电、供热；人防要求等。
- 主要生产方法。简要阐述采用的生产方法及主机设备的选用等。
- 生产线的主要技术经济指标。包括：全年产品产量；厂区占地面积；建筑面积（包括生产建筑面积）；设备总质量（包括工艺设备质量）；总电容量（包括工艺设备容量）；全年各种原料燃料消耗；全年货物运输量（包括运入、运出）；全厂职工总人数（包括生产及辅助生产人员、行政及管理人员）；全年用水量（包括生产用水、生活用水）；全年用电量（包括生产用电、照明用电）；全年用气量（包括生产用气、生活用气）；劳动生产率（包括全员劳动生产率、生产工人劳动生产率）；基础设施建设；产品成本说明等。

另外，应阐述本设计中提请上级主管部门、建设单位应注意解决的问题以及设计中未尽事宜等。

② 技术经济
- 技术经济分析。综合分析论证该生产线项目的技术水平和经济效益。
- 成本分析表。计算整个生产线的各类

各项的成本预算等。
- 劳动生产率计算。编制劳动定员表、生产定额、计算劳动生产率。

③ 专业初步设计说明

包括：总图运输、工艺、机械设备及其他各专业的初步设计说明和应有的附表或计算书。其中工艺初步设计说明的内容包括：工艺流程和方法；主要工艺参数；物料平衡表（包括单位产品消耗量）；各生产车间、配套车间的主要设备选型计算和设计中的其他说明。

（2）初步设计图纸

各专业的初步设计图纸具有不同的内容和要求。工艺初步设计图纸主要绘制车间工艺布置图，有特殊要求时，须绘制工艺流程图。

工艺布置图要求如下：

① 明确比例。常用比例有 1∶200、1∶100、1∶50。

② 建筑物与构筑物的轮廓画双线。画出楼梯、平台、安装孔、地坑等，注明建筑物的轴线间距及编号，剖面图上应注明各层的标高、起重机轨顶标高。

③ 所有工艺设备应注明其定位尺寸，即表示出设备与建筑轴线和地面的关系。

④ 平面图上应注明车间名称及维修间、工具间、车间办公室、材料堆放场地等名称。

⑤ 各工艺设备应标明编号，起重设备和检修吊钩应注明起重量。

⑥ 布置图上应附本车间的设备明细表，其格式参考表 3-1。

表 3-1　车间设备明细表

序号	设备名称及规格	单位	数量

（3）设备表

设备表包括初步设计所选用的全部标准设备和非标准设备，应将设备驱动电动机、减速机分项列出。此设备表供订货用，可按表 3-2 的格式列出。

表 3-2　供订货设备表格式

序号	布置图编号	名称及规格	数量	质量/t		功率/kW		设备供应商	图号	备注
				单重	总重	单机功率	总功率			

　　2) 施工图设计

　　施工图设计是在初步设计确定的建厂原则和技术方案基础上,深入开展的设计工作,必须根据批准的初步设计文件进行设计。施工图是工程建设的主要依据,必须满足设计材料的安排、非标准设备的制作、施工图预算的编制和施工要求。施工图设计过程中凡涉及初步设计的主要内容,如总平面布置、主要工艺流程、主要设备、建筑面积、建筑标准、总定员、总概算方面的修改,须经原设计审批机关批准。

　　工艺施工图包括以下内容:

　　① 工艺布置图

　　a. 明确比例。常用比例有 1∶200、1∶100、1∶50。

　　b. 准确画出建筑物与构筑物的轮廓,画双线,并画出楼梯、平台、栏杆、安装孔、地坑、门、与各种工艺有关的孔洞等。注明建筑物轴线间距及编号。剖面图上应注明各层的标高、起重机轨顶标高等。

　　c. 所有工艺设备要标明定位尺寸,即表示出设备与建筑物轴线和地面的关系。

　　d. 平面图上应注明车间、工段名称及维修间、工具间、车间办公室、生活间、材料堆放场地等名称。

　　e. 各工艺设备应注明编号,起重设备和检修吊钩应注明起重量。

　　f. 布置图上应附本车间的设备明细表,格式与初步设计相同。

　　② 设备安装图

　　较复杂的设备及对安装有特殊要求的设备可绘制安装图,对螺旋输送机、皮带输送机、斗式提升机、风动输送斜槽等机械设备,须绘制安装图,兼作订货图。

　　③ 非标准件图

　　管子、溜子、支架等简单的非标准件一般可不绘制图纸,但结构较复杂的应绘制施工图,必要时还应画出展开图。

　　④ 设备表及材料表

　　其格式与初步设计的设备表、材料表相同,在表中应将电动机、减速机分项列出,如施工图的设备表与初步设计无较大出入,则可不另列设备表。

　　2. 计划任务书

　　生产线建设工作涉及面广,内外协作配合的环节多,必须按计划、有步骤、有秩序地进行,才有可能达到预期效果。一个生产线建设项目从调查研究、拟订方案、编制计划任务书开展设计到建成投产要经过很多阶段,而计划任务书的编制就是这些阶段的基础性工作。计划任务书是基本建设的纲领性文件,它不仅是确定建设项目、编制设计文件的依据,也是竣工投产,验收的标准。一个建设项目在正式确定前要调查研究,进行技术经济方面的多方案比较,要从客观实际需要出发,考虑长远发展和布局的合理性。计划任务书的主要内容要具有先进性和合理性,各种数据和资料要齐全、可靠,要全面反映各方面情况。编制计划任务书是一项非常严肃的、政策性很强的工作,必须实事求是,认真做好。

　　混凝土制品生产计划任务书应包括以下内容:

　　① 建设目的和依据;

　　② 建设规模,产品方案(又称产品纲领),生产方法或工艺要求;

　　③ 水文、气候、地质和原材料、燃料、动力、供水、运输等协作条件;

　　④ 环境影响评价;

⑤ 建设地区或地点,以及占用土地估算;

⑥ 建设工期;

⑦ 投资计划;

⑧ 人员需求;

⑨ 要求达到的经济效果和技术水平等。

改、扩建项目要附原有企业固定资产的利用程度和生产潜力的发挥情况说明。

计划任务书常附有下列资料和附件:

① 产需调查资料及发展趋势的评判依据;

② 交通运输条件的调查资料;

③ 水文、气候和工程地质的调查资料;

④ 环境影响评价资料;

⑤ 建设地区的区域图和建厂地点的概况;

⑥ 主要原材料、燃料、动力、水源和运输的协作关系意见或协议文件。

3.2.2　生产规模与产品方案

1. 生产规模

生产规模即生产线的生产能力,一般用生产线的全年混凝土用量(m^3)数表示,也可用全年生产制品的实物数量表示,如管子以总长度(km)、电杆以根数表示。生产线的生产规模直接反映了建设目的和国家基本建设的投资效益,是生产线设计的主要依据。

生产规模一般由主管部门根据国家的全面规划或当地基本建设总规划提出,在确定生产规模时,应考虑以下因素:

① 当地对该混凝土制品的需要量及远景发展规划;

② 产品供应范围(供应半径)及运输条件;

③ 原材料的来源,经常供应量、储量(供应年限)及运输条件;

④ 生产线位置的地形条件,可使用的土地面积及范围,工程地质、气候条件及水文地质条件等。

2. 产品方案

产品方案是指生产的产品品种、规格、数量(或分配比例)、原材料品种及规格等。它是确定生产工艺及模板设计等的主要依据。

产品方案的确定主要取决于市场对该产品的实际需要。在确定产品方案时,应充分考虑原材料资源的合理利用和工业固废的综合利用。制品规格尽量做到标准化、定型化,建筑构件应符合统一建筑体系要求,其他制品须按照国家标准规定制定。

在确定生产规模和产品方案时,应注意产品配套问题,如某预应力钢筋混凝土管厂产品的比例(表3-3)和城市住宅建筑构件的生产配套比例(表3-4);另外,还应注意哪些产品适合在车间内集中生产,哪些在室外生产,哪些应外协生产。

表3-3　预应力钢筋混凝土管厂产品产量及占比

管内径规格 /mm	百分比 /%	不同规模生产线的各种 管年产量/km	
		30	40
600	35～50	10	20
800	25～35	10	10
1000	12～18	5	5
1200	12～18	5	5
总计	100	30	40

表3-4　某年产5万 m^3 大型板材厂产品比例

构 件 名 称	全年混凝土 产量/m^3	不同产品 的占比/%
外墙板	15 000～16 000	30～32
内墙板	15 500～16 500	31～33
隔墙板	4500～5000	9～10
楼板及屋面板	12 000～13 000	24～26
其他	1700～2000	3～4
总计	50 000	100

对建设单位提出的产品方案应分析研究,必要时由设计单位会同有关单位共同调整。

如果生产线还有商品混凝土、商品钢筋、商品半成品等供应任务,应在编制产品方案时一并列入。

产品方案可列表表示,如表3-5所示。

表 3-5　某钢筋混凝土预制构件厂的产品方案

序号	产品名称		产品规格					年产量		备注
			长/mm	宽/mm	高/mm	体积/m³	质量/t	单位：m³	单位：块	
1	预应力大型面板		5950	1490	300	0.572	1.44	10 000	17 500	
2	预应力空心板	双孔板	3600	595	140	0.163	0.408	6000	36 700	
		多孔板	5200	1195	230	0.572	1.44	4000	7000	
3	吊车梁					1.66	4.15	5000	3070	平均数
4	组合梁块体		2950			0.403	1.07	2000	4070	平均数
5	小型构件		>600			0.25	0.062	3000	12 000	平均数
	总计							30 000		

3.2.3　生产线组成与工作制度

1. 生产线组成

生产线组成包括一座工厂的各项建设项目。

生产配套组成可根据其工程项目的性质和内容划分为以下几类。

（1）主要生产工程：原材料储存设施、主要生产车间、成品堆场等；

（2）辅助生产工程：实验室、环保设施、配件仓库等；

（3）动力系统工程：锅炉房、水泵房、配电设施、压缩空气站以及动力输送线路等；

（4）其他工程：办公室、停车场、宿舍、食堂和绿化工程等。

现将混凝土制品生产线的生产配套组成主要项目列于表 3-6 中，供选用时参考。

表 3-6　生产配套组成项目表

序号	项目名称	内容
1	骨料堆场	砂、石、陶粒等原材料的储存
2	水泥仓库	散装水泥筒仓、袋装水泥仓库
3	钢筋车间	钢筋加工及储存
4	搅拌车间	混凝土制备
5	成型车间	制品成型
6	成品堆场	制品堆放、储存,部分成品检验、运输
7	环保设施	放置环保设施
8	机修车间	车间机械设备维修、部分零件加工、木模加工、修理等

续表

序号	项目名称	内容
9	试验室	部分原材料检验、混凝土物理力学性能试验
10	锅炉房	提供养护汽源
11	配电设施	
12	水泵房、水塔	
13	压缩空气站	
14	材料仓库	备件、工具、劳保用品等（亦可包括钢筋、钢材）
15	办公室	生产、行政、技术管理、资料室、医务所等
16	停车场	
17	宿舍	
18	食堂	
19	围墙、绿化工程	

2. 工作制度

生产线的工作制度包括年工作制度和生产班制两部分。生产线的工作制度决定了生产线的有效生产时间，因此直接影响到生产设备的利用率、劳动定员的配备、基本建设投资以及固定资产折旧率等重要技术经济指标，一般在计划任务书中应明确规定。全年生产天数一般按 300 天计算。

混凝土制品生产线的生产班制根据不同生产工艺、生产节拍等确定，每班生产时间一般为 8 h。

3.2.4 设计系数

在工艺设计中,首先应确定日产量,然后按日产量进行设备选型计算。在计算中常用的设计系数有日产量不平衡系数、设备利用系数和时间利用系数。

1. 日产量不平衡系数

日产量不平衡系数是考虑到生产中由于设备发生故障、停电、产品配套生产和供需不平衡等影响平均日产量的因素而相应采用的产量提高系数。

设计中日计算产量按下式计算:

$$Q_f = K \frac{Q}{T} \tag{3-1}$$

式中,Q_f 为日计算产量,m^3/d;Q 为年设计产量,m^3/a;K 为日产量不平衡系数;T 为年工作天数,d。

永久性生产线采用的不平衡系数 $K=1.2$;临时性生产线采用的不平衡系数 $K=1.4 \sim 1.6$,临时性生产线是指专为某项工程服务而临时设在建筑基地上的工厂和预制场。

日计算产量是配置工艺设备及计算原材料日消耗量的依据。

2. 设备利用系数

设备利用系数是指机械设备在每班八小时工作时间内的有效利用率。由于生产过程中,有的设备为间歇式操作,以及设备本身允许持续工作时间的限制而不能连续运转等原因,造成设备达不到规定产量。因此,提高设备的有效利用率,可以降低生产成本,增加投资回报率。

3. 时间利用系数

时间利用系数是指工人对八小时工作时间的有效利用率,工人的八小时工作时间除了生产操作时间外,还包括上下班的交接工作、操作前的准备工作时间,设备日常维修保养工作等辅助工作时间,某些工序中间休息时间及其他非生产操作时间。因此,提高时间有效利用率是提升生产效率、增加产出,创造经济效益的重要管理手段,也是提高投资回报率的重要方法。

设计中一般采用的时间利用系数为0.9。

3.2.5 生产线地址选择

1. 生产线地址选择的基本原则

生产线地址选择必须贯彻国家基本经济建设的方针政策,服从国家、地方工业规划分布原则,是综合性的经济技术分析与决策。拟定的生产线地址要有利于施工,有利于生产,有利于产品供销,使建成后的混凝土制品生产线经济合理。

生产线地址选择工作要以批准的建设项目的计划任务书为依据,在生产线选定的地区内,由建设主管部门和筹建单位负责进行,设计单位及其他有关部门配合参加。

在进行生产线地址选定工作时,要认真调研,进行多方案的技术经济比较和综合分析,力求满足以下要求:

① 资源条件。首先应了解当地资源的情况,要有丰富的供应量和较好的质量,力求做到就地取材。

② 生产线地址应尽可能靠近主要原料产地。

③ 生产线地址应满足环境影响评价要求。

④ 由于混凝土制品体积较大、质量较重等因素的制约,供应半径不宜过大,一般在100 km以内(有特殊要求例外)。在进行生产线地址选择时,既要考虑本地区的发展规划,又要考虑产品的合理供应范围,尽量做到就地生产、就近供应,以降低产品运输费用。

⑤ 生产线地址选择要节约用地,符合国家土地政策。

⑥ 生产线地址应选择在运输条件方便的地区,应尽量靠近已建成或正在建设的工业企业,以便利用已有的条件,节约建设投资。

⑦ 生产线地址应满足本企业的水质和用水量要求,生产线地址要靠近水源、电源和热源,尽可能减少工厂供水、供电和供热的建设投资。

⑧ 生产线地址的地质条件应适合企业厂房及设备基础的要求,以简化基础工程的处理。生产线地址应避免选择在断层滑坡、

溶洞、洪水淹没区和矿山开采区，避免因工程地质复杂，影响基础工程施工和增加基建投资。

⑨ 生产线地址不应设在地下有开采价值的矿址、工业民用主要交通干线及地面有大量拆迁建筑物、构筑物的范围内。厂区范围内如有建、构筑物应尽量利用，以减少基建投资。

⑩ 生产线地址应避开区域性高压输电线路。

⑪ 原有企业的扩建工程，尽可能在原生产线地址进行，应充分利用旧有建筑物和设施等，节约投资、节约用地，加快建设进度。

影响生产线地址选择工作的因素很多，拟定的地址不可能在各个方面都能达到理想的要求，因此只有抓住主要矛盾进行比较，权衡利弊，才能确定合理的方案。

2. 生产线地址选择的工作程序

选择生产线地址的工作步骤分三个阶段。

1）准备阶段

（1）取得必要的原始文件

包括：

① 批准的可行性研究报告。

② 上级对建线的要求、对建线地区的指示、技术装备标准、建设项目、投资控制额等批示意见。

③ 设计基础资料。

④ 环境影响评价资料。

（2）组织选址工作组

选址工作应由建设单位和主管部门负责进行，由设计、勘察、城市规划等部门配合参加。

（3）按照可行性研究报告的要求，拟出选址指标。

生产线地址选择扩大指标内容如表 3-7 所示。

表 3-7　厂址选择扩大指标

序号	指标名称	单位	数量
1	产线占地面积	m²	
2	产线职工总数	人	
3	产线总建筑面积	m²	

续表

序号	指标名称	单位	数量
4	原材料用量	t/a	
	砂		
	石		
	水泥		
	矿渣		
	钢筋		
	钢材		
5	煤用量	t/a	
6	蒸汽用量	t/a	
	生产最大用气量	t/h	
7	设备总功率	kW	
	全年耗电量	kW·h	
8	全年用水量	m³	
	最大用水量	m³/h	
9	压缩空气用量	m³/min	
10	全年货运量	t	
	运入		
	运出		

注：a 表示年，下同。

2）现场工作阶段

① 进行生产线地址选择的初步踏勘工作。

② 根据建设单位提出的初步意见，确定踏勘对象及范围，进行现场踏勘，并提出几个合适的生产线地址及生活福利区方案。

③ 调查当地原材料、燃料的供应地点和运输条件。

④ 调查生产线地址供电、供水、供热的来源，设置水源地及污水排泄的地点。

⑤ 调查生产线地址的用地范围、地形、地下水、地质、洪水、气候等自然条件。如果需要，可做初步钻探和测量。

⑥ 收集建设地区的技术经济、气象等设计基础资料。

⑦ 调查当地建筑材料和施工技术条件。

3）结束阶段

① 将现场踏勘和收集的资料加以对证鉴别，务必准确可靠。

② 根据已有的资料，对生产线地址方案进行综合技术经济比较，说明各方案的优缺点和存在的问题，提出初步结论。

③ 写出生产线地址选择报告书,报有关部门审查批准。

生产线地址方案比较表如表 3-8 所示。

表 3-8　生产线地址方案比较表

序号	项目内容	厂址方案		
		甲	乙	丙
1	建线位置			
2	外形和地势情况			
3	地质条件			
4	气候条件			
5	环境影响评价			
6	地貌和土石方工程量			
7	原材料供应条件			
8	交通运输条件			
9	与城市和住宅区的距离关系			
10	给排水、供电、供热条件			
11	协作条件			
12	施工条件和建厂期限的影响			
13	其他(如劳动力来源等)			

3. 设计基础资料搜集提纲

在生产线地址选择阶段,要深入现场搜集设计基础资料。有关专业的设计基础资料搜集提纲汇总如下:

1)原材料来源

① 砂石资源勘探报告、原料质量分析数据,至生产线地址的距离和运输方式。如需采购石料,需了解供应地点、规格品种、运输方式和供应周期。

② 各种工业固废的产生量、物理性能、化学成分(必要时需取样做半工业性试验),固废堆场至生产线地址距离,运输方式及装卸方式,取费标准和运输价格。

③ 水泥的产地、品种,到生产线的距离和运输方式,散装和袋装所占的比例。运输时一次装车车数和允许卸车时间。

④ 石灰、石膏等其他原料的供应单位,到生产线的距离及运输方式,化学、物理性能分析资料,价格及运费等。

⑤ 钢筋品种、规格和数量的供应条件,运输方式和供应周期。

⑥ 各种原材料储存天数及储存方式要求。

2)产品方案

包括产品的种类、规格、比例及产品设计图纸等,必要时由主管部门会同建设、科研、设计单位共同研究确定。

3)工作制度与生产线组成

与建设单位共同商定生产线的工作制度、班制,全年生产天数,生产线组成中的主要生产与辅助生产工程项目,以及必要的生活福利设施项目。

4)环境影响评价

按照地方对工业区环境影响评价以及对该类生产线的具体要求,完成环境影响评价报告的论证和相关文件资料等。

5)地形图

(1)区域位置地形图

标明生产线地址与城镇、工业区、铁路、公路、河流等的位置关系,确定企业外部铁路、公路及水路运输系统,取水水源地,给水、排水和供电系统的线路。

(2)生产线位置地形图

比例尺为 1∶500～1∶2000,常用 1∶1000。标明生产线地址及周围的详细情况。

6)气象

① 确定年平均气温、月平均气温、绝对最高最低气温、最热月平均气温及最冷月平均气温,日平均温度小于 5 ℃的天数和平均值,冬、夏季通风及室外计算温度,采暖期日数及室外计算温度。

② 冬、夏季室外计算相对湿度。

③ 风向及频率(年、季、月),平均风速(年、季、月),风向玫瑰图。

④ 四季日照率,全年晴天日数。

⑤ 冬、夏季大气压力。

⑥ 降雨、雪量。包括:年平均、最大、最小降雨量;一小时、一日最大降雨量;一次最大暴雨持续时间及雨量,当地雨量计算公式;最大及平均积雪厚度。

⑦ 土壤最大冻结深度。

7)交通运输

(1)铁路

最近车站及专用线到生产线位置的距离,

线路平面图和纵剖面图;拟建接轨点和经过地域的地形、地质、水文资料及桥涵等构筑物情况;铁路部门对设计线路的技术条件(允许最小曲率半径、坡度等)的规定及协议文件。

(2) 公路

现有公路及专用道路至生产线位置的距离,路基宽度,路面结构,最大坡度,桥涵构筑物情况。拟建专用道路的连接点及沿线的地形、地质资料,公路路面结构的习惯做法。

(3) 水运

通行河流航运条件、航运时间、航运价格;通行的船只最大吨位及吃水深度;利用现有码头的可能性,建设专用码头的地点和条件。

8) 工程地质

土壤成分、物理性能、地耐力、地下水位及水质、地震烈度,地质构造及地层的稳定性,有无滑坡、断层分析,地下有无溶洞及可利用的矿藏资源等。

9) 水文资料

(1) 地下水作水源

地下水类型、动态流向、补给来源、含水层厚度和颗粒分析;地下水温度资料,水文地质柱状图;抽水试验报告;地下水的静储量、动储量和开采储量;水质分析、卫生防护带、邻近现有取水构筑物的调查等。

(2) 地表水作水源

河流平面及横断面图,河流流域的水位、水温、含砂量、气象、河流变迁等记录资料;水源地的工程地质资料,水质分析资料,河流卫生防护资料,综合利用计划和航运情况;取水口上游河段现有取水构筑物的分布位置、类型和使用情况。

10) 防洪

最高洪水位,最大及最小流量,流域面积、平均径流。

11) 给水与排水

(1) 给水

市政或协作单位给水管网的供水制度、方式;允许接管位置的标高、坐标,干管直径和材质,埋置深度,至厂距离等;接管处的最高、最低和经常水压;水质分析。

(2) 消防

生产线地址附近有无市政消防栓,建设地区市政消防队和邻近企业的消防设施情况。

(3) 排水

生产线地址附近的市政排水系统资料,允许排放点的位置;市政对污水排放的要求,粪便污水处理方式,农田灌溉对污水水质要求等。

12) 供电

建设生产线地区供电电源,输电电压及距离;区域各级变电所位置、容量及输出电压,电源进线方式(架空或电缆),专用线路或共用线路,电源进线端的短路容量或短路电流,对继电保护装置及时限的要求,以及计量方式和功率因数等,二级负荷要考虑两个电源。

13) 供热

锅炉房用燃油、燃气的供应方式、价格等。可能供给的热源及其参数,接管点的位置,热力供应价格。

14) 建设地区工业企业相互之间废水、废气和废渣的种类和性质,危害程度及处理措施

15) 机电设备来源

了解地区机电公司和有关企业、单位的定型产品及设备的情况,当地非标准设备的加工能力,能否在生产线邻近的企业取得机电修理与生产检验工作的协作。

16) 工程施工与建筑材料供应

地区工程施工与机电设备安装的机械化水平,建筑构配件的预制加工能力;地区建筑物特点、风格和建筑标准要求;地区建筑材料供应条件、价格、工程单价、运输费用。

17) 改建或扩建工程

原有生产线的车间工艺布置图(设备图),建筑物或构筑物的施工图、竣工图以及有关的技术资料等。

18) 建设生产线地区编制的概算定额、价格、劳动定员指标及其他有关技术经济指标

生产线地址选择时需根据具体情况选取设计基础资料。可参考提纲中相关部分,并补充需要的内容。

参 考 文 献

[1] 庞强特.混凝土制品工艺学[M].武汉:武汉工业大学出版社,1990.

[2] 陆厚根.混凝土制品机械[M].武汉:武汉工业大学出版社,1991.

[3] 国家建筑工程总局,东北建筑设计院.混凝土制品厂工艺设计[M].北京:中国建筑工业出版社,1981.

[4] 严理宽.混凝土砌块生产与应用[M].北京:中国建材工业出版社,1992.

[5] 唐明贤.混凝土构件成型机械的发展[J].建筑机械化,2011(增刊1),15-17.

[6] 谭建军,肖慧,于献青,等.绿色墙体材料技术指南[M].北京:中国建筑工业出版社,2014.

第2篇

混凝土制品成型设备及生产线

第4章

小型混凝土制品成型设备

4.1 概述

4.1.1 小型混凝土制品成型设备的原理

小型混凝土制品成型机是用于生产面积小于 $1.5 m^2$、体积小于 $1 m^3$ 的混凝土制品成型设备。其一般是利用振动或压力使物料在模具模腔中密实成型,生产出混凝土制品。

4.1.2 小型混凝土制品成型设备的分类

小型混凝土制品成型机按安装方式可分为移动式、固定式;按成型方式可分为振动式、静压式、压振一体式(见表4-1)。其中振动式又分为台振式和模振式。移动式小型混凝土制品成型机又分为简易移动式和自动移动式两种。

表 4-1　混凝土小型制品成型机

安装方式	成型方式	振动方式	其他特点
固定式	振动式	台振式	单板式
			叠层式
		模振式	单板式
移动式	振动式	台振式	有轨自动叠层
			无轨自动叠层
		模振式	简易式
			有轨自动叠层
			无轨自动叠层
	静压式	无	单层
固定式	静压式	无	单工位
			直线多工位
			旋转多工位
固定式	压振一体式	台振式	单板式

4.1.3 小型混凝土制品成型机的性能及参数

成型工艺是生产混凝土制品的关键工序,通常由专门的成型机来完成,制品质量的优劣、生产率的高低在很大程度上取决于成型机的性能。

国内外生产的成型机种类、形式很多。因为我国最早的小型混凝土制品成型机主要以生产混凝土建筑砌块为主,因此,20 世纪 90 年代我国出台了国家标准《小型砌块成型机》(GB/T 8533),其中规定,成型机型号可表述如下:

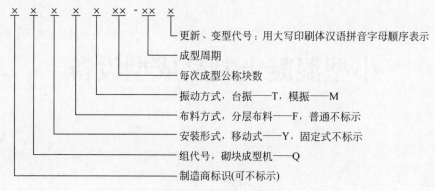

× × × × × ×× - ×× ×

更新、变型代号:用大写印刷体汉语拼音字母顺序表示
成型周期
每次成型公称块数
振动方式,台振——T,模振——M
布料方式,分层布料——F,普通不标示
安装形式,移动式——Y,固定式不标示
组代号,砌块成型机——Q
制造商标识(可不标示)

注:液压脱模的成型机不标特性代号。

例如,型号 QM4-15,即为每次成型公称块数 4 块(标准建筑砌块,尺寸为 390 mm×190 mm×190 mm)、成型周期 15 s、机械脱模模振式成型机;型号 QT10-20,即为每次成型公称块数 10 块、成型周期 20 s、台振固定式成型机。

对各种成型机的性能和技术参数,国家标准《小型砌块成型机》(GB/T 8533)中已做了详细的规定。因此,本章介绍的几种典型成型机均以此标准为前提,着重介绍机器的构造特点和性能。

振动成型是小型混凝土制品成型的主流方式,成型机质量很大程度上取决于振动参数。所谓振动参数,是指对振动密实成型效果产生决定性影响的技术参数,如振动频率、振幅、振动加速度、振动烈度、振动延续时间和加压值等。

1. 振动频率和振幅

频率(n)和振幅(A)是振动最基本的参数。频率指每秒时间振动次数,振幅指振动幅度的大小。振幅和频率的大小应相互协调,才能达到最佳的振实效果。

振幅的选择与混凝土拌和料的流动性和骨料颗粒大小有关。振幅过小时,粗颗粒物料振不动,达不到良好的振实效果;振幅过大时,振动易变为跳跃捣击,振动效率降低,还会使混凝土拌和物出现分层,而且物料颗粒在跳跃过程中必然吸入大量空气,导致制品内部结构疏松、密实度降低。对流动性大的混凝土,较适宜的振幅为 0.1～0.4 mm;对干硬性混凝土,振幅可选用 0.3～1.2 mm,骨料粒径较小的应选较小值。

频率的选择原则是使强迫振动的频率尽可能接近混凝土骨料自振频率,目的在于引起共振,从而达到较大的振幅,振动衰减慢,振实效果好。但是,不论哪种混凝土,其骨料颗粒粒级很多,自振频率各异,振动成型时一般常以骨料颗粒的最大粒径和平均粒径为依据,来选择较适宜的频率(见表 4-2)。在精益化振动控制中,也可根据工艺采取多频振动密实的方法成型。

表 4-2　骨料粒径与较适宜的频率参考表

最大粒径/mm	10	20	30
平均粒径/mm	5	15	20
频率/Hz	100	50	25

采用较高的频率,可使水泥颗粒产生较大的相对运动,使其凝聚结构解体而液化,对提高制品的密实度有利。但振幅过小时采用过高的频率,不能激起较粗颗粒的振动,反而使制品密实度降低,不利于强度的提高。

一般来讲,干硬性混凝土宜采用高频率、小振幅。国产小型混凝土制品成型机采用的频率多数接近 50 Hz(3000 次/min),比较一致,但振幅差异较大,小至 0.2 mm,大到 1.6 mm。国外成型机频率大多为 46.6～58.3 Hz(2800～3500 次/min),振幅为 0.8～1.2 mm。

振幅和频率数值会对混凝土振实效果产生很大影响,但它们之间量化关系并不明确,在成型参数设计上,应遵从振动加速度和振动烈度等要求。

2．振动加速度

振动加速度可以作为评价混凝土振实效果的综合参数。因为加速度是频率和振幅两者的函数,即 $a = A\omega^2$ 或 $a \approx 0.01An^2 (\mathrm{cm/s^2})$,在振动加速度相同的前提下,振幅和频率虽有差别,但振实效果是一致的。

试验表明,振动加速度对混凝土拌和物结构黏度有决定性影响,当它由小增大时,黏度下降甚剧;加速度继续增大,黏度渐趋缓和;当加速度增大到一定数值后,黏度趋于常数。同样,振动加速度与混凝土制品密实度(强度)之间也有类似关系。因此,选用最佳的振动加速度,可使混凝土制品获得良好的密实性和较高的强度,而又不增加振动能耗。不同品种的混凝土由于黏度不同,所选的振动加速度应有所不同。一般来讲,干硬性混凝土选用的加速度应大一些,具体数据参见表 4-3。

表 4-3　混凝土拌和物最佳振动加速度参考表

拌和物种类	工作度/s	加速度
可塑低流动性	<20	(4～5)g
干硬性	100～500	(6～7)g
特干硬性	>500	(7～9)g 或更高

注:g 为重力加速度,取 $g = 9.8\ \mathrm{m/s^2}$。

对于小型混凝土制品成型机而言,美、日等国的机型振动周期较短,振动加速度多取 20g 左右;以德国为代表的欧洲的机型大多振动周期长些,成型面积较大,振动加速度取 10g 左右。我国自主研发的成型机初期基本上以模振机为主,成型周期较短,振动加速度相对较大,与国外机型比较有不小差距;随着建筑小型混凝土应用市场的变化和企业不断创新研发,大都转为以台振式成型机为主导,成型面积、成型周期和重力加速度基本上达到或接近了欧洲机型的水平。

国家标准《小型砌块成型机》(GB/T 8533)规定了模箱振动加速度,并以此划分成型机等级(见表 4-4)。

表 4-4　GB/T 8533 对小型砌块成型机模箱振动加速度的要求

型式	移动式	模振固定式	台振固定式
振动加速度	≥3g	≥10g	≥8g

注1:台振模振复合固定式按台振固定式的规定。

注2:g 为重力加速度,取 $g = 9.8\ \mathrm{m/s^2}$。

3．振动烈度

工程经验认为,被振动的物料颗粒在相互运动中须吸收一定的能量,因此传播于混凝土拌和物中的振动能量密度的大小是评定振实效果的关键参数,该参数常以振动烈度表示。振动烈度(L)与振幅平方及频率立方的乘积成正比,即 $L = A^2n^3 (\mathrm{cm^2/s^3})$,其物理含义是:当振实同一混凝土拌和物时,无论 A、n 怎样变化,只要 A^2n^3 相同(即 $A_1^2n_1^3 = A_2^2n_2^3 = A_3^2n_3^3 = \cdots = A_n^2n_n^3 = $ 常数),并在一定的振动延续时间前提下,其振实效果是一样的。不同干硬性的混凝土适合的振动烈度可参见表 4-5。

表 4-5　不同干硬性的混凝土所需的振动烈度

混凝土类别	工作度/s	坍落度/cm	振动烈度/(cm²/s³)
塑性	5～10	10～15	5～100
低流动性	10～30	5～0	100～200
干硬性	30～150	0	200～600
特干硬性	150～200	0	600～1000

一般而论,要想增大 L,宜增加 n,不宜增加 A,因 L 与 n 的三次方成正比,n 增加,L 增大显著,前文已提及,A 过大对混凝土振实效果不利,所以 n 的增大也是有一定限度的。对一定类别的混凝土而言,其所适宜的振动烈度也有一定的限度,并非振动能量越大振实效果越好,生产效率越高。

4．振动持续时间

振动持续时间(t)也是振动密实成型的重要参数,它对制品密实程度和成型设备的生产率都影响很大。所谓振动成型所需的最佳持续时间，是指混凝土拌和物充分振实所需的时间，此时物料内部已无空气泡排出，不再沉陷，而且制品坯体表面开始出现水泥浆。对一定组分的混凝土拌和物而言，在一定的振动频率和振幅的情况下，或在一定振动加速度、振动烈度的前提下，均有一个最佳的振动时间。一般而论，振动时间过短，拌和物不能充分振实；振动时间过长，混凝土密实度也不会显著增加，反而可能会产生分层离析现象，降低了制品的质量。

从能量观点来看，若消耗于振实拌和物的能量相同，其振实效果亦应相同。试验证明，当振动加速度大于能使混凝土拌和物液化所必需的极限最低值时，使同一组分拌和物达到同样密实效果的振动能量 Lt^k 值应是一个常数。即

$$L_1t_1^k = L_2t_2^k = \cdots = L_nt_n^k = 常数$$

式中，$t_1, t_2, \cdots, t_n$ 为与 $L_1, L_2, \cdots, L_n$ 相应的振动延续时间；k 为系数，依混凝土干硬性而异；干硬性 <60 s 时，$k=2$；干硬性 $=60\sim100$ s 时，$k=3$；干硬性 $=100\sim200$ s 时，$k=4$。

由 $Lt^k=$ 常数可知，振动烈度 L 对振实效果的影响不及振动延续时间 t 大，所以有的制品成型机设计时，t 选得大一些，L 选得小一些，以降低造价及机件磨损，减小振动噪声，但会降低生产效率。所以较先进的制品成型机，设计振动持续时间较短，有的仅为 $2\sim3$ s，振动烈度 L 比较大。《小型砌块成型机》（GB/T 8533）对成型周期做了规定，见表 4-6。

表 4-6 GB/T 8533 对成型机的成型周期的规定　　　　单位：s

每次成型公称块数/(块/每模)			3～4	5～6	8～12	15～18
移动式	机动供料	液压脱模	≤40	≤45	≤50	—
		机械脱模	≤40	≤45	≤50	—
	人工供料	机械（液压）脱模	≤55	≤60	—	—
模振固定式	机动供料	液压脱模	≤15	≤20	—	—
		机械脱模	≤15	≤20	—	—
	人工供料	机械（液压）脱模	≤40	—	—	—
台振固定式	机动供料	液压脱模	≤20	≤22	≤25	≤30
		机械脱模	≤20	≤22	—	—
	人工供料	机械（液压）脱模	≤40	≤50	—	—
分层布料式			≤32	≤35	≤40	≤45

5. 加压值

小型混凝土制品成型时，一边振动，一边在上部施加一定的压力。在制品单位面积上施加的平均压力称为加压值。

成型时，加压是为了加速模腔内拌和物的下沉，这样可以缩短振动时间，增加混凝土密实度，并使制品顶面平整。加压值根据成型机机型结构和振动参数的不同而有所不同，一般来讲，振动剧烈的成型机加压值可大一点，反之则小一点。

4.1.4 小型混凝土制品成型机国内外发展与研究现状

1. 国外发展与研究现状

小型混凝土制品成型机械在国外已有百余年的发展史，尤其在美国、德国等发达国家已达到很高的水平。美国、德国、日本、意大利、法国、西班牙、丹麦、奥地利等国家的系列产品先后打入中国市场，对我国小型混凝土制品机械技术与质量水平提升起到了很好的促进作用。

小型混凝土制品成型机起源于美国。1866 年,哈契逊(C. S. Hutchinson)获得美国第一份生产空心砌块的专利证书。1900 年,帕尔默(H. S. Palmar)获得了小型混凝土制品成型机的专利。在小型混凝土制品和小型混凝土制品成型机发展的 100 多年历史中,美国成为全球混凝土制品产量最大的国家,其中贝赛尔公司(Besser Company),是目前历史最长的企业。该公司于 1904 年在美国密歇根州阿尔皮纳(Alpena)成立。阿尔皮纳地区有大量的石灰石资源,其水泥和水泥制品行业逐渐崛起。贝赛尔公司的创始人杰西·贝赛尔的父亲是当地一家水泥厂的总经理。其利用水泥生产混凝土制品,逐渐成为新兴行业,并催生了利用振动技术的混凝土制品成型机。早期的成型机非常简陋,以手工操作为主,操作极其困难,尤其脱模非常不容易;杰西·贝赛尔和父亲一起对购买来的成型机进行改进,并成功地设计出了贝赛尔公司的第一台砌块成型机,开创了一个崭新的行业并引领小型混凝土制品成型机行业。之后,贝赛尔公司不断研发和更新,设备的自动化程度也随着基础工业的发展而不断提高,其中 20 世纪三四十年代是该公司的快速发展期。V3-12 型主机在 60 年代被不断发展和定型,成为贝赛尔公司的经典机型。后期又陆续开发出速度更快的 Dynapac、每次成型 4 块的 Ultrapac、每次成型 6 块的 Superpac 和采用液压系统传动的 Bescopac 三块机等。

美国贝赛尔公司采用机械传动方式完成小型混凝土成型整个动作过程。成型机机械动作的先后顺序依靠大凸轮组发起,因此设备的可靠性高,各部分的动作准确到位。除了机械凸轮传动的特点之外,美国贝赛尔成型机的另外一个特点就是采用模箱振动的基本原理成型。所谓模箱振动,就是由两个电机带动模箱上的振动块,再由振动块带动模箱整体进行振动,简称模振。

贝赛尔公司生产的制品成型机主要有 5 种。产量最大的是 V6-S,一次成型 6 块标准小型混凝土制品(390 mm×190 mm×190 mm),成型周期约 6.7 s,最大产量为 3240 块/h,但其主机自重达 32.7 t;我国进口较多的机型为纯机械传动的 V3-12 机型,其成型周期为 6.5 s,总功率为 28.5 kW,自重达到 17 t。贝赛尔公司的制品成型机销售量约占美国市场的 50%。另外一个代表是美国哥伦比亚公司(Columbia),其生产的制品成型机有 7 种,我国进口较多的机型是 CM-1600,一次成型 4 块,成型周期约 9.2 s,其销售量约占美国市场的 30%。这两家公司占据了全美小型混凝土制品机械销售量的 80%。另外,其产品还远销世界数十个国家和地区。日本在 20 世纪 60 年代后期也开始生产制品成型设备,是在引进美国技术基础上发展起来的,到 80 年代已能生产性能较好的全自动制品生产线,较知名的品牌有"虎牌"等。90 年代末"虎牌"产品进入中国市场,代表机型有 M4、PS120 等。

贝赛尔公司出品的 V3-12 型小型混凝土制品成型机,V3 代表 3 块标准混凝土砌块,12 代表成型高度为 12 in(25 cm),其主机的振动是由固定在模箱上的偏振块实现的。不同产品的模具不同,所附带的振动块也被设置成不同的偏心距和偏心配重,同时驱动皮带轮的方式也有变化。更换模具时振动块也同时更换,因此不同产品将通过不同的振动频率和振动幅度实现。这套系统被称为 Posapac 振动系统,其特点就是振动的设定非常简单实用,生产时不需要调节。缺点是不能很快地调整振动幅度,产生不同的振动烈度,而振动的频率更没法调节。可以选购的 AFC Smartpac 振动系统为变频控制系统,通过控制面板可以改变振动的频率,同时偏振块通过弹簧连接,在转速加大时偏振块可以向外滑动,从而产生更大的振动力。Bescodyne 系统是一套液压离合和刹车系统,在生产过程中使振动电机能够频繁地快速启动和急速刹车。

V3-12 具有独特的机械凸轮传动系统,其主机上最显眼的零件是其大凸轮组。在凸轮的各个关键位置上安装了信号传感器,可以通过程序调整。成型机机械同一轴上共有 7 个凸轮:托板递给凸轮、供料凸轮、供料返回凸轮、脱模凸轮、脱模提升凸轮、托板回收凸轮、脱模头辅助凸轮。它们控制了进料、递板、模头下压、脱模等一整套动作,其机械动作协调准确。这一设计适用于快速高频往复运动,避免了液压系统在快速高频往复运动中的滞后或提前现象,能长期稳定工作。

美国哥伦比亚公司设计和制造多种制品成型机,包括 7 种型号在内的机器具有每小时生产 75～500 m² 路面砖的生产能力,钢托板尺寸从 500 mm×500 mm 到 1400 mm×1400 mm。该公司的最大机型为 180 型,钢制托板尺寸为 1400 mm×1400 mm。该机分为三个工作区:生产过程本身、模箱进料以及振实中心区域。振实装置包括驱动电机和两对旋转方向相反的振动器。整台机器全自动工作,由计算机控制。

台振式小型混凝土制品成型机以德国 MASA、HESS、OMAG 等几家公司产品为代表,其中 HESS 公司产品于 1993 年进入中国市场,MASA 公司产品 1996 年进入中国市场,对我国台振机型的发展起到了一定推动作用。

德国 HESS 公司开发了多种制品机,包括 Hydromat HP3A 多层生产装置、HB3 型斜模机器、路面砖生产机器 Multimat RH2000UA 等。其中路面砖生产用的机器工作托板尺寸为 1450 mm×1300 mm,生产面积为 1300 mm×1250 mm。这种坚固而紧凑的机器重达 32 t。该机的控制器存储有 50 种制品生产程序。机器中装有一种已取得专利的可编程电子振动器,由 8 台独立电机驱动,其同步、频率和振幅调整全部由电子控制,使得同步齿轮、刹车装置、振幅设定装置等易磨损件不再需要。这种可编程通用可控振实系统 Variotorinc 可以采用不同原材料生产多种小型混凝土制品,可以振实难以振实的材料。

在一些领域,进一步开发的斜模型机器可生产用于复杂用途的多种产品,如电缆沟槽、水槽和建筑工程用的其他特殊制品。HESS 公司生产的混凝土制品最大尺寸可达 3000 mm×80 mm×500 mm。紧凑的多层生产装置每班 8 h 可生产 1000 m² 组合路面砖。其依靠更复杂的电子控制系统对操作的安全性和工作性能进行优化。

MASA 公司具有多种制品成型机,其中一种称为 Record24 的小型混凝土制品成型机可生产墙体制品、路面砖和特殊制品;另一种用于中等生产规模的称作 Satmp4000 的半自动化机器,也适用于生产多种混凝土制品。该公司的核心产品为具有面层布料装置的最大型机器 L9.2,其技术特点是具有前机架支撑的稳定可拆卸钢结构。机架内部件如进料装置、物料仓、进料称量台和进料小车驱动装置易于调整。模箱和压头的导向柱为具有可更换塑料衬套的实心钢轴,更换衬套无须拆卸导向柱。进料小车装有特制振动格栅以便下料均匀快速,这对薄壁制品特别重要。值得一提的是同步模箱提取装置,其更换模具时用液压机械锤锁、气动模箱互锁和模箱支撑。该机采用装有 4 台完全同步振动器的一体化振动台,具有高度调整装置的全自动模具更换装置。其控制系统装有一台可编程电子控制系统,具有显示、配方储存和通过互联网的远程诊断系统。

MASA 小型混凝土制品成型机系列的最大机型托板尺寸为 1400 mm×1300 mm,最小机型托盘尺寸为 610 mm×460 mm。全自动化设备包括自动更换模具,气动固定模箱等装置。成型高度可以手动调整,也可设计为自动调整。振动台装备有两台独立的振动器,其振幅和频率通过变频器与对应的压实能力相匹配。机器和振动台的分离保证了振动部件的振动能量大部分直接作用到物料上。大量的部件实现了标准化,如采用相同直径的螺栓和相同的缸体,以便备件的储存和维修。导向柱的导向衬套为半壳形,更换拆装工作量不大。

OMAG 公司主要生产混凝土制品成型机和混凝土制管机械两种产品。混凝土制品成型机 OMAG-Tronic522-140/90 适用于生产从路面砖、空心砌块、路缘石到特殊混凝土制品等多种混凝土制品,所有生产参数均在控制台上由键盘输入确定。该控制台包括故障检测仪以及显示所有工作步骤和过程的模拟屏。大生产率的机器使用 1400 mm×1000 mm 木制托板。该机有稳定的四个导向柱,柱的轴承非常长,为剖分式设计,使用的部件大部分相同,如底层和面层混凝土进料系统通用,使维修和备件的储存非常简单。模箱和压头通过机械装置来确保同步和导向的平行,模箱、压头和两个进料小车的液压运动通过数字位置测量的方式来控制,不需要限位开关。该机还具有快速模箱更换装置,模箱和压头气动锁定。进料小车装有一个可移动格栅,小车的液压运动范围大大超过了模箱的边界,其利用了物料本身的惯性力,用快速和简短的振动来确保物料恰当且均匀地进入模箱。在终点位置对小车运动采取缓冲措施。其振动系统由具有四台振动器的一体化振动台组成,其中两台初始振实用,另外两台最终振实用,各振动器靠一台电动机通过万向节来驱动。振动台由空气弹簧导向,以确保振幅的调整。三个固定的支撑架加强了振动的过程。对于主要振动过程,该机提供两台大功率振幅可调振动器。OMAG制品机的典型特点是将冲头进一步分为锤和压头,采用气弹簧使振动能量直接作用到振动台、模箱和压头上。一方面使振动能量只集中在这个很小的区域而机器结构不受影响,另一方面减少振实时间和能量。仅仅在振实过程完成后,液压短时作用,然后再次缓解。采用此项技术也可以使用相对湿一些的拌和料,而不致使制品面凸出。该公司还注重对辅助设备的研制,如具有液压爪进给的滑动导轨、轨道小车的输送桥、旋转齿轮的提升柱和液压制品夹具等。

法国 Demler 公司 DL1011/131 型混凝土制品成型机适用于中小规模制品厂使用,而 DL200/230 型是当时最新也是最大型号的制品机,该机有两种规格,分别适用于 1250 mm×1350 mm 和 1400 mm×1450 mm 的托板。该公司所有机型大量采用标准件以简化维护和备件储存,机器的设计使维护人员易于接近每个元件和维护点。对于进料、布料和振实混凝土,公司开发了一种特殊技术,其核心部件为具有 7 个马达驱动的振动组件振动台,频率和振幅可以无级调整,在低频范围内附加振动保证了物料的均匀分布和良好的振实效果,机器

为液压驱动和计算机全自动控制,控制器存储了 70 种固定程序。进料车的运动是可控的,其本身提供一个自动清扫格栅。由于混凝土通过两个出料斗进入进料车,使物料分布更加均衡。该机可以采用两块木托板或一块大板,压头也可以针对各种产品单独调整,锤是液压互锁的。通常工作压力为 12~14 MPa。该公司每年大约生产 60 个模箱,规模很大,还生产液压抓紧和码垛系统。液压抓紧系统压力作用在夹具四面,整个液压系统安排在卡带以下,这种设计具有一定的优点。另外还开发了一种使用塑料罩的特殊混凝土硬化工艺,对覆盖后的制品可以更好地利用水化热来硬化,同时还可以保护制品不过分干燥,塑料罩放置在木制托板上可码放 10 层以上。

德国 ZENITH 公司制造全套的混凝土制品生产机械及其配套设备如移动式/固定式混凝土制品成型机、叠层生产装置、输送装置和成型机等。生产的全自动移动式成型机 Hydro-Blitz913 和 Hydro-Blitz940 Super 是改进型的新一代机型,可生产 50~1200 mm 的混凝土制品;叠层生产装置 Hydor-Blitz844AZ 可实现叠层高度 640~800 mm;移动式混凝土制品成型机 Hydro-Blitz860AZ 依其产品规格可生产高达 500 mm 的混凝土制品,有效工作面积约 1.2 m²。模箱靠气悬浮,并设有加压装置,配有由电机驱动的辅助移动设备和变频器。

目前国外先进的小型混凝土制品成型机均具有模箱自动更换装置、电子变频变幅振动系统和 PC 机或计算机控制系统。高度自动化的制品机对改善工作环境、提高产品质量和减轻劳动强度等具有现实意义。

2．国内发展与研究现状

从发展阶段来看,我国混凝土制品成型机械装备制造业,依行业类、组、型划分,归属于混凝土制品机械行业范围。此产业紧密跟随工程建材制品的蓬勃发展,伴随着制品生产及工程建材制品工艺技术水准的提高而不断地发展。依据制品成型机械进入市场的发展历程,其大致划分为 4 个重要发展阶段:

(1) 第一阶段,1960—1980 年

我国混凝土制品成型机械研制工作开始于 20 世纪 60 年代,当时由原国家建材总局牵头,东北设计院参加。1968 年在杭州小河预制制品厂开始研制中型混凝土制品成型机(分移动式和固定式两种),固定式在杭州、焦作、长沙等地投产,后由于块型大(高 800~880 mm,大块的重达 200 多 kg),砌筑、施工非常不便,在焦作、杭州盖了几栋住宅后再没有得到推广。70 年代大部分的制品采用简易杠杆式或简易移动式砌块制品成型机进行生产,这些制品依靠自然养护,水泥耗量大、劳动强度大、质量不稳定,不能满足制品建筑的要求,后逐步退出市场。这个阶段,以小型移动式制品成型机为主流产品,占 80% 以上,产品市场主要分布在四川、广西、贵州、江西、云南等地区,主机系统构造是以简单的机械传动方式为主,振动系统大多采用了建筑预制品厂通用的小型附着式振动器,振型为环向振动,主要激振方式为压头振动、模箱振动、模芯振动、底台振动。由于此类小型附着式振动器作为激振引擎的动力效果较弱,所以在制品成型机上同时要匹配两种以上的激振引擎、作业中同时施加激振,而砌块制品的成型周期最快也得 40 s 以上。1984 年在广西南宁召开了全国小型混凝土制品成型机的行业展览会,会上所展示的成型机机型达到百余种之多。

(2) 第二阶段,1980—2000 年

在改革开放的战略方针指导下,国民经济和城乡建设开始进入高速发展阶段。在当时建设部及有关单位组织下,行业加大力度推动了混凝土制品成型机在国内的进一步发展。

20 世纪 80 年代初期,由扬州机械厂加工制造了 HQC3 砌块成型机,1988 年 4 月进行部级鉴定,单机成型周期 12 s。1981 年由原国家建材总局严理宽等人设计开发了小型空心砌块成型机及自动生产线。1983 年正式列为国家"六五"科技重点攻关项目的一个子项,由东北设计院进行组织设计,主机采用模振技术,设计出 SBM-5 全自动砌块生产线,1985 年经

部级鉴定,先后获国家建材总局科技成果一等奖、建设部二等奖、国家科委三等奖。1996 年经进一步提高后形成 QM5-16 全自动生产线,由原四川绵竹机械厂进行生产。扬州机械厂在 HQC3 基础上加大改进,研制了 QM4,一次可成型 4 块,提高了产量。而后福建鸿昌、北京华贝尔、山东高密、沈阳韩宝等厂家也设计制造了全自动生产线。

扬州机械厂 1992 年 11 月在牡丹江及 1997 年 11 月在扬州分别对台振 HQC5 及 QT7 全自动生产线进行了部级鉴定,1997 年 8 月在山西阳城对中国建筑科学研究院建筑机械化研究分院研制的 QT4-18 进行部级鉴定。此外,由国家立项,在国家建材局组织领导下,由中国建筑东北设计院主持研究设计,广州光华机器厂制造的模振 5 块机,具有升降板机及指状叉子母程控窑车的全自动生产线,在昆明硅酸盐制品厂投产使用。

在这 20 年的发展过程中,除了国内企业国产化生产的 5 块机型全自动生产线以外,制品成型机全套自动化设备及高端市场的主流产品仍然以美国、欧洲以及后期的日本占据主要地位。通过广大科技人员及混凝土制品机械制造商多年的努力,国内终于在 20 世纪 90 年代中后期产生了一批专业研发制造混凝土制品成型机的规模企业,我国的自主研发能力有了飞跃式提升。

(3) 第三阶段,2000—2012 年

2001 年鸿昌 HCQ6-15 型全自动二合一生产线投放市场。2003 年相继研发了 HCQT10-15、HCQT12-15 等多款成型机,并出口欧亚非三十几个国家。2010 年 11 月中国建筑科学研究院建筑机械化研究分院研制出 QM4-12 小型混凝土制品全自动生产线并经省级鉴定。我国逐步开始自主研发较高水平的小型混凝土制品成型机及其全自动化的成套设备生产线,进入了国内高端市场,形成了以中国设计制造的机型设备为主流的市场状况。

(4) 第四阶段,2012—2020 年

在此阶段,混凝土制品机械的制造水平和智能化技术发展迅猛,并取得了显著的进步,

出现了以西安银马、福建泉工、福建鸿益、天津新实丰等为代表的多家品牌化混凝土制品机械制造商,先后制造出多款高性能、高效、高智能的制品成型机和生产线,逐步改变了进口装备占领大部分市场的状况。

在国际化方面,福建泉工于2014年整体收购了具有60年制造历史的德国策尼特公司(ZENITH),公司整体制造水平得到大幅度提升,提升了国际竞争力。

几十年来我国自主研发生产的小型混凝土制品成型机械,在自动化程度、技术性能、可靠性等方面都有了很大的提高,一些机型已接近或达到国际先进水平。不少厂家成套自动生产线出口到东南亚地区,以及美洲、欧洲、非洲等区域。

4.1.5　小型混凝土制品的种类

单体成型面积不大于 1.5 m^2 或体积不大于 1 m^3 的混凝土制品属于小型混凝土制品,其一般通过小型混凝土制品成型机制造。

小型混凝土制品的应用领域十分广泛,从各类建筑物到市政道路、广场、机场码头、园林景观、水利工程等,几乎无处不在。其种类多样,既有干硬性混凝土振动成型制造的产品,也有流动性混凝土静压成型的产品,还有振动静压综合作用成型的仿石材产品。随着混凝土制品深加工技术的进步,制品的外观效果更加丰富多彩。

1. 市政建设应用类制品

1) 路面砖

路面砖类产品是小型混凝土制品中占比重最大的品种,根据不同的市场需求,路面砖的厚度从 50 mm 到 120 mm 有多种规格,静压成型的甚至可达到 20 mm。其外形尺寸与颜色多样,可满足不同的设计需求。如图 4-1 所示为彩色路面砖的应用。

2) 路缘石

路缘石是重要的道路用混凝土制品,其规格品种非常多,包括普通侧石、高阶侧石、侧卧石、缘石、平石、坡角石等。图 4-2 所示为路缘石类制品的应用。

(a)

(b)

图 4-1　彩色路面砖的应用

图 4-2　路缘石应用

2. 园林景观应用类制品

园林景观类制品包括植草砖、花盆砖、园林装饰等。图 4-3 所示为园林景观类制品的应用。

3. 水工制品

水利工程是小型混凝土制品的重要应用领域,水工制品的品种多样,包括水工护坡砖、挡土墙、护坡混凝土制品等,既有干硬性振动成型的,也有浇注和静压成型的。图 4-4 所示为水工制品的应用。

4. 建筑用制品

建筑用混凝土制品非常广泛,最早的成型

(a)

(b)

图 4-3　园林景观类制品应用

图 4-4　水工制品应用

图 4-5　建筑用制品应用

4.2　小型混凝土制品成型主机的结构原理

4.2.1　台振式小型混凝土制品成型机

通过振动台振动成型的混凝土制品成型设备称为台振式制品成型机。台振式制品成型机是由变频电机通过皮带轮带动带有偏心块的轴，产生相向转动，水平方向的离心力互相抵消，垂直方向的离心力互相叠加，从而产生垂直定向振动，使模腔内的拌和料密实成型的制品成型机。

振动系统是台振式成型机的核心单元。双轴或偶数多轴惯性振动器水平安装在振动台体下面，产生垂直定向简谐振动，振动台将能量通过托板传递给模箱内拌和料使其密实成型。另外，此种模式在压头上装有辅助振动器，尤其对路面砖类制品，其振动通过阳模压板作用于制品上表面，可达到设计要求的强度及外观效果。此种成型机通常采用较大的模箱，一次成型 9～15 块甚至 18 块标准制品（390 mm×190 mm×190 mm），生产不同的产品其成型周期为 12～20 s。固定式成型机成型高度可达 600 mm，移动式成型高度最高可达 1000 mm。配以不同的模具可生产路面砖、路缘石、水工块、建筑砌块、园林装饰柱、盆等多种产品。图 4-6（a）、（b）所示为台振式小型混凝土制品成型机的实物及结构图。

机基本上都是针对生产建筑砌块而设计。建筑用小型混凝土制品主要是建筑砌块制品，包括承重制品、装饰性制品、保温制品、轻集料制品等。图 4-5 所示为建筑混凝土制品在工程上的应用。

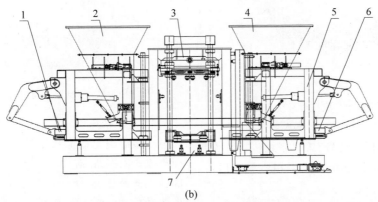

1—基料布料车；2—基料储料斗；3—阳模压头；4—面料储料斗；5—布料车支架；6—面料布料车；7—振动台。

图 4-6 台振式小型混凝土制品成型机

（a）实物；（b）结构图

1. 台振式小型混凝土制品成型机的系统结构组成

台振式小型混凝土制品成型机一般由基础工作台、储料斗、布料车、振动系统、模具锁紧及起模系统、液压及电控系统等部分组成。

1）基础工作台

基础工作台如图 4-7 所示，其用于安装模具，为布料车提供行进轨道，支撑设备的各部件以及承受制品成型时的压制力。

2）摊布料系统

如图 4-8 所示，摊布料系统由储料斗、布料车组成。储料斗用于储存拌和料，带自动开合下料门装置，通常有两个，一个用于储存基料，一个用于储存面料；布料车与储料斗对应，通常也有两个，主要用于将料斗中的拌和料送入模具模腔。一般布料车中配有强制喂料装置，可以是带动力的耙齿、推杆，也可是无动力的

图 4-7 成型机基础工作台

压料杠。

3）振动系统

振动系统（见图 4-9）主要包括振动台、振动源（振动电机、传动皮带、振动马达、伺服控

(a)

(b)

图 4-8　摊布料系统

(a) 储料斗；(b) 摊布车

制器及振动器同步装置）等。系统传动方式一般采用液压方式，系统定位采用直线编码器、位置传感器等。

(a)

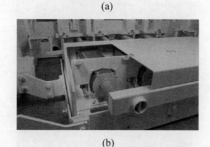

(b)

图 4-9　伺服振动系统

4）模具锁紧及起脱模系统

模具锁紧及起脱模系统主要由模具结构、阳模支架、阴模压板、阳模提升油缸等组成，如图 4-10 所示。模具由阳模和阴模两部分组成，阳模由锁紧装置与阳模支架紧固连接，锁紧装置可以是液压的，简易的也可用螺栓紧固；阴

模置于振动台上的托板上，阴模模框两端由阴模压板压牢，一般有气囊装置缓冲压力。成型完成后，脱模油缸将阴模提起，当阴模底部与阳模压板达到同一平面时，制品从模腔中脱出，脱模油缸将模具提起，托板携带着产品运行到下一工位完成脱模。

图 4-10　模具锁紧及起脱模系统

5）液压系统

小型混凝土制品成型机液压系统有的选择集成式液压站，有的选择针对不同功能区域的独立式液压站，无论哪种形式，液压系统都由驱动电机、液压泵、液压阀、油路、散热装置及控制系统等构成。图 4-11 所示为集成式液压站及其原理图。

6）电控系统

电控系统主要由控制柜、数据控制器、可编程控制器、触摸屏等组成，一般为模块化设计，可实现人机对话等功能。电控系统通常集中设置，以便于操作与管控。图 4-12 所示为电控系统操作端实物图。

2．典型台振式成型机的工作流程

搅拌机将搅拌好的拌和料投入到输送皮带或料车，将基料送入成型机基料储料斗内，通过基料储料斗下方的布料车将拌和料直接送至阴模模腔，布料车使布料往复运动，同时振动系统预振动，基料布料车强制喂料器和振动系统同时工作，模腔内的拌和料在振动系统振动的作用下向其内部空隙流动。至预设定参数后，基料布料车退回起始位，阳模压头在提升油缸的驱动下行至阴模模箱腔内对拌和料施压，经预振和加压的拌和料在模腔上方形成一定的空隙，然后提升油缸带动压头升起。

(a)

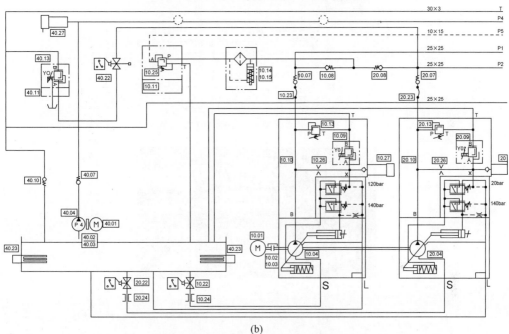

(b)

图 4-11 集成式液压站原理图

（a）集成式液压站；（b）原理图

图 4-12 电控系统图

这时，面料布料车带着搅拌好的面料运行至模腔位，前后快速摆动，使面料均匀地布满模腔，布料过程中振动系统同时预振动至预设定参数，面料布料车返回至面料提升平台上，提升油缸带动压头下行进模腔，阳模压板与模腔内拌和料紧密接触，对拌和物表面施压，同时振动系统进行终极振动，完成成型。脱模油缸驱动阴模上行，成型后的制品从模腔中脱出，阳模在提升油缸的作用下向上运行,面料提升平台升起,供板机构将已成型好的制品连同它下面的托板推送到制品输送机上,同时将下一模的托板推送至振动台工作面上,阴模落在托板上,从而完成一个工作循环。其工作流程如图 4-13 所示。

3. 典型台振式成型机的规格及技术参数

1) QFT9-18 型台振式成型机

如图 4-14 所示为 QFT9-18 型台振式制品成型机,该机的特点是采用变频调幅、垂直定

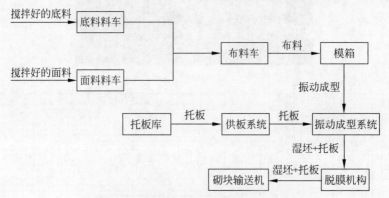

图 4-13 制品成型主机系统的工作流程

(a)

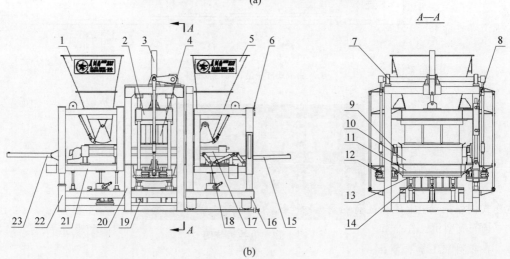

(b)

1—底料储料斗;2—压头横梁;3—阳模提升油缸;4—压头;5—彩料储料斗;6—彩料升降架;7—脱模同步机构;8—脱模油缸;9—布料导轨;10—底料布料车;11—模箱;12—模箱座;13—振动台体;14—止退体;15—彩料布料油缸;16—彩料机架;17—彩料布料车;18—彩料升降平台;19—振动系统;20—成型机架;21—底料升降架;22—底料机架;23—底料布料油缸。

图 4-14 QFT9-18 型台振式制品成型机

向振动及加压振动、固定上脱模式的成型方式。采用四平行轴虚拟电子齿轮同步伺服驱动振动器。此外，在振动系统与机架间设置了气垫缓冲装置，可有效降低噪声，改善工作环境，延长主机的使用寿命。液压系统采用伺服驱动系统，定点精准控制液压驱动件的运动过程。控制系统采用计算机控制，通过触摸屏可对系统参数进行调整，由电控伺服系统对振动系统的频率及激振力进行调节。其相关技术参数如表4-7所示。

表4-7　QFT9-18型台振式制品成型机技术参数

参　数	数　值	参　数	数　值
标准制品/块（或板）	9	制品成型高度/mm	50～300
成型周期/s	15～20	振动频率/Hz	0～65
托板尺寸/(mm×mm)	1250×900	全机功率/kW	70
有效成型面积/(mm×mm)	1180×840	设备质量/kg	15 000
激振加速度	28g		

资料来源：西安银马实业发展有限公司。

2）QFT15-18型台振式成型机

如图4-15所示为QFT15-18型台振式制品成型机。该机采用变频调幅、垂直定向振动及加压振动、固定上脱模式成型方式。采用六平行轴虚拟电子齿轮伺服驱动振动器，通过地毯式旋转耙料齿布料机构，振动系统与机架间设置了气垫缓冲装置。液压系统采用伺服驱动系统，定点精准控制液压驱动件的运动过程。电气控制采用计算机控制系统及人机交互触摸屏界面，并可配置远程故障智能诊断软件包。其相关技术参数如表4-8所示。

3）ZN1500型台振式制品成型机

图4-16所示为ZN1500型台振式制品成型机。

该机型配备了智能诊断系统、伺服振动系统和实用程序来控制扩展装置与设备运行。配置自动快速换模系统、多种彩色配料设备和压头清理装置等。其振动方式为：四轴布置，直连式伺服振动；上压头配有两个振动电机。

（1）成型机工作流程

在布料和主机振动期间，依靠气囊和压板将阴模压固在托板上。基料布料车向前移动到摊布位置并在模具上方摆动直至拌和料均匀布满模腔。面料储料仓门大约每4～6个循环打开一次，向面料布料车放料。摆动路径和持续时间在控制面板上设定，与先前设定的预振动程序在布料期间同时运行，在基料料车返回其最终位置（料斗下方）后，面料布料车自动向前移动，其重复与基料布料车相同的过程。在面料布料车移动到最终位置（料斗下方）后，压头下降，压板压入模腔，振动系统开始主振动。

在主振动期间，基料储料仓门打开向布料车放料，放料完成后关闭。在主振动的最后阶段，压头被加压。放料周期可在控制面板上设定。主振动完成制品成型之后，开始脱模过程，压头锁紧装置锁住阳模，脱模油缸提升，阴模上升，上升至阳模压板与阴模底部同高时提升到位，阳模上升，制品从模腔中脱出，送板机将振动台上的托板连同制品从振动台送出，同时，将下一模托板送入振动台，锁紧装置再次释放压头，阴模降落至托板上，进入下一循环。

（2）常规性能参数

该成型机主要包括设备主体、振动系统、摊料车（基料、面料）、液压滑动送板机、液压站、中控面板、布料车行走轨道等。其性能参数如表4-9所示。

4）ZN844型台振叠层式制品成型机

（1）成型机结构组成

如图4-17所示为ZN844型台振叠层式制品成型机。

(a)

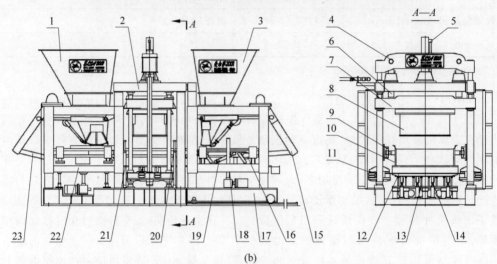

(b)

1—底料储料斗；2—底料成型机架；3—彩料储料斗；4—脱模横梁；5—提升油缸；6—脱模油缸；7—压头横梁；8—压头；9—布料导轨；10—底料布料车；11—模箱支承座；12—模箱；13—振动系统；14—止退体；15—彩料布料驱动；16—彩料布料车；17—彩料机架；18—彩料升降架；19—平台提升；20—压头限位；21—振动台；22—底料升降架；23—底料布料驱动。

图 4-15　QFT15-18 型台振式制品成型机

表 4-8　QFT15-18 型制品成型机技术参数

参　　　数	数　　　值
标准制品/块(或板)	15
成型周期/s	16～22
托板尺寸/(mm×mm)	1400×1200
有效成型面积/(mm×mm)	1300×1150
激振加速度	28g
制品成型高度/mm	50～400
振动频率/Hz	0～65
整机功率/kW	115
设备质量/kg	28 000

资料来源：西安银马实业发展有限公司。

图 4-16   ZN1500 型台振式制品成型机

表 4-9   ZN1500 型台振式成型机性能参数

参　　数			数　　值
设备尺寸		总长度/mm	8250
		总高度/mm	4650
		总宽度/mm	3150
产品参数	基本参数	最大高度/mm	500
		最小高度/mm	40
		最大码垛高度(含成品托盘)/mm	1200
		最大生产面积/(mm×mm)	1320×1150
		托板尺寸(标准)/(mm×mm×mm)	1400×1100×50
		基料储料斗容积/L	约 3000
设备质量		带面料装置/t	约 3.5
		托板输送装置/t	约 1.6
		液压装置/t	3.2
设备技术参数	振动系统	振动台/kN	最大 175
		上振动/kN	最大 32
	液压系统	总流量/min	540
		工作压力/bar	180
	电控系统	整机功率/kW	140

资料来源：福建泉工股份有限公司。

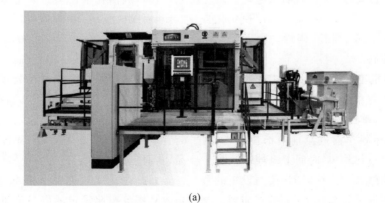

(a)

图 4-17   ZN844 型台振叠层式制品成型机

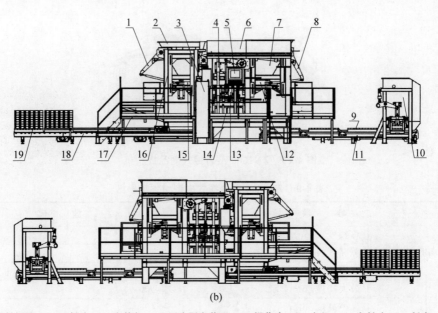

1,8—送料摆臂；2—面料斗；3—电控柜；4—压头固定装置；5—操作台；6—主机；7—底料斗；9—托盘；10—托盘仓；11,18—输送装置；12—底料喂料车；13—模框固定装置；14—滑台；15—面料喂料车；16—面料机；17—平台；19—湿砖垛。

图 4-17 （续）

ZN844 型叠层式制品成型机由主机框架、操作平台、布料车、储料斗、安全护网、集成式液压站、电控系统、模具锁紧及提升装置、喷砂罐、托盘举升装置等关键部件组成。其显著特征为成品无须托板转运，成型托板固定安装在振动台上，制品脱模后可以直接叠层码垛，减少托板的投入。模具提升油缸由同步摆臂装置连接，保证模具同步水平提升，阳模支架上布置 4 台辅助振动电机，在制品成型时实现上下共振，保证制品强度。其设备采用模块化控制系统，上料、成型、脱模、码垛均由可视化电控操作平台控制。

（2）成型机工作流程

输送装置将搅拌好的拌和料送至储料斗并放入布料车，模具被液压锁紧装置紧固在振动台上，基料布料车前进至前端部位置，同时来回摆动直至布料均匀，时间继电器和限位开关探测到摆动路径和持续时间，按照设定的程序参数阳模下压进行预振，完成基料布料。基料布料车后退至储料斗下端起始位置后，面料布料车自动跟随前进，面料布料方式与基料布料基本一致，面料布料车完成布料程序后退至储料斗下端部位置后，阳模压头无压力地下降，同时主振动启动，按照预先设定的振动时间或阳模限位完成主振。主振动期间，压头振动器与主振动器同时工作，完成制品成型过程。制品成型后，模具在锁紧状态下轻微抬起，与振动平台产生一定间隙，振动平台向后移动，移动至面料布料车下方位置（振动台收紧位置），成品托盘由举升装置举升至模具下方，开启脱模程序；脱模时模具锁紧装置锁住阳模，脱模时不会抬起，脱模振动启动，阴模向上运行，阳模压板压住制品脱离模腔，当阳模压板位置达到阴模底部时模具锁紧装置释放阳模。制品由制品托盘接住，喷砂罐开启，向制品表面均匀喷洒细沙，而后，成品托盘举升装置下降一个预设高度，准备接取下一模制品，从而完成脱模程序。

如此往复实现制品无托板叠层式码垛。当成品托盘按照设定的码垛高度完成成品码垛后，滑动输送机启动，推动满载的成品托盘脱离举升装置，下一个托盘同时进入举升装置上,进入下一个托盘码垛的准备。载满成品的托盘进入辊筒输送机。脱模后的模具在脱模油缸的驱动下继续提升至设定位置,振动台由收紧位置自动推出至模具下方,模具下降至振动台,锁紧,进入下一模的生产。

（3）常规性能参数

ZN844 成型机的常规性能参数如表 4-10 所示。

表 4-10　ZN844 成型机的常规性能参数

总体属性	细节属性	数　　值
总体尺寸	总长度/mm	6200
	总高度/mm	3000
	总宽度/mm	2470
产品高度	最大/mm	500
	最小/mm	50
码垛参数	最大码垛高度/mm	640
	码垛面积/(mm×mm)	1240×1000
	托盘尺寸/(mm×mm× mm)	1270×1050× 125
容积	基料储料仓容积/L	2100
振动系统	振动台/kN	最大 80
	上振动/kN	最大 35
液压系统	复合回路	
	总流量/(L/min)	标准 117
	工作压力/bar	180
控制系统	最大功率/kW	55
	PLC 型号	西门子 S7-300 (CPU315)

资料来源：福建泉工股份有限公司。

5）L9.1 型台振式制品成型机

L9.1 型台振式制品成型机（见图 4-18）是应用范围较广的成型设备。其在原 L9001 型的基础上进行了系统升级与改造,升级后的 L9.1 型台振式制品成型机振动系统采用振幅控制振动的技术,使振动更稳定可控；液压采用具有节能驱动的带有蓄压器的伺服液压系统；增加了自动换模机构,减少了更换模具时间；采用了布料箱轨道磁性抱夹和激光控制布料系统,实现精准布料和保证重复布料时的同质性等。

该成型机在标准的组成结构配置的基础

图 4-18　L9.1 型台振式制品成型机

上增加了如下装置：振动台的振幅监控、磁力上压头锁紧、伺服控制托板等。底料布料系统通过液压偏心驱动的摆动下料器使布料更加迅捷均匀；增加的抽芯/抽板装置用于带空腔或底部需要造型产品的生产；为生产幻彩面层制品,面料布料箱增设活动底板、液压驱动布料箱平滑辊、基料储料斗设计两个独立的下料口及计量布料皮带等特殊装置和结构；增加了授权通过 RFID 芯片访问控件软件的功能及其他软件工具等。

6）RH2000 型台振式成型机

RH2000 型台振式制品成型机（见图 4-19）是成型面积最大的台振式成型机之一,其用双振动台布局,搭载 8 台伺服电机,减少了同板产品的强度离散。系统优点如下：

每一种振动（预振动、中间振动、主振动）的所有振动参数（振动频率、激振力）可独立调整。

每个振动台配有 4 个同步振动器；可精确快速地通过电子控制调整激振力；振动器的驱动电机无间断运转；独立的运算系统对振动台进行快速控制。

（1）成型机结构与基本性能

① 主机框架与模具连接系统。成型机机体由重型矩形钢管焊接成型。机体底部配有四个导向座,安装在导向座内的四根直径 100 mm 的导向柱、表面经过镀铬硬化处理的导向轴和高精度易更换的滑动轴承组成运动导向机构,用于保证上、下模快速、精准地运行。模具的下模架通过四个导向支撑与四根导向柱固定连

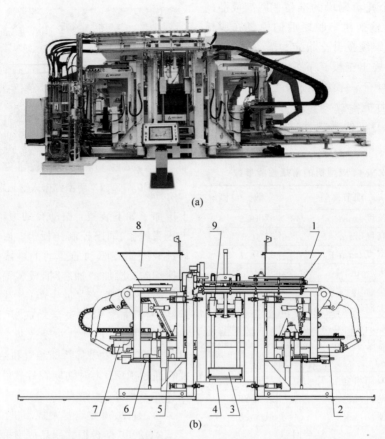

(a)

(b)

1—底料料仓；2—底料布料装置；3—下模加紧装置；4—振动台；5—面料行走装置；6—面料提升装置；
7—面料布料装置；8—面料料仓；9—振动压头。

图 4-19　RH2000 型台振式制品成型机

接，随导向柱上下运动。主机结构的上部装有高强度抗弯曲变形过梁。阳模同步架通过导向座与导向柱相连，导向柱与导向座中的滑动轴承组成运动机构。阳模同步架的上下运动由装在过梁上的两个液压油缸驱动。

② 气动模具夹紧机构。它是用于模具下模快速夹紧、放松的气动机构。

③ 阳模系统。由阳模板通过一套橡胶减震装置与阳模桥架相连接，两台独立的振动器安装在阳模板上。阳模板也可选择刚性连接。

④ 气动托板定位装置。采用气缸驱动的托板定位装置，将托板准确定位到振动台上，保证振动成型时托板相对于模具的位置始终保持不变。

⑤ 托板供板系统。将生产用托板按节拍送到主机振动台上。采用重力棘爪推进，托板供板机由变频电机驱动，加减速动作平滑无冲击，运行平稳。

⑥ 振动系统。搭载两个振动台，分别安装在主机机架上，与机架间采用橡胶减震垫隔开，台面装有用螺栓紧固的耐磨板。振动系统由 8 台伺服电机驱动，配有电子同步控制模块。伺服电机通过减震垫安装在主机机体之上，振动系统配有四台用于电机冷却的风机。

⑦ 基料填料系统。机体采用矩形无缝钢管焊接而成。基料储料仓内配有激光料位计，仓门为电机驱动，将混凝土拌和料定量卸入布料车内，可保证布料车内物料量的一致性，确保每个循环的布料量一致。布料车底板采用 20 mm 厚的耐磨材料制成，可快速更换。布料

车的底面装有用弹簧预紧的框形密封机构。布料车上装有用于清理阳模的阳模刷。布料车的运动由两个液压缸驱动,布料车在固定的轨道内快速平稳运行。

⑧ 布料格栅。布料格栅采用液压缸驱动,用于提升布料速度;它沿安装在布料车上的轨道往复运动,拨动布料箱内的拌和料,使拌和料更顺畅地进入模腔内。

⑨ 布料车高度调整装置。生产不同高度的产品时,布料车高度可根据模具进行调整。在布料车的框架结构上装有两套电机驱动的提升装置,通过自动控制完成高度调整。

⑩ 主机液压站。液压站配有 2100 L 的油箱,装在底部托盘上。油箱侧壁装有两个油位视窗,两台液压泵和驱动电机安装在油箱上部。配有独立的用于油冷却和过滤的液压泵。装有监测液压油杂质污染程度的电子装置,油位监控装置,液压油冷却、加热装置。

⑪ 液压阀站。所有液压阀被安装在一个独立阀块上,采用大口径的液压阀保证液压系统的流量。

⑫ 比例阀。阳模提升、脱模及布料车运行控制通过比例阀实现。

⑬ 电控系统。电控系统由控制柜、控制台、离散式输入/输出总线、传感器、中继站组成。控制柜中配有设备的主控电缆、电机的变频调速器、开关控制器及各种监测器。西门子S7 SPS 作为控制系统的基本控制单元,配合控制程序构成系统的控制中枢。传感器和中继站按 EN 50295 的标准通过总线 ASI 系统相连接。主机的外围设备通过离散式输入/输出总线控制。场式总线系统按 EN 50170 标准采用PROFI-DP 总线设置。总线系统的应用,使控制系统进一步扩展更加简单、方便。手动操纵控制器安放在易于操作的位置上。控制系统具有错误提示和诊断功能,配有运行周期自动优化系统。

⑭ 传感器装置。阳/阴模运动及布料车的运动采用光栅尺控制。布料车配有激光料位计,所有必需的接触式、光电式限位开关及防护设施上的安全防护开关。

⑮ 产品高度校正系统。系统自动监测每板产品的高度,当高度出现波动时,系统自动调整预振参数来校正下一板产品的高度,用来消除由于拌和料水灰比波动造成的高度差异。

(2) 成型机常规技术参数

RH2000 型台振式成型机常规技术参数如表 4-11 所示。

7) T2000 型制品成型机

如图 4-20(a)、(b)所示,T2000 型制品成型机与其他台振式成型机的结构基本相同,该机型采用台模共振的振动方式。高频多振源振动,对制品的密实度有显著提升,从而保证了制品的强度。系统配备了伺服液压系统、自动换模系统、自动混彩系统等。

该成型机的常规技术参数如表 4-12 所示。

表 4-11 RH2000 型成型机的常规技术参数

主要技术参数		主机的技术参数		驱动功率/kW	
主要参数	参数数值	主要参数	参数数值	主要参数	参数数值
栈板尺寸/(mm×mm)	1400×1300(厚度:钢栈板 15 mm)	最大栈板尺寸/(mm×mm)	1400×1300	电控料仓门功率	1.5
成型面积/(mm×mm)	1300×1250(最大)	最大成型面积/(mm×mm)	1300×1250	底填料系统的高度调整机构功率	2×1.5
		产品高度/mm	25~500		
产品高度/mm	25~500	模具高度/mm	30~560	栈板送入机功率	13.2变频调速
		底料料仓容积/L	2000		

资料来源:托普维克(廊坊)建材机械有限公司。

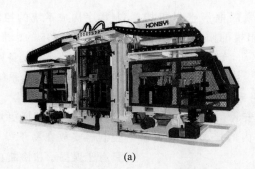

(a)

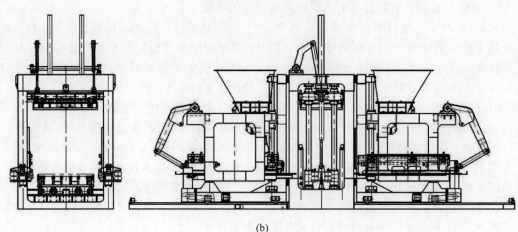

(b)

图 4-20 T2000 型台振式制品成型机

表 4-12 T2000 制品成型机常规性能参数

参数及项目	数值及方式	参数及项目	数值及方式
成型机外形尺寸/(mm×mm×mm)	7510×2670×4200	振动频率/Hz	50～70
托板规格/(mm×mm×mm)	1400×1150×45（木托板）	成型周期/s	15～25
整机质量/t	30	最大生产面积/(mm×mm)	1300×1050
振动方式	台模合振	整机功率/kW	80.4

资料来源：福建鸿益机械有限公司。

8）QFT15 型台振式制品成型机

如图 4-21（a）所示，该成型机主要由成型主机、布料车机架、布料车和储料仓等部分组成。上、下滑板与导柱连接，通过液压缸提供动力，作上下反复运动。运行过程中，设备上的液压、气动和电控系统启动后作全部作业循环。主操作控制台和液压泵站均设在远离主机的地方。

此典型台振式制品成型机主机的主要组成部件结构图如图 4-21（b）所示。图 4-21（c）所示为 QFT15 型台振式成型机结构组成图。

（1）成型机结构组成

① 基料供给装置。其工作原理是：在混凝土制品成型循环过程中，基料布料车向阴模模腔供应基料。由一固定料仓向骨料车料斗内配送骨料，基料储料仓放料进入基料布料车后，布料车向前移动的同时带动拌和料进入阴模模腔内。然后，布料油缸反复推动布料栅，将基料推平。在布料车返回时，装在布料车前端的刮板将阴模模腔上表面清理干净。为了满足制品用料需求，可以通过控制系统让布料车在一个

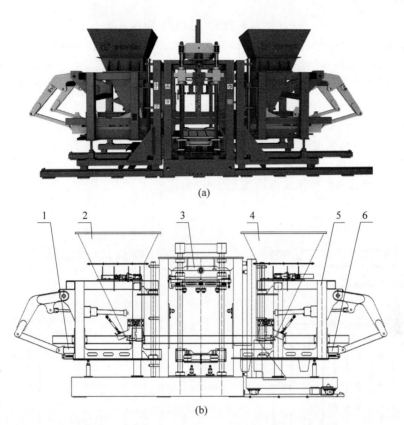

(a)

(b)

1—骨料车；2,4—料仓；3—主机；5—面料车机架；6—面料车。

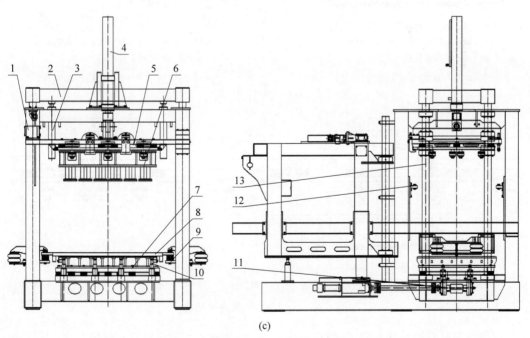

(c)

1—液压锁；2—动横梁；3,4—液压缸；5—上滑板；6—上模；7—振台；8—下模；
9—下滑板；10—支撑台；11—振动系统；12—限位装置；13—导柱。

图 4-21　QFT15 型台振式成型机

作业循环分几次补充加料。通过控制回程时间即可控制布料车抖动布料时的补充料量。图 4-22 所示为基料布料车的结构组成图。

② 面料布料车。其工作原理与基料布料车大体相同。面料储料仓向面料布料车内配送面料后，面料布料车向前移动同时带动面料推入阴模模腔中，后刮板此时为下限位置，以紧贴底板减少面料外溢。在布料车返回时，装在布料车前端的刮板将模腔上表面清理干净。

同时后刮板升至上限位置，以防止后刮板将模腔内面料带出。其结构组成如图 4-23 所示。

③ 成型主机。液压缸操作上滑板上、下移动，限位传感器可控制上滑板下行位置，根据不同制品高度来调整上滑板下行位置。上滑板与阳模连接结构如图 4-24 所示。上模与上滑板通过橡胶空气弹簧充气锁紧阳模。阳模的作用是在上滑板下放时压实制品和脱模。

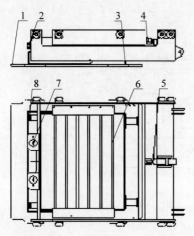

1—骨料车底板；2—防撞胶墩；3—后刮料板；
4—销轴；5—布料栅油缸；6—布料栅；
7—气囊；8—二次刮料装置。

图 4-22　基料布料车结构组成

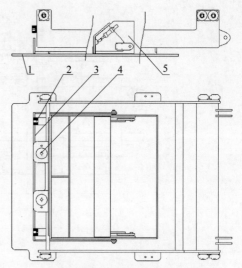

1—面料车底板；2—防撞胶墩；3—刮板；
4—气囊；5—后刮料装置。

图 4-23　面料布料车结构组成

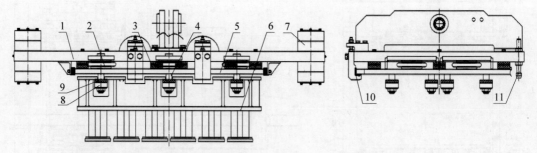

1—上滑板；2—橡胶空气弹簧；3—减振胶墩；4—固定杆；5—模具固定装置；6—上模；7—导套；
8—固定座；9—胶垫；10—锁模夹紧橡胶垫；11—限位杆。

图 4-24　上滑板与阳模连接结构

下滑板与导柱用锁紧套固定，利用动横梁与导柱连接，通过液压缸驱动动横梁移动，带动下滑板运动。

下滑板与阴模通过定位轴与定位套定位，模具阴模夹紧由气囊实现。在整个运行循环中气压为恒定值。根据不同制品预置压力参数,一般不超过 0.2 MPa。下滑板与阴模连接结构如图 4-25 所示。

振动台位于模具下面,振动台下方安装四台振动器和减振胶墩。振动器联轴器直接与伺服电机连接,以保证振动器同步。

④ 液压锁。如图 4-26 所示,在机架上安装有液压锁装置,当阳模提到上限位时起到自锁保护作用。

⑤ 振动系统。振动系统由振动台、振动器、联轴器和伺服电机等组成,如图 4-27 所示。通过伺服电机高速驱动联轴器将动力传导给振动器。通过变频器调整振动器转速。振动台采用板件组焊而成。托板和充满拌和料的模具在激振力的作用下垂直振动。

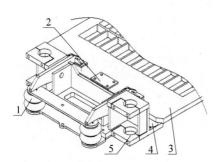

1—气囊;2—定位轴套;3—阴模;
4—下滑板;5—定位轴。

图 4-25 下滑板与阴模连接结构

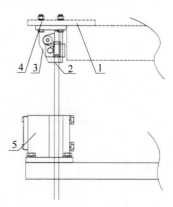

1—机架;2—液压锁片总成;3—上连接架;
4—连接螺栓组件;5—液压锁锁体。

图 4-26 液压锁

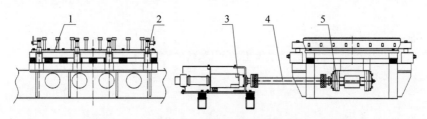

1—振动台;2—支撑台;3—伺服电机;4—联轴器;5—振动器。

图 4-27 振动系统

(2) 成型机运行流程

图 4-28 为用图解方式表达的一次布料(无面料部分)成型机运行流程,其中图 4-28(a)为实物图。在开始一个自动作业循环前,应将成型机调整为初始状态,即阳模抬起,布料车回到起始位,送板机存板仓中放置干净托板,阴模抬起,托板对中下位,如图 4-28(b)所示。按下自动启动按钮,送板机将托板送至振动台中心位置,阴模下降与托板紧密结合,如图 4-28(c)所示。布料车前进将拌和料送入阴模模腔中,同时布料栅开始工作,如图 4-28(d)所示。

布料车到位后往复运动一次或几次,同时振动器开始预振(也称布料振),如图 4-28(e)所示。布料完成布料栅停止动作,布料车退回起始位,如图 4-28(f)所示。

布料车回位后,阳模下降,压板压入阴模模腔,同时启动成型振动,阳模反复加压,成型振动完毕后泄压消除余振,阳模稍抬一点阴模随之升起,起至阴模上限位时阳模再次升起,送板机前进,将带有制品的托板推出成型机,同时将空托板送入成型机,进入下一循环,如图 4-28(g)所示。

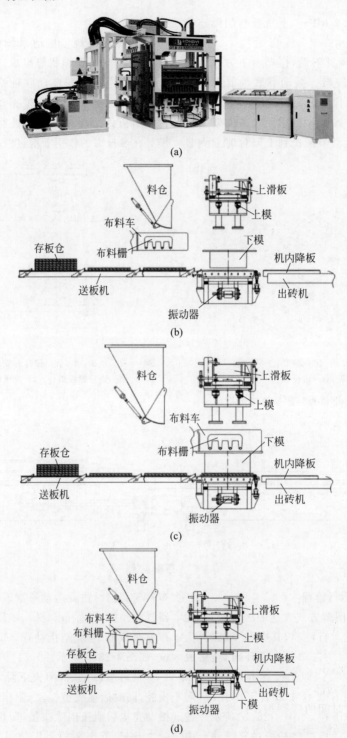

图 4-28　一次布料制品成型机运行流程

(a) 成型机；(b) 初始状态；(c) 布料车、布料栅、振动器进行状态；(d) 布料车回位、布料栅停、上模下降至下模内、振动器运行；(e) 送板机送板、对中机启动、阴模下降至托板；(f) 振动器怠速、阳模缓抬、阴模升起、对中机回位；(g) 振动器怠速、阳模再次提升、送板机送板、出砖机启动、托砖对中机启动

资料来源：天津市新实丰液压机械股份有限公司

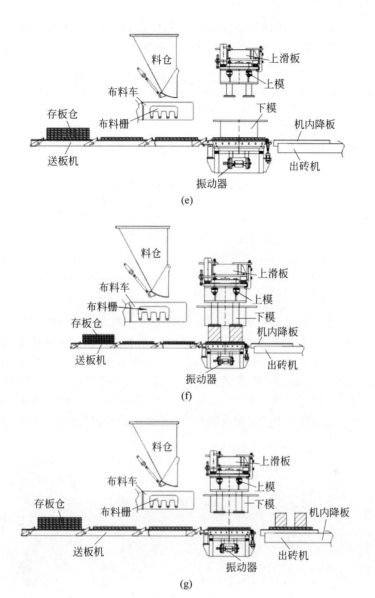

图 4-28 （续）

9）QFT18-15 型台振式制品成型机

QFT18-15 型台振式成型机如图 4-29 所示，其为目前成型面积最大的成型机之一。主体框架由 3 个可移动部件组成；底架采用实心钢结构，能承受长时间的强烈振动；搭载 4 台同步振动电机，可高效地控制激振力和振动频率；装有自动快速换模装置；最大成型高度 500 mm。

主机控制面板以触摸屏方式实现，配置便于操作的控制系统和远程控制系统。

图 4-29　QFT18-15 型台振式成型机

振动平台安装减震器，台下装有 4 个电机同步振动，通过振动台传导同向振动，振动频率可由计算机准确调节；布料车内装有旋转强制布料和防漏料装置；布料车由两个液压缸提供驱动,运动速度由测距仪和控制阀控制。储料仓门和布料车平台配有快速精准电磁阀。其常规技术参数如表 4-13 所示。

表 4-13　QFT18-15 型台振式成型机技术参数

参　　数	数　　值
主机尺寸/(mm×mm×mm)	8660×2700×4300
成型尺寸/(mm×mm×mm)	1280×650×(40～500)
托板尺寸/(mm×mm×mm)	1400×1300×40
额定压强/MPa	15
振动力/kN	120～160
振动电机转速/(r/min)	2900～4800(调整)
周期/s	15
总功率/kW	140
质量/t	25

资料来源：福建卓越鸿昌环保智能装备股份有限公司。

10) U18-15 型台振叠层式成型机

U18-15 型台振叠层式成型机的结构如图 4-30 所示。其生产面积可达 1.3 m×1.3 m,制品容重可达到 2400 kg/m³,制品质量误差±1.5%,制品高度误差可控制到±0.2 mm,成型后立即直接堆码在成品托板上。无须配置升板机、降板机、制品传送线、子母车。

4. 典型厂家台振式制品成型机型谱

我国小型混凝土制品成型机生产厂家众多,各厂家的产品特征、规格、型号及性能指标不尽相同。表 4-14 汇总列举了主要制品成型机厂家及部分国外企业产品型谱。

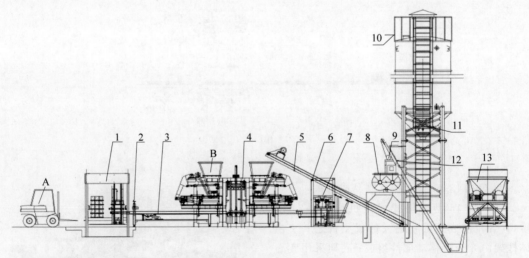

1—自动升板机；2—砖面清扫器；3—送砖机；4—成型机；5—搅拌料传送机；6—送板机；7—散装托盘给料机；8—JS2000 强制式搅拌机；9—水秤；10—水泥仓；11—螺旋输送机；12—水泥秤；13—三级配料站；A—叉车(备选)；B—面料搅拌部分(备选)。

图 4-30　U18-15 型台振叠层式成型机

资料来源：福建卓越鸿昌环保智能装备股份有限公司

表 4-14　典型台振式制品成型机系列规格参数

厂家	产品编号	主要技术参数							
		成型面积（振动台/托板尺寸）/(mm×mm)	最大成型高度/mm	叠层式成型机叠层高度/mm	成型周期/s	总功率/kW	液压泵总功率/kW	自重（不带模具）/kg	外形尺寸/(mm×mm×mm)
福建泉工	ZN1500	1400×1200	500	1100	≤15	160	70	35 000	8500×3150×4650
	ZN844*	1270×1050	500	1100	≤20	59.29	35.5	14 000	6200×2470×3000
	ZN1500C	1400×1200	500	1100	≤20	104	60	18 300	10 920×3250×4485
	ZN1200C	1350×900	300	1100	≤15	100	60	18 000	6800×2600×3250
	ZN1200S	1200×1150	300	1100	≤20	68.75	30	19 300	6252×2400×3600
	ZN1000C	1200×870	300	1100	≤20	43.45	22	11 000	6145×2650×3040
	ZN900CG	1350×700	300	1100	≤15	65	30	15 000	5500×2600×3250
	ZN940	1240×1000	1000	1100	≤20	48	22	15 500	6380×2540×3700
	QT10	1250×850	300	1100	≤20	48	22	15 000	9600×2150×3000
	QT8	950×900	200	1100	≤20	48	22	13 000	7620×1870×3000
	QT6	850×680	300	1100	≤20	28.2	11	7500	5210×3530×2780
西安银马	QFT9-18	1200×840	280		13～20	70	32.3	20 000	14 000×2700×3900
	QFT12-18	1300×1020	380		15～22	115	65	28 000	15 520×3180×3870
	QFT15-18	1300×1100	400		15～22	125	65	32 000	15 520×3300×4200
	银马2025全能砖/石一体机	1220×1050	380		18～35	165	120（普通）65（增压）	60 000	16 000×3000×6100
德国玛莎	L6.1	1400×900	350		15	120	75	36 000	10 000×2600×3700
	L9.1	1400×1100	500		15	120	75	38 000	15 000×3000×4700
	XL9.1	1400×1100	500		12	120	75	40 000	15 000×3000×4900
	XL9.2	1400×1300	500		12	120	75	40 000	15 000×3000×4900
	XL-R 9.1	1400×1100	500		9.5	145	85	42 000	15 000×3000×4900
	XL-R 9.2	1400×1300	500		9.5	145	85	42 000	15 000×3000×4900
	XL-R 9.3	1500×1350	500		9.5	145	85	44 000	15 000×3200×4900
托普维克（廊坊）	RH2000	1400×1300	500		10	195	90	44 000	11 200×3200×5000
	RH1500	1400×1100	500		10.5	141	55	32 000	10 600×3200×5000
	RH1400	1400×1100	400		13	95	55	23 000	8300×2800×4500
	RH510	1200×870	300		15	62	37	16 000	7900×2400×3600
	RH500	1200×670	300		16	31	15	7500	5400×2000×2900
福建鸿益	QT8	780×830	200	1000	11～15	45.81	30	10 500	4290×2150×2750
	QT10	1020×830	200	1000	12～15	49.81	30	13 800	5200×2350×2850
	T1600	1300×700	300	1000	12～15	88.7	52	18 500	6510×2670×3400
	T1800	1300×900	300	1000	12～15	97.1	52	28 000	7510×2670×4200

续表

厂家	产品编号	主要技术参数							
		成型面积（振动台/托板尺寸）/(mm×mm)	最大成型高度/mm	叠层式成型机叠层高度/mm	成型周期/s	总功率/kW	液压泵总功率/kW	自重（不带模具）/kg	外形尺寸/(mm×mm×mm)
天津新实丰	QT5-20A3	1100×500	200		20	28.2	15	5642.5	4624×2572×2561
	QT5-20B3	1100×500	500		20	33	15	7588.32	5020×2570×4520.5
	QT7-18B	1100×680	300		18	46.5	20.5（伺服）	6650.5	5313×2700×3144
	QT9-18A1	1300×650	350		18	87.6	41（伺服）	18 780	6246.5×2600×4246
	QT10-18	1100×800	300		18	70	22	8475	6114×2700×3145
	QT12-20A	1300×830	350		20	87.6	41（伺服）	14 690	6250×2600×4246
	QT15-15	1300×1100	400		15	121.9	41（伺服）	21 941	8160×2892×4716
	QT18-20	1300×1300	400		20	124.2	63.7（伺服）	27 410	9245×2892×4357
福建卓越鸿昌	QT6-15	800×600	200		15～25	33.2		68 000	3100×2050×2550
	QT12-15	1280×850	200		15～25	54.2		126 000	3200×2020×2750
	海格力斯18	1307×1220	40		15	140		25 000	5250×2150×3790

* 代表叠层式成型机,其叠层高度为 1100 mm。

4.2.2 模振式小型混凝土制品成型机

依靠模箱振动成型的制品成型设备称为模振式制品成型机。模振式制品成型机通过模框体或模芯振动将能量传递给拌和料使其密实成型。模振是采用直接传递激振力的形式垂直振动。模箱采用装配式居多,结构复杂。模振式成型机的结构决定了模箱尺寸较小,每次成型制品块数较少,成型块数超过8块的模振机成型效果相对较差。模箱刚度大,振动力大,每块制品配备的振动功率在 3～5 kW 之间,一般模振式成型机只有基料布料结构,故成型周期较短,一般在 10 s 左右。模箱振动成型机制品的密实度与均匀性较好,单块制品的水泥耗量较少,适合于生产建筑砌块、同质路面砖等制品。这种成型机一般采用下脱模的方式,配用钢底板。模箱装设可更换的衬板和隔板,模箱寿命较长。美国及日本品牌的成型机以模振为主,欧洲品牌的成型机较少采用模振方式。图 4-31 所示为典型的模振式制品成型机。

图 4-31 典型模振式制品成型机

1. QM5-16 型制品成型机的结构和工作原理

下面以 QM5-16 型制品成型机为例介绍模振式制品成型机的结构和工作原理。

QM5-16 型制品成型机(见图 4-32)为典型的固定模振式成型机。该机的特点是采用液压传动,模箱垂直定向振动,采用装配式模箱,带可更换的耐磨衬板和隔板,下脱模,装有制品成型高度控制机构,全自动生产,并能与配套设备连锁控制。适用于年产量为$(4\sim5)\times10^4$ m^3 的小型混凝土制品生产厂。

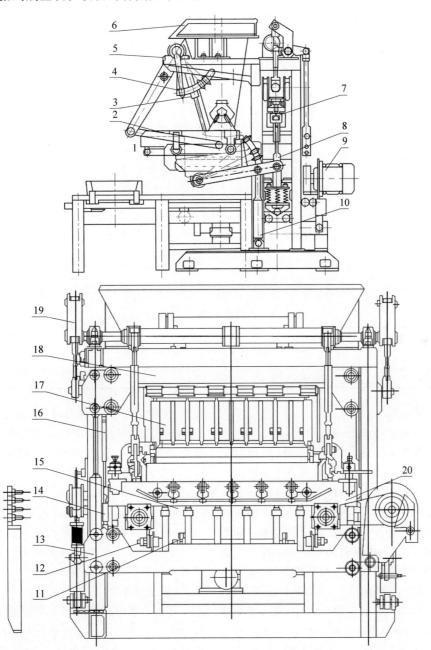

1—破拱装置;2—布料车;3—斗门油缸;4—行程开关;5,16—发讯杆;6—储料斗;7—连接座;8—加压油缸;9—电动机;10—脱模油缸;11—送板机;12—托轮;13—脱模梁;14—脱模梁上发讯杆;15—托板;17—阳模压头;18—加压梁;19—高度控制油缸;20—模箱。

图 4-32　QM5-16 型模振式制品成型机结构组成

1) 模振式成型机系统组成

（1）振动模箱

如图4-33所示，模箱由偏心振动器、侧模、端模、模芯、隔板、端头衬板、拉环、面板、导向套等结构组成。模箱是可装拆的，在磨损或需要改变产品规格时，只需更换衬板和模芯即可。模箱的外框可长期使用，模箱上振动器的

轴上装有偏心块，每套模箱备有四组偏心块。可根据成型制品及原材料的不同来选择偏心块调整激振力。4组偏心块在转速为2800 r/min时，各自的激振力如表4-15所示。此外，每个模芯都装有进气装置，可避免生产空心制品脱模时在制品芯孔内产生负压，损坏制品。

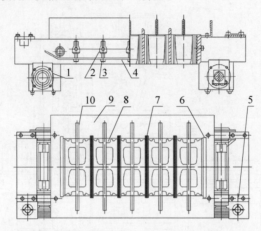

1—偏心振动器；2—拉环；3—螺栓；4—侧模；5—导向套；6—端模；7—隔板；8—端头衬板；9—面板；10—模芯及梁。

图4-33　QM5-16型制品成型机模箱

表4-15　各组偏心块所产生的激振力

参　数	偏心块1	偏心块2	偏心块3	偏心块4
振动力矩/(N·m)	7.20	7.82	8.46	9.00
激振力/N	63 060	68 620	74 080	78 840

（2）液压系统

液压系统原理如图4-34所示，包括储料仓门开关、布料车往返、加压梁升降、脱模梁升降、送板机、布料车轨道升降调节（高密度控制）、布料车破拱等油路，由溢流阀2调定油泵1的供油压力。在成型机不工作时，由阀3将溢流阀的遥控口导通油箱4，使泵卸载。储料仓门油缸5动作，由换向阀6控制。布料车油缸8的外伸或回缩由换向阀9控制，使布料车前进和后退。加压梁油缸10由减压油路构成，来自油泵的压力油通过换向阀11进入油缸之前，先经压力继电器7及减压阀12以调整加压梁对制品上表面加载时的加压值。加压梁向制品加压油路中，有液控单向阀13，以锁住加压梁的位置。脱模梁升降油缸14由换向阀15

控制，使梁升降。布料车破拱、轨道高度调节（高密度控制）油路均为双向调速回路，由单向节流阀16及17调节速度。系统工作压力为5.88 MPa，加压梁的工作压力为4.9 MPa，油泵流量为100 L/min，油泵电动机功率为15 kW。

（3）布料装置

模振式制品成型机布料装置与台振式制品成型机相似，详见前节介绍。

（4）送板装置

送板装置由托板储存仓及输送动力机构、输送导向机构组成。通过输送动力机构，把托板储存仓的托板沿着导轨送到脱模装置上，同时将成型后的产品送到产品输送装置输出。

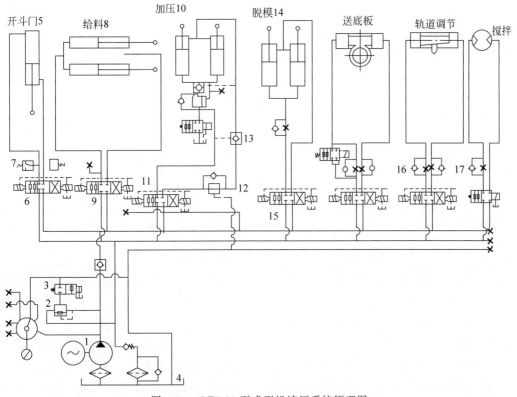

图 4-34　QT5-16 型成型机液压系统原理图

（5）电气控制系统

电气控制系统采用可编程控制器、图示显示操作终端（触摸屏）进行控制。它具有以下几方面的优点：运行稳定可靠，故障率低；具有友好的操作界面；具有误操作提示、故障自动报警等功能；线路简洁，维护方便。

成型机电路由以下几部分组成：①可编程控制器，它是整个控制系统的核心部分，控制程序固化在其内部的 EPROM；②触摸屏，可以对运行参数进行调整修改、实时监控，并进行故障报警；③模拟量输出模块，将在触摸屏上输入压力流量的数字量转成模拟量（电压）输出；④比例阀功率放大板，对比例阀的压力流量值进行控制；⑤PLC 输出隔离板，其输出直接驱动交流接触器、电磁换向阀；⑥交流接触器，控制各电机电源的通断；⑦开关稳压电源，提供电磁换向阀电磁铁、触摸屏、接近开关、中间继电器所需的直流 24 V 电源；⑧电源控制变压器，提供 220 V、36 V 交流电源。

2）工作原理

如图 4-32 所示，将拌和好的拌和料由爬斗提升上料投入储料斗 6，油缸 3 将斗门开启时，拌和料卸入布料车 2，储料斗门关闭，布料车向前运动至模箱 20 向模箱内供料。当布料发讯杆 5 碰到第二个行程开关 4 时，电动机 9 启动，模箱上的振动器开始振动。当布料车到达最前位置时，破拱装置 1 作直线往复运动，进行强制喂料，并由时间继电器控制振动布料时间。布料时间到达设定值后，布料车自动退回到原始位置，装在加压梁 18 上的阳模压头 17 在加压油缸 8 作用下，随着加压梁下降，当压板降到拌和料面时，油缸作用阳模继续下降，并作加压振动，在到达预设的成型高度时，发讯杆 16 触头碰到脱模梁上发讯杆 14，触头发讯，振动停止。在延时 0.2 s 消除余振后，脱模油缸 10 驱动加压梁和脱模梁 13 同时向下运动，将成型好的制品从模箱中压出。然后加压梁回升，脱模梁继续下降，使承载制品的托板 15 降落在托轮12上。脱模梁降到底位后,送板机11上的棘爪将成型好的一板制品推出成型机,送到链式输送机上,同时新的空托板从后面被推到模箱底部。在送板机退回原位后,脱模梁升起,把托板顶到模箱底平面,加压梁跟着升到最高位置,准备下一个循环。

3)技术性能

QM5-16型模振式制品成型机相关技术参数如表4-16所示。

表4-16　QM5-16型模振式制品成型机技术参数

参　数	数　值	参　数	数　值
成型高度/mm	60、80、100、120、190、240	振动频率/Hz	46~47
每次成型块数/块	5	油泵电机功率/kW	15
有效成型面积/(mm×mm)	990×390	油箱容量/L	800
底板尺寸/(mm×mm×mm)	1070×470×12	全机功率/kW	30
成型周期/s	16	储料斗容量/m³	0.75
振动电机功率/kW	2×7.5	设备外形尺寸/(mm×mm×mm)	3275×3020×2760
设备质量/kg	7500		

注:成型机的成型周期,因原材料品种、产品规格不同而改变,当生产标准(390 mm×190 mm×190 mm)建筑砌块时,最高台时产量可达1125块。

2. QM4-10型模振式制品成型机的结构和工作原理

下面以QM4-10型制品成型机为例介绍模振式制品成型机的结构和工作原理。图4-35所示为其实物和结构图。

QM4-10型制品成型机每次成型4块390 mm×190 mm×190 mm的标准混凝土砌块制品。成型开始时加压梁在最高位置,脱模梁在最低位置,由限位装置3使脱模梁准确就位。由送底板装置将空底板送到固定在脱模梁上的支承台6上就位。然后,脱模梁在油缸12的作用下上升,使底板紧贴模箱底部,模箱作垂直定向振动,同时支承台下部的4个气缸通入0.08 MPa的压缩空气,使模箱振动时能与机架隔振,并减小加压时的振动负载。此时布料箱2向前移动到模箱上方,进行振动给料,斗内破拱装置作前后往复运动,强制下料。给料后,加压梁在固定在脱模梁上的加压油缸7作用下向下运动,并通过与油缸相连的两个直径为100 mm的加压气缸3进行加压。加压梁向下降到与发讯杆5接触时,发讯停振,加压油缸锁定,由脱模油缸使脱模梁和加压梁同时往下降,成型好的制品便由加压头从模箱中压出,并坐落在底板上。

成型后的制品由送底板装置在送入下一块空底板的同时被推到机前输送机上,加压梁也由加压油缸顶起到最高位置,准备下一循环动作。

通过模框体或模芯振动将能量传递给混合物料使其密实成型,模振是采用直接传递激振力形式的振动。模箱采用装配式居多,结构复杂,成本高,每次成型块数少,成型周期短,一般不超过10 s。因其采用下脱模成型方式,物料适用范围相对较广,美国和日本主要采用此模式。典型的机械传动模振式制品成型机如图4-36所示。

3. 其他典型模振式成型机的规格及技术参数

1)QM6-20型模振式制品成型机

(1)结构特征

该设备由振动成型装置主体、送板装置、产品输送装置、液压控制系统、电气控制系统等组成。各组成部分的结构功能特点在前文已详细介绍,可参考相关内容。

(2)工作原理

混凝土拌和料经储料仓投入布料机构,布料车往复运动向阴模模腔布料,再经过预振、振动加压成型、同步脱模直至制品成型,然后再通过产品输送装置输送至养护窑进行养护。

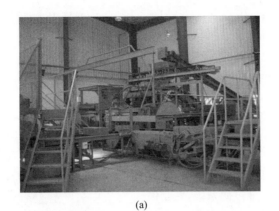

(a)

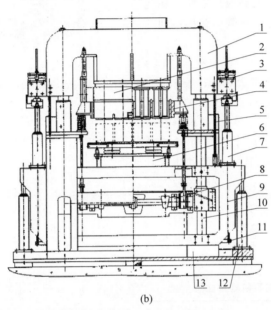

(b)

1—加压横梁；2—布料箱；3—加压气缸；4—模箱；5—发讯杆；6—支撑台；7—加压油缸；8—振动装置；
9—脱模横梁；10—导向柱；11—限位装置；12—脱模油缸；13—固定机架。

图 4-35　QM4-10 型制品成型机实物及结构图

(a) 实物图；(b) 结构图

图 4-36　典型的机械传动模振式制品成型机

（3）性能特点

主机特点：采用模箱振动，加压成型；采用多轴旋转往复喂料装置，破拱布料耙齿布料，布料过程中启动布料预振；运动部位采用关节轴承或无油轴承联结。

液压控制系统特点：液压系统参数可根据生产的制品进行调整；采用高性能比例阀，以精确控制关键部件的动作；配备冷却系统，能保证油液的温度和黏度，使整个液压系统更加稳定、可靠；采用先进的油液过滤系统，更能保证液压阀件的使用寿命，提高液压系统的稳定性、可靠性；能根据不同的负载而输出不同的功率，从而实现节能。

电控系统特点：采用可编程控制器（PLC）控制，定位接近开关自动显示通断；系统设有数据外置装置，显示预振布料时间、成型下料时间、布料振动次数等运行参数，可根据材质不同进行设置及修改；有手动、半自动、全自动三种工作方式可供选择；触摸屏可以显示日期、各种工作状态、误操作提示、故障及故障原因等；装备有远程控制系统。

（4）常规性能参数

QM6-20 型模振式制品成型机常规性能参数如表 4-17 所示。

表 4-17　QM6-20 型成型机常规性能参数

参　　数	数　　值
托板尺寸/(mm×mm×mm)	850×680×(8～40)
成型周期/s	≤15(带面料≤20)
成型块数/(块/模)	6
成型高度/mm	50～190
振动频率/Hz	55
振动功率/kW	2×11
生产率(峰值)/(块/h)	1080～1800
液压系统压力/MPa	5～16
总功率/kW	49.4
整机质量/t	约 12
外形尺寸/(mm×mm×mm)	约 5000×2750×3000

资料来源：福建泉工股份有限公司。

2）QM5-18 型模振式制品成型机

（1）结构特征

QM5-18 型模振式制品成型机结构如图 4-37 所示。

图 4-37　QM5-18 型模振式制品成型机结构图

（2）常规技术参数

QM5-18 型模振式成型机主要技术参数如表 4-18 所示。

表 4-18　QM5-18 型成型机主要技术参数

参　　数		数　　值
托板尺寸/(mm×mm)		1150×580
成型高度/mm		50～200
激振力/kN		80
液压站功率/kW	普通	15
	伺服	16
振动系统功率/kW	普通	11
	伺服	11
外形尺寸/(mm×mm×mm)		3000×2600×2600

资料来源：天津市新实丰液压机械股份有限公司。

4.2.3　静压式混凝土制品成型机

静压式制品成型机是一种使用专用模具，将液压压制力作用于拌和料上的制品成型设备，简称静压机。其特点及优点在于成型过程噪声低。根据液压油缸作用的不同可分为单作用静压机（即单压头油缸压制成型的设备）和双作用静压机（即压头油缸与底部油缸共同作用压制成型的设备）。

1. 静压式成型机的系统组成

静压式成型机（见图 4-38）的系统组成主

要包括液压系统、布料系统、模具连接及脱模接运系统、电气控制系统等。

图 4-38 静压式制品成型机

2. 静压式制品成型机的结构原理

静压式制品成型机结构主要由基座框架、模具连接座、主压油缸、摊布器和制品转运装置等组成。

1)基座框架

如图 4-39 所示为单工位静压式制品成型机基座构造图。图 4-40 所示为旋转多工位静压式制品成型机基座构造图。

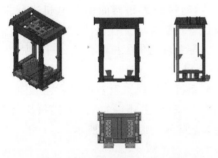

图 4-39 单工位静压式制品成型机基座构造图

图 4-40 旋转多工位静压式制品成型机基座

2)模具连接座

与振动式成型机不同,静压式成型机的模具分阴模、阳模两部分,分别安装在阴模连接座与阳模连接座上,静压机根据工位的不同需

求配置一套或多套相同的模具,分别安装于不同的工位模具连接座上,以实现制品成型的工艺需求。旋转多工位静压式成型机模具连接座如图 4-41 所示。

图 4-41 旋转多工位静压式成型机模具连接座

3)主压油缸

主压油缸是静压式制品成型机的核心部件,它通过阳模连接座与阳模相连,工作时通过油缸的向下动作将压力传导到制品表面,使制品成型。静压式制品成型机的主压油缸如图 4-42 所示。

图 4-42 静压式制品成型机的主压油缸

4)摊布器

摊布器是将拌和料定量送入阴模型腔的装置。干硬性拌和料摊布器相当于振动式成型机的布料车,俗称干料摊布器;流动性摊布器也称浆料或湿料摊布器;面料摊布器内含搅拌机构和计量装置,也可称为搅拌布料机输送装置。预搅拌的面料送入面料摊布器后,根据程序设定的量均匀布入阴模模腔。根据制品成型工艺的不同,一般静压机可配置一个干料摊布器和一个湿料摊布器,也可配置单一湿料摊布器。旋转多工位静压成型机基座摊布器

如图 4-43 所示。

图 4-43 旋转多工位静压成型机基座摊布器

5）制品转运装置（接板器）

将静压成型的制品从成型机上移出的装置，形式多样，采用真空吸盘结构者居多。图 4-44 所示为旋转多工位静压成型机转运装置（接板器）。

图 4-44 旋转多工位静压成型机转运装置（接板器）

3．典型产品的规格及技术参数

1）HP-600T 型静压式成型机

HP-600T 型静压式成型机如图 4-45 所示，该机型为典型的单工位静压式成型机，液压压力达到 600 t[①]，高压模压成型。采用先进的 PLC 程序控制电路控制机器全过程运行，操作简便，生产效率较高。

（1）设备结构及特征

HP-600T 型静压式成型机主要由成型主机、面料机、液压系统和电气控制系统等组成。主压油缸采用大通径带过渡油箱充油装置，并可输出 250 t 的压力。液压站采用变量泵，通过比例阀调速调压。旋转机构内采用大型回

(a)

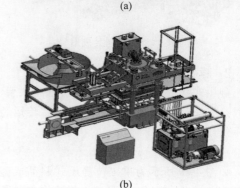

(b)

图 4-45 HP-600T 型静压式成型机

转支承，通过带编码器的伺服电机进行控制。面料机下料装置内置行星式搅拌机，定量旋转下料。配置可视化的控制系统，操作便捷。

① 成型机主机。

成型机主机是该设备的核心组成部分，主要由框架基座、主压油缸、模具连接座和脱模接运装置组成，如图 4-46 所示。

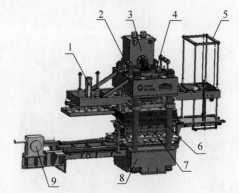

1—预压装置（特殊选配）；2—快速缸组件；3—副油箱；4—主压油缸；5—叠砖机；6—阳模连接座；7—阴模连接座；8—基座；9—摆杆组件。

图 4-46 HP-600T 型成型机主机

---

① 压力 1 t 相当于 1000 kgf，约为 9800 N。

② 面料机。如图 4-47 所示,面料机兼具面料搅拌、计量及布料功能。原材料经搅拌后传送至面料机内,再次搅拌均匀,放到计量装置定量,计量装置前后摆动,将拌和好的面料均匀摊布在模腔中。

1—计量布料装置;2—搅拌装置。

图 4-47　面料机

③ 液压系统。图 4-48 所示为该机型的液压系统,主要由机架、电机、油箱、液压泵、冷却装置、油管及接头、空滤、油滤等组成。

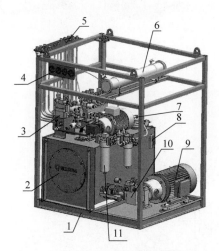

1—机架;2—油箱;3—液压集成块及控制阀;4—压力表;5—油管及接头;6—水冷却器;7—空气滤清器;8—液位指示器和温度计;9—电机;10—液压泵;11—回油过滤器。

图 4-48　液压系统

（2）常规技术性能参数

HP-600T 型静压式成型机常规技术性能参数如表 4-19 所示。

表 4-19　HP-600 型静压式成型机常规技术性能参数

模块	参　数	数　值
成型主机	外形尺寸/(mm×mm×mm)	5624×1609×2525
	主油缸最大压力/t	600
	提升力/t	10
	主油缸缸径/mm	600
	主油缸工作行程/mm	200
	活动车工作行程/mm	1500
	成型面积/(mm×mm)	1230×630
	质量(含一套模具)/kg	$3×10^4$
	主机功率/kW	68
	循环周期/s	14～18
面料机	外形尺寸/(mm×mm×mm)	2546×1878×2400
	质量/kg	1888
	送料时间/s	5～6
	搅拌筒尺寸/m	$\phi 1530×500$
液压系统	外形尺寸/(mm×mm×mm)	1370×1870×1980
	质量/kg	1648
	额定压力/MPa	10
	最大压力/MPa	16

资料来源:福建泉工股份有限公司。

（3）生产制品参数

HP-600T 型静压式成型机生产制品参数如表 4-20 所示。

表 4-20　HP-600T 型静压式成型机生产制品参数

参　数	数　值
制品排列/(mm×mm)	600×600(1 块板)
	600×300(2 块板)
	300×300(4 块板)
制品厚度/mm	40～80

资料来源:福建泉工股份有限公司。

2）旋转七工位静压成型机

图 4-49 所示为 HP-1200T 型旋转七工位静压成型机,该机型由 7 个不同功能的工位组成,通过成型平台的旋转各工位依次作业完成

制品成型过程。主压油缸采用大通径带过渡油箱充油装置,可以快速反应,动作灵敏,并可输出 1200 t 的压力;液压站采用变量泵,通过比例阀调速调压;旋转成型平台内采用超大型回转支承,通过带编码器的伺服电机进行控制;采用先进的可视化的控制系统,PLC 采用西门子 S7-1500 系列;面料机下料装置内置行星式搅拌机,定量旋转精准下料;底料下料装置通过多种过渡装置定量下料,通过控制下料量进而达到控制制品高度的目的,节省了模具的数量(如 60 mm 高的制品模具,可通过控制底料的下料量成型出高 40 mm 或者 50 mm 的制品)。

(1)设备结构

① 主压机。主压机是旋转七工位静压成型机的核心机构,主压油缸由液压站提供动力,通过阳模连接座与阳模压板连接。成型过程中主压油缸向下运动将阳模压板压入模腔,使模腔内的拌和料密实成型。根据底料下料量及压入模腔的深度的不同,可生产出不同厚度的制品。

图 4-50 所示为旋转七工位静压成型机主压机。

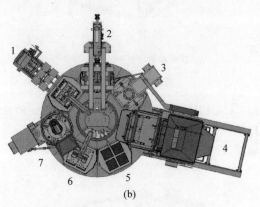

(a)　　　　　　　　　　　(b)

1—脱模工位;2—主压工位;3—预压工位;4—底料下料工位;5—维护工位(换模工位);
6—面料分散工位;7—面料下料工位。

图 4-49　旋转七工位静压成型机

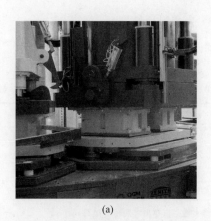
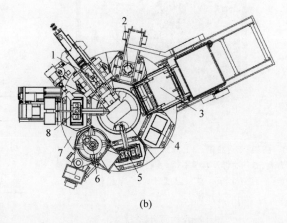

(a)　　　　　　　　　　　(b)

1—主压机;2—预压机;3—底料下料机;4—维护工位;5—面料压振机;6—面料下料机;
7—旋转平台;8—面料下料机。

图 4-50　旋转七工位静压成型机主压机

② 面料搅拌摊布机。面料搅拌摊布机由支架、带立轴行星式搅拌机构的筒型装置、计量装置、料斗、电机、下料门等装置组成。其中计量装置包括配料桶、液（气）压缸、液位测量仪、传感器及限位开关等；配料桶底部装有耐磨衬板、密封条，通过配料套筒装置进行配料；面料搅拌摊布机的布料通过安装在振动箱内的振动器振动，由布料铲将拌和好的浆料均匀地摊布在模腔中。

图 4-51 所示为旋转多工位静压成型机面料摊布机。

(a)

(a)

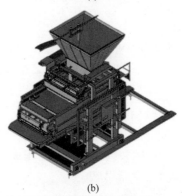

(b)

图 4-52　骨料配料摊布装置

(b)

图 4-51　面料搅拌摊布机

③ 骨料配料摊布装置。骨料配料摊布装置如图 4-52 所示。骨料配料摊布装置由机架、储料仓、进料斗、料位测量仪、装料箱、布料刮板等组成。

④ 接板机。接板机如图 4-53 所示，主要由模框、钟形罩、耐磨框、支撑螺栓、接板摆臂、托盘及真空辅助推料器组成。

（2）常规技术参数

旋转七工位静压成型机主机常规技术参数如表 4-21 所示。

(a)

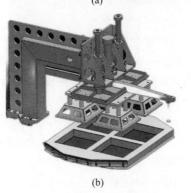

(b)

图 4-53　旋转七工位静压机接板机

表 4-21　旋转七工位静压成型机主机常规技术参数

参　数	数　值
工位数	7
制品排列示例/(mm× mm)	1000×900（1块板）
	500×500（2块板）
	400×400（4块板）
制品最大厚度/mm	80
主压最大压力/t	1200
主压油缸缸径/mm	740
质量（含一套模具）/kg	约 $9×10^4$
主机功率/kW	132.08
循环周期/s	12～18
主机外形尺寸/(mm× mm×mm)	9000×7500×4000

资料来源：福建泉工股份有限公司。

3) 旋转三工位静压成型机

图 4-54 所示为典型的旋转三工位静压成型机，由搅拌摊布机、压滤机、主压成型装置、模具连接座等部分组成。

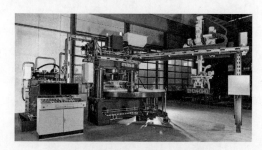

图 4-54　旋转三工位静压成型机

旋转三工位静压成型机与七工位静压成型机相比，减少了四个辅助工位，旋转半径减小，结构更加紧凑。

（1）主要结构特征

① 搅拌摊布机。摊布机的内置搅拌机构，拌和料通过称量控制的中间料仓装入搅拌摊布机，再次搅拌后将拌和料投入称量控制的计量料仓布入模腔，如图 4-55 所示。

② 压滤器。在拌和料压实过程中，PC 控制压制时间、压制速度和压力（最大 4000 kN）等工艺参数的无级变化，允许调整所有参数以适应不同的拌和骨料及制品。在这个过程中，通过压滤器去除了拌和料中多余的水分。

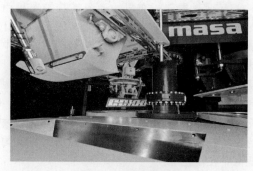

图 4-55　搅拌摊布机

③ 主压成型装置。主压成型装置如图 4-56 所示，主压油缸连接阳模连接座固定在静压机框架之上，通过液压系统产生向下的压力使布入模腔内的拌和料密实成型。

图 4-56　主压成型装置

④ 模具连接座。模具连接座是固定于主压装置和承压基座之上，用于固定连接制品模具的部件，如图 4-57 所示。

图 4-57　模具连接座

（2）常规技术性能参数

旋转三工位静压成型机常规技术参数如表 4-22 所示。

表 4-22　旋转三工位静压成型机常规技术参数

参数	型号	工位	压力/t	最大成型尺寸 /(mm×mm)	循环时间 /s	8 h最大产能 /m	外形尺寸 /(mm×mm×mm)
数值	WP3	3	400	1000×600	40	720	1000×600×150

资料来源：玛莎(天津)建材机械有限公司。

4）湿法单工位静压成型机

图 4-58 所示为典型的湿法单工位静压成型机。它不仅可以生产路缘石，也可以生产混凝土板，其制品特点是具有高密度和极低的吸水率。制造过程中，稀释混凝土内多余的水分在高压作用下被去除，压实度极强。单工位静压机结构紧凑，可在狭小的空间内实现较高的生产效率。其设备结构除了工位数为一个外，其他与旋转三工位基本相同。它主要由主机框架、主压装置、搅拌布料机、模具连接座和真空吸盘传送装置组成。

（1）设备主要结构

单工位静压机模具连接座、模具及布料系统如图 4-59 所示。

单工位静压机真空吸盘传送装置如图 4-60 所示。

（2）常规技术参数

单工位静压成型机的常规技术参数如表 4-23 所示。

5）旋转六工位静压成型机

典型的旋转六工位静压成型机如图 4-61 所示，其常规技术参数如表 4-24 所示。

4. 典型厂家静压式制品成型机型谱

表 4-25 所示为典型厂家静压式成型机型谱。

图 4-58　单工位静压成型机

图 4-59　单工位静压机模具连接座、模具及
　　　　　布料系统

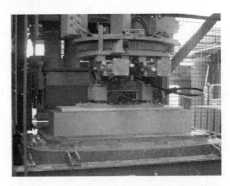

图 4-60　单工位静压机真空吸盘传送装置

表 4-23　单工位静压成型机常规技术参数

产品编号	工位数量	最大成型面积/(mm×mm)	成型高度/mm	成型周期/s	压力/t	辅振电机功率/kW	布料次数(单湿/干湿/双湿)	自重/t	设备外形尺寸/(mm×mm×mm)
WP1(湿法路缘石)	1	1000×600	200	40	400	1.8	1(单湿)	18	3500×2000×4300

资料来源：玛莎(天津)建材机械有限公司。

图 4-61　旋转六工位静压成型机

表 4-24　旋转六工位静压成型机常规技术参数

产品编号	工位数量	最大成型面积/(mm×mm)	成型高度/mm	成型周期/s	压力/t	辅振电机功率/kW	布料次数	自重/t	设备外形尺寸/(mm×mm×mm)
UNI500	6	600×600	100	12	500	1.8	2(湿干)	19	6500×3500×3200

资料来源：托普维克(廊坊)建材机械有限公司。

表 4-25　典型厂家静压式成型机型谱

厂家	产品编号	主要技术参数								
		工位数量	最大成型面积/(mm×mm)	成型高度/mm	成型周期/s	压力/t	辅振电机功率/kW	布料次数(单湿/干湿/双湿)	自重/t	设备外形尺寸/(mm×mm×mm)
德国玛莎	WP1(湿法路缘石)	1	1000×600	200	40	400		1(单湿)	18	3500×2000×4300
	WP3(湿法路缘石)	3	1000×600	200	60	400		1(单湿)	30	5000×3500×4300
	Uni2000/600/7(湿法路面板)	7	900×600	90	15	600		2(湿干)	30	4800×4000×3200
	Uni2000/1200/7(湿法路面板)	7	1000×1000	100	20	1200		2(湿干)	65	6000×5000×4000
泉工股份	HHP-1200T	7	900×900	80	12~18	1200	4.2	2(湿干)	90	9000×7500×4000
	HP-600	2	1230×630	20~50	35~50	600		1(单湿)	30	5624×1609×2525

续表

厂家	产品编号	主要技术参数								
		工位数量	最大成型面积/(mm×mm)	成型高度/mm	成型周期/s	压力/t	辅振电机功率/kW	布料次数（单湿/干湿/双湿）	自重/t	设备外形尺寸/(mm×mm×mm)
福建鸿益	T800	3	1000×600	50～200	40～50	800	1.1	2（双湿）	32	2850×3500×2590
	T1000	6	1200×600	50～200	40～50	1000	1.1	2（双湿）	32	4600×3500×2590
德国托普维克	UNI500	6	600×600	100	12	500	1.8	2（湿干）	19	6500×3500×3200

4.2.4　静压振动一体式制品成型机

静压振动一体式制品成型机是一种将模台振动与静压集成于一体综合作用的新型成型机,该机型不同于传统的静压力配置辅振功能的成型机,其同时具备高振频振幅和高压力,是台振静压的综合体。振动发生器安装在振动台体上,模箱设置在振动台上面,由振动台将振动传递给模箱,振动系统采用虚拟电子齿轮多轴同步、闪速电子调频调幅高频定向激振的伺服控制振动系统,实现模箱内物料的运动匀质化,压头采用高压施加压力,下脱模方式成型,采用液压系统管路增压系统。图 4-62

所示为典型的静压振动一体式成型机实物及结构图。

1. 成型机结构组成

静压振动一体式制品成型机为集静压与振动双核一体式成型机。伺服振动系统采用四平行虚拟电子齿轮多轴同步,电子调频调幅高频定向激振系统;布料车装有旋转耙料齿机构;伺服驱动液压系统定点精准控制液压驱动件的运动过程。控制系统采用计算机控制,配置人机交互触摸界面。

2. 静压振动一体式制品成型机常规技术参数

典型静压振动一体式制品成型机常规技术参数如表 4-26 所示。

(a)

1—底料储料斗；2—平台；3—顶梁；4—充液油箱；5—彩料储料斗；6—彩料升降架；7—彩料布料机构；8—主压下油缸；9—压头横梁；10—压头；11—布料导轨；12—底料布料车；13—模箱座；14—承压台；15—振动系统；16—彩料机架；17—彩料升降平台；18—彩料布料车；19—导柱；20—底座；21—压头限位装置；22—脱模油缸；23—脱模同步机构；24—底料升降机；25—底料底座；26—彩料布料机构。

图 4-62　典型的静压振动一体式成型机

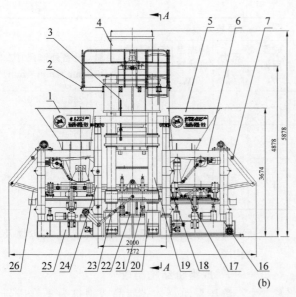
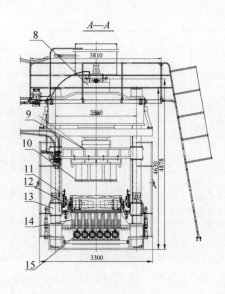

(b)

图 4-62 （续）

表 4-26 静压振动一体式制品成型机常规技术参数

参 数 名 称	数 值	参 数 名 称	数 值
200 mm×100 mm 仿石砖/(块/板)	45	周期/s	20～35
托板尺寸/(mm×mm)	1350×1150	有效成型面积/(mm×mm)	1250×1050
激振加速度	28g	制品成型高度/mm	30～400
振动频率/Hz	0～65	公称压力/kN	600
设备质量/kg	45 000	全机功率/kW	165

资料来源：西安银马实业发展有限公司。

4.3 小型混凝土制品生产线及设计

4.3.1 生产线组织与布局

1. 全自动生产线

1) 环形生产线

环形生产线也称为闭式生产线，即小型混凝土制品的生产流程以环形封闭的自动化生产线布置方式实现（尤其托板输送闭式循环）。环形生产线主要由配料系统、搅拌系统、制品成型机、输送系统、养护系统、码垛系统、控制系统及模具等部分组成，图 4-63 所示为典型的环形全自动生产线。

各系统主要包括的设备有：配料系统，包括骨料仓、胶凝材料筒仓（包含螺旋输送机、计

量装置）；配料机采用称重、流量等对骨料进行计量；搅拌系统，包括搅拌机、给水装置、湿度仪、颜料添加装置等；成型机，包括储料斗、布料车、成型主机、脱膜换膜装置等；输送系统，包括拌和料输送系统、送板机、翻板机、升降板机、子母车（部分设备需养护窑架）等；养护系统，包括养护窑、热源控制装置、给水装置等；码垛系统，包括码垛机（含编组、对中等装置）、缓冲板装置、托板仓、成品托盘仓等。

图 4-64 所示为典型的环形生产线布置图。典型的环形生产线工艺流程如图 4-65 所示。

国内外厂家几种典型的环形生产线如图 4-66 所示。

2) 旋转三工位静压成型生产线

如图 4-67 所示，旋转三工位静压成型全自动生产线采用单湿料生产工艺，由配料系统、

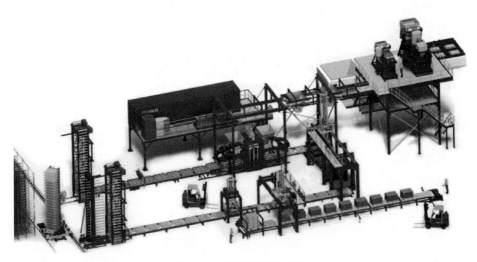

图 4-63　典型环形生产线

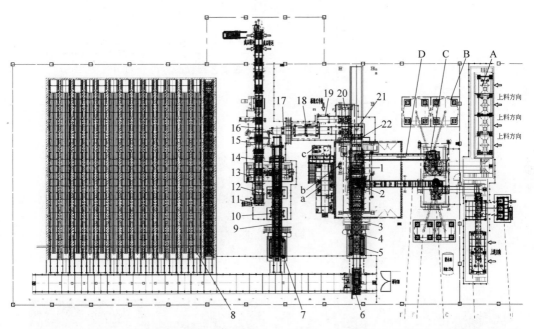

1—成型主机；2—面料机；3—湿产品输送机；4—产品刷；5—升板机；6—子母车；7—降板机；8—养护窑；9—干产品输送机；10—预合拢装置；11—货盘分离机；12—预叠层装置；13—码垛机；14—刮板机；15—托板刷；16—板式输送机；17—横向节距机；18—翻板机；19—托板垛输送机；20—托板码垛机；21—送板机；22—托板润滑装置；a—电气系统；b—气动系统；c—液压系统；A—底料配料机；B—底料粉罐；C—底料搅拌机；D—底料皮带机；E—面料皮带机；F—面料粉罐；G—面料搅拌机；H—面料配料机；I—颜料系统。

图 4-64　典型环形生产线布置图
资料来源：福建泉工股份有限公司

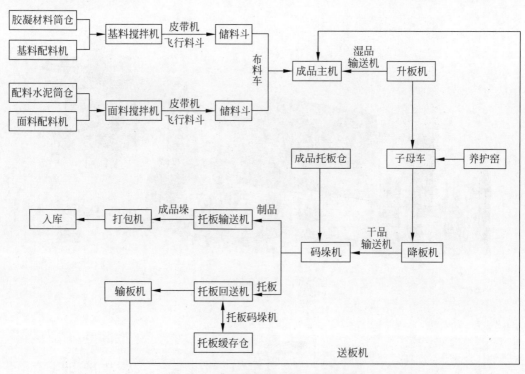

图 4-65　典型环形生产线工艺流程图

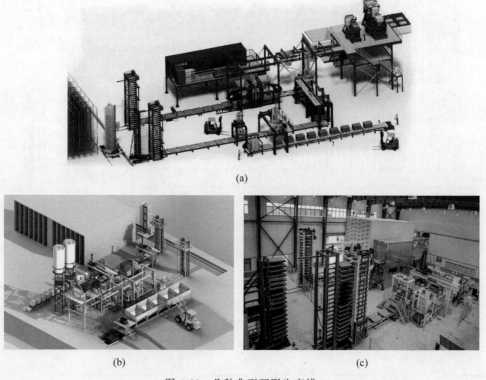

图 4-66　几种典型环形生产线
（a）～（c）环形生产线；（d）典型双机并列环形生产线

(d)

图 4-66　（续）

图 4-67　旋转三工位静压成型生产线

搅拌机、布料机、静压成型主机、制品转运装置等构成。制成品装入成品托板后由叉车运送至养护窑养护；养护完成后的制成品由叉车运至码垛打包工位，码垛打包后由叉车运至成品堆场。旋转三工位静压成型生产线工艺布置图如图 4-68 所示。

3）叠层式免托板生产线

典型的叠层式免托板生产线结构组成如图 4-69 所示。该生产线设备主要由台振式成型主机、配料机、搅拌系统、皮带输送机、打包机、叉车等组成。生产过程中，制品在成型机振动台的固定钢托板上完成成型作业，由成品托板送入成品输送机上，成型后的制品在成型机带动下移动到成品托板上，完成脱模，成品落入托板上，成型机主机带动模具回位，进行下一模制品的生产，循环往复；制成品可实现免托板堆码。成型主机移动脱模节省了升板机、降板机、制品传送装置、轨道车、出入养护窑等工艺设备。码垛完成的湿产品由叉车运

至养护窑进行养护，养护后的成品进行打包入库。该生产线也可配置环形输送线，形成带托板的环形生产线。典型的叠层式免托板生产线工艺布置图如图 4-70 所示。

表 4-27 所示为叠层式免托板生产线成型主机技术参数。

2. 直线形生产线

直线形小型混凝土制品生产线也称半自动生产线或一字线。半自动生产线与全自动生产线的区别在于托板输送不是闭环，产品成型后可单板运输也可叠板运输，运输方式一般为叉车或其他简单方式，可设置养护仓或场地，一般在热带不需要蒸汽养护。图 4-71 所示为半自动直线形生产线。

直线形生产线的配料系统、搅拌系统可与成型主机连线，拌和料由皮带输送机或飞行料斗送入成型机储料斗；也可分开布置，拌和料利用铲车送入成型机储料斗，也可将拌和料装入移动料斗由叉车将拌和料送入成型机储料斗。生产线主要由成型主机、叠板机、上板机和输送线组成，结构简单，占地面积少。制品成型后叠板机直接将带有成品的托板叠层，部分机型选用带支撑腿的托板，制品上表面不与托板接触。早期的直线形生产线需要人工介入。成型后的制品叠层到设定高度（层数）后，叉车将托板垛移送到养护区域，养护完成后，用叉车将其送到离线解板码垛机进行成品码垛、打包。图 4-72 所示为解板码垛机。

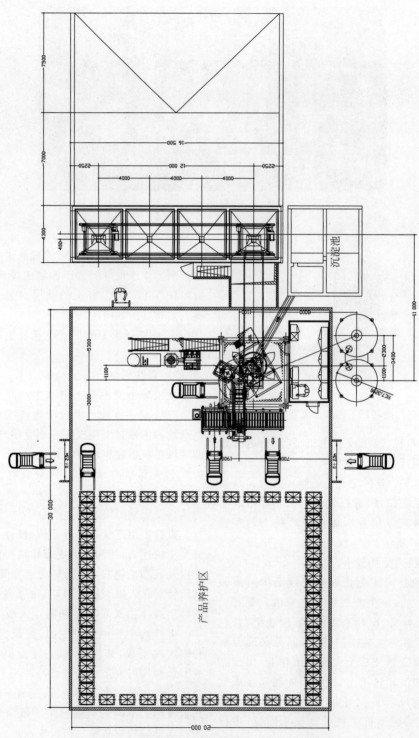

图 4-68　旋转三工位静压成型生产线工艺布置图
资料来源：玛莎(天津)建材机械有限公司

(a)

(b)

图 4-69　叠层式免托板生产线

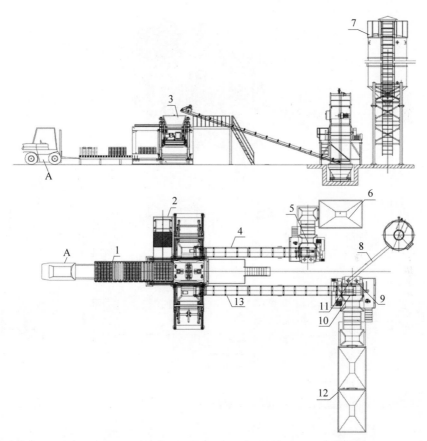

1—送砖机；2—送托盘机；3—U18-15 免托板成型机；4—面料输送机；5—MP330 面料搅拌机；6——级面料配料机；7—水泥仓；8—螺旋输送机；9—水秤；10—MP1500/2000 底料搅拌机；11—水泥秤；12—二级底料配料机；13—底料输送机；A—叉车（选配）。

图 4-70　叠层式免托板生产线工艺布置图

图 4-71　典型的半自动直线形生产线

表 4-27　叠层式免托板生产线成型主机技术参数

参　　　　数	数　　　值
外形尺寸/(mm×mm×mm)	8640×4350×3650
最大成型尺寸/(mm×mm×mm)	1300×1300×(60～200)
托板尺寸/(mm×mm×mm)	1350×1350×88
额定工作压力/MPa	12～25
激振力/kN	120～210
振动电机转速/(r/min)	3200～4000
成型周期/s	15
总功率/kW	130
质量/t	80

资料来源：福建卓越鸿昌环保智能装备股份有限公司。

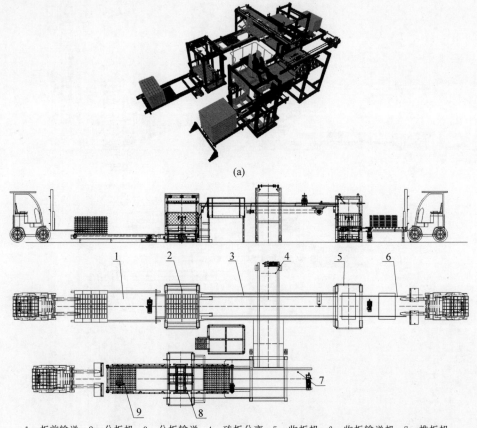

(a)

1—板前输送；2—分板机；3—分板输送；4—砖板分离；5—收板机；6—收板输送机；7—推板机；
8—低位码垛；9—成品输送。

图 4-72　典型的解板码垛机

（a）解板码垛机示意图；（b）解板码垛机工艺布置图

资料来源：天津市新实丰液压机械股份有限公司

3．移动式生产线

移动式小型混凝土制品生产线是由移动式成型机在预设轨道或具有较高强度（C30 以上混凝土）的场地上行进完成制品生产的生产线，成型后的制品直接落在托板上或地面上，一个循环后可回到起始位置继续生产，成型后的制品叠层码垛，高度较大产品也可单层码放，一般不设置养护窑。

1) 移动式成型机

典型的移动式成型机如图 4-73 所示。

图 4-73 典型的移动式成型机

（1）典型的移动式成型机的结构原理

移动式成型机具备固定式成型机的全部结构功能，并且增加了自动控制行走装置。成型机控制系统先控制压头装置并与成型模框同时上升至高于移动式振动装置的上方，然后再控制整个成型机行走到指定的脱模位置上。

行走到位后，行走驱动装置驱动整个振动台往成型机的成型模框下方运动，移动式振动台到位后，压头装置与成型模框一同下降至移动式振动台上方。接着压头装置上升，布料车将储料斗提供的拌和料均匀分布于阴模模腔中。布料后，成型机阳模压头下压，同时振动台下方振动，将拌和料振动成型。

振动成型后，阳模压头与阴模不动，行走驱动装置带动整个振动台回到原来的位置，压头与阴模同时下降至脱模位置，进行脱模，制品落在预先码放好的成品托板上，也可码放在平整的场地上。

当需要叠层码放制品时，电动马达带动导向座往下移动，同时带动光扫描仪及压头下降限位开关、阴模模框上升限位开关、模框下降限位开关以及压头上升高度限位开关向下移动。当光扫描仪扫描到制品堆垛的层数高度时，电动马达控制整个导向座停止向下移动，此时，成型机控制系统控制成型机的阳模压头与成型阴模模框同时下降，当成型机的阳模压头与阴模模框同时下移到压头下降限位开关的位置时，压头下降限位开关感应到阳模压头与阴模模框下降到位，发出信号，使成型机控制

系统控制压头与模框停止下移动作。压头与模框下降到位后，模框上移做脱模工作。当模框上升至模框上升限位开关的位置时，模框上升限位开关发出信号，模框停止上升动作，从而实现在原来堆垛好的制品上再精确脱模一层制品的功能，即实现叠层。

当成品垛按设定好的层数堆好后，成型机向前移动一个位置，到位后，重复上述流程循环生产。

（2）常规性能参数

移动式成型机由储料斗、布料车、成型装置及二次布料装置等构成。成型装置包括成型机架、移动式振动装置、设于成型机架上可升降的成型模框及压头装置等。移动式振动装置的振动台可左右滑移，设置于成型机架内成型模框的下方。

储料斗设于布料车的上方，用于向布料车提供拌和料。布料车置于成型装置一侧，用于向阴模模腔布料。

成型机架上在压头装置与成型模框的一侧还设有可根据设定层数自动调节模框与压头脱模位置的脱模高度自动调节装置。

模具阳模安装在成型机压头下方，阴模安装在成型模框上。

典型的移动式制品成型机性能参数如表 4-28 所示。

表 4-28 典型的移动式成型机性能参数

技 术 参 数	功 能 选 项	数 值
几何尺寸/(mm×mm×mm)	含面料布料	6380×2540×3700
	不含面料布料	4400×2540×3700
质量/kg	含面料布料	1440
成型面积/(mm×mm)	振动台成型	1240×1000
	地面成型	1240×1240
成型高度/mm	振动台成型	50~600
	地面成型	250~1000
成型周期/s		≤35
振动台激振力/kN		80
压头激振力/kN		40
模框激振力/bar[①]		250

① 1 bar=0.1 MPa。

续表

技 术 参 数	功能选项	数 值
整机功率/kW		50
液压站功率/kW		18
总功率/kW	按最多振动电机计	48

资料来源：福建泉工股份有限公司。

2）典型的移动翻模成型机

带翻模装置的成型机包括大型预制构件成型机和小型混凝土制品成型机，以下简要介绍小型移动翻模成型机。小型移动翻模成型机一般生产形状较复杂（如空心、带凹槽等）的水工及特殊用途混凝土制品，其采用坍落度相对较高的拌和料，多需要添加外加剂增加拌和料的流动性，靠混凝土的自密实配以辅助振动成型。移动翻模成型机模具也可不带有阳模，成型完成后，模具翻转，产品落在托板或地上。两款典型的移动翻模成型机如图4-74所示。

4. 典型厂家移动式成型机规格参数

典型厂家的移动式成型机规格参数如表4-29所示。

(a)

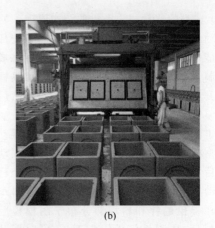
(b)

图4-74　典型的移动翻模成型机

表4-29　典型厂家移动式成型机规格参数

型号	最大成型面积/(mm×mm)	成型高度/mm	成型周期/s	前进/后退速度/(m/min)	激振力（工作台/压头/模框)/kN	叠层高度/mm	油箱容量/L	自重/kg	外形尺寸/(mm×mm×mm)
940	1240×1000	50~1000	≤35	12 /20	80/40/120	640	1200	14 400	6380×2540×3700（含面料机）
913	1240×1130	330	≤35	12 /20	80/20/48	单层高	1000	5000	2850×2337×3700（不含面料机）

资料来源：福建泉工股份有限公司。

4.3.2　生产线主要设备及系统

1. 配料系统

配料系统是将混凝土制品生产所需的各种原材料（如石子、沙子、水泥、粉煤灰、可利用的建筑垃圾、固体废弃物等）按照工艺配比利用计量装置进行配置，一般通过提升料斗或梭式皮带、螺旋输送器投入到搅拌机中的前端辅助设备。骨料配料装置一般也称为配料机，胶凝材料配料装置主要由筒仓、螺旋输送器、计量装置构成。骨料配料设备由料仓、输送装置（皮带机、提升料斗）、计量装置（重量秤、流量计）等组成。小型混凝土制品生产线一般配置多仓配料系统。图4-75所示为两种配料系统。

图 4-75 配料系统

(a) 骨料配料系统；(b) 胶凝材料配料系统

2. 搅拌系统

小型混凝土制品生产线配备的搅拌系统主要由搅拌机、湿度测量仪、提升料斗、拌和料输送装置（皮带机、飞行料斗）、添加剂及颜料添加装置等组成。混凝土搅拌机的种类很多，但由于小型混凝土制品多采用干硬性混凝土成型工艺，因此，混凝土制品生产线搅拌系统搅拌机多选用搅拌作用强、速度快的强制式混凝土搅拌机。一般都采用立轴行星式高速搅拌机，也有企业选用双卧轴式搅拌机作为基料搅拌机。混凝土搅拌机及搅拌系统如图4-76、图 4-77 所示。

图 4-76 生产线配套搅拌机

(a) 双卧轴式搅拌机；(b) 立轴行星式搅拌机

3. 成型机系统

典型的小型混凝土制品成型机如图 4-78 所示。

小型混凝土制品生产线成型机主机主要由机架、底料仓、喂料箱、喂料曲柄连杆、振动

系统、阳模支架和阴模锁紧装置等组成。

图 4-77 混凝土搅拌系统

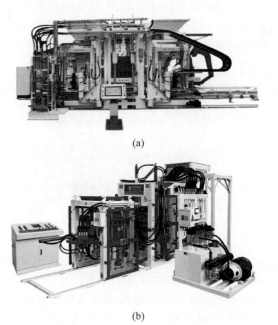

(a)

(b)

图 4-78 小型混凝土制品成型机

4. 输送系统（含码垛机）

1）湿产品输送机

湿产品输送机有链条式、液压举升式、皮带式等多种形式，采用节距式运动，每个动作向前（升板机方向）移动一个板位，推动成型后的带产品的托板向前移动，托板达到升板机位置时，被推入升板机最低端一层。节距式湿产品输送机按等距离往复运动完成托板运输。图 4-79 所示为节距式湿产品输送机，主要由机架、活动推架（带棘爪）和液压油缸等组成。

图 4-79　湿产品输送机

2）产品刷

产品刷如图 4-80 所示，它横架于湿产品输送机之上，由机架、电机、盖板和滚刷等组成。湿产品输送机向前运动时，产品滚刷对湿产品表面上的混凝土杂物进行清扫，以保证湿产品的表面质量。

图 4-80　产品刷

3）升降板机

升降板机如图 4-81 所示，主要由机架、减速电机、链轮、链条和不等边角钢托架等组成。

湿产品输送机将载着成型完毕的湿产品托板推入输送到升板机不等边角钢托架上。升板机的减速电机带动传动链条运动，将托架抬升一个工位（这里把升降板机每一层托架位

(a)

(b)

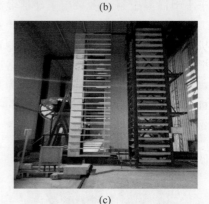

(c)

图 4-81　升降板机（远端为升板机，近端为降板机）

置称为一个工位）。接着升板机继续接收湿产品输送机送来的湿产品托板，依次送入升板机，直至升板机的所有工位都已填满托板。在设备检修空载运行时，也需要将空托板送入升板机。子母车将升板机内的湿产品连同托板运送至养护窑预设位置进行养护。

降板机的结构与升板机相同，运行方向相反。制品养护完成后，由子母车运送至降板机上。降板机的减速电机带动传动链条运动，将干产品逐层降落到干产品输送机上。由输送机输送，产品经对中机合拢和预叠层或编组

后,送至码垛机位进行码垛。

　　有的生产线为了提升干线码垛效率,在降板机前端增加了降板缓冲装置(图4-81(c)),子母车可将养护好的产品托板放入降板缓冲装置,降板机托板取空后,将降板缓冲装置内的托板送入,继续码垛作业。托板缓冲装置有效地保障了生产线节拍。

　　4)子母车

　　环形生产线子母车如图4-82所示,子母车包含子车、母车和母车轨道等部分。子母车按预定的速度往返于升板机、养护窑与降板机之间,承担湿产品入窑和干产品出窑的转运工作,在整个生产线中起着承上启下的作用。子车有多层间距与升降板机不等边角钢托架间距相等的叉架,叉架在液压油缸活塞杆推动下可提升预设的高度。母车负责承载子车在升板机、养护窑和降板机之间移动。带有多层叉架的子车离开母车,进入升板机子车轨道,从升板机上取出多层湿产品后,退回母车。母车在轨道上运行至养护窑预设窑位,母车上的子车导轨与养护窑导轨对齐,母车锁紧,子车离开母车,将湿产品送入养护窑中进行养护。子车退回母车,行进至预设窑位,子车从养护窑中取出养护好的干产品,退回母车。母车在轨道上运行至降板机子车轨道位置,母车上的子车导轨与降板机导轨对齐,子车离开母车,将干产品送入降板机后,退回母车。子母车在启停时低速,以保证启停的平稳性和定位的准确性;运行时高速,以保证满足生产线所需的节拍。养护窑与升降板机呈相对位置布局在生产线上,母车需配置旋转平台,可以带着子车一起旋转。

　　旋转子母车与传统的子母车相比,增加了旋转功能。传统的子母车,其子车只能单向进出,所以养护窑只能建在与升降板机同一侧,由于养护窑要避开生产线的其他部件并给工人和叉车工作留出空间,所以养护窑距升降板机都有一定距离。这就导致了母车行走的距离较远、时间较长,影响效率。而对于旋转子母车,只需将养护窑建在升降板机的对面,子车从升降板机取出制品后,母车只需将子车转

(a)

(b)

图4-82　子母车
(a)双板子母车;(b)单板子母车

180°,行走较短距离就可以将产品送达到位(养护窑或降板机),大大缩短了母车的行程,提高了效率。

　　5)干产品输送机

　　环形生产线干产品输送机如图4-83所示。干产品输送机的结构与湿产品输送机相同,运行方向相反。其作用是把经降板机降落到其上的干产品往码垛机方向输送,以对干产品进行码垛,同时把码垛完成后的空托板推入馈板机,以便于托板回用。

图4-83　干产品输送机

6) 对中机

环形生产线对中机如图 4-84 所示,其主要由机架、夹爪、升降油缸和液压系统或电控系统等组成。对中机的作用是将干产品输送机上推送到其夹爪下的原本处于分开状态的制品在码垛前预先进行并紧,以便于叠层和码垛。

(a)

(b)

图 4-84　对中机

7) 预叠层装置

环形生产线预叠层装置如图 4-85 所示。预叠层装置类似于码垛机,其与码垛机的主要区别在于不具备横向移动功能。预叠层装置主要由机架、码垛夹、升降油缸和液压系统或电控系统等组成。预叠层装置的作用是将干产品输送机上的经对中后的两板制品在输送到码垛机工位之前堆叠在一起,这样可以提高码垛效率。

图 4-85　预叠层装置

8) 成品托板仓

环形生产线成品托板仓如图 4-86 所示。成品托板仓也称木板仓或托盘仓,主要由机架、气缸、抬升装置和同步齿轮等组成。成品托板仓用于储存成品托板,并根据生产线流水需要向成品输送线上分配托板。

图 4-86　成品托板仓

9) 码垛机

小型混凝土制品生产线码垛机通常采用坐标式码垛机或低位码垛机,坐标式码垛机又可分为桥架坐标式码垛机和旋转坐标式码垛机(见图 4-87),其中桥架坐标式码垛机是最常用的机型,主要由龙门式桥架、码垛行走车、升降立柱、码垛架和液压系统或电控系统等组成。码垛机的主要作用是将干产品从干产品输送机上夹起并码放到板式输送机的空成品托板上。

干产品输送机将经对中和预叠层后的干产品送到码垛夹下方,码垛机升降立柱带着码垛夹下降至预定高度。码垛夹油缸动作,夹板对干产品进行夹紧,然后升降立柱带着干产品上升。码垛行走车朝桥架另一侧行走,直到码垛夹位于板式输送机上方。根据需要,码垛行走车行走的同时,旋转电机动作,可将码垛夹转过 90°或预设角度。升降立柱下降到位后,码垛夹油缸动作,夹板松开将干产品放置到板式输送机的空成品托板上。然后升降立柱上升到位,码垛行走车往回行走到初始位置。根据需要,码垛行走车往回行走的同时,旋转电机可再次动作,将码垛夹旋转复位,以便进行下一板制品的码垛。低位码垛机将在第 14 章专门介绍。

(a)

(b)

图 4-87 坐标式码垛机

(a) 桥架坐标式码垛机；(b) 旋转坐标式码垛机

10）刮板机

环形生产线刮板机如图 4-88 所示，主要由机架、旋转架、气缸和刮板组件等组成。刮板机的主要作用是对码垛完成后的空托板表面进行清理。

图 4-88 刮板机

11）托板刷

环形生产线托板刷如图 4-89 所示，其结构与产品刷相同，与产品刷的安装位置和作用不同。托板刷由机架、电机、盖板和滚刷等组成，安装于干产品输送机末端刮板机前的位置，用于对经过刮板机处理的空托板表面进行清扫。一般在刮板机和托板刷板位下方配置有废料收集装置。

图 4-89 托板刷

12）成品输送机

环形生产线成品输送机如图 4-90 所示。成品输送机一般为链板式结构，也称为链板机，主要由机架、减速电机、主动轮组件、从动轮组件、链板以及限位报警装置等组成。成品输送机环形运转，其作用是将成品托板仓释放于其上的空托板输送到码垛工位进行码垛，以及将码垛完成后的产品垛输出到打包位，再输送到成品转运工位。

13）馈板机

环形生产线馈板机如图 4-91 所示，主要由机架、活动推架、减速电机和翻板机等组成（翻板机集成到横向节距输送机上的可共用机架）。馈板机的作用是将输送到其上的空托板往送板机方向传送。

14）托板垛输送机

托板垛输送机如图 4-92 所示，主要由机架、减速电机、链条、链轮和导向架等组成。托板垛输送机的作用是根据生产实际需要把空托板垛输送到托板码垛位，以便给生产线分配托板；或者把经过托板码垛机码垛的托板垛输送到叉车转运位。

(a)

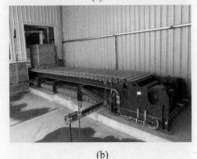

(b)

图 4-90　成品输送机

图 4-91　馈板机

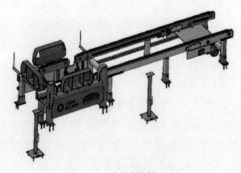

图 4-92　托板垛输送机

15）托板码垛机

托板码垛机如图 4-93 所示，主要由龙门架、行走小车、升降装置、码垛架及液压或电控装置等组成。其主要作用是根据生产线实际需要，将托板码放到托板垛输送机上或托板缓冲仓。

16）送板机

送板机如图 4-94 所示，主要由机架、活动

(a)

(b)

图 4-93　托板码垛机

推架和液压油缸等组成。送板机的主要作用是将馈板机输送过来的托板送入成型机的振动台上，输送的速度与生产线节拍一致。

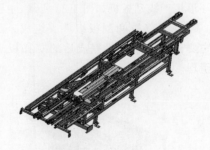

图 4-94　送板机

17）翻板机

翻板机如图 4-95 所示，由电机、托板夹具、支架等部件组成，其作用是将刚成型完一模的托板经清扫后翻转过来，以便使托板两面均匀使用，减少托板的磨损与变形。翻板机可置于

托板刷之后的工位,也可与送板机连在一起。

图 4-95　翻板机

18）托板缓冲仓

托板缓冲仓如图 4-96 所示,它设置于馈板机与托板输送机之间,用于储存生产线节拍以外的托板。它对于干湿双边可单独运转的生产线来说尤为重要,干线出窑富余的托板可存入托板缓冲仓,或湿线生产需要的托板可由托板缓冲仓提供。

图 4-96　托板缓冲仓

5. 养护系统

小型混凝土制品成型生产线的养护系统如图 4-97 所示,主要由养护窑、蒸汽（暖气）管路、通风系统、给水系统、温控装置等构成。养护窑形式多种多样,主要有钢结构整体框架式养护窑、隧道式养护窑、旋转式养护窑等。其中有将带湿产品的托板直接送入窑的,也有将产品托板先送入养护窑架,再将窑架送入窑的。养护系统的外围设备包括蒸汽（暖气）锅炉、水路、电路系统等。

6. 控制系统（含液压、电气）

1）液压系统

小型混凝土制品生产线液压系统如图 4-98 所示,一般由机架、油箱、电机、液压泵、液压集成块、电磁换向阀、电液比例溢流调速阀、回油过滤器、空气滤清器、油（水、气）冷却器、压力

(a)

(b)

图 4-97　典型小型混凝土制品生产线养护系统

表、油管及接头、液位指示器和温度计等组成。液压系统有集成式的,整个生产线全过程大部分设备的液压动力均由集成式液压站提供;也有分体式的,生产线主要部分分别由不同的液压站控制。

2）电气系统

电气系统如图 4-99 所示,主要包括电气控制的电控柜、电源供应系统、控制面板与触摸屏。利用触摸屏系统可以进入生产界面,设置或修改生产相关的参数。

4.3.3　生产线关键参数设计

小型混凝土制品生产线设计选型主要包括生产线产能设计及主机选型、配料及搅拌系统设计计算、养护系统设计及热工计算、压缩空气站计算、生产线节拍计算等。

1. 生产线产能设计及主机选型

1）生产线产能设计计算

以生产规格为 200 mm×100 mm×60 mm 两次布料的路面砖（荷兰砖）为例,成型机成型时间为 15 s,每日工作 20 h,清理时间 4 h,生产线运行效率为 80%。

每小时理论成型板数 3600/15 板,即 240 板,按照 80% 的生产效率计算为 192 板,每日工作 20 h,则日产能为 20×192 板,等于 3840

(a)

(b)

图 4-98　液压系统

(a)

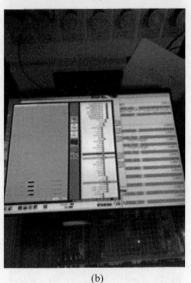

(b)

图 4-99　电气系统

板,如果单板产品面积为 1.08 m²(54 块荷兰砖),则日产能为 4147.2 m²。一般生产企业考核单班产能,按照 10 h 计,则单板产能 1920 板,2073.6 m²。

变换为式(4-1)所示:

$$M = \frac{(t - t_1) \times 60 \eta S}{T} \qquad (4\text{-}1)$$

式中,M 为日产能,板;t 为日工作时长,h;t_1 为清理时间,h;S 为单板产品面积,m²;η 为生产效率,T 为成型时间,s。

生产以块为计量单位的产品时,将单板产品面积改为单板成型块数即可。

上例中,全年工作时间为 260 天,则综合产能可达到 260×4147.2 m²,即为 1 078 272 m²。

2) 成型机生产能力核算

由于国内制品成型机至今尚未定型系列化,各厂家对成型机能力的标称不一致,建议按成型机每次成型块数、结合本厂原材料性能

最佳的成型周期,用式(4-2)核算成型机的生产能力。如有条件,最好到同类型生产厂家去核实成型机的实际生产能力。

$$Q = NV \cdot \frac{3600}{T} K_1 K_2 \qquad (4\text{-}2)$$

式中,Q 为成型机生产能力,m³/h;N 为每次成型块数,一般以标准块(390 mm×190 mm×190 mm)为准;V 为制品的外形体积,m³;T 为每次成型的周期,s;K_1 为成型机的正品率(95%~100%);K_2 为成型机时间利用率(90%~100%,简易生产方式取最小值,机械化水平高的取最大值)。

3) 主机选型

成型机的选型建立在市场需求的基础上,以混凝土路面砖为主导产品的,一般选择台振式成型机;以建筑砌块为主导产品的,一般选择模振式成型机。静压式成型机主要用于路面砖升级换代以及生产仿石材制品。依据成

型机成型面积、成型周期等,结合系统参数的计算来选择成型主机的型号,关键要素是成型主机要与配料搅拌系统、输送码垛系统、养护系统配套;同时要结合企业自身的经济条件、当地的气候条件、场地因素、环保政策、原材料运距、市场服务半径等因素综合考量。

2. 配料及搅拌系统设计计算

配料及搅拌系统设计应按照最快成型周期和最大体量两种产品生产方式进行测算,同时满足两个条件时才是最佳方案。

1) 成型周期最快

例如成型机成型周期为 15 s,拌和料运至成型机料斗时间为 20 s,成型面积为 1.2 m^2,成型高度为 60 mm,则混凝土搅拌机容量由式(4-3)计算:

$$V = \frac{(t - t_1)Sh\varepsilon}{T} \quad (4-3)$$

式中,V 为搅拌机容量;t 为搅拌机搅拌时间,s(立轴行星式高速搅拌机一般为 180～300 s);t_1 为拌和料运送至成型机料斗时间,s;S 为成型面积,m^3;h 为成型高度,m(最大成型高度 300 m,综合考量体量最大);ε 为混凝土拌和料压缩比(半干硬性混凝土 ε 为 1.12～1.15,一般为 1.13);T 为成型周期,s(最快 15 s,生产最大体量产品时 30 s)。

因此,理论上计算,搅拌机出料量不得小于 1.2 m^3。按照搅拌机相关技术标准可选用 2250/1500 型,即入料量 2.25 m^3,出料量 1.5 m^3。

2) 体量最大

经综合考量规格为 1000 mm×120 mm×320 mm 的侧石产品,每板 6 块,体量最大,成型时间为 30 s(剔除不定因素),则搅拌机容量应为

$$V = \frac{(240 - 20) \times 1 \times 0.12 \times 0.32 \times 6 \times 1.13}{30} \ m^3$$
$$\approx 1.9 \ m^3 \quad (4-4)$$

因此,生产体量最大产品时,理论上,搅拌机出料量不得小于 2 m^3,按照搅拌机设计规格可选用 3000/2000 型,即入料量 3 m^3,出料量 2 m^3。

综上所述,为了同时满足以上两个条件,搅拌机选型不得小于 3000/2000 型。

成型机料斗容量与成型周期和搅拌机容量密切相关,三者必须相互匹配。成型机料斗容量应满足搅拌机搅拌时间和拌和料运送时间内成型机对拌和料的需求。应以体量最大产品为依据,原则上成型机料斗容量应大于搅拌机出料量。成型机料斗容量小于搅拌机出料量时,成型机正常运行时会发生等料现象。

3. 托板数量及养护窑容量计算

在生产线节拍、干湿品线长度、子母车速度、养护窑容量、码垛机速度等相关组件设计合理的情况下,测算需用托板数量。

仍以上述生产线产能设计计算及搅拌机设计例子为例,该产品为占用托板最多的产品。

每小时理论成型板数 3600/15 板,即 240 板,按照 80% 的生产效率计算为 192 板,每日工作 20 h,则日产能为 20×192 板,等于 3840 板。自然养护条件下,成品出窑时间为 16 h;蒸汽(包括其他加温)养护条件下,成品出窑时间为 6 h。

自然养护条件下,日生产需用托板数为 3840 片,而 16 h 成品即可出窑,成品占压的托板可以回用,有 4 h 产能的托板占压,4 h 占压的托板数为 192×4 片 = 768 片,理论上配备(3840-768)片 = 3072 片托板即可满足连续生产需要。经理论测算,成品出窑前的窑板数就是生产线最低需求托板数量,公式如下:

$$b = \frac{t_2 \times 60\eta}{T} \quad (4-5)$$

式中,b 为成品出窑前在窑板数,板;t_2 为成品出窑前在窑时长,h;η 为生产效率,%;T 为成型时间,s。

当采用蒸汽(或其他加温方式)养护时,成品出窑时间大幅度缩短,因此托板配备量也会相应减少。

生产线设计要综合考虑多种因素,为了保证连续生产,托板配备数量要大于理论需求数量,根据养护窑结构不同,一般以多于一孔窑的托板数量为宜,或为理论数据的 1.1 倍。制品生产线养护窑一般采用产品先进后出方式,为了便于在窑产品周转连续生产,设计时,养护窑的容量要大于托板需求量,以多出一孔空窑为宜。

4. 压缩空气站计算

根据压缩空气站的供气量和估算的压缩空气站的出口压力,即可选择空气压缩机的形式和台数。查阅空气压缩机产品样本,选择满

足方案要求的压缩机站。

5．生产线节拍计算

生产线节拍是全自动生产线保证运行效率的关键环节，其对于环形制品成型机生产线尤为重要。环形制品成型机生产线由成型机、湿品输送线、升板机、子母车、养护窑、降板机、干品输送线、码垛机等组成，各装置依据成型机速度、养护窑距离、子母车速度等数据相互关联，必须科学系统地配置，才能形成高效合理的节拍，最大化地发挥生产线的效率。生产线节拍计算关联参数如下。

① 成型周期（T）：拌和料由布料车向模腔布料经成型到湿产品移出成型机的时间。产品成型周期由成型主机决定，生产不同制品，其成型周期不同。

② 节距（L）：也称板位，是指托板在输送线上行进一次的距离。

③ 升降板机容量（板数 P）：装满升降板机的托板数量。升降板机容量与子母车的容量相同，需确定升降板机存储多少栈板、子母车一次取送多少托板。

④ 子母车速度（单位为 m/s）：子母车由升降板机行进至养护窑的运行速度，一般情况下，子母车的行进速度为定值。

⑤ 养护窑最远距离（单位为 m）：指养护窑最远端窑位到升板机的距离，包括最远端窑位的窑深。

⑥ 码垛速度（单位为 s/板）：码垛机从干品线抓取（或推送）一板干品码放至成品托盘的速度。

4.4 典型生产线设计选型

4.4.1 环形小型混凝土制品生产线

下面以 L9.1 全自动小型混凝土制品生产线为例介绍环形生产线的设计选型。

1．工艺流程

环形生产线的工艺流程前文已作详细介绍。其主要流程包括配料、搅拌、拌和料输送、成型、养护、码垛、包装入库等工序。虽然国内外厂家生产线局部有差异，但其主要流程环节一致。

2．平面布置

L9.1 生产线工艺布局及平面布置如图 4-100 所示。

3．性能参数

L9.1 全自动小型混凝土制品生产线的技术参数如表 4-30 所示。

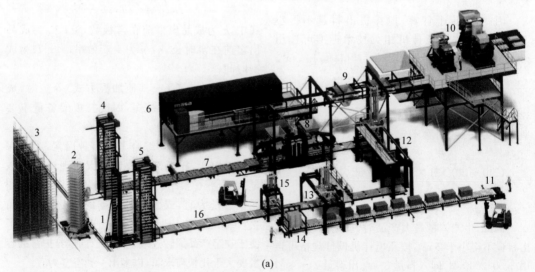

(a)

1—子母车；2—缓冲子母车（预提机）；3—养护窑和通风系统；4—升板机；5—降板机；6—电气控制集装箱；7—湿品传送线；8—混凝土制品成型机；9—混凝土输送系统；10—骨料配料和混凝土搅拌设备；11—码垛成品传送线；12—产品托板——横向传送和缓冲；13—码垛机；14—码垛编组；15—对中装置；16—干品传送线。

图 4-100 L9.1 全自动小型混凝土制品生产线
(a) 工艺布局；(b) 平面布置
资料来源：德国玛莎有限公司

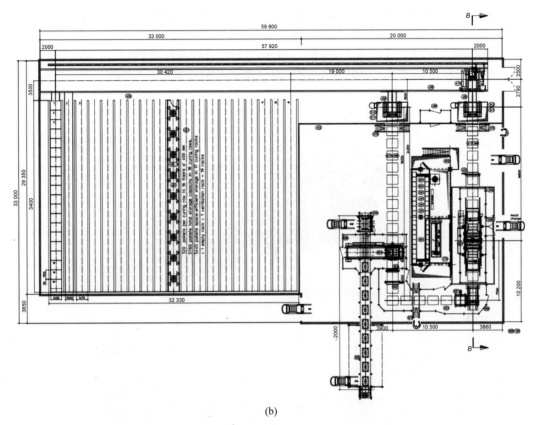

(b)

图 4-100　（续）

表 4-30　L9.1 全自动小型混凝土制品生产线的技术参数

参　　数	数　　值	备　　注
成型面积/(mm×mm)	1400×1100	
最大成型高度/mm	500	
码垛高度/mm	1100	
成型周期/s	15	
总功率/kW	120	
液压泵功率/kW	75	
外形尺寸/(mm×mm×mm)	15 000×3000×4700	成型机尺寸
基料配料/仓	4	根据需要可以添加
水泥筒/仓	3	总容量30 t
面料搅拌机	3000/2000	立轴行星式
基料搅拌机	500/330	立轴行星式
单班产能/m²	2880	60 mm 厚路面砖

4.4.2　直线形小型混凝土制品生产线

以 QTF15 型直线形小型混凝土制品生产线为例，介绍直线形生产线的设计选型。

1. 工艺流程

前文已经介绍，直线形制品生产线与环线生产线的区别在于直线形生产线托板的输送需要叉车介入,叉车将托板送入托板仓,经送板机送入成型机,成型好的产品经叠板机叠层,用叉车叉取送入养护窑室养护,也可自然养护。其前端配料、搅拌、成型的工艺过程与环形生产线一致。这种生产线结构简单,占地面积小,适合我国南方地区使用。

2. 平面布置

图 4-101 所示为 QTF15 型直线形制品生产线工艺布局与平面布置图。

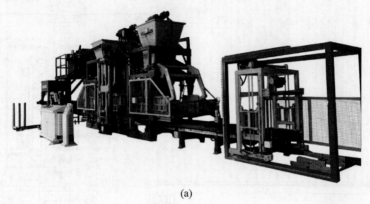

(a)

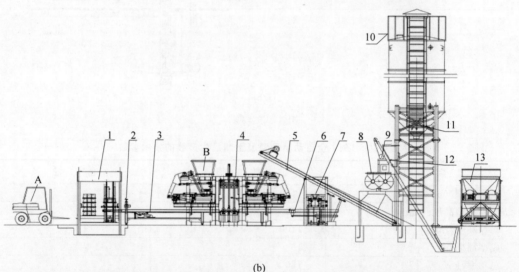

(b)

1—升(叠)板机;2—成品清扫刷;3—湿品输送机;4—成型机;5—皮带输送机;6—送板机;7—侧向提板机;8—搅拌机;9—水秤;10—水泥仓;11—螺旋输送机;12—水泥秤;13—配料机;A—叉车;B—面料储料斗。

图 4-101　QTF15 型直线形制品生产线
(a) 工艺布局;(b) 平面布置

3. 主要设备介绍

生产线成型主机主框架由 3 个可移动部件组成,底架采用 70 mm 实心钢结构,能承受长时间的强烈振动,采用 4 台同步振动电机,振动高效,频率控制精准,配置自动快速换模装置。前端包括 4 仓配料机、水泥筒仓、螺旋输送机、双卧轴搅拌机;后端包括湿品输送机、叠板机和叉车。

4. 性能参数

QTF15 型直线形小型混凝土制品生产线的技术参数如表 4-31 所示。

表 4-31　QTF15 型直线形小型混凝土制品生产线的技术参数

参　数	数　值
外形尺寸/(mm×mm×mm)	7200×2450×3600
最大成型尺寸/(mm×mm×mm)	1280×1050×(40～500)
托板尺寸/(mm×mm×mm)	1400×1100×40
额定工作压力/MPa	15
激振力/kN	120～160
振动频率/(r/min)	2900～4800(液压振动变频可调)
成型周期/s	15
总功率/kW	105
配料仓/m³	10 t(4 个)
水泥筒仓	30 t(2 个)
基料搅拌机容量/m³	3000/2000
单班产能/m²	2880

注：产能按照 60 mm 厚路面砖计。

资料来源：福建卓越鸿昌环保智能装备股份有限公司。

4.4.3　移动式小型混凝土制品生产线

　　移动式小型混凝土制品生产线的成型主机在预设轨道或具有一定强度的平整地面上行走，成型后的制品直接落在托板或地上，一个循环后可回到起始位置进行叠层生产，一般不设置养护窑。

1. ZN940 型移动式制品生产线

　　ZN940 型移动式制品生产线主机如图 4-102 所示。

图 4-102　ZN940 型移动式制品生产线主机
资料来源：福建泉工股份有限公司

　　1）生产线设备组成

　　移动式制品生产线由配料机、搅拌机、供料装置、布料车、成型装置、行走轨道及叉车、铲车等组成。其中成型装置包括成型机架、移动式振动装置、可上下升降设于成型机架上的成型模框及压头装置。移动式成型机行走在预设的轨道之上，成型后的产品可放置在成品托板上，也可直接放置到地面上。振动装置可左右滑移于成型机架内模框的下方。供料装置设于布料车的上方，用于向布料车提供拌和料。布料车设于成型装置一侧，用于将拌和料均匀分布于阴模模腔中。成型机架上压头装置与成型模框的一侧还设有可根据设定层数自动调节模框与压头脱模位置的脱模高度自动调节装置。

　　2）移动式制品成型机的相关性能参数

　　ZN940 型移动式制品成型机相关性能参数参见表 4-14。

　　3）ZN940 型移动式制品生产线的特征

　　移动式制品成型机所生产的制品可直接放置于地面，减少了固定式制品成型机所需的输送线、对中机、码垛机、馈板线、翻板机等装置，具有灵活的移动能力，可在轨道上实现可控移动，也可通过转向装置实现不同轨道上的位置移动，极大地减少了设备占地面积，提高了空间利用率和生产效率，降低了制造成本。整体结构简单，操控便捷，自动化程度高。该成型机制品在成型机内振动台上成型或直接在地面上成型,减少了托板的投入。拌和料投料及成品转运需用铲车或叉车,一般移动式生产线不设置养护窑,在我国南方比较适合。ZN940 型生产线成型高度最高可达 1000 mm,可生产路面砖、建筑砌块、水工及园林景观装饰性制品等,产品范围广。

2. 移动翻模成型机

混凝土移动翻模成型机,是利用加压和振动力使原材料成型为一种具有凝结力和管廊形状砌块的设备。意大利 Expomat s. a. s di Miani Emilio & C. 公司推出了一款 VibroCast 成型机——大型预制构件的振动翻模成型机,其性能参数如表 4-32 所示。通过更换不同的模具可以生产出不同结构形状及大小的预制件,例如预制管廊、预制梁和预制板等。

表 4-32　VibroCast 预制件成型机的性能参数

型　　号		预制构件的最大尺寸 /(cm×cm)	预制构件的最大高度 /cm	预制构件的最大质量 /kg
VC100	N	120×120	100	2000
	S	140×140	110	2000
VC200	N	200×200	110	3000
	S	200×200	135	3000
VC300	N	300×200	110	3000
	S	300×200	135	3600
VC400	N	400×200	110	4000
	S	400×200	135	4000

注:VibroCast 成型机型号,标准型标示"N",加强型标示"S"。

VC200S 型成型机的外观如图 4-103 所示。

图 4-103　正在运行的 VC200S 型成型机

1) VibroCast 成型机的主要特征

(1) 采用重型加强型钢结构框架。

(2) 成型模具采用双电动机控制的翻转系统。

(3) 通过可旋转气缸来调整模具转动。

(4) 新拌混凝土的布料器装置满足 200 cm 成型高度的需要,而无需多个步骤和额外的控制气缸。

(5) 采用专用电机和齿轮的五轮驱动方式,实现成型机的平面移动。

(6) 根据成型构件形状的实际需要,最多可安装四个振动器。

(7) 具有不需使用工具的快速联轴器系统,可快速更换模具,减少更换时间,防止机油溢出到地面上。

2) VibroCast 成型机的特点

(1) 大幅度提高大型混凝土构件的生产效率,保证制品的强度与表面光洁度等质量;同时一定程度上降低生产资源的需求量。

(2) 与传统"湿法浇注"工艺技术相比,需要的预制场地面积小。由于设备本身尺寸紧凑,在一些场地受限区域也可运行。这一点对于预制工厂土地成本高的区域非常有益。

(3) VibroCast 成型机运行本身仅需要一名操作人员,并由叉车司机负责将新拌混凝土送入,同时负责装卸养护固化后可堆垛的成品。所有型号的 VibroCast 成型机都采用自动同步方式,仅需平坦水泥混凝土地坪就可运行,不需要在地面上建造其他特殊基础。

(4) VibroCast 成型机的运行噪声低。因为在用新拌混凝土填满模具、启动开始振动时,激振力仅作用在模具上,而不是作用于整个成型机,可将振动器产生的噪声降到最低程度。

4.4.4　固定叠层式小型混凝土制品生产线

本节以 ZN844 型叠层式制品生产线为例介绍固定叠层式小型混凝土制品生产线。

ZN844 型制品生产线是典型的叠层式免托板制品生产线,其主机如图 4-104 所示。

1. 工艺流程

原材料经配料系统进入搅拌机，拌和料经输送皮带或飞行料斗运送至成型机储料斗，经成型机振动加压成型后，成型机振动台后撤，成型后的湿产品落到移动托盘上，成品移动托盘放置在成型机下方轨道上，由传动装置牵引前进；按照设计叠层高度码满托盘后，成品托盘被拖拽行进一个工位，由叉车叉取运送至养护窑室。成型机工作过程详见 4.2 节。

2. 平面布置

ZN844 型叠层式制品生产线的平面布置图如图 4-105 所示。

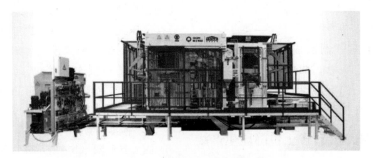

图 4-104　ZN844 型叠层式免托板生产线主机

资料来源：福建泉工股份有限公司

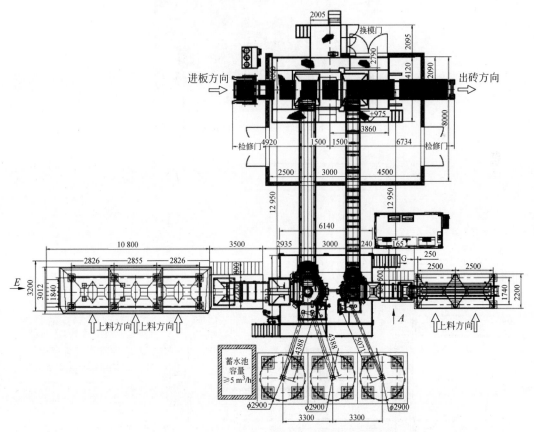

图 4-105　ZN844 型叠层式制品生产线的平面布置图

3．主要设备介绍

与其他固定式制品生产线相似，ZN844 型叠层式制品生产线的主要设备包括：配料机、水泥筒仓、搅拌机、拌和料输送皮带或飞行料斗、成型主机、成品托盘、托盘运行轨道等。相较于环形生产线，减少了制品输送线、升降板机、在线码垛机、子母车等设备。

4．性能参数

ZN844 型叠层式制品成型生产线成型主机参数详见表 4-14 中 ZN844 机型，该生产线生产按照 60 mm 厚路面砖产品计算，单班产能可达 1200 m²。

4.4.5　环形旋转多工位静压生产线

本节以旋转三工位静压生产线为例介绍环形旋转多工位静压生产线。

1．工艺流程

图 4-106、图 4-107 所示为典型的环形旋转三工位静压制品生产线及其流程图。静压制品生产线可生产混凝土板、砖、路缘石等制品，经后期磨光、抛丸等深加工，可制造出近似于天然石材的表面效果。

静压式成型机采用湿式静压成型工艺，通过原材料的选择和工艺配比的优化，可制造出超高强度的混凝土制品，其强度高、面层效果好，可作为建筑外延、市政道路、园林景观等装饰性产品使用。

2．平面布置

图 4-108、图 4-109 所示分别为不同排列形式的旋转三工位静压制品生产线平面布置图。

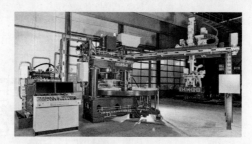

图 4-106　环形旋转三工位静压路缘石生产线

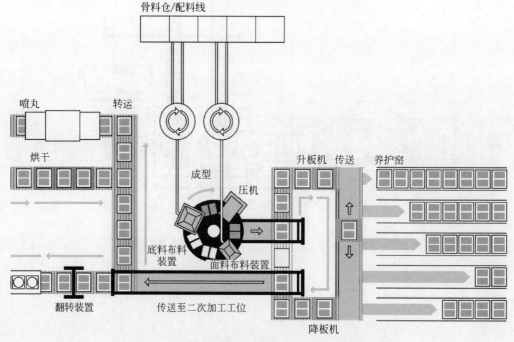

图 4-107　环形旋转三工位静压制品生产线流程图

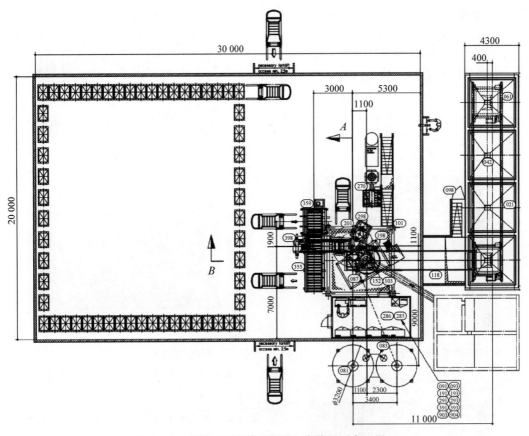

图 4-108 旋转三工位静压制品生产线平面布置图一

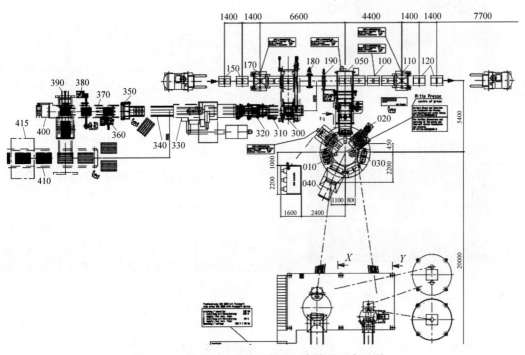

图 4-109 旋转三工位静压制品生产线平面布置图二

3．主要设备介绍

旋转三工位静压制品生产线的主要设备包括旋转三工位静压成型机（含面料搅拌布料机）、干料配料系统、水泥筒仓、干料搅拌机、拌和料输送机、升降板机、子母车、翻转装置等。

1）湿法路缘石主压成型机

旋转三工位静压制品生产线湿法路缘石主压成型机如图 4-110 所示。

图 4-110　玛莎静压成型机

2）摊布设备

生产线摊布设备如图 4-111 所示。

图 4-111　玛莎静压成型生产线摊布设备

混凝土放入下模之前在下模底部铺放透水纸，如图 4-112 所示。

图 4-112　下模底部铺放透水纸

图 4-113 为路缘石成型后的传送用真空吸盘机构。

真空吸盘将静压路缘石转运至传送线的

图 4-113　真空吸盘机构

木托盘上，如图 4-114 所示。

图 4-114　转运路缘石

4．性能参数

旋转三工位静压制品生产线常规性能参数如表 4-33 所示。

表 4-33　旋转三工位静压制品生产线常规性能参数

参　　数	数　　值
工位数	3
成型面积/(mm×mm)	1000×600
最大成型高度/mm	200
成型周期/s	40
额定压力/t	400
自重/t	30
单班产能(最高产品面积)/m²	600

资料来源：玛莎（天津）建材机械有限公司。

4.4.6　直线形单工位静压生产线

1．工艺流程

直线形单工位静压生产线，采用高压力液压成型，通过压力完成含水泥骨料的压滤式成型，采用 PLC 控制机器全过程自动运行，如图 4-115 所示。

生产线通过配料系统实现预定配比，各组分物料通过输送皮带和提升料斗送到搅拌机内搅拌，搅拌后的拌和料输送到面料搅拌机。主

图 4-115 直线形单工位静压生产线

机滑台滑出,面料通过定量斗下料至滑台的模框内,滑台滑到机架下方,进行压滤成型,托板通过送板机到滑台另一个工位,在面料定量下料时完成脱模。在压力成型时完成送托板与叠板。

2. 布置图

直线形单工位静压生产线的布置图如图 4-116 所示。

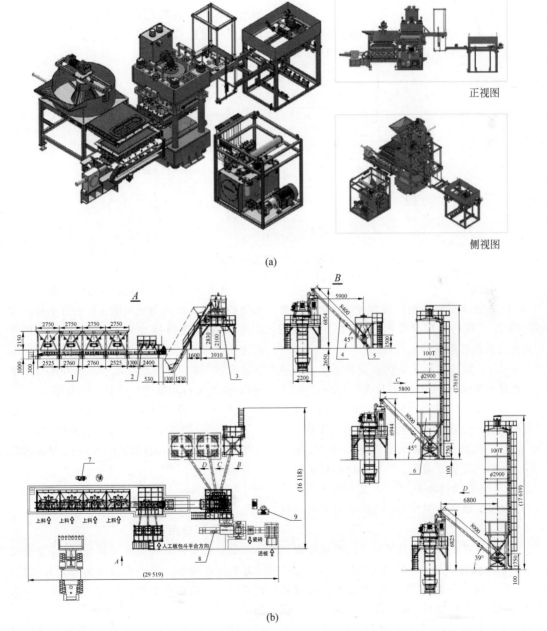

正视图

侧视图

(a)

(b)

图 4-116 直线形单工位静压生产线布置图

3．主要组成系统

其主要组成系统包括配料系统、搅拌系统、输送系统、转运系统等。

4.5　设备使用及安全要求

4.5.1　运输与安装

1．运输

（1）为防止设备损坏，应按照要求进行包装、运输。

（2）设备应捆绑牢固，活动件应有固定措施。

（3）设备外表面接触部位应进行包装保护，防止运输过程中损坏。

（4）只能用吊车来卸载主机，切勿使用斜坡卸载主机，吊装示意如图 4-117 所示。

（5）务必将主机放置于水平地面（若主机放置于倾斜平面，可能会移动，而液压站关闭时制动无法运作，危险区域的人员会有人身安全风险）。

（6）运输或暂时存放时，应确保设备表面干燥与干净，并且可抵御外部恶劣天气或意外因素。选择合适的保护性包装来确保足够的通风并且排除腐蚀的风险。

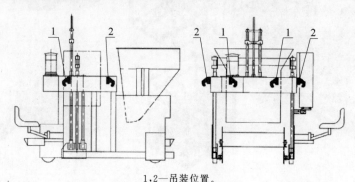

1,2—吊装位置。

图 4-117　吊装示意图

2．安装

（1）机器安装场地应宽敞平整，确定机器朝向、生产物料与成品走向，布置好生产线的具体位置及机器场地使用范围。

（2）将配置的辅机按机器安装图要求与主机连接起来，连接必须牢固且安全可靠。

（3）连接机械上所需的气源、水源。并做好废气、废水、污水的合规排放或回收工作。

（4）机器使用输入电压为 380 V、频率 50 Hz 的三相交流电源。为确保机器设备安全工作，应选择线径大于 16 mm 的铜制电缆。

（5）为确保人身安全，机器必须连接良好接地体。

（6）接好电源进线及接地线。电源根据图纸上要求或设计方案要求进行接线。

（7）按电气原理图用电缆连接各接线端子，并进行认真核对，确保接线正确无误。强弱电在接线时应注意走线分开。

（8）用万用表和摇表测量各电动机及电气箱柜的绝缘电阻及对地电阻；如果有不符合要求的，要重新进行接地处理，确保每一个电阻值达到要求。（用 500 V 的兆欧表以 120 r/min 的速度进行检测，如电阻低于 0.5 MΩ 时不能使用，需要进行干燥等处理后才能使用。）

（9）检验完电路确保无误后，闭合电源总开关，再闭合控制电源开关，拉起急停按钮，打开控制电源的电门锁（钥匙开关）；再对各部分分开调试。

4.5.2　使用与维护

1．常规使用要求

制品成型机为机电液一体化、技术复杂度较高的生产设备。需要规范使用和保养维护，否则可能影响正常生产运行，其常规使用要求如下：

（1）未经过培训的员工，不得单独操作制

品成型机。

（2）操作者必须认真阅读和理解制品成型机操作手册，掌握设备的机、电、液原理以及安装、试车、操作、保养、维修，并经操作培训与考核合格，方可操作制品成型机。

（3）制品成型机液压油的质量、洁净度以及工作黏度决定了液压系统工作的可靠性与制品成型机的效率、寿命、经济性。宜采用抗磨液压油，并注意不同温度环境下油类品种，以减少油温对黏度的影响，增强系统的耐磨和耐蚀能力，对保证泵和液压阀可靠工作非常有利。

（4）制品成型机向油箱注油时应采用 $10~\mu m$ 的过滤装置，严禁不经过滤装置直接注油。

（5）制品成型机设有回油过滤和单独的过滤冷却系统，过滤精度均为 $10~\mu m$。为使油液清洁，减少故障，一般情况下各过滤系统一年须更换 4 支滤芯，且只允许采用新滤芯，不允许旧滤芯擦洗重新使用。过滤芯必须采用高质量滤芯，如微精的过滤芯。滤芯使用不当会损害设备。

（6）制品成型机系统液压油最佳工作温度为 35～60 ℃。若过热应对系统进行检查，及时采取措施。

（7）为保证电气系统正常工作，必须保持电压稳定，其波动值不应超过或低于额定电压的 5%～10%。

（8）电气柜、接线盒、操作台的门或盖子在机器工作时必须关上或盖上，不得敞开使用，以免积污。

（9）当液压系统出现故障时（例如动作不正常、油压不稳、油压太低、系统振动、油温升高过快等），要及时分析原因，排除故障。

（10）注意蓄能器的性能，若发现充气压力不足或胶囊损坏时，应及时处理。

（11）经常检查和定期紧固管接头，以防松动漏油。

2.维护要求

1）日常维护

（1）每班开机前，应检查各润滑部位，导柱应喷机油。

（2）注意托板上的黏料情况，需经常清理，如有必要，应停机清理。

（3）每天工作完毕后，应将机器刷净清理，加涂润滑油，防止砼结硬难除。严禁用水冲洗机器电气装置，以免发生意外。

（4）液压系统用油必须清洁，严禁混入杂质，经常检查油位、油温。油位低时，补足液压油。首次使用 1 个月后，应将油抽出更换或过滤，油箱内的充油阀也应作彻底清洗，为防止系统在加工过程中留有残存的铁屑等，油箱底部可放置吸附磁铁（用于吸附铁屑）。

（5）吸油滤网宜每月清洗一次，清洗方法为：把滤网浸入煤油中，然后再用压缩空气吹净，把滤网上的煤油洗净后再装于油箱盖紧。

（6）油箱盖子上加油口的滤网盖子务必每半个月清洗一次，清洗方法为：把滤网盖子内铜滤网拆下后浸入煤油中清洗，然后用压缩空气吹净，再把滤网上的煤油洗净，最后把盖子盖紧。

（7）气动系统的空气滤清器、空压机应定时排水，不能积水过多。

（8）油雾器内应加汽轮机油（如 32♯ 透平油）均匀供油，机器设备每工作循环一次，用油量为 2～3 滴，严禁滴油过多或过少。

（9）气动阀座上的消声器应每月清洗一次，清洗方法为：把消声器浸入煤油清洗，然后用压缩空气吹净消声器上的煤油。

（10）每日定时清理成型机储料斗、布料车、模具及地坑中残留的混凝土。

（11）检查电路系统。

（12）检查安全装置的运转情况。

（13）确保模具、上压头和振动电机上螺栓的紧密程度，如有松动请重新拧紧。

（14）检查液压动力元器件的油线。

（15）检查模具闸板的刮板片，如有必要可以更换。

（16）检查振动器的 V 型皮带的张力。检查振动器上同步齿轮的状况。

2）检查模具和上压头

（1）检查螺栓的紧固程度，如有必要应更

换螺栓重新固定。

（2）检查刮板的设置是否需要更改。

（3）定期检查上压头的缓冲器，如果发现磨损应立即更换（通常情况下，缓冲器一年应更换一次）。

（4）同时检查负载消除螺栓的弹簧盘，必要时更换。

（5）如果上压头和模具的导轨轴承径向间隙过大，要更换导轨轴承。

（6）更换轴承的青铜衬套。

3）液压系统保养检查

液压系统保养检查要点可参考表 4-34。

表 4-34　液压系统保养检查

检查项目	检查时间		
	日常	每月	一年
油泵	声音异常	配管螺丝	摩擦部位的磨损情况
	油箱温度过高	吸管有无松动	各部件的变色，污染物的附着情况
	漏油		
联轴器		转动正常性	磨损情况
油箱	油温		箱内沉淀物清理
	漏油		
	油量		
液压油		污染状况	失效劣化
温度计		精确度	
压力表开关		确认可靠	
压力表		精确度	漏油
冷却器	漏油	冷却能力	零件松动，漏油，漏水
	漏水		污染状况，腐蚀状况
过滤器	网眼堵塞	检查箱内部件	
		清洗部件	
		滤网受损	
溢流阀	声音异常	电磁铁磨损	磨损状况
		弹簧变形	摩擦部位磨损状况
		O 形圈变形	附着物状况
		接线松动	阀座状况
换向阀	声音异常	确认动作可靠	阀芯磨损状况
	温度	振动声	弹簧变形
	漏油		连接松动，附着物状况
节流阀	漏油	确认调节灵敏	密封件状况
			弹簧变形，附着物
管道	漏油		受损状况
	连接松动		附着物

4.5.3　常见故障及其处理

液压系统常见故障及其处理方法可参考表 4-35。

成型机常见故障与排除方法如表 4-36 所示。

成型机电气系统常见故障与排除方法如表 4-37 所示。

表 4-35　液压系统常见故障与处理方法

故　障　现　象	故　障　原　因	处　理　方　法
油泵不出油	泵不转	检查联轴器及关键部位
	泵反转	按油泵所指示方向更正
	吸油口堵塞	检查吸油口
	进油口密封不良	检查进油管各部分气密性
	吸油口滤网未浸入油中	将油加至油位计要求位置
	油泵内有空气	设法将泵内空气排尽
油泵油压低	安全溢流阀工作不良	检查溢流阀
	油压回路没有负荷	检查回路,适当增加负荷
	漏油	检查配管,纠正漏油
油泵无法提高油压	油泵内部密封件受损	更换密封件
	油泵本身磨损	更换油泵
油泵噪声大	吸油管太细或局部堵塞	吸入压力控制在 $-0.3\ \text{kgf/cm}^2$
	吸滤器有堵塞	清洗过滤器
	吸入空气	检查吸油管
	油中有气泡	检查管道中有无漏气处
	油泵安装架刚性不良	提高刚性
	缺油	加入油至油位计指示高度
	轴心安装不良	纠正安装不良
	油泵内部磨损	更换油泵,检查油况
油泵发热大	功率不足	更换油泵
	内部磨损	
溢流阀压力过高或过低	压力设定不良	重新调整压力
	压力表不良	检查或更换压力表
	电磁铁活动不良	检查电磁铁
	阀芯不灵活	检查阀芯,或有无脏物堵塞
	电磁铁铁芯磨损	更换电磁铁
溢流阀压力不稳	阀芯活动不稳定	检查阀芯有无异物堵卡
	电磁铁铁芯活动不良	检查电磁铁铁芯
	电磁铁铁芯磨损	更换电磁铁
	压力系统混入空气	检查系统是否有共鸣或振动,排出空气,改变配管、加固配管
电磁换向阀阀芯活动不灵活或根本不动	脏物堵住	清除垃圾,过滤液压油
	电磁铁活动受阻	检查电气线路,必要时更换部件
	电磁线圈烧毁	更换线圈,并找出原因
电磁换向阀电磁铁被烧	连线错误	检查连线,加以纠正
	线圈绝缘不良	更换线圈
	电压不稳	增加稳定电压措施
	铁芯不灵活动作或不动	检查铁芯
	切换过于频繁	按技术规范规定操作
	使用电压不符	调整电压
流量控制阀漏油	密封件老化,变形	更换密封件
流量控制阀调节不灵敏	弹簧变形,弹性不良	更换弹簧

续表

故障现象	故障原因	处理方法
动作油缸漏油	密封件磨损	更换密封件
	活塞杆磨损	更换活塞杆
橡皮软管漏油、破损	老化	更换橡皮软管
橡皮软管接头处漏油	松动或内部密封件损坏	拧紧或更换密封件

表 4-36 成型机常见故障与排除方法

故障现象	故障原因	处理方法
制品高度误差大	预振和主振时间错误	调节预振和主振时间
布料不均匀	布料车无法顺畅地处理前壁和布料隔栅上的混凝土残留物	清扫布料车
	混凝土水灰比大,在布料车上凝结成块	空转布料车数次
	布料车摆动路径太长	调整"模上的布料车"和"布料车中心"的限位开关,设置摆动路径
制品无法脱模	支撑螺栓设置错误	检查支撑螺栓设置
	升降台未准备码垛	检查升降台是否准备好码垛
	下压头带弹出压力	"下压头带弹出压力"选择位置
	压头弹出时间设置不准确	"弹出压头"的时间设置足够长,约 0.75 s
	压头压板未穿过模框	压头压板必须整个穿过模框,其穿过模框的长度要达到自身厚度的一半
制品破损	制品直边弯曲	检查模具
	支撑螺栓设置错误	检查支撑螺栓的设置
	脱模振动次数错误	调整"脱模振动 ON"和"脱模振动 OFF"次数
	制品强度差	检查混凝土配比
	托板未水平放置	调整机内降板机、送板机
	阴模未锁紧	锁扣装置必须正确关闭
	制动轨道和制动衬板未清理	清理
叠层式成型机制品掉出模具	布料不充分	调整布料程序
	预振和主振振动时间、振幅以及压头压力不足	检查预振和主振振动时间、振幅,以及压头压力是否足够
	拌和料水灰比过大或过小	调整配比,检查测水装置
	模具和压头提升的持续时间不对	调整成型参数
	振动台未往料斗方向移动	检查设备,调整参数
	主压头板上支撑和外加螺栓太多	调整阳模紧固装置结构
	制品未清理	清理

表 4-37 成型机电气系统常见故障与排除方法

故 障 现 象	故 障 原 因	处 理 方 法
电源中断	电源插座松动	调整、坚固
	短路	检查 230 V/AC 电路断路器,24 V 直流和 230 V 交流控制电压自动断流器
		检查线络
控制电压没有打开	紧急开关停止被激活	确保电路断路器和控制电压线保护是开启的 紧急停止开关设备没有打开
	安全栅或门打开	关闭安全栅,打开紧急停止按钮,打开安全栅 启动开关
阀门没有开启	阀门或插座有问题	测量 24 V 直流电供应
	电缆破损	当激活时,LED 必须亮起
	阀门位于终端	检查插头是否正确,如果有必要,更换掉
限制开关没有反应	限制开关有问题	检查限制开关
	电缆破损	检查输入电压(24 V/直流)
	没有正确设置	检查开关距离
振动器没有开启	振动器电机损坏	检查维修开关是否打开
	插头松动或者损坏	检查电机保护是否跳闸
	短路	检查插头连接是否完好
电机没有运行	振动器电机损坏	检查电机保护开关或者电缆连接
	插头松动或者损坏	
	短路	
驱动器没有工作	连接断开	检查控制台和开关面板插头和连接器,检查 连接是否插好,检查操作元件是否有污垢
	开关元件损坏	

第5章

装配式预制混凝土构件（制品）生产线及设备

5.1 概述

5.1.1 定义和功能

1. 定义

1）装配式预制混凝土构件

装配式预制混凝土构件是在工厂或现场预先制作的混凝土构件，其通过可靠的连接方式装配，可形成装配整体式混凝土结构、全装配混凝土结构等混凝土结构，具有节约资源、提高工程质量、缩短工期、节省劳动力、减少施工扬尘等优点。预制装配式建筑是未来建筑工业化的发展方向，符合国家绿色环保的要求。

2）装配式预制混凝土构件生产设备

装配式预制混凝土构件生产设备是经配料、搅拌、浇注、养护、运输、吊装、连接等工序形成混凝土预制件的工艺活动中使用的工艺设备。按其生产工艺流程来分，包括以下主要设备：

（1）原料处理设备。主要有原料储存堆放、配料、计量、输送、搅拌等设备。

（2）钢筋加工设备。主要有数控设备、自动化钢筋加工设备、焊接设备、自动钢筋配置和摆放机械手等。

（3）预制构件循环生产设备。主要有托盘循环设备、托盘清洁装置和脱模剂喷洒装置、标绘器、置模机械手和拆模机械手、混凝土摊布机（喂料机及密实装置）、翻转装置、垛架和提取设备、抹平装置、倾卸装置等设备。

（4）养护储存设备。主要有混凝土养护（分布式养护室）、堆放和储运等设备。

（5）中央控制设备。包括绘图、置模控制、钢构加工控制、配料搅拌控制和养护控制等设备。

2. 功能

1）支撑混凝土构件标准化设计

标准化设计的核心是建立标准化的生产单元。不同于早期标准化设计中仅是某一方面的模数化设计或标准图集，得益于信息化的运用，尤其是 BIM 技术的应用，装配式建筑混凝土构件生产装备及生产线具有强大的信息共享、协同工作能力，突破了原有的局限性，更利于建立标准化的生产单元，实现生产过程中器材的重复使用。

2）实现工厂化生产

这是建筑工业化的主要环节。对于目前最为火热的"工厂化"，很多人的认识都局限于建筑部品生产的工厂化。在传统施工方式中，存在的最大问题是：主体结构精度难以保证，误差控制在厘米级，比如门窗，每层尺寸各不相同，主体结构施工采用的还是人海战术；施工现场产生大量建筑垃圾，造成的材料浪费、对环境的破坏等问题一直被诟病,更为关键的是不利于现场质量控制。而这些问题可以使用装配式建筑混凝土构件生产设备,通过工厂化生产得以解决,从而实现预制构件的精度控制,同时实现装配式建筑混凝土构件的工厂化生产。

3)提高装配式建筑预制混凝土构件的生产效率

装配式建筑施工的核心在施工技术和施工管理两个层面。工业化生产作为一体化的生产模式,装配式建筑预制混凝土构件生产线实现了设计、生产、施工一体化,使预制混凝土构件的生产质量更加优化,利于实现生产过程的资源整合、技术集成以及效益最大化,能在建筑产业化过程中实现生产方式的转变。通过预制混凝土构件生产设备的使用,能真正将技术固化下来,进而形成施工技术与施工管理的集成,实现预制混凝土构件生产全过程的资源优化和生产效率的提高。

4)建立一体化生产模式

生产装配式预制混凝土构件,从设计阶段开始,到构件的生产、制作,由装配式建筑预制混凝土构件生产设备组成的生产线一体化来完成,有利于实现与其主体结构的一体化生产模式。

5)实现生产过程的信息化管理

实现生产过程的信息化管理即生产全过程的信息化。从预制混凝土构件设计开始就要建立信息模型。各生产部门利用信息平台协同作业,图纸进入工厂后再次进行优化。同时,装配式预制混凝土构件生产设备的模台上有模台编码,利于质量跟踪。

5.1.2　分类

装配式预制混凝土构件生产线按加工对象(构件)移动方式可分为移动式生产线和固定式生产线;按自动化程度分为自动化生产线、机械化生产线和手工生产线;按构件成型状态可分为平模生产线(包括平模流水生产线和固定模台平模生产线)、立模生产线等,其生产线结构、成型设备和成型特点如表5-1所示。

表 5-1　装配式建筑预制混凝土构件生产线分类

形式	生产线结构	典型设备	特点
平模流水生产线	1—数控划线机;2—脱模剂喷涂机;3—振动台;4—摊布机;5—拉毛机;6—振动赶平机;7—立体养护窑;8—码垛机;9—流转模台;10—双机升降摆渡车;11—构件运输车;12—立起机;13—清扫机;14—数控划线机;15—喷油机;16—边模输送机;17—挪动台;18—布料机。	数控划线机 脱模剂喷涂机 振动台 摊布机 拉毛机 振动赶平机 立体养护窑	可充分利用生产面积,减少材料搬运,机械化、自动化程度高,用工少

续表

形式	生产线结构	典型设备	特　点
固定模台生产线	1—清理喷涂一体机；2—摆渡张拉机；3—送料机；4—叠合板成型机；5—拉毛覆膜机；6—模台。	清理喷涂一体机　摆渡张拉机　送料机　拉毛覆膜机　模台	组成方式简单，设备投入少，用工多，生产环境差，效率低，空间利用率低
成组立模	1—锁紧拉杆；2—护栏；3—操作平台；4—扶梯；5—滑动端模；6—基础底架；7—底部拉紧座；8—滑轨；9—开合模液压缸；10—超高频气动振动器；11—中间固定模板；12—侧开模油缸；13—拉紧油缸；14—拉紧杆；15—模板；16—底模；17—蒸养系统。	成组立模成型机	可同时生产多块预制构件，工艺稳定性好，成型精度高，成本低

　　长线台座混凝土预制构件生产线，按其构件成型方式分为挤压成型生产线、推挤成型生产线、滑模成型生产线和浇注成型生产线，其生产线结构、成型设备和成型特点如表5-2所示。

表 5-2 长线台座混凝土预制构件生产线分类

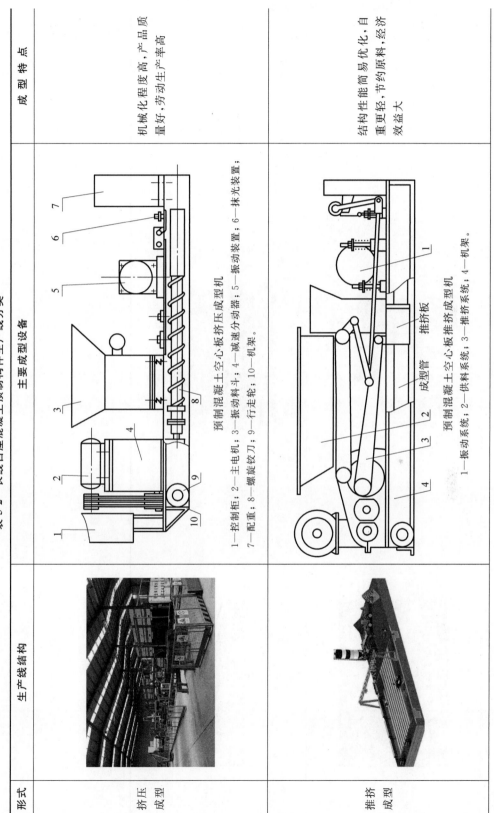

形式	生产线结构	主要成型设备	成 型 特 点
挤压成型		预制混凝土空心板挤压成型机 1—控制柜;2—主电机;3—振动料斗;4—减速分动器;5—振动装置;6—抹光装置;7—配重;8—螺旋铰刀;9—行走轮;10—机架。	机械化程度高,产品质量好,劳动生产率高
推挤成型		预制混凝土空心板推挤成型机 1—振动系统;2—供料系统;3—推挤系统;4—机架。	结构性能易简易优化,自重更轻,节约原料,经济效益大

续表

形式	生产线结构	主要成型设备	成型特点
滑模成型		预制混凝土空心板滑模成型机	可根据需求定制不同规格型号的成型模具，实现多元化生产
浇注成型		龙门摊布机	自动化程度高，生产效率高，投资成本低，占地面积小，生产多样化

5.1.3　国内外现状与发展趋势

1. 国外现状与发展趋势

法国的 Ed. Coigent 公司 1891 年首次在 Biarritz 的俱乐部建筑中使用预制混凝土梁,开了预制混凝土构件在建筑中使用的先河。随着工业技术的发展,预制混凝土构件在 20 世纪 50 年代开始进入工业化生产的阶段。工业技术发达的德国在这方面处在发展的前列,德国 FILIGRAN 公司在 60 年代研制了迄今为止仍在大量使用的预制叠合楼板和叠合墙板。同时,美国、日本等发达国家也发展了自己的预制混凝土构件产业,并在建筑行业中占据了相当大的比重。要完成构件的工厂化生产,生产设备的研究和开发是关键,国外一些发达国家对此研究较早。例如,意大利的 HAN 公司研制出了日产 1000~3000 mm² 夹心板、实心板、表面装饰板、叠合板的全自动预制板生产线,研制了高压清洗机、浇注挤压机、张拉装置以及能自动控制温度和湿度的自动蒸养设备;芬兰 ELEMATIC 公司研制了阿科太克墙板全自动化生产线;德国的 EBAWE 公司也研制了预制构件生产线的相关设备;德国的 WALTER 公司根据不同国家的需求,在法国、印度等地分别设计了全套的预制构件自动化生产线设备,并研制了生产线的管理主机。

2. 国内现状与发展趋势

我国在 20 世纪 50 年代开始制造整体式和块拼式的屋面梁及屋面板,70 年代预制空心楼板开始得到广泛应用。近些年,国内一些企业、科研院所以及高校对预制混凝土构件进行了系统的研究,其中,中国建筑科学研究院与万科公司合作,在对预制框架结构的套筒浆锚连接技术、梁端摩擦焊接机理、预制拼接叠合梁、预制拼装柱、预制拼装梁柱节点、预制叠合板进行试验研究的基础上,总结出了预制装配式框架结构的构件及节点受力性能、设计技术、构造要求。中国建筑科学研究院、清华大学、东南大学等多家单位开展了预制剪力墙的技术研究,在连接构造和抗震性能方面取得了重要成果。由于预制混凝土构件的尺寸精度和外观要求高于传统的混凝土构件,要保证精度和质量,模具是关键,为此国内一些学者做了高精度模具体控制方面的研究,对模具设计、模具生产和模具质量检验方面提出了很多实用方法。

在混凝土构件生产的具体施工工艺方面,总结出了几种典型的生产工艺,包括长线台座法移动式螺杆旋转挤压成型工艺、长线台座法滑模振捣非重叠成型工艺、长线台座法滑模振捣多层重叠成型工艺、机组流水法固定式螺杆旋转挤压成型工艺、真空挤出成型工艺等,其中长线台座法螺旋挤压成型或滑模成型方法最符合我国住宅产业化的要求。

3. 长线台座生产线国内外现状与发展趋势

20 世纪 70 年代中期,长线台座工艺发展了两种新设备——拉模机和挤压机。辅助设备有张拉钢丝的卷扬机、龙门式起重机、混凝土输送车、混凝土切割机等。钢丝经张拉后,使用拉模在台座上生产空心楼板、桩、桁条等构件。拉模装配简易,可减轻工人劳动强度,并节约木材。拉模因无须昂贵的切割锯片,在中国已得到广泛应用。挤压机的类型很多,主要用于生产空心楼板、小梁、柱等构件。挤压机安放在预应力钢丝上,以 1~2 m/min 的速度沿台座纵向行进,边滑行边浇注边振动加压,形成一条混凝土板带,然后按构件要求的长度切割成材。这种工艺具有投资少、设备简单、生产效率高等优点,已在中国部分省市采用。

随着生产的不断发展,新的工艺方法将随着构件结构形式的要求而发展,并取代旧的加工工艺。国外在长线台座上除了大量生产空心板外,还用新的方法改进 T 型板的生产,用新的行模机制造带横肋的槽型板。我国也研制了辊压成型机用来生产倒双 T 型挂瓦板等,使长线台座工艺的使用范围进一步扩大,发挥更大的作用。过去在台座上生产大跨度预应力梁板构件如 T 型板、承重梁等,一般以先张法直线张拉预应力钢筋为主,但此种做法由于钢筋的受力状态不够合理,不能全部发挥钢筋的工作效能。为了解决这一矛盾,往往采用后张法,在模板内按弯矩图的曲线要求布置软管、充气,在浇灌混凝土后抽芯留洞,穿丝张拉,灌浆封闭,但是,它的施工设备和锚具既昂贵又复杂,灌浆工作比较烦琐。

国外生产企业大多采用预应力先张法曲线张拉工艺,即在长线钢台座上把钢弦按弯矩图的曲线要求布筋,并在钢弦弯曲变换方向的各个点用锚具在模板上锚定,然后张拉并按常规做法浇灌混凝土,从而减少了生产设备,简化了工序,做到了合理地使用钢筋。与直线张拉相比,该方法可节约钢筋30%。由于在张拉钢弦时各个锚点所产生的放射性方向的力一般不超过15 t,因此一般预制厂所有的钢台座都可以改装或加固使用。预应力先张法曲线张拉是长线台座工艺的一项先进技术,在美国、日本和德国等国早已广泛地应用。

近年来,国内一些装配式构件装备制造商也在积极研发长线台座预制混凝土构件生产设备。设计开发出一种长线台座预制叠合楼板生产线,该生产线的特点是台座和模具固定不动,工位作业流动。因此,每一道工序都由沿轨道移动的专用机械进行作业,如清理涂油机、划线机、模具和钢筋骨架运送机、混凝土轨道运料车、浇注车等。生产过程由数控电脑监控,机械化作业,操作人员少、效率高。该固定模体生产线的设计长度60~100 m,模体宽度一般为2.4 m(最大生产叠合楼板宽度,长度可调),可设计2~4条固定模体。为满足生产工艺要求,考虑原有生产车间特点,国内企业在原有生产车间内,通过引进、消化、吸收国外生产线技术,研发了可扩展组合式长线台座法预制构件生产线,以期通过固定模台、移动设备的生产方式实现设备的灵活组合和双向可扩展,从而实现预制构件的高效生产。

5.2 平模流水(模台移动式)生产线

平模流水法在预制混凝土构件生产中占有重要地位。该生产方法以模具作为预制混凝土构件生产载体,其在各个独立工艺单元之间循环流动,进行模具安装,混凝土浇注、养护,脱模等作业,生产预制构件。其特点是可以充分利用生产面积,减少材料搬运,机械化

自动化程度高,用工少。只要合理地设计模板、机械设备和传送系统,这种流水线即可生产不同品种的构件。此外,平模流水线生产方式可集中蒸养、节能降耗、工序设计紧凑、工艺布局科学合理、安全性强、生产效率高、劳动生产率高、机械化程度高,适合生产墙类及板类等几何形状比较规范的批量大构件,如尺寸符合一定规则且数量较大的平板类预制混凝土构件、预制外墙、内墙及叠合楼板、叠合墙及外挂墙等。

5.2.1 典型平模流水生产线工艺流程与技术性能

1. 工艺流程

装配式预制混凝土构件平模流水生产线的工艺流程如图5-1所示。

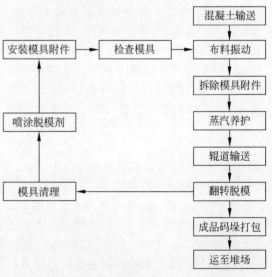

图5-1 装配式预制混凝土构件平模流水生产线工艺流程

具体流程介绍如下:

(1) 脱模后的空模具经滚轮架线和码垛机运输到指定位置进行模具清理。

(2) 经清理机除去混凝土残渣等杂物后,空模具被运送到模具划线机工作位置,模具划线机根据构件特征信息进行数控划线工作,以确定侧模、窗模以及预埋件等的安装位置。

(3) 经滚轮架线,空模具依次被移至指定

位置,进行侧模的安装和脱模剂的喷涂,并根据构件型号,在空模具上布置满足要求的钢筋以及吊环等埋件。

(4)向模具中浇注混凝土并使用振捣设备对混凝土振捣密实。模具在混凝土浇注和振捣完成后,转运到下一工作位置进行构件表面压平修饰。压平修饰后,运送模具到码垛机等待下一步的蒸汽养护工作。

(5)码垛机将运送来的待蒸养构件按照一定的次序依次送入立体蒸养室,按照一定的温度和湿度条件对预制构件进行蒸汽养护。

(6)码垛机将达到蒸养时间的构件连同模具运送到模具脱模设备上进行脱模,至此,构件的生产完成一个工作循环。

2.平面布置

装配式预制混凝土构件平模流水生产线主体包括:送料设备、模台振动设备、表面抹光设备、养护房、码垛车、表面拉毛设备、模台清扫设备、数控划线设备、表面振捣设备、摊布设备、总控制台以及各单机控制面板等。

装配式混凝土预制构件生产线布置如图5-2所示。

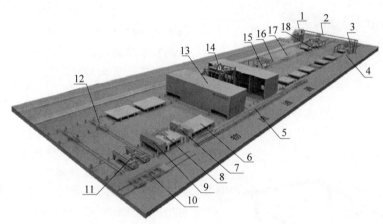

1—搅拌站;2—送料机;3—摊布机;4—振动台;5—边模输送机;6—流转模台;7—脱模剂喷涂机;8—数控划线机;9—清扫机;10—构件运输车;11—立起机;12—双机升降摆渡车;13—养护窑;14—码垛机;15—表面抹光机;16—表面拉毛机;17—预养护窑;18—振动赶平机。

图5-2 装配式预制混凝土构件生产线布置图示例

3.生产设备

1)流转模台

流转模台由钢底模板和钢侧模板组合而成,其结构如图5-3所示。在符合工艺要求的钢结构框架上面覆盖厚钢板,用水准仪找平模底并平铺、焊接。钢板铺设完毕,将浮锈层除掉。钢板如存在接缝须用原子灰腻子找平并打磨,使底模光滑平整,可供各类型号的预制构件施工。侧模采用型钢和钢板制作,根据设计图纸,在侧模上打灌浆套筒和甩筋槽孔,侧模与侧模、侧模与底模设计定位销孔,用定位销将模具组装固定。同类型的预制构件可共用一套侧模,对预留孔、预埋件和门窗的位置变化进行局部的改模。

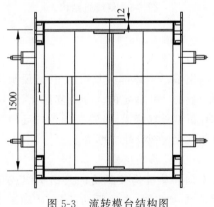

图5-3 流转模台结构图

2)划线机

划线机(见图5-4)用于在底模上快速而准确地划出边模、预埋件等位置,提高放置边模、预埋件的准确性和速度。数控划线机为桥式结构,采用双边伺服驱动,运行稳定,工作效率高。带自动喷线装置、自动调高感应装置及具有友好的人机操作界面,适用于各种规格尺寸的叠合板、墙板底模的划线。可根据实际要求处理复杂图形,精确的定位系统用以保证图形的准确。

图 5-4　划线机实物图

划线机总体分为五大部分,分别为机架、X向移动机构、Y向移动机构、Z向移动机构和划线装置,其结构如图 5-5 所示。

图 5-5　划线机结构

（1）机架

机架主要由导轨支撑梁、导轨、连接横梁和立柱组成。主体部分尺寸是根据预制构件钢制模板的尺寸确定的。导轨支撑梁、横梁以及立柱由型材焊接而成,装有齿条的导轨通过导轨扣件固定在导轨支撑梁上。

（2）X 向移动机构

X 向移动机构按照功能及结构组成可划分为横梁、加强梁、主动驱动部分、从动滚动部分、导向部分。尺寸由机架而定,主体结构由型材焊接组件装配而成。横梁和加强梁由矩形方钢焊接而成,通过螺栓将主动驱动部分和从动滚动部分进行连接。主动驱动部分安装

有伺服电机和减速器,减速器端装有主动齿轮,主动齿轮与装在导轨上的齿条相啮合。伺服电机运转后带动减速器以及减速器端的主动齿轮转动,从而带动驱动部分的两个滚轮纵向滚动,实现纵向的移动。从动滚动部分主要由从动滚轮和滚轮安装架组成,起到支撑横梁和进行从动运动的作用。

（3）Y 向移动机构

Y 向移动机构由伺服电机组件、减速器、伺服电机安装板、导轨副以及齿轮齿条副组成,并通过两个双轴心导轨副安装在 X 向移动机构的支撑横梁上。安装在电机安装板上的伺服电机,根据获得的脉冲信号通过驱动齿轮齿条副实现横向运动,从而带动安装在其上的划线装置进行 Y 向的移动。

（4）Z 向移动机构

Z 向移动机构安装在 Y 向移动机构上。Z 方向的垂直运动用于根据生产要求调整划线机喷笔与预制构件钢制模板之间的垂直距离,从而使划线达到最佳效果。Z 方向运动的动力来源于自带减速器的 24 V 直流伺服电机,电机通过丝杠螺母副将运动传递给垂直运动的机械结构。直流伺服电机的控制信号由安装在垂直运动机械结构上的电容高度调节器发出。

（5）划线装置

划线装置安装在 Z 向移动机构上,包括涂料盒、电磁阀、进气管、涂料管、电容高度调节器、喷笔等。电容高度控制器是一种利用传感环和工件之间的电容量来控制划线机喷笔与模板距离的调高器。喷笔与钢制模具之间距离的控制由电容高度控制器来完成。在划线过程中,保持喷笔与模板之间距离不变是保证划线质量的重要条件。电容高度控制器能够根据设定的喷笔高度,在构件模板的工作路径上连续不断地调整高度,从而保证喷笔到模板的高度保持恒定,进而保证划线的质量。划线装置组件如图 5-6 所示。

3）摊布机

预制混凝土构件摊布机是将混凝土通过入料口倒入螺旋布料斗,通过搅拌机构的搅拌

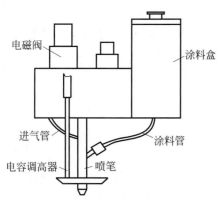

图 5-6　划线装置组件结构

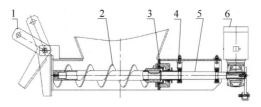

1—仓门；2—叶片；3—密封装置；4—轴承；
5—轴；6—减速电机。

图 5-8　螺旋布料系统结构

混合,沿着摊布轨道将混凝土均匀布施在模台上的边模框内的设备。可按图纸尺寸、设计厚度要求由程序控制均匀布料。它具有平面两坐标运动控制、纵向料斗升降功能。控制系统留有计算机接口,便于实现直接从中央控制室计算机系统读取图纸数据的功能。

摊布机的结构如图5-7所示,主要由钢结构轨道架、行走系统、称重系统、储料斗、储料斗升降系统、搅拌系统、螺旋布料系统(见图5-8)、液压系统、电气控制系统等组成。

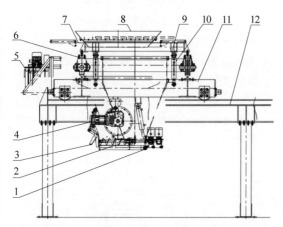

1—螺旋布料系统；2—仓门；3—储料斗搅拌系统；4—液压系统；5—储料斗升降系统；6—料斗支撑架；7—储料斗；8—上料斗；9—称重系统；10—横向行走机构；11—纵向行走机构；12—钢结构轨道架。

图 5-7　预制混凝土构件摊布机结构

纵向行走机构和横向行走机构共同组成了行走系统,减速电机和行走轮为其提供动力,可以实现摊布机横向、纵向摊布,摊布范围

可以覆盖整个模台。摊布机构升降功能可以满足不同厚度构件的布料要求。布料系统主要由料斗体、下料机构、搅拌机构及驱动减速机等部分组成,其主要作用是储存混凝土,并将混凝土均匀布置在模台上的边模框内。混凝土在搅拌机构作用下搅拌混合,防止物料在料仓内出现凝结或离析。摊布机构上设有振动电机,可以使布料斗均匀振动,更好地进行下料。控制系统主要由传感器、操作台与控制柜组成,通过控制设备上的开关、电磁阀来实现对设备的操控。摊布机布料方式是自动螺旋布料,布料斗中的混凝土在搅拌轴作用下搅拌混合,通过继电器控制任意料门开启和关闭,从而实现摊布机单螺旋布料或多螺旋布料。

4）振动台

振动台(见图5-9)是预制混凝土构件生产线的重要组成设备,其作用是排出浇注后留存在混凝土内的空气使其密实,并促使混凝土中的骨料均布以提高预制构件的力学性能。

图 5-9　振动台实物图

振动台的结构如图5-10所示,主要由底部支架、振动电机、顶升装置、隔振弹簧、抱爪等

组成。底架作为振动台的主要结构件用来安装其他结构、承载上部模台与混凝土的质量、传递振动,其由结构钢焊接而成,强度、刚度大。顶升装置安装在底部支架上,模台振动设备与顶升装置之间布设有隔振弹簧。当模台运输到模台振动设备上方时,顶升装置将模台振动设备顶起上升至与模台接触位置,启动抱爪夹紧模台,通过振动电机使混凝土密实。

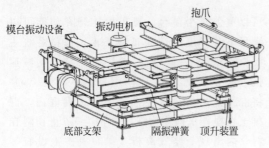

图 5-10　振动台设备结构图

5)预养护窑

流水线自动将构件送入预养护窑(见图 5-11)进行预养,预养时间一般不少于 1 h。

图 5-11　预养护窑

6)立体养护窑

立体养护窑窑体是由型钢组合成框架,框架上安装有托轮,托轮为模块化设计。窑体外墙用保温材料拼合而成,每列构成独立的养护空间孔位,可分别控制各孔位的温度,其结构如图 5-12 所示。

图 5-12　立体养护窑结构图

养护窑的形式多种多样,既有钢结构拼装式,也有预制混凝土或砌筑式,其外在形式的变化不影响养护窑的核心功能。

养护窑的核心功能是:密封良好,保温性能好,各窑位、孔位温度可控,节能、热效率高。

连续式养护窑平面示意图见图 5-13。

7)混凝土输送机

混凝土输送机如图 5-14 所示,它用于对搅拌站出来的混凝土进行存放和输送,通过在特定的轨道上行走,将混凝土运送到摊布机中。运输料斗位于行走架上,可平稳地在特定轨道上行走;运输料斗用滑触线取电,安全可靠;运输料斗的旋转由翻转装置驱动,将料斗中的混凝土倾泻到摊布机中;清洗平台设置于搅拌站下方;电控系统安全可靠,清洗料斗时可手柄

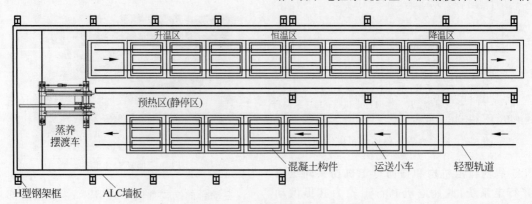

图 5-13　连续式养护窑平面示意图

控制,运料工作时可遥控控制。在接近摊布机前会自动减速,到达后会自动对位停车。

图 5-14　混凝土输送机

8）模台运转车

模台运转车主要由车架、走行机构、对中机构、操作平台、支撑轮、驱动轮、对中轮装置、滑触线、正交器及继电器等组成,其结构如图 5-15 所示。模台运转车用于将振捣密实的混凝土构件及模具送至立体养护窑指定位置,将养护好的混凝土构件及模具从养护窑中取出,送回生产线上,输送到指定的脱模位置。

模台运转车行走机构由变频制动电机驱动,装有夹轨导向装置、横向定位装置,保证横向走位精度,码垛车与养护窑位置精度不变。模台运转车移动到将要出模的位置,首先取模机构伸出,将模具勾住伸缩并将模具拉至吊板输送架且能够驱动模具的位置后,吊板输送架驱动模台,到位后,输送架下落,模台运转车横移到正对脱模工位,送至脱模工位。

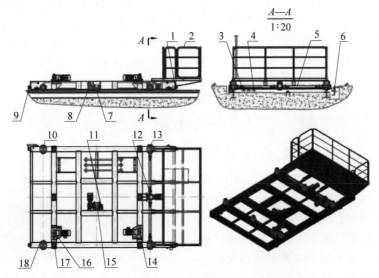

1—操作平台;2—电控操作台;3—地面感应块;4—位置传感器;5—驱动联轴器;6—滑触线、正交器及继电器;7—对中导轮;8—对中减速电机;9—防撞块;10—被动轮;11—对中装置限位开关;12—行走减速电机;13,14,16—驱动轮;15—对中装置;17—车上支撑轮;18—车架。

图 5-15　模台运转车结构

9）摆渡车

摆渡车如图 5-16 所示,主要由车体、驱动部分、供电部分、检测部分和控制部分等组成。车体部分是四轮行走,驱动部分又分为升降机构的液压泵电机、行走机构的异步电机,供电部分采用超级电容进行储能供电,检测部分采用编码器和校正装置,整车控制部分采用微型计算机。

预制混凝土构件生产线通常是设置并列的两排或多排,根据生产流程的需要,模台在输送过程中要完成变轨的动作。摆渡车在生产线的横移轨道上横向运动,可以帮助模台进行横向跨越运输,控制完成变轨作业。通常由两台独立的摆渡车构成一组来运输模台,运输过程中,两台摆渡车在模台的下方位置,分别在相互平行的固定轨道上并列运行,摆渡车运行的轨道垂直于预制构件模台的纵向滚轮输送线,两台摆渡车是在横向轨道上共同完成模

图 5-16 模台摆渡车

台的横向运输工作。

摆渡车可以缩短生产线的长度,减少生产线的占地面积,它可以安装在生产线的任意位置,使生产线更灵活。摆渡车具有结构简单、使用方便、承载能力大、维护容易、工作寿命长等优点。

10) 振动刮平机

振动刮平机(见图 5-17)对摊布机浇注的混凝土进行振捣并刮平,使得混凝土表面平整,没有多余的混凝土。振动刮平机在钢支架上纵向行走,安全平稳,不易发生伤人事故。振动刮平机构在小车上安装,小车横向行走,其刮平范围可覆盖整个模板。振动刮平机构的升降系统使用电动升降,可在规定行程范围内的任意位置停止并自锁。当机构发生事故断电时,可将振动刮平机构锁定在该位置,避免发生其他事故。其操作方便,维护工作量小。振动刮平机构上装有振动电机,升降系统支架装有减振装置。振动刮平机构装有特制刮平板,刮平板由耐磨材料按照特定的弧度压制而成,整平效果好。行走机构采用变频带刹车减速机,可以方便地调整速度。

图 5-17 振动刮平机

11) 抹光机

抹光机(见图 5-18)用于内外墙板外表面的抹光。抹光机可在水平方向自由移动作业。

在构件初凝后将构件表面抹光,保证构件表面的光滑。

图 5-18 抹光机

12) 模具清扫机

模具清扫机用于将脱模后附着、散落在模具上的混凝土残渣清理干净,并收集到清渣斗内,如图 5-19 所示。清渣铲能将附着的混凝土铲下,横向刷辊可以清扫底模上的混凝土残渣,清扫过后的混凝土残渣掉落到清渣斗内。吸尘器能将毛刷激起的扬尘吸入滤袋内,避免粉尘污染。

图 5-19 模具清扫机

13) 脱模剂喷涂机

脱模剂喷涂机是给模台均匀喷上一层脱模剂的设备,其结构如图 5-20 所示。在浇注混凝土之前通过喷涂脱模剂装置(见图 5-21)在模台和模具上均匀喷洒一层脱模剂,使护好的墙板或叠合楼板能顺利与模台和模具分离。脱模剂喷涂机实现了脱模剂喷洒的自动化操作,为预制混凝土构件的生产节省了大量的人工和时间。

14) 立起机

立起机可有效提高脱模的效率和构件的一次成品率,是提高脱模效率的关键。

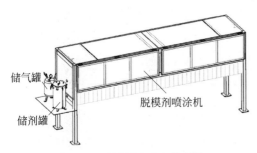

储气罐

脱模剂喷涂机

储剂罐

图 5-20　脱模剂喷涂机的结构

图 5-21　喷涂脱模剂装置

15）表面拉毛机

表面拉毛机是用于叠合楼板的混凝土上表面处理设备。为了保证叠合楼板与后期施工的地板混凝土更好地结合,使用拉毛机对叠合楼板的混凝土上表面进行拉毛处理。拉毛机由行走架、毛刷、行走导轨、升降板等组成,其结构如图 5-22 所示。

工作时,毛刷 3 的宽度与模台的宽度一致。当模台到达拉毛机指定的位置后,电气控制系统 11 和第二减速电机 10 配合,使升降板 9 沿导向板 8 下降,从而带动毛刷 3 下降至所需的高度,然后电气控制系统 11 和第一减速电机 6 配合,行走架 4 沿行走底架 1 横向滑动,从而带动毛刷 3 横向移动,当走到另一端时,完成对一个模台的拉毛处理,第二减速电机 10 带动升降板 9 沿导向板 8 上升,回到待机位置,等待下个工作流程。预制混凝土构件生产系统中使用拉毛机进行机械化拉毛操作,省时省力,降低了劳动强度,提高了工作效率和产品质量。

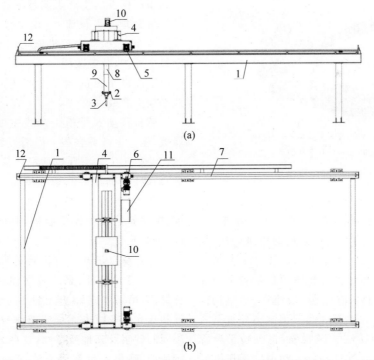

(a)

(b)

1—行走底架；2—定位板；3—毛刷；4—行走架；5—行走轮；6—第一减速电机；7—行走导轨；
8—导向板；9—升降板；10—第二减速电机；11—电气控制系统；12—限位装置。

图 5-22　拉毛机

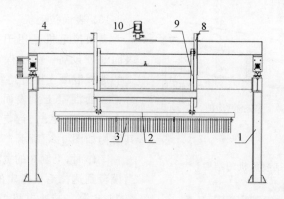

(c)

图 5-22 （续）

16）翻模机

翻模机是将装配式预制混凝土构件翻转脱模的设备，其由两个相同结构的翻转臂组成，其中包括固定台座、翻转臂、托座、夹紧爪、举升液压缸、推进液压缸等。其结构如图 5-23 所示。

1—固定台座；2—夹紧爪；3—托座；
4—翻转臂；5—举升液压缸。

图 5-23　翻模机结构

生产中构件运输车将制作完成的预制构件运输到翻转平台，运输车处于平台中部，确保举升液压缸受力均匀。之后翻模机工作，采用前抓后顶的方式，夹紧液压缸驱动夹紧爪夹紧平台，推进液压缸推动托座顶住翻转平台底部。随后举升液压缸工作，匀速举升，将构件一端举升，使构件垂直竖起。预制构件被垂直吊起后，举升液压缸缓慢收缩，将翻转平台降到平面角度，再将推进液压缸和夹紧液压缸收缩，使托座和夹紧爪回到初始位置，构件运输车离开翻转平台，下一个预制构件运输过来，重复此动作。

5.2.2　典型墙板生产线工艺流程与技术性能

1. 典型工艺流程

平模流水（模台移动式）生产线采用生产设备固定、模台流转的生产组织模式来实现预制构件的流水生产作业。移动式平模生产线根据预制构件的生产工艺规划各工序，工艺布局科学合理。平模流水（模台移动式）生产线采用摊布机、振动台等机械化设备和立体养护窑集中养护，节能减耗。

下面以常见的墙板生产线为例介绍移动式平模生产线。

墙板移动式平模生产线主要用于生产内墙板，也可生产叠合板。内墙板移动式平模生产线的生产工艺主要包括模台清理、喷涂脱模剂、划线（根据需要）、边模安装、钢筋安装、埋件安装、布料振实、搓平处理、预养护、抹光处理、构件养护及拆模吊装等，具体工艺流程如图 5-24 所示。

（1）模台清理：对模台表面进行清扫处理，并为模台喷油、划线及浇注做好准备。构件拆模、吊运完成后，模台表面会残留浇注、振捣和抹光作业时未完全清理掉的混凝土残渣、凝固的砂浆及其他残留物，这些残留物必须进行清理，确保模台表面光洁，为下一工序的作业做好准备。

（2）划线：模台上划出位置线。根据任务需要，在模台表面划出模具和埋件的安装位置线，

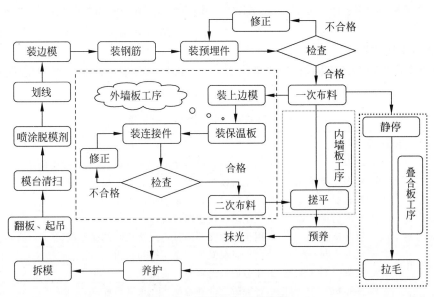

图 5-24　墙板生产工艺流程

以提高模具和埋件的安装速度和准确度。

（3）喷涂脱模剂：对模台表面实施脱模剂喷涂，确保墙体脱模方便及墙体表面光洁。模台在生产线驱动单元作用下向前运行并通过脱模剂喷涂机的过程中，喷涂机开始运转，在光洁的模台表面进行喷涂脱模剂作业，最终使模台表面均匀地涂上一层脱模剂。

（4）模具安装：在划好线的模台上完成模具的安装。边模在模台上的位置以预先划好的线条为基准进行调整，并进行尺寸校核，确保组模后的位置准确。

（5）钢筋安装：在模台上完成钢筋的安装。预制好的钢筋产品吊运到模台上，作业人员在模台上进行钢筋的相关作业。

（6）埋件安装：安装连接套筒、水电盒、穿线管等埋件。按照图纸的要求，将连接套筒固定在模板及钢筋笼上，利用磁性底座将套筒软管固定在模台表面，将简易工装连同预埋件（主要指斜支撑固定埋件、固定现浇混凝土模板埋件）安装在模具上，利用磁性底座将预埋件与底模固定并安装锚筋，完成后拆除简易工装，安装水电盒、穿线管等埋件。

（7）混凝土摊布：根据构件的厚度及其他几何尺寸向模具模腔内浇注和摊布混凝土。

（8）混凝土振捣：对完成布料的混凝土构件进行振捣密实。模台上所有的构件完成布料后，使用振动台或振捣棒进行混凝土振捣，使混凝土振捣密实。

（9）搓平：对完成混凝土浇注作业的构件表面进行搓平处理。在混凝土摊布完成后，对混凝土表面进行搓平，清除多余混凝土。

（10）预养护：完成混凝土构件的初凝，使之具备一定的强度，适合表面抹光作业。构件完成表面搓平后，进入预养护窑，利用蒸汽管道散发的热量对混凝土构件进行蒸养，以期获得初始结构强度和达到构件表面抹光的要求。

（11）抹光：对混凝土构件表面进行抹光处理，确保平整度及光洁度符合构件质量要求。经过预养护的构件已完成初凝，达到一定强度。根据质量要求，对面层进行抹光，使之符合相关规范的要求。

（12）构件养护：对构件进行养护，使之达到拆模及吊装的强度要求。构件在抹光符合质量要求后，送入养护窑内进行蒸养，在蒸养 8~10 h 后，从养护窑内取出。

（13）拆模吊装：拆除边模及其他模具并吊装至指定位置。构件养护完成之后从立体养护窑中取出已养护完毕的构件，用专用工具松开模具的固定装置，利用起重机将构件吊运至指定位置。

移动式平模生产线的主要设备如表 5-3 所示。

2．典型平面布置

根据生产构件种类的不同,移动式平模生产线的工艺及布局设计稍有不同。常见的内墙板生产线典型平面布置如图 5-25 所示。

常见的典型夹心外墙板生产线平面布置如图 5-26 所示。

常见的典型叠合板生产线的平面布置图如图 5-27 所示。

表 5-3 移动式平模生产线主要设备

设 备 名 称		用 途
模台输送系统	模台	用于预制构件成型的钢制平台,即构件成型的载体
	模台支撑单元	用于将模台支撑到一定高度并提供支撑力
	模台驱动单元	用于提供模台行走的驱动力
	感应防撞装置	用于感应模台的位置
	模台横移车	用于模台在不同行走线路之间的横移流转
混凝土输送系统	混凝土料斗	用于将混凝土输送至摊布机内
	混凝土料斗支架	作为混凝土料斗行走的轨道
摊布振动系统	摊布机	将混凝土准确地浇注在模具型腔内
	振动台	将浇注完成的混凝土进行振捣密实
养护系统	预养护窑	用于混凝土的初凝,使混凝土具有一定的强度
	码垛车	用于将模台和初凝后的混凝土构件码放至立体养护窑中和将模台和构件从立体养护窑中取出
	立体养护窑	用于立体存放模台及构件并完成蒸养
脱模系统	模台侧翻机	用于模台上预制构件的侧翻
控制管理系统	模台流转系统	用于控制模台在不同工位之间的流转
辅助设备	模台清理机	用于清理模台表面残留的混凝土残渣和灰尘
	数控划线机	用于准确划出边模和预埋件的定位线
	脱模剂喷涂机	用于向模台表面均匀地喷涂脱模剂
	搓平机	用于混凝土构件表面的平整处理
	抹光机	用于混凝土构件表面的抹光收面
	拉毛机	用于混凝土构件表面的拉毛粗糙处理

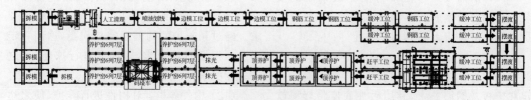

图 5-25 内墙板生产线典型平面布置

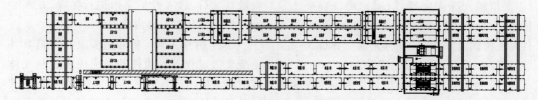

图 5-26 夹心外墙板生产线典型平面布置

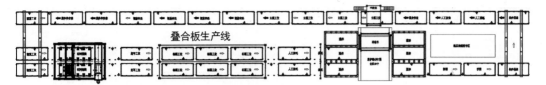

图 5-27　叠合板生产线典型平面布置

3．主要性能参数

典型移动式平模生产线的性能参数如表 5-4 所示。

4．主要设备简介

典型移动式平模生产线的主要设备如表 5-5 所示。

表 5-4　移动式平模生产线的性能参数

主 要 参 数	数 值	备 注
模台尺寸/(m×m)	4×9,4×10,4×12,3.5×9,3.5×10,3.5×12 等	以上为标准尺寸,可定制
生产节拍/min	10,20,25	根据生产构件的不同取值
占地面积	2500~5000 m²	宽度≥18 m,长度≥120 m
年产能/m³	(3~6)×10⁴	按 2 班计算
装机容量/kW	250~350	
蒸汽消耗量/(t/h)	1~2	
水消耗量/(t/d)	2~3	
压缩空气消耗量/(m³/h)	0.4~0.6	

注:(1) 表中所示为河北新大地移动平模生产线的性能参数。

(2) 该生产线的轮班数量和人员配置可按 2 班和 5~6 人/班。

表 5-5　移动式平模生产线的主要设备

设备及说明	图 例
混凝土摊布机:桥式结构,均匀准确地向模具型腔内浇注混凝土。应能适应多种坍落度的混凝土,具备应急措施	

设备及说明	图　例
振动台：通过机械装置锁紧模台，对模台上所有完成摊布的混凝土构件进行振捣密实	
混凝土送料设备：将搅拌站制备的混凝土倒入移动式摊布机内。通常有下开门式落料和翻转式落料两种形式	
码垛机：通过平移及升降，将模台码放至立体养护窑中或将模台从立体养护窑中取出。通常有下走行和上走行两种形式	

续表

设备及说明	图　例
养护窑：立体存放带模构件，完成养护工艺，具备数据记录及报表功能	
模台输送系统：包含模台支撑单元、模台驱动单元和感应防撞装置，用于支撑模台并驱动模台移动	
模台摆渡车：一般由独立的两个车体构成，两个车体同步运行，实现模台在不同行走线路之间的横移流转功能	

5.2.3　设计计算与选型

1. 生产线产能设计及主机选型

平模流水和固定模台生产线的产能计算基本类似，都与生产节拍、模台规格、模台利用率、模台数量、工作时间有密切关联。但设计最大产能决定因素有所不同。流水线主要取决于流水节拍以及养护窑容纳模台的数量。固定模台主要取决于模台数量。对于流水线以及固定模台，产能的计算有所不同，下面根据实际情况进行简要说明。

(1) 产能：通常用单位时间内生产产品的数量(一般以立方米为单位)来衡量。产能是在全部资源得到利用时生产的最大产量，即100%资源利用率下的最大生产能力。

(2) 流水线节拍：组织流水线施工时，从事某一施工过程的施工班组在一个施工段上完成施工任务所需的时间，构件工厂一般以分钟为计量单位。构件生产过程主要由脱模起吊、组模、钢筋制作、预埋件安装、浇注振捣、抹光以及养护等工序组成。一个工序节拍一般近似小于等于流水线节拍或其整数倍。

（3）流水线产能：计算规划产能的几个要素为流水节拍、模台规格、模台利用率、工作时间。规划流水线产能＝班次×60/流水节拍×模台长度×模台宽度×模台利用率×工作时间×构件平均厚度。

以生产叠合楼板为例，假设一个工厂有模台 50 张，流水节拍 15 min，工作 10 h/班，模台规格长 10 m，宽 3.5 m，模台利用率 60％，楼板厚 60 mm。

如果采用流水线，由于楼板养护时间一般都为 8 h，一天可以生产两班。一天的规划产能＝2×60/15×10×3.5×0.6×10×0.06 m³/班＝100.8 m³/班。

如果采用固定模台，由于养护条件的制约，一般一天生产一班。一天的规划产能＝模台数量×模台长度×模台宽度×模台利用率×构件厚度。则固定模台一天的产能＝50×10×3.5×0.6×0.06 m³/d＝63 m³/d。

各个企业的产能与采用的生产线类型相关。但最重要的决定因素是模台数量以及养护条件。新工厂的建立除了考虑生产车间外，还需要有配套的实验室、搅拌站、堆场、办公场所等区域。

2. 配料及搅拌系统设计计算

混凝土搅拌机的生产能力一般以其出料容量（单位：m³/次）表示。出料容量是指每次搅拌后卸出的拌和料经捣实后得到的混凝土实际体积，搅拌机选型计算可利用式（5-1）进行：

$$V = Q \cdot \frac{t_1 + t_2 + t_3}{3600} K_2 K_3 \quad (5\text{-}1)$$

式中，V 为搅拌机的计算出料容量，m³/次；Q 为预制构件生产需要的单位时间的混凝土体积，m³/h；t_1 为搅拌机装料时间，s；t_2 为搅拌时间，s；t_3 为搅拌机卸料时间，s；K_2 为拌和料的工艺损耗系数（取值范围为 1.03～1.10，包括搅拌机卸料、输送工序的抛洒）；K_3 为搅拌机时间利用率（取值范围为 85％～95％）。

搅拌周期 $T = t_1 + t_2 + t_3$，它取决于混凝土品种、原材料性能、搅拌机性能及搅拌工艺要求。现将一般情况简介如下：

装料时间（t_1）依搅拌装置形式及搅拌工艺而异：单阶式布置一次投料工艺为 5～8 s，顺序投料为 10～15 s；双阶式布置落地式为 20～30 s，多层式为 30～40 s。

搅拌时间（t_2）依混凝土品种和搅拌机性能而异，一般为 60～180 s，流动性较差的混凝土搅拌需要时间较长，而搅拌机搅拌性能较剧烈者则需要的时间可短些。

卸料时间（t_3）依搅拌机容量及其卸料方式而异，一般数据为：强制式搅拌机为 25～30 s，锥形搅拌机为 120～150 s，鼓筒式搅拌机为 45～60 s，容量大者取大值。

3. 养护系统设计及热工计算

1）养护窑形式选择

养护窑按生产工艺可分为连续式养护窑和间断式养护窑（周期性窑）。连续式养护窑实行三班制连续生产，在养护过程中，每一区域内的温度可认为是不变化的。间断式养护窑其特点是养护窑内不划分温度区段，养护窑按一班或二班生产，在每一加热周期内的温度是变化的。连续式养护窑比间断式养护窑的热效率高，其生产率高而且是不间断工作，养护窑工作处于稳定状态，没有周期性的墙体蓄热等损失。

2）养护窑材料选择

混凝土制品养护窑的结构材料以钢结构形式和砖混结构形式为主。钢结构形式的养护窑施工周期短，但保温处理难。砖混结构施工简单，但施工工序多且周期长。

选用导热系数低、比热容小的轻质材料作养护窑的墙体，以减少墙体的蓄热和散热损失，加快窑的升温速度和提高窑温的均匀度，达到节能效果。养护窑墙厚增加，窑墙散热损失少，墙外表面温度低，但墙蓄热量将增多。一般情况下，间断式养护窑应采用较薄的墙体以减少蓄热损失，连续式养护窑应采用较厚的墙体以降低经常性的散热损失。

3）供热设备设计选型

（1）热负荷计算

连续式养护窑的热平衡计算通常按单位时间计算各项热收集项目，并按养护窑单位时间的最大热量消耗确定设备热源大小。热量计算是比较复杂的过程,需要考虑生产流水节拍、养护窑结构材料、加热条件、环境温度等因素。各项热量消耗不会同时发生,计算最大总热量不能将各项输出项目简单地相加,需按生产工艺、制度等因素对数据进行处理。养护窑围护结构蓄热发生在养护窑启动前数小时,养护设施的热量散失发生在养护窑启动数小时后,后期还可以考虑养护辅助设备(钢模、小车等)的余热。

（2）热对流风量计算

在实际养护过程中,存在养护窑内部上下温度差的情况,要解决窑内上下温差的问题单靠自然热对流的作用是有限的,需采用机械强制循环。风量根据总热量和每次换热温度提升变量由式(5-2)计算:

$$G = \frac{Q}{C\Delta t \rho} \quad (5\text{-}2)$$

式中,G 为每小时的再循环空气量,m^3/h；Q 为养护窑的最大热损耗量,kJ/h；C 为空气的比热容,取 $1\ kJ/(kg \cdot K)$；Δt 为加热器出口与进口的空气温度差,°C；ρ 为空气密度,取 $1.3\ kg/m^3$。

（3）湿度控制设计

养护介质的湿度对产品质量同样重要。混凝土材料的水化反应须在相应的湿度水分含量下进行,同时养护过程中饱和蒸汽会在墙壁及托板上产生凝结水,聚集后会下滴或附壁流淌,影响制品表面质量、腐蚀托板与钢板支架,因此在养护期内要排除凝结水和部分饱和蒸汽。为此可在养护窑端头顶部安装屋顶排风机进行排风,排风机除了完成上述工作之外,还承担养护降温期的排风降温工作。根据降温要求可计算出排风机的最大允许排风量,进行相应设备选型。

5.2.4　相关技术标准

技术标准主要有:《混凝土振动台》(GB/T 25650)、《混凝土预制构件智能工厂通则》(T/TMAC 012.1~012.5—2019)、《预制混凝土构件振动成型平台》(T/CCMA 0108—2020)等。

5.3　多模台固定式平模生产线

5.3.1　典型固定式平模生产线工艺流程与技术性能

1. 工艺流程

固定式平模生产线将普通流水线模台或固定模台直接放置在车间地面上,通过支撑垫块调平后即可投入使用,采用行车提吊料斗进行布料作业,通过振捣棒或振动电机进行振捣。

固定式平模生产线的特点如下:

（1）固定式平模生产线适用于任意品种构件的生产,不受组织方式的制约。

（2）投资较小,建厂速度快且无须基础施工。

固定式平模生产线采用模台(模具)固定、各工艺设备移动的方式实现了预制混凝土构件的流水线生产。具体工艺流程如下:

（1）生产准备:包括清理模台及模具、物料准备、技术资料准备等工作。

（2）组模绑筋:按设计位置,将模具准确地布置在模台上并可靠固定,按设计要求将所需钢筋、预埋件等准确放置在模腔内。

（3）隐蔽检查:按规范对模腔外形尺寸、钢筋网笼、预埋件等进行浇注前检查,并留存相关检查资料,检查合格后方可进行后续工序。

（4）浇注振捣:移动式摊布机将混凝土准确浇注在模具型腔内,同时移动式振动台对模台上的所有构件实现整体振捣密实。

（5）面层处理:静停自然养护达到初凝状态后进行拉毛、抹光等面层处理作业。

（6）蒸汽养护:移动式覆膜机将篷布准确覆盖在构件上,达到保湿、保温的目的,进行蒸汽养护。

（7）拆模吊装:养护完成后进行拆模,拆模后的构件成品运输至暂存区或室外堆场。

固定式平模生产线的主要设备如表5-6所示。

表 5-6　固定式平模生产线的主要设备

系　　统	设 备 名 称	用　　途
作业工位系统	模台	用于预制构件成型的钢制平台,即构件成型的载体
	模台支撑	用于将模台支撑起一定的高度
混凝土供应系统	混凝土输送料斗	用于混凝土的输送
	输送料斗轨道	用作混凝土输送料斗的走行轨道
布料振捣系统	移动式摊布机	将混凝土准确浇注在模具型腔内
	移动式侧翻振动一体机	用于模台上预制构件的振捣及成品的侧翻
	移动式振动台	用于模台上预制构件的振捣
养护系统	移动式覆膜机	将篷布覆盖在构件上,以便于进行蒸汽养护

2.平面布置

固定式平模生产线的生产模台按一定距离进行布置,每张模台均独立作业。典型的固定式平模生产线平面布置如图 5-28、图 5-29 所示。

3.性能参数

表 5-7 列出了河北新大地机电制造有限公司年产 1×10^4 m³ 的固定式平模生产线的性能参数。

4.主要设备

1) 作业工位系统

作业工位系统的主要设备如表 5-8 所示。

2) 混凝土送料系统

混凝土送料系统的主要设备如表 5-9 所示。

3) 摊布振捣系统

摊布振捣系统的主要设备如表 5-10 所示。

4) 养护系统

养护系统的主要设备如表 5-11 所示。

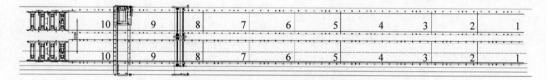

图 5-28　典型固定式平模生产线平面布置(模台横置)

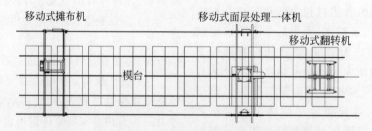

图 5-29　典型固定式平模生产线平面布置(模台纵置)

表 5-7　年产 10^4 m³ 的固定式平模生产线的性能参数

主 要 参 数	数　　值	备　　注
模台尺寸/(m×m)	4×9,4×10,3.5×9,3.5×10	
占地面积/m²	2500~5000	
年产能/10⁴ m³	1	可扩能
装机容量/kW	100~150	与设备数量有关
蒸汽消耗量/(t/h)	1~2	
水消耗量/(t/d)	0.5~1	设备清洗用水

表 5-8　作业工位系统的主要设备

设备及说明	实 物 图
模台：由面板及型材框架组成，框架内可根据需求确定是否设置直通蒸汽管道	
模台支撑：提供支撑力和定位装置，保障移动式振动台等模台下部设备顺利通过	

表 5-9　混凝土送料系统的主要设备

设备及说明	实 物 图
混凝土输送料斗：自动找寻移动式摊布机，将搅拌站制备的混凝土倒入移动式摊布机内	
混凝土输送料斗轨道：混凝土输送料斗的走行轨道，由钢结构立柱和钢结构轨道构成	

表 5-10　摊布振捣系统的主要设备

设备及说明	实 物 图
移动式摊布机：龙门式结构，地面轨道走行，通过滑触线取电，布料高度依车间实际状况定制	
移动振动台：在模台底部的地面轨道上走行，遥控控制，采用高频振动模式，振动参数可存储	
移动式侧翻振动一体机：在模台底部的地面轨道上走行，可实现成品侧翻功能和构件振捣功能	

表 5-11　养护系统的主要设备

设备及说明	实 物 图
移动式覆膜机：能够将养护篷布进行收放，通常设置多组覆膜作业机构，以提高作业效率	

续表

设备及说明	实　物　图
养护管线系统：由蒸汽养护管道、阀门等构成，提供蒸汽通路，可提高养护效率	

5.3.2　预应力固定模台生产线工艺流程与技术性能

1. 工艺流程

预应力固定模台生产线是固定式平模生产线的一种，模台置于车间地面之上，采用龙门式摊布机布料，配置钢筋张拉机，可以生产预应力预制混凝土构件。其工艺流程与普通固定模台生产线相同。

2. 平面布置

生产线平面布置图如图 5-30 所示。

3. 主要设备

1）固定模台生产线主要设备

固定模台生产线的主要设备有模台、提吊料斗、振动棒、养护罩等。其中，模台规格有 3.5×9 m、4×9 m、3.5×10 m、4×10 m、3.5×12 m、4×12 m 等。养护设备如图 5-31 所示，振动设备如图 5-32 所示。

2）龙门式摊布机

龙门式摊布机是在龙门架上安装一套混凝土摊布机，通过龙门架的横向移动与布料小车纵向移动，实现固定位置布料。设备由龙门架、纵向及横向行走机构、储料箱、清理平台、液压系统、电气控制系统等组成，其结构如图 5-33 所示，主要技术参数如表 5-12 所示。

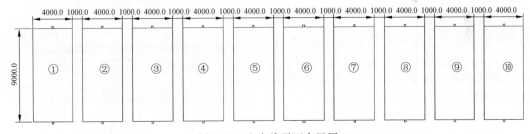

图 5-30　生产线平面布置图

(a)

(b)

图 5-31　养护设备

(a) 带蒸养棚形式；(b) 普通形式

图 5-32 振动设备

图 5-33 龙门式摊布机结构图

表 5-12 龙门式摊布机主要技术参数

适应跨度/m	适应高度/m	输送带宽度/mm	生产能力/(m³/h)	主机行走速度/(m/min)	布料小车速度/(m/min)	整机功率/kW	工作功率/kW	人员配备/人	配件
10～60	<20	B650～B800	<90	5～10	8	<50	33	2～4	卸料刮板 清扫器刮板

龙门式摊布机适用于各种级别配比和各类颗粒性物料,是一种与混凝土输送泵配套、实现混凝土连续浇注的设备,广泛应用于水利水电、公路、桥梁等工程。龙门式混凝土摊布机下料速度快、成本费低,布料系统全套成本远低于泵车,浇注速度却比其高一倍以上。摊布机的操作较为简单,仅为摊布机的前进后退、卸料小车的前进后退、皮带机的运行停止、摊布机的综合运行技术难度较低。在浇注结束后,须进行摊布机上的混凝土残渣清理及皮带机清洗,还须定期保养、加注润滑油及进行运行前检查。

3) 钢筋张拉机

钢筋张拉机是在制作模具内钢筋骨架预埋件时对钢筋进行张拉的设备,其结构如图 5-34 所示。

整个机械结构中包含两组滚轮:滚轮组 2 用于在各个工位之间移动;滚轮组 1 用于调整钢筋轴向之间的距离,对正三脚架与牛腿正面的中心。在拉力加载过程中,小车由于受到横向拉力且拉力较大,所以当小车到达指定位置后,要用手动夹紧装置进行夹紧。同时整个设备中有两种液压缸,一种用于对钢筋施加拉力,共 16 个液压缸;另一种用于对初应力液压缸以及三脚架进行提升,其目的也是为了对

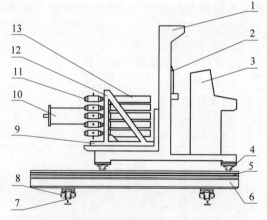

1—车架;2—提升液压缸配套装置;3—控制台;4—滚轮组 1;5—轨道 1;6—车板架;7—轨道 2;8—滚轮组 2;9—托架;10—拉伸液压缸固定架;11—拉力传感器;12—三脚架;13—拉伸液压缸。

图 5-34 钢筋张拉机结构图

中。在提升液压缸的上端有两套链轮和链条,同时将链条焊接在托架上,这样当提升液压缸钢杆伸出时,链条带动托架使初应力装置上升,托架可以在小车上上下滑动,同时在小车后端装有操纵台,装有液压站、PLC 以及触控界面等。液压缸前端安装有拉力传感器,用来实时检测拉力数值并将数值反馈到操作系统。

柳州雷姆 CZB 系列数控张拉系统,由 PLC 控制器、触摸屏、传感器检测系统、无线通信系

统、上位机、液压泵站、千斤顶组成,其主要技术参数如表5-13所示。它采用以张拉力控制为主,伸长量为校核的双控控制方式。系统通过安装在张拉千斤顶进油路中的压力传感器对张拉过程中的油压进行实时监测,通过安装在千斤顶上的位移传感器进行张拉时千斤顶的位移检测,并将实时压力和位移反馈给PLC控制器进行数据处理,从而控制张拉过程、计算伸长量、生成张拉数据。

表5-13 柳州雷姆CZB系列数控张拉机主要技术参数

参 数 名 称	数值	参数名称	数值
额定压力/MPa	53	工作温度/℃	-5～60
电机功率/kW	3	电压/V	380(50 Hz)
额定流量/(L/min)	2×2	是否可调速	否
压力传感器精度/%	0.25	净质量/kg	150
位移传感器精度/%	0.05	外形尺寸/(mm×mm×mm)	700 × 540 ×860
压力传感器分辨率/MPa	0.1	油箱容积/L	90
位移传感器分辨率/mm	0.1	有效容积/L	56

4) 覆膜拉毛一体机

覆膜拉毛一体机用于对新浇注的预制混凝土构件的上表面进行拉毛处理,并且在混凝土构件上进行覆膜,即在混凝土初凝之后终凝之前进行混凝土养护薄膜的铺贴,使混凝土养护薄膜和混凝土表面紧密结合,促进混凝土的水化效应,在混凝土养护过程中起到防裂保湿的作用。

覆膜拉毛一体机的结构如图5-35所示,包括机架、行走机构、梳理装置、隔断平台、拉毛装置和覆膜装置等。行走机构置于生产线轨道上且能够沿生产线轨道移动。机架安装于行走机构上,行走机构带动机架及置于机架之上的梳理装置、隔断平台、拉毛装置、覆膜装置等各功能部件在生产线轨道上进行作业。梳理装置和拉毛装置分别安装于机架上端,隔断平台和覆膜装置设置在梳理装置和拉毛装置

之间。梳理装置用于预制混凝土构件预应力钢筋的牵引及梳理。隔断平台放置于机架上且能够与机架随时分离,用来放置及储存隔断模,用于预制件内部隔断,随着设备运行,每隔一定距离就从隔断平台上取下一个隔断模放置在模台之上。拉毛装置安装于机架上,用于对模台上成型预制构件的上表面进行拉毛。覆膜装置安装于机架上,用于在拉毛预制构件上覆盖养护膜并收膜,拉毛过后通过覆膜装置在预制构件上覆盖一层养护膜进行预制件的养护,养护后收膜。

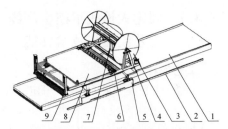

1—模台;2—轨道;3—覆膜装置;4—机架;
5—行走机构;6—锚固装置;7—梳理装置;
8—隔断平台;9—拉毛装置。

图5-35 覆膜拉毛一体机结构图

5) 移动式清理喷涂一体机

移动式清理喷涂一体机是固定模台生产线生产中对模台进行清理和喷涂脱模剂的设备,其将模台清理装置与喷涂装置集成于同一工作平台,通过行走架与横移小车对脱模后的固定模台进行清理与喷涂脱模剂,其结构组成与平模流水生产线清理机和喷涂机相似(见图5-36),具体可参考前文介绍。

图5-36 移动清理喷涂一体机

5.3.3 设计计算与选型

多模台固定式平模生产线的设计选型与平模流水生产线相似,可参考5.2.4节。

5.3.4 相关技术标准

技术标准主要有《混凝土振动台》(GB/T 25650)、《墙材工业用摆渡车》(JC/T 2043)、《单面真空覆膜机》(LY/T 1805)、《建筑施工机械与设备预应力用智能张拉机》(JB/T 13462)、《混凝土预制构件智能工厂通则》(T/TMAC 012.1~012.5—2019)、《预制混凝土构件振动成型平台》(T/CCMA 0108—2020)等。

5.4 可扩展长线台座法生产线

5.4.1 固定式长线平模生产线工艺流程与技术性能

1. 工艺流程

固定式长线平模生产线属于固定式平模生产线的一种,其生产模台之间相互无缝连接布置,共同组成长度为 70~130 m 的工作台面,它适用于以先张法生产的预应力钢筋混凝土构件,如预应力叠合楼板,预应力空心楼板,预应力槽形板,预应力 T 型板,预应力双 T 型板,预应力梁、柱等。固定式长线平模生产线的两端设有预应力张拉设备及锚固设备,生产模台的两侧设有供工艺设备行走的轨道,各设备按照生产工艺沿轨道依次运行,从而形成流水作业。

本节以常见的预应力叠合板生产线为例介绍固定式长线平模生产线。

预应力叠合板生产线的生产工艺主要包括模具清理、划线、布置边模及端模、喷涂脱模剂、预应力钢筋下料入模、张拉、布料、整平、振捣、拉毛、覆膜养护、起膜、拆端模、放张、剪筋、拆边模、起吊构件等,具体工艺流程如图 5-37 所示。

预应力叠合板生产线的主要生产设备如表 5-14 所示。

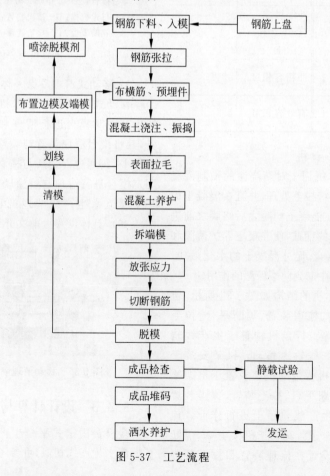

图 5-37 工艺流程

表 5-14　预应力叠合板生产线的主要生产设备

系　统	设 备 名 称	用　途
张拉系统	送丝机	用于输送钢筋及切断
	张拉台	用于实现预应力钢筋的张拉和持荷
	锚固台	用于实现预应力钢筋的持荷
布料振捣系统	移动式布料振捣一体机	将混凝土准确浇注在模具型腔内并对浇注的混凝土进行振捣
	移动式清理喷涂一体机	用于模台表面的清理及脱模剂的喷涂
	移动式拉毛覆膜一体机	用于浇注后混凝土表面拉毛及养护覆膜
	设备摆渡车	用于各移动作业设备的横移跨线
养护系统	移动式覆膜机	将篷布覆盖在构件上,以便进行养护
	蒸养管道系统	用于模台的加热

2.平面布置

固定式长线平模生产线通常采用多线布局形式,典型的固定式平模生产线平面布置如图 5-38 及图 5-39 所示。其中,图 5-38 为三线布局形式,图 5-39 为四线布局形式。

3.性能参数

生产线的性能参数如表 5-15 所示。

4.主要设备

生产线的主要设备如表 5-16 所示。

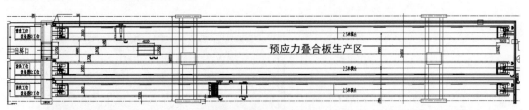

图 5-38　三线布局形式

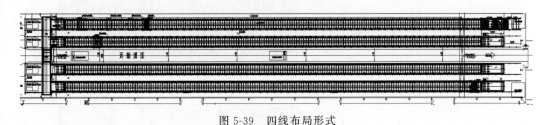

图 5-39　四线布局形式

表 5-15　生产线的性能参数

主 要 参 数	数　值	备　注
模台尺寸/m	宽度:4、2.5,长度:70~130	以上为标准尺寸,可定制
生产节拍/min		无固定节拍,单班 8~10 h
轮班数量/(班/天)	1	单线
人员配置/人	5~6	设备操作人员
占地面积	2500~5000 m²	宽度≥18 m,长度≥120 m
年产能/m²	$(4.5 \sim 7.2) \times 10^4$	单线与模台宽度及长度有关

续表

主要参数	数　值	备　注
装机容量/kW	100～150	与设备数量有关
蒸汽消耗量/(t/h)	1	
水消耗量/(t/d)	0.5～1	设备清洗用水
压缩空气消耗量/(m³/h)	0.4～0.6	

表 5-16　生产线的主要设备

设备及说明	实　物　图
预应力长线模台：为预应力长线生产线设计，可用于预应力板及梁柱的生产	
移动式摊布振捣一体机：采用龙门式、半龙门式或桁车式等，集成振捣功能	
移动式清理喷涂一体机：具备长线模台的清理及脱模剂的喷涂功能，配备工业吸尘器，具有混凝土杂物的自收集功能，采用滑触线取电方式	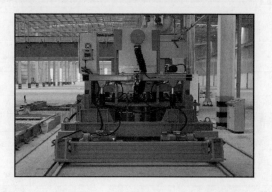

续表

设备及说明	实 物 图
移动式覆膜拉毛机:用于长线模台的预应力叠合板拉毛及养护覆膜作业,拉毛装置的升降作业配合不同高度构件的拉毛使用要求,具备自动覆膜及自动收膜功能	
摆渡张拉一体机:由摆渡机构和张拉机构组成,用于预应力叠合板的整体张拉作业及生产设备的摆渡跨线作业	

5.4.2 预应力长线台生产线工艺流程与技术性能

1. 平面布置

预应力长线台生产线结构如图 5-40 所示,该生产线可以生产预应力叠合板、预应力叠合梁、非预应力叠合板、内外墙等多种预制构件。

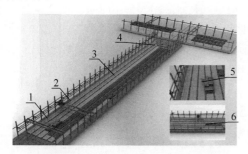

1—叠合板成型机;2—送料机;3—预应力长线模台;4—摆渡张拉一体机;5—清理喷涂一体机;6—拉毛覆膜机。

图 5-40 预应力长线台生产线

该生产线具有自动化程度高(设备自动配合运行)、模台利用率高(最高可达 70%)、生产效率高(日产单班叠合板构件≥60 m³)、生产多样化、占地面积小、投资成本低、人工用量少等优点。

2. 主要设备

预应力长线台生产线由龙门式摊布机、预应力张拉放张系统、自动送料机、清理喷涂托筋机、自动振动机、覆膜拉毛一体机、生产平台、多功能一体机、养护系统等设备组成。

1) 龙门式摊布机

龙门式摊布机如图 5-41 所示,设备自动均匀布料,采用搅拌轴和蜗杆挤出下料的方式,下料量可控并适合于多种坍落度的混凝土。摊布机配备 10 个布料口,料门可单独控制;摊布机行走电机为变频制动电机,行走速度可调;采用大跨度龙门结构,布料斗可快速在模台间进行横向移动,从而提高生产效率。

图 5-41　龙门式摊布机

2）多功能一体机

多功能一体机如图 5-42 所示,脱模后的钢平台表面上留有从构件上脱落下来的混凝土残渣,清扫机构会对模台表面进行精细清理。在清理高速旋转清理混凝土残渣时,对产生的混凝土粉尘,通过吸尘装置进行吸收、过滤、降尘。设备在模台上运行过程中,喷涂装置自动喷涂脱模剂,喷涂剂量及喷涂宽度可调节。生产预应力叠合板时,拉筋装置将钢筋从模台一端运送至另一端,为下一步张拉工序做准备。

图 5-42　多功能一体机

3）自动振动机

自动振动机如图 5-43 所示,设备自动均匀地对混凝土进行振捣,振动部分可左右移动,振动范围与平台匹配。振动机的行走电机为变频制动电机,行走速度可调。振动机配备 8 个自启式振动棒,振动棒可单独控制。

图 5-43　自动振动机

4）覆膜拉毛一体机

覆膜拉毛一体机如图 5-44 所示,其主要功能为养护之前在叠合板上表面铺设保温、保湿养护薄膜,以及养护完成后收起薄膜。该设备行走电机为变频制动电机,薄膜卷筒由力矩电机控制,可使薄膜均匀铺设在叠合板上,养护完成后,可使薄膜均匀收起。该设备也可以实现对初凝的叠合板构件进行拉毛处理。薄膜卷筒可整体装卸。

图 5-44　覆膜拉毛一体机

5.4.3　设计计算与选型

可扩展长线台座法生产线的设计选型与平模流水生产线相似,可参考 5.2.3 节。

5.4.4　相关技术标准

技术标准主要有《混凝土振动台》(GB/T 25650)、《墙材工业用摆渡车》(JC/T 2043)、《单面真空覆膜机》(LY/T 1805)、《建筑施工机械与设备　预应力用智能张拉机》(JB/T 13462)、《混凝土预制拼装塔机基础技术规程》(JGJ/T 197)、《混凝土预制构件智能工厂通则》(T/TMAC 012.1～012.5—2019)、《预制混凝土构件振动成型平台》(T/CCMA 0108—2020)、《预制混凝土构件成组立模成型机》(T/CCMA 0109—2020)等。

5.5　滑模成型生产线

5.5.1　典型生产线工艺流程与主要设备

1. 工艺流程

本节介绍混凝土空心预制板滑模成型生

产线,滑模成型主机在生产平台上连续移动,进行配料、振动挤压、抹平等作业来完成构件生产。

通过机器振动挤压使混凝土成型,连续的振动使混凝土达到高度的密实性,从而将混凝土制成所需形状的预制构件。该生产线连续生产,当构件强度达到设计强度的 70% 后,进行放张预应力钢筋,并用配备金刚石锯片的切割机根据所需构件长度进行切割,获得相应尺寸的预制构件产品。

根据需求定制不同规格型号的成型模具以满足不同预制构件的生产,如空心板、实心板、墙板、T 型梁、双 T 型板等。成型主机通过更换不同的模具,可生产不同的预制构件,实现一机多用。

2. 主要设备

滑动式多功能预应力构件生产线由滑模机、多功能一体机、切割机、覆膜机、混凝土搅拌系统、混凝土输送系统、吊装器、生产平台、养护系统、张拉放张设备等组成。

1) 滑动式多功能预应力构件成型机

滑动式多功能预应力构件成型机(简称滑模机,见图 5-45)的原理为设备在生产平台上连续移动,混凝土通过机器振动挤压成型,连续的振动使每一处混凝土都确保有高强的密实度,从而生产出多种高质量预制混凝土构件。该设备生产的大部分预应力构件主要用于公共建筑、工业建筑等方面,同时可根据需求定制不同规格型号的成型模具,实现多元化生产。

图 5-45　滑动式多功能预应力构件成型机

2) 多功能一体机

多功能一体机(见图 5-46)用于清扫模台、喷涂隔离剂以及铺设预应力钢筋。多功能一体机配置操纵面板,同时增置无线遥控装置,便于操作,行走速度为 0~30 m/min 且无级可调,便于在工作状态与空运行状态之间切换。安装有吸尘装置,以防止扬尘污染。

图 5-46　多功能一体机

3) 混凝土切割机

混凝土切割机(见图 5-47)可安装直径为 800~1300 mm 的金刚石锯片,最大切割高度为 500 mm。采用 PLC 编程自动控制,可自动定尺寸切割,无线遥控,其行走速度为 0~30 m/min 且无级可调,便于在工作状态与空运行状态之间切换。

图 5-47　混凝土切割机

4) 覆膜机

覆膜机(见图 5-48)可将养护膜快速铺设在混凝土构件上面,构件加热养护时内部水分快速蒸发,可保证构件快速提升强度。

5.5.2　设计计算与选型

滑模成型生产线的设计选型与平模流水

图 5-48　覆膜机

生产线相似，可参考 5.2.3 节。

5.5.3　相关技术标准

技术标准主要有《单面真空覆膜机》(LY/T 1805)、《混凝土预制构件智能工厂通则》(T/TMAC 012.1～012.5—2019)、《预制混凝土构件振动成型平台》(T/CCMA 0108)等。

5.6　挤压成型生产线

5.6.1　典型生产线工艺流程与技术性能

1．预制混凝土空心板挤压成型生产线

1) 结构组成

预制混凝土空心板挤压成型生产线如图 5-49 所示，主要由物料输送返回系统、中央控制系统、主机成型系统、模板输送系统、切割系统、模板成品翻转打包系统、码垛系统、模板定位系统、拆模系统、蒸养系统等系统组成。

图 5-49　预制混凝土空心板挤压成型生产线

挤压成型是通过对拌和料施加外力进行挤压，使拌和料发生排气压缩，将松散的半干湿水泥砂石拌和料压缩成一定强度的混凝土以达到成型密实的目的，挤压机沿着预应力张拉台座边移动，挤压成型空心板材。其造型可通过特制的挤压钢模进行塑造，由于生产工艺的改变，使得混凝土构件的各项物理性能得到改善，可有效提高混凝土构件的密实性和抗裂性。

采用挤压成型机械生产混凝土构件，具有机械化程度高、产品质量好和劳动生产率高等特点。生产线由于采用了机械上料、挤压成型，再加上其他配套机械，因而在各主要工序上都已实现了机械化生产，替代了笨重的体力劳动，大大提高了生产效率。

2) 成型工艺

预制混凝土空心板挤压成型机是利用铸钢铸造的螺旋输送器(也称绞龙)对混凝土混合物料进行运送、挤压与内外振动，使混凝土密实成型的机械设备。其可在台座上运行成型，故又称作模成型机，适于在长线台座上进行生产，可生产空心楼板、双 T 型板和工字型梁等构件。

预制混凝土空心板挤压成型机的结构如图 5-50 所示，它主要由动力系统、传动系统、行走装置、供料斗、螺旋铰刀、振动器、减速分动器机构、抹光板、配重等组成。

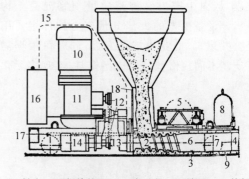

1—料斗；2—螺旋铰刀；3—成型室；4—端口；5—外部振动器；6—空心棒；7—消振头；8—配重；9—台座；10,14—电动机；11—减速机；12—传动链；13—驱动轴；15—控制箱；16—纤维套；17—液压操纵杆；18—活塞拉杆。

图 5-50　预制混凝土空心板挤压成型机

挤压机放置在铺有预应力钢筋的台座 9

上,拌和料从料斗 1 进入,由一组铰刀 2 将其运送到成型室 3,从端口 4 挤出。为了进一步捣实混凝土,在靠近料斗的成型平板上装有外部振动器 5 和在每个空心棒 6 内装设内部振动器。采用内外振动可大大减少铰刀的磨损,降低动力损耗。消振头 7 通过橡胶头装在铰刀的后端,用以抹光空心板的孔壁,并可使已成型的空心板脱离振动区的影响,如果在此区段再继续振动,势必使已成型的板缩孔或坍塌。由于挤压反力是向下和向后的,抹光板和整机有被抬起的倾向,因此在机器的后端装有配重 8。电动机 10 通过减速器 11 和传动链 12 带动螺旋铰刀旋转。内部振动器由电动机 14 驱动,液压操纵杆 17、活塞拉杆 18 固定在制品上部横向钢筋的位置。挤压拌和料的反作用力使整机沿台座轨道向前缓慢移动,在挤压机的后面连续地挤出空心预制板。

国产的挤压机按振动机构的不同,分为外振动式和内外振动式两种。外振动式的铰刀内部没有激振器,结构简单,但捣实效果差,铰刀磨损也较严重。图 5-51 所示为 900 mm×180 mm×φ135 mm 型空心预制板挤压机的结构图,它是内外振动式,制品的断面尺寸为 900 mm×180 mm,空心孔径为 φ135 mm。

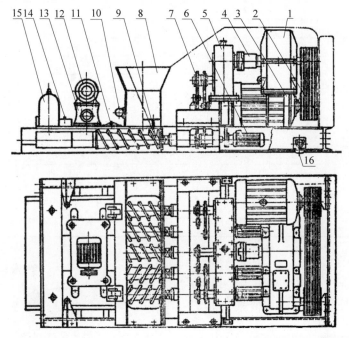

1—减速器；2—三角胶带；3—主电动机；4—联轴器；5—分动器；6—内振电动机；7—滚子链；8—料斗；9—铰刀；
10—喂料振动器；11—抹光板铰链；12—外振电动机；13—激振器；14—调节螺栓；15—平衡重；16—行走轮。

图 5-51　900 mm×180 mm×φ135 mm 型预制混凝土空心板挤压机结构图

主电动机 3 为驱动铰刀 9 的动力源,它通过三角胶带 2、减速器 1、分动器 5 以及滚子链 7 驱动五根铰刀 9 按不同的方向和以不同的转速旋转,使混凝土分配均匀,从而提高挤压质量。外部振动器为一附着式激振器,由电动机 12 通过三角胶带驱动,以利于混凝土的塑化和成型。内部振动器的结构如图 5-52 所示,铰刀由芯管 1、螺旋叶片 4 和驱动轴 5 连成一体,偏

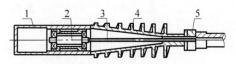

1—芯管；2—偏心式振动子；3—软轴；
4—螺旋叶片；5—驱动轴。

图 5-52　内部振动器结构图

心式振动子 2 装在芯管 1 内,并通过软轴 3 与

电动机轴相连。机架的后部装有两个行走轮16,在成型反力的作用下,使整机移动。改变平衡重15的质量,可调节挤压机的移动速度。

3)特点及性能参数

挤压成型机的特点如下:

(1)可连续生产,效率高。

(2)构造比较简单,且成型时不需另加钢模,可以节约大量钢材。

(3)操作方便,可大大降低劳动强度。

(4)适于成型干硬性混凝土(水灰比为0.28~0.39),早期强度增加快,一般常温下2~4天即可切割分块和起吊。

挤压成型机的技术性能如表5-17所示。

表 5-17 预制混凝土空心板挤压成型机的技术性能

设备及参数		数 值			
		900 mm×120 mm ×φ75 mm	600 mm×120 mm ×φ75 mm	500 mm×120 mm× φ86 mm	900 mm×180 mm ×φ135 mm
铰刀	转速/(r/min)	48	40~50	50	51~60
	螺距/mm	52~72	48~56	52~64	60~70
	电动机功率/kW	7.5	11	7.5	22
内部振动器	激振力/N			800×4	856×5
	频率/Hz			47.5	48.3
	电动机功率/kW			0.55×4	1×5
外部振动器	激振力/N	9000	5700	3687	2412
	频率/Hz	48.3	47.5	47.5	103.3
	电动机功率/kW	3	1.5	1.5	5.5
成型速度/(m/min)		1.25~1.35	0.85~0.9	0.8~1	1.5
总功率/kW		10.5	12.5	11.2	33
外形尺寸/(mm×mm× mm)		3930×1150× 1480		2750×800×900	2850×1260× 2300
设备质量/t		3	1.8	1.5	4.3

4)主要设备介绍

预制混凝土空心板挤压成型生产线的主要设备挤压成型机已于前文介绍,这里主要介绍生产线其他组成设备。

(1)混凝土切割机

混凝土切割机是预制混凝土空心板挤压成型机配套的设备,用来对已达到放张强度的挤压成型预制混凝土空心板按需要的长度进行切割。它具有横向进给和纵向行走机构,其实物如图5-53所示。

切割机采用金刚石刀片进行切割,切割平稳、速度快,切口平整美观,可同时切断混凝土中的钢筋。切割机结构简单、可靠,操作灵活方便,自带水源对切割刀片进行喷淋,刀片寿命长,经久耐用。典型混凝土切割机系列产品技术性能如表5-18所示。

图 5-53 混凝土切割机

(2)预应力张拉、放张设备

放张机是在混凝土达到足够强度时松开张拉的预应力钢筋的设备,如图5-54所示。

预应力张拉机是在生产预制混凝土构件前张拉预应力钢筋的设备,如图5-55所示。

表 5-18　典型混凝土切割机系列产品技术性能

型号	锯片直径/mm	切割厚度/mm	切割长度/mm	功率/kW	转速/(r/min)	水箱容量/L
HXT400	400	120	600～1200	4	2890	30
HXT500	500	150	600～1200	5.5	2700	30
HDT700	700	200～220	900、1200	22.5	1440	100
HDT800	800	250～300	900、1200	26.5	1440	100
HDT1000	1000	300～380	900、1200	34	1440	100

资料来源：德州海天机电科技有限公司。

图 5-54　放张机

图 5-55　液压张拉机

液压张拉机用于张拉强度等级为 1570 kN/mm² 的高强钢丝或强度等级为 1860 kN/mm² 的钢绞线,适用于生产桥梁板、双 T 形板、大跨度空心板等跨度大、承载高的大型构件。典型液压张拉机系列产品技术性能如表 5-19 所示。

表 5-19　典型液压张拉机系列产品技术性能

型号	额定张拉力/kN	泵站功率/kW	工作行程/mm	泵站质量/kg	泵站尺寸 /(mm×mm×mm)
HYL900	45.31	1.5	900	48	420×300×540
HYL1200	45.31	2.2	1200	70	470×350×700
HYL1400	45.31	2.2	1400	70	470×350×700
HYZ200	270	2.2	200	70	350×450×684
HYZ400	270	2.2	400	70	350×450×684
HYZ01200	270	2.2	200	160	780×760×860
HYZ01400	270	2.2	400	160	780×760×860

资料来源：德州海天机电科技有限公司。

（3）码垛机

码垛机是对预制混凝土板成品进行运输及码垛的设备,具有横移、升降功能,由专用减速机提供动力,其结构如图 5-56 所示。码垛机抓取一定尺寸的切割后的预制混凝土板,将其放置在输送机的托盘上。同时抓取不合格墙板,并将其放置在废品翻转机上。

（4）翻转打包机

翻转打包机是对预制混凝土板成品进行打包的设备,其结构如图 5-57 所示。工作时,

图 5-56　码垛机

翻转打包机将成垛的成品预制混凝土板摆渡至翻转机处，将水平放置的墙板翻转成竖直状态放在纵向输送机上输送，预制混凝土板经过自动打包机进行打包。打包的预制混凝土板纵向输送到成品端，再横向输送到叉车运输工位，预制混凝土板托盘架按原路返回，并不断循环。

图 5-57　翻转打包机

2. 挤压墙板生产线

1）工艺流程

全自动挤压墙板生产线主要由成型系统、切割系统、输送系统、码垛系统、电控系统、气动系统、搅拌系统和物料输送系统等组成。其工作原理为：搅拌系统将合适配比的原材料搅拌成半干型物料，通过输送系统将物料运送至成型机，成型机中的多根铰刀将物料挤压输送至成型腔中，在适当的频率下振动密实制成需要的墙板，中央计算机按预设程序控制切割系统及其他系统相互协调、配合，使其连续自动运行。其工艺流程如图 5-58 所示。

2）平面布置

生产线平面布置如图 5-59、图 5-60 所示。

3）主要设备

（1）成型系统主机

成型系统主机如图 5-61 所示，它通过挤压振动将干硬混凝土制成墙板，并具有模板输送功能。根据混凝土含水量调节模板输送速度。根据墙板厚度可分为 90 mm、100 mm、120 mm 型 3 种常规机头型号，也可定制 150 mm、200 mm 型机头型号。

（2）成品码垛机械手

成品码垛机械手如图 5-62 所示，它抓取一定尺寸的切割后的墙板，并将其放置在输送机上的托架上；抓取不合格墙板，并将其放置在废品翻转机上。此机械手具有横移、升降功能，由专用电机、减速机为其提供动力，气动控制夹紧，电永磁控制系统转运托板。

（3）模板转运机械手

模板转运机械手如图 5-63 所示，它将清洗后的喷涂隔离剂的托板吸起，并放置在托板输送平台上，也可从托板缓存架上吸起托板。此机械手具有横移、升降功能，由专用电机、减速机为其提供动力，电永磁控制系统转运托板。

（4）拆模码垛机械手

拆模码垛机械手如图 5-64 所示，它抓取已养护完成的成垛墙板，将托板分离后放置在模板清理输送平台上，将墙板放置在成品摆渡车上。此机械手具有横移、升降功能，由专用电机、减速机为其提供动力，气动控制夹紧，电永磁控制系统转运托板。

（5）翻转打包系统

翻转打包系统如图 5-65 所示，它将成垛的成品墙板摆渡至翻转机处，将水平放置的成垛墙板翻转成竖直状态放在纵向输送机上输送，墙板经过自动打包机进行打包，打包后的墙板纵向输送到成品端，再横向输送到叉车运输工位，墙板托盘架按原路返回，如此不断循环。

5.6.2　设计计算与选型

挤压成型生产线的设计选型与平模流水生产线相似，可参考 5.2.3 节。

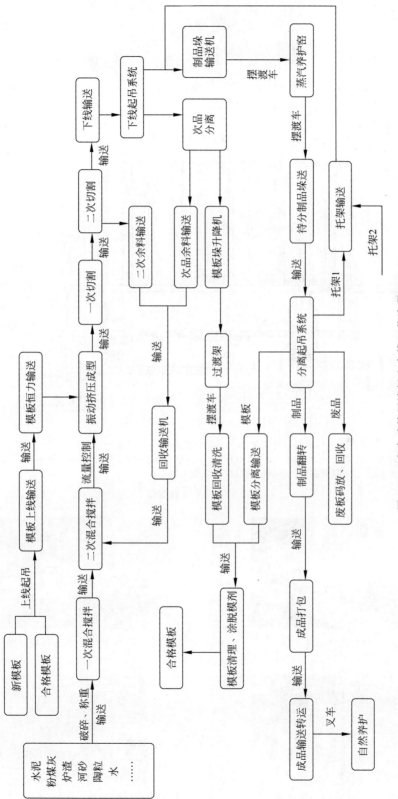

图 5-58 全自动挤压墙板生产线工艺流程

图 5-59　生产线立体图

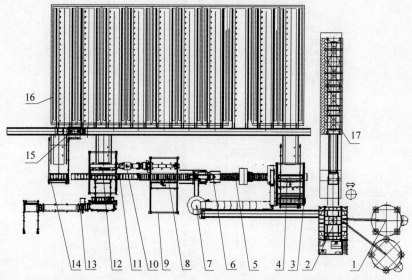

1—粉料仓；2—搅拌系统；3—废料翻转系统；4—成品码垛系统；5—切割系统；6—成型机；7—二级搅拌装置；8—模板输送系统；9—模板码垛系统；10—清扫系统；11—托盘输送系统；12—拆模码垛系统；13—打包系统；14—成品输送系统；15—摆渡系统；16—蒸养系统；17—配料机。

图 5-60　平面布置图

图 5-61　成型系统主机

图 5-62　成品码垛机械手

图 5-63　模板转运机械手

图 5-64　拆模码垛机械手

图 5-65　翻转打包系统

5.6.3　相关技术标准

技术标准主要有《预应力混凝土空心板挤压成型机分类》(JG/T 103)、《预应力混凝土空心板挤压成型技术条件》(JG/T 104)、《混凝土空心板挤压成型机》(JG/T 113)、《混凝土预制构件智能工厂通则》(T/TMAC 012.1~012.5—2019)、《预制混凝土构件振动成型平台》(T/CCMA 0108—2020)等。

5.7　推挤成型生产线

5.7.1　典型生产线工艺流程与技术性能

1. 工艺流程

预制混凝土空心板推挤成型生产线如图 5-66 所示,主要设备包括混凝土推挤成型机、混凝土切割机、混凝土搅拌机、钢筋张拉机、

台座和混凝土运输车等。该生产线适用于采用先张法长线台座缓慢放张工艺生产大跨度预应力预制混凝土空心板,其对场地的适应性强,对上料等配套设施要求低,成本相对较低。

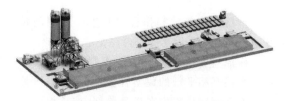

图 5-66　预制混凝土空心板推挤成型生产线

2. 平面布置

预制混凝土空心板推挤成型生产线设备与挤压成型生产线设备除成型主机外基本相同。下面介绍预制混凝土空心板推挤成型机,其他工艺设备参考其他类型生产线介绍。

预制混凝土空心板推挤成型机是采用先张法长线台座缓慢放张工艺的大跨度预应力推挤式生产线的主要成型设备,由机架、振动系统、推挤系统、供料系统四部分组成,具体包括底盘、减速机、配电箱、偏心机构、支承轮架、连杆、滑块、混凝土储料斗、皮带喂料机、成型芯管、下料斗、下料斗搅拌装置、外部振动器、侧模、托筋架等。TWJ12×60 型推挤成型机结构如图 5-67 所示。

3. 性能参数

典型推挤成型机主要技术参数如表 5-20 所示。

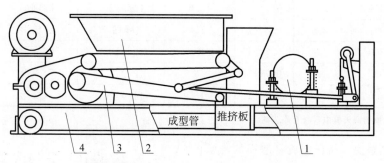

1—振动系统；2—供料系统；3—推挤系统；4—机架。

图 5-67　TWJ12×60 型推挤成型机结构

表 5-20　典型推挤成型机主要技术参数

制品规格 /(mm×mm)	生产率/(m/min)	主电机功率/kW	外形尺寸 /(mm×mm×mm)	振动电机功率/kW	自重/kg
600×120	1.2	7.5	2400×1000×750	3	1300

注：表中为 TWJ12×60 型推挤成型机主要技术参数。

　　推挤成型机的操作程序及生产工艺与挤压成型机相似，也在长线台座上连续生产，但其工作原理却不相同。推挤成型机的成型腔中有数根互相平行的成型管呈悬臂状，与机体行走方向平行且固定在机身前部，推挤板套装在这些成型管上，由电动机减速机驱动曲柄连杆机构迫使推挤板运动。推挤板向前运动时，中间料斗中的混凝土落入推挤腔，向后运动时将推挤腔中的混凝土推挤至成型腔中。成型腔上方设有振动装置，混凝土在推挤力及振动力作用下密实成型。推挤机在挤推时产生的反作用力作用下向前方运动。混凝土由供料设备或人工送入储料斗，再由胶带输送机间歇、定量供给中间料斗待用。胶带输送机也由曲柄连杆机构驱动，其间歇送料动作与推挤板运动动作关联。压光板与振动底板并列于成型腔上方，为防止压光板在向前运动时拉裂已成型的制品，有一组连杆凸轮机构在适当的时候将压光板稍稍向上抬起。

　　典型推挤成型机系列产品技术性能如表 5-21 所示。

表 5-21　典型推挤成型机系列产品技术性能

型　　号	功率/kW	成型速度 /(m/min)	最大板长/m	钢绞线数量/条；直径/mm	孔数/形状	构件自重 /(kN/m³)
GLY150×900	10.5	1~1.2	7.5	10/φ7	9/椭圆	2.451
GLY150×1200	14	1~1.2	7.5	14/φ7	12/椭圆	2.459
GLY180×900	10.5	1~1.2	9	9/φ9.5	8/桃形	2.815
GLY180×1200	14	1~1.2	9	12/φ9.5	11/桃形	2.837
GLY200×900	14	1~1.2	10.2	7/φ12.7	6/桃形	3.139
GLY200×1200	22	0.8~1	10.2	10/φ12.7	8/桃形	3.142
GLY220×1200	22	0.8~1	11	10/φ12.7	8/桃形	3.495
GLY250×900	22	0.8~1	12.6	7/φ12.7	6/桃形	4.133
GLY250×1200	26	0.8~1	12.6	10/φ12.7	8/桃形	4.135
GLY300×900	30	0.8~1	15	8/φ12.7	5/桃形	4.361
GLY300×1200	40	0.7~1	15	12/φ12.7	6/桃形	4.573
GLY380×900	33	0.7~1	18	12/φ12.7	5/菱形	5.778
GLY380×1200	40	0.7~1	18	14/φ12.7	7/菱形	5.759

资料来源：德州海天机电科技有限公司。

　　推挤成型解决了挤压螺旋易磨损的难题，且在推挤成型机成型腔中，混凝土横向运动的幅度很小，预应力钢筋所受的扰动力大大减小，因而易使制品中的钢筋保持正确位置。

5.7.2　设计计算与选型

　　推挤成型生产线的设计选型与平模流水生产线相似，可参考 5.2.3 节。

5.7.3　相关技术标准

技术标准主要有《混凝土空心板推挤成型机》(JG/T 114)、《混凝土预制构件智能工厂通则》(T/TMAC 012.1～012.5—2019)、《预制混凝土构件振动成型平台》(T/CCMA 0108—2020)等。

5.8　预应力长线台叠合板生产线

预应力长线台叠合板生产线如图 5-68 所示,由自动供料系统、自动布料振捣系统、拉毛系统、养护系统、设备转运系统、构件运输系统等组成。

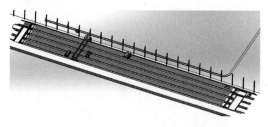

图 5-68　预应力长线台叠合板生产线

5.8.1　典型生产线工艺流程与技术性能

典型的预应力长线台叠合板生产线由预应力系统、自动供料系统、自动布料振捣系统、拉毛系统、养护系统、设备转运系统、构件运输系统等组成,各系统之间相互衔接配合,共同精准、高效地完成预制构件的生产。

预应力长线台叠合板生产线

预应力生产线系统通常采用长线模台的生产组织方式,通过模台固定、设备移动的方式进行预应力构件的生产。此生产系统主要由模台清理、人工划线、喷涂脱模剂、边模安装、钢筋安装、埋件安装、布料振捣、构件收面作业、覆膜养护、模具拆除、剪筋放张、构件起吊等生产工艺组成。

预应力生产线系统通过长线固定模台的生产作业形式和移动式设备作业,可以提高预应力构件的生产效率。使用整体张拉机可以提高构件的张拉效率。生产系统集成了高度自动化的设备,包含自动化养护及智能化张拉系统,设备集成化及自动化程度高,适用于多种预应力构件的生产。

基于预应力叠合楼板的优势,国内相关企业开发了预应力叠合板生产系统,其可以满足预应力叠合板生产所需的清理喷涂作业、预应力送丝舒筋作业、张拉锚固作业、布料振捣作业、覆膜养护作业及设备摆渡作业等。

1) 工艺流程

预应力长线台叠合板生产线生产工艺流程如图 5-69 所示。此为河北新大地机电制造有限公司生产线设备的工艺流程。

2) 平面布置

预应力长线台叠合板生产线长度从 80 m 到 120 m 不等,可以满足单向张拉及双向张拉作业。

预应力长线台叠合板生产线可以采用 3 线或 4 线的布局形式,车间的利用率更高,且生产组织方式更为灵活合理。预应力叠合板生产设备系统通过摆渡车,可以使一套设备在全部生产线上使用,大大地降低了设备成本的投入。

三线并排布局方式如图 5-70 所示;四线并排布局方式如图 5-71 所示;三线和四线并排布局方式如图 5-72 所示。

3) 生产设备

(1) 预应力长线台叠合板生产线设备

设备平面布置如图 5-73 所示,生产设备包括送料机、摊布机、振动机、清理喷涂一体机、覆膜拉毛机、模台、张拉放张机、养护系统、摆渡车等。

(2) 预应力长线生产线设备

预应力长线生产线设备由供料系统、摊布系统、赶平与拉毛作业系统、张拉系统、养护系统等组成。主要设备如表 5-22 所示。

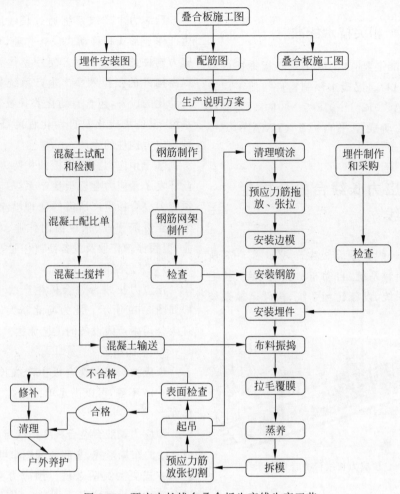

图 5-69 预应力长线台叠合板生产线生产工艺

图 5-70 三线并排布局方式

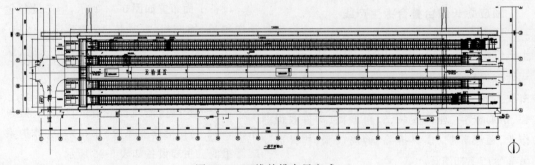

图 5-71 四线并排布局方式

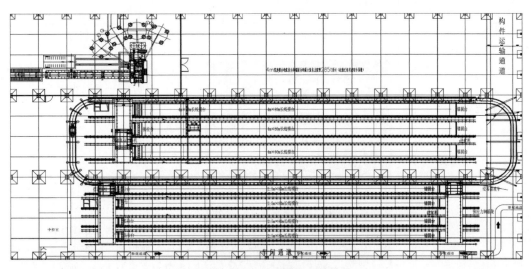

图 5-72 三线和四线并排布局方式

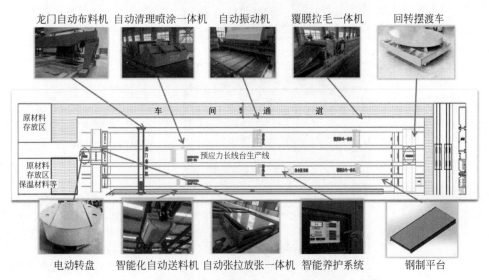

龙门自动布料机 自动清理喷涂一体机 自动振动机 覆膜拉毛一体机 回转摆渡车

电动转盘 智能化自动送料机 自动张拉放张一体机 智能养护系统 钢制平台

图 5-73 叠合板生产线设备平面布置(海天机电生产线)

表 5-22 预应力长线生产线设备

产 线 设 备	设 备 附 图	功 能 简 介
预应力长线模台		移动式模台。 用于预应力墙板及梁柱的生产

续表

产线设备	设备附图	功能简介
高速混凝土输送斗（鱼雷罐）	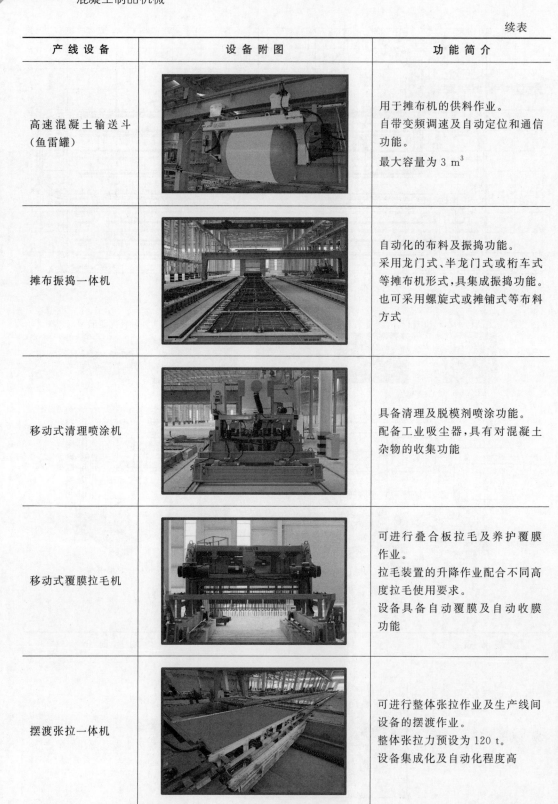	用于摊布机的供料作业。 自带变频调速及自动定位和通信功能。 最大容量为 3 m³
摊布振捣一体机		自动化的布料及振捣功能。 采用龙门式、半龙门式或桁车式等摊布机形式，具集成振捣功能。 也可采用螺旋式或摊铺式等布料方式
移动式清理喷涂机		具备清理及脱模剂喷涂功能。 配备工业吸尘器，具有对混凝土杂物的收集功能
移动式覆膜拉毛机		可进行叠合板拉毛及养护覆膜作业。 拉毛装置的升降作业配合不同高度拉毛使用要求。 设备具备自动覆膜及自动收膜功能
摆渡张拉一体机		可进行整体张拉作业及生产线间设备的摆渡作业。 整体张拉力预设为 120 t。 设备集成化及自动化程度高

续表

产线设备	设备附图	功能简介
移动式起板机		用于预应力构件的起吊作业。 配合移动式运板机使用。 起吊能力为5～10 t(可定制)
移动式运板机		用于构件的运输作业。 额定运输载荷为10 t。 采用滑触线取电方式
养护系统		可采用热水或蒸汽养护方式。 具有相应的养护温度调节功能。 具备保温及隔热措施,节省能耗
IPC系统		用于生产线设备的自动化控制。 可集成设备操作、养护控制及生产线整体视频监控,构件的生产管理及堆场的整体使用规划等功能

资料来源:河北新大地机电制造有限公司。

5.8.2 设计计算与选型

预应力长线台浇注生产线的设计选型与平模流水生产线相似,可参考5.2.3节。

5.8.3 相关技术标准

技术标准主要有《混凝土振动台》(GB/T 25650)、《墙材工业用摆渡车》(JC/T 2043)、《单面真空覆膜机》(LY/T 1805)、《建筑施工机械与设备 预应力用智能张拉机》(JB/T 13462)、《预制混凝土构件振动成型平台》(T/CCMA 0108—2020)等。

5.9 成组立模流水生产线及成组立模成型机

成组立模成型机是由相邻布置的3组或3组以上的立模、振动系统、开合模系统、养护系统、液压系统及附件组成,可同时生产多块预制构件的设备。可生产各类预制剪力墙板、预制外墙挂板、预制围墙板和预制空调板等三面出筋及不出筋的板类构件。设备成型系统包括基础底架、中间固定模板、成型模板、滑动端模、模腔调整机构等,配合液压系统可实现不同长度、高度、厚度、形状以及不同出筋情况的构件生产,构件成型精度高。

5.9.1 成组立模生产线工艺流程与技术性能

1. 工艺流程

成组立模成型机由立式成型系统、液压自动开合系统、防涨模系统、模振系统、全自动立式养护系统等组成,结构紧凑,空间利用率高。其采用双面模板成型构件,构件成型质量好。立式生产构件没有翻转工序,具有节约时间、降低投资成本等优点。该生产设备系统可生产

出筋构件和不出筋构件。生产不出筋构件时,不同尺寸的构件不需更换边模。生产出筋构件时,不同尺寸的构件仅需更换左右边模,可大大减少后期模具投入。其采用立模生产,在使用过程中模板变形小,相较传统钢制平台使用寿命更长,集中布料,无流转工艺,可大大提高生产效率。

预制混凝土构件立式生产模式,解决平模生产占地面积大的问题。配套液压自动开合系统、全自动温控养护系统、模振系统,解决了生产效率低及用人多的问题。立式生产时构件两大表面均为模板面,可有效解决大表面质量难控制的问题。

生产线立体图如图5-74所示,工艺流程如图5-75所示。这两张图是以德州海天机电科技有限公司生产线设备为例绘制的。

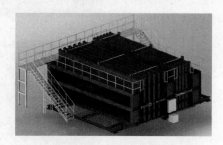

图 5-74 生产线立体图

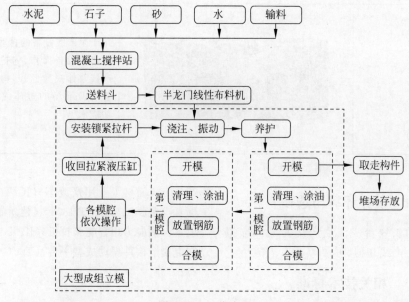

图 5-75 工艺流程

2．平面布置

固定式立模生产线平面布置如图5-76所示。

3．主要设备

1）提升式摊布斗

提升式摊布斗如图5-77所示,其使用液压开合门,密封性好,放料准确,采用无线遥控器操作,操作简便。

2）龙门式摊布机

龙门式摊布机如图5-78所示,由龙门架、纵向及横向行走机构、储料箱、清理平台、液压系统、电气控制系统等组成。纵向及横向行走速度变频可调,下料量可控,落料均匀。设备配置称重系统,可实现精准布料。料斗上安装有辅助落料振动电机,保证下料顺畅。

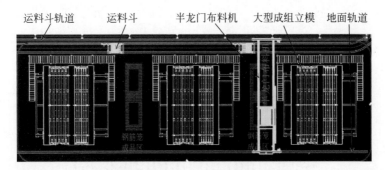

图5-76 固定式立模生产线平面布置

图5-77 提升式摊布斗

图5-78 龙门式摊布机

3）成组立模成型机

成组立模成型机主要包括底部框架、中央固定模板、成型模板、滑动牵引模板以及模腔调整机构等。其中,底部框架为整机提供基础支撑;中央固定模板作为整机的基准模板;成型模板作为间隔模板;滑动牵引模板为动力模板,整机模板的开合均在滑动牵引模板的作用下实现;模腔调整机构为整机的核心机构。该系统通过模腔调整机构可进行不同长度、不同高度、不同厚度、不同形状、不同出筋情况的预制混凝土构件的生产,实现一机多用,满足不同的需求,降低投资成本。

成组立模成型机结构如图5-79所示,其平面示意图如图5-80所示。

成组立模成型机各系统功能如下:

(1) 成型及液压系统

成型及液压系统如图5-81所示,成型系统包括基础底架、中间固定模板、成型模板、滑动端模、模腔调整机构等,配合液压系统可实现不同尺寸、不同形状、不同出筋情况的构件生产,构件成型形位精度高。

(2) 养护系统

养护系统如图5-82所示,模板内置蒸养管道,利用蒸汽对构件进行养护,可大大缩短构件生产周期。各模板内置温控传感器,可以实时监测模板温度。养护过程中升温时间、恒温时间、降温时间可自动控制。

(3) 模具侧模

模具侧模采用钢制结构,侧模之间采用螺栓连接,依靠液压系统及锁杠夹持在立模之间。

图 5-79 成组立模成型设备结构图

锁紧拉杆　护栏　操作平台　扶梯　滑动端模　基础底架

侧开模油缸　拉紧油缸　拉紧杆　模板　底模　蒸养系统

底部拉紧座　滑轨　开合模液压缸　超高频气动振动器　中间固定模板

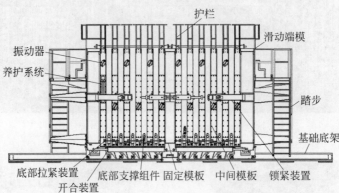

图 5-80 成组立模成型设备平面示意图

护栏　滑动端模

振动器　养护系统　踏步　基础底架

底部拉紧装置　开合装置　底部支撑组件　固定模板　中间模板　锁紧装置

图 5-81 成型及液压系统

图 5-82 养护系统

5.9.2 移动式立模生产线工艺流程与技术性能

移动式立模生产线分为牵引型生产线和自行走型生产线,如图 5-83 所示。牵引型生产线牵引机构带动模具车全线流转,可配备不同程度的自动化设备。模具车无任何电气元件,可配置蒸汽养护系统缩短养护周期,提高产能。自行走型生产线各模车自带动力,可独立操作。图 5-83 所示为德州海天机电科技有限公司的生产线设备。

1. 典型移动式立模轻质墙板生产线

典型移动式立模轻质墙板生产线如图 5-84所示。

该生产线自动化程度高,配备自动抽插管机、自动涂油机、成型机等设备,配套养护工位,工位集中。配备高压蒸养釜,可以加快构件出厂速度。

2. 固定式立模墙板生产线

固定式立模墙板生产线如图 5-85 所示。

该生产线布局及设备组合简单,对场地要求较低。单台立模主机最大可做出 20 块 100

型板,产能高,灵活性高,单机调整不影响整线运转。

3.石膏墙板生产线

石膏墙板生产线如图 5-86 所示。

 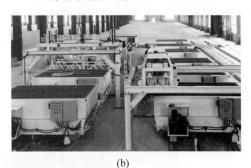

(a)   (b)

图 5-83 牵引型生产线和自行走型生产线

（a）牵引型生产线；（b）自行走型生产线

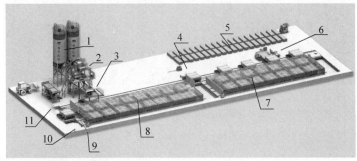

1—粉料罐；2—搅拌站；3—布料机；4—自动拔管机；5—墙板构件；6—出板翻转机；7—二次养护；8——一次养护；9—推动系统；10—摆渡车；11—立模机。

图 5-84 自动化移动式立模轻质墙板生产线

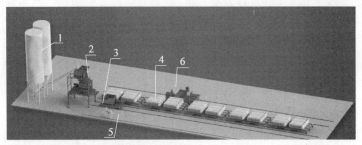

1—粉料罐；2——搅拌系统；3—注浆机；4—立模生机；5—拔管机；6—出板翻转机。

图 5-85 固定式立模墙板生产线

1—粉料罐；2—石膏专用立式搅拌机；3—自动抽插管机；4—卧式立模机；5—出板翻转机。

图 5-86 石膏墙板生产线

该生产线立模成型机配套整体穿（抽）管机，终凝后自动抽管。配套自动出板机，整模构件快速出模。生产线采用液压动力控制系统及电气控制系统等。成型模腔结构刚度大，成型精度高，设备设有定位系统。成型模腔板、搅拌机罐体采用不锈钢面，可减少混凝土的黏结。厚度、长度均可调，一机多用，90、100、120、150、200 型均可生产。

4. 全自动 EPS 复合轻质墙板生产线

全自动 EPS 复合轻质墙板生产线如图 5-87 所示。

该生产线模具车为竖向模腔结构，立体空间利用最大化。全线集成自动配料搅拌、注浆、流转、出板功能，中央总控集中管理，数据、工况可视。精制模腔，升降式自动注浆，浆料饱满密实，构件外形美观，尺寸精确。每台模车可生产 40 块墙板（90 型），年产能可达 100 万 m^2。

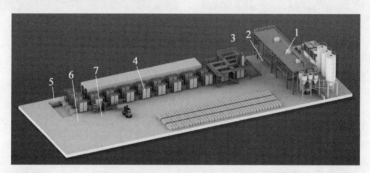

1—配料搅拌系统；2—注浆泵；3—智能注浆机；4—全自动立式模具车；5—智能摆渡车；6—全自动拖动系统；7—自动拆模翻转机。

图 5-87　全自动 EPS 复合轻质墙板生产线

5.9.3　卧式立模生产线

1. 结构原理

卧式立模生产线由配料机、粉料筒仓、搅拌站、摊布机、立模成型机、出板翻转机、自动拔管机、摆渡车、自动喷油系统、自动清理系统、上成型模板抓取系统、布网系统、推动系统及养护窑组成。

卧式立模生产线具有自动化程度高、人为介入少、工位集中、生产节拍紧凑、生产效率高等特点，同时可以配置蒸压釜提高养护效率。每台立模成型机的动作可单独控制，整条线生产的运行不受单机故障影响。

卧式立模生产线主要用于生产 GRC 板、陶粒板、石膏板、水泥发泡板等轻质墙板。卧式立模生产线示意图如图 5-88 所示。

图 5-88　卧式立模生产线示意图

2. 工艺流程

该种生产线的工艺流程相对简单紧凑，根据程序设计，搅拌机、配料机按照设定的配合比进行自动上料进行搅拌。搅拌完成后，搅拌机将拌和好的混凝土放到摊布机内,由摊布机向立模成型机进行布料。立模成型机模腔经镜面处理,消除表面气泡,保证构件板面光滑。然后将经喷涂隔离剂后的上成型模板安装在立模成型机上。立模成型机由1♯摆渡车送入对应预养窑口,由窑内牵引装置将其送至指定窑位,同时自动运行出一台立模成型机,运行至2♯摆渡车。该流程为自动运行。

2♯摆渡车将立模成型机运送至拔管工位并定位。拔管机进行拔管作业,拔管完成后,2♯摆渡车将立模成型机摆渡至养护窑口,对应养护窑门自动打开,立模成型机通过牵引机构运行至养护窑指定位置。对应入窑工位出口同时运行出一台养护完成立模成型机,运行

至3♯摆渡车。

3♯摆渡车将立模成型机运行至开模工位进行开模作业,然后通过牵引装置运行至出板工位进行出板作业,成品板材经叉车转运至成品区。

出板完成后的立模成型机在清理后经2♯摆渡过桥运行至装模工位完成立模组装工作。合模完成后立模成型机运行至喷涂工位喷涂隔离剂;喷涂完成后模车进行穿管工作;然后立模成型机运行至布网工位,将钢网放置至模腔内。后立模成型机运行至布料工位等待布料。

此时卧式立模运行生产线完成整个循环过程,其工艺流程如图5-89所示。

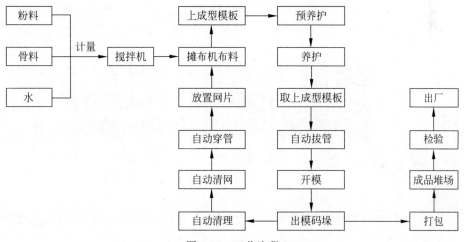

图 5-89　工艺流程

3. 生产线设备特点

(1)搅拌站控制方式为PLC编程自动控制,程序中可对物料投入量、水计量以及搅拌时间等参数进行更改,选取最优化的配合比设计程序,如图5-90所示。

图 5-90　搅拌站

(2)摊布机采用遥控器与控制箱双控制,布料动作可由遥控器控制,可控制每腔物料的均匀度。

(3)摆渡车电源采用滑触线供电模式,可由遥控器进行行走控制,包括:前进、后退、停止、定位下、定位起等动作。摆渡车由机械及电气双重保护进行防撞控制。

(4)卧式立模成型机,使用滑触线供电方式,每台立模成型机具备单独行走动力,单独遥控器控制。遥控器可以控制立模成型机的前进、后退、停止、开模、合模等动作。如图5-91所示。

(5)接板翻转机由PLC控制。可控制出

板、推紧、翻板等动作。功能集成,集中控制,显著提高设备运行的稳定性和可靠性。

图 5-91　立模成型机

4. 平面布置

卧式立模生产线平面布置图如图 5-92 所示。

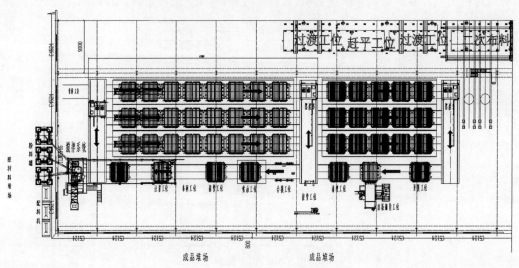

图 5-92　卧式立模生产线平面布置图

资料来源:德州海天机电科技有限公司

5.9.4　设计计算与选型

成组立模流水生产线的设计选型与平模流水生产线相似,可参考 5.2.3 节。

5.9.5　相关技术标准

技术标准主要有《混凝土预制构件智能工厂通则》(T/TMAC 012.1~012.5—2019)、《预制混凝土构件成组立模型机》(T/CCMA 0109—2020)等。

5.10　混凝土预应力双 T 板生产线

5.10.1　预应力双 T 板生产线工艺流程与技术性能

1. 工艺流程

预应力双 T 板是一种梁、板结合的预制钢筋混凝土承载构件,如图 5-93 所示,由宽大的面板和两根窄而高的肋板组成。双 T 板具有良好的结构力学性能,是一种具有大跨度、大覆盖面积和比较经济的承载构件。

图 5-93 双 T 板制品

预应力双 T 板生产线是典型的叠合板生产线。在工厂中生产预应力双 T 板,采用长线台座和先张法生产工艺更加灵活、高效。组合式长线台座可根据市场需求专业定制,双 T 板的肋高、板宽可通过调整模具的模数来实现,即利用同一套台座及配套模具便可生产不同跨度、不同宽度、不同肋高的预应力双 T 板,可以实现一模多用。

2.平面布置

双 T 板生产线布置如图 5-94 所示。

图 5-94 双 T 板生产线布置图

资料来源:河北新大地机电制造有限公司

3.主要设备

预应力双 T 板生产线主要由组合模台、通用模具、专用模具、养护系统、作业设备系统及辅助配套设施组成。

(1)组合模台:由两个端头节和若干中间节组成长线台座,节与节之间通过定位装置和紧固件连接为一体,模具两端设置张拉端板,端板上根据构件张拉钢筋的规格和位置开孔。

(2)通用模具:包括边模、顶部端模、张拉锚固板,用于双 T 板面板宽度和长度的调整。

(3)专用模具:主要包括分隔端模和 T 槽填充模,其中分隔端模用于调节双 T 板肋的长度,T 槽填充模用于调节肋的纵向高度(相应调节肋宽)。

(4)养护系统:由养护管路、保温外围护系统和温控系统组成,在长线台座内设有若干组等长的蒸汽管路,并利用保温材料进行维护,以降低热量损失。

(5)作业设备系统:包括 T 槽清理机、振动赶平装置、自动覆膜机、分割端模运输车、移动式摊布机(提吊式布料斗)、自动张拉机及配套液压站等。

(6)辅助配套设施:包括模具保护架及转运吊装保护架、爬梯、电控系统等。

预制预应力双 T 板生产线主要设备如图 5-95～图 5-105 所示。

图 5-95 自持荷端头模台

5.10.2 设计计算与选型

预应力双 T 板生产线的设计选型与平模流水生产线相似,可参考 5.2.3 节。

184

图 5-96　中间标准节模台

(a)

(b)

图 5-97　边模

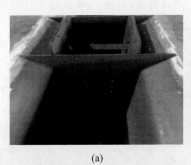

(a)

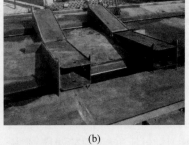

(b)

图 5-98　分割端模

(a)

(b)

图 5-99　T 槽填充模

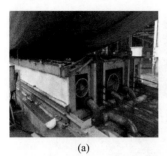
(a)

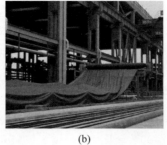
(b)

(c)

图 5-100　养护系统

图 5-101　移动式摊布机

图 5-102　提吊式布料斗

图 5-103　T槽清理机

(a)

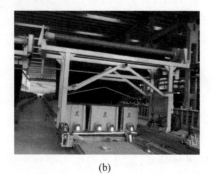
(b)

图 5-104　自动覆膜机

(a)

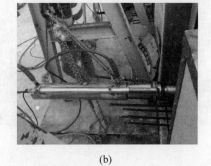

(b)

图 5-105 张拉机及液压站

5.10.3 相关技术标准

技术标准主要有《混凝土振动台》(GB/T 25650)、《单面真空覆膜机》(LY/T 1805)、《建筑施工机械与设备 预应力用智能张拉机》(JB/T 13462)、《混凝土预制构件智能工厂通则》(T/TMAC 012.1~012.5—2019)、《预制混凝土构件振动成型平台》(T/CCMA 0108—2020)等。

5.11 运输、安装、使用及维护要求

5.11.1 运输与安装

对于预制构件生产设备这类大型设备,在运输与安装时,首先应了解其性能和用途、安装要求、精度、安装位置、运行路线及采取的运输方法等,选择相应的运输吊装方法,根据现场条件尽量做到维持原包装运输到安装位置,现场开箱,避免吊装前设备外表的划伤。

运输(安装)前的准备:详细绘制出设备及材料拖运的平面图、立面图及各站附图以及需拖运设备的质量、体积和几何尺寸。应根据有关资料确定设备的吊运位置及吊运时各受力段的负载。设备运输通道、场地等,在吊装作业前均应准备就绪。

运输安装过程中,装卸车、挂绳时应注意钢丝绳不能折弯,所挂绳位置要牢靠、对称,挂绳四点位置应垫胶皮以防滑脱,在钢丝绳带劲受力均匀后离开设备,使设备四面不受外力影响。当设备吊离车体、地面时,人员不得从下面通过,设备的对应角应绑绳进行控制,防止设备随意摆动。

吊车指挥人员应提前统一信号、手势,指挥人员应站在吊车司机能看到信号手势的明显位置,必要时,吊车指挥员设置两人,一正一副。正指挥负责总的指挥,副指挥负责将信号信息反馈给正指挥,正指挥接到副指挥信号后,根据信号向吊车司机发出指令,确保吊装作业的顺利进行。各岗位操作人员必须严格按指挥人员的指令及岗位职责认真操作,如有特殊情况,立即向指挥员报告,以确保吊装作业全过程的安全。

在吊装作业区悬挂、设置安全警示牌,对安全围挡、安全网等设施进行检查,排除安全隐患。对设备进行试吊,检查调整索具,使提升索具受力一致,设备起吊后保持水平。参加吊装作业的人员必须严格遵守各项安全法规和制度,认真执行吊装方案,掌握吊装工艺要领和安全技术措施。对大、小型设备,重心偏高、偏重的设备,在拖动过程中,尽量避免设备运行时转弯,严禁转急弯,在设备吊起落地前,调整好设备到基础上的方向和位置,避免设备到位时的位置转向,以减少安全隐患,确保设备在拖动中的安全。

下面介绍一些主要设备的运输及安装要求。

1. 成组立模设备

(1)成组立模装配完毕后,两面钢模板的平行度应不大于 2 mm。

(2)成组立模钢模板表面平整度应不大于 2 mm/3 m。

（3）成组立模固定模板相对于轨道平面的垂直度应不大于 2 mm。

（4）成组立模相邻模板间的平行度应不大于 2 mm。

（5）成组立模模板活动轨道支点高度应可调整，成组立模安装后，模板顶部应水平。

（6）成组立模锁紧装置位置应合理且操作方便。

（7）模板和行走组件的连接螺栓应具有防松装置。

（8）成组立模安装地面应表面平整，不应有凸起、凹坑，平面度不大于±10 mm。

（9）成组立模安装地面表层应为钢筋混凝土硬化层，基层应加固处理，且承载力不应小于 120 kPa，安装地面总承载力应不小于设备质量的 1.5 倍。

（10）装、卸车时应轻吊、轻放，不允许碰撞。

（11）运输时应固定牢固、可靠，避免滑移。

2．喷涂机

（1）安装现场应清洁。

（2）使用膨胀螺栓将设备固定在相应的位置。

（3）添加脱模剂到存储罐。

（4）启动喷涂机。

（5）运行驱动轮将模台穿越喷涂机，查看喷涂效果，必要时进行调整。

（6）关闭设备，并清理现场。

3．抹光机

（1）就位机架，用经纬仪调正两侧立柱与纵向基准线的位置。

（2）安装横梁及吹扫风管。

（3）安装压光下辊及其附件。

（4）安装压光上辊。

（5）刮刀吊装。

（6）走道、平台、栏杆等安装。

4．翻转机

（1）用起吊机将翻转机吊起并放平，或用装载机或叉车将其铲下，放在地上保证水平。

（2）如倾斜，则用钢板垫平。确认无误后接通电源，合上电气控制箱开关，看电源指示灯是否亮，如不亮，检查电源的插座是否脱落。

5．摊布机

（1）摊布机的运输应符合交通管理部门的有关规定，并应作如下处理：

① 所有开关、操作手柄均处于非工作位置。

② 门、罩、盖均应关闭并锁紧。

③ 电缆线、液压油管等易损件应妥善放置，并采取必要的保护措施。

④ 整体拖运装置应设有制动、转向装置，并符合通用牵引车辆的要求。

⑤ 整体拖运时，回转部分应锁定，防止机构损坏。

⑥ 整体拖运时，最大轴荷不得超过 120 kN。

（2）摊布机存放时，应防止结构部分变形。长期存放时，弹簧、轮胎、油缸均应卸去载荷，但油缸和液压油管内应充满油，轮胎应适当充气。

（3）摊布机长期存放时，应停放在通风、无腐蚀介质的库房内，并定期保养。长期存放后启用时，应进行全面检查。结构件锈蚀严重时，应按 GB 5144 规定，予以报废处理。

5.11.2　使用及维护要求

1．预制构件制品设备使用要求

1）成组立模设备

（1）成组立模应设置防涨模锁紧装置，锁紧装置宜采用液压锁紧和机械锁紧等方式，锁紧力应满足允许生产最大构件时的防涨模要求。

（2）成组立模模板开合宜采用液压油缸开合的方式，开合油缸应动作同步。

（3）成组立模宜设置振动系统，振源分布应满足振捣工艺的要求。

（4）成组立模宜设置蒸养系统，蒸养过程的温度、升温时间、恒温时间、降温时间等应可设定、控制。

2）喷涂机

（1）机器通电后，观察电源指示灯是否亮起，打开急停按钮。

（2）旋转"手动/自动"旋钮，选择运行模式，然后通过上升或下降按钮调节喷嘴至适宜高度。

（3）手动模式下，旋转"单动/联动"旋钮选择操作方式（单动方式即选择1～8号需要打开的喷嘴，再顺序打开气阀总阀、液阀总阀开始喷涂作业。联动方式即选择1～8号需要打开的喷嘴，即可开始喷油）。

（4）自动模式下，无须对喷涂机进行任何操作，当位于喷涂机上一工位的模台自动前进至喷涂机下方时，喷涂机马上进行喷涂；当模台离开喷涂机时，自动停止喷涂。

（5）喷涂机必须由专人看管，非本机工作人员不得操作。操作时严格遵守喷涂机安全操作规程，按规定穿戴好劳动保护用品。

（6）启动前必须认真检查设备气路、电气线路连接是否正常和牢固，罐内脱模剂是否足量，设备各操作部位、按钮是否在正常位置。

（7）任何情况下都不能直接把手伸到齿轮与齿条、升降导轮与导板之间。

（8）喷洒时如发现喷嘴喷洒不均匀应停机矫正，严禁运转中用手或物矫正，以防伤手。

（9）观察电机运转方向与模台方向是否相同，若不相同，参照电机电源盒上的说明调整。

（10）检查喷嘴是否堵塞。

（11）设备启动后观察喷嘴是否喷洒均匀，如发现有不正常声音或有故障时应立即停机，将故障排除，确保喷洒均匀后方可工作。

（12）设备检修时必须先切断电源和气源。

（13）喷涂机运动时禁止机器前后站人。

3）划线机

（1）动作流程：模台运行至划线机工位，调入所需划线程序，启动划线程序，划线完毕划线机回归待机点，模台送出划线机工位。

（2）设备开动后身体和四肢禁止接触机器运动部位，以免发生伤害，维护保养设备时应断电停车进行。

（3）班前必须检查气路系统电源及割炬等连接部位是否有漏气现象，一经发现，必须排除。

（4）设备长时间未使用时，应手动打开各电磁阀，排出气路内水气、杂质。

（5）在没有作业任务时，数控划线机也要定期通电，每周通电1～2次，每次空运行1 h左右，以利用机器本身的发热量来降低机内的湿度，使电子元件不致受潮。

（6）出现喷笔堵塞故障后，首先准备好镊子、棉花和酒精，把喷笔完全拆卸分解，拆卸分解完毕后首先要把喷嘴放入酒精中浸泡，5～10 min后，用镊子夹住一小团棉花再喷上一些酒精进行擦拭，反复借助小棉花团儿清洗几次，然后用喷针尖的一头沿小喷嘴内壁，注意一定是要沿内壁轻轻地向前推不能直直地硬往前顶，要轻轻地向前推，一下一下地推，把小喷嘴的整个环形内壁都要清洁到，用力一定要轻，不能用力过大，否则喷嘴就会被顶裂而影响划线效果甚至喷不出色料。

（7）自动调高的故障，自动调高装置开关接线有脱落或断路，处理时预留出一定长度的电缆线，让其在控制台转动时有一定的活动空间，定期进行吹灰清理，保持清洁很有必要。

（8）操作结束后，应将喷笔冲洗一次，持续时间不少于1 min。

（9）关机前，应将喷笔上升到最高位置，各个控制开关应复位。先关闭系统电源，再关总电源，关闭气源、水源，检查各控制手柄是否在关闭位置，确认无误后方可离开。

4）抹光机

（1）动作流程：水平就位，竖直就位，开始抹光作业，作业完成，竖直复位，水平复位。

（2）定期对各润滑点进行润滑，保证润滑良好。

（3）设备使用场所应保持干燥，湿度或温度不应超过规范或元器件规定范围；场所内不得含有腐蚀性气体、易燃性气体、尘埃（特别是铁末）、盐雾等物质。

（4）使用中遇到突发情况时，按下红色急停按钮，所有动作都会停止输出，处理问题后需要重新使用时请旋起急停按钮，遥控模式下需要重新按下激活按钮。

（5）一次工作完成后，操作者需要暂时离开设备时，应将主电机停止按钮按下，同时应将主电源开关关闭。

(6) 非断电状态,控制柜、电机及带有高压接线端子的部位严禁触摸。

(7) 严禁用湿手触摸开关。

(8) 设备运行期间,严禁进入模台区域。

(9) 禁止在设备工作时检验工件、排除故障等操作。

(10) 禁止穿宽松式外衣、佩戴有碍操作的饰物、戴手套以及披长发操作。

(11) 禁止未经授权的任何人启动、操作、维修设备,打开防护罩和触动电器件。

5) 摆渡车

(1) 动作流程:设备启动—升降机构顶升模台—车体运行到位—升降机构下降到位—车体返回工作位—重复下一个摆渡作业。

(2) 上机操作前,应穿好防护服、安全鞋,长发要放在帽子里。

(3) 接电源前应仔细检查电气系统是否完好,注意电动机有无受潮。

(4) 在操作模台摆渡车之前,应确认在模台摆渡车经过的路径不得有阻碍模台横移车通过的人与物,否则会造成撞伤人或设备的事故。

(5) 在模板上升或下降的过程中,不得进行“前进”或“后退”的操作,否则会发生撞伤设备或滚轮架线的事故。

(6) 维修人员应由有资格的或具备专业维修能力的人来担任,以免发生意外。

(7) 维修工作完成后,应清理工作环境,清理掉各零部件上的水、油,以提供良好的加工环境。

(8) 设备长期使用,会造成部分螺栓松动,应定期检查螺栓有无松动,并及时拧紧。轴承每月定期润滑,防止轴承运转不良。

(9) 模台抬起后不行走,请检查液压系统是否漏油,导致两边举升不同步。

6) 翻转机

(1) 按下向上按钮翻转体开始翻转,松开按钮翻转体停止翻转。

(2) 按下向下按钮翻转体开始复位,松开按钮翻转体停止复位。

(3) 空车运转使翻转体停在90°位置上,将被翻转物体吊送或用装载机或叉车铲到翻转平台中央,紧靠立板。

(4) 按动向上向下按钮进行翻转,当接近90°时松开按钮即可停止。若到90°位置时也可自动停止。

2. 预制构件制品设备的维护要求

1) 摊布机保养内容

(1) 电气部分(周期:3个月)

① 清除积尘,检查整理电气线路、控制元件、安全限位,紧固接点。

② 保养电机,绝缘检查,更换老化的线路、元器件。

③ 检查接地线、输入及输出接线端,连接紧固各接线子端。

(2) 液压传动部分(周期:6个月)

① 检查并清洗液压系统,检修液压变速系统,调整油泵压力。

② 检查调整摩擦片,更换磨损件。

③ 及时更换液压油。

(3) 机械部分(周期:3个月)

① 检查并紧固各连接螺栓。

② 检查行走轮缘磨损情况。

③ 各变速箱及时更换齿轮油。

2) 输料小车保养内容

(1) 电气部分(周期:3个月)

① 清除积尘,检查整理电气线路、控制元件、安全限位,紧固接点。

② 保养电机,绝缘检查,更换老化的线路、元器件。

③ 检查接地线、输入及输出接线端连接是否紧固。

(2) 机械部分(周期:3~6个月)

① 检查各行走轮磨损情况,紧固连接螺栓,轴承加注黄油。

② 检查导向轮磨损情况、支架是否变形,并矫正导向轮、紧固螺栓。

③ 检查刹车片磨损情况并调整间隙。

④ 各变速箱及时更换齿轮油。

3) 振捣设备保养内容

(1) 电气部分(周期:3个月)

① 清除积尘,检查整理电气线路、控制元件、安全限位,紧固接点。

② 保养电机,绝缘检查,更换老化的线路、元器件。

③ 检查接地线、输入及输出接线端连接,紧固各接线子端。

(2) 机械部分(周期:3～9个月)

① 检查气囊是否完好无损。

② 检查振动台焊接有无裂缝。

③ 检查减速机及齿轮油。

④ 检查胶轮有无破损,如有则及时更换。

4) 横移车保养内容

(1) 电气部分(周期:3个月)

① 清除积尘,检查整理电气线路、控制元件、安全限位,紧固接点。

② 保养电机,绝缘检查,更换老化的线路、元器件。

③ 检查接地线、输入及输出接线端连接,紧固各接线子端。

(2) 液压传动部分(周期3～6个月)

① 检查并清洗液压系统,检修液压变速系统,调整油泵压力。

② 检查调整摩擦片,更换磨损件。

③ 及时更换液压油。

(3) 机械部分(周期:6个月)

① 变速箱及时更换齿轮油。

② 各连接螺栓紧固,检查编码器的同心度并进行调整。

5) 养护及码垛机保养内容

(1) 电气部分(周期:3个月)

① 清除积尘,检查整理电气线路、控制元件、安全限位,紧固接点。

② 保养电机,绝缘检查,更换老化的线路、元器件。

③ 检查接地线、输入及输出接线端连接,紧固各接线子端。

④ 检查葫芦上、下限位、拖链、电缆,及时调整或矫正。

⑤ 检查各编码器是否正常,是否进水,如有进水或不正常及时更换。

(2) 机械部分

① 检查各加热器、水管及水管阀门是否泄漏或堵塞。

② 检查各限位感应器支架是否变形或移位。

③ 检查钢丝绳是否扭转、断股,并涂抹润滑油。

④ 检查并紧固模台抓取机构及其他所有连接部件的螺栓。

⑤ 检查各轴承间隙是否正常,是否磨损,如磨损严重及时更换。

⑥ 检查各气缸及气管是否有破损,如有及时更换。

⑦ 检查大车行走轮啃轨磨损情况。

⑧ 检查驱动轮胶磨损情况,必要时更换胶轮。

⑨ 检查各变速箱并及时更换齿轮油。

5.11.3 常见故障及处理

1. 预制构件制品设备

1) 摊布机故障及处理

摊布机故障及处理如表 5-23 所示。

表 5-23 摊布机故障及处理

故障现象	故障处理方法
油泵电源跳闸	检查油泵电机保护开关是否合闸; 检查线路是否断线; 检查电源是否正常
电源报警	检查油泵电机保护开关是否合闸; 检查线路是否断线; 检查电源是否正常
电机过载	检查电机是否在堵转,缺相; 检查电源线路是否正常
变频故障	检查电机是否在堵转,缺相; 检查轨道上是否有障碍物; 检查电源线路是否正常; 检查急停按钮是否被按下; 检查电机保护开关是否合闸
摊布机急停	检查操作面板上的急停按钮

2）送料机故障及处理

送料机故障及处理如表 5-24 所示。

表 5-24　送料机故障及处理

故障现象	故障处理方法
料斗过载	检查料斗电机电源开关是否合闸； 检查线路是否断线； 检查电源是否正常
料车变频故障	检查电机是否在堵转，缺相； 检查轨道上是否有障碍物； 检查电源线路是否正常； 检查急停按钮是否被按下； 检查电机保护开关是否合闸
送料机急停	检查摊布机触摸屏急停键是否已按下，就地求料点急停是否按下
料车位置故障	检查料车电源位置是否关闭

3）模台故障及处理

模台故障及处理如表 5-25 所示。

表 5-25　模台故障及处理

故障现象	故障处理方法
油泵电源跳闸	检查油泵电机保护开关是否合闸； 检查线路是否断线； 检查电源是否正常

4）横移车故障及处理

横移车故障及处理如表 5-26 所示。

表 5-26　横移车故障及处理

故障现象	故障处理方法
马达电源故障	检查横移车马达保护开关是否合闸； 检查线路是否断线； 检查电源是否正常
变频故障	检查变频器指示灯是否闪烁，如果闪烁，按下复位按钮； 检查横移车急停按钮是否按下，如果按下，旋转复位； 检查电源线路是否正常

续表

故障现象	故障处理方法
横移车自动、联动超时	检查油缸上限位开关是否松动或者损坏； 检查电源线路是否正常； 检查油泵油量； 检查油管是否损坏、接头是否松动； 检查油缸升降电磁阀是否松动
横移车前、后检查到故障物	检查、识别障碍物； 检测障碍物开关是否松动或损坏，线路是否异常

5）码垛车故障及处理

码垛车故障及处理如表 5-27 所示。

表 5-27　码垛车故障及处理

故障现象	故障处理方法
挂车电源故障	检查挂车电源开关是否合闸； 检查线路是否断线； 检查电源是否正常
挂壁超时未到开启限位	检查挂壁开启限位开关是否松动或者损坏； 检查挂壁电机是否故障； 检查电源线路是否正常
库车模台进出库超时	检查开关是否松动或损坏； 检查电机是否故障； 检查电源线路
库车前进、后退极限位故障	检查开关是否松动或损坏； 检查电源线路； 检查编码器脉冲是否错误

2. 成组立模设备

1）成组立模设备故障及原因

成组立模设备故障及原因如表 5-28 所示。

2）喷涂系统故障及处理

喷涂系统故障及处理如表 5-29 所示。

3）送料系统故障及处理

送料系统故障及处理如表 5-30 所示。

4）划线系统故障及处理

划线系统故障及处理如表 5-31 所示。

5）布料系统故障及举例

布料系统故障及举例如表 5-32 所示。

6）振动系统故障及举例

振动系统故障及举例如表 5-33 所示。

表 5-28　成组立模设备故障及原因

故 障 名 称	故 障 特 征	故 障 原 因
致命故障	严重危及或导致人身伤亡,重要部件报废,造成经济损失占总造价的 1.5% 以上	电机损坏,造成重大故障; 振动器偏心块飞出,造成重大事故; 振动器损坏,造成重大事故; 开合、锁紧机构严重损坏,造成重大事故; 液压系统严重损坏,造成重大事故; 电气紧急开关失灵,造成重大事故
严重故障	严重影响产品功能,性能指标达不到规定要求,必须停机修理,需更换外部主要零件或拆开机体更换内部重要零件,维修时间在 2 h 以上,维修费用高	轴承损坏,未造成重大事故; 重要螺栓断裂,造成严重事故; 成组立模主要焊缝开裂; 成组立模模腔严重变形; 操动台面严重变形; 主接触器损坏
一般故障	明显影响产品性能,必须停机检修,一般只允许更换或修理外部零件,可以用随机工具在 2 h 以内排除,维修费用中等	螺栓松动; 振动系统噪声加重; 养护管路及控制阀损坏; 电控柜内电线松脱
轻度故障	轻度影响产品功能,一般不需停机更换或修理零件,能用随机工具在短期排除,维修费用低	液压系统渗漏; 养护系统渗漏; 油漆剥落; 润滑注油元件损坏

表 5-29　喷涂系统故障及处理

故 障 现 象	故 障 原 因	解 决 方 法
系统漏气或漏油	接头损坏或密封不严	更换气动接头,打螺纹密封胶
喷嘴不喷脱模剂	储剂罐脱模剂不足	向罐中添加脱模剂
	系统气压过低	检查气源气压
	电磁阀阀芯卡死	拔出电磁阀前端的气管检查气压是否正常,拆洗阀芯
	开关旋钮损坏	更换开关旋钮
喷嘴喷脱模剂量偏小	喷嘴堵塞	拆洗喷嘴
	压力偏小	增大液路气压
升降机构无法运行	电机故障	检查电机是否正常
	电路故障	检查线路是否正常,总电源是否正常供电
喷涂器雾化不良	喷脱模剂压力过低	检查气源气压
	喷孔磨损有积碳	将喷涂器拆开清洗
	弹簧端面磨损严重、弹力下降	喷涂器检修,重新调试

表 5-30　送料系统故障及处理

故 障 现 象	故 障 原 因	解 决 方 法
送料机工作时振动很大	原材料太弯	尽量购买直的材料
	原材料未倒角	材料尾部倒角
	中心位错位	重新校对中心
系统压力不足	液压油量不足	补充液压油
	电机工作异常	检查线路连接
	滤网堵塞	更换滤芯
	密封圈破损	更换密封圈
无法启动	电源未接入	检查电源是否连接好

表 5-31　划线系统故障及处理

故 障 现 象	故 障 原 因	解 决 方 法
发动机不启动	发动机开关在关的位置	打开开关
	发动机缺少燃料	添加燃料
	发动机油位太低	适当添加油料
	火花塞电缆未接通或损坏	接通或更换电缆
	燃料切断杆在关的位置	打开燃料切断杆
	油渗入燃烧室	清理燃烧室
划线机喷嘴堵塞	没有对划线机喷嘴及时进行清洗	清洗喷嘴
发动机启动困难	泄压	释放压力后再次启动

表 5-32　布料系统故障及举例

故 障 名 称	故 障 特 征	故 障 举 例
致命故障	危及人身安全,产品严重损坏,对周围环境造成严重损害或造成重大经济损失	1. 布料臂架、连杆、销轴、塔身、支腿、转台或高强螺栓断裂; 2. 油缸缸筒、活塞杆断裂; 3. 平衡阀或液压锁失效; 4. 电气设备漏电; 5. 整机倾翻
严重故障	影响整机工作安全,导致样机主要零部件损坏或基本性能显著下降,不能用易损备件排除	1. 布料臂架、连杆、销轴、塔身、转台或支腿出现裂纹; 2. 高强螺栓出现裂纹; 3. 主油泵或液压阀组损坏; 4. 油缸密封件异常磨损,不能正常工作
一般故障	不影响整机正常工作和安全,非主要零部件损坏,可用易损备件排除	1. 主溢流阀压力失调或卡滞; 2. 液压软管及接头漏油; 3. 混凝土输送管路异常损坏
轻度故障	对产品性能基本没有影响,能轻易地排除	1. 电路熔断器损坏; 2. 液压软管及接头渗油; 3. 非关键部位螺纹连接松动

表 5-33 振动系统故障及举例

故障名称	故障特征	故障举例
致命故障	严重危及人身安全或导致人身伤亡、重要部件报废,造成经济损失占总造价的 1.5% 以上	1. 电机损坏,造成重大故障; 2. 偏心块飞出,造成重大事故; 3. 偏心块断裂,造成重大事故; 4. 分动箱损坏,造成重大事故; 5. 振动箱损坏,造成重大事故; 6. 电气安全开关失灵损坏,造成重大事故
严重故障	严重影响产品功能,性能指标达不到规定要求,必须停机修理,需更换外部主要零件或拆开机体更换内部重要零件,维修时间在 2 h 以上,维修费用高	1. 轴承损坏,未造成重大事故; 2. 减震弹簧断裂; 3. 重要螺栓断裂,造成严重事故; 4. 联轴器断裂; 5. 振动台主要焊缝开裂; 6. 振动台面严重变形; 7. 偏心轴严重变形
一般故障	明显影响产品性能,必须停机检修,一般只允许更换或修理外部零件,可以用随机工具在 2 h 以内排除,维修费用中等	1. 螺栓松动; 2. 减震系统噪声加重; 3. 减震弹簧磨损; 4. 电磁铁损坏; 5. 电控柜内电线松脱; 6. 主接触器损坏; 7. 软启动器损坏
轻度故障	轻度影响产品功能,一般不需停机更换或修理零件,能用随机工具在短时内排除,维修费用低	1. 分动箱箱体渗漏; 2. 振动箱体渗漏; 3. 油漆剥落; 4. 润滑注油元件损坏

第6章

蒸压加气混凝土制品生产线及设备

6.1　概述

6.1.1　定义

蒸压加气混凝土制品是在钙质材料(石灰、水泥等)和硅质材料(砂或粉煤灰等)的拌和料浆中加入与其密度相适应的发泡材料经成型硬化和高温蒸汽养护而得到的轻质多孔混凝土制品。

蒸压加气混凝土制品设备是指在原料储存、料浆制备、计量配制、搅拌、浇注、静停发气预养、切割、蒸压养护、分拣包装等蒸压加气混凝土制品生产过程中使用的设备,包括传送设备、储存设备、球磨机、配料系统、高速浆料搅拌机、浇注机、模具、摆渡车、模具翻转(打开)和组合设备、切割机、蒸压釜、蒸养车、包装设备、各种输送机、吊具等。

6.1.2　国内外现状与发展趋势

蒸压加气混凝土生产技术源于欧洲,从1900年开始逐渐在蒸压灰砂砖的技术基础上发展起来,并成立了相应的专门从事蒸压加气混凝土工艺、技术、装备研发的公司,以制造和销售蒸压加气混凝土生产装备。欧盟国家曾有蒸压加气混凝土工厂189家,总产能占欧洲总产能的62.4%。亚洲蒸压加气混凝土生产从20世纪60年代开始,主要分布在中日韩三国。近二十年来,印度尼西亚、哈萨克斯坦、越南、伊朗、印度等发展中国家也有较快发展。

中国蒸压加气混凝土制品生产的发展大体经历了3个阶段。

1. **开创阶段**(1958—1982年)

这一阶段从1958年实验室研究、工业性试验开始,至1974年中国地翻式切割机研制成功。该阶段国内进行了大量的基础研究,建设了一批规模为 $3\sim5\ m^3$ 的小型蒸压加气混凝土厂,与此同时进行了装备及产品应用等技术开发和准备。

2. **推广阶段**(1983—1995年)

6 m地面翻转切割机研制成功后,原建筑材料工业部下达计划由陕西玻璃纤维机械厂制造 16 台,并投资建设了哈尔滨、长春、沈阳、鞍山、天津、郑州、武汉、西安、兰州、邯郸、乌鲁木齐、合肥、上海年产 10 万 m^3 的蒸压加气混凝土厂,这些工厂都配有板材生产工序和车间。在此形势带动下,各种类型的切割机纷纷研制,各地 10 万 m^3 以下的小规模工厂相继建设,形成了一个发展热潮。20 世纪 90 年代全国建设的不同规模的生产线达 200 多条,形成生产能力 1500 万 m^3。

3. **大发展时期**(1996年至今)

此阶段改革开放进入了一个新时期,国民经济建设速度加快,各项基本建设投资加大,中国经济进入了快车道。尤其是城镇房地产建设的迅猛发展,一大批高层建筑拔地而起,推动建筑结构体系发生了很大变化。加上墙体材料改革,限制烧结实心黏土砖发展和建筑节能政策推出,对填充及保温墙体材料的需求急剧增加,为蒸压加气混凝土发展提供了很大的市场,推动了蒸压加气混凝土在中国的发展。近年来国内建筑业结构调整,发展装配式建筑又为蒸压加气混凝土板材的发展提供了千载难逢的绝佳市场机遇。

根据行业统计,我国先后建成不同规模、不同水平的生产线 3000 多条,形成生产能力 5 亿 m^3 以上。这些生产线遍布在全国各省份,使我国成为世界上加气混凝土生产线和生产企业最多,生产规模最大,应用领域、应用面最广,普及程度最高的国家,并且生产规模及企业数已远远超过全世界其他国家所有加气混凝土厂的总和。

6.2 分类

根据所采用的原材料不同,分为以下几种加气混凝土制品生产线。

1. 蒸压水泥-石灰-粉煤灰加气 混凝土制品生产线

蒸压水泥-石灰-粉煤灰加气混凝土是蒸压加气混凝土制品中一个极其重要的品种。它不仅可以生产蒸压加气混凝土砌块和板材,也可以生产更多品种的制品。

粉煤灰是生产蒸压加气混凝土很好的硅质材料。生产蒸压加气混凝土是有效利用燃煤电厂粉煤灰的重要途径,蒸压加气混凝土在中国的发展很大程度上得益于粉煤灰的充分供应。中国蒸压粉煤灰加气混凝土的发展对粉煤灰资源化利用和环境保护做出了出色的贡献。在 20 世纪 90 年代直至 2015 年的加气混凝土大发展中,绝大多数新建生产线都以粉煤灰为原材料生产蒸压加气混凝土制品。蒸压粉煤灰加气混凝土制品成为中国蒸压加气混凝土的主流。

蒸压水泥-石灰-粉煤灰加气混凝土制品生

产工艺中,料浆发气膨胀、稠化硬化等原料加工制备过程技术要求较高,此外原材料混合磨细对制品生产也有重要作用,生产线要求使用成套原料研磨设备、搅拌设备以及浇注和蒸压养护设备。

2. 蒸压水泥-矿渣-砂加气混凝土制品 生产线

在生产蒸压加气混凝土制品时,使用水淬粒状炼铁高炉水渣可代替 50% 水泥,并且可利用 SiO_2 含量偏低,Na_2O、K_2O 含量偏高的砂子生产出性能合格的蒸压加气混凝土,解决缺少好砂资源的地方生产蒸压加气混凝土的原料问题,又可帮助消纳水淬粒状炼铁高炉水渣,可大大提高蒸压加气混凝土强度和质量,减少蒸压加气混凝土的盐析。但同时,水淬粒状炼铁高炉水渣的化学成分波动较大,给加气混凝土制品生产带来不稳定,所配制的加气混凝土料浆浇注稳定性比水泥-砂、水泥-石灰-砂配方料浆差,控制技术要求高,所生产的加气混凝土透气性略差,膨胀值偏小,导致在蒸压养护过程中容易产生爆裂和垂直断裂,坯体静停硬化时间长,并难以掌握,需加入价格较高的化工产品(如纯碱、硼砂等),以提高料浆碱度,促进铝粉发气和加速坯体硬化。另外,水淬粒状炼铁高炉水渣中含有硫化物,在蒸压养护过程中产生硫化氢气体,会污染环境和腐蚀设备(如模具、蒸压釜)。

蒸压水泥-矿渣-砂加气混凝土制品生产工艺配料控制技术要求高,生产线要求使用研磨设备、温控设备和配备计量工具的配料搅拌设备进行原料加工制备,此外还包括浇注和蒸压养护等其他设备。

3. 蒸压水泥-石灰-砂加气混凝土 制品生产线

蒸压水泥-石灰-砂加气混凝土与蒸压水泥-石灰-粉煤灰加气混凝土无论是对原材料的性能要求、原料加工制备及储存、生产配方,还是生产工艺过程和参数、所用设备及其最终产品的性能、应用领域都基本相同或相近,只是少数参数略有差别。

环节。具体工艺流程如图 6-1 所示,首先将主要原料磨细制浆,其他原料制备后按配方计量称重,注入搅拌机;搅拌均匀的浆料下料浇注至模具内,进入预养间静养发气;经一定温度和时间的静养,坯体达到切割硬度,将坯体通过翻转或者模框打开方式取出,进行水平和垂直切割;对切割完成后的坯体还需进行去顶皮(及底皮),然后运送至蒸养釜进行高压蒸养;蒸养完成后出釜并对蒸养后的产品进行分拣包装;打包好的成品由叉车运送至堆场。

6.3 蒸压加气混凝土制品生产线

6.3.1 典型生产线工艺流程与技术性能

1. 工艺流程

蒸压加气混凝土制品生产工艺流程主要包括原料储存、料浆制备、配制、搅拌、浇注、静停发气预养、切割、蒸压养护、分拣包装等工艺

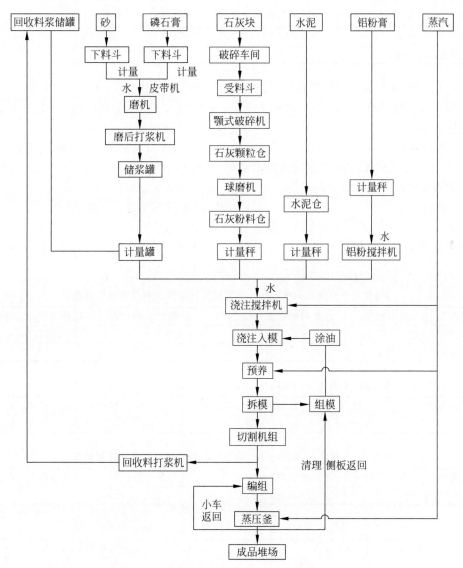

图 6-1 蒸压加气混凝土制品生产工艺流程

2. 蒸压加气混凝土制品性能

蒸压加气混凝土制品的性能决定着它的使用功能、使用场合、使用部位以及应用前景和在应用中应注意的问题。蒸压加气混凝土制品的性能取决于所采用的原材料品种及质量、生产配方、成型技术、孔结构、蒸压养护和制品密度、含水状况等。

1) 蒸压加气混凝土制品的密度

蒸压加气混凝土制品大体可分为三类:

(1) 保温隔热制品。干密度 < 300 kg/m³。

(2) 保温兼承重制品。干密度为 400～600 kg/m³,可做自承重围护墙、内墙隔断和三层建筑墙体承重等。

(3) 承重制品。干密度为 700～800 kg/m³,可用于 4～6 层建筑墙体承重等。

2) 蒸压加气混凝土制品的强度

(1) 抗压强度

蒸压加气混凝土制品的抗压强度在很大程度上取决于制品的密度,抗压强度与密度的关系如表 6-1 所示。

表 6-1 蒸压加气混凝土制品抗压强度与密度的关系

制品密度/(kg/m³)	100	200	300	400	500	600	700
抗压强度/(kg/cm²)	0.35	0.7	1.2～3	2～3	3～4	4～5	5～6

蒸压加气混凝土制品的抗压强度随其含水率的增加而降低,但含水率超过 40% 时,抗压强度降低不明显。

(2) 抗拉强度

干密度为 500 kg/m³ 的蒸压加气混凝土制品的抗拉强度如表 6-2 所示。

(3) 弯曲强度

干密度为 500 kg/m³ 的蒸压加气混凝土制品的弯曲强度如表 6-3 所示。

(4) 剪切强度

干密度为 500 kg/m³ 的蒸压加气混凝土制品的剪切强度如表 6-4 所示。

3) 蒸压加气混凝土制品的弹塑性

(1) 弹性模量

干密度为 500 kg/m³ 的蒸压加气混凝土制品的弹性模量如表 6-5 所示。

(2) 泊松比

干密度为 500 kg/m³ 的蒸压加气混凝土制品的泊松比如表 6-6 所示。

表 6-2 干密度为 500 kg/m³ 的蒸压加气混凝土制品的抗拉强度

试验方法	含水状态	试验时的密度/(kg/m³)	体积含水率/%	抗拉强度/(kg/cm²)
纯抗拉	气干	580	4.0	7.3
劈裂	气干	570	3.8	6.7

表 6-3 干密度为 500 kg/m³ 的蒸压加气混凝土制品的弯曲强度

试验方法	含水状态	试验时的密度/(kg/m³)	体积含水率/%	抗弯强度/(kg/cm²)
三等分点荷载法	气干	570	4.2	11.4

表 6-4 干密度为 500 kg/m³ 的蒸压加气混凝土制品的剪切强度

试验方法	含水状态	试验时的密度/(kg/m³)	体积含水率/%	抗剪强度/(kg/cm²)
两面剪切法	气干	580	4.0	8.6

表 6-5 干密度为 500 kg/m³ 的蒸压加气混凝土制品的弹性模量

弹性模量/(10⁴ kg/cm²)		最大变形/10⁻⁴	
压缩	拉伸	压缩	拉伸
1.77	1.93	26.9	3.77

表 6-6　干密度为 500 kg/m³ 的蒸压加气混凝土制品的泊松比

单位应力（抗压）/MPa	0.2	0.4	0.6	0.8
泊松系数	6.3	5.7	5.6	5.6

（3）徐变（蠕变）

干密度为 500 kg/m³ 的蒸压加气混凝土制品 75 d 荷载的试件徐变变形为 3.5×10^{-4}，与弹性变形之比约为 0.3，当蒸压加气混凝土制品应力为其强度的 50% 以下时，它的蠕变与使用应力成正比。

4）蒸压加气混凝土制品各项性能与水的关系

（1）整体吸水率

干密度为 500 kg/m³ 的蒸压加气混凝土制品最大整体吸水率为 33%（体积分数，下同）。

（2）单端吸水率

干密度为 500 kg/m³ 的蒸压加气混凝土制品最大单端吸水率为 10%。

（3）渗水量及渗水范围

干密度为 500 kg/m³ 的蒸压加气混凝土制品的渗水深度如表 6-7 所示。

（4）吸湿率

蒸压加气混凝土制品在大气中放置 21 周，其吸湿率从 0 仅增加到 6%，吸湿速度从第 10 周开始大大减慢。

（5）渗湿阻力

干密度为 500 kg/m³ 的蒸压加气混凝土制品的渗湿阻力如表 6-8 所示。

（6）透湿率

蒸压加气混凝土制品的透湿率一般为 0.023 g/(m·h·mmHg)。

5）蒸压加气混凝土制品的热工性能

（1）导热系数

① 不同密度蒸压加气混凝土制品绝干时的导热系数

原材料种类、制品密度、孔结构、含水率、温度等都是影响蒸压加气混凝土制品热工性能的因素，其中含水率对其热工性能影响最大。

不同密度制品绝干状态的导热系数如表 6-9 所示。

表 6-7　干密度为 500 kg/m³ 的蒸压加气混凝土制品的渗水深度

时间/h		1	3	6	24	28
渗水量/g		18	17	48	119	183
渗透范围	b/cm	1.2	1.4	2.0	2.7	3.4
	h/cm	2.0	2.5	3.3	4.8	5.8

注：b—渗水宽度；h—渗水深度。

表 6-8　干密度为 500 kg/m³ 的蒸压加气混凝土制品的渗湿阻力

试件	湿度/%			
	43.7	64.7	84.5	88.0
不处理	70	73	40	37
用树脂系赖氨酸处理（外部）	2602	1765	965	843
用树脂系赖氨酸处理（内部）	693	666	324	296

表 6-9　不同密度制品绝干状态的导热系数

绝干密度/(kg/m³)		100	200	300	400	500	600	700	800
导热系数 /[W/(m·K)]	绝干	0.045	0.074~0.088	0.08~0.07	0.07~0.09	0.09~0.11	0.11~0.14	0.13~0.16	0.13~0.20
	气干	—	—	—	—	0.13	—	—	—

② 温度对导热系数的影响见式(6-1)：

$$\lambda = 0.095 + 0.001\,83Q \qquad (6-1)$$

式中，Q 为温度；λ 为导热系数。

（2）导温系数

蒸压加气混凝土制品的导温系数如表 6-10 所示。

表 6-10　蒸压加气混凝土制品的导温系数

项　　目	由振幅比求得的	由相位比求得的
导温系数 a/(m²/h)	0.0008	0.0007
	平均 0.000 75	
密度 ρ/(kg/m³)	540	
导热系数 λ_{20}/[kcal/(m·h·℃)]	0.10	
比热容 $C=\lambda/a\rho$/[kcal/(kg·℃)]	0.25	

（3）温度扩散率

干密度为 500 kg/m³ 的蒸压加气混凝土制品的温度扩散率为 0.000 75 m²/h。

（4）比热容

干密度为 500 kg/m³ 的蒸压加气混凝土制品的比热容为 0.25 kcal/(kg·℃)。

（5）热膨胀率

干密度为 500 kg/m³ 的蒸压加气混凝土制品的热膨胀率为 7×10^{-6}，400 ℃时为 -12×10^{-3}。

（6）结露

建筑物室内表面是否产生结露与墙体的总传热系数 K 值有关，墙体的传热系数与下列各因素有关：材料的导热系数、室内温度、室外温度、室内空气露点温度、室内外墙内表面的导温系数。

例如：当室内相对湿度在 70%、室内外温差在 20 ℃时，要达到室内不结露，外墙 K 值为 2.1 左右。

用厚度为 100 mm 的蒸压加气混凝土做外墙板，其 K 值达到 1.05，因此不会产生结露。

6）耐火性

蒸压加气混凝土制品在急剧加热时其密度、抗压强度及体积会产生相应变化，随着温度的升高，加热后的制品密度减小，抗压强度提高；当温度达到 500 ℃时，抗压强度达到最高值，当温度超过 500 ℃以后，抗压强度急剧下降。

随着温度的升高，制品的收缩率缓慢增加，当温度达到 800 ℃以上时，制品体积收缩速度稍许加快，当温度超过 1000 ℃时，制品体积急速收缩。

蒸压加气混凝土制品的耐火极限如表 6-11 所示。

表 6-11　蒸压加气混凝土制品的耐火极限

砂加气砌块 /(500 kg/m³)		粉煤灰加气砌块 /(600 kg/m³)	
墙体厚度/mm	耐火时间/min	墙体厚度/mm	耐火时间/min
75	150		
100	225	100	360
150	345	—	—
200	480	200	780

3. 生产线设备组成与布置

蒸压加气混凝土制品生产线设备对应于生产工艺，主要包括原料储存设备、料浆制备设备、配制设备、搅拌设备、浇注设备、静停发气预养设备、切割设备、蒸压养护设备、分拣包装设备等。典型蒸压加气混凝土制品生产线结构与设备布置如图 6-2 所示。

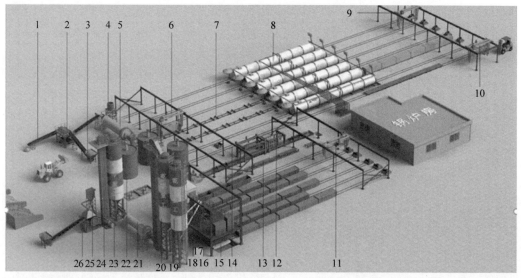

1—皮带机；2—滚筛；3—配料机；4—磨头浆罐；5—湿球磨机；6—转送车；7—蒸养小车；8—蒸压釜；9—出釜行车；10—成品行车；11—翻转行车；12—纵向切割机；13—侧板返回输送机；14—横向切割机；15—摆渡车；16—石灰、水泥计量罐；17—螺旋输送机；18—料浆计量罐；19—水泥仓；20—细石灰仓；21—干球磨机；22—储浆罐；23—粗石灰仓；24—提升机；25—除尘器；26—颚式破碎机。

图 6-2　蒸压加气混凝土制品生产线结构与设备布置

4．工艺设备介绍

1）原料储存设备

生产蒸压加气混凝土的原材料除清洁水之外，包括钙质材料（水泥、生石灰、炼铁高炉水淬矿渣）、硅质材料（砂、粉煤灰）、发气材料（铝粉或铝膏）和调节材料（石膏、生石灰、硅酸钠等）。各种原料所要求的储存条件不尽相同，其中生石灰具有腐蚀性，而铝粉或铝膏属于易爆物品，需要特殊保存条件。

在生产过程中会产生回收的料浆，也会加入生产过程，成为一种原料。

储存环节涉及的设备主要是输送设备、料斗、浆罐等。

2）料浆制备设备

料浆制备最重要的是将硅质材料（砂或粉煤灰）加水球磨制成浆体，所用到的设备主要是球磨机，如图6-3所示。此外，生石灰和石膏也需要粉碎，其中生石灰在遇水后温度迅速提高，可以帮助坯体快速发泡和定型。石膏可以单独制备，也可以按照设定的比例加入球磨机进入砂浆。

铝粉（膏）也通过制浆设备制成浆体准备

图 6-3　球磨机

进入配料过程，所涉及的设备为料斗提升、铝粉罐等。储水罐分为冷水和热水两个罐体，以调节拌和料的温度。

3）计量配制设备

按给定的配比和程序对各种制备好的原材料进行计量。除了砂浆单计量后加入计量搅拌（机）秤外，水泥、石灰、石膏等都可通过螺旋输送机直接送入搅拌机，一边计量一边搅拌。水、回收料浆也由管道直接泵入进行计量。

计量配制所涉及的设备主要是称重和输送设备。图6-4所示为计量配制计算机控制界面。

4）搅拌设备

将配制好的各种原料的混合体进行高速搅拌，充分混合。

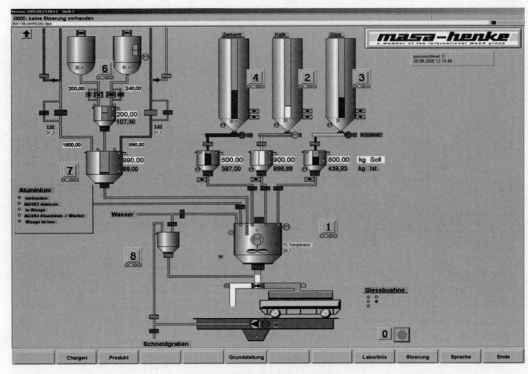

图 6-4　计量配制控制界面

所用设备为高速分散式搅拌机（见图 6-5），其工作原理是高速旋转的桨叶将液体的物料推向下部的椭圆封头，并甩向罐壁，沿封头曲线及罐壁上推产生涡流，将料浆混合均匀。

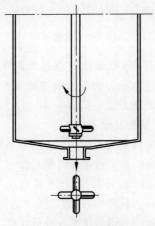

图 6-5　高速分散搅拌机

计量配料搅拌浇注系统如图 6-6 所示。

5）浇注设备

浇注是将搅拌好的浆料浇入预先准备好的模具中的过程，所涉及的设备为浇注头、振

动棒和模具。料浆注入时模具为静止或运动状态。为了提高发气的质量，可以在浇注后采用振动棒进行气孔整理，如图 6-7 所示。

模具是贯穿浇注、静停发气预养等过程的重要装备，将单独介绍。

6）静停发气预养设备

将浇注好料浆的模具送入预养室静停预养，保证料浆在发气膨胀过程中和硬化初期不会受到摇晃和震动，形成坯体并达到切割强度。生产加气混凝土板材时用于加强强度的钢筋网可以在浇注后静停前植入坯体并固定。经静停发气预养形成坯体达到切割强度后，模具经摩擦轮驱动装置和摆渡车推出预养室，进入切割区域。

所涉及的设备包括摩擦轮、钢筋植入行车、静养区摆渡车等，如图 6-8 所示。

7）切割设备

离开静停区后，坯体已经达到需要的切割强度，须对坯体进行切割以得到需要的产品尺寸，例如不同尺寸规格块体或者不同厚度的板材。坯体以原来的平卧姿态进行切割的叫作

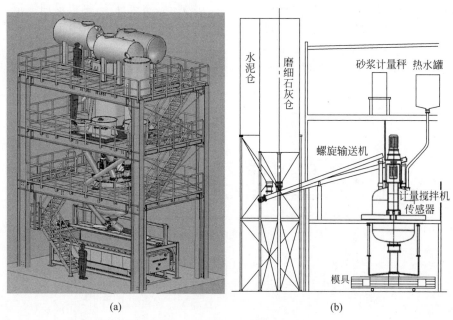

图 6-6　计量配料搅拌浇注系统

图 6-7　搅拌和浇注设备

图 6-8　静停发气预养

卧切工艺,坯体翻转 90°以侧立姿态进行切割的叫作立切工艺。两种工艺所涉及的设备不同。

立切工艺。翻转吊车将坯体连同模具吊起,并在空中翻转 90°后放在切割小车上脱去模框,脱模后坯体连同侧板(侧板是模具的一部分)随切割小车移动,由切割机组对坯体进行纵切和横切,顶部切余部分被吸附,前后端切余部分被推塌,两侧切余部分也脱离坯体,有时可以通过将坯体倾斜去除底部切余。切割好的坯体由釜前装载行车上的半成品吊具吊运到釜前蒸养小车上,编组入釜。空模组模回送、刷油,再准备供浇注用。切割的废料通过皮带或地下水槽汇聚并加水搅拌制浆后进入废浆罐。空侧板回送并清理刷脱模油,供组

模用。

卧切工艺。一种直接的卧切工艺采用四面打开的模具结构,将坯体平移到硬化隔栅进行切割。另外一种卧切工艺采用立切工艺中的翻转吊车将坯体和侧板侧立放置,再通过倾倒装置将坯体放置到硬化隔栅上。卧切工艺中的硬化隔栅取代了立切工艺中侧板,参与切割蒸养的全过程。

(1) 切割系统

坯体切割不是一台切割机所能完成的,它需要整个系统即切割系统的参与,切割系统由坯体搬运(模具车、传动摩擦轮、模具吊运翻转脱模吊车)、切割机组(坯体预切割机、坯体切割机、切割牵引车)、切余料回收等装置组成,

其中切割机包括纵向(水平)切割机(简称纵切机)、横向切割机(简称横切机)。每模切割时间2～7 min。此外,在切割区周围还需要其他设备,包括模具开合装置、硬化隔栅、吊车吊具、摆渡车、输送链条、侧板返回滚道、侧板储存装置、切余料处理系统、清理涂油装置等。

切割系统由切割机组、长侧模板返回滚道、切割坯体编组吊车等组成,如图6-9所示。

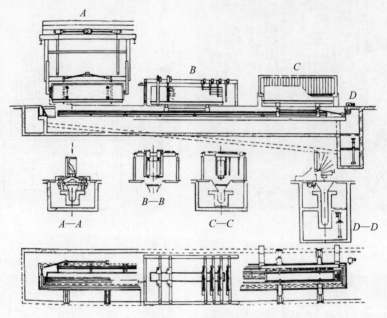

图6-9 切割系统

切割机由液压支座、运坯切割车、"面包头"及其对应底面切除装置、榫槽铣削装置、纵向(水平)切割装置、垂直(横向)切割装置、切削废料集收沟槽及冲浆搅拌输送系统等组成。液压支座设置在坯体切割线废料输送沟两侧的地面上。其动力部分设在地下沟内。运坯切割车在废料集收输送沟上部两侧的轨道上,由钢丝绳拖动或齿轮、齿条传动及动力装置组成。运坯切割车由钢丝绳拖动时其动力为直流电动机。"面包头"及其对应底面切除装置、榫槽铣削装置安装在切割线的最前面,它由"面包头"切割丝架、4个可进退的铣削刀架(其中一组铣削"面包头"和对应底面,另一组用于铣削榫槽)组成,通过削刀轴的高速旋转进行铣削。随铣刀安装方式不同,分别铣削"面包头"及对应底面和榫槽。铣削刀组可进退,对不同厚度的坯体进行切割。纵向(水平)切割装置由刻有线槽的水平切割钢丝挂线柱和安装固定挂柱的钢框架组成。钢框架上安有两组每组四排挂柱的机构。两组挂柱可以互相切换,挂柱上设有标尺。每排挂柱上挂2～3根切割钢丝。垂直(横向)切割装置由基底、可围绕固定轴旋转的钢框架以及推动框架的油缸组成。框架上挂有可来回摆动的垂直(横向)切割钢丝。

图6-10～图6-12分别为加气混凝土生产线中切割机、牵引车及切割地沟。

图6-10 切割机

图 6-11　牵引车

图 6-12　切割地沟

（2）坯体吊运设备

坯体吊运设备是指将经静停发气预养的坯体从热静停室或车间浇注处运到切割机上、切割完成后从切割机运送到蒸养车上以及蒸养后的成品整体吊离侧板所使用的设备。其中翻转吊具如图 6-13 所示，其将坯体（带模具、侧板）在空中翻转 90°，吊放在切割台或切割小车上，脱去模框，即可对坯体进行切割。

图 6-13　蒸压加气混凝土制品翻转吊具

或者使用坯体翻转机将坯体从侧卧位翻转到平卧位，下部需要硬化格栅支撑。

采用模具四面打开方式时，坯体无须空中翻转，但需要将坯体整体抓取平移到硬化格栅上。

8）蒸养

蒸养是蒸压养护的简称，是在高温高压环境下使混凝土制品进行水化反应，获得相应物理力学性能的工艺过程。涉及的设备包括釜前编组机构、进出釜机构（摆渡车或牵引车）、蒸压釜、釜前过桥机构、蒸养车、蒸养车解锁装置、蒸汽发生器、蒸养自动控制系统、冷凝水回收处理系统、废气回收处理系统等。

蒸压釜是蒸压养护工艺的主要设备，是一种大型压力容器，由釜体、釜圈、釜门、布汽管、疏水器、安全阀等构成，如图 6-14 所示。釜体是蒸压釜的主要部分，是蒸汽及被养护制品的容器，又是模车、底板和制品重要的载体；釜圈是釜体的结合部件，可起到啮合釜门、保证密封的作用，密封主要靠安装在釜圈上的密封圈完成；釜门即隔离釜体与外界的门；布汽管将外部通入的高压蒸汽均匀地分布于釜内；疏水器主要用于隔离蒸汽、排除冷凝水；安全阀则可以在发生紧急情况（如超压）时，自动泄出蒸汽，保证安全生产。蒸压养护首先将混凝土制品入釜后关闭釜门，开启真空泵，排除釜内空气，再送入饱和蒸汽按养护制度进行养护。

图 6-14　蒸压加气混凝土用蒸压釜实物图

国内加气混凝土工业使用的蒸压釜有贯通釜和单端釜两种，其工艺平面布置分别如图 6-15、图 6-16 所示。贯通釜在釜体两端设置两个可开合的釜门，切割编组的坯体从釜的一端进，蒸制好的制品从釜的另一端出。每台釜的两端各有一条轨道。另外在釜前釜后均设有一台摆渡车、过渡桥车或轨道桥架，进釜的列车和刚出釜的列车各用一条轨道停放。单端釜的一端安装有釜门，另一端由一封头封闭。待蒸养坯体和养护完成的制品从同一端进入和取出。每孔釜只设有一条轨道。

根据相关行业标准，蒸压加气混凝土用蒸压釜规格尺寸和主要技术参数如表 6-12 所示。

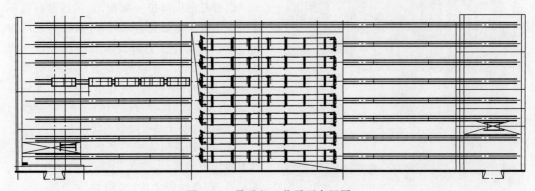

图 6-15　贯通釜工艺平面布置图

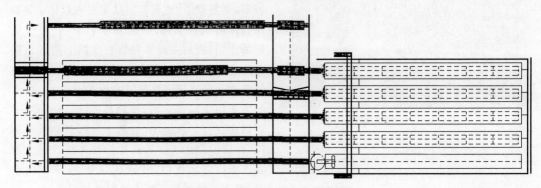

图 6-16　单端釜工艺平面布置图

表 6-12　蒸压加气混凝土用蒸压釜规格尺寸和主要技术参数

规格型号	釜内径 /m	有效长度 /m	设计压力 /MPa	设计温度 /℃	工作压力 /MPa	工作温度 /℃	介质	釜内轨距 /mm	开门方式	外形尺寸/(m×m×m)
$\phi 1.65 \times 21$	1.65	21	1.1	187	1.0	183	饱和蒸汽及冷凝水	550	手动侧开门或上开门；液压开门	21.65×2.619×2.6
$\phi 2 \times 21$	2	21	1.4	198.3	1.3	194.3		600		22.3×2.73×3.33
$\phi 2.4 \times 24$	2.4	24	1.4	198.3	1.3	194.3		750		25.69×3.5×5.05
$\phi 2.5 \times 26$	2.5	26	1.6	204	1.5	201		800		27.4×3.8×5.07
$\phi 2.68 \times 26$	2.68	26	1.6	204	1.5	200		800		27.63×3.46×4.32
$\phi 2.85 \times 26$	2.85	26	1.6	204	1.5	200		963		27.76×3.83×4.495
$\phi 3 \times 26$	3	26	1.6	204	1.5	200		1200		27.85×3.7×4.74
$\phi 3.2 \times 28$	3.2	28	1.6	204	1.5	200		1230		28.08×3.876×4.895

9）分拣包装

坯体经过蒸养后获得足够的强度就可以称为制品，经过分掰、分拣、喷码包装后，进入成品区等待出厂。所用的设备包括分掰机、分拣机、并垛机、包装运输机、传送带等。

（1）分掰机

分掰机用于将蒸压养护后的制品分离，消除块体或板材之间的粘连，便于分拣、打包。蒸压加气混凝土制品用的分掰机分为移动式和固定式两种，按掰具构造分为长臂式和双框式两种。移动式分掰机由吊车、掰具、液压泵站等组成，掰具安装在吊车上，掰具有长臂式（见图6-17(a)）和双框式（见图6-17(b)）。固定式分掰机由固定机架、双框式掰具、液压泵站、升降机构等组成，有两种分掰形式：掰具不动，坯体升降掰分（见图6-18）；坯体不动，掰具升降掰分（见图6-19）。

(a)　　　　　　　　　　　　(b)

图6-17　分掰机

(a) 移动式长臂分掰机；(b) 移动式双框分掰机

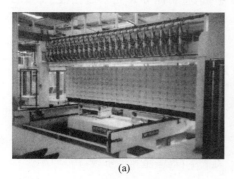

(a)　　　　　　　　　　　　(b)

图6-18　固定式分掰机（掰具不动）

图6-19　固定式分掰机（坯体不动）

固定式分掰机的主要特点如下：

① 结构简单，配备联动双小车，可同步实现坯体的运载、掰分以及成品转运，效率高，不损伤坯体；

② 油缸压力可调，上下夹脚宽窄适中，可进行底皮与坯体的分离；

③ 采用 PLC 变频程序控制，定位准确，可快速进行不同规格坯体的分离，与整个打包线一起集中控制，一键式自动化操作。

移动式分掰机的主要特点如下：

① 具备固定分掰机的所有功能，可以实现制品分掰、转运、分拣及侧板转运一体化；

② 夹具可以像人的手指一样，单独动作或部分、整体动作，对掰分后不同规格的产品分类、残次品分拣置换；

③ 对不同类别的制品转运，方便进行双模或单模打包。

除了以上介绍的用于蒸养后成品分掰的分掰机，还有在切割后蒸养前直接分掰的分掰机，称为湿分掰机，如图 6-20 所示。

图 6-20　湿分掰机

（2）分拣机

分拣机的作用是将不同规格的产品分别成垛，同时将相同规格的产品拆分组合成打包的规格，包括分拣行车和分拣抱夹。图 6-21 所示为分拣机。

图 6-21　分拣机

（3）并垛机

模具深度方向决定垛体的厚度一般为 600 mm，利用并垛机（见图 6-22）可以将两垛并成一垛（厚度 1200 mm），便于包装运输。

图 6-22　并垛机

（4）包装运输机

制成品包装流程是将制品分装在木质或钢质托板上，用塑料编织带或铁皮带通过包装机进行纵向和横向包装；包装后用塑料套套在经包装的制品上，用塑料薄膜对制品进行缠绕包裹，将制品分装在木质托板上，用塑料袋进行热收缩包装。包装运输机如图 6-23 所示。

采用包装机（夹具）、叉车等机械设备与装置，对成品进行包装运输，可最大化地实现流水线作业。成品堆场堆垛与装车的机械化作业可以尽量减少出厂产品的破损率，提高装车作业效率，减轻工人劳动强度，提高机械化、自动化作业水平，提高劳动生产率，有效降低人力成本，提高企业经济效益。

10）模具

模具是蒸压加气混凝土制品生产中坯体成型和运送的设备。蒸压加气混凝土制品生产从料浆搅拌浇注、静停发气预养、切割直到蒸压养护成品出釜，均离不开模具，尤其是作为坯体支撑的模具侧板。模具的长度一般有 4.2 m、4.8 m、6 m 以及 7.5 m 几种，宽度一般有 1.5 m 和 1.2 m 两种，深度一般为 600 mm。模具一般由模框和底板组成，不同构造型式的模框和不同构造型式的底板组成不同型式和功能的模具。配合不同的工艺需要不同的模具构造，简单来说，立切工艺要求使用模具侧板作为支撑,因此使用的模具是一个侧面可以打开的,而4个侧面都可以打开的模具一般采用卧切工艺。

模具一般有以下几种形式。

(1)四面打开型模具

这种模具是由两块长侧板及两块端板通过铰链与整体底板连接而成,如图6-24所示,长侧板和端板可以用人工或机械进行自动开合。长侧板与端板之间由销键或钩头锁接,在侧板与端板、侧板及端板与底板的接缝处有橡胶条密封。模具带有4个轮子在钢轨上运行或不带轮子在滚轴上运行,模具不参加坯体切割操作,也不参与蒸压养护作业。

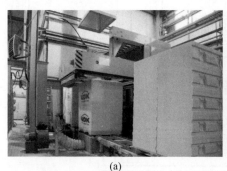 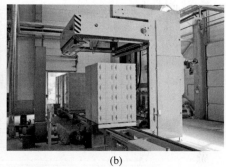
(a) (b)

图6-23 包装运输机

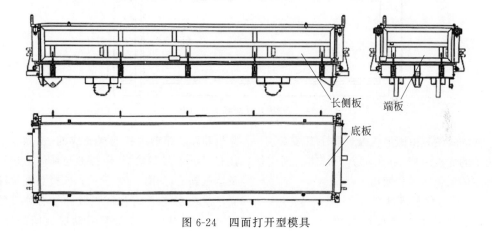

长侧板 端板

底板

图6-24 四面打开型模具

(2)单侧活动侧板模具

该种模具是由两块端板、一块长侧板与底板焊接成的簸箕形整体模框与可拆合的活动长侧板组成的模具车,如图6-25所示。模具底板安装有4个车轮和摩擦输送梁,由设在地下的摩擦轮带动在轨道上行走。活动长侧板通过安装在底板上可转动的两个轴端销钩与簸箕形模框锁紧及分离。活动长侧板载运坯体进行切割,蒸压养护。活动长侧板与簸箕形模框开合由模上导向块定位。模具通过端板上的两个销轴进行翻转。

(3)双侧活动侧板模具

该种模具分固定式和移动式两种。模具不参与坯体切割操作和蒸压养护。

固定式模具由固定在车间地面的整体底板与两块可夹运坯体的长侧板及两块与底板铰接的端板组成,如图6-26所示。长侧板由销钉定位于底板上,与端板用铰连接紧固。其中有块端板可以不与底板铰接,而在模具不同长度位置上卡定,从而调整浇注坯体体积和坯体长度。坯体通过吊具夹持两块长侧板夹运至切割机切割。

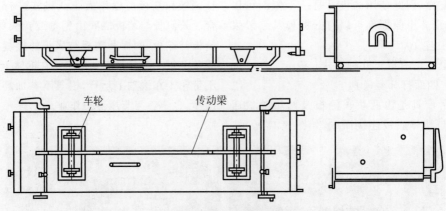

图 6-25　单侧活动侧板模具

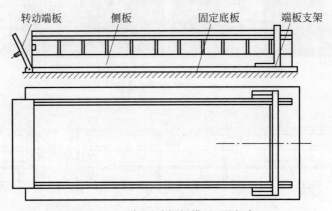

图 6-26　双侧活动侧板模具(固定式)

移动式模具由固定式模框与下部安装有 4 个轮子的底板组成,可在轨道上行走。固定模框及坯体用负压吊具搬运。

(4) 组合底板模具

该种模具由固定模框与组合底板组成,如图 6-27 所示。组合底板由格栅状底板框与可抽插的活动板条拼合而成,格栅状底框由多根固定条板用螺栓固定在底框四边制成。底框两侧下面焊有方轨。多根活动条板由专门的装置插入或拉出格栅底框的固定条板之间,组成一个平面。底框两端装有偏心轮和手柄,用以夹紧条板对底板进行密封。格栅状底框参与坯体运送和切割过程,抽去活动板条的格栅底框载运切好的坯体进入蒸压釜养护。

(5) 活动底板模具

该种模具是由螺栓和铰链将两块箱形长侧板和两块箱形端板连接而成的,长侧板下部挂有多块 T 形活动板,全程参与坯体搬运切割及蒸压养护,如图 6-28 所示。该模具在浇注时需停放在 25 根贴有泡沫橡胶的带有弹簧的槽钢上,并用泡沫橡胶堵塞活动底板间的缝隙,以防漏浆。

(6) 地面翻转工艺模具

地面翻转工艺模具是由两个箱形长侧板与两个箱形端板焊接而成的上小下大整体模框(见图 6-29)与整体底板(见图 6-30)组成的。底板有带轮与不带轮两种,由吊具吊运或在轨道上运行。

5. 工艺设备技术规格及参数

1) 坯体切割机

(1) 技术规格

蒸压加气混凝土切割机型号由切割机代号、型式代号、坯体长度公称尺寸和坯体宽度公

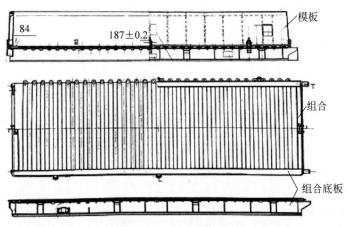

图 6-27　组合底板模具

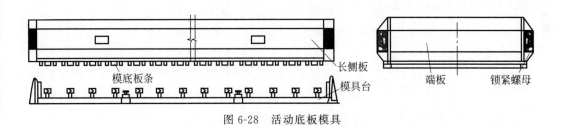

图 6-28　活动底板模具

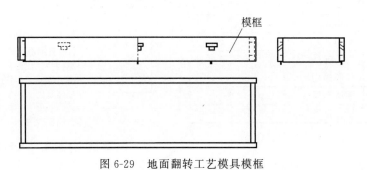

图 6-29　地面翻转工艺模具模框

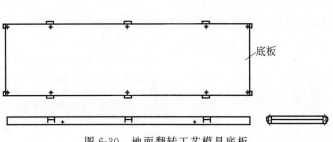

图 6-30　地面翻转工艺模具底板

称尺寸组成,按行业标准(JC/T 921),代码含义如下:

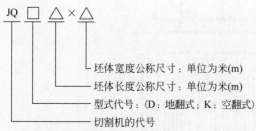

示例:切割坯体尺寸长度为 4.8m、宽度为 1.2m 的空翻式切割机,标记为:

切割机 JQK 4.8×1.2 JC/T 921

(2)主要技术参数

按行业标准 JC/T 921 和实际情况,切割机基本技术参数如表 6-13 所示。

表 6-13　蒸压加气混凝土切割机基本参数

项　目		参　数
坯体公称尺寸/m	长度系列	4.2、4.8、5.0、6.0
	宽度系列	1.2、1.4、1.5
	高度	0.6
切割模数/mm	纵切	5
	横切	5
可切割制品最小尺寸/mm	纵切 a	50
	横切 b	100
	"面包头"和底面切 c	600
切割钢丝直径/mm	普通钢丝	≤1.0
	复合钢丝	≤1.5

2)浇注搅拌机

(1)技术规格

蒸压加气混凝土浇注搅拌机型号由浇注搅拌机代号、搅拌桶直径和结构特征代号组成,按行业标准 JC/T 2323,代码含义如下:

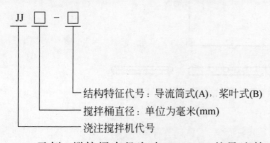

示例:搅拌桶直径为 φ1800 mm 的导流筒

式浇注搅拌机,标记为:

蒸压加气混凝土设备 浇注搅拌机 JC/T 2323 JJ1800-A

(2)主要技术参数

按行业标准 JC/T 2323 和实际情况,浇注搅拌机基本技术参数如表 6-14 所示。

表 6-14　蒸压加气混凝土浇注搅拌机基本参数

搅拌桶直径/mm	功率/kW	搅拌容积/m³
φ1700	≥30	3.5
φ1800	≥30	4.5
φ1900	≥30	5.0
φ2000	≥37	5.5
φ2200	≥37	8.0

3)分掰机

(1)技术规格

蒸压加气混凝土分掰机型号由分掰机代号、坯体长度、坯体宽度、结构特征代号和工作方式代号组成,按行业标准 JC/T 2324,代码含义如下:

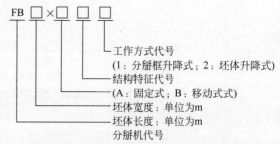

示例:掰分坯体长度为 4.8 m、宽度为 1.2 m 的固定式、分掰框升降式的分掰机,标记为:

蒸压加气混凝土设备　分掰机 JC/T 2324 FB 4.8×1.2A1

(2)主要技术参数

按行业标准 JC/T 2324 和实际情况,分掰机基本技术参数如表 6-15 所示。

表 6-15　蒸压加气混凝土分掰机基本参数

项　目		参　数
坯体公称尺寸/m	长度系列	4.2、4.8、5.0、6.0
	宽度系列	1.2、1.5
	高度	0.6

续表

项　目	参　数
最小分掰厚度/mm	50
工作周期/min	≤6
单个夹坯装置长度/mm	≤300
使用温度/℃	5～40

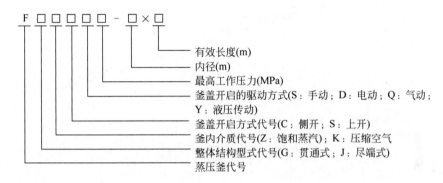

示例：介质为饱和蒸汽，最高工作压力为1.3 MPa，釜内径为2 m，有效长度为21 m，整体结构为贯通式，手动驱动，侧开开门方式蒸压釜，标记为：

蒸压釜 JC/T 720 FGZCS1.3-2×21

（2）主要技术参数

按行业标准 JC/T 720 和实际情况，蒸压釜基本技术参数如表6-16所示。

表6-16　蒸压加气混凝土蒸压釜基本参数

名　称	单位	规格及参数
工作介质	—	饱和蒸汽、压缩空气
设计压力	MPa	1.0～1.6
最高工作压力	MPa	0.9～1.5
真空压力	MPa	0～0.1
设计温度	℃	0～250
内径	m	φ1.65,φ2,φ2.5,φ2.85,φ3,φ3.2,φ3.5

6. 典型蒸压加气混凝土制品生产线

下面介绍福建泉工蒸压加气混凝土制品生产线的典型实例。

1）设备组成

该蒸压加气混凝土制品生产线由以下系统组成。

4）蒸压釜

（1）技术规格

蒸压加气混凝土蒸压釜型号由蒸压釜代号、整体结构型式代号、釜内介质代号、釜盖开启方式代号、釜盖开启驱动方式代号、最高工作压力、内径和有效长度组成，按行业标准 JC/T 720，代码含义如下：

（1）原料制备系统：包括砂料斗、石灰料斗、皮带机、颚式破碎机、斗式提升机、湿法磨机、干法磨机等。

（2）搅拌浇注系统：包括料（废）浆搅拌机、储浆罐、铝粉搅拌机、料浆计量秤、粉料计量秤、浇注搅拌机、模具、侧板、浇注摆渡车等。

（3）蒸压养护系统：包括预养摆渡车、蒸养车、釜前摆渡车、釜后摆渡车、蒸养釜、蒸养回车牵引机、进釜牵引机、出釜牵引机等。

（4）静停切割系统：包括翻转吊具、翻转去底吊具、编组（半成品）吊具、成品吊具、切割车、过桥小车、切割车牵引机、水平切割机、固定式框摆切割机、侧板滚道、侧板清理机等。

（5）分掰系统：指分掰机。

（6）包装运输系统：包括货盘仓、输送链、堆垛机、包装设备等。

（7）其他配套系统：包括电气系统、液压系统、粉罐、螺旋、除尘器、泵和管道等其他配套件。

2）生产线主要设备介绍

（1）皮带机

皮带输送机由驱动装置、机架、皮带、支腿及滚筒等部件组成，其结构如图6-31所示。工作时卸料斗把原料卸到皮带输送机的皮带上，皮带在电机的带动下把原料输送到湿球磨机里面进行粉碎研磨,从而完成原料制备。

图 6-32 所示为裙边皮带机组成结构图,它由驱动装置、机架、裙边皮带、托辊及从动装置等部件组成。工作时粗石灰罐把原料卸到皮带输送机的皮带上,皮带在电机的带动下把原料输送到干球磨机里面进行粉碎研磨,从而完成原料制备。

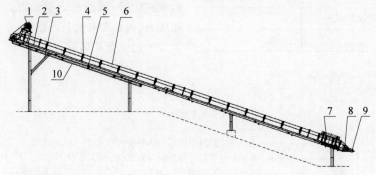

1—驱动装置;2—机架;3—支腿;4—上托辊;5—下托辊;6—皮带;7—接料斗;
8—从动滚筒;9—张紧装置;10—下包封。

图 6-31　皮带输送机结构图

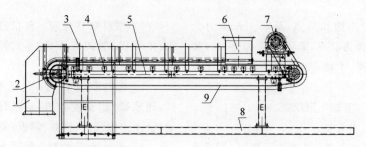

1—皮带机罩;2—从动装置;3—上盖罩;4—托辊;5—皮带机架;6—接料斗;
7—驱动装置;8—平台固定架;9—裙边皮带。

图 6-32　裙边皮带机结构图

(2) 料(回收)浆搅拌机

料(回收)浆搅拌机是将料浆或回用的废料打碎重新搅拌成浇注用的料浆的设备。料(回收)浆搅拌机主要由减速电机、联轴器、槽钢架和搅拌器等组成,如图 6-33 所示。减速电机旋转,通过联轴器带动搅拌器转动,从而让料浆得到充分搅拌。

(3) 储浆罐(100 m³)

100 m³ 储浆罐主要由公转减速电机、自转减速电机、传动轴组合、搅拌器和罐体等组成,其结构如图 6-34 所示。储浆罐用于搅拌后的料浆储存,从而达到使料浆不凝固的目的。料浆在储浆罐内应继续搅拌,驱动搅拌的动力是摆线针轮减速机。控制电控箱向减速电机输

电后,由电机九环滑环连接到电机,此时自转摆线针轮减速机按顺时针方向旋转,搅拌器随之转动,公转摆线针轮减速机按顺时针方向旋转,使搅拌装置绕中间立柱旋转,从而消除凝固现象。

(4) 料(回收)浆搅拌机(20 m³)

20 m³ 料(回收)浆搅拌机是将料浆或回用的废料打碎重新搅拌成浇注用的料浆的设备。料(废)浆搅拌机主要由减速电机、联轴器、槽钢架和搅拌器等组成,其结构如图 6-35 所示。减速电机旋转,通过联轴器带动搅拌器转动,从而让料浆或回收料得到充分搅拌。

(5) 电子料浆计量秤

电子料浆计量秤由盖板、罐体、称重传感

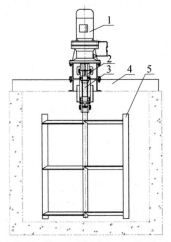

1—减速电机；2—联轴器；3—传动轴组件；
4—槽钢架；5—搅拌器。

图 6-33　料浆搅拌机结构图

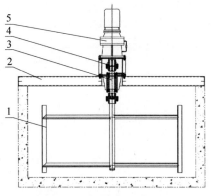

1—搅拌器；2—槽钢架；3—传动轴组件；
4—联轴器；5—减速电机。

图 6-35　料（回收）浆搅拌机结构图

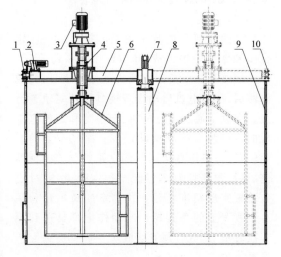

1—主动轮；2—公转减速电机；3—自转减速电机；
4—传动轴组合；5—平台；6—搅拌器；7—电机九环
滑环（ϕ85）；8—立柱；9—罐体；10—被动轮。

图 6-34　储浆灌结构图

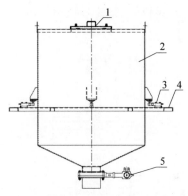

1—盖板；2—罐体；3—称重传感器组件；
4—秤座；5—气动蝶阀。

图 6-36　料浆计量秤结构图

（6）电子粉料计量秤

电子粉料计量秤由通风装置、罐体、称重传感器组件、秤座和气动蝶阀等组成，其结构如图 6-37 所示。其特点与使用方法和电子料浆计量秤相同。

（7）浇注搅拌机

浇注搅拌机是蒸养加气混凝土坯体浇注前的物料搅拌机械，它位于坯体模具之上。浇注搅拌机主要由电机、搅拌轴、筒体、导流筒和下料槽等组成，其结构如图 6-38 所示。浇注搅拌机采用导流式搅拌原理，搅拌速度快而均匀。搅拌动力由电动机提供，电动机按顺时针旋转，带动搅拌轴和搅拌叶片转动，使物料在筒体和导流筒内上下翻腾，达到搅拌和导流的

器组件、秤座和气动蝶阀等组成，其结构如图 6-36 所示。罐体下部为平截正圆锥体，由钢板卷制而成，其具有落料畅快的优点。罐体通过三个传感器组件支承在秤座上，出料口装有气动蝶阀，控制落料程序。当料浆投入罐体，经电子传感器将料浆质量传至称重显示器后，即知所投入料浆质量（显示器输出信号接至计算机，可自动控制投料），落料由气动蝶阀控制。

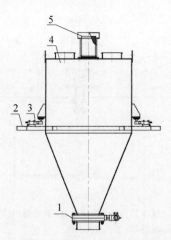

1—气动蝶阀；2—秤座；3—称重传感器组件；
4—罐体；5—通风装置。

图 6-37　粉料计量秤结构图

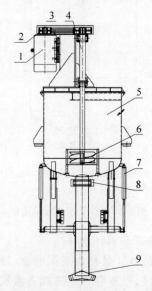

1—电机；2—带轮；3—三角皮带；4—搅拌轴；
5—筒体；6—导流筒；7—气缸；8—气动蝶阀；
9—下料槽。

图 6-38　浇注搅拌机结构图

目的。下料槽位于模具上方，当物料搅拌合格后，启动气动蝶阀，物料进入下料槽，向坯体模具内浇注。

（8）模具

模具由模框、侧板、夹紧装置和车轮四类部件组成，其结构如图 6-39 所示。模框是由型钢、钢板组成的框架结构，两端设置翻转轴，底部装有运行的车轮，并带防止浇注泄漏的密封条，结构合理，翻转灵活、准确。侧板是由型钢、钢板焊接成形，刚性好，进入蒸压釜后，不易变形。夹紧装置由压紧轮、夹臂及回转轴等组成，其驱动来自翻转吊具的液压马达。

模具必须将模框、侧板、夹紧装置组合成一体，才能进行工作。模框是模具的主体，将侧板与其组合，经夹紧装置夹紧，翻转 90°，即能浇注坯体。浇注、预养后，翻转吊具将其凌空吊起，翻转 90°，使坯体直立，吊至切割台位，松开夹紧装置，脱去模框，坯体就能进行切割。侧板是封闭模框敞开侧的墙板，经夹紧装置夹紧，与模框密封条紧密贴合。在切割台位脱去模框后，侧板成为坯体的底板。翻转吊具的液压马达使夹紧装置的回转轴旋转，即完成夹紧、松开动作，模具工作离不开翻转吊具。

（9）摆渡车

浇注和预养摆渡车主要由车架、电机、定位座和摩擦轮等组成，其结构如图 6-40 所示。浇注摆渡车在模具回车轨道处接收模具，完成浇注后，行走电机启动带着模具往预定轨道行走。摆渡车通过定位电机、定位臂和定位座组成的定位装置实现精准定位。摆渡车上的摩擦轮转动，将模具送到预养室进行预养。预养完成后，预养摆渡车行走至预定轨道，通过定位装置实现精准定位。预养室的摩擦轮和预养摆渡车上的摩擦轮一起动作把模具送到预养摆渡车上，然后预养摆渡车将模具送到翻转吊具工位。

釜前摆渡车主要由车架、钩推车、电机和脱钩架等组成，其结构如图 6-41 所示。经过翻转、切割、翻转去底的侧板和砖被放置到蒸养小车上。釜前摆渡车行走、定位、停止在蒸养小车轨道位置，钩推电机带动钩推车运动将蒸养小车从蒸养轨道上拉到釜前摆渡车上。釜前摆渡车行走电机启动，釜前摆渡车行走、定位、停止在预定的进釜轨道处。钩推电机反转，钩推车将蒸养小车往进釜轨道上推，在脱钩架位置实现钩推车与蒸养小车的分离。

釜后摆渡车主要由车架、钩推车、电机和脱钩架等组成，其结构如图 6-42 所示。蒸养后，

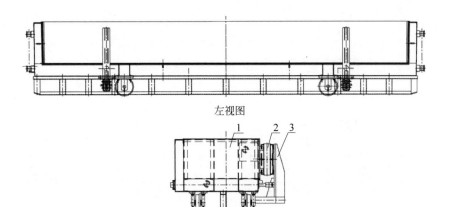

左视图

1—模框；2—侧板；3—夹紧装置；4—车轮组件。

图 6-39　模具结构图

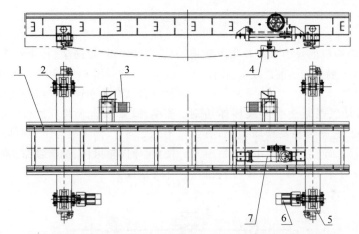

1—车架；2—从动轮组件；3—定位电机；4—定位座；5—主动轮组件；6—行走电机；7—摩擦轮。

图 6-40　浇注和预养摆渡车结构图

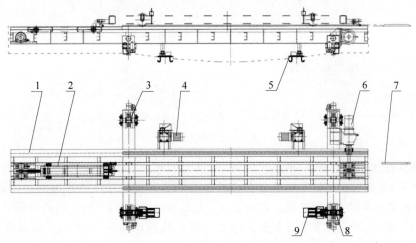

1—车架；2—钩推车；3—被动轮组；4—定位电机；5—定位座；6—钩推电机；7—脱钩架；8—主动轮组；9—行走电机。

图 6-41　釜前摆渡车结构图

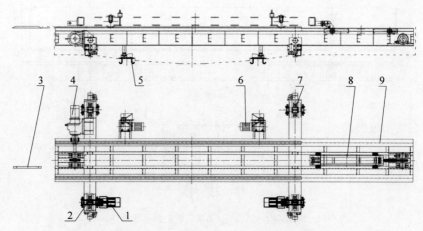

1—行走电机；2—主动轮组；3—脱钩架；4—钩推电机；5—定位座；6—定位电机；
7—被动轮组；8—钩推车；9—车架。

图 6-42 釜后摆渡车结构图

蒸养小车在釜后牵引机的牵引下停在出釜轨道上。釜后摆渡车运行特点与釜前摆渡车相同。

（10）翻转吊具

翻转吊具是加气混凝土生产线坯体切割工段的主要设备。它安装在高架轨道上，有自带的行走小车系统、导向装置和吊具，是模具开模、脱模、组合的专用吊具。翻转吊具由吊具、高架轨道、导向架、行走小车和卷扬机等组成，其结构如图 6-43 所示。其中高架轨道由立柱、横梁、斜撑和连接梁组合而成；行走小车由侧梁、横梁、车轮组件和平台等组合而成；导向架由导向柱、固定架等组合而成；吊具由竖梁、横梁、导向轮组件、翻转油缸、翻转板和液压马达等组成。

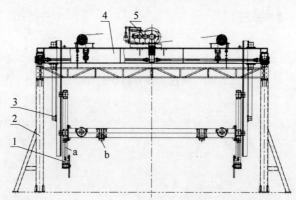

1—吊具；2—高架轨道；3—导向架；4—行走小车；5—卷扬机；a—翻转油缸；b—液压马达。

图 6-43 翻转吊具

翻转吊具将预养后的模具、侧板和坯体吊运、翻转 90°后，使侧板及坯体平稳地放在切割小车上，再将模具吊回，进行组模。它可以实现行走、升降、翻转、开锁和夹紧等功能。行走小车由减速电机驱动，使吊具沿高架轨道来回运动；卷扬机通过滑轮和钢丝绳带动吊具，沿着导向架上下移动，从而实现吊具升、降动作；当模具、侧板和坯体被吊起到一定高度后，液压站驱动翻转油缸动作，从而使翻转板带动模具、侧板和坯体翻转 90°；当模具在翻转脱模时，液压站驱动液压马达动作，带动模具锁紧臂正向旋转，实现开锁动作；当模具在组模时，液压马达带动模具锁紧臂反向旋转,实现夹紧动作。

（11）翻转去底吊具

翻转去底吊具是加气混凝土生产线的主要设备。它安装在高架轨道上,有自带的行走小车系统、导向架和吊具,可将切割后的坯体进行翻转、去底和编组。

翻转去底吊具由吊具、高架轨道、导向架、行走小车和卷扬机等组成,其结构如图6-44所示。其中高架轨道由立柱、横梁、斜撑和连接梁组合而成;行走小车由侧梁、横梁、车轮组件和平台等组合而成,由减速电机驱动,使吊具沿高架轨道来回运动;导向架由导向柱、固定架等组合而成;吊具由竖梁、横梁、导向轮组件、去废料装置、底板、翻转油缸、夹紧油缸、分离油缸和回位油缸等组成;卷扬机通过滑轮和钢丝绳带动吊具,沿着导向架上下移动,从而实现吊具升、降动作。

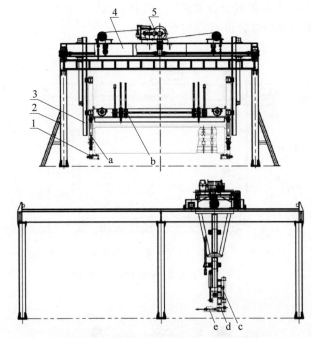

1—吊具；2—高架轨道；3—导向架；4—行走小车；5—卷扬机；
a—翻转油缸；b—去废料装置；c—分离油缸；d—回位油缸；e—夹紧油缸。

图6-44　翻转去底吊具结构图

翻转去底吊具将切割后的侧板和坯体从切割小车上吊起,夹紧油缸夹紧(伸),使坯体一侧紧贴去皮吊具底板。卷扬机动作,使坯体上升至一定高度。翻转油缸动作(缩),使坯体翻转90°,分离油缸动作(伸100 mm),底皮脱落,去废料装置对底板进行清理。分离油缸动作(缩120 mm),翻转油缸动作(伸),使坯体回转90°。卷扬机动作,吊具下降,将侧板和坯体吊至蒸养小车位置。夹紧油缸解锁(缩),回位油缸动作(伸),使坯体和去皮吊具底板分开。最后将坯体吊至蒸养小车上,回位油缸回到初始位置,分离油缸回位(伸20 mm),动作结束。吊具回到切割小车工位,进行下一个工作循环。

（12）半成品（编组）吊具

半成品（编组）吊具是蒸养加气混凝土工业生产中的重要设备。它安装在高架轨道上,有自带的行走小车系统、导向装置和吊具,可把蒸养好的侧板及放置在其上的加气砖块吊运至侧板滚道进行分掰打包作业。

半成品（编组）吊具由吊具、高架轨道、导向架、行走小车和卷扬机等组成,其结构如图6-45

所示。其中高架轨道由立柱、横梁、斜撑和连接梁组合而成；行走小车由侧梁、横梁、车轮组件和平台等组合而成；导向架由导向柱、固定架等组合而成；吊具由竖梁、横梁、导向轮组件和滑轮等组成。

（13）成品吊具

成品吊具是蒸压加气混凝土工业生产中的重要设备。它安装在高架轨道上，有自带的行走小车系统、导向装置和吊具，可将蒸养好的加气砖块夹住，将其从滚道侧板上放置到成品打包生产线的木托盘上，然后进行打包作业，也可从侧板上吊运加气砌块成品到其他地方放置。

成品吊具由高架轨道、导向架、行走小车、卷扬机、夹坯机构及液压站等部件组成，其结构如图6-46所示。其中高架轨道由立柱、横梁、斜撑和连接梁组合而成；行走小车由侧梁、横梁、车轮组件和平台等组合而成；导向架由导向柱、固定架等组合而成；吊具升降由卷扬机通过滑轮和钢丝绳传动来完成；夹紧、放下砖块由液压站控制夹坯机构的12个小油缸来完成。

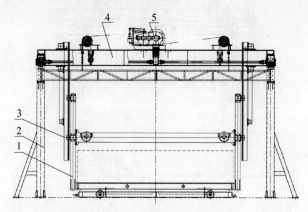

1—吊具；2—高架轨道；3—导向架；4—行走小车；5—卷扬机。

图6-45　半成品（编组）吊具结构图

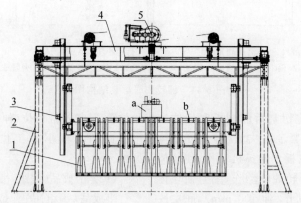

1—吊具；2—高架轨道；3—导向架；4—行走小车；5—卷扬机；a—液压站；b—夹坯机构。

图6-46　成品吊具结构图

（14）切割车

切割车是在翻转吊具和翻转去底吊具之间来回运动，实现侧板和坯体输送的专用设备。切割车主要由车架、车轮组件和支撑座板等组成，其结构如图6-47所示。车架由矩形管、方管和钢板拼焊而成。

（15）过桥小车

过桥小车是连接蒸压釜内轨道和基础轨

道,方便蒸养小车顺利进出蒸压釜的专用设备。过桥小车主要由车架、车轮组件、轨道组件等组成,其结构如图 6-48 所示。其中轨道组件由固定轨道和活动轨道组成,蒸养小车可以通过轨道组件进出蒸压釜。通常将活动轨道绕固定轨道旋转一个角度放好,当蒸养小车要进出蒸压釜时,活动轨道放平并插入插销,使蒸养小车能顺利完成下一步工作。

（16）蒸养小车

蒸养小车是加气混凝土产品生产过程中的专用运输车辆。其装载切割后的坯体,进入蒸压釜进行养护,养护完成后,将成品运送至成品码垛工序。成品被吊卸后,蒸养小车回用,再次载坯体入釜养护。工作时车架上部平行装载三模已切割的坯体,蒸养小车在轨道上平稳运行,车与车之间有挂钩连接,进入蒸压釜,进行坯体养护。出釜时,将成品运送至成品码垛工序,脱钩器摘去挂钩,由专用吊具吊卸车载成品,蒸养小车即能单车运行、回用。

蒸养小车主要由车架、车轮组件和连接机构等组成,其结构如图 6-49 所示。其中车架由型钢和钢板焊接而成;车轮组件由车轮、轮轴、轴承等组成;连接机构采用特殊的脱钩设计。

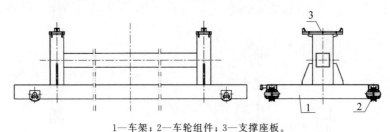

1—车架;2—车轮组件;3—支撑座板。

图 6-47　切割车结构图

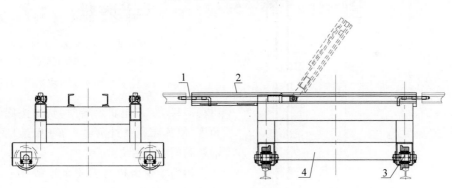

1—插销;2—轨道组件;3—车轮组件;4—车架。

图 6-48　过桥小车结构图

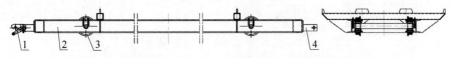

1—连接机构 A;2—车架;3—车轮组件;4—连接机构 B。

图 6-49　蒸养小车结构图

此外,蒸养小车还设有 4 个防倾斜装置,翻转去底吊具和编组吊具处各两个。防倾斜装置的顶轮由气缸驱动,动作状态如图 6-50 所示。

（17）牵引机

蒸养车回车牵引机(见图 6-51 和图 6-52)与进出釜牵引机(见图 6-53 和图 6-54)是通过钩推小车推动相应设备行走的专用设备。

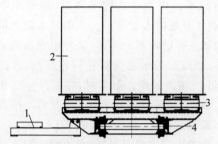

1—防倾斜装置；2—砖坯；3—侧板；4—蒸养小车。

图 6-50　防倾斜装置动作状态

牵引机主要由电机架组件、钩推小车、链条、从动轮组件等组成。其中牵引机钩推小车由车架、钩推头、车轮轴、车轮、轴承等组成。

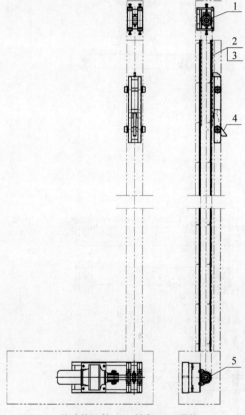

1—从动轮组件；2—链条；3—滑轨；
4—钩推小车；5—电机架组件。

图 6-51　蒸养车回车牵引机 A 和 B 结构图
（主从动链轮中心距不同）

牵引机工作时，接通电源，电机正转带动链轮转动，通过链条拖动钩推小车在导轨上移动，并通过钩推小车上的钩推头推动蒸养小车

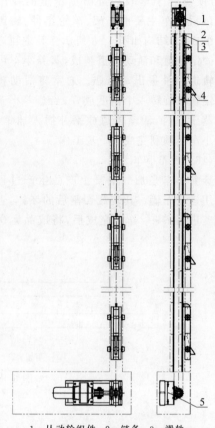

1—从动轮组件；2—链条；3—滑轨；
4—钩推小车；5—电机架组件。

图 6-52　蒸养车回车牵引机 C 结构图

（模具）移动；当电机反转时，钩推头旋转一个角度，使其顺利通过蒸养小车（模具）底部，进而顺利回到初始位置。

切割车牵引机与切割车连接在一起。电机转动，通过链轮和链条传动，带动切割车在轨道上行走。切割车牵引机主要由电机、电机架、链条和从动链轮组件等组成，其结构如图 6-55 所示。它具有传动平稳可靠的特点。

（18）纵切机（水平切割机）

水平切割机是蒸压加气混凝土工业生产中的主要设备，它主要由机架、切割轴、切割钢丝、刮边和气缸等组成，其结构如图 6-56 所示。

纵切机构将切割车上的坯体进行四面切割（两侧面及上下水平面），切割后的坯体宽 600 mm，高 1200 mm，同时按产品规格所需（高或宽）进行水平切割。纵切机构的切割钢

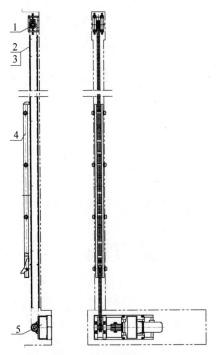

1—从动轮组件；2—链条；3—滑轨；
4—钩推小车；5—电机架组件。

图 6-53 进釜牵引机结构图

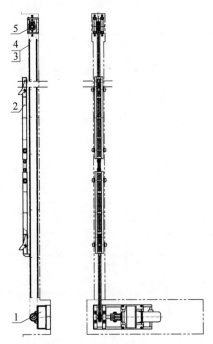

1—电机架组件；2—钩推小车；3—滑轨；
4—链条；5—从动轮组件。

图 6-54 出釜牵引机结构图

丝由气缸张紧，避免出现钢丝松弛现象，两侧设置有前后切割钢丝和刮刀，前部切除坯体余量，后部修正，以保证坯体宽度 600 mm 的精度要求。水平切割按五级分档，斜角切入坯体，可以使坯体切割后水平沉降平稳，不易引起坯体裂纹产生，同时可以防止切割结束时坯体崩裂。每组钢丝都有标尺定位。

当浇注好的模坯在空中翻转 90°吊至切割小车，脱去模框后，由切割车载运至纵切机构、横切机构工位对坯体进行六面切割。首先由纵切机构对坯体进行纵向、水平四面切割，完成后由切割车载运坯体停留在横切机构工位，由横切机构对坯体进行垂直切割，完成后仍由切割车载着坯体运行至翻转去底吊具下方，由翻转去底吊具将坯体吊至蒸养车，此时切割车快速返回，载运坯体作下一模切割。

（19）横切机（固定式框摆切割机）

固定式框摆切割机是蒸养加气混凝土工业生产中的主要设备，它主要由机架、横切架、无级变速机、弧形板和气缸等组成，其结构如

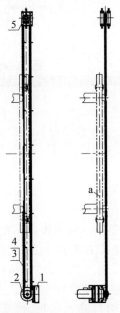

1—电机架；2—电机；3—滑轨；4—链条；
5—从动轮组件；a—切割车。

图 6-55 切割车牵引机结构图

图 6-57 所示。

横切机构是将坯体进行两端切割，切割后

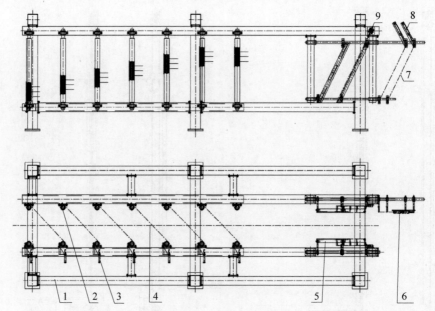

1—机架；2—切割轴1；3—切割轴2；4—切割钢丝1；5—刮边1；6—刮边2；7—切割钢丝2；8—气缸1；9—气缸2。

图 6-56　纵切机结构图

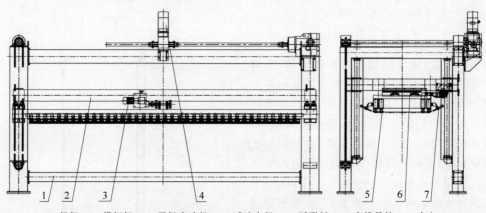

1—机架；2—横切架；3—无级变速机；4—减速电机；5—弧形板；6—直线导轨；7—气缸。

图 6-57　横切机结构图

坯体长为所需长度，同时按产品规格厚度所需尺寸在坯体中部自上至下进行垂直切割。当坯体停留在横切工位时，横切机构进行切割，其程序是垂直与横切同步进行。垂直切割自上至下，垂直升降减速电机、传动减速机带动链轮传动，使横切架上下升降，实现垂直切割动作。横向切割由无级变速机启动，通过偏心机构摆动装置驱动切割钢丝往复双向摆动，实现横向切割，两端切割钢丝将坯体切割成所需长度，中部按所需产品规格切割。每根钢丝由

一个气缸张紧，精度由弧槽板和标尺定位。

（20）侧板滚道

侧板滚道是使侧板在切割过程中自动运行，而不需要人力推行的专用滚道，分为主动滚道和从动滚道。

主动侧板滚道由机座、减速电机、联轴器、带座轴承、传动轴和输送轮等组成，其结构如图 6-58 所示。其中机座由型钢和钢板焊接而成。从动侧板滚道除无动力装置外，结构和主动滚道相同，其结构如图 6-59 所示。输送滚道

线由多组输送滚道组成,每组分主动滚道和从动滚道两种。输送线组装时,应将主动滚道和从动滚道间隔安装。工作时将侧板置于组合滚道上,接通主动侧板滚道的减速电机电源,主动侧板滚道的减速电机启动,经联轴器驱动输送轮转动,从而使侧板在滚道上运行。图6-60所示为分掰机主动侧板滚道示意图。

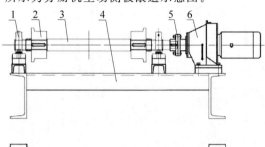

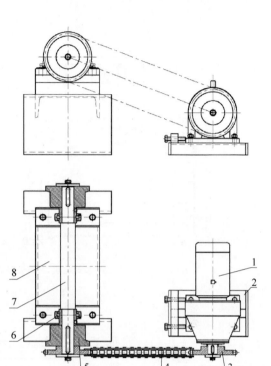

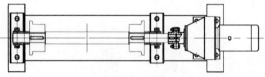

1—带座轴承;2—输送轮;3—轴;4—机座;
5—联轴器;6—摆线针轮减速电机。

图6-58　主动侧板滚道结构图

1—摆线针轮减速电机;2—电机架;3—链轮;4—链条;5—输送轮;6—带座轴承;7—轴;8—安装座。

图6-60　分掰机主动侧板滚道示意图

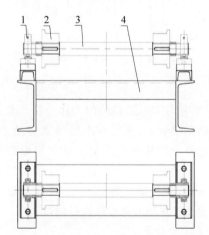

1—带座轴承;2—输送轮;3—轴;4—机座。

图6-59　从动侧板滚道结构图

(21) 侧板清理机

侧板清理机是用来清扫侧板台面,使侧板保持清洁的专用设备。侧板清理机主要由机架、风机、减速电机、转盘和钢丝绳束等组成,其结构如图6-61所示。钢丝绳束安装在转盘上,减速电机通电启动带动转盘转动,从而对侧板进行清理。为了避免对侧板进行清理的过程中产生扬尘,侧板清理机四周密封,并配置有防尘装置。防尘装置内部装有涤纶覆膜滤布,侧板清理时,风机启动将粉尘往上抽。粉尘经涤纶覆膜滤布过滤后,洁净的空气从风机出风口排出。

(22) 分掰机

分掰机由机架、小车、上下支架、升降油缸、分离油缸和夹紧油缸等组成,其结构如图6-62所示。

在液压站控制下,夹紧油缸伸出夹紧砖块。分离油缸伸出时,上下两层夹紧油缸产生运动,上支架和下支架分离。这时夹紧油缸的聚氨酯板由于压力作用,和砌块之间产生大的摩擦力,上下两层聚氨酯板和砌块产生相反方向的作用力,从而使上下粘连在一起的砌块分离。

当蒸养后的加气砌块运行到分掰机下方停止平稳后,液压站驱动提升油缸开始动作(伸出),使分掰机构从最高位置运行到最低位

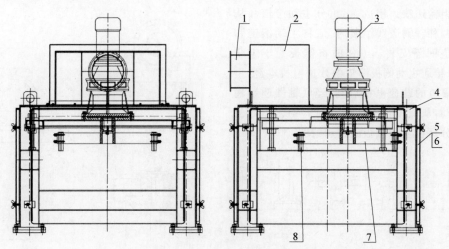

1—风机；2—防尘装置；3—减速电机；4—机架；5—防护板；6—密封条；7—转盘；8—钢丝绳束。

图 6-61　侧板清理机结构图

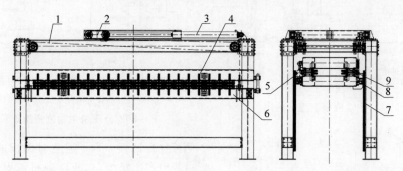

1—机架；2—小车；3—升降油缸；4—上支架；5—分离油缸；6—下支架；7—轨道；8—导向轮组件；9—夹紧油缸。

图 6-62　分掰机结构图

置，即最下面两层砖块之间。待分掰机构停止平稳后，夹紧油缸开始工作（伸出），分掰机构的上下两层油缸分别夹紧加气砌块的上下两层；砖块夹紧后分离油缸开始动作（伸出），使在蒸养时粘连在一起的上下层砖块分开。砖块分开后，分离油缸收回，把上面的砌块放下，使上下两层砌块重叠。随后夹紧油缸收回，这样此位置上下层砌块分离工作便完成。这层分离完成后，提升油缸收回，使分掰机构运行到上一层位置，行程为 200 mm（根据生产制品的规格也可以为 240 mm、300 mm）。待分掰机构停止平稳后，继续第一层的动作。夹紧油缸伸出夹紧，分离油缸伸出分离，分离油缸收回，夹紧油缸收回，从而完成这一层的分离工作。同样，分掰机构运动继续到达更上一层的

位置，重复与第一层相同的工作步骤。最上一层分掰完成后，分掰机构最后回到起始处，从而完成整个砌块掰开分离工作。根据所生产的加气砖规格式样不同，分掰机中的分掰机构停放位置、提升油缸每次行程、全部油缸的运行速度及工作压力都可以进行调节。

（23）货盘仓

货盘仓是蒸压加气混凝土生产线的配套设备，其结构如图 6-63 所示。货盘仓的主要作用是储存货盘，并根据生产线需要向生产线分配货盘。

转运车（如叉车）把货盘转运到货盘仓中，当需要向生产线提供货盘时，货盘仓夹紧机构的两夹紧气缸动作向生产线释放一个货盘，然后，两夹紧气缸反向动作，将货盘仓中的其余货盘夹起并提升。

（24）输送链

输送链是蒸压加气混凝土生产线的配套设备，它主要由货盘仓下的一段输送链和其他四段输送链组成，其结构如图6-64和图6-65所示。各段输送链通过过渡链轮组件进行连接，每段输送链主要由减速电机、轴、机架、主动链轮和从动链轮等组成，其结构如图6-66所示。减速电机启动，通过链轮和链条传动可把货盘仓释放到输送链上的货盘输送到承接制品位，以及把承接制品后的制品垛输送到打包位。

（25）并垛机

并垛机是蒸压加气混凝土生产线的配套设备，它的主要作用是对制品垛进行堆合，以方便打包。并垛机主要由顶推夹板、气缸、底座和轮组等组成，其结构如图6-67所示。轮组安装到底座上，顶推夹板在气缸的作用下可在轮组上来回运动，从而对制品垛进行堆合。

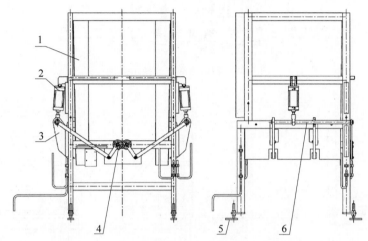

1—仓体；2—气缸；3—支撑板；4—同步齿轮；5—可调地脚；6—轴。

图6-63 货盘仓结构图

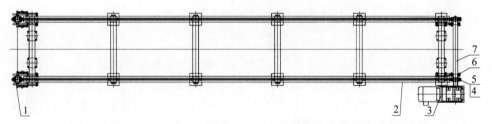

1—从动链轮组件；2—机架；3—减速电机；4—主动链轮；5—链条；6—轴承；7—轴。

图6-64 货盘仓下的输送链结构图

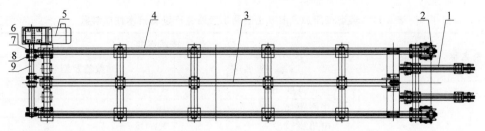

1—过渡链轮组件；2—从动链轮组件；3—链条组件；4—机架；5—减速电机；6—主动链轮；7—链条；8—轴承；9—轴。

图6-65 其余四段输送链结构图

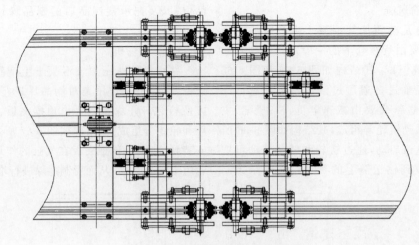

图 6-66　各条输送链连接示意图

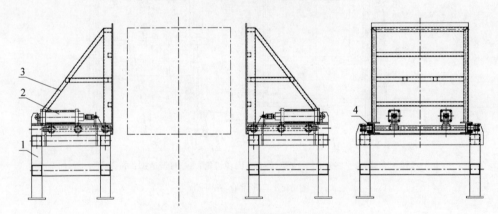

1—底座；2—气缸；3—顶推夹板；4—轮组。

图 6-67　并垛机

（26）电气系统

电气系统包括电气控制的电控柜、电源供应系统、控制面板与触摸屏。利用触摸屏系统可以进入生产界面，设置、修改生产相关的参数。

（27）其他

该生产线还有粉罐、螺旋输送器、除尘器、泵和管道等其他配套件。

3）设备技术参数

以上介绍的福建泉工蒸压加气混凝土制品生产线生产设备技术性能参数如表 6-17 所示。

表 6-17　典型蒸压加气混凝土制品生产线生产设备技术性能参数

设备名称	型　号	技术性能	
		参 数 名 称	数值及型号
皮带机	PDJ65165.0	皮带宽度/mm	650
		中心距/m	16.5
		电机型号	XWD6-35-7.5
		电机功率/kW	7.5

设备名称	型　号	技术性能	
		参 数 名 称	数值及型号
裙边皮带机	PDJ6578.0	皮带宽度/mm	650
		中心距/m	3.5
		电机型号	XWD5-59-Y1.5-6P
		电机功率/kW	1.5
料（废）浆搅拌机	FJ8.0	电机型号	BLD5-59-7.5
		电机功率/kW	7.5
		搅拌直径/mm	ϕ1800
		搅拌转速/(r/min)	25
100 m³ 储浆罐	CG100.0	储罐直径/mm	ϕ6000
		储罐高度/mm	4000
		公转减速电机型号	BWD3-43-4
		公转电机功率/kW	4
		公转速度/(r/min)	0.94
		自转减速电机型号	BLD7-59-18.5
		自转电机功率/kW	18.5
		自转速度/(r/min)	17
电子料浆计量秤	2JL6000.0	储罐容积/m³	3.5
		最大称重/kg	6000
		传感器型号	CSB2000
		气动蝶阀型号	GTD6-250-24V
	2JL3000.0	储罐容积/m³	1.7
		最大称重/kg	3000
		传感器型号	CSB1000
		气动蝶阀型号	GTD6-300-24V
浇注搅拌机	6PM.0C	电机型号	Y280M-6-V6
		电机功率/kW	55
		电机转速/(r/min)	980
		筒体容积/m³	6
		搅拌速度/(r/min)	640
		气动蝶阀型号	DN300
浇注和预养摆渡车	BC6012XZ.0	行走电机型号	FA77-48.26-Y-3(4P)-M1-Ⅲ
		行走电机功率/kW	3
		定位电机型号	GK77-Y2.2-4P-113.75-M3-A(-B)-180°
		定位电机功率/kW	2.2
		摩擦轮电机型号	K77A-Y0.75-6P-113.75-M1-3
		摩擦轮电机功率/kW	0.75
釜前摆渡车	BC6012WS.0	钩推车牵引电机型号	BWD6-59-6-C1
		钩推车牵引电机功率/kW	4
		行走电机型号	FA77-48.26-Y-3(4P)-M1-Ⅲ
		行走电机功率/kW	3
		定位电机型号	GK77-Y2.2-4P-113.75-M3-A(-B)-180°
		定位电机功率/kW	2.2

续表

设备名称	型号	技术性能	
		参数名称	数值及型号
釜后摆渡车	BC6012WH.0	钩推车牵引电机型号	BWD6-59-6-C2
		钩推车牵引电机功率/kW	4
		行走电机型号	FA77-48.26-Y-3(4P)-M1-Ⅲ
		行走电机功率/kW	3
		定位电机型号	GK77-Y2.2-4P-113.75-M3-A(-B)-180°
		定位电机功率/kW	2.2
翻转吊具	FD60A.0	行走电机型号	K77S-45.16-YEJ-5.5-M6-Ⅲ
		行走电机功率/kW	5.5
		翻转油缸型号	$\phi63/\phi40$-470
		开锁油缸型号	$\phi32/\phi18$-120
翻转去底吊具	1QD6012.0	行走电机型号	K77S-45.16-YEJ-5.5-M6-Ⅲ
		行走电机功率	5.5
		夹紧油缸型号	$\phi50/\phi30$-170
		翻转油缸型号	$\phi100/\phi50$-470
		分离油缸型号	$\phi80/\phi50$-120
		回位油缸型号	$\phi50/\phi32$-85
		去废料装置油缸型号	UY-V-TF-10-50/1100-16
半成品(编组)吊具	BD00.0A WS	行走电机型号	K77S-45.16-YEJ-5.5-M6-Ⅲ
		行走电机功率/kW	5.5
成品吊具	6CD00.KH	行走电机型号	K77S-45.16-YEJ-5.5-M6-Ⅲ
		行走电机功率/kW	5.5
		夹坯油缸型号	$\phi40/\phi22$-60
切割车牵引机	3SQG6012.3	电机型号	BWP3-43-4
		电机功率/kW	4
		切割车行走速度/(m/min)	18.9
蒸养车回车牵引机	ZQY4.0	电机型号	BWD6-59-4
		电机功率/kW	4
		钩推小车行走速度/(m/min)	13.6
	ZQY4B.0	电机型号	BWD6-59-4
		电机功率/kW	4
		钩推小车行走速度/(m/min)	13.6
	ZQY4C.0	电机型号	BWD6-43-5.5
		电机功率/kW	5.5
		钩推小车行走速度/(m/min)	18.6
进釜牵引机	1QY15.0/ 2QY15.0	电机型号	BWD6-43-15-6P
		电机功率/kW	15
		钩推小车行走速度/(m/min)	12.3
固定式框摆切割机	QG60A.0	升降电机型号	K87S-22YEJ-5.5-B31
		电机功率/kW	5.5
		减速机型号	KW107-22-AD5-B3

续表

设备名称	型 号	技术性能	
		参数名称	数值及型号
主动侧板滚道	ZGD490.0(QG)	电机型号	BWD0-43-0.37
		电机功率/kW	0.37
		输送轮转速/(r/min)	31
分掰机主动侧板滚道	ZGD490A.0	电机型号	BWP0-43-0.55
		电机功率/kW	0.55
		输送轮转速/(r/min)	31
侧板清理机	CBQL.0	电机型号	BLD6-59-4(4P)
		电机功率/kW	4
分掰机	60BBJA.0 WS	升降油缸型号	$\phi150/\phi85$-1750
		分离油缸型号	$\phi125/\phi63$-20
		夹紧油缸型号	$\phi40/\phi22$-60
货盘仓	HPC(60JQ)	气缸型号	SC-125×175-S-CA
输送链	6SSL.0	减速机型号	KW87-86.36-Y-4kw(4P)-M1-Ⅲ
		对应的国茂电机型号	GKAB87-Y6-4P-86.36-M1-180°
并垛机	DHQ.0	气缸型号	SC125×250-S-CA

资料来源：福建泉工股份有限公司。

6.3.2 设计计算与选型

1. 新建加气混凝土制品工厂应具备的条件

（1）已批准的可行性研究报告；

（2）原料工艺性能试验报告；

（3）建设用地及规划的许可文件；

（4）环境影响评价报告的批复文件；

（5）节能评价报告、安全评价报告的批复意见；

（6）初步设计阶段还需提供地方概算定额、建筑材料市场价格、相关技术经济资料、厂区地形图（1∶1000～1∶2000）；

（7）施工图阶段还需提供厂区工程地质勘察报告、主要设备的总图和基础条件图、主要设备的安装要求、厂区地形图（1∶500）。

2. 生产规模的划分与计算

（1）加气混凝土工厂的设计规模应根据产品种类、原料来源、市场需求等确定。单条生产线设计规模划分应符合表6-18的规定。

表6-18 加气混凝土工厂单条生产线设计规模划分

规模类型	年产量/万 m³
大型	＞25
中小型	10～25

注：设计规模基于全年工作时间300 d计算。

（2）单条生产线设计规模应根据模具规格和切割周期等因素确定，设计规模应按下式计算：

$$G = \frac{K_1 \times K_2 \times K_3 \times 60 \times V \times P}{T \times 10\,000}$$

式中，G为设计规模，万 m³/a；K_1为全年工作天数，d；K_2为每天工作班数；K_3为每班工作时间，h；V为坯体净体积，m³；P为产品合格率，%；T切割周期，min。

（3）常用模具的规格应符合表6-19的规定。

表 6-19　常用模具规格

模具规格(长×宽×高)/(m×m×m)	坯体净体积/m³
4.2×1.2×0.6	3.024
4.2×1.2×0.6	3.780
4.8×1.2×0.6	3.456
4.8×1.5×0.6	4.320
5.0×1.2×0.6	3.600
5.0×1.5×0.6	4.500
6.0×1.2×0.6	4.320
6.0×1.5×0.6	5.400

3. 加气混凝土制品工厂总图设计方案需参照的技术经济指标

(1) 厂区用地面积(m²);
(2) 建筑物、构筑物用地面积(m²);
(3) 露天设备用地面积(m²);
(4) 露天操作场用地面积(m²);
(5) 建筑系数(%);
(6) 道路及广场用地面积(m²);
(7) 绿化占地面积(m²);
(8) 绿地率(%);
(9) 土石方工程量(m³);
(10) 容积率(%);
(11) 行政办公及生活服务设施用地面积占项目总用地面积比重(%)。

4. 工艺设计与布置

(1) 工艺设计应符合下列要求:
① 应根据产品方案、设计规模、原料性能以及建厂条件等因素综合比较后确定工艺方案和主机设备;
② 应采用有利于提高资源综合利用水平的新技术、新工艺、新设备;
③ 在满足产品质量和产量要求的前提下,应减少工艺中转环节,不应有交叉流程、逆流程;
④ 应选择生产可靠、环境污染小、能耗低、管理维修方便、节省投资的工艺方案和设备;
⑤ 设备的选型应有10%～20%的储备能力,同类辅机设备应统一型号。

(2) 工艺布置应符合下列要求:
① 工艺布置应满足工艺流程的要求,设备选型应根据空翻工艺或地翻工艺的特点确定;
② 工艺布置应在平面和空间布置上满足施工、安装、操作、维修、监测和通行的要求;
③ 原料破碎、粉磨宜集中布置,并应与其他生产工段隔开;
④ 重荷载设备应布置在厂区地质条件相对较好的区域。

(3) 各生产工段的生产班次应根据各工段之间的相互关系、与外部条件相联系的情况确定,主要生产工段工作制度可参照表6-20的规定。

表 6-20　主要生产工段工作制度

工段名称	日工作班/班	日工作时间/h
生石灰(石膏)破碎	1	8
生石灰(石膏)粉磨	1～2	8～16
砂(粉煤灰)粉磨	2～3	16～24
钢筋加工与网片制作	2	16
网片防腐、烘干处理及储存	2～3	16～24
钢筋网组装	3	24
配料浇注	3	24
静停切割	3	24
蒸压养护	3	24
制品后加工	2～3	16～24
包装与堆放	3	24
化验与检测	2	16
机电维修	3	24

(4) 主生产车间检修设施应符合如下要求:
① 在主要设备和较大部件处应设置检修设施;
② 应按所需检修部件的质量、厂房空间等条件配备适宜的检修设施;
③ 车间内应设置检修平台、检修门(孔),并应留有检修空间和检修通道;
④ 配料楼顶层应设置起吊设备,各层同一位置应设吊物孔,吊物孔的周围应设栏杆和活动门。

(5) 物料输送设计应符合如下要求:
① 物料输送设备的选型应根据输送物料的性质、输送能力、输送距离、输送高度及工

布置等因素确定；

②输送设备的能力应大于实际最大输送量，物料竖向输送时应力求降低高度，水平输送时应力求缩短距离；

③物料从堆存、处理区域输送到使用区时，宜从高标高区域往低标高区域输送转运；

④粉状干物料输送应选用密闭设备；

⑤料浆输送宜采用渣浆泵；

⑥料浆输送管道应设置坡度。

5.原料储存与制备的选型要求

(1)原料储存应符合下列要求：

①原料储存应集中布置处理；

②干物料、湿物料储存应分区布置；

③原料储存区应布置在厂区最小频率风向的上风侧。

(2)原料储存方式应根据物料特性、占地面积以及工艺布置等因素确定，并应符合下列规定：

①砂应采用露天或原料堆棚储存，并应采取排水措施。砂含水率小于5％时，也可采用筒仓储存，但储存量不宜过大。

②干粉煤灰、生石灰粉、石膏粉、水泥等粉状物料应采用筒仓储存。

③湿粉煤灰应采用原料堆棚储存，并应采取排水措施。

④块状生石灰可采用原料堆棚临时储存，经破碎处理后入筒仓储存。

⑤块状石膏、脱硫石膏、钢筋应采用原料堆棚储存。

⑥铝粉(或铝粉膏)应密封包装，并应储存在通风、阴凉的独立储存库内。

⑦脱模剂应密封包装，并应储存在通风、阴凉的独立储存间内。

⑧采用自卸汽车运输时，堆棚内净空高度不应小于8.0 m。

(3)筒仓及溜管倾斜角应根据物料特性、颗粒度等采用最小锥角，如表6-21所示。

(4)块状生石灰临时堆棚面积应满足石灰破碎时铲车进料与自卸汽车卸料作业互不干扰的要求。

表 6-21　筒仓及溜管最小锥角

序号	物料名称	堆积密度 /(t/m³)	筒仓(料斗)锥部倾斜角 /(°)	溜管、溜槽倾斜角 /(°)
1	干粉煤灰	0.8～0.9	55	50
2	干砂	1.4～1.6	60	55
3	块状生石灰	1.0～1.1	50	45
4	磨细生石灰	0.8～1.0	60	55
5	石膏	1.3～1.4	50	45
6	磨细石膏	1.0～1.1	60	55
7	散装水泥	1.3～1.5	60	55

(5)物料粒度未达到工艺要求时，应配置破碎、磨细设备。

(6)块状生石灰质量不稳定时，应采取生石灰均化措施。

(7)破碎设备选型应根据物料日需求量、物料硬度、工作制度等因素确定。

(8)球磨机的选型可按下式计算确定：

$$G = Q \cdot K \qquad (6\text{-}2)$$

式中，G 为物料小时产量，t/h；Q 为球磨机的额定小时产量，t/h；K 为物料系数。

(9)制浆机制得的料浆应采用带搅拌装置的料浆池或料浆储罐储存，料浆的储存量应满足如下要求：

①储存量应根据物料特性确定；

②储存量应能保证连续供应，宜至少保证一个班的生产用量；

③料浆池或料浆储罐数量应根据单个储罐(池)有效容积、工作制度及生产调节便利性等确定。

(10)在严寒及寒冷地区应设置料浆保温措施或料浆加热装置，夏热地区宜采取料浆冷却措施；

(11)废浆必须采取措施循环利用。

(12)料浆泵的扬程可按下式计算：

$$H = K(h_1 + h_2 + h_3) \qquad (6\text{-}3)$$

式中，H 为泵的扬程，m；h_1 为料浆输送系统最高点与最低点的垂直高差，m；h_2 为料浆输送系统沿程阻力损失，m；h_3 为料浆输送系统局部阻力损失，m；K 为安全系数(取1.1～1.2)。

（13）料浆管道的设计应满足如下要求：

① 相对密度大于 1.25 g/cm³ 的料浆管道坡度不应小于 5％，相对密度小于或等于 1.25 g/cm³ 的料浆管道坡度可设为 3％～5％；

② 料浆管道应设置冲洗、清理设施；

③ 料浆管道弯头处应采用法兰连接，直管道在每 6～8 m 长度应设置法兰。

（14）阀门应紧贴设备法兰安装。阀门安装位置应避免物料阻塞，并应便于操作和检修。当操作、检修不便时，应单独设置阀门操作平台。

（15）干粉煤灰制浆系统中，水及干粉煤灰均应设置计量装置。

（16）钢筋调直切断机选型及数量配置应根据工作制度、板材产量、网片构造、调直切断速度等因素确定。

（17）网片焊接设备选型及数量配置应根据工作制度、板材产量、网片构造、网片焊接速度等因素确定。

（18）网片烘干机选型及长度配置应根据工作制度、板材产量、网片烘干方式、防腐剂等因素确定。

（19）各扬尘点均应设置布袋收尘装置，布袋过滤风速宜小于 1 m/s。

（20）干料粉磨时，磨机通风量可按下式计算：

$$Q = 2826 \times D^2 \times (1-\omega) \times V \quad (6\text{-}4)$$

式中，Q 为磨机通风量，m³/h；D 为磨机有效直径，m；ω 为磨机内研磨体填充率，％；V 磨内风速，m/s，取 0.8～1.0 m/s。

（21）收尘风管、阀门布置应满足如下要求：

① 竖直风管内的风速为 8～12 m/s；

② 水平风管宜缩短距离，风速为 18～22 m/s；

③ 应减少弯管数量，风管弯管的曲率半径宜为 1.5～2.0 倍风管直径；

④ 主风管、支路风管应分别设置风量调节阀。

6. 配料浇注系统选型要求

（1）物料配料应采用计量装置，可采取单一物料计量，亦可采用多种物料累计计量。

（2）计量装置的数量及容量应根据模具规格、物料计量时间、浇注周期等因素综合确定。

（3）配料系统中，粉状物料的输送宜采用管式螺旋输送机，流动性较好的粉状物料可采用向上角度输送。

（4）粉状物料的计量装置应出料均匀，并应防止水汽进入计量秤。

（5）计量装置出料管与浇注搅拌机入料口连接处应采用软连接。

（6）制备铝粉液时应采取防火、防爆措施。

（7）浇注应采用定点浇注工艺，应具备调整浇注温度的措施；并且应具备冲洗浇注搅拌机内部的措施；浇注搅拌机的拔风管垂直设置，出口端应设置在室外。

7. 静停切割系统的选型要求

（1）坯体养护应采用热室静停工艺，静停室内温度宜为 40～60 ℃；静停室净空高度应达到 2.0～2.1 m。

（2）加气混凝土板的坯体静停时间应大于 4 h，加气混凝土砌块的坯体静停时间宜符合表 6-22 的规定。

表 6-22　加气混凝土砌块的坯体
静停时间　　　　　单位：h

原料	水泥-生石灰-粉煤灰		水泥-生石灰-砂	
干密度级别	B05	B06	B05	B06
坯体静停时间	2.5～3.0	2.0～2.5	3.5～4.0	3.0～3.5

（3）静停室模位数前的最小值可按公式(6-5)计算：

$$N = \frac{T \times 60}{t} + 2 \quad (6\text{-}5)$$

式中，N 为静停室模位数量的最小值，个；T 为坯体的静停时间，h；t 为浇注周期，min。

（4）静停室的形式应根据场地等情况具体确定。

（5）静停室内模具的移动宜采用摩擦轮或牵引机，自动化程度低的生产线可采用卷扬机。

（6）加气混凝土板材生产线应设置网片插钎、拔钎工位。

（7）切割机应满足如下要求：

① 切割机的规格应与模具规格匹配；

② 应具备对坯体进行六面切割的能力；

③ 生产加气混凝土板应符合国家标准《蒸压加气混凝土板》（GB 15762）对板材外部形状的加工要求。

（8）切割前后坯体输送设备应根据切割工艺进行选型，运行周期应与切割周期相匹配。

（9）切割工序应配置废料制浆回收系统。

8. 蒸压养护系统选型要求

（1）在蒸压养护工序宜设置釜前预养窑。

（2）蒸压釜直径的设计选型应优先选用蒸压釜填充率最大的设计方案。

（3）蒸压釜长度应根据蒸养车搭接长度与釜内蒸养车数量确定，按公式（6-6）计算：

$$H = L \times N + 0.5 \qquad (6-6)$$

式中，H 为蒸压釜的长度，m；L 为蒸养车的搭接长度，m；N 为单条釜内蒸养车的数量，辆。

（4）蒸压釜数量应由设计规模、蒸压釜长度及釜内码坯方式确定，可按下式计算：

$$Q = \frac{G}{D \times (24 \div c) \times N \times m \times V} \times 1.1$$

$$(6-7)$$

式中，Q 为蒸压釜的数量，台；G 为设计规模，m³/a；D 为年工作日，d，按 300 计算；c 为蒸压周期，h；N 为单条釜内蒸养车的数量，辆；m 为每个蒸养车上的坯体数，个；V 为坯体切割后的体积，m³。

计算出的数据，当小数点后第一位数值大于 5 时，蒸压釜的数量为计算数量加 1；小于 5 时，需要调整方案并重新计算。

（5）蒸压养护制度应由坯体进釜、抽真空、升压、恒压、降压、制品出釜 6 个阶段组成，整个蒸压周期不宜小于 12 h。蒸压釜的设计压力不宜小于 1.4 MPa。

（6）两台蒸压釜在同一处安装时，蒸压釜之间的中心距宜符合表 6-23 的规定。

表 6-23　蒸压釜之间的中心距

序　号	蒸压釜类型	蒸压釜直径/m	蒸压釜中心距/mm
1	上开门	ϕ2.00	≥2750
		ϕ2.50	≥3500
		ϕ2.68	≥3750
		ϕ2.85	≥4000
2	侧开门	ϕ2.00	≥3750
		ϕ2.50	≥4200
		ϕ2.68	≥4500
		ϕ2.85	≥4600

（7）蒸养小车数量应由蒸压釜数量及釜内蒸养车数量确定。最小数量可按公式（6-8）计算：

$$S = (Q + 2) \times N + 2 \qquad (6-8)$$

式中：S 为蒸养小车的数量，辆；Q 为蒸压釜的总数量，台；N 为单条釜内蒸养车的数量，辆。

（8）模具的底板或侧板在返回切割工段组模前，应设置清理装置或采取清理措施。

（9）蒸养小车的循环系统应设置小车轴承的检修和注油工位。

9. 成品堆场设置的计算与要求

（1）成品堆场面积可按公式（6-9）计算：

$$F = \frac{P \times T \times k}{A} \qquad (6-9)$$

式中，F 为成品堆场的面积，m²；P 为生产线日产量，m³；T 为产品的储存期，d，$T \geq 5$ d，寒冷地区 $T \geq 15$ d，严寒地区 $T \geq 30$ d；k 为成品堆场的通道系数，为 1.25～1.5；A 为成品的码垛密度，m³/m²，人工码垛密度为 2.0 m³/m²，机械码垛密度为 4.0 m³/m²。

（2）成品堆场应配置转运设备。

10. 热工计算

设蒸压过程热量消耗量为 Q，加热坯体干物料的热量为 Q_1，加热坯体中水分的热量为 Q_2，加热蒸压釜的热量为 Q_3，加热模具或养护托班的热量为 Q_4，加热蒸养车的热量为 Q_5，加热釜内空气的热量为 Q_6，釜体向空间散失的热量为 Q_7，釜内自由空间的蒸汽热量为 Q_8，加热冷凝水的热量为 Q_9，则给出计算公式如下：

（1）加热坯体干物料的热量

$$Q_1 = C_料 G_料 (t_2 - t_1) \qquad (6\text{-}10)$$

式中，$C_料$ 为干物料的平均比热容，$G_料$ 为干物料总质量，t_1 为升温开始时各种物料和材料的起始温度，t_2 为升温结束时的最高温度。

（2）加热坯体中水分的热量

$$Q_2 = C_水 G_水 (t_2 - t_1) \qquad (6\text{-}11)$$

式中，$C_水$ 为水的比热容，$G_水$ 为水的总质量。

（3）加热蒸压釜的热量

$$Q_3 = C_钢 G_钢 (t_2 - t_1) \qquad (6\text{-}12)$$

式中，$C_钢$ 为钢的比热容，$G_钢$ 为釜体质量。

（4）加热模具的热量

$$Q_4 = C_钢 G_模 (t_2 - t_1) \qquad (6\text{-}13)$$

式中，$G_模$ 为釜中模具或养护托板（架）的总质量。

（5）加热蒸养车的热量

$$Q_5 = C_钢 G_车 (t_2 - t_1) \qquad (6\text{-}14)$$

式中，$G_车$ 为釜内蒸养底车的总质量。

（6）加热釜内空气的热量

$$Q_6 = C_气 G_气 (t_2 - t_1) \qquad (6\text{-}15)$$

式中，$C_气$ 为空气的比热容，$G_气$ 为釜内的空气质量。

釜内残留空气可按前面的计算方法概算，也可按下式计算：

$$G_气 = V_自 \rho \times 40\% \qquad (6\text{-}16)$$

式中，$V_自$ 为釜内自由空间体积（包括气孔）；ρ 为空气密度；抽真空至 0.06 MPa 时釜内所剩空气量为原来的 40%。

（7）釜体向空间散失的热量

$$Q_7 = AK \cdot \frac{t_2 - t_1}{2} \tau_升 \qquad (6\text{-}17)$$

式中，A 为釜体外表面积，K 为各种材料在散热过程中的热传导系数，表示为

$$K = \frac{1}{\dfrac{1}{a_1} + \sum \dfrac{\delta}{\mu} + \dfrac{1}{a_2}} \qquad (6\text{-}17a)$$

式中，a_1 为蒸汽向釜内壁的放热系数，与混有的空气量有关，一般可取 1046 W/(m² · K)；a_2 为釜外壁向空气的传热系数，表示为

$$a_2 = 8 + 0.05 t_B \qquad (6\text{-}17b)$$

式中，t_B 为保温层表面温度。式(6-17a)中 δ、μ

分别为釜内壁和保温层的导热系数及相应的厚度，釜体的导热系数为 $\mu = 0.45$ W/(m · K)，保温矿棉的导热系数为 $\mu = 0.047$ W/(m · K)。式(6-17)中 $\tau_升$ 为升温时间。

（8）釜内自由空间的蒸汽热量

$$Q_8 = V_汽 \rho_汽 i_2'' \qquad (6\text{-}18)$$

式中，$V_汽$ 为升至最高压力时蒸汽所占有的空间体积，$\rho_汽$ 为在最高压力下水蒸气的密度，i_2'' 为在最高压力下水蒸气的含热量。

（9）加热冷凝水的热量

$$Q_9 = G_冷 i_2' \qquad (6\text{-}19)$$

其中

$$G_冷 = \frac{Q_1 + Q_2 + \cdots + Q_7}{i_2'' - i_2'} \qquad (6\text{-}20)$$

式中，$G_冷$ 为冷凝水的质量，i_2' 为温度为 t_2 时水的含热量（当 $t_2 = 200$ ℃时，$i_2' = 855$ kJ/kg）。

在釜内保温良好的情况下，进入恒温阶段后就不再向釜内送气。由于坯体水化反应放出的热量补偿釜体散热损失，因此大多数釜内温度不会因停气而下降，反而有所上升，即恒温期间，釜内热耗可视同为零。

11. 料浆提供及储料仓设计计算

1）配制条件设定

配制一模干密度为 500 kg/m³ 的蒸压加气混凝土制品所需各种物料用量计算举例如下。

（1）设定基本组成材料配合比。

设定配方为：水泥 10%、石灰 20%、石膏 3%、粉煤灰 67%。

（2）设定水料比为 0.55～0.65。

（3）成型坯体体积。

设生产尺寸为 6000 mm × 1500 mm × 600 mm 的坯体，体积为 5.4 m³。在坯体侧立切割的情况下，需要成型尺寸为 6100 mm × 1560 mm × 670 mm、体积为 6.375 m³ 的坯体。生产切除掉废料 0.975 m³，约占生产制品体积的 18%。

2）配料计算

（1）基本组成材料用量计算

基本组成材料总量计算：

① 6.375 m³ 干密度为 500 kg/m³ 蒸压加气混凝土制品的质量为：$6.375 \times 500 =$

3187.5 kg/模。

② 设定蒸压加气混凝土制品中含有 10% 结合水，配制 6.375 m³ 干密度为 500 kg/m³ 蒸压加气混凝土所需干物料为：(3187.5 － 3187.5×10%)kg/模＝2869 kg/模。

各种基本组成材料用量按设定基本组成材料配合比计算：

① 水泥用量：2869 × 10% kg/模 ＝ 286.9 kg/模。

② 石灰用量：2869 × 20% kg/模 ＝ 573.8 kg/模。

③ 石膏用量：2869 × 3% kg/模 ＝ 86 kg/模。

④ 粉煤灰用量：2869 × 67% kg/模 ＝ 1922 kg/模。

考虑到切除掉占坯体体积 18% 的废料可代替粉煤灰，因而，在配料时实际使用粉煤灰量为：(1922－0.975×500) kg/模＝1434.5 kg/模。

(2) 铝粉用量计算

① 需铝粉发气的体积是加气混凝土制品的体积减去基本组成材料的体积和水的体积后的差额。

A. 基本组成材料体积

基本组成材料体积按式(6-21)计算：

$$V_{基} = C/d_C + L/d_L + G/d_G + F/d_F$$

(6-21)

式中，C 为水泥用量；L 为石灰用量；G 为石膏用量；F 为粉煤灰用量；d_C 为水泥的密度，3.15 g/cm³；d_L 为石灰的密度，3.15～3.4 g/cm³；d_G 为石膏的密度，2.3 g/cm³；d_F 为粉煤灰的密度，1.9～2.9 g/cm³。则有

$$\begin{aligned}V_{基} &= (286.9/3.1 + 573.8/3.2 + 86/2.3 + \\ &\quad 1922/2.1) \text{L/模} \\ &= (92.5 + 179 + 37 + 915) \text{L/模} \\ &= 1223.5 \text{L/模}\end{aligned}$$

B. 水的体积

按水料比为 0.55 计算用水量为：2869×0.55 kg/模＝1577 kg/模，该用水量为配料总水量，其中包括砂浆(或粉煤灰浆)、废料浆、铝粉液中所含水量及外加水量。

因此，需铝粉发气的体积为

(6.375－1.223－1.577) m³ ＝ 3.575 m³

② 每模铝粉用量计算

温度为 40 ℃时 1 g 铝粉在料浆发气的理论产气量为 1.4 L 氢气，一模铝粉用量 2553 g。

③ 每立方米蒸压加气混凝土的铝粉用量 400 g/m³。

12. 蒸养车配置

根据各企业相关产品和技术，蒸养车的数量按照 12 h 的蒸养要求计算，其中包含进出釜的时间。

6.3.3　相关技术标准

参考的相关技术标准如下：《加气混凝土工厂设计规范》(GB 50990)；《蒸压加气混凝土板》(GB 15762)；《蒸压加气混凝土生产设计规范》(JC/T 2275)；《建筑施工机械与设备　混凝土搅拌机　第 1 部分：术语与商业规格》(GB/T 25637.1)；《混凝土搅拌机》(GB/T 9142)；《蒸压加气混凝土设备　浇注搅拌机》(JC/T 2323)；《蒸压加气混凝土设备　分掰机》(JC/T 2324)；《建筑施工机械与设备　混凝土搅拌机叶片和衬板》(JB/T 11858)；《蒸压釜》(JC/T 720)；《蒸压釜安全管理技术规范》(DB44/T 2013)；《蒸压釜快开门联锁装置安全技术条件》(DB44/T 1830)；《蒸压加气混凝土切割机》(JC/T 921) 等。

6.4　设备使用及安全要求

6.4.1　设备安装与运输

1. 蒸压釜安装与运输

(1) 蒸压釜的包装和运输应按 JB/T 4711 的有关规定。

(2) 蒸压釜在运输时，允许把产品的小型零部件和附件经包扎和小件装箱后装在釜体内。但应予以可靠的固定，不允许上述物品在釜内窜动，同时要避免使釜体内壁受到任何机械损伤。

(3) 在搬运过程中应将釜盖关上，并用四块木楔打入釜盖法兰与釜体法兰的咬合齿相互咬合后的空隙中，以防止釜盖松动。如不允许合

盖运输时,应采取防止釜体法兰变形的措施。

(4) 当釜体分段运输时,必须在每段釜体的端部内侧加支撑以防止变形,运到现场安装时再拆除。

(5) 蒸压釜的吊点位置应在制造厂做出明显永久标记标志。

(6) 蒸压釜吊运时,为避免釜体表面损伤,吊点处应采用木块或其他软质材料将钢索与釜体隔开。

(7) 运输时应把釜体稳固地安放在凹座上。釜体与凹座的接触应均匀,以防止釜体局部变形。

2. 蒸压加气混凝土切割机安装与运输

(1) 蒸压加气混凝土切割机的储运图示标志应符合 GB/T 191 的规定。

(2) 蒸压加气混凝土切割机的包装、运输和储存应符合 GB/T 1384 及 GB/T 16471 的规定。

(3) 蒸压加气混凝土切割机应有下列随机文件:①合格证;②使用说明书;③装箱单;④安装图;⑤维修保养手册;⑥其他有关的技术文件。

(4) 纵向切割范围内两条轨道上表面水平度误差应小于 0.5 mm/m,全长范围应小于 1 mm。

(5) 切割小车在切割工位运行直线度为 1 mm。

(6) 切割小车上应有底板定位装置,定位误差应不大于 1 mm。

3. 蒸压加气混凝土分掰机安装与运输

(1) 移动式分掰机行走梁架轨道安装水平误差应不大于 1.5/1000,整机轨道水平误差应不大于 2 mm;单条行走轨道直线度误差应不大于 1/1000,总长度直线度误差应不大于 5 mm;两行走轨道间距误差应不大于 5 mm。

(2) 导向柱安装后与水平面垂直度误差应不大于 1 mm。

(3) 分掰框胶条座下平面的水平度误差应不大于 2 mm。

(4) 液压管道布置要合理,便于维修和防止碰撞变形。

(5) 分掰机的包装、运输应符合 GB/T 13384、GB/T 16471 的规定。

(6) 分掰机的储运图示标志应符合 GB/T 191 的规定。

(7) 产品应储存在干燥的环境中。

(8) 包装应符合交通部门的运输和装卸要求,且采取必要的防护措施。

4. 蒸压加气混凝土浇注搅拌机安装与运输

(1) 主轴装配时,轴承处应加润滑脂。各密封面应严密,不应有渗漏。轴承盖上的油杯应与支座上的油杯安装方向保持一致。

(2) 皮带轮端面径向跳动应不大于 0.5 mm。

(3) 主轴对水平面的垂直度误差应不大于 1 mm。

(4) 搅拌机的包装应符合 GB/T 13384 的规定。

(5) 产品应储存在干燥的环境中。

(6) 包装应符合交通运输部门的运输和装卸要求,且采取必要的防护措施。

6.4.2 使用与维护

蒸压加气混凝土制品设备使用与维护要求如下:

(1) 摆渡车:小修每月一次,检查车轮及各传动部件,更换损坏件。中修每半年一次,除小修项目外,对电器及线路进行测试,给减速机注油。大修每年一次,拆卸、清洗所有传动部分,更换磨损件及减速机润滑油。

(2) 粉料计量秤、料浆计量秤:每班生产结束,切断电源,清扫罐体内壁。操作称重显示器,必须按使用说明书严格执行。在电子传感器上,严禁有其他电流通过(如电焊时,需接地线)以免损坏元件。不要将称重显示器安装在阳光直晒处,并需避免温度突然变化以及振动。称重显示器经专业人员调试准确后方可使用,现场切勿轻易更改。

(3) 20 m³ 料(回收)浆搅拌机:如搅拌池内存有料浆,不能停止搅拌工作,以免料浆沉淀凝固,重新开机时损坏搅拌机。每班下班后应对搅拌池内壁、搅拌器进行冲洗。

（4）100 m³ 储浆罐：如罐内存有料浆,不能停止搅拌工作,以免沉淀凝固。减速器润滑油低于油标时,应及时加注,六个月更换润滑油一次。每月对储罐内所有部位清洗一次。

（5）浇注搅拌机：每班生产结束切断电源,用清洗水管对搅拌筒、搅拌轴、下料槽进行清洗。轴承每半年清洗一次。一月一次拆除清洗浇注口、气动蝶阀及管路密封件。螺旋叶片易磨损,磨损后要及时更换。

（6）料（回收）浆搅拌机：如搅拌池内存有料浆,不能停止搅拌工作,以免料浆沉淀凝固,重新开机时损坏搅拌机。每班下班后应对搅拌池内壁、搅拌器进行冲洗。减速器润滑油低于油标时,应及时补充,每半年更换一次润滑油。

（7）侧板滚道：每天对输送轮轴承座轴承加注一次润滑脂。小修每月一次,检查输送轮及各传动部件,更换损坏件。中修每半年一次,除小修项目外,对电器及线路进行测试,给减速机注油。大修每年一次,拆卸、清洗所有传动部分,更换磨损件及减速机润滑油。

（8）切割机：每班生产结束,各部位废料须清除扫净。用棉布揩净切割钢丝、标尺、链轮、链条的尘垢,松弛切割钢丝。经常检查各减速机润滑油位,如发现低于油标,应及时加注。无级变速机使用 Ub-1 或 Ub-3 牵引液,其他减速机使用 90♯ 工业齿轮油。无级变速机牵引液更换时间为第一次工作 500 h,第二次工作 1000 h,及以后每次工作 2000 h 左右。

（9）模具：每周对车轮轴承加注一次润滑脂。小修三月一次,检查车轮及夹紧臂部件,更换损坏件。大修每年一次,拆卸、清洗车轮轴承,加注润滑脂,更换损坏的轴承。清除模具内料浆残渣尘垢,模框与侧模组合后,内腔涂刷润滑剂。

（10）铝粉搅拌机：铝粉搅拌机存有混合液时,不能停止搅拌工作,以免料浆沉淀凝固,重新开机时损坏搅拌机。

（11）蒸养小车：每天对车轮轴承加注一次润滑剂。每月检修一次,检查车轮及各连接部件,更换损坏件。

6.4.3　常见故障及处理

（1）链传动常见故障及处理如表 6-24 所示。
（2）皮带机常见故障及处理如表 6-25 所示。
（3）液压系统常见故障及处理如表 6-26 所示。

表 6-24　链传动常见故障及处理

故障现象	故障原因	处理方法
链条铰链磨损过快	链条张力不足,发生打滑现象	调整链条张力
	链条没有定时润滑	定时对链条进行润滑
链条颤动	链条过长	调整链条长度
	链条张力不足	调整链条张力
链条传动时有异响	链条需要润滑	润滑链条
	链条张力不足	调整链条张力
	设备经常性的突然启停	尽量避免突然启停设备

表 6-25　皮带机常见故障及处理

故障现象	故障原因	处理方法
皮带底部受损	皮带暴露在粉尘中或受化学物质侵蚀	安装皮带保护罩
	皮带的环境温度过高	采取降温措施或选用耐热皮带
	皮带张力不足,发生打滑现象	调整皮带张力
	下托辊直径太小	选用直径适当的托辊

续表

故 障 现 象	故 障 原 因	处 理 方 法
皮带过早破损	异物进入皮带底部	安装皮带保护罩
	皮带张力不足,发生空转	调整皮带张力
皮带磨损过快	托辊生锈或蒙尘	彻底清扫或安装皮带保护罩
	皮带张力不足	调整皮带张力
	托辊严重不平行	调整平行度
皮带打滑	包角太小	增大包角或重新布置
	皮带张力不足	调整皮带张力
	皮带粘有水或油	彻底清洁或安装皮带保护罩
皮带变硬	因皮带打滑而产生热量	调整皮带张力
	周围环境温度过高	采取降温措施或使用耐热皮带
发出异样噪声	皮带张力不当	调整皮带张力
	突然启动或停机	使启动或停机的时间有缓冲余地,小心操作设备
皮带颤动	皮带过长	在两轴中间安装托辊
	皮带张力不当	正确调整皮带张力

表 6-26　液压系统常见故障及处理

故 障 现 象	故 障 原 因	处 理 方 法
液压执行机构运动缓慢	液压泵损坏	确定在一定压力下的液压泵的输送速度(容积测量)
	比例流量阀损坏	替换比例流量阀
水冷却器不起作用	水冷却器电机旋转方向错误	替换电机接线盒中的两相的接线
	水冷却器的泵排不出冷却水	检查冷却泵是否损坏
液压系统温度过高	设备处于高温环境	生产周期长时,应确保设备工厂通风良好
	水冷却器没有正常工作	确保水冷系统有持续的冷水流动冷却
液压缸不能动作,但所对应的液压电磁阀有动作	电磁阀阀芯有杂物卡住	拆开阀门,用柴油或汽油清洗干净后,再安装回原位

第7章

预制混凝土管片生产线设备

7.1 概述

7.1.1 定义和功能

预制混凝土管片是隧道施工尤其是通过盾构机施工中使用的重要构件之一,是隧道的永久衬砌结构。作为隧道最内层屏障,其承担着抵抗土层压力、地下水压力以及一些特殊荷载的作用。预制混凝土管片质量直接关系到隧道的整体质量和安全,影响隧道的防水性能及耐久性能。

预制混凝土管片生产设备是指在模具整备、钢筋加工、入模,混凝土加工、转运、浇捣、静养压光、蒸汽养护,管片脱模、吊运、后期养护、转运、存放等生产过程中所使用的自动化生产线设备及配套设备。

预制混凝土管片生产线常用设备及其功能如表 7-1 所示。

表 7-1 预制混凝土管片生产线常用设备及功能

所 属 类 型	设 备 名 称	功　　　能
混凝土制备	混凝土搅拌站	混凝土拌和
	混凝土输送设备	输送混凝土
钢筋加工	弯箍机	箍筋、构造筋、分布筋加工
	钢筋剪切设备	棒材切断
	弯弧机	钢筋弯弧
	弯曲机	主筋弯钩、螺旋筋加工
	二氧化碳气体保护焊机	钢筋骨架组装
	电弧焊机	钢筋骨架定位
	钢筋骨架输送系统	输送钢筋骨架至流水线
管片成型	管片钢模具	混凝土成型
	振捣器	混凝土密实
	空气压缩机	带动振捣器等风动工具
	生产流水线	管片生产各工位运转

续表

所属类型	设备名称	功　能
吊运、输送	吊具、真空吸盘	管片脱模、转运
	桥式起重机	管片车间内吊运
	管片转运平车	管片转运
	龙门吊	管片户外存放、外运装车
	管片（口子件）翻转机	管片（口子件）翻转
	叉车	厂内运输
蒸压养护	蒸汽养护窑	管片养护
	蒸汽锅炉	供汽
	测温和温控装置	测定并保持设定的温度
成品检验	水平拼装试验台	管片三环拼装检验
	检漏试验台	管片检漏
	抗拉拔试验台	管片拉拔试验

7.1.2　国内外现状与发展趋势

1. 国外现状与发展趋势

法国工程师布鲁诺尔受小蛀虫在船板上钻孔行为的启发，最早提出了用盾构法修建隧道的思想。1820 年，布鲁诺尔在英国泰晤士河下首次采用高 6.8 m、宽 11.4 m 的矩形盾构技术修建一条隧道，施工期间两次被淹，后用气压辅助施工，终于在 1843 年完成了世界上第一条盾构法隧道。20 世纪初，盾构法隧道在美、英、德、苏、法等国推广，20 世纪三四十年代，在这些国家已成功地使用盾构建成了多条地下铁道及水底隧道。60 年代，盾构法在日本得到迅速发展，其用途越来越广。

随着技术的发展，越来越多的盾构施工方法、盾构机型被投入工程应用。从正面挖土形式来分，盾构已从手掘式发展成机械式，手掘式盾构已基本退出历史舞台。从维持开挖面稳定方法来看，目前已发展了气压盾构、挤压式盾构、网格盾构、泥水加压盾构、局部气压盾构、土压平衡盾构等多种盾构形式，地铁隧道常用土压平衡盾构，而大断面盾构隧道则常采用造价高昂但施工相对安全、扰动少的泥水平衡盾构。同时为了适应多种需求，盾构的断面具有矩形、马蹄形、椭圆形、圆形、双圆形、三圆形等多种形式。

管片是盾构施工中使用的重要构件之一，管片生产的核心设备有管片模具、管片专用吊具、管片养护设备、自动化生产线等。目前国外模具制造技术较为成熟，生产的管片质量良好；管片真空吸盘质量稳定，具有较高的可靠性。但国外的设备价格较高，一般用于有专门要求的重要工程中。

未来，随着智能化振动控制技术的发展，混凝土振捣将更加智能化，配套设备（混凝土输送、给布，模具及管片转运、养护设备等）更加自动化、智能化；随着管片直径不断加大，模具、真空吸盘等设备更加大型化。

2. 国内现状与发展趋势

盾构法在我国起步较晚，但近年来发展很快。在我国的第一个五年计划期间，东北阜新煤矿就采用了直径为 2.6 m 的盾构机以及小型混凝土预制块来修建疏水巷道。1957 年，在北京的水道工程中也曾用过 2.6 m 的盾构机。1963 年后，在上海第四纪软弱含水层中，先后用了外径为 4.2 m、5.8 m、10 m、3.6 m、4.3 m、3 m 等的八台盾构机修建包括江河排水、取水、水地公路等多种形式的隧道。近年来，黄浦江越江隧道、河流污水工程,尤其是地铁隧道的建设,使盾构技术得到了飞速的发展。

2000年后我国地铁建设项目越来越多,据不完全统计,截至2005年6月我国已建成地铁的城市有北京、上海、广州、深圳、武汉、天津、南京、重庆、长春、大连等10余个。中国已建成通车的轨道交通线路总长420 km,在建线路总长超过340 km。

近年来,我国预制混凝土衬砌管片的企业数量、产品质量、生产技术水平、生产工艺装备、行业管理水平等得到了大力的发展。附着式高频振动器、隧道养护技术、自动化流水作业等一批先进的生产技术形式在管片生产企业得到推广应用。目前,我国开展地铁建设的城市,包括北京、天津、上海、广州、深圳、南京、西安、沈阳、成都、杭州、苏州、重庆、武汉、宁波、郑州、哈尔滨、无锡、昆明、南昌、太原等,均建成了管片生产基地,其他规划建设轨道交通的城市也在筹建管片生产企业。管片的使用领域包括地下铁路隧道、越江公路隧道、水利工程隧道等。

目前,国内生产企业有60多家,管片的生产企业一般根据地铁施工进度安排生产。由于地铁施工进度不同,管片的生产规模不一,具体的生产规格与当地隧道施工的产品要求相对应。国内管片企业生产工艺主要有固定模具法、机组流水法和自动化流水线法;管片养护方式基本采用蒸汽养护加浸水养护、喷淋养护或喷涂养护剂的方式。在南方地区,以蒸汽养护加水养护居多,北方地区由于冬季施工时无法进行水养护,大部分企业采用蒸汽养护加喷涂养护剂的方法。从调研到的企业实际情况看,100%的企业均采用蒸汽养护;后续的养护方式中,广州安德为蒸汽养护后进行喷淋养护,北京建工、辽宁兴荣昌、北京港创为喷养护剂养护,其余均是水中继续养护7~14 d,达到28 d后出厂。

国内在引进、学习国外先进技术的基础上,相关配套设备都已比较成熟,如管片自动化生产线,钢模具,数控钢筋加工设备,混凝土搅拌、转运、给布料设备,自动化蒸汽养护设备,管片吊装、翻转、转运等设备,基本能满足生产需要。

未来,国内设备仍然需要提高制造质量,设备智能化、自动化程度会不断提高,设备的可靠性会不断提升,相关设备品种也将不断丰富,以满足生产的需求。

7.2　混凝土管片生产线

目前,国内预制混凝土管片生产企业采用的生产线按生产工艺方法分为3种:固定模具法、机组流水法、自动化流水线法等,每种工艺各有特点,如表7-2所示。

表 7-2　混凝土管片生产工艺分类

工艺形式	固定模具法	机组流水法	自动化流水线法
成型方法	附着式振动器和手动插入式振捣器成型	振动台成型	振动台或附着式振动器成型
设备组成	模具、桥吊、养护罩	模具、振动台、桥吊、养护池	模具、振动台、传送线、养护窑、桥吊
特点	模具位置相对固定,桥吊运送混凝土进行浇注,成型后加养护罩或养护盖养护	振动台和混凝土浇注位置相对固定,模具由桥吊吊装至振动台,成型后吊装至养护区养护	振动台和混凝土浇注位置相对固定,模具由轨道输送至振动位置,属浇注成型、静停、蒸汽养护、脱模连续的型式

7.2.1　生产线组成与布局

1. 固定模具法

1) 生产线组成

固定模具法预制混凝土管片生产线的主要设备包括搅拌站、模具、钢筋加工设备、振捣器、养护罩、翻转机、桥吊、真空吸盘、吊具、翻板机等。生产线中固定模具布置如图 7-1(a) 所示，生产线总体布置如图 7-1(b) 所示，生产线平面布置如图 7-1(c) 所示，预制混凝土管片厂平面示意图如图 7-1(d) 所示。

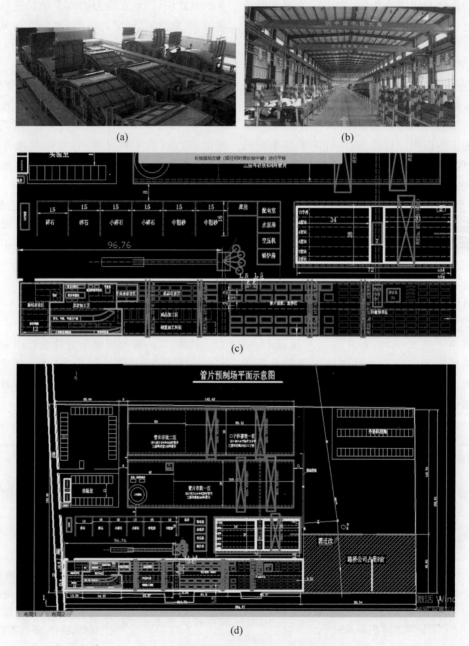

(a)　　　　　　　　　　　(b)

(c)

(d)

图 7-1　固定模具法混凝土管片生产线

(a) 固定模具布置图；(b) 生产线总体布置图；(c) 生产线平面布置图；(d) 预制混凝土管片厂平面示意图

2）生产线原理

该生产线工艺要求在模具所在位置完成所有需模具参与的工序作业,操作工人在各个模具之间来回移动完成各工艺的操作。模具位置相对固定,把所有的材料都运送到模具的位置,用桥吊或混凝土运输车将拌和好的混凝土运送到模具上方进行浇注,采用附着式振动器或人工插入振捣器振动,成型后加盖养护罩进行蒸汽养护,成品利用叉车、运输车、桥吊等方式运输。

管片整个生产过程中物资、人员不断在不同工作面运输集散,单位生产能耗高。该生产线适合于短期一次性、生产规模小、产品规格多、产品比较大而不利于远途运输的项目;工艺相对简单,投资小,场地布置灵活,采取静态模具生产方式有利于工作人员控制管片质量。

其缺点是人力资源投入大,人为干扰因素多,劳动强度大,车间占用空间大,模具利用率不高,生产效率相对较低,蒸汽养护的能耗相对较高。

3）生产线主要设备

生产线主要设备包括搅拌站、混凝土输送料斗及转运平车、模具、钢筋加工设备、振捣器、养护罩、管片及口子件翻转机、桥式起重机（桥吊）、真空吸盘、吊具、管片蒸养设备、管片转运载重汽车、门式起重机等。

4）工艺流程

该生产工艺流程包括钢筋下料、钢筋弯弧、手孔主筋弯制、箍筋弯制、构造筋弯制、钢筋笼焊接、模具清理、脱模剂喷涂、钢筋笼入模、模具组合、预埋件安装、混凝土浇注、外弧收面、拔芯棒丝锥、蒸汽养护、管片脱模、管片修补、涂刷防水涂料、管片翻转吊运、入水养护、堆放存储以及抗渗、抗弯、拼装试验,如图7-2所示。详细介绍如下:

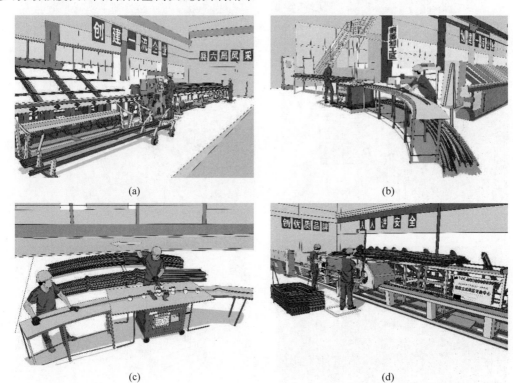

(a)   (b)

(c)   (d)

图7-2 固定模具法工艺流程

(a) 钢筋下料;(b) 钢筋弯弧;(c) 手孔主筋弯制;(d) 箍筋弯制;(e) 构造筋弯制;(f) 钢筋笼焊接;(g) 模具清理;
(h) 喷涂脱模剂;(i) 钢筋笼入模;(j) 模具组合;(k) 预埋件安装;(l) 混凝土浇注;(m) 外弧收面;(n) 拔芯棒丝锥;
(o) 蒸汽养护;(p) 管片脱模;(q) 管片修补;(r) 涂刷防水涂料;(s) 管片翻转吊运;(t) 入水养护;(u) 堆放存储;
(v) 抗渗试验;(w) 抗弯试验;(x) 拼装试验

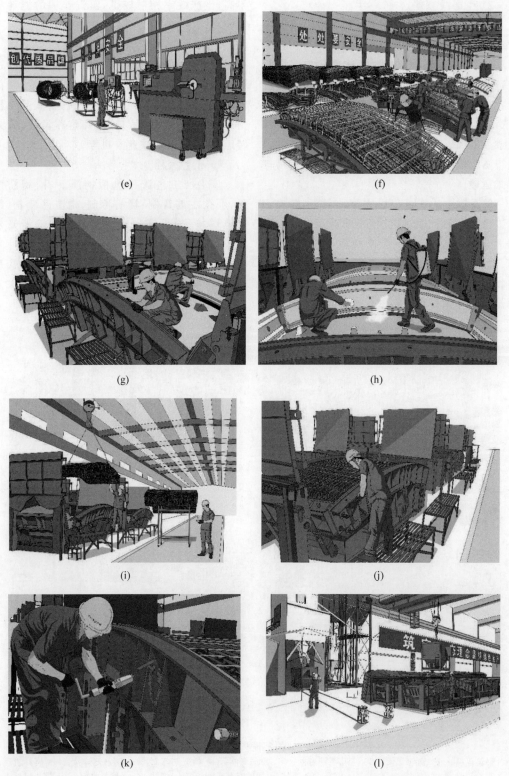

图 7-2　（续）

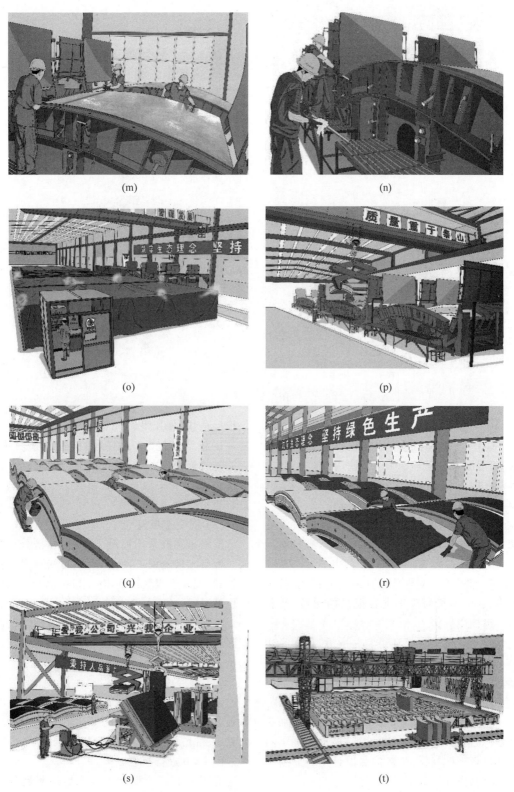

图 7-2 （续）

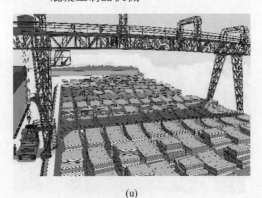
(u)

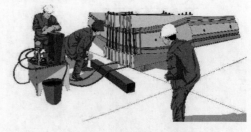
(v)

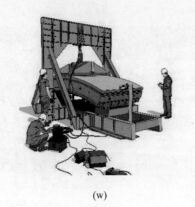
(w)

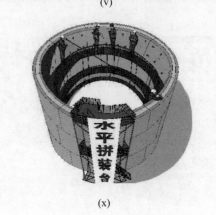
(x)

图 7-2 （续）

（1）模具整备

① 清洗模具：组模前对模具进行彻底清洗，将混凝土残渣全部铲除，使用胶片配合清理模具内表面和拼缝处的残浆和细小颗粒，并用高压水枪冲洗干净。

② 喷涂脱模剂：使用雾状喷雾器喷涂后用抹布涂抹均匀，使模具和混凝土所有接触面上均有薄层脱模剂。

③ 组模：按照模具设计的尺寸精度，按先端头、后侧模板的顺序进行模具的组装，严格控制组模质量。

④ 模具检查：模具组装完毕后，用内径千分尺在模具指定位置进行宽度检测，同时检查模具的内弧面平整度，确保无翘曲。

（2）钢筋入模

① 钢筋笼制作加工：使用相关钢筋加工设备（如钢筋弯曲机、切断机等）根据实际下料长度进行钢筋制作，严格按照设计图在靠模上安装已制作好的钢筋。

② 钢筋笼入模：在钢筋笼指定位置装上保护层垫块，使用龙门吊配合专用吊具，按各种规格将钢筋笼放入型号相匹配的模具内。钢筋笼放置好后，及时调整钢筋笼及混凝土保护层垫块，立即安装管片安装孔、定位销套管、道钉等预埋件。

（3）混凝土浇捣

混凝土浇捣采用混凝土分批放料，分层振捣。混凝土按先模具两端、后中间的顺序进行浇注，当混凝土表面平整，有浮浆析出或者表面停止下沉、气泡基本停止排出时停止振捣，静置一定时间后，再进行复振，以减少管片成型后的气泡、水眼。在混凝土浇注过程中密切注意钢筋笼是否变形，预埋件是否偏移、脱落、变形。

（4）静养压光

全部振捣成型后，静养大约 10 min 后拆除压板，进行压光。

① 粗光面：使用铝合金压尺刮平，去掉多余混凝土，并进行粗磨。

② 中光面：待混凝土收水后用灰匙进行光面，使管片平整、光滑。

③ 精光面：使用长匙精工抹平，力求表面光亮无灰匙印，管片外弧面平整度的误差值不大于规定误差。

（5）蒸汽养护

固定模台生产工艺采用移动蒸汽罩养护，在管片外弧面上盖上湿润的养护罩，将用于蒸汽养护的帆布套套在模具上，下部同地面接触的地方用木方压实，在帆布套上预留的小孔中插入温度计，检查无误后通入蒸汽，布置于模具底部的蒸汽管布满小孔，蒸养时蒸汽会从每个小孔中均匀地喷出来，使整个模具均匀地升温进行养护。

（6）管片脱模

① 脱模：拆卸两侧模和端模，使用专用吊具平稳起吊脱模，后用龙门吊将管片吊出到管片翻转机上翻成侧立状态。

② 水养：管片脱模后吊入水池内进行养护，确保管片完全浸泡在水里，管片入池时管片与池中水的温度差不得大于 20 ℃，养护周期为 7 d。然后进行淋水养护，保持管片外面湿润，喷淋养护达到 28 d 龄期。

2．机组流水法

1）生产线组成

机组流水法预制混凝土管片生产线如图 7-3 所示。生产线主要设备包括搅拌站、模具、钢筋加工设备、振动台、养护池、桥吊等。

图 7-3 机组流水法混凝土管片生产线

2）生产线原理

该生产线适用于改扩建项目，可充分利用已有设备，减少一次性投资，缩短建设周期，且可以兼容其他产品的生产加工活动，整个生产工艺转换性较强，可以不用配置专业的混凝土搅拌站。其缺点是要带模具起吊，桥吊负荷量大，并且模具在起吊的过程中极易变形，人为干扰因素多，劳动强度大，机械投入大，能耗高。

3）工艺流程

机组流水法工艺流程主要包括模具组装、脱模剂喷涂、钢筋笼安装、混凝土浇注、蒸汽养护、拆模标记管片及二次养护等工序。其中钢筋笼需提前制备，混凝土按设计的配合比用搅拌机进行预搅拌。其生产工艺流程如图 7-4 所示。

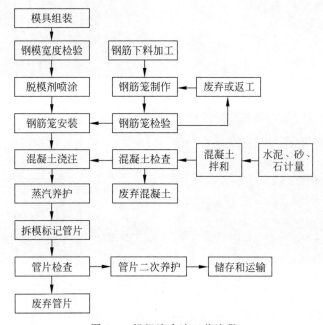

图 7-4 机组流水法工艺流程

生产时在厂房内的固定位置安装振动台，以桥吊为运输工具，将装好钢筋笼的模具吊运到振动台上，定点浇注混凝土，振捣方式为振动台振捣，振动成型后再整体吊运至蒸汽养护区进行养护。生产现场如图 7-5 所示。

(a)

(b)

(c)

(d)

(e)

(f)

(g)

(h)

图 7-5　机组流水法生产现场图

(a) 自动化钢筋剪切生产线；(b) 数控立式钢筋弯曲中心；(c) 钢筋笼制作；(d) 试验检测；

(e) 管片蒸养；(f) 抗弯试验；(g) 抗渗试验；(h) 三环拼装试验

3．自动化流水线法

1）生产线组成

自动化流水生产线主要由控制系统、生产线、液压推进系统、进出模车控制系统、混凝土浇注振捣系统、养护系统组成。生产线实景布置如图7-6(a)所示，生产线平面布置如图7-6(b)所示，厂区平面布置如图7-6(c)所示。

（1）控制系统

自动化流水线利用计算机控制技术、变频调速技术保证设备的精确定位。由于简化了机械机构，使装配和调整更加简便，从而降低了机械故障率，提高了整机可靠性和生产效率。采用液晶触摸屏控制，使生产线的运行状态、故障信息的监控等操作均可直观完成。可靠的程序控制器和高速计数模块可有效地防止外部干扰。另外，自动化流水线具有运行稳定、功能全面、技术先进、结构合理等优点。高灵敏度的限位开关、接近开关可有效地保障设备可靠、安全地运行，并减轻工作量，提高工作效率。

（2）出模车控制

出模车控制系统主要由PLC控制器根据外部反馈信号实现整个出模车的运行动作。控制模式分为手动和自动两种。在自动运行模式下，出模车的运行动作指令由中心控制系统根据外部反馈信号自动发出，并实现自动工作；在手动状态下，由人工完成选择及相应动作。出模车的工作状态可通过HMI触摸屏进行动态监控，各部运行工作状态均实现可视化。

（3）自动模式

生产线的自动模式需要将中心控制系统和出模控制系统利用手动调试完成，并且把各部分调整到初始状态，然后再进入自动模式下的连续自动运行。

（4）监控系统

分别在两侧摆渡车、浇注工位、整条流水线处安装监控探头，便于主控人员实时了解生产状态，并可将信息进行存储，以供管理人员调用查阅。

（5）温度控制系统

养护窑温度由PLC控制器自动调节，并通过温、湿度传感器和电磁阀控制养护窑内每个区间的蒸汽通气量，从而实现温度的自动控制。

（6）料斗控制系统

料斗控制系统分为移动料斗及浇注室料斗控制两部分。触摸屏上的操作界面仅能控制料斗的行走，料斗的开合及振动由控制台上按钮、旋钮控制。使用旋钮、按钮开关能精准地控制放料速度及振动强度。利用人机界面能更好地观察料斗的运行情况。

2）生产线原理

生产线混凝土浇注位置固定，以主控室为中心，通过液压推进和平移小车使模具在轨道上按控制室发出指令自动运行流转至各个工位，准备工作、清模、刷脱模剂、放置预埋件、放置钢筋笼、浇注混凝土、抹光、进入养护窑养护、脱模等，所有工序均在固定位置由固定人员在控制台上通过电脑控制系统完成后再流入下道工序，周而复始，形成模具全过程在线循环流转的自动化生产流水线，减少了吊车的使用。该生产线适用于新建连续生产、规模大的专业管片生产工厂，流水线自动控制运行，模具始终在流水线循环运行，自动化程度高，人为干扰因素少，能够有效提高管片的生产效率，节省人力资源成本，管片生产能耗低，环境污染小，养护温度也较易控制。缺点是混凝土硬化前易受顶推传送振动影响，整个生产线投资大，并且回收周期较长。

3）工艺流程

自动化流水线法的工艺流程如图7-7所示。

当生产线浇注工位完成混凝土浇注后，进模平移车在生产线端定位待命，主线牵引油缸拖动生产线各模具前移。其中，生产线最末端模具推进到进模平移车，随后生产线主油缸退回到一定位置，进模平移车解锁，并运行到蒸养线；到达预定蒸养线后，液压油缸位置锁定，进模平移车将初静养后的模具推入静停蒸养区，养护窑内的各牵引油缸依次将相应模具牵引到各区相应位置，以保证升温区、恒温区等各区推开门的关闭。最后，蒸养完毕的带模管片被拉出模平移车；位置确认后，出模平移

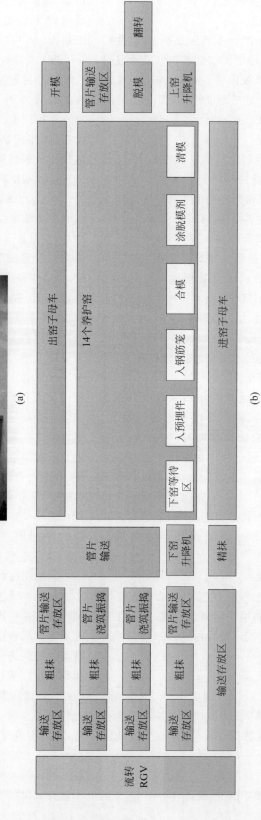

图 7-6　自动化流水线法混凝土管片生产线

(a) 自动化流水线实景布置图；(b) 自动化流水线平面布置图；(c) 厂区平面布置图

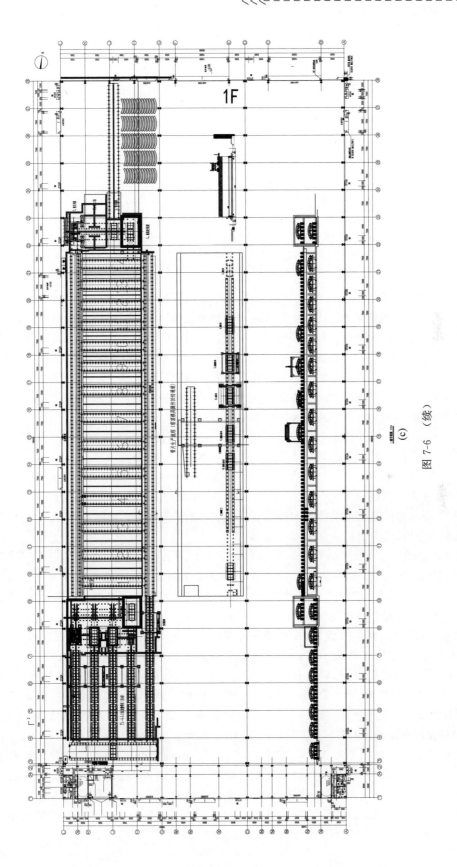

图 7-6　（续）

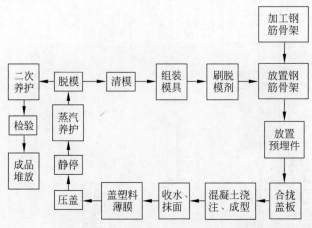

图 7-7　自动化流水线法工艺流程图

车运行至指定浇注线位置，液压油缸定位可靠后，出模平移车将模具推入生产线，生产线各工序依次进行开模、起吊管片、清洁模具、涂抹脱模剂、合模、吊入钢筋骨架、放置预埋件等附件，检查合格后合模。当各工序完成相应操作并发出指令后，主线牵引油缸启动，将生产线各工位模具前移，同时，将生产线最末端模具推进至进模平移车，进模平移车再交替运行到其他蒸养线，并将模具推入养护窑。以上生产工序不断循环。

4. 其他形式生产线

近年来，随着超长隧道掘进技术和地铁盾构技术的推广应用，涌现出许多新型混凝土预制管片生产线。

1) 单模固定窑蒸养式生产线

单模固定窑蒸养式生产线由固定养护窑、钢筋笼入模吊机、混凝土拌和站、混凝土吊罐、混凝土吊罐专用吊机、真空吸盘、管片出模吊机、翻片机等组成，主要工作集中在固定蒸养窑位置进行，模具不需要移动，但物料运输和作业人员均需要频繁移动，养护窑的养护温度需要根据养护要求作动态单独控制。

2) 特定温度控制流水蒸养窑生产线

特定温度控制流水蒸养窑生产线由特定温度控制流水养护窑、管片脱模区、模具清理区、刷脱模剂区、钢筋笼入模区、合模区、混凝土浇注和振捣区、模具搬运小车、混凝土拌和站、钢筋笼入模吊机、真空吸盘、管片出模吊

机、翻片机等组成，主要工作在排成一排的管片脱模区、模具清理区、刷脱模剂区、钢筋笼入模区、合模区、混凝土浇注和振捣区、模具搬运小车运行区进行，作业人员在固定工位作业，物料在固定位置投放，模具随生产线作流水循环移动。养护窑温度分预养区、主养区和降温区，每个区域的温度相对固定。

3) 动态温度控制蒸养窑流水生产线

动态温度控制蒸养窑流水线，除了养护窑的养护温度需要根据养护要求做动态单独控制外，其余的工艺布局、工艺流程与特定温度控制流水蒸养窑生产线基本一致。

7.2.2　生产线主要设备及系统

1. 钢模

钢模是预制管片成型的模型设备，主要由底座、两块侧板(脱模时可打开)、两块端板(脱模时可打开)和两个模具盖(脱模时打开)以及定位夹紧机构(包括锥形定位棒、预埋套管定位杆、端板开合螺栓、侧板锁紧螺栓、侧板开口螺栓、边角锁紧螺栓等)等组成。其定位装置与模具紧固螺栓位置尤为关键，如图 7-8 所示。

端、侧板的开启方式有多种：有采用铰链翻合式开启的端、侧板；有采用滚轮式平移开启的端、侧板；有采用铰链翻合式开启的端板和采用滚轮式平移开启的侧板相结合的方式。

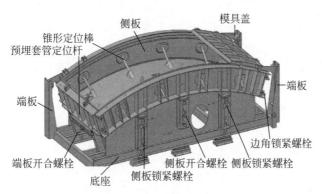

图 7-8　钢模结构图

端、侧板开启方式各有特点，一般采用端板为铰链开启、侧板为滚轮式平移开启的两种不同开启方式相结合的方法，其优点是：由于端板与垂直方向成一斜角，采用铰链翻合式开启钢模时，对管片止水槽处的脱模斜度影响很小，不会造成管片的损坏，况且端板的体积和质量都不是很大，开启和闭合不会太费力，铰链式的安装精度和定位精度比较高，安装时定位较方便。另外，由于侧板的体积和质量比较大，为了减轻劳动强度，便于操作，又由于侧板与底座的夹角成直角，如采用铰链式开启，受铰链开启转动时的角度影响，容易造成"啃边"而损坏管片，故采用滚轮式平移开启方式。

2．摆渡车

摆渡车是把模具从浇注线运送到蒸养线和从蒸养线运送到浇注线的转运设备，其典型结构如图 7-9 所示，主要由行走机构、电机、减速机、模具支架、限位装置等组成。

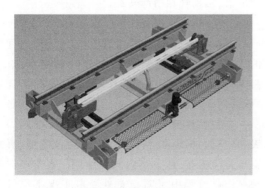

图 7-9　摆渡车结构图

摆渡车具有三个主要功能：横向移动功能

完成模具在浇注线和蒸养线的转换、推进功能完成模具从摆渡车到浇注线或蒸养线的转换、拉回功能完成模具从浇注线或蒸养线运行到摆渡车到位。触动行程开关后 PLC 接到指令后方可横向移动。为了保证摆渡车的稳定、可靠运行，所有运动功能采用机械式结构完成，由电机和减速机进行驱动。

每条线的模具在动作之前摆渡车都要在这条线的两端，一座模具在其中的一个摆渡车上向前推出，另一个摆渡车就必须在这条线的另一端接住前面的模具，摆渡车把等待养护的管片运送到养护窑养护，把养护好的管片运送到生产线脱模，形成循环。摆渡车的每一个运行动作全部由 PLC 控制，并利用接近开关和光电开关进行精确定位。

3．翻转机

翻转机是将预制管片进行 90°或者 180°翻转的设备，翻转后方便对管片进行运输、吊运等。该设备的典型结构如图 7-10 所示，主要由底座、翻转支架、转臂、固定块、滑块、弹簧、抵触杆、木块、竖杆、收集盒、凸块、转轴、驱动件等部件组成。

翻转作业时弧形结构的管片内凹面朝下，水平放置在转臂上，在底座 1 上设置有用于驱动转臂 5 的驱动件 4，驱动件 4 为油缸，油缸顶杆铰接有转轴 6，两个转臂 5 固定连接在转轴 6 的两端，油缸顶杆收缩，转臂 5 由水平状态转动至竖直状态，管片从水平状态被翻转呈竖直状态。

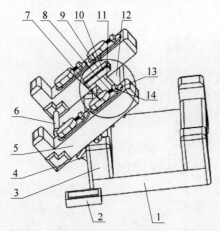

1—底座；2—收集盒；3—翻转支架；4—驱动件；
5—转臂；6—转轴；7—滑块；8—弹簧；9—木块；
10—竖杆；11—抵触杆；12—支撑杆；13—固定块；
14—凸块。

图 7-10　管片翻转机结构图

4．吊具

1）夹紧式吊具

（1）脱模吊具

脱模吊具是用于将浇注好的管片从管片模具中夹出，吊到翻转机上的设备，其典型结构如图 7-11 所示，主要由挂板、钳臂、提升架等组成。

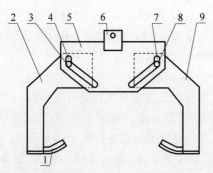

1—挂板；2—第一钳臂；3—第一导向柱；4—第一滑移斜槽；5—第一侧板；6—提升架；7—第二滑移斜槽；8—第二导向柱；9—第二钳臂。

图 7-11　管片脱模吊具结构图

作业时将天车吊钩挂在提升架 6 上，吊起吊具放置到水平位置的管片上，将第一钳臂 2 和第二钳臂 9 与管片配合卡好，吊钩提起，提升架 6 拉动第一钳臂 2 和第二钳臂 9 收紧，钳臂抱紧管片时，棘轮离合器打开，吊运管片。吊

运完成，吊钩下放，提升架 6 靠重力下降，棘轮离合器关闭，提升架 6 撑开钳臂，吊钩提起，吊具离开管片，完成吊装。在吊装时，不需要提供任何动力源，靠自重锁紧、定位，安全可靠；无须人力安装任何附加装置，可节省大量人力，降低生产成本；对管片的保护性好，不易损坏管片；结构简洁合理，制造成本低。

（2）搬运吊具

搬运吊具是对经翻转机翻转后呈竖直状态的管片从厚度方向夹持进行吊运的专用吊具，其典型结构如图 7-12 所示，主要由吊环、连接杆、夹爪机构、夹板、夹爪手臂等组成。

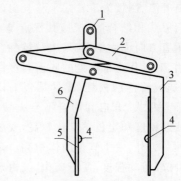

1—吊环；2—连接杆；3—夹爪手臂；4—防滑凸榫；5—夹板；6—夹爪机构。

图 7-12　管片搬运吊具结构图

作业时将天车吊钩挂在吊环 1 上，在上提的过程中由于受到重力作用，夹爪机构 6 上的夹爪手臂 3 相互靠拢，对管片进行紧固夹持，同时夹板一侧中央设有防滑凸榫，可有效防止管片滑落，实现管片吊起转运。

2）真空吸盘式吊具

真空吸盘式吊具利用真空与大气压之间的压差吸取管片实现吊运，主要由真空系统、吸盘体、机架等组成，其典型结构如图 7-13 所示。

真空吸盘真空系统由真空泵、真空压力表、真空过滤器、真空电磁阀、真空蓄能器、真空压力传感器、真空单向阀等组成。真空单向阀在作业过程中可防止意外断电工况下空气回流，真空度下降，吸盘吸力不足，管片脱落；真空电磁阀除了有换向功能外还需具备断电

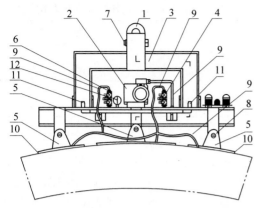

1—吊钩；2—真空泵组件；3—真空腔；4—吸气电磁阀；5—吸盘吊耳；6—放气电磁阀；7—销钉；8—转轴；9—高压气管；10—吸盘；11—管道；12—压力表。

图 7-13　管片真空吸盘式吊具结构图

复位功能，能够确保在意外断电工况下吸取管片不脱落。真空蓄能器与吸盘相连通，可以维持吸盘的真空度，真空过滤器主要过滤空气中灰尘、颗粒及水分，对真空元器件进行保护，增加系统的可靠性，防止误动作，提高安全性；真空压力传感器可连续检测吸盘内的真空度，并把压力值传给 PLC，通过 PLC 实现互锁及报警功能。

工作时吊运真空吸盘通过吊耳与相应起重设备相连，并依靠自重使真空吸盘密封条紧贴在管片的内弧面上，真空泵在电机的驱动下通过真空单向阀抽取真空蓄能器内的空气，使其产生大于或等于 80% 真空度，由于真空吸盘内腔与大气隔绝，当操作吸取管片开关时，真空吸盘内腔通过真空电磁阀与真空蓄能器内真空连通，依靠真空蓄能器内真空与大气压之间负压差即可吸取管片，实现起吊运输。

7.2.3　主要技术参数

1. 管片模具

管片模具是依据管片构件要求设计的，根据管片构件不同的尺寸要求，管片模具相应地由若干标准块模具、两件邻接块模具、一件封顶块模具组成。

管片模具主要由底模、侧模板、端模板、上盖及其他相关零部件组成，其结构如图 7-14 所示。

图 7-14　管片模具

管片模具具有以下特点：

（1）侧模板和端模板与底模的连接方式采取的是铰接式，该方式使侧模板和端模板的开合十分方便，利于工人操作；

（2）铰接式连接方式方便模具型腔尺寸的调整；

（3）模具采用的振捣方式是附着式整体振捣，气动振动器附着在底模上平板的下方，通过加强筋板传递振捣力。

2. 真空吸盘

GKXP-15-90 型管片真空吸盘机是隧道混凝土管片生产过程中的脱模起重机具，如图 7-15 所示。它利用真空与常压之间的压差产生吸附作用，并配有一系列的保护报警装置来达到安全可靠的起重目的。

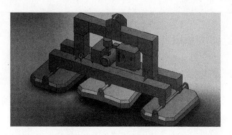

图 7-15　GKXP-15-90 型管片真空吸盘机

该吸盘机的主要技术参数如表 7-3 所示。

表 7-3　GKXP-15-90 型管片真空吸盘机的技术参数

参数及项目	数值及型号
外形尺寸/(mm × mm×mm)	4000×1900×1800
设备质量/t	1.8
额定最大吸吊质量/t	15(真空度−75 kPa)
吸吊管片外弧半径/mm	5850

3. 管片吊具

（1）搬运吊具

11.7 m 管片构件搬运吊具如图 7-16 所示，由长力臂、短力臂、拨杆、定位架、吊环套等零部件组成。其主要技术参数如表 7-4 所示。

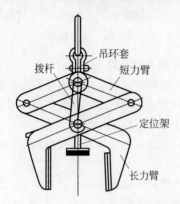

图 7-16　11.7 m 管片构件搬运吊具

表 7-4　11.7 m 管片构件搬运吊具技术参数

参　　数	数　　值
外形尺寸/(mm×mm×mm)	1733×1308×400
总质量/kg	650
最大起吊质量/t	15

（2）脱模吊具

11.7 m 管片构件脱模吊具如图 7-17 所示，由长力臂、短力臂、拨杆、定位架、吊环套、弓形(B)卸扣等零部件组成。其主要技术参数如表 7-5 所示。

图 7-17　11.7 m 管片构件脱模吊具

表 7-5　11.7 m 管片构件脱模吊具技术参数

参　　数	数　　值
外形尺寸/(mm×mm×mm)	3262×2683×700
设备总质量/t	3
最大起吊质量/t	15

4. 管片翻转机

GKFP-12-90 型翻片机是隧道混凝土管片生产过程中的翻转机具，如图 7-18 所示。它利用液压原理，并配有一系列的保护装置而达到安全快捷的翻转目的。其主要技术参数如表 7-6 所示。

图 7-18　GKFP-12-90 型翻片机

表 7-6　GKFP-12-90 型翻片机技术参数

参数及项目	数值及型号
外形尺寸/(mm×mm×mm)	2700×2500×2100
设备净重/kg	2500
最大翻转质量/t	15
油泵型号	HGP-3A-F12R-2B

7.3　设计计算与选型

1. 生产线产能设计

管片生产产能与模具数量和蒸汽养护时间密切相关。一般情况下，管片蒸汽养护制度为：静停(1 h)—升温(1 h)—恒温(2 h)—降温(1 h)。管片成型后设置静停区，以便满足管片进入蒸汽养护前达到一定初凝时间的技术要求，防止管片开裂。单条全自动管片生产线模具数量配置必须适当，模具数量过多，会造成模具利用效率低；模具数量过少，则不能保证管片静停及养护时间。如需提高产量，应在不影响管片静停及养护时间的前提下合理增加灌注振动成型台位、清模台位、合模台位等关键台位，加快每块管片生产节奏。通常单条全自动化管片生产线模具配置数量为 8～12 环。

（1）管片生产线最大日产量可利用式（7-1）计算

$$Q_r = \frac{24 \times 60 K_1 K_2}{NT} \tag{7-1}$$

式中，Q_r 为单条管片生产线最大日产量，块；K_1 为设备利用系数，$K_1 = 0.8～0.95$，包括设备保养、检修时间；K_2 为时间利用系数，$K_2 = 0.85～0.97$，包括交接班、操作准备时间及设备衔接等辅助时间；N 为每环管片块数；T 为单块管片生产节奏时间，min。管片直径小于 6 m 时，通常 $T = 5～6$ min；管片直径大于 6 m 小于 9 m 时，通常 $T = 8～9$ min；管片直径大于 9 m 时，管片生产适用台座法。

（2）管片生产线最大年产量可利用式（7-2）计算

$$Q_n = \frac{306 Q_r}{K} \tag{7-2}$$

式中，K 为日不平衡系数，通常取 1.1。

此外，管片生产线模具数量必须满足养护时间要求。

窑内养护时间

$$T_1 = \frac{24 \times 60 n}{60 Q_r N} \geqslant 4 \text{ h} \tag{7-3}$$

管片静停时间

$$T_2 = \frac{24 \times 60 m}{60 Q_r N} \geqslant 1 \text{ h} \tag{7-4}$$

式中，T_1 为窑内养护时间；T_2 为管片静停时间；N 为每环管片块数；n 为养护窑台位数量（升温台位、恒温台位、降温台位数量之和）；m 为静停台位数量。

2．生产线布置

以自动化流水生产线布置为例，某项目流水线生产模位数为 10 个，静养模位数为 22 个，蒸养模位数为 40 个。流水生产线设计为两条生产线和 4 条养护线组合的生产方式。在每条生产线上布置 10 个生产工作位置，依次完成管片的脱模、出模、清模、合模、模具尺寸精度检验、喷涂脱模剂、钢筋笼入模固定、安装预埋件、混凝土浇注振捣、抹面、自然养护工序。4 条养护线布置在生产线的一侧，在养护线上完成静养和蒸汽养护工序。在生产线和养护线的两端分别布置出模平移摆渡车和进模平移摆渡车，平移摆渡车的主要功能是将模具从生产线转运到养护线。考虑模具车之间的安全距离为 1.4 m，两条生产线之间距离为 4 m，养护线之间距离为 3 m，以及作业工人的工作面，确定自动化流水生产线的长度为 80 m、宽度为 22 m。全自动流水生产线布置示意图如图 7-19 所示。

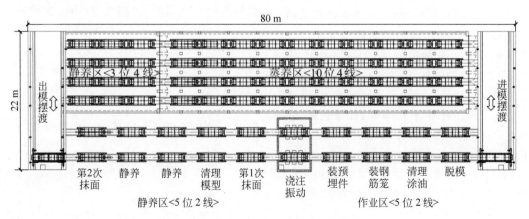

图 7-19　全自动流水生产线布置示意图

3. 养护系统设计及热工计算

1) 养护窑形式选择

养护窑按生产制度可分为连续式养护窑和间断式养护窑（周期性窑）。连续式养护窑实行三班连续生产，在养护过程中，每一区域内的温度可认为是不变化的；间断式养护窑的特点是养护窑内不划分温度区段，养护窑按一班或二班生产，在每一加热周期内的温度是变化的。连续式养护窑比间断式养护窑的热效率高，因为连续式窑的生产率高而且是不间断工作，养护窑工作处于稳定状态，没有周期性的墙体蓄热等损失。

2) 养护窑材料选择

混凝土制品养护窑的结构材料以钢结构形式和砖混结构形式为主，钢结构形式的养护窑施工周期短，但保温处理难；砖混结构形式的养护窑施工简单，但施工工序多且周期长。

应选用导热系数低、比热容小的轻质材料作养护窑的墙体，以减少墙体的蓄热和散热损失，加快窑升温速度和提高窑温的均匀度，达到节能效果。养护窑墙厚增加，窑墙散热损失少，墙外表面温度低，但墙蓄热量将增多。一般情况下，间断式养护窑应采用较薄的墙体以减少蓄热损失；连续式养护窑应采用较厚的墙体以降低经常性的散热损失。

3) 供热设备设计选型

(1) 热负荷计算

连续式养护窑的热平衡计算通常按单位时间计算各项热收支项，并按养护窑单位时间的最大热量消耗确定设备热源大小。热量计算是比较复杂的过程，需要考虑生产线节拍、养护窑结构材料、加热条件、环境温度等因素。各项热量消耗一般不会同时发生，计算最大总热量不能将各项支出项简单地相加，需按生产工艺、制度等因素对数据进行处理。养护窑围护结构蓄热发生在养护窑启动前数小时，养护设施外的热量散失发生在养护窑启动数小时后，后期还可以考虑养护辅助设备（钢模、小车等）的余热。

(2) 热对流风量计算

在实际养护过程中养护窑内存在上下温差，要减小窑内上下温差单靠自然热对流作用是不够的，需采用机械强制循环。风量根据总热量和每次换热温度提升可以利用式(7-5)计算：

$$G = \frac{Q}{C \cdot \Delta t \rho} \quad (7-5)$$

式中，G 为每小时再循环空气量，m^3/h；Q 为养护窑最大热损耗量，kJ/h；C 为空气的比热容，取 1 $kJ/(kg \cdot K)$；Δt 为加热器出口与进口空气温度差，℃；ρ 为空气密度，取 1.3 kg/m^3。

(3) 湿度控制设计

养护介质的湿度对产品质量非常重要。混凝土材料的水化反应需在相应的湿度下进行。同时，养护过程中，饱和蒸汽会在墙壁及托板上产生凝结水，聚集后会下滴或附壁流淌，影响制品表面质量、腐蚀托板与钢板支架，因此在养护期内要排出凝结水和部分饱和蒸汽。为此，采用在养护窑端头顶部安装屋顶排风机进行排风，排风机除了完成上述功能之外，还承担养护降温期的排风降温作用。由降温要求可计算出排风机的最大允许排风量，进行相应设备选型。

7.4 相关技术标准

参考的技术标准主要包括：《普通混凝土配合比设计规程》(JGJ 55)、《地下工程防水技术规范》(GB 50108)、《盾构法隧道工程施工及验收规程》(DGJ 08—233)、《盾构法隧道施工及验收规范》(GB 50446)、《预制混凝土衬砌管片》(GBT 22082)、《盾构隧道混凝土管片》(DB13/T 2085)、《铁路隧道钢筋混凝土管片》(TB/T 3353)等。

7.5 设备使用及安全要求

7.5.1 运输与安装

1. 钢模

(1) 钢模为精密部件，运输时应保持水平和无压力状态，保证加固的正确性与稳定性，防止运输过程中造成碰撞而变形。

（2）钢模下部是 4 个减震块，这四个减震橡胶块直接支撑于地平面上，其作用是保证钢模在震动成型时有足够的自由度。支撑面的平整度为安装时的一个重要的控制参数，其不平整度应控制在 ±1.0 mm 公差要求的范围内。

2．钢筋加工机械

钢筋加工机械应执行有关规定，开关箱及电源等的装拆和电气故障的排除应由电工进行。

3．吊具

（1）安装前，检查销轴及相关件是否润滑。

（2）安装后，长力臂与短力臂应转动灵活，无卡阻。

（3）生产线机械的安装必须坚实稳固，保持水平位置。固定式机械应有可靠的基础，移动式机械作业时应楔紧行走轮。

7.5.2　使用与维护

为了保证管片生产设备的正常运行，充分发挥各个生产设备的生产效益，应对生产设备定期进行保养和检修，对于主要配套件应按照各生产厂家《使用说明书》的要求进行保养和检修。

1．模具使用与维护

（1）管片脱模后，及时对模具进行喷涂脱模油维护，喷涂脱模油由专人负责。

（2）喷涂脱模油前先检查模具内表面是否留有混凝土残积物，如有混凝土残积物通知清模人员返工清洁。

（3）先使用雾状喷雾器薄涂，然后抹匀，使模具内表面全部均布薄层脱模剂。如两端底部有淌流的脱模剂积聚，用棉纱清理干净。

（4）模具的油杯要坚持每天注油（侧模板、端模板铰链轴，端模板、侧模板控制螺栓共 14 处），铰链处的油杯也要注油。

（5）对紧固和控制螺栓的丝扣部分、全部螺栓的螺纹处要及时清理污物并涂润滑脂。

（6）模具内腔、侧模板、端模板、手孔台上的定位孔、盖板内表面要认真进行清理，并在其表面涂防锈油。

（7）清理检查整个模具，对损坏的部分进行修理。检查弹簧的情况，表面要涂防锈油。清扫完成后，模具内腔表面要盖苫布或塑料布，盖好盖板。

（8）模具操作必须遵循用户操作手册和安全操作说明，操作工在工作前要经过相关专业培训，有能力从事所在岗位的工作，能独立完成任务。

（9）每次操作之前，必须检查模具是否处于良好状态，检查所有外部环境、配套设备和工具是否准备好，必须保证所有安全措施到位。如果发现有危及设备安全的地方，要立即停止操作。

（10）模具损坏零件的更换要符合原模具设计要求，维修要由专人负责，维修工要定期检查模具是否处在适宜操作的状态。

2．养护窑使用与维护

（1）所有锅炉工、水处理工应参加专门的特种作业培训，并取得相应的合格证书后方可持证上岗；应熟练掌握锅炉的安全操作规程，并胜任锅炉维护、保养工作。

（2）严格执行锅炉房安全制度，未经同意，外来人员一律不准进入。锅炉房内严禁烘烤无关物品和衣物。

（3）对锅炉的水位定期进行检测，并应对水准器玻璃以及所有连接点等有关部件进行检查，以确保锅炉安全状况良好。

（4）严禁在高于标明的允许工作压力下或操作说明书标示的允许压力下使用锅炉；给锅炉增压、排气时，应先查看水压表情况。一旦超过允许压力，应立即停止燃料供应，并打开安全阀。

（5）所有排气口应安装管子，便于安全排放，避免烫伤工人。

（6）每班前应详细检查锅炉各部件的安全附件（包括压力表、安全阀、水位表、排污阀、给水设备、通风降尘设备等）是否完好正常，确认良好，方可操作。锅内、烟道和炉膛内确实无人和遗留的其他杂物，才能关闭人孔、手孔、烟道门等。

（7）运行时，水位表的水位须保持在正常

水位附近，并须有轻微波动，禁止低水位或满水运行。锅炉经"叫水"仍不见水位或水位下降即满水时，应采取措施处理，如仍不见水位恢复，应立即停炉检修。

(8) 水位表每班至少冲洗一次，保持明亮清晰。密切注意两只水位表可出水位是否一致，发现水位表失灵要立即修复。若两只水位表同时失灵或水位表内有浮油现象，应立即停炉检修。

(9) 严禁将易燃易爆、有毒危险品带进锅炉房。燃煤进入炉膛前必须拣清铅丝、铁器及易爆物。严禁用挥发性强烈的油类或易爆物引火。升火时温度不可增强太快，应使锅水温度均匀上升。

(10) 严格按照要求控制蒸养温度、蒸养时间，确保管片的安全强度。

(11) 养护窑放下窑门进行蒸养前应发出信号警告，确保工作人员已离开养护窑；蒸养时间到时，应先发出信号警告，再打开窑门，避免烫伤门口工作人员。

(12) 窑门打开后，应等窑温降至室温时，再用平移车将管片模具移出，避免人员烫伤。

3. 翻转吊运设备使用与维护

(1) 班前进行一次设备安全状况检查，查看是否处于良好工作运行状态。

(2) 检查时，设备应处于零负载的停止状态。当设备处于压力释放状态时，几秒钟内（根据储油罐的容量而定）真空吸盘应达到80%真空。否则应检查储油罐和吸盘之间的输送管道，并检查过滤器的密封情况。

(3) 当真空度数值达到80%以后，吸盘的电源将自动断开，真空测量仪上的指针应不再移动。如果指针移动回到0的位置，则表明在储油过程中发生泄漏，应依次对储油罐管道、单向阀门、过滤器以及电磁阀的密封情况进行检查。

(4) 负载将会悬挂在设备上，当真空度数值达到90%的时候，吸盘的电源开关将会断开。容许真空度损失（连接处的磨损计算在内）将在10 min内到达80%。假如管道发生严重泄漏，应同样检查吸盘，最后检查电磁阀。在所有的维修工作完成后，为了检查设备的密封，应再次执行上文所述的细节检测。

(5) 每班工作中，应经常对履带的情况进行检查；吊装时，履带严禁缠绕在一起，必须保持平顺状态。

(6) 当真空吸盘红灯亮起时，必须立即放下负载，进行检查。

(7) 吊运时，严禁超过最大负载量。

(8) 真空吸盘及吊运设备未吊装时，不可停于人行道上空或将其高度放到低于人高的位置；吊运时，作业人员应保持一定的安全距离，严禁从人员上方通过。

(9) 管片码垛时必须使用70~100 cm长的"L"形木方做隔离，避免磕碰管片；管垛应堆码到位，垛与垛之间保持50 cm宽的通道；垫木大小要一致，上下要在同一条直线上；码放左右转管片时需在木方下加塞木楔子，以防止压断木方而导致管片倾斜。

(10) 堆码时必须选定安全位置，防止行车工误操作及设备故障导致断不开电等发生意外事故。

(11) 禁止闲杂人员进入吊装作业现场，严禁任何人从吊物下穿行。

(12) 行车运行时应注意轨道及行车运行范围内是否有其他作业人员，及时发出警示信号，避免发生安全事故。

(13) 进出管片通道时要注意行车、内部车辆、外部车辆的运行情况，不要盲目抢时，以免发生意外事故。

第8章

混凝土制管生产设备

8.1 概述

8.1.1 定义和功能

1. 定义

混凝土制管生产设备也称水泥制管设备或水泥制管机,是通过振动、离心或挤压成型等工艺将混凝土制成多种环形截面制品的设备。

2. 功能

环形截面的混凝土制品种类繁多、用途广泛,是当前预制混凝土中最为丰富多彩、发展最快的一类制品。如输送水、油、气的混凝土管,输电及通信用的电杆、工程建设用的管桩、雨水收集用混凝土管、排污用混凝土管等。其形状、构造、生产工艺、材料及制品性能等有许多共同之处。本章仅就用途最广的混凝土制管设备做一全面介绍。

混凝土制管设备种类较多,分别采用不同的成型方式制造混凝土管,此类设备普遍具有结构合理、经久耐用的特点,体积小、质量轻,调整维修方便,节约电能。

混凝土制管机的主要功能是将搅拌完成的混凝土通过振动、离心或挤压等工艺制成环形截面的混凝土管,而其中的主要材料是由水泥、粉煤灰、水、液体外加剂、粉状外加剂、骨料等组成,并且整个过程都是自动化完成的。

8.1.2 国内外现状与发展趋势

1. 国外现状与发展趋势

自 1824 年发明波特兰水泥以来,混凝土就成为人类使用最广泛的建筑材料。1880 年,在建筑上首次使用钢筋混凝土技术;1930 年前后,首次使用预应力混凝土技术。伴随着混凝土材料技术衍生出了水泥制管行业。1930 年前后,离心式混凝土排水管、钢筋混凝土压力管、混凝土电杆、管桩等水泥制管工艺先后产生。混凝土制管机在第二次世界大战结束后的 20 世纪 50 年代得到大规模发展,工艺不断成熟,设备产品逐渐定型。

自 1943 年澳大利亚"罗克拉"公司发明了悬辊法生产工艺以来,悬辊法制管成型工艺成为世界上运用最广泛的制管工艺,悬辊式制管机在美、英、德等近三十个国家和地区的混凝土制管企业中被大量应用。不仅用于制造排水管,同时在输水管的生产中也广泛应用。

从 1969 年以来,德国 TOPWERK 集团率先制造径向挤压制管机,经过 50 多年的技术更新,径向挤压工艺生产的混凝土排水管的最小管径可以达到 300 mm,最大管径达到 2000 mm,最大长度可以达到 3500 mm。采用径向挤压生产工艺可以生产承插口圆管、带底座圆管、顶管、附带侧向排水口的检查井等钢筋混凝土管。

2. 国内现状与发展趋势

我国最早于 1937 年在东北地区开始生产混凝土管,1944 年在北京生产管桩。1949 年以后,我国开始大规模发展水泥制管工业,1952 年北京丰台桥梁厂开始生产电杆、轨枕、管桩,1954 年在广州西村生产离心式三阶段预应力混凝土输水管。1970 年前后,建设了西安红旗水泥制品厂及北京第二制管厂,生产一阶段预应力混凝土输水管,在东北辽阳地区引进三阶段工艺设备生产大口径三阶段预应力混凝土输水管。改革开放后,我国水泥制管行业发展进入迅速发展时期,其中以广东为最,在珠三角地区几乎每个镇都有水泥制管企业。尽管水泥制管行业发展势头强劲,但是其工艺几乎无大的改进。特别是生产环形混凝土电杆、排水管、三阶段预应力混凝土输水管的离心式生产工艺已有超过 50 年的历史。

自 2005 年我国自主研发的第一套芯模振动制管设备进入市场转化为生产力后,因其具有生产效率高、安全、节能、产品质量好等诸多优点,很快得到普及推广,几年间制造芯模振动制管设备的装备制造厂发展到几十家,芯模振动制管机已普及到全国几百家制管企业,由此引发了制管装备改进的热潮,芯模振动工艺已是大中口径管的首选工艺。近年来,小口径双根芯模制管装备因节能高效,在小管生产中也得到应用,正在快速推广中。芯模振动制管存在的缺点是噪声大,受环境条件限制,外观较毛糙。2011 年第一套国产径向挤压制管机的问世,填补了我国立式径向挤压制管工艺和装备的空白,将行业装备技术水平向自动化又推进了一步。经过几年的不断改进、完善和创新,目前新一代径向挤压制管机已基本达到国外同类装备的技术水平,实现了双层钢筋骨架、最大口径 1650 mm 承插管的生产,制管效率较第一代装备成倍提高,制管脱模后基本实现了免表面修饰处理。目前径向挤压制管机在小管生产中推广较快。无论是制管机所能生产的最大规格、制管生产的速度还是制管的产品质量均达到国际先进水平,相比进口装备所需资金大幅下降,从而基本上解决了径向挤压制管装备靠国外进口的问题。

改革开放 40 多年来,我国水泥制品装备产业发生了巨大的变化,尤其近十多年是我国排水管涵行业装备技术进步与发展的高峰期。到目前为止,国内混凝土管生产企业多采用国产的制管机械。国产的混凝土制管机械的先进性已达到国际水平,且装备的技术含量正在不断提高,国产装备不但在国内应用,还开始向国外出口。

8.2 分类

混凝土制管生产设备按照生产工艺一般分为离心式水泥制管机、悬辊式水泥制管机、芯模振动式水泥制管机及径向挤压式水泥制管机,具体分类见表 8-1。

表 8-1　混凝土制管生产设备分类

形　式	图　例	特　点
离心式		工厂化程度高,便于安装调试

续表

形　式	图　例	特　点
悬辊式		操作简单,运行平稳,可靠耐用,故障率低,生产周期短,噪声低,管材内外表面光滑
芯模振动式		生产效率高,安全、节能,产品质量好
径向挤压式		产量高、速度快、噪声小,节能、环保,自动化程度高,适合于生产小口径的圆内壁管

1. 离心式制管机

离心式水泥制管设备是采用离心密实成型工艺制作钢筋混凝土排水管的设备,其核心机构为离心机,它带动装有一定数量的混凝土拌和料和钢筋的排水管钢模作不同速度的旋转,在离心力的作用下钢模内混凝土的固相粒子沿着离心力的方向沉降在钢模内壁上,与此同时将多余的水分排出,从而形成密实的混凝土结构,制成钢筋混凝土排水管。

离心式制管机按照管模支撑方式可分为托轮式和轴式两种。

托轮式离心机工作时,管模的滚圈自由支撑在托轮上(见图 8-1),其安放角以 80°～110° 为宜,托轮旋转时,先由慢速增至中速,然后逐渐升至快速。托轮最高转数依管径大小而不同,一般控制在 600 r/min 以下,这种离心机构造简单易于制造。目前离心式混凝土制管机以此种为主导。

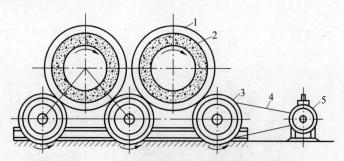

1—滚圈；2—管模；3—托轮；4—传送皮带；5—电动机。

图 8-1　托轮式离心制管机结构示意图

轴式离心机是将管模卡牢于卡盘间，电动机带动卡盘，使卡盘高速旋转，转数可达到 800～1000 r/min，噪声较小。但由于该种类型离心机结构复杂、不便操作，且造价较高，因此较少被混凝土制管企业采用。

离心式水泥制管机以砂子、石子、水泥为原料，可生产长度 1000～5000 mm、内径 200～1200 mm 的各种平口、企口、承插口等多种钢筋混凝土排水管，广泛用于高等级要求的深井、市政排水、高速公路等给排水工程。

2. 悬辊式制管机

悬辊式制管机（通常由悬辊成型机和喂料机组成）是采用悬辊法生产混凝土和钢筋混凝土排水管（简称排水管）、三阶段预应力混凝土输水管（简称输水管）的成型设备。

如图 8-2 所示，悬辊式制管机的主要工作机构是一根直径与长度依据管径大小和管体长度而定的辊轴，其一端通过两个轴承座固定在机架上并保持水平状态，另一端通过带孔的活动横梁也支撑在机架上。为使管壁不致超厚，有些悬辊制管机附设可移动的刮板，将多余的混凝土刮去，另在胶带送料器的端部设有一个活动小刮板，可随送料器的往复将辊轴上粘着的残余砂浆刮净，使管壁保持光洁。

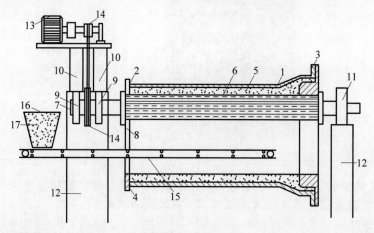

1—管模；2—插口挡圈；3—承口挡圈；4—连接螺栓；5—混凝土管壁；6—辊轴；7—心轴；8—连接法兰；9—滚动轴承座；10—固定横梁；11—活动横梁；12—立柱；13—电动机；14—传送皮带；15—皮带送料器；16—料斗；17—混凝土拌和物。

图 8-2　悬辊式制管机结构示意图

由于悬辊制管工艺主要是靠辊压力的作用密实混凝土的，成型过程中应均匀连续布料，若布料不匀，将造成管壁料层薄厚不匀，料层薄的部位则会因辊压不足而使密实度降低。此外，承口模的结构特点使混凝土拌和物只能受到侧压力的作用，而不能受到径向压力的作用,致使承口质量下降。因此,有必要采用承口振动的方法提高承口混凝土的密实度。

悬辊式水泥制管机是一种简单实用,应用广泛的水泥管机械,主要用于排水、排污、公路涵洞以及机井管的生产。可生产长 1000～4000 mm、内径 200～2000 mm 的钢筋混凝土管。

3. 芯模振动式制管机

芯模振动式制管机的内模安装在芯模振子上,外模安装于地坑内的底托(盘)上。浇入管模的混凝土拌和料受到内模高频振子产生的强大振动力的作用,使混凝土拌和料液化,充满模型和排出空气,逐渐密实;管子的上端部配有定型环,由液压力轻微搓动碾压,密实成型,成型过程是边布料边振动,只用振动力一种作用力。由于振动力无方向性且强大,有利于混凝土自由流动而互相填充空隙,所以结构致密,混凝土强度高。

4. 径向挤压式制管机

径向挤压式制管机是利用制管机主轴的旋转运动,通过液压头挤压干硬性混凝土,以沿轴向成型的方式生产水泥混凝土管和钢筋混凝土管的成型设备,管机主轴带动液压头伸入到管模内作旋转运动,将干硬性混凝土挤压到管模内壁,在液压的作业下,混凝土被压实、抹光,随主轴提升形成管壁。主机主要由布料系统、挤压系统、旋转台、模具组成。

8.3　离心式制管机

8.3.1　典型生产线工艺流程与技术性能

1. 工艺流程

离心式制管机的工艺流程如图 8-3 所示。

2. 性能参数

离心式制管机的性能参数如表 8-2 所示。

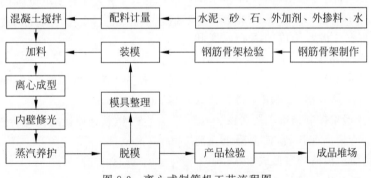

图 8-3　离心式制管机工艺流程图

表 8-2　离心式制管机性能参数表

参　　数		单位	数　　值	
			双托轮式	三托轮式
托轮轮距		mm	1870	
托轮轴距		mm	1500～2800	
托轮外径		mm	800～920	
托轮宽度		mm	100	
托轮中心与钢模中心连线的夹角		(°)	75～110	
可成型排水管最大长度		m	2～4	
可成型最大排水管直径	平口、企口、顶管	mm	ϕ2600	ϕ1800
	承插口		ϕ1800	ϕ1800
电动机功率		kW	37～90	55～132
主传动轴转速范围		r/min	100～500(无级)	100～500(无级)

3. 工作原理及结构组成

离心作业原理：离心作业是通过钢模的高速旋转，使已浇灌于钢模内的混凝土拌和物的颗粒获得离心力，并沿着钢模内壁四周均匀分布。当颗粒的体积与表面积之比达到最大值时，颗粒在黏性介质中移动时所受到的阻力最小；又由于离心力的大小取决于混合物中颗粒的质量，所以，不同的颗粒沿着离心力方向产生了不同速度的沉降，大颗粒（石子）在旋转中分布于管壁的外层，中颗粒（砂子）分布于管壁中部，质量轻的水分和水泥粒子则被聚集于管壁的内表面，这就形成混凝土按颗粒大小排列的不均质截面。表面多余的水分在离心的最后阶段被挤出。离心后混凝土水灰比显著下降，这是离心混凝土强度高和抗渗性好的主要原因。

离心密实成型过程中，混凝土的外分层现象是不可避免的。当离心加速过大或离心时间过长，还会产生内分层现象，从而降低了混凝土的密实度。因此成型过程中，离心制度是关键。离心制度主要指各阶段的离心速度和离心时间，最佳离心制度因设备、原材料、操作方法等条件的不同而异。

在实际生产中，除了合理选用原材料及其配合比外，还必须严格控制离心工艺制度。

工作原理：管模高速运转，使混凝土在离心力的作用下沿管模内壁分布形成管状。

结构组成：离心式制管机主要由离心机、机架、配电柜等组成。离心机主要由托轮、轴、轴承座、轴承、三角皮带轮、底座和电磁调速电机组成。

8.3.2 设计计算与选型

1. 离心制度的确定

1）离心速度

在向管模内投料时，使混凝土混合物在模壁最高位置不致落下的转速称为投料转速。其计算公式如下：

$$n = \frac{300}{\sqrt{R}} C \qquad (8-1)$$

式中，n 为管模的转速，r/min；R 为所成型的管外壁半径，cm；C 为增长系数，考虑混凝土的黏性，取 $1.5 \sim 2.0$。

在生产中常用离心机托轮转数作为控制参数，在投料阶段的托轮转速一般为 $80 \sim 150$ r/min。

在混凝土投入管模后，使拌和料能在管模中开始沿管壁均匀分布到增加密实度，一般分慢速、中速和快速三个阶段。慢速阶段使混凝土混合物沿管壁均匀分布，中速阶段是慢速向快速过渡的中间阶段，快速阶段在离心力作用下使混凝土密实成型。

快速阶段的转速计算公式如下：

$$n = \frac{30}{\pi} \sqrt{\frac{3gF}{\gamma A}} \qquad (8-2)$$

式中，n 为管模的转速，r/min；F 为在离心力作用下，混凝土所产生的挤压应力，一般为 $0.5 \sim 1.2$ kg/cm²；g 为重力加速度，cm/s²，取 981 cm/s²；γ 为混凝土单位体积质量，kg/cm²，取 0.0024 kg/cm²；A 为系数，按下式计算：

$$A = R^2 - \frac{r^2}{R} \qquad (8-3)$$

式中，R 为混凝土管的外半径，cm；r 为混凝土管的内半径，cm。

生产中，快速阶段的托轮转速一般为 $250 \sim 600$ r/min。

2）离心时间

生产实践证明，对于不同转速的各个阶段，各有一个最佳的离心延续时间。在最佳离心延续时间下，制品得到相应的最大强度。如离心延续时间过长，会降低生产率；离心延续时间过短，会造成密实度差，强度低。

普通混凝土管离心成型制度如表 8-3 所示。

2. 混凝土管的养护制度

离心成型的普通混凝土管常采用隧道窑式或坑式进行蒸汽湿热养护，其养护制度如表 8-4 和表 8-5 所示。

表 8-3 普通混凝土管离心成型制度

管内径规格/mm	投料次数	投料		初(慢)速		中速		快速	
		转速/(r/min)	时间/min	转速/(r/min)	时间/min	转速/(r/min)	时间/min	转速/(r/min)	时间/min
100～300	1	80～120	1～2	120～170	1～2	150～250	2～5	250～280	6～8
350～600	2	80～120	2～4	120～170	1～2	150～250	2～5	350～400	9～15
700～900	3	80～110	3～6	120～170	2～4	200～280	3～5	350～450	16～24
1000 以上	4	80～110	5 以上	120～170	4 以上	200～280	4～5	350～450	25～35

注：表中转速指离心机托轮转速,托轮直径为 600 mm 左右。

表 8-4 普通混凝土管隧道窑式蒸汽养护制度

管径规格/mm	升温		恒温		降温		时间总计/h
	时间/h	达到温度/℃	时间/h	达到温度/℃	时间/h	达到温度/℃	
φ100～300	2	60,90	3	90	1	60	6
φ400～700	2	60,90	6	90	2	70,50	10
φ800～1200	2	60,90	8	90	2	70,50	12
>φ1500	2	60,90	10	90	2	70,50	14

注：(1) 表中"达到温度"项内两个温度,分别为第 1 小时、第 2 小时内达到的温度;
(2) 如用普通硅酸盐水泥,最高温度为 85 ℃。

表 8-5 普通混凝土管坑式蒸汽养护制度

管径规格/mm	升温		恒温		降温		时间总计/h
	时间/h	达到温度/℃	时间/h	达到温度/℃	时间/h	达到温度/℃	
φ400～500	2	55,85	3	>85	0.5	45	5.5
φ600～900	2	55,85	3.5	>85	0.5	45	6
φ1000～1350	2	55,85	4	>85	0.5	45	6.5

注：升温阶段"达到温度"项中两个温度分别为第 1 小时、第 2 小时内达到的温度。

8.3.3 相关技术标准

技术标准主要有：《混凝土及钢筋混凝土排水管》(GB 11836)、《混凝土管用混凝土抗压强度试验方法》(GB/T 11837)、《混凝土和钢筋混凝土排水管试验方法》(GB/T 16752)等。

8.4 悬辊式制管机

8.4.1 典型生产线工艺流程与技术性能

1. 工艺流程
悬辊式制管机的工艺流程如图 8-4 所示。
2. 性能参数
悬辊式制管机的性能参数如表 8-6 所示。

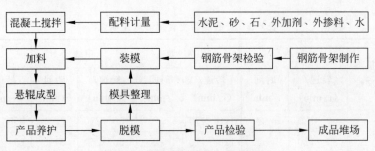

图 8-4 悬辊式制管机工艺流程图

表 8-6 悬辊式制管机性能参数

型　　号	长度/mm	主轴直径/mm	电机功率/kW	尺寸/(mm×mm×mm)
300-600	1000	120	7.5	2500×1500×1300
	2000	120	15	3500×1500×1300
	3000	120	22	4500×1500×1300
800-1200	2000	180	45	4500×2200×1800
	2500	240	45	5000×2200×1800
	3000	240	55	5500×2200×1800
	4000	300	75	6500×2200×1800
800-1500	2000	350	75	4500×2500×2080
	2500	350	75	5000×2500×2080
1200-2000	2000	500	90	5000×2800×2080

3．工作原理及结构组成

1）工作原理

利用辊轴支撑管模并对管模内的混凝土产生辊压力,当辊轴带动管模作运转时,管模内的混凝土在离心力的作用下沿管模内壁分布形成管状,当管模带动内部混凝土旋转通过辊轴时辊轴与管模之间的混凝土被压实形成管体。

悬辊制管机制管时,管模的转速较低,故离心力的作用主要在于均匀布料,辊轴与混凝土料层接触面不平引起的振动对拌和料的布料和密实起辅助作用。管模、混凝土及钢筋骨架对所承受的重力,构成了辊轴对混凝土的反作用力——辊压力。在辊压力的作用下混凝土拌和料得以在较短时间内密实成型,如图8-5所示。

悬辊工艺对于干硬性混凝土,其密实效果较之振动离心工艺显著得多。因为,从振动工艺原理可知,振动能量在传递过程中的衰减随

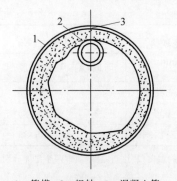

1—管模;2—辊轴;3—混凝土管。

图 8-5 悬辊制管工艺原理示意图

混凝土拌和料结构黏度的增大而增加。所以,对于结构黏度较高的干硬性混凝土,单独采用振动工艺,其密实效果不佳。离心工艺也很难使干硬性混凝土密实成型,相应的离心力达0.1 MPa的离心速度,尚不足以克服干硬性混凝土的极限剪切应力。而悬辊工艺的优越性之一就是适用于干硬性混凝土拌和料,从而使混凝土管的密实度提高。

2) 结构组成

悬辊机主要由机架、悬辊轴、门架、配电柜等组成。机架部件是悬辊机的主体,主要支承悬辊轴,同时把电机的动力通过皮带轮传递给悬辊轴,它由框架、轴承组件、传动轴、皮带轮等组成。悬辊轴部件用来悬挂管模,以不同的转速带动管模旋转,产生辊压力,来满足制管的工艺要求,它主要由连接法兰、辊轴、锥形轴头组成。

8.4.2 设计计算与选型

1) 辊轴外径

经验表明,辊轴外径与成型的混凝土管内径有一定的比例关系,见表 8-7。

表 8-7 辊轴外径与管子内径的比值

管内径/mm	辊轴外径:管子内径
$\phi 300$ 以下	1:3
$\phi 300 \sim 1500$	1:3~1:4
$\phi 1500$ 以上	1:4~1:5

2) 辊轴转速

辊轴转速可按下式计算:

$$n_2 = \frac{R_g}{r_g} n_1 \qquad (8-4)$$

式中,n_2 为辊轴转速,r/min;R_g 为管模挡圈内半径,即混凝土管内半径,cm;r_g 为辊轴外半

径,cm;n_1 为管模转速,r/min,见表 8-8。

表 8-8 不同管径的离心管模转速

管内径/mm	管模转速/(r/min)
$\phi 300$	110~140
$\phi 600$	80~110
$\phi 1000$	70~100

注:喂料阶段取小值,净压阶段取大值。

3) 辊压时间和超厚高度

辊压时间取决于混凝土管规格和混凝土拌和物的性能,表 8-9 所示为国内常选的辊压时间。

表 8-9 辊压时间

成型管规格 (内径×长度)/ (mm×mm)	辊压时间/min	生产厂
$\phi 1000 \times 2000$	5	北京第一管厂
$\phi 300 \times 2600$	1	沈阳自来水公司制管厂
$\phi 300 \times 2000$	2	齐齐哈尔水泥制品厂
$\phi 600 \times 2000$	3	
$\phi 700 \times 2000$	5	
$\phi 1200 \times 2000$	6	

超厚高度是为保证在辊压过程中使管壁更加密实,一般为 5 mm 左右。

表 8-10 所示为国内常见的悬辊成型工艺参数。

表 8-10 悬辊成型工艺参数

管规格/mm		一次成型数量/根	悬辊规格			一次成型周期/min	主电机功率/kW
内径	长度		直径/mm	转速/(r/min)	线速度/(m/min)		
300~500	2400	1	109	400	1	15	7.5
500	2400	1	109	410	140.5	15	7.5
300~600	2000	1	140	330	1	15	7.5
700~1200	2000	1	299	370	1	20	40
1400~1600	2000	1	377	341	1	30	55
1500	2000	2	419	330	2	15~20	75

8.4.3 相关技术标准

此类技术标准具体可参考 8.3.3 节的技术

标准执行。主要技术标准有:《混凝土外加剂》(GB 8076)、《混凝土管用混凝土抗压强度试验方法》(GB/T 11837)、《混凝土和钢筋混凝土排

水管试验方法》(GB/T 16752)等。

8.5 芯模振动式制管机

8.5.1 典型生产线工艺流程与技术性能

1. 工艺流程

芯模振动制管生产线可生产《混凝土及钢筋混凝土排水管》(GB 11836)中规定的各类钢筋混凝土排水管,包括企口式管、平口式管以及顶进用管。另外,通过特殊的模具设计和工艺改进也能生产一些异型的混凝土管,比如检查井井锥、检查井井身、井底、矩形涵洞、椭圆形管等。其工艺流程图如图 8-6 所示。

2. 平面布置

芯模振动式制管机一般设计双工位,同时制作两根相同或不同规格的混凝土管。芯模振动装置和模具安装在地坑内,便于降低行车和车间的高度,同时便于设备保养和维修。以接料斗为中心的布料装置通过摆动可以覆盖两个工位,每一个工位根据规划的管型及规格设计适合的芯模振子和插口成型装置。芯模振动式制管机生产线平面布置图如图 8-7 所示。

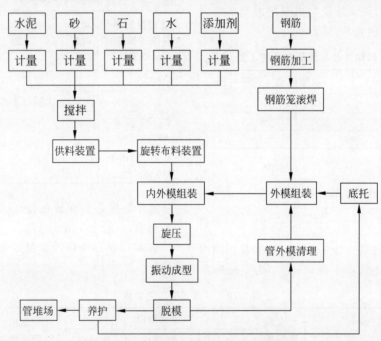

图 8-6 芯模振动式制管机工艺流程

3. 性能参数

芯模振动制管生产线的主要技术参数如表 8-11 所示。

4. 工作原理及结构组成

芯模振动式制管机采用高频芯模振动,使混凝土物料充分均匀振动,以提高制品的密实度、强度。通过更换模具可以生产多种管型和规格的排水管。

芯模是混凝土排水管成型的重要组成部分,主要由外模、内模、底托、插口环组成,为了在后期蒸养过程中保持插口不变形,也会配备插口保持环。内模长期安装在芯模振动制管机的芯模振动装置上,芯模振子的振动力通过内模传递到混凝土表面,可以起到密实混凝土的作用。外模和底托通过自锁机构安装,内部放置钢筋网笼后一同被吊装到内模外侧,外模悬挂在模具支撑架上,混凝土管成型后被整体吊出,打开外模的自锁机构后,提起外模,混凝土管在底托上进行蒸汽养护。混凝土管达到吊装强度后拆除底托,底托可反复使用。

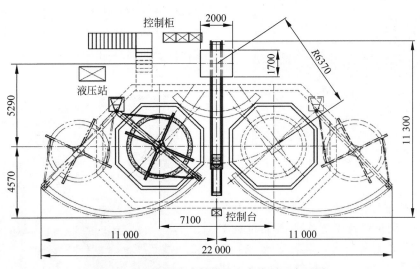

图 8-7　芯模振动式制管机生产线平面布置图

表 8-11　芯模振动制管生产线的主要技术参数

参数及项目	数值及型号（形式）
成型机型号	Variant3600D
最小管内径/mm	800
最大管内径/mm	3600
产品最大高度/mm	3000
振动形式	芯模振动
成型周期/（min/根）	10（以直径 1 m，长 3.0 m 管为例）

该生产线采用混凝土管成型后即刻脱模的工艺，大大减少了模具数量，每种口径的模具只需要一套内外模。脱模过程简单，节省了拆装模具的时间；采用干硬性混凝土生产工艺，同等水泥用量的情况下，可有效提高混凝土性能；采用液压张紧连接和变频调速激振系统，使激振力的作用范围和振动频率可以任意调节，可满足多种规格混凝土管生产的需要；除生产圆形管以外，还可以生产异型管件，也可以生产顶管和带防腐内衬的混凝土管。

图 8-8 所示为芯模振动式制管机生产线，芯模振动式制管设备包括混凝土布料装置、插口成型装置、芯模振子装置、模具支撑架、模具、液压系统和电气控制系统。

芯模振动式制管机的布料装置如图 8-9 所示，其功能为接取搅拌站送来的混凝土进行输送并为管模喂料。其主要结构组成包括混凝土料斗、布料皮带、旋转皮带、激光料位计等。

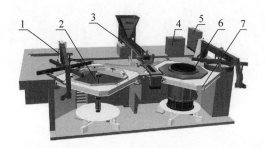

1—芯模振子装置；2—混凝土布料装置；3—插口成型装置；4—液压系统；5—电气控制系统；6—模具；7—模具支撑架。

图 8-8　芯模振动式制管机生产线立体图
注：此典型生产线为德国 TOPWERK 公司的 Variant3600D 生产线。

它主要将搅拌完成的混凝土拌和料输送到芯模振动制管机的布料皮带接料斗，布料皮带通过变频电机驱动将混凝土拌和料输送到旋转皮带机，旋转皮带机为变频控制，可以前后移动，通过控制系统的管形设置可以实现不同截

图 8-9　布料装置立体图

面的混凝土管布料。激光料位计对管模内混凝土料位的检测反馈到控制系统,控制布料皮带和旋转皮带的启停。布料装置完成一个工位管模布料后,摆动到另外一个工位,摆动功能是由液压马达驱动的橡胶行走轮实现的。

插口成型装置的功能为对混凝土管有插口要求的混凝土进行旋压,实现混凝土管的插口成型。其主要组成包括固定支架、摆动门架、旋压头等。其结构如图 8-10 所示。

图 8-10　插口成型装置

完成一个管模的布料后,布料装置摆动到另一个工位,之后插口成型装置摆动到该管模工位并定位,旋压头液压油缸驱动下压到混凝土面,继续下压的时候开启旋压头摆动装置,旋压头在摆动的同时下压,完成混凝土管的插口成型。

芯模振子装置如图 8-11 所示,其功能为对管模内的混凝土进行密实振动。其主要结构组成包括芯模振子支座、芯模振子、润滑系统、液压系统等。其中芯轴支座安装于地坑内,通过皮带将驱动电机芯模振子连接起来。芯模振子通过张紧液压缸与管模的芯模可靠连接。

通过实时监控张紧液压缸的油压,确定芯模振子与内模的接触程度,确保振动的可靠传递。芯模振子的轴承润滑是通过集成的润滑系统实现的。

图 8-11　芯模振子装置

模具支撑架的结构如图 8-12 所示,其功能为用于安装并定位管模的外模。其主要组成包括钢结构支架、定位座、中间架等。其用于支撑和定位外模,通过替换中间架可以实现多种规格管模的更换。

图 8-12　模具支撑架结构

管模的结构如图 8-13 所示,其功能为制作不同管形、规格的混凝土管钢模具。其主要组成包括外模、内模、底托、插口环等。芯模振动制管模具是混凝土制管成型的重要组成部分,通过更换模具可以生产多种管型和规格的混凝土管。内模长期安装在芯模振动制管机的芯模振子装置上,芯模振子的振动力通过内模传递到混凝土表面,起到密实混凝土的作用。

外模和底托通过自锁机构安装,内部放置钢筋网笼后一同被吊装到内模外侧,外模悬挂在模具支撑架上,混凝土成型后又被整体吊出,打开外模的自锁机构后,提起外模,混凝土管在底托上进行蒸汽养护,混凝土管达到吊装强度后拆除底托。底托可反复使用。

(a)

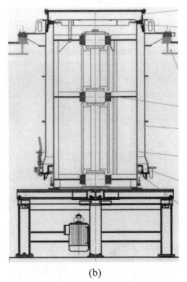
(b)

图 8-13　管模结构

8.5.2　设计计算与选型

此类设计计算与选型可参考离心式制管机、悬辊式制管机及芯模振动式制管机的设计计算与选型。

8.5.3　相关技术标准

技术标准主要有:《混凝土及钢筋混凝土排水管》(GB 11836)、《混凝土管用混凝土抗压强度试验方法》(GB/T 11837)、《混凝土和钢筋混凝土排水管试验方法》(GB/T 16752)等。

8.6　径向挤压式制管机

8.6.1　典型生产线工艺流程与技术性能

1. 工艺流程

混凝土搅拌是制管中的关键工序,混凝土搅拌质量直接影响混凝土的内在质量。由于径向挤压生产是即时脱模的立式生产工艺,因此混凝土的稠度就会影响脱模后混凝土管的变形量。通常采用半干硬性混凝土,砂石拌合料的粒径为 3~20 mm,混凝土水灰比为 0.3~0.35。

径向挤压制管生产工艺包括以下几个生产环节:混凝土搅拌、钢筋笼焊接、模具组装、挤压成型、脱模、养护、底托清理、成品管运输等。其具体工艺流程图如图 8-14 所示。

2. 平面布置

径向挤压的核心技术就是使混凝土管中的钢筋笼稳固镶嵌在混凝土中。典型生产线为德国 TOPWERK 公司的 Radial Press RP 1630 生产线,其立体图如图 8-15(a)所示,平面布置图如图 8-15(b)所示。

3. 性能参数

一般情况下,直径 300 mm、长 3.5 m 的混凝土管生产时间为 90~100 s,直径 1200 mm、长 3.5 m 的混凝土管生产时间为 180~200 s。换模时间短,最多 90 min。模具用量少,每个规格的混凝土只需要一个挤压头和两套外模,可即时脱模。

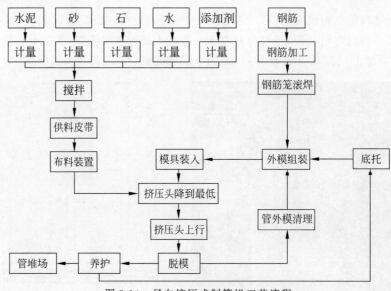

图 8-14　径向挤压式制管机工艺流程

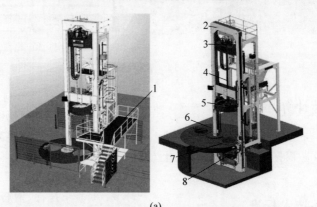

(a)

1—工作平台；2—主机架；3—驱动装置；4—主轴；5—挤压头；6—旋转台；7—外模定位装置；8—承口振动器。

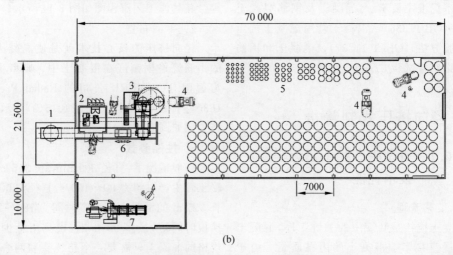

(b)

1—搅拌站；2—液压站及电控柜；3—径向挤压制管机；4—叉车；5—底托模具；6—混凝土料斗；7—钢筋鼠笼滚焊机。

图 8-15　径向挤压式制管生产线

（a）立体图；（b）平面布置图

注：此典型生产线为德国 TOPWERK 公司的 Radial Press RP 1630 生产线

以德国 TOPWERK 公司的 Radial Press RP 1630 生产线为例,径向挤压制管生产线的主要技术参数见表 8-12。

表 8-12　径向挤压制管生产线的主要技术参数

参数及项目	数值及型号(形式)
成型机型号	RP 1630
最小管内径/mm	300
最大管内径/mm	1600
产品最大高度/mm	3000
振动形式	径向挤压
成型周期/(min/根)	3(以直径 1 m,长 3.0 m 管为例)

4．工作原理及结构组成

工作原理:混凝土在外模的约束下,内壁通过高速旋转的挤压头的离心力强力挤压,形成均匀的混凝土管壁,利用挤压方式使模管内混凝土成型。径向挤压式制管机适合于生产中小口径的混凝土管,生产直径范围 300～1200 mm,通常可以生产的标准长度为 3.2 m。

径向挤压的核心技术就是使混凝土管中的钢筋笼稳固镶嵌在混凝土中。例如:包括逆向旋转的上层布料挤压头和下层夯实挤压头完美地抵消了作用在混凝土管壁的旋转力;通过实时监测密实混凝土给挤压头的反作用力,控制挤压头的提升速度及位移;所产生的离心力作用在混凝土上不能有旋转力等。挤压成型原理如图 8-16 所示。

挤压成型是整个工艺过程的关键,其工作流程如图 8-17 所示。具体流程如下:制管机旋转平台开始旋转,将空模具组旋转到工作工位,而成型完成的模具组交替换位到预备工位;挤压头降入模具组中,布料皮带开始布料,混凝土落入到模具中;挤压头开始按照自动反馈控制的速度提升,边提升边旋转,直至向上脱离模具。

混凝土管的承口是靠设备下部的振动器辅助成型。挤压结束后,平台旋转,进行下一循环的交替,如图 8-17 所示。

用叉车将挤压成型的模具组运送至养护位置,打开外模,提升外模,使外模脱离混凝土管(见图 8-18),混凝土管将在养护工位停留一个养护周期。外模将马上进入下一循环。

养护好的混凝土管由成品叉车夹持到脱模工位,去除底托,底托通过机械清理后待用。成品管通过成品叉车的翻转夹翻转 90°后送至成品堆垛区,如图 8-19 所示。

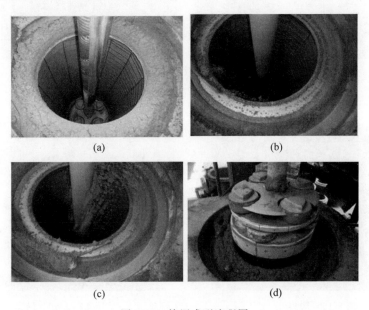

(a)　　　　　　　　　　(b)

(c)　　　　　　　　　　(d)

图 8-16　挤压成型流程图

(a) 挤压头降到最低;(b) 布料皮带开始布料;(c) 挤压头边提升边旋转;(d) 挤压头向上脱离模具;(e) 挤压成型结构图

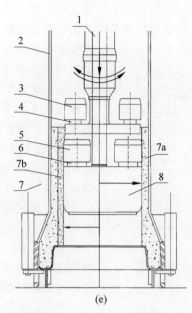

(e)

1—驱动轴；2—外模；3—分配辊；4—分配辊轴；5—挤压辊；6—挤压辊轴；7—混凝土管；
7a—外层；7b—内层；8—挤压头裙部。

图 8-16 （续）

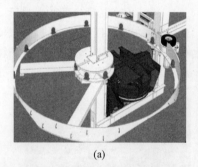

(a)

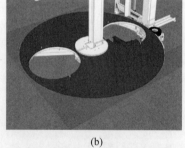

(b)

图 8-17 旋转平台

图 8-18 脱模

图 8-19 转运

径向挤压式制管机的结构组成如下：

（1）混凝土布料器：位于制管机上方，能够使混凝土均匀地输送到管模中，并能够根据需要进行布料速度调节。

（2）多层挤压头：采用逆向转动振动器，振动器包括高速运转的布料装置和以较低速度运转的夯实装置，二者转动方向相反。密实装置是由两个无级可调的液压马达分别驱动的。

（3）钢筋对中装置：确保钢筋笼在成型过程中在混凝土中的位置。

（4）承口振动器：安装在主机下面，对混凝土管的承口进行振动成型。

（5）电子控制系统：它既能控制将混凝土填入模具的速度，也能控制振动器的上升速度，并且还可以控制钢筋定位器的启动。

8.6.2　设计计算与选型

此类设计计算与选型可参考离心式制管机、悬辊式制管机及芯模振动式制管机的设计计算与选型。

8.7　相关技术标准

技术标准主要有：《混凝土及钢筋混凝土排水管》（GB 11836）、《混凝土管用混凝土抗压强度试验方法》（GB/T 11837）、《混凝土和钢筋混凝土排水管试验方法》（GB/T 16752）等。

8.8　设备使用及安全要求

8.8.1　运输与安装

在安装前，安装地点应准备好与基础图尺寸相一致的基础，基础图由供货方提供。基础高度和钢筋布置应根据当地的地质状况设计和施工，并保证施工质量。

所有的机器和设备均经过检查和测试，交付的机器和设备须在出厂时最大程度上组装成组合件，机器的组合件均可单独交付并在当地安装。安装和调试一般由设备提供方的专业的技术人员进行。安装步骤如下：

（1）将工作平台组合件固定在成型机坑内，校准水平，然后校验电机支座和主轴承的相对位置，固定电机支座。

（2）将最大直径的内模安装在工作平台上，居中为宜。

（3）以内模为中心，安装、调试碾压机旋转门架的位置，使碾压盘与内模的间隙适中，水平面要调整好。注意保证主轴垂直推动走轮使其行走平稳，进入锁紧装置平行，四个定位柱销入位，保持门架工作平稳。

（4）外模与悬挂支架、底托盘安装好后，放入成形坑内的固定框架上，调整悬挂支架与固定框架的接触高度与水平面，吊出外模，然后再安装框架外圈，定位焊接。

（5）以内模中心为基准，安装调整旋转皮带喂料机，如是双工位，要求兼顾两个中心的尺寸。

（6）安装液压系统，连接油管，调整油压，检查油路，进行空载运行。

（7）吊装振动器，将其固定在内模内，并调整相应尺寸的偏心质量，做好试生产准备。

（8）连接振动器的润滑系统，检查各个接头，堵塞滴漏处，加注润滑油试运行。

8.8.2　使用与维护

1. 使用

混凝土制管设备和其他机械设备不同，并不是产量越大越好，而是要根据场地大小和实际需求来定，否则就会造成资源的浪费，从而造成成本的增加。虽然我国的新型水泥管材料生产相对落后，但是近几年来该行业发展十分迅速，仅在短短的几年时间内就已经和发达国家水平不相上下，可以在更加节省土地资源的情况下提高效率和利润。

悬辊机通过蒸汽或者自然养护使成型的管材达到标准强度，平均效率 6～8 节/h，操作简单、运行平稳、可靠耐用、故障率低。

一般水泥制管机打完后需要一天的时间进行露天养护，第二天才能打开模具，开模后还需要进行 4～6 d 的自然养护，每天还要专人对水泥管喷三次水，时间一般是上午一次，中午一次,下午一次。喷水的目的是保持水泥制管机的湿度使混凝土能够自己慢慢凝固。喷水的次数也可以根据天气情况和空气的湿度的变化相应增加或减少。

2. 维护与保养

维护具体要求如下:

1) 每班使用前应检查的项目

(1) 开机试车检查机身是否平稳,电气设备是否完好。

(2) 检查活动门架的定位锥销是否锁紧。

(3) 检查地脚螺栓和联轴器紧固螺栓等是否有松动,若有松动立即拧紧。特别是新机在使用一个班次后,应重新紧固以上部位的螺栓。

2) 每班使用后的保养

(1) 清理任何与混凝土接触部位上的混凝土,用水冲洗干净。

(2) 切断电源,锁好电气控制箱。

(3) 对各润滑点,加注润滑油(脂)。

3) 水泥制管机定期检查的项目

(1) 检查传动带、减振垫等的磨损情况。

(2) 各电机、电气元件接线不得有松动,并

检查交流接触器触点情况。

(3) 检查各机械摩擦面的磨损情况。

(4) 完善操作管理制度,做好机器运行记录,当连续工作时,应做好交接班记录。

(5) 若制管机长期不使用,应将机器保护好,防止生锈。

保养具体要求如下:

(1) 水泥制管机开机前要检查各部位螺栓是否有松动,并保证各主轴轴承润滑油充足。

(2) 水泥制管机每班工作前应先空机试运转,确认设备各部位正常工作后才可正式使用。

(3) 水泥制管机生产过程中要时刻注意运转情况,如发现异常情况应立即停机,将故障排除后才可再次生产。

(4) 水泥制管机运行时,任何运动部件周边严禁任何人进入。

(5) 水泥制管机控制柜应放置在防尘、通风的地方,如控制柜出现异常应由专业人员处理。

(6) 每班生产结束时应及时清理水泥制管机主轴、大架、皮带轮、电机、料斗、模具等的混凝土残渣。

第9章

混凝土轨枕及轨道板生产线

9.1 概述

9.1.1 定义和功能

1. 定义

混凝土轨枕及轨道板生产线是以高效生产混凝土轨枕及轨道板为目的,利用一套搅拌、制筋(张拉放张)、浇注、振动成型、养护、脱模等专用设备组成的生产线。

2. 原理与功能

混凝土轨枕及轨道板的生产过程属于混凝土预制构件的生产范畴,即搅拌制备完毕的混凝土浇注在轨枕或者轨道板专用模具中,模具内预先安装了钢筋、预埋件等,经振动成型密实、养护、脱模等工艺后,生产出混凝土轨枕或轨道板。主要工序有混凝土制备、混凝土运输、混凝土浇注、振动密实、养护、翻转脱模、模具清理、喷涂脱模剂、埋件及辅件安装、钢筋和桁架安装等。

各轨枕及轨道板生产设备经技术创新和合理布局,可形成多种生产工艺,因此它既是一种单一制品的专用生产设备,也能扩展成可同时生产多种枕形的通用设备。如一条生产线可同时兼顾生产双块式轨枕、预应力有砟轨枕、弹性支撑块等。

3. 系统结构

生产线按照工艺流程大致可分为以下系统:搅拌供料系统、布料振动系统、养护系统、翻转脱模系统、模具返回系统、成品输送系统等。

9.1.2 国内外现状与发展趋势

1. 国外混凝土轨枕及轨道板生产线现状

近40年来,高速铁路先行发展的国家大力开发以混凝土或沥青拌和料等取代道砟道床的各类新型无砟轨道,旨在提高轨道的稳定性、平顺性,大幅减少维修工作量。无砟轨道在新建高速铁路干线大量铺设应用,取得了很好的技术经济效果。各国的新型轨道,根据不同组件、材料的组合或开发公司,命名了不同名称的结构形式,无砟轨道则是该类轨道结构的总称,以区别传统的有砟轨道。

日本于20世纪70年代率先开发和使用板式轨道技术,至今,铺设的板式轨道已占日本新干线的60%以上。近年来,德国铺设了双块式无砟轨道和博格型板式无砟轨道。国外无砟轨道已具有成熟的技术和丰富的施工经验,其铺设范围已从桥梁、隧道发展到土质路基和道岔区。

国外应用较成熟的无砟轨道结构形式有长枕埋入式轨道和双块式无砟轨道。其中长枕埋入式轨道由横向穿孔轨枕、道床板、底座等部件组成,双块式无砟轨道由混凝土支承层、混凝土道床板、双块式轨枕等几部分组成。

2．国内混凝土轨枕及轨道板生产线现状

混凝土轨枕是一种重要的铁路器材，也是我国产量和用量都很大的一种重要水泥制品。以前我国铁路轨枕采用的是优质木材制成的木枕，由于我国木材资源匮乏，因此从第二个五年计划（1958—1962 年）起便大力发展混凝土轨枕。近 50 年来，随着我国铁路建设事业不断发展，为满足高速重载铁路的需要，作为铁路重要器材之一的预应力混凝土轨枕产品不断升级换代，预应力混凝土轨枕的生产工艺越来越完善，混凝土轨枕的铺设技术和保养维修技术及设备配套更加完善，从而使得我国预应力混凝土轨枕不仅在生产数量和铺设数量方面跃居国际前列，而且在产品结构性能、生产工艺技术装备水平、产品质量等方面均逐步达到国际先进水平。截至 2009 年，全国已经生产了各种类型的混凝土轨枕（含岔枕、桥枕、宽枕、地方铁路轨枕和专用线轨枕等）近 4 亿根。中国铁路运营总里程将达到 9 万 km，再加上轨枕升级换代，不断更换，铁路线上混凝土轨枕总量已达到约 2 亿根。全国有固定的混凝土轨枕生产企业 40 多家，还有若干为适应新线建设应运而生的现场制枕厂，年生产能力可达 2000 万根以上。根据新线建设和旧线大修、维修换枕需要，混凝土轨枕年需求量为 1000 多万根。我国混凝土轨枕市场总体虽有些供大于求，但分布却不尽合理。此外，根据对外经援和经贸的需要，我国曾帮助坦桑尼亚、蒙古等国设计并建造了混凝土轨枕厂。回顾我国混凝土轨枕发展的历史，大体可分为三个阶段。第一个阶段为 1958—1980 年，是预应力混凝土轨枕研制成功并开始推广应用的阶段。这个阶段是在以前研制的多种型式混凝土轨枕的基础上，统一了外形尺寸，采用两种不同的预应力钢筋。第二阶段为 1981—1995 年，是推广应用 Ⅱ 型枕的阶段。该阶段混凝土轨枕的生

产工艺也有了比较大的改进，首先是完全由桥式吊车移动模具的流水机组法发展为模型以辊道传送为主，吊车仅作为辅助吊装工具的流水机组-传送法。轨枕行业为保证产品质量稳定，在洁净骨料、科学级配、准确计量、均匀搅拌、低温蒸养、蒸养温度和预应力钢筋张拉自动控制、工艺设备改进方面均有了很大进步。第三阶段为 1995 年至今，是应用推广 Ⅲ 型枕并改进 Ⅱ 型枕的阶段。这一阶段首先是进一步提高 Ⅱ 型枕的质量，设计并生产新 Ⅱ 型枕，同时在重要干线上逐步推广应用 Ⅲ 型枕，以适应中国铁路重载提速发展的需要。

我国对无砟轨道的研究始于 20 世纪 60 年代，与国外研究几乎同步。当时由铁科院、铁路第二和第三设计院及施工单位等单位组成联合战斗组在贵昆铁路上进行试验、试铺后，又在成昆、襄渝、京原、京通等铁路上推广应用。被采用的无砟轨道结构形式主要是混凝土短枕（当时称支承块）埋入式混凝土整体道床，应用场所主要是长度大于 1 km 的隧道；此外，成昆铁路部分混凝土桥梁和九江长江大桥引桥上也采用了无砟无枕结构。由于造价的限制，当时隧道内整体道床除混凝土短枕（支承块）内配有普通钢筋外，其他部分均为素混凝土，因此对隧道基底要求较高。除岩石和混凝土基础外，其他容易造成下沉的基础将会给短枕埋入式整体道床这种无砟轨道带来开裂破损之类的较大病害，且不易维修。在之后的二三十年间，我国在短枕（支承块）埋入式混凝土整体道床这种无砟轨道的结构设计、施工方法、轨道基础的技术要求，以及出现基础下沉引起病害的整治等方面积累了经验，吸取了教训，这种轨道在铁路长大隧道和城市轨道交通、地下铁道中得到了广泛应用，为无砟轨道新技术的研究和发展奠定了基础。1995 年以后，我国迎来了高速铁路及客运专线大发展的良好机遇，无砟轨道的研究与发展势在必行，我国铁路部门积极引进德国和日本的无砟轨道工程技术，加以消化并自主再创新，先后在

秦沈、遂渝、武广、郑西等客运专线的桥梁、隧道、路基等不同区段进行了双块埋入式、纵连板式和单元板式等不同结构形式无砟轨道的铺设与试验，积累了很好的经验。

3. 混凝土轨枕的发展趋势

在中、低速的铁路技术中，有砟轨道占据了铁路技术领域的主导部分。随着人们对快速交通的追求日益强烈，列车的运行速度逐步提高，但有砟轨道技术对列车高速行驶的平稳性、可靠性不能够充分保证，因此无砟轨道技术的优越性逐渐显露出来，成为高速铁路发展的核心技术之一。

40多年来，随着世界高速铁路的发展，尽管无砟轨道初期造价比有砟轨道高，但由于其具有轨道平顺性好、整体性强、纵向与横向稳定性好、结构高度低、几何状态持久以及维修量小、社会经济效益显著等优点，越来越多的国家采用和发展无砟轨道工程技术。自20世纪60年代开始，德国和日本相继开展了铁路工程无砟轨道技术的研究，并取得了一系列成果。其应用范围已从隧道、桥梁发展到了土质路基和车站的道岔区。可以肯定，无砟轨道工程技术在世界高速铁路上的广泛应用将是大势所趋。

国内的相关生产线近些年发展比较迅猛，类型丰富，本章主要介绍短模轨枕生产线、长模轨枕生产线、模具固定式轨道板生产线等。

9.2　分类

混凝土轨枕及轨道板生产线按照生产制品类型分为轨枕生产线和轨道板生产线。

9.2.1　轨枕生产线

轨枕生产线按照典型模具形式可分为短模轨枕生产线和长模轨枕生产线。见表9-1。按照可生产的轨枕类型又可分为无砟双块式轨枕生产线、有砟预应力轨枕生产线、弹性支撑块生产线、综合轨枕生产线。

表 9-1　典型轨枕生产线

按典型模具分类	按轨枕类型分类	特　　点
短模轨枕生产线	无砟双块式轨枕生产线 有砟预应力轨枕生产线 弹性支撑块生产线 综合轨枕生产线	自动化、程序化程度高,安全可靠,可实现智能化和信息化升级
长模轨枕生产线	无砟双块式轨枕生产线 有砟预应力轨枕生产线 弹性支撑块生产线 岔枕生产线	模具输送流转,吊车辅助出入养护池

图9-1、图9-2为两种典型的短模轨枕生产线结构布局。

图9-3为典型的长模轨枕生产线。

典型轨枕类型如图9-4所示。

9.2.2　轨道板生产线

轨道板生产线按照工艺流程可分为模具固定式轨道板生产线和模具流水法轨道板生产线。按照可生产的轨道板类型又可分为高智能CRTSⅢ型轨道板生产线、CRTSⅢ型流水法轨道板生产线、CRTSⅢ型先张法轨道板生产线、CRTSⅡ型轨道板生产线、CRTSⅠ型无砟轨道板生产线、TBJB新型轨道板生产线等。典型轨道板生产线分类如表9-2。

图9-5为典型的CRTSⅡ型无砟轨道板生产线现场图；图9-6为几种典型的CRTSⅢ型无砟轨道板生产线现场图。

1—搅拌站；2—供料小车；3—布料机；4—振动台；5—模具；6—倾翻平台；7—辊道输送机；8—空中自动翻模机；9—轨枕脱模台；10—轨枕运输小车；11—链式输送机；12—轨枕码垛机；13,16—模具放置台；14—模具码垛机；15—运模小车。

图 9-1　典型短模轨枕生产线（一）

资料来源：托普维克（廊坊）建材机械有限公司

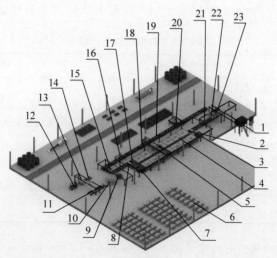

1—空中运输料斗；2—模具存放架；3—多功能车；4—养护温控系统；5—自动模具码垛机；6—喷淋养护系统；7—自动模具链式输送机；8—链式输送机；9—脱模台；10—轨枕检测系统；11—注油系统；12—AGV 轨枕运输车；13—轨枕自动码垛机；14—自动枕木码放机器人；15—空中翻转机；16—自动清理机；17—模具输送辊道；18—倾翻辊道；19—自动喷涂机；20—钢筋桁架入模系统；21—振动台；22—布料机；23—横移辊道。

图 9-2　典型短模轨枕生产线（二）

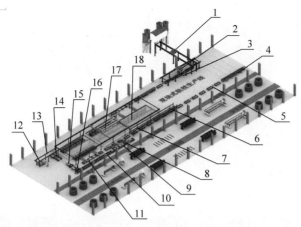

1—空中运输料斗；2—混凝土螺旋布料机；3—振动台；4—横移辊道；5—输送辊道；6—自动喷涂机器人；7—自动清理机器人；8—翻转机；9—脱模台及升降辊道；10—成品输送辊道；11—分体横移车；12—自动轨枕码垛机；13—自动枕木码放机器人；14—链式输送机；15—多功能运输车；16—轨枕归拢机；17—自动模具码垛机；18—养护控制系统。

图 9-3　典型长模轨枕生产线
资料来源：河北新大地机电制造有限公司

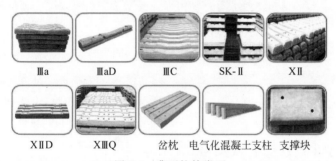

| IIIa | IIIaD | IIIC | SK-II | XII |

| XIID | XIIQ | 岔枕　电气化混凝土支柱　支撑块 |

图 9-4　典型轨枕类型

表 9-2　典型轨道板生产线

形　式	适用范围	特　点
高智能 CRTSIII 型轨道板生产线	CRTSIII 型轨道板	在 CRTSIII 流水法轨道板生产线的基础上加入了 3D 检测机器人和产品转场运输机器人等技术
CRTSIII 型流水法轨道板生产线	CRTSIII 型轨道板	生产线采用滚轮式传输"环形"布置，布置 21 个工位，整条生产线各工位基本实现自动化，大大减少了劳务用工，同时提高了生产效率
CRTSIII 型先张法轨道板生产线	CRTSIII 型先张法轨道板	采用组合式钢模具，按照工艺流程依次通过模具清理等 16 个生产台位，完成先张轨道板的全部生产作业。先张轨道板的生产周期相当于钢模具的周转期
CRTSII 型轨道板生产线	CRTSII 型轨道板	采用组合式钢模具，长线台座布置 27 套模具方式，根据生产工艺顺序通过专用移动式设备完成全部生产作业
CRTSI 型无砟轨道板生产线	CRTSI 型无砟轨道板	采用独立组合式钢模具，固定台座布置方式，根据生产工艺顺序通过专用设备完成全部生产作业
TBJB 新型轨道板生产线	TBJB 新型轨道板	采用单元台座、后张法生产轨道板，针对模具设计基坑，每套模具单独配置蒸养系统，适合生产多种类型轨道板

图 9-5　CRTSⅡ型无砟轨道板生产线

(a)

(b)

图 9-6　CRTSⅢ型无砟轨道板生产线

9.3　短模轨枕生产线

9.3.1　典型生产线工艺流程与技术性能

1.短模轨枕生产线工艺说明

该生产工艺采用 4×1 短模、环形流水生产布局，主要工艺过程包括浇注振动、模具辊道输送、入窑前模具链式传送、双模同时自动码垛入窑、地坑式养护、双模自动拆垛出窑、出窑后模具链式传送、空中自动翻模、自动脱模、轨枕自动运输、轨枕链式输送、辊道输送、清理、涂脱模剂、安装套管、安装螺旋筋、安装钢筋桁架及箍筋等工序。

工艺流程如下：将配料搅拌生产的干硬性混凝土输送至混凝土摊布机料仓内，摊布机均匀布料至模具的各个模腔中，并通过振动台的振动，使模具中的混凝土密实；布料密实完成的轨枕模具被转运至养护池中养护，以使轨枕制品达到一定强度；对养护好的轨枕进行脱模，将轨枕与模具脱离，轨枕进行码垛转运至堆场，模具回模至布料振动工位。

短模轨枕生产线具有以下特点：

（1）具有较高的自动化程度；

（2）布局紧凑，厂房利用率较高，可有效利用车间建筑面积；

（3）模具输送、吊装及轨枕码垛均实现自动运行，降低人工劳动强度；

（4）可生产双块式轨枕、预应力轨枕、弹性支撑块；

（5）模块化设计，可根据需求，设计适用于不同轨枕的自动化生产线。

典型短模轨枕生产线流程图如图 9-7 所示。

2.典型短模轨枕生产线组成

图 9-8 所示为典型短模轨枕生产线平面布局图。

表 9-3 所示为短模轨枕生产线的主要技术参数（以生产 1 模 4 根双块式轨枕为例）。

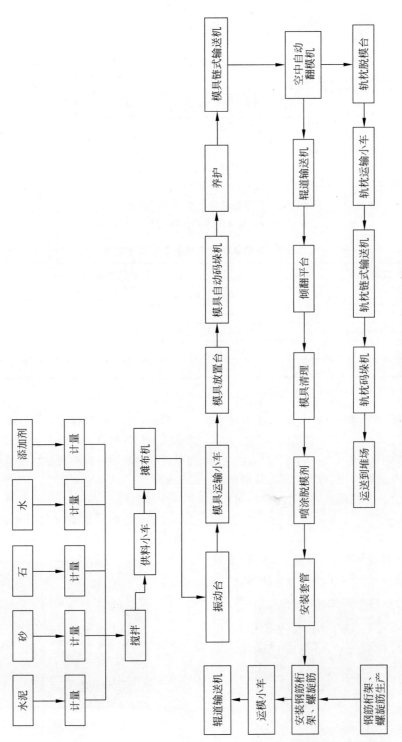

图 9-7　典型短模轨枕生产线流程图

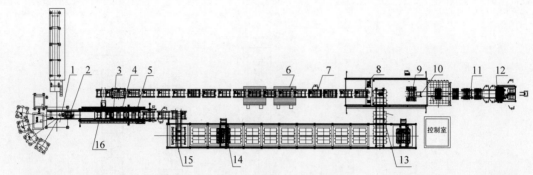

1—搅拌站；2—供料小车；3—模具；4—摊布机；5—振动台；6—倾翻平台；7—辊道输送机；8—空中自动翻模机；9—轨枕脱模台；10—轨枕运输小车；11—链式输送机；12—轨枕码垛机；13—模具链式输送机；14—模具码垛机；15—模具放置台；16—运模小车。

图 9-8　典型短模轨枕生产线平面布局图
资料来源：托普维克(廊坊)建材机械有限公司

表 9-3　短模轨枕生产线的主要技术参数

参数及项目	数值及类型
适应轨枕	双块式轨枕、预应力轨枕、弹性支撑块、小预制件
适应模具长度/mm	2800
适应模具宽度/mm	1600
密实形式	台式振动
成型周期/(min/模)	2.5

资料来源：托普维克(廊坊)建材机械有限公司。

下面介绍短模轨枕生产线的详细设备组成。

1) 搅拌站

搅拌站用于将水泥、砂、石、水、添加剂等原材料充分混合搅拌均匀,供生产线使用(详见第10章)。

2) 供料小车

供料小车由轨道框架、行走车、料斗、控制系统四部分组成,其实物图如图9-9所示。

图 9-9　供料小车

功能：用于接取搅拌机搅拌好的拌和料,送至摊布机的料仓内。物料封闭式输送,避免物料遗洒和物料的离析现象。储料体积为1~1.5 m³。

3) 摊布机

摊布机由轨道框架、行走车、料斗、控制系统四部分组成,其实物图如图9-10所示。

图 9-10　摊布机

功能：通过螺旋给料器将混凝土添入模具的模腔内。可实现独立控制每个螺旋给料器,通过调整行走速度来控制填料的数量。

根据各厂家布局方案不同,摊布机有沿 X 轴单方向行走的,也有沿 X、Y 轴双方向行走的方式。行走驱动一般设计为变频电机,具有行走平稳、速度可调的优点。

摊布机下出料口由 4 个螺旋给料器组成,每个螺旋给料器都有独立的驱动电机,既可实现四个给料器同步布料,也可实现每个给料器单独进行布料。布料机的出料、停止通过控制驱动电机的旋转和停止来实现。配合行走机构的速度调节功能可实现布料机给料量的调整。料仓门采用气动控制,动作迅速,布料精确。储料体积为 $1\sim1.5\text{ m}^3$。

4) 振动台

振动台由振动平台、升降辊道及控制系统组成,其实物图如图 9-11 所示。

图 9-11 振动台

功能:振动工位由气囊驱动的升降辊道输送机用来接取和输送模具。每个振动工位由两组带有振动器的振动板组成。振动频率可调(0~50 Hz),振动电机转速 0~3000 r/min,可获得足够的激振力。空模运至带有气动升降辊道的振动台之上,钢模随气动升降辊道降下,混凝土摊布机移动至振动台工位,自动进行第一层混凝土布料,同时振动开启,继续在钢模的轨枕部分进行混凝土布料(手动操作或自动)。下料 20~30 s 后,开始振动密实约 90 s,总时间约 2 min,然后停止振动,钢模气动升降辊道升起,钢模将移动至下一位置。

5) 模具运输小车

模具运输小车由行走小车、升降机构组成,其实物图如图 9-12 所示。

图 9-12 模具运输小车和模具放置台

功能:用于将浇注完成的模具送至模具放置台以完成后续工艺。

6) 模具放置台

模具放置台由两组带有导向的立柱和底座组成,其实物图如图 9-12 所示。它可以为模具码垛机吊装提供位置准确的模具。

7) 模具自动码垛机

模具自动码垛机由轨道框架、行走车、吊装组件、控制系统四部分组成,其实物图如图 9-13 所示。

图 9-13 模具自动码垛机

功能:将刚布料完成的每组两套模具从模具放置台吊装运送到养护池中,并从养护池中将养护好的轨枕模具吊装运送到模具链式输送机上,供后续脱模运转。

8) 空中自动翻模机

空中自动翻模机由轨道框架、行走车、升

降组件、翻转机构、控制系统五部分组成,其实物图如图9-14所示。

图9-14 空中自动翻模机

功能:空中自动翻模机从链式输送机上抓取模具,保护臂关上(预防模具翻转后轨枕从模具中脱出),然后提升模具,顺时针180°翻转模具,同时移动到脱模工位上方,把模具放在脱模台上,保护臂打开,脱模台进行气囊提升脱模。当轨枕全部从模具中脱出后,空中自动翻模机把模具吊升起来,进行逆时针180°反向翻转,然后把模具放置在回模输送辊道上。

9)轨枕脱模台

轨枕脱模台由顶升机构、轨枕支撑架、钢机座、传感器和控制系统组成,其实物图如图9-15所示。

图9-15 轨枕脱模台、轨枕运输小车

功能:气囊将钢模顶起,并迅速排气,使轨枕靠自重脱模;重复上述动作,直至承载支架上安装的20个传感器全部动作。

10)轨枕运输小车

轨枕运输小车由行走小车、升降机构、控制系统组成,其实物图如图9-15所示。

功能:将轨枕从脱模台运送到轨枕链式输送机上,供后续运转。

11)轨枕链式输送机

轨枕链式输送机由支架、驱动链条组件组成,其实物图如图9-16所示。

图9-16 轨枕链式输送机

功能:用于将运输小车运过来的轨枕向后移动,并可在链式输送机上进行检验、注油、盖帽、码垛提取等工序的操作。

12)轨枕码垛机

轨枕码垛机由轨道框架、行走小车、提升组件、夹紧组件、轨枕放置台、控制系统组成,其实物图如图9-17所示。

图9-17 轨枕码垛机

功能:将链式输送机转运过来的轨枕进行一层一层的码垛(每层四根),完成后用叉车转运至堆场养护。

13)辊道输送机

辊道输送机由固定支架、滚筒、驱动组件、控制系统组成,其实物图如图9-18所示。

功能:用于产线模具转运。

14)倾翻平台

倾翻平台由固定支架、翻转支架、输送辊道、

图 9-18　辊道输送机

驱动组件、控制系统组成,其实物图如图 9-19 所示。

图 9-19　倾翻平台

功能:用于将回模线上的模具倾翻一定角度,供清模作业。

15)模具

图 9-20～图 9-22 所示为几种模具实物图。

图 9-20　双块式轨枕模具

功能:用于成型轨枕制品。

9.3.2　设计计算与选型

1.生产线产能设计及主机选型

以双块式轨枕模具生产线为例,轨枕生产

图 9-21　预应力短模轨枕模具

图 9-22　弹性支撑块模具

线运行节拍按照 4 min 设计,每天两班生产,每班 12 h,为满足生产节拍,采用双振动工位的交叉连续生产模式。可以实现最高 1440 根双块式轨枕的日产量,年产量大约 52 万根。根据生产组织和循环模具的数量,生产线的机械设计能达到连续 2 班并最高 350 个工作日/年的要求,产能要求如表 9-4 所示。

2.配料及搅拌系统设计计算

配料及搅拌系统设计计算见表 9-5。

3.养护系统要求

养护分为四个阶段:静停 2 h,升温 2 h,恒温 6.5 h,降温 1.5 h。图 9-23 所示的曲线是一条典型的工作曲线,满足养护要求。各阶段养护时间可以根据实际情况进行设定。

升温阶段,升温速度小于 15 ℃/h;在恒温阶段,轨枕处于稳定的温度环境中,恒温区蒸汽养护温度不得高于 55 ℃,温度的稳定范围不大于±5 ℃;而在降温阶段,降温速率不大于 15 ℃/h,轨枕出养护地坑时,表层温度与环境温度的温差应小于 15 ℃;养护温度精度控制在±2 ℃内。

表 9-4　生产线产能要求

轮班数量	净生产时间/(h/班)	每周工作天数/d	每年工作天数/d	生产节拍/min	每轮班轨枕产量/根	每天轨枕产量/根	年产量/(根/a)
2	12	6/7	360	4	720	1440	518 400

注：（1）工厂管理、工人熟练性、工艺标准、设备维护、原材料的可用性等因素都有可能影响到生产率（节奏时间/模具）。

（2）所需的模具数量主要由混凝土达到脱模强度的养护时间的生产节奏所决定。各厂家的设备生产效率有所差异。

表 9-5　配料及搅拌系统设计计算

配料制度	双块式轨枕的制作采用高性能混凝土，混凝土强度应达到 C60 以上，混凝土结构设计使用年限达到一级（100 年），混凝土的抗冻性指标满足 D300，混凝土的电通量应不小于 1000C
	混凝土内总碱含量不应超过 3.5 kg/m³。当骨料具有潜在碱活性时，总碱含量不应超过 3.0 kg/m³
	混凝土中氯离子总含量不应超过胶凝材料总量的 0.10%
	混凝土及原材料的各项指标应满足《铁路混凝土工程施工质量验收补充标准》（铁建设〔2005〕160 号）的规定
混凝土搅拌制度	拌制混凝土时，必须严格按试验室每班签发的混凝土施工配合比进行，碎石分两级称量（5～10 mm，10～25 mm），不得随意更改
	混凝土配料允许误差应符合 TB 10210 的规定。混凝土各配料误差（按质量计）为：砂、石±2%；水泥、粉煤灰、水、减水剂、干燥状态的掺和料±1%
搅拌机加料顺序	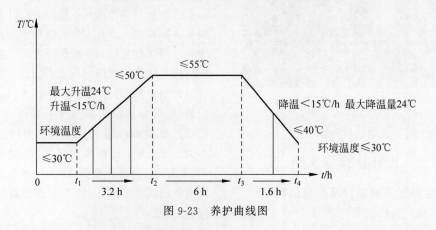
搅拌时间	混凝土搅拌至各种材料混合均匀，石子表面包满砂浆，颜色一致，性能良好。自全部材料投入搅拌机起，延续搅拌的最短时间不得少于 180 s。混凝土的搅拌应填写《混凝土搅拌记录表》
记录	每班制的混凝土前 3 罐必须测定混凝土坍落度，以后每 5 罐测定一次，并做好记录，混凝土坍落度测定应填写《混凝土坍落度记录表》

图 9-23　养护曲线图

9.3.3 相关技术标准

短模轨枕生产线相关技术标准有《有砟轨道轨枕 混凝土枕》（GB/T 37330）、《CRTS双块式无砟轨道混凝土轨枕》（TB/T 3397）、《有砟轨道轨枕混凝土枕》（GB/T 37330）。

9.4 长模轨枕生产线

9.4.1 典型生产线工艺流程与技术性能

1. 长模轨枕生产线工艺说明

本生产工艺采用2×4或2×5长模，应力混凝土轨枕一次成型的轨枕数量在8～10根左右，环形流水生产布局，主要工艺过程包括浇注振动、模具辊道输送、自动码垛入窑、地坑式养护、自动拆垛出窑、预应力钢丝放张、翻转脱模、成品输送、成品码垛、模具清理、喷涂、套管螺旋筋安装、钢筋入模、预应力钢筋张拉、附件安装等工序。生产线流程图见图9-24。

工艺流程为：经过配料搅拌生产的干硬性混凝土被输送到位于混凝土摊布机的料仓内，摊布机均匀布料至模具的各个模腔中，并通过振动台的振动，使得模具中的混凝土密实，达到所需强度要求；布料密实完成的轨枕模具被转运至养护池中养护，进一步提升轨枕制品的强度；对养护好的轨枕进行脱模，将轨枕与模具脱离，轨枕进行码垛转运至堆场，模具回模至布料振动工位。

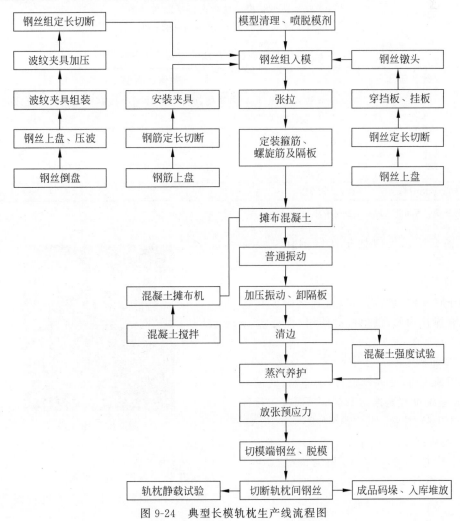

图9-24 典型长模轨枕生产线流程图

长模轨枕生产线具有以下特点：

（1）模具可节省钢材料消耗量，同时也促进了轨枕生产效率的提升；

（2）模具自动循环（模具辊道输送）；

（3）清理、喷涂工位可实现智能化；

（4）适当调整生产模型就能够实现一些新的混凝土制品的开发，比如生产宽枕、岔枕或横腹杆式接触网支柱等。

2. 典型长模轨枕生产线组成

图 9-25 所示为典型长模轨枕生产线平面布局图。

表 9-6 所示为典型长模轨枕生产线的主要技术参数（以生产 1 模 8～10 根轨枕为例）。

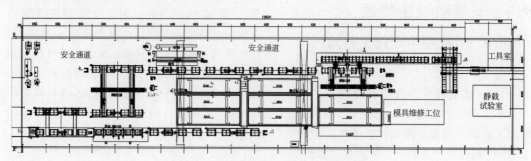

图 9-25　典型长模轨枕生产线平面布局图
资料来源：河北新大地机电制造有限公司

表 9-6　典型长模轨枕生产线的主要技术参数

参数及项目	数值及类型
适应轨枕	双块式轨枕、预应力轨枕、弹性支撑块、小预制件、宽枕、岔枕或是横腹杆式接触网支柱
适应模具长度/mm	10 500～13 400
适应模具宽度/mm	860～900
密实形式	台式振动
成型周期/(min/模)	3.5

资料来源：河北新大地机电制造有限公司。

下面介绍长模轨枕生产线的详细设备组成。

1）搅拌站

用于将水泥、砂、石、水、添加剂等原材料充分混合搅拌均匀，供生产线使用（详见第 10 章）。

2）摊布机

采用地走行，变频调速，摊铺布料，气动开门；布料系统可与搅拌站系统信号对接进行控制；可利用遥控控制。其实物图如图 9-26 所示。

3）振动台

振动台振动频率可调，采用机械振动结构，并且为分体式振动。其实物图如图 9-27 所示。

图 9-26　摊布机

4）压花装置

压花装置如图 9-28 所示。

功能：根据轨枕生产工艺进行振动压花

图 9-27　振动台

图 9-28　压花装置

图 9-29　模具自动码垛机

图 9-30　翻转脱模系统

作业。

5）养护系统

养护系统分为蒸汽系统、喷淋系统、通风系统。

功能：根据轨枕的养护工艺，轨枕振捣密实后通过静置、升温、恒温、降温四个阶段的自动控制，将轨枕养护至强度达到 75% 进行脱模。

6）模具自动码垛机

模具自动码垛机如图 9-29 所示。

功能：将振捣密实后的轨枕模具自动吊装入养护窑内，养护窑满后自动将窑盖板盖上，向养护系统发出信号，养护系统启动开始养护作业。

7）翻转脱模系统

翻转脱模系统由翻转机和脱模台组成，其实物图如图 9-30 所示。翻转机为机械翻转，液压锁紧，变频调速，可实现自动翻转作业；脱模台为气动打击式。

8）成品输送辊道

成品输送辊道如图 9-31 所示。

图 9-31　成品输送辊道

功能：将脱模后的轨枕向码垛工位进行输送。

9）切割机

功能：对预应力轨枕之间的预应力钢筋进行切断作业。

10）轨枕码垛机

轨枕码垛机如图9-32所示。

图9-32　轨枕码垛机

功能：将输送到码垛工位的轨枕进行4列5层的码垛；可实现自动码垛；一次性码垛两根轨枕。

11）模具输送辊道

模具输送辊道如图9-33所示。

图9-33　模具输送辊道

功能：将脱模后的模具输送到下一工位的辊道，具备变频调速的功能。

12）倾翻机

功能：用于将模具倾斜立起一定角度，便于在模具上安装套管。

13）横移车

横移车如图9-34所示。

功能：采用步进式设计，可同时对多个模具进行横移作业，每次横移距离相同，同步性好。

14）张拉放张系统

张拉放张系统如图9-35所示。

图9-34　横移车

图9-35　张拉放张系统

功能：用于预应力钢筋的张拉和放张作业。

9.4.2　设计计算与选型

长模轨枕生产线设计计算与设备选型和短模轨枕生产线的设计计算与设备选型类似，可参考9.3.2节。

9.4.3　相关技术标准

长模轨枕生产线相关技术标准如下：《有砟轨道轨枕　混凝土枕》（GB/T 37330）、《CRTS双块式无砟轨道混凝土轨枕》（TB/T 3397）等。

9.5　轨道板生产线

CRTSⅢ型轨道板是高速铁路建设使用的新型产品，主要用于350 km时速的高速铁路上。本节着重介绍用于生产CRTSⅢ型轨道板的生产线。

9.5.1　典型生产线工艺流程与技术性能

1. 工艺流程

1) CRTSⅢ型无砟轨道板流水生产线

该生产线采用独立通道式养护窑,生产线工位设置的灵活性大大提高。根据工序需要,在生产线上布置了21个生产工作位置,依次完成轨道板的放张、脱模、出模、清模、合模、模具尺寸精度检验、喷涂脱模剂、安装预埋件(套管)、钢筋笼入模固定、自动张拉、绝缘检测、混凝土浇注振捣、养护工序。在生产线两端和养护窑之间分别布置一台智能摆渡车,智能摆渡车的主要功能是将模具在生产线与养护窑之间转运。图9-36、图9-37所示分别为CRTSⅢ型轨道板及其生产线。

图9-36　CRTSⅢ型轨道板

图9-37　CRTSⅢ型轨道板生产线

2) CRTSⅢ型无砟轨道板流水生产线组成

轨道板模具:为整体组合式模具,此模具含反力架结构,侧、端模板与底模板反力底架组件通过定位销及横向8根反力杆、纵向5根反力杆定位固定。

自动张拉系统:由控制部分、检测部分(压力传感器、高压滤油器)、执行部分(球阀、溢流阀、换向阀、比例伺服阀)、能源部分(伺服液压源)等分系统组成。机械机构由纵移机架、放张台、传动轴组、垂直辊子组、电动机、减速机、液压升降机构、定位销等部分组成。同时满足P5600、P4925和P4856三种板型预应力张拉的要求。

自动脱模系统:由4个压紧液压缸、4个抓取机构、横向走行机构、提升机构、自动控制系统组成。

自动清模系统:由移动龙门结构、大功率自动工业吸尘器、自动清理钢刷组成,通过数控系统控制钢刷的行走轨迹等实现轨道板模具的表面清理。

自动喷涂脱模剂系统:在喷脱模剂工位采用喷涂机器人来实现自动化喷涂。脱模剂喷涂机器人由双轴往复机器人系统、喷涂系统、安全防护系统3个系统组成。

自动安装预埋套管系统:包含三轴高精度桁架机器人系统、末端抓手系统、托盘供料系统、模具定位系统、安全防护系统5个子系统,实现套管自动安装。

整体式振动台:生产线设置两个整体式振动台,振动频率为60～120 Hz,振幅为1～2 mm,振动力为8～18 kN。采用变频系统,振动时按照先低频后高频最后低频的顺序,有效地将混凝土中的气泡排出,振捣密实。

模具流转系统:由智能摆渡车和链式输送系统组成。智能摆渡车和每条链式输送机之间都可进行信号互传,使整个模具流转系统达到完全自动化。

3) 典型产品规格及技术参数

CRTSⅢ型无砟轨道板生产采用流水线生产方式,充分体现标准化、专业化、机械化的原则,有利于保证轨道板的尺寸精度及外观等质量要求。此种生产方式已在京沈铁路、商合杭铁路、郑阜铁路、南盐铁路等客运专线成功应用。生产车间为两跨27 m×190 m,搅拌站与生产车间相连。蒸养车间采用长135.8 m、宽50 m

钢混框架结构厂房,设置 10 条蒸养线,每条蒸养线可放置 8 台模具,可同时蒸养 160 套模具。

4)工艺流程图

CRTSⅢ型轨道板典型生产工艺流程图如图 9-38 所示。

2.平面布置

CRTSⅢ型轨道板典型生产工艺平面布置图如图 9-39、图 9-40 所示。

3.结构组成

轨道板生产线的主要构成设备有混凝土制备系统、上料系统、布料振捣系统、蒸汽养护系统、脱模系统、轨道板输送系统、清模及喷涂系统、套管及钢筋笼安装系统、轨道板模具等。其现场布置图如图 9-41 所示。

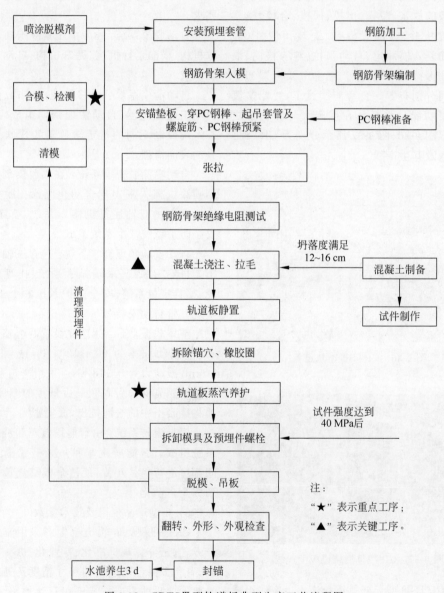

图 9-38 CRTSⅢ型轨道板典型生产工艺流程图

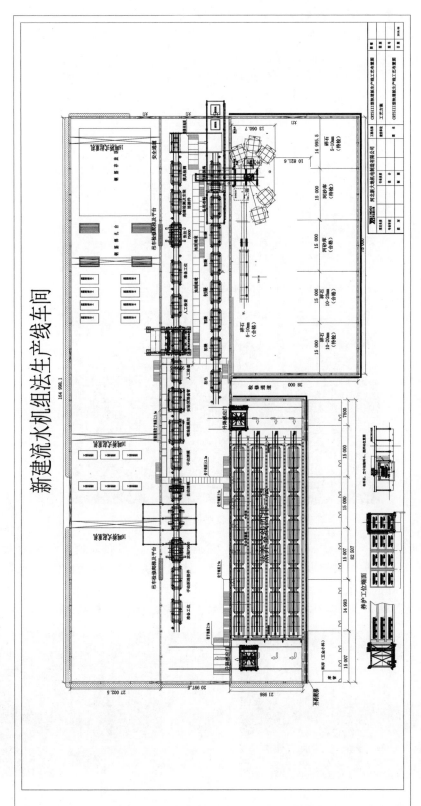

图 9-39

图 9-39　CRTSⅢ型轨道板典型生产工艺布局图

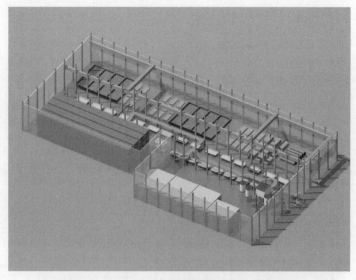

图 9-40 CRTSⅢ型轨道板典型生产工艺效果图

图 9-41 CRTSⅢ型轨道板生产现场布置

1) 轨道板模具

轨道板模具采用整体式钢模,平衡反力结构,具有足够的强度、刚度、稳定性和精准的结构尺寸,应用于智能化、无人化无砟混凝土轨道板流水式生产线的轨道板模具,通过其在自动生产线各工位的运转、操作,生产制作出高品质 CRTSⅢ型板式无砟轨道先张法预应力混凝土轨道板。轨道板模具如图 9-42 所示。

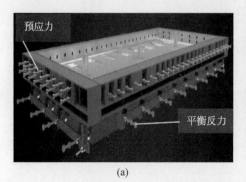

(a)

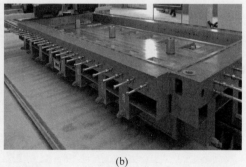

(b)

图 9-42 轨道板模具

2）张拉系统

纵向张拉横梁与横向张拉横梁上安装有液压千斤顶,张拉过程中自动平衡张拉力值,系统自动生成张拉报表,并实时记录每个千斤顶张拉过程数据,数据报表自动上传至中控室。自动张拉系统如图9-43所示。

图9-43　自动张拉系统

3）上料系统

上料系统由钢结构支架、空中运输料斗、集中控制系统组成。此系统和搅拌站系统可以对接,空中输送料斗到搅拌站内接料后,自动走行到布料机料斗上方后卸料,完成补料动作。图9-44所示为空中运输料斗。

图9-45　螺旋摊布机

图9-44　空中运输料斗

4）摊布系统

摊布机采用单跨上走行螺旋摊布机,纵向走行变频调速;使用螺旋布料形式;布料口长度2400 mm,布料口倾斜15°;补料通过上料系统完成。图9-45所示为螺旋摊布机。

5）振动系统

振动系统为分体式,由两个整体振动台组成,每个振动台都具有升降功能,当模具输送到振动工位后,将模具顶升起来进行布料和振动。该系统采用气动升降、变频振动、自动控制或操作台控制。图9-46所示为振动台。

6）养护温控系统

轨道板布料振捣完成后,通过模具流转系

图9-46　振动台

统将模具输送到独立式通道养护窑内,轨道板通过养护温控系统设定好的四个养护阶段——静置、升温、恒温、降温,自动控制使轨道板养护强度达到75%进行脱模;养护温控系统分为蒸汽系统、喷淋系统、通风系统等。养护温控系统如图9-47所示。

7）放张系统

轨道板养护完成后,横纵向预应力钢筋应力放张时,采用机械旋出张拉杆的方式进行张拉杆同步放张,纵向放张横梁与横向放张横梁上的放张机构同时逆时针慢速旋转,分别套入轨道板模具纵、横向张拉杆螺母完成放张。自动放张系统如图9-48所示。

彩图 9-47

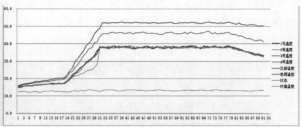

图 9-47　养护温控系统

图 9-48　自动放张系统

8）脱模系统

轨道板养护、放张完成后，通过轨道板脱模机械手将轨道板从模具内提取出来，整个过程中无须对模具进行任何拆装，完全实现自动化。定位机构可确保模具的精准到位。自动脱模系统如图 9-49 所示。

图 9-49　自动脱模系统

9）轨道板输送系统

轨道板脱模后，利用轨道板输送系统将其转运至水养车间和将水养完成的轨道板运输到堆场。轨道板输送系统如图 9-50、图 9-51 所示。

图 9-50　轨道板输送系统（横移车）

图 9-51　轨道板输送系统（纵移车）

10）水养系统

水养池设置在 30 m 跨车间内封锚区两

侧,占地面积 1984 m^2,共设置 12 个水养池,每个水养池内可同时水养 60 块轨道板,能够满足轨道板水养 3 天及循环使用的需求。轨道板张拉封锚完成 2 h 后吊至水养池水养。水养区起重机与封锚区起重机共用,可以满足入水和出水需求。水养系统如图 9-52 所示。

图 9-52　水养系统

11)清理及喷涂系统

模具清理是通过合理布置的滚刷将模具表面浮灰清理干净,通过工业脉冲吸尘器将清理的浮灰吸走,整个过程完全实现自动化。图 9-53 所示为自动清理机。

模具喷涂是通过万向喷头将雾化后的脱模剂喷到模具底模、侧模、端模上,整个过程完全实现自动化。图 9-54 所示为自动喷涂机。

图 9-53　自动清理机

12)套管及钢筋笼安装系统

套管安装系统由套管筛选机、螺旋筋安装机、套管定位盘、套管自动安装机械手、控制系统等组成。套管通过筛选机输送到专用位置,螺旋筋旋到套管上后,通过二维机械手将套管螺旋筋放置到每个套管定位盘上,再次通过上位六轴机械手将每个套管安装敲击就位。自

图 9-54　自动喷涂机

动套管安装系统如图 9-55 所示。

图 9-55　自动套管安装系统

钢筋笼安装系统由钢筋笼绑扎、钢筋笼输送、钢筋笼吊装定位系统等组成。钢筋笼通过专用的绑扎台架迅速地绑扎成型,通过吊装和密集辊道输送系统输送到安装工位后,通过吊装定位系统精准安装在模具内。自动钢筋笼安装系统如图 9-56 所示。

图 9-56　自动钢筋笼安装系统

9.5.2　设计计算与选型

1. 生产线产能设计及主机选型

CRTSⅢ型轨道板是高速铁路的新型产品,主要用于速度为 350 km/h 的铁路线上,广泛用于客运专线、高速铁路等项目。

举例说明,在南盐铁路客运专线上建设了需求总量为 53 794 块、总工期 20 个月的轨道板厂。预制场建设制约轨道板生产工期,生产时间 11 个月。厂房尺寸:180 m×27 m×2 m(两跨);养护通道尺寸:138.5 m×50 m×2 m。生产线产能要求如表 9-7 所示。

表 9-7　生产线产能要求

轮班数量	净生产时间/(h/班)	每周工作天数/d	每年工作天数/d	生产节拍/min	每轮班轨道板产量/块	每天轨枕板产量/块	年产量/块
2	12	6/7	360	10	72	144	50 400

注:(1) 工厂管理、工人熟练性、工艺标准、设备维护、原材料的可用性等因素都有可能影响到生产率(节奏时间/模具)。

(2) 所需的模具数量由混凝土达到脱模强度的养护时间的生产节奏所决定。各厂家的设备生产效率有所差异。

2. 配料及搅拌系统设计计算

配料及搅拌系统设计计算说明见 9.3.2 节。

3. 轨道板预制各工序时间

轨道板预制各工序时间如表 9-8 所示。

表 9-8　轨道板预制各工序时间

单位:min

序号	施工内容	时间	累计时间	备注
1	准备工位	10	10	1 套模具
2	手动清理	10	20	
3	喷涂脱模剂	10	30	
4	安装预埋套管	10	40	
5	钢筋笼安装及预紧张拉杆	10	50	
6	人工检查	10	60	
7	预应力张拉	10	70	
8	绝缘检测及安装预埋件	10	80	
9	模具检测	10	90	
10	布料振捣	10	100	
11	拉毛	10	110	
12	蒸汽养护	960	1070	
13	手动拆连接件	10	1080	
14	预应力放张	10	1090	
15	检杆及脱模顶升	10	1100	
	合计	1100	1100	

4. 养护系统要求

(1) 采用自动化生产线,轨道板蒸养在养护池内进行,养护系统由热源、温度传感器、温度控制器组成,温度通过传感器将数据传递给控制系统,由中央控制系统发出指令控制蒸汽阀门来达到控制温度;可实现轨道板蒸汽养护和水喷淋养护的双重作业。

(2) 蒸汽养护过程分静停、升温、恒温、降温共 4 个阶段。升温、恒温和降温在密闭的蒸养室中进行。蒸汽养护曲线图见图 9-57。

(3) 混凝土浇注后应在 5~30 ℃的环境中静置 3 h 以上方可升温,升温速度不应大于 15 ℃/h。恒温时蒸汽温度不超过 45 ℃,板内芯部混凝土温度不超过 55 ℃。当恒温温度超过警戒线时,温控系统自动报警提示,蒸汽养护人员立即采取措施降温,降温速度不应大于 15 ℃/h。

(4) 轨道板蒸养采用蒸养架及塑料薄膜加篷布覆盖,其保湿及密封性能良好。

9.5.3　相关技术标准

模具固定式轨道板生产线相关技术标准有《客运专线铁路 CRTSⅢ型板式无砟轨道混凝土轨道板暂行技术条件》(100720 版),其适用于客运专线铁路 CRTSⅢ型板式无砟轨道用预应力混凝土轨道板。

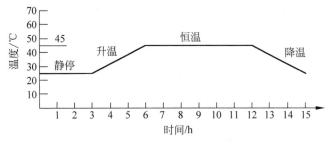

图 9-57　蒸汽养护曲线图

9.6　设备使用及维护

1. 设备使用

由于生产线设备的专用性，对于许多设备只能自行制定专用设备的使用与维修保养要求，特别是操作规程、润滑周期表、维修保养规程等，并建立健全设备巡检保证体系。既要求操作者做到"三好四会"、润滑"五定"，又要求维修人员做好设备巡检工作。

为了保证设备管理与维修工作的更好开展，学习借鉴有关方面的先进经验，根据设备在生产过程中的作用、设备停机后对生产的影响以及造成的停机后果等，对设备进行 ABC 分类管理。

A 类设备：处于主流程上，对安全生产有直接影响的设备或关键设备。对 A 类设备进行重点管理与控制，发现问题必须立即处理，保证设备随时处于完好状态。

B 类设备：在非主流程上，但对安全生产影响较大的设备，如能源、气体生产供应设备；或虽在主流程上，但对安全生产不构成很大影响的设备等。对 B 类设备进行正常管理与控制，发现问题必须及时处理，保证设备的技术状态满足安全生产需要。

C 类设备：在非主流程上，对安全生产影响不大，故障后可以等待修复的设备。对 C 类设备进行一般管理与控制，发现问题可以按照生产需要安排时间处理，保证设备的技术状态能够满足安全生产基本需要。

2. 设备维护

在轨枕轨道板生产线早期使用阶段，采用的是传统的计划、定期维修模式，这也是当时我国对设备维护保养的常用模式。但这种模式带有很大盲目性，运转的设备有无故障以及故障类型、故障部位、故障程度难以准确把握。另外，由于良好部位的反复拆卸，机械性能往往不理想，甚至低于检修前。而且，没有必要的超前维修带来人力、物力的巨大浪费。

随着故障诊断仪器的广泛应用，对机械设备的维护方式，由计划、定期检修逐步走向状态检测、预知检修、以点检制为核心的设备管理与维修模式，变设备的事后管理为事前管理，变静态管理为动态管理。该模式不同于传统的维修体制，它集中了设备的点检、检修和使用三个方面，起主要作用的是点检制。

所谓点检，就是按照一定的标准、一定周期，对设备规定的部位进行检查，以便早期发现设备故障隐患，及时加以修理调整，使设备保持其规定功能的设备管理方法。值得指出的是，设备点检不仅仅是一种检查方式，而且是一种制度和管理方法。点检是设备预防维修的基础，是现代设备管理运行阶段的管理核心。

使用相关的故障诊断仪器对设备进行状态监测，避免了机械设备的突发故障，从而避免了被迫停机而影响生产。机械设备状态分析为预知机械设备的维修期提供了可靠依据，做到了有必要时才进行维修，使我们能够及时准备维修部件，安排维修计划，从而避免了定期维修周期过短造成的浪费或周期过长导致的设备性能降低。

参 考 文 献

[1] 姚金柯,付留根.新型砌块成型机械及应用[J].建筑机械化,2001(5):26-27.

[2] 曹国巍,张声军,周磊,等.混凝土预制构件线性振动台设计研究[J].建筑机械化,2020(10):17-20.

[3] 孙红,孙健,吴玉厚,等.大型智能 PC 构件自动化生产线简介[J].混凝土与水泥制品,2015(03):35-38.

[4] 冯建文.PC 构件生产线模具划线机自动编程系统研究[D].石家庄:石家庄铁道大学,2013.

[5] 窦鹏武,陈强,梁玉鑫,等.预制构件翻板机的升级换代[J].科技创新与应用,2016(09):70.

[6] 扈宝军.节能技术在混凝土砌块(砖)简易生产线中的应用实践[J].建筑砌块与砌块建筑,2015(03):27-29.

[7] 刘志明,雷春梅.装配式构件生产线和生产工艺研究[J].混凝土与水泥制品,2018(03):76-78.

[8] 张晓薇.装配式混凝土小型构件自动化生产施工技术[J],建筑安全,2019,34(02):41-44.

[9] 孙志超,于海滨,蔡海宁.大型预制构件成组立模成型设备研究与应用[J].建筑技术,2018,49(S1):227-228.

[10] 陶有生,王柏彰.蒸压加气混凝土砌块生产[M].北京:中国建材工业出版社,2018.

[11] 刘锦涛.预制混凝土管片自动生产线及控制系统介绍[J].混凝土与水泥制品,2020(08):81-82.

[12] 陈胜莲.自动化隧洞衬砌混凝土预制管片生产线选型研究及应用[J].山西水利科技,2015,3:37-40.

[13] 黄继承.钢筋混凝土盾构管片预制技术研究[D].上海:同济大学,2007.

[14] 王江.新型轨道板生产工艺研究[J].铁道标准设计,2008(2):22-24.

[15] 汪水清.高速铁路轨道板制造与铺设[M].上海:上海交通大学出版社,2013.

第3篇

混凝土制品生产通用设备

第10章

预制混凝土制备设备

10.1　概述

10.1.1　定义和结构

1．定义

预制混凝土制备设备通常指预制混凝土搅拌机。混凝土制备是指将胶凝材料（如水泥、矿粉、粉煤灰等）、细骨料（砂）、粗骨料（石）、水及需要加入的化学外加剂和矿物掺和料混合搅拌成混凝土拌和物的过程。混凝土制备通常采用机械搅拌方式。与人工搅拌混凝土相比，使用混凝土搅拌机能提高生产率，加快工程进度，还能减轻工人的劳动强度和提高混凝土的质量。

不同类型混凝土搅拌机适用于不同种类混凝土的搅拌，其中包括搅拌结构混凝土、道路混凝土、高性能混凝土、水工混凝土及干硬性混凝土等。为适应各种混凝土的搅拌要求，不同类型搅拌机在结构和性能上各有其特点。

2．主要结构

混凝土搅拌机种类很多，但其主要结构基本相同，包括搅拌系统、密封装置、传动装置、驱动电机、耐磨衬板、卸料门及润滑系统等。

1）搅拌系统

以双卧轴搅拌机为例，搅拌系统一般包括搅拌型腔、搅拌装置等。其中搅拌型腔由优质钢板整体弯成 ω 形状，而且由框架承托，有足够的刚度和强度，以保证主机的正常运作。

搅拌装置由两根搅拌轴上的多组搅拌臂和叶片组成，可以保证型腔内拌和料能在最短时间内作充分的纵向和横向掺和，达到充分拌和的目的。搅拌臂分为进给臂、搅拌臂、返回臂，同时为了便于磨损后的调整和更换，每组搅拌叶片均能方便地在受力磨损的方向调整。

2）轴端密封

以双卧轴搅拌机为例，混凝土搅拌机的主轴浸没在摩擦力很强的砂、石、水泥材料中，如果没有行之有效的轴端密封措施，主轴颈会很快被磨损、毁坏，从而产生严重的漏浆，影响混凝土和易性。因此采用三道密封及骨架油封和润滑系统供油泵，其工作原理是用压盖、耐磨橡胶圈和转毂组成第一道密封，为防止砂浆浸入缝隙，由注油孔向内腔注入压力油脂，至主缝中有少量油脂挤出为止，用油脂外溢来阻挡砂浆入侵；第二道密封由浮动环和 O 型密封圈组成，即浮动环密封，浮动环组借助 O 型圈的弹性保持一定的压紧力和磨损后的间隙补偿，由注油孔注入润滑油脂，浮动环为粉末冶金专用件，密封面经研磨加工；最后由安装的 J 型骨架组成第三道密封。

搅拌轴的支承由独立的轴承座和带锥套调心滚子轴承共同承担，两个骨架油封能有效地保证轴承的良好工作环境，以保证机台的正常运作。

3) 传动装置

对于 JS 型搅拌主机采用螺旋锥齿行星减速机传动,减速机与搅拌主轴间采用花键联轴器连接,减速机高速端采用十字轴万向联轴器同步,使两轴作反向同步运转,达到强制搅拌效果。与传统的大小的链轮传动,大齿轮同步的结构相比,具有结构紧凑,传动平稳,遇非正常过载时能通过皮带打滑保护等特点。为保证减速机的正常工作,传动装置中可以选配冷却装置。

4) 衬板

一般弧衬板为高铬合金耐磨铸铁,其性能指标符合 JB/T 11858 的规定(洛氏硬度 HRC ≥54,冲击值≥7.0 N·m/cm²,抗弯强度≥600 N/mm²),端衬板由高铬合金耐磨铸铁或优质高锰耐磨钢板制成,特殊设计的菱形结构能提高衬板的使用寿命。

5) 卸料门

卸料门的结构形式独特可靠,整体弧面与桶内衬板面持平,能有效地减少强烈冲击、磨损,真正做到优质耐久。另外,卸料门两端的支承轴承座可上下调节,接触面磨损后可以调节间隙,确保卸料门的密封。卸料门采用液压系统驱动,油泵系统产生的高压油通过控制系统,经高压油管作用到油缸,驱动卸料门的开闭,通过调节卸料门轴端接近开关的位置和与电控系统配合,可以实现卸料门的开门到位的任意调整,以得到不同的卸料速度。

10.1.2　国内外现状与发展趋势

1. 国外现状

19 世纪 40 年代,在德、美、苏等国家出现了以蒸汽机为动力源的自落式搅拌机,其搅拌腔由多面体状的木制筒体构成。20 世纪初,圆柱形的搅拌筒自落式搅拌机才开始普及。其形状的改进避免了混凝土在搅拌筒内壁上的凝固沉积,提高了搅拌质量和效率。1903 年德国在斯太尔伯格建造了世界上第一座水泥混凝土的预拌工厂。1908 年,在美国出现了第一台内燃机驱动的搅拌机,随后电动机则成为主要动力源。1913 年美国开始大量生产预拌混凝土,到 1950 年,日本开始用搅拌机生产预拌混凝土。在此期间,各国仍然以各种有叶片或无叶片的自落式搅拌机为主。

20 世纪 40 年代后期,德国 ELBA 公司最先发明了强制式搅拌机。与自落式搅拌机相比,强制式搅拌机搅拌作用强烈,搅拌质量好,搅拌效率高,但搅拌筒和叶片磨损大,功耗增加。

随着技术的发展,强制式搅拌机在德国的 BHS 公司和 ELBA 公司、美国的 JOHNSON 公司和 REXWORKS 公司、意大利的 SICOMA 公司和 SIMEN 公司、日本的日工株式会社和光洋株式会社等企业发展迅速,目前已形成系列产品。比如德国的 EMC 系列、EMS 系列搅拌站和 UBM 系列、EMT 系列搅拌楼,意大利的 MAO 系列搅拌站、MSO 系列大型搅拌机等。

2. 国内现状

我国混凝土搅拌设备的生产从 20 世纪 50 年代开始。

1952 年,天津工程机械厂和上海建筑机械厂试制出我国第一代混凝土搅拌机,进料容量为 400 L 和 1000 L。20 世纪 70 年代末至 80 年代初,我国为适应建筑业商品混凝土大规模发展的需要,有关院所及厂家陆续开发了新一代 JZ 型双锥自落式搅拌机、JD 型单卧轴强制式搅拌机。

进入 21 世纪以来,随着商品混凝土技术的应用推广及国家环保政策的强力推行,我国混凝土搅拌机发展非常迅速。许多厂家制造的混凝土搅拌机已经达到世界先进水平,引领国内混凝土搅拌机行业走上依靠技术创新的发展之路。珠海仕高玛公司首先于 2010 年引进意大利 SICOMA 双卧轴混凝土搅拌机技术,在十多年时间内发展了 MSO、MEO、MAO、MAW 等系列产品,产品出料容量为 0.5～6 m³;并于 2006 年推出 MPJ、MPC 系列立轴行星式搅拌机,产品出料容量为 0.5～2.0 m³;2012 年,仕高玛成功开发出新型环保低能耗智能化双卧轴混凝土搅拌机,该机型符合市场对"节能环保"方面的需求,引领混凝土搅拌机行业向节能环保方向发展。2009 年,中联重科成功研制高效、节能的双卧轴复合螺带式混凝土搅拌机,并于 2011 年完成全系列开发,2013 年 10 月成功研制全球最大的 JS10000 型混凝土搅拌机,该搅拌机单罐次可生产普通商品混凝土 10 000 L 或水工常态混凝土(4 级配)8000 L,各项参数值均达到了全球之最。中联重科 JS10000 型混凝土搅拌机的试验成功,标志着我国已经掌握了水工混凝土搅拌机的核心技术,使我国成为少数几个掌握超大方量混凝土搅拌技术的国家。

3．发展趋势

(1)搅拌机性能向环保型发展。一是提高搅拌机性能、质量,使用最少的胶凝材料,通过高质量的搅拌来实现混凝土的高性能;二是搅拌效率要高,消耗最少的能源达到最好的搅拌质量;三是搅拌机的维护性要好,维护费用要低,包括搅拌机内的残余物料清理、润滑油的消耗等都应尽量减少。

(2)搅拌机类型向多元化发展。现在专业化分工越来越精细,且当代建筑对混凝土的种类和搅拌质量要求越来越高,在市场的不断变化下,搅拌机需向多元化方向发展。如上料、搅拌、泵送几种功能组合在一起的一体机,搅拌过程中同时加入振动机理的振动搅拌机等,都是因市场的需求应运而生的。

(3)搅拌机控制向智能化发展。通过智能化监测手段,达到对搅拌机各运行部件的在线监控、故障诊断:一是对部件运行的可靠性进行预测,预防事故的发生;二是通过监测对搅拌性能、搅拌时间等进行优化,以实现高效节能。

10.2　分类

10.2.1　按照搅拌方式划分

混凝土搅拌机按搅拌方式可以分为自落式和强制式。自落式混凝土搅拌机的工作原理是随着搅拌筒的旋转,内壁固定的叶片将物料提升到一定的高度,然后靠重力下落,周而复始,使其达到匀质状态,最适宜搅拌塑性或半塑性混凝土。强制式混凝土搅拌机的主要特征是搅拌轴旋转,依靠轴上的搅拌叶片对物料实施强制搅拌,搅拌时间短、生产效率高,适用于各种混凝土的搅拌。强制式搅拌机又可分为单卧轴式、双卧轴式、立轴行星式和立轴涡桨式。混凝土搅拌机分类见表 10-1。

表 10-1　混凝土搅拌机分类

形　　式		示　意　图	特　　点
自落式			结构简单,磨损程度低,对骨料粒径有较好的适应性。使用维护简单。但搅拌强度低,搅拌质量一般。而且转速和容量受到限制,生产效率较低,一般只适用于搅拌低标号且对匀质性要求不高的混凝土
强制式	单卧轴式		由分布在单条水平搅拌轴上的搅拌臂和搅拌叶片推动物料进行强制搅拌,使混凝土达到匀质状态。单卧轴搅拌机容积相对较小

续表

形　式		示　意　图	特　点
强制式	双卧轴式		由两条平行的搅拌轴及搅拌臂和搅拌叶片构成搅拌单元,搅拌能力强。生产效率高,搅拌容积大,适用于各种混凝土的搅拌
	立轴行星式	定盘式	立轴行星式搅拌机的搅拌筒为水平放置的圆盘,圆盘中有若干根竖立转轴,分别带动若干个搅拌叶片,转轴除自转外,还绕圆盘的中心公转。此类搅拌机搅拌剧烈,搅拌质量高,适合搅拌干硬性、高强和轻质混凝土
		转盘式	转盘式与定盘式的不同之处在于,两根转轴只作自转,不作公转,而且整个圆盘作与转轴回转方向相反的转动。此类搅拌机搅拌效率更高,但能量消耗较大
	立轴涡桨式		其搅拌筒为水平放置的圆盘。中央有一根竖立转轴,轴上装有若干组搅拌叶片。该类型搅拌机具有结构紧凑、体积小、密封性能好等优点

10.2.2　按照出料方式划分

混凝土搅拌机按出料方式可以分为倾翻式和非倾翻式。倾翻式混凝土搅拌机通过搅拌筒倾翻出料。非倾翻式搅拌机多通过打开搅拌机底部的卸料门出料。

按出料方式分类的混凝土搅拌机的示意图及特点见表10-2。

现在常用的搅拌机主要有立轴行星搅拌机和双卧轴式搅拌机。其他类型的如立轴盘式、单卧轴式、锥形反转出料、锥形倾翻出料等形式的搅拌机应用越来越少。

表 10-2　按出料方式分类

形　　式		示　意　图	特　　点
倾翻式（锥形倾翻出料）			锥形倾翻出料混凝土搅拌机在搅拌过程中,搅拌机中心轴保持水平状态;当搅拌完毕需要出料时,搅拌筒在油缸或其他机械力的驱动下呈倾翻状态,出料口向下卸料
非倾翻式	锥形反转出料		锥形反转出料混凝土搅拌机在搅拌和卸料过程中,搅拌机中心轴都保持水平状态;搅拌筒绕中心轴旋转,正转搅拌,反转出料
	底部出料		通过搅拌机底部卸料门的开、合实现卸料,同时搅拌装置的不停转动有助于提升出料速度,并且不会造成积料。广泛应用于各种强制式搅拌机

10.3　典型设备结构原理与技术性能

10.3.1　立轴行星搅拌机

立轴行星搅拌机有定盘式和转盘式两种结构形式。

相比于转盘式搅拌机,定盘式行星搅拌机的结构比较简单,传动系统紧凑,消耗功率较小,因此应用比较广泛。现在所说的行星搅拌机大多指的是定盘式搅拌机。

1. 立轴行星搅拌机结构原理

定盘式搅拌机具有可绕搅拌筒几何中心转动的传动箱,传动箱的输出端连接行星搅拌轴,搅拌轴上安装搅拌叶片,当传动箱围绕搅拌筒几何中心公转时,行星搅拌轴同时带动搅拌叶片绕自身轴线转动,实现自转。而转盘式搅拌机的搅拌叶片只有自转,其公转由搅拌筒的逆向回转所取代,二者的相对运动关系保持不变,只是转子轴和搅拌筒的运动,分别由两台电机驱动。由于行星搅拌机的搅拌叶片既有公转,又有自转,所以其运动轨迹比较复杂,且两种转动的运动速度和方向时刻变化,存在

着不同形式的搅、搓、揉、捏和滚等多种混合动作,因此拌和料的搅拌运动强烈,拌和料质量稳定、匀质性好。

立轴行星搅拌机结构主要分为提升部件、主机搅拌结构和卸料结构等,如图 10-1 所示。

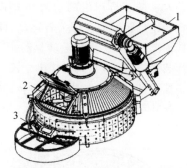

1—提升部件;2—主机搅拌结构;3—卸料结构。

图 10-1　立轴行星搅拌机结构

1) 提升部件

提升部件主要靠电机和卷扬滚筒配合,通过卷扬滚筒收放器上的钢丝绳来提升或下降提料斗。常规的提料斗运行滑轨一般采用槽钢作为其轨道,轨道与水平面夹角控制在 50°~75°,滑轨下方采用全封结构,尽量减少扬尘污染环境,如图 10-2 所示。提料斗靠钢丝绳

提升的方式分单侧钢丝绳提拉和双侧钢丝绳提拉两种,如图10-3所示。

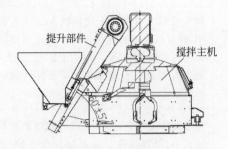

图 10-2　提升部件

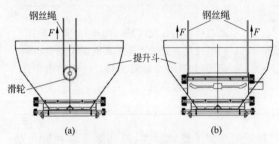

(a)　　　　　　　　　(b)

图 10-3　提升方式

(a)单侧钢丝绳缠绕结构;(b)双侧钢丝绳缠绕结构

2)主机搅拌结构

传动装置:通过使用一体式双向搅拌减速机进行传动。减速机产生的动力使立式安装的搅拌臂既作自转运动又作公转运动,同时安装在搅拌筒上的侧刮刀臂作公转运动。

搅拌装置:立轴行星式搅拌机立式安装的搅拌臂在搅拌机设备工作时进行公转,同时进行自转。搅拌结构图如图10-4所示。因此搅拌不存在低效区。

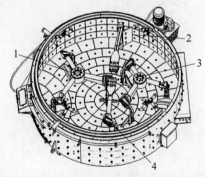

1—逆时针行星;2—侧刮臂;3—顺时针行星;4—低刮板臂。

图 10-4　搅拌结构

3)卸料结构

卸料门开合可以采用气动或者液压方式,由气缸或油缸控制其开合动作,开合位置检测采用接近开关来反馈信号。卸料门的密封采用超高分子量聚乙烯板,能够提高卸料门的密封效果,减少漏浆。立轴行星式搅拌充分发挥设备的灵活多变、结构紧凑的特点。可以进行底部出料或者侧开门出料,使设备用于生产线的布置更为多样化,方便进行高效搅拌。卸料结构见图10-5。

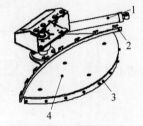

1—油缸;2—上耐磨密封板;
3—下耐磨密封板;4—卸料门。

图 10-5　卸料结构

2. 典型立轴行星式搅拌机主机之 JN 系列

1)成都金瑞建工机械有限公司JN系列搅拌机主机技术参数

JN系列立轴行星式搅拌机主机结构紧凑,适用于干硬性混凝土制品、管桩、PC构件等预制行业以及特殊高性能混凝土搅拌。根据搅拌机用途和容量不同,JN系列搅拌机分为多驱动大型立轴行星搅拌机和单驱动立轴行星搅拌机两种,其结构性能有明显的不同。图10-6所示为该公司JN系列JN3000多驱动大型立轴行星式搅拌主机的结构。

表10-3所示为该公司JN系列立轴行星式搅拌机主机技术参数。

图10-7所示为该公司JN1500单驱动立轴行星式搅拌主机的结构。单驱动搅拌机一般搅拌容量相对较小,对驱动源的动力要求不很高,单驱动足以满足搅拌要求并能达到满意的搅拌效果。表10-4所示为其JN系列单驱动立轴行星式搅拌机主机技术参数。

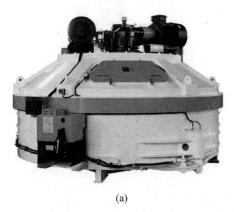

(a)

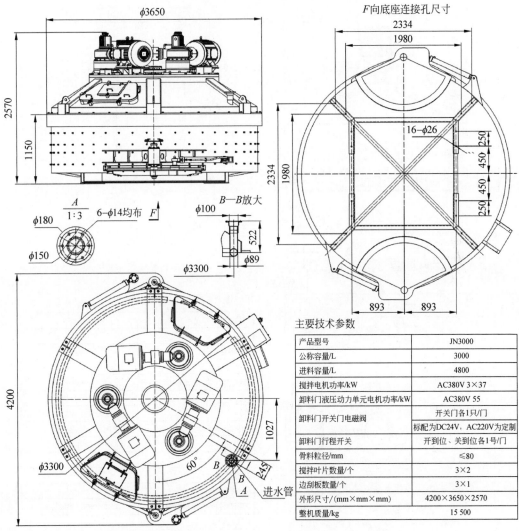

主要技术参数

产品型号	JN3000
公称容量/L	3000
进料容量/L	4800
搅拌电机功率/kW	AC380V 3×37
卸料门液压动力单元电机功率/kW	AC380V 55
卸料门开关门电磁阀	开关门各1只/门
	标配为DC24V，AC220V为定制
卸料门行程开关	开到位、关到位各1号/门
骨料粒径/mm	≤80
搅拌叶片数量/个	3×2
边刮板数量/个	3×1
外形尺寸/(mm×mm×mm)	4200×3650×2570
整机质量/kg	15 500

(b)

图 10-6　成都金瑞建工机械有限公司 JN3000 多驱动立轴行星式搅拌主机结构

(a) 实物图；(b) 结构图

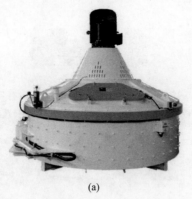

(a)

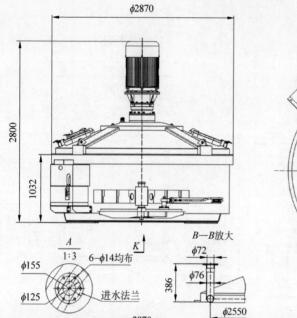

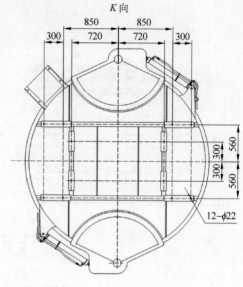

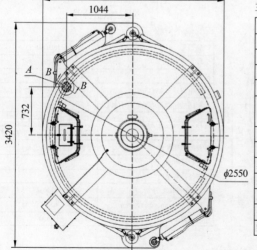

主要技术参数

产品型号	JN1500
公称容量/L	1500
进料容量/L	2400
搅拌电机功率/kW	AC380V 55
卸料门液压动力单元电机功率/kW	AC380V 3
卸料门开关门电磁阀	开关门各1只/门
	标配为DC24V，AC220V为定制
卸料门行程开关	开到位、关到位各1号/门
骨料粒径/mm	≤80
搅拌叶片数量/个	2×2
边刮板数量/个	1
底刮板数量/个	1
外形尺寸/(mm×mm×mm)	3420×2870×2800
整机质量/kg	7500

(b)

图 10-7　成都金瑞建工机械有限公司 JN1500 单驱动立轴行星式搅拌主机
（a）实物图；（b）结构图

表 10-3 JN 系列立轴行星式搅拌机主机技术参数

搅拌机型号	JN2000	JN3000	JN4000	JN4500	JN5000
进料容量/L	3200	4800	6400	7200	8000
出料容量/L	2000	3000	4000	4500	5000
理论生产率/(m³/h)	120	180	240	270	300
搅拌电机功率/kW	2×45	3×37	3×55	3×65	3×75
骨料最大粒径/mm	≤80	≤80	≤80	≤80	≤80
搅拌叶片数量/个	3×2	3×2	3×2,3×3	3×2,3×3	3×2,3×3
刮板数量/个	3	3	3	3	3
外形尺寸/(mm× mm×mm)	3600×3150× 2430	4200×3650× 2570	4780×4160× 2750	4780×4160× 2750	5350×4460× 2900
整机质量/kg	12 300	15 500	20 900	21 300	25 800

资料来源：成都金瑞建工机械有限公司。

2) 成都金瑞建工机械有限公司 JN 系列立轴行星式搅拌主机的特点

(1) 大型立轴行星式搅拌主机采用角传动减速机、多电机驱动卧式安装专利结构(见图 10-8),起动平稳且降低了搅拌主机的整体高度,方便运输和安装及进料系统布局。

(2) 小型立轴行星式搅拌主机配置高性能减速机和单驱动电机(见图 10-9),使整机运转平稳、噪声低、输出扭矩大。

(3) 大型立轴行星搅拌主机配置自制高性能角传动行星减速机(见图 10-10),选用优质钢材,全部齿轮磨齿加工,精度等级达到 6 级以上,输入螺旋伞齿可任意互换,无须配对选用。采用外置式行星减速输入系统,维修时不用拆卸顶盖,维修和更换更加方便。采用行星搅拌系统,齿轮轴与齿轮采用专利花键易拆卸传动结构,拆卸方便,维修时可不用拆卸公转体,维修简单快捷。

(4) 搅拌主机监控系统(见图 10-11)实时对润滑泵油位,液压泵和减速器油温、油位等进行监控,通过监控器实现信息提示、声光报警提示以及运行记录、报警记录存储。系统可查看主机各种运行参数,并参考监控器保养提示信息,进行主机相应的维护和保养。多种智能润滑模式设定和控制,实现了主机的自动润滑。

(5) 搅拌系统耐磨件(见图 10-12)采用高铬合金耐磨铸铁,其硬度高,耐磨性好,可显著延长使用寿命。

(6) 卸料门配合松紧设计可自动调节(见图 10-13),密封效果好,且降低了密封胶条的磨损。采用液压开门系统,卸料门根据实际需要最多可开启三个。液压系统带手动卸料功能,在紧急情况下可手动打开卸料门,防止物料凝结。

(7) 搅拌机上盖检修门处设置接触式限位开关(见图 10-14(a)),当打开检修门时搅拌机主电机停止工作,从而保护进入搅拌罐体内进行检修或更换配件的工作人员的人身安全。罐体上装有钥匙安全开关(见图 10-14(b)),供紧急停止和检修时使用,按下此开关可使整机全部断电,取下钥匙可避免他人误操作。

3. 典型立轴行星式搅拌机主机之 MMP 系列

福建泉工搅拌机规格型号按其入料体积与出料体积进行区分。下面以"MMP 1250/1000"为例进行简要说明,"1250"代表该搅拌机可容纳物料的有效容积是 1250 L,"1000"代表该搅拌机出料体积为 1000 L(按普通混凝土密度 2.4 kg/L 计算,即出料质量 2400 kg)。

表 10-4　JN 系列单驱动立轴行星式搅拌机主机技术参数

搅拌机型号	JN350	JN500	JN750	JN1000	JN1500
进料容量/L	560	800	1200	1600	2400
出料容量/L	350	500	750	1000	1500
理论生产率/(m³/h)	20	30	45	60	90
搅拌电机功率/kW	15	18.5	30	37	55
骨料最大粒径/mm	≤40	≤60	≤60	≤60	≤80
搅拌叶片数量/个	1×2	1×2	1×2,2×2	2×2	2×2
刮板数量/个	2	2	3,2	2	2
外形尺寸（单开门）/ (mm×mm×mm)	1920×2050× 2240	2200×2250× 2280	2600×2430× 2360	2900×2610× 2660	3150×2870× 2800
外形尺寸（双开门）/ (mm×mm×mm)	2200×2050× 2240	2480×2250× 2280	2860×2430× 2360	3100×2610× 2660	3420×2870× 2800
整机质量/kg	2200	2600	4600/4800	6300	7500

资料来源：成都金瑞建工机械有限公司。

图 10-8　多电机驱动卧式安装

(a)　　　　　　　　　　　　　(b)

图 10-9　单驱动电机

(a)

(b)

图 10-10　角传动行星减速机

(a)

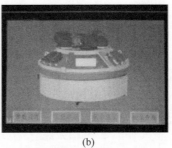
(b)

图 10-11　搅拌主机监控系统

图 10-12　搅拌系统耐磨件

图 10-13　可调节卸料门结构

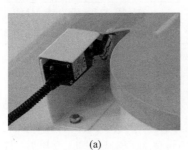
(a)

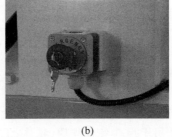
(b)

图 10-14　接触式限位开关和钥匙安全开关

根据混凝土制品生产需求,现有的配套在混凝土制品生产线上的立轴行星式搅拌机规格有:MMP 375/250、MMP 550/375、MMP 750/500、MMP 1125/750、MMP 1500/1000、MMP 1875/1250、MMP 2250/1500、MMP 3000/2000、MMP 3750/2500、MMP 4500/3000 等。

表 10-5 所示为福建泉工股份有限公司搅拌机技术参数。

结合小型混凝土制品生产线,应用于不同生产线上的立轴行星式搅拌机规格见表 10-6。

表 10-5 立轴行星式搅拌机主要参数表

搅拌机型号	MMP 375 /250	MMP 550 /375	MMP 750 /550	MMP 1125 /750	MMP 1500 /1000	MMP 1875 /1250	MMP 2250 /1500	MMP 3000 /2000	MMP 3750 /2500	MMP 4500 /3000
出料体积/L	250	375	500	750	1000	1250	1500	2000	2500	3000
入料体积/L	375	550	750	1125	1500	1875	2250	3000	3750	4500
出料质量/kg	600	800	1200	1800	2400	3000	3600	4800	6000	7200
搅拌机额定功率/kW	11	18.5	22	37	45	45	55	75	90	110
卸料门液压站功率/kW	气动	2.2	2.2	3	3	3	3	3	4	4
提升电机额定功率/kW	4	4	5.5	11	15	15	18.5	22	18+18	22+22

资料来源:福建泉工股份有限公司。

表 10-6 制品成型机型号与立轴行星式搅拌机对照表

成型机型号	标砖 /(块/模)	标砖规格 /(mm×mm×mm)	推荐搅拌机型号
QT6	30	240×115×53	MMP 750/500 或 MMP 1125/750
QT10	54	240×115×53	MMP 1125/750 或 MMP 1500/1000
ZN900	50	240×115×53	MMP 1500/1000
ZN1000	51	240×115×53	MMP 1500/1000 或 MMP 1875/1250
ZN1200S	68	240×115×53	MMP 1875/1250 或 MMP 2250/1500
ZN1500C	84	240×115×53	MMP 2250/1500 或 MMP 3000/2000
ZNT1500	84	240×115×53	MMP 3000/2000 或 MMP 3750/2500

注:以上为各砖机机型生产标砖规格(240 mm×115 mm×53 mm)对应的搅拌机机型。

4. 典型立轴行星式搅拌机主机之 SYN 系列

山东森元重工生产的 SYN 系列立轴行星式搅拌机可广泛用于搅拌各种硬质、粉体、干性、复合材料,磨损性混合原料,耐火材料等。其密封性能好,运行稳定,噪声小,全程采用自动化控制,操作便捷。

1) SYN 系列搅拌机主机技术参数

SYN 系列立轴行星式搅拌机主机由搅拌罐体、电机减速机、搅拌臂(行星臂、底臂、侧臂)、卸料门、耐磨衬板及液压系统等部件构成,如图 10-15 所示。

表 10-7 所示为 SYN 系列立轴行星式搅拌机主机技术参数。

表 10-8 所示为 SYN 高速立轴行星式搅拌机技术参数。

2) SYN 系列立轴行星式搅拌机主机的特点

(1) 通过行星减速机带动回转体运行,搅拌臂既作自转运动又作公转运动,搅拌运动轨迹复杂,搅拌运动强烈。

(2) 针对不同的材料类型设计专门的搅拌工具,搅拌叶片快速进行运转,合理的搅拌结构设计使搅拌更充分、更彻底。运行过程中设置多种辅助装置,其运行具备翻转、搓揉、搅拌功能。

(3) 耐磨衬板采用特殊加工的合金材质,经久耐磨。

(4) 检修门上设置观察口,在不断电的情况下可观察物料搅拌情况。

(5) 采用气动或液压方式的开关卸料门,专门的液压系统,可设置多个卸料门,同时具有手动卸料功能。

(6) 内部装有螺旋形实心圆锥结构的雾化喷头,可提高喷洒均匀性、加大覆盖面积。

(7) 传动机构上置,切断与拌和料的接触,避免搅拌机的轴端漏浆。

SYN1000 及以下小型搅拌机主机采用单电机驱动,SYN1000 以上采用多电机驱动形式。相比于单电机驱动,多电机驱动具有以下优点:

① 传动更加可靠,故障率低,且维修方便。

② 可以通过油尺随时检查油箱油位情况。

③ 多电机箱体只有三个轴承盖,减少了减速机漏油的概率。

④ 减速机吊装拆卸空间大,维修更加方便。

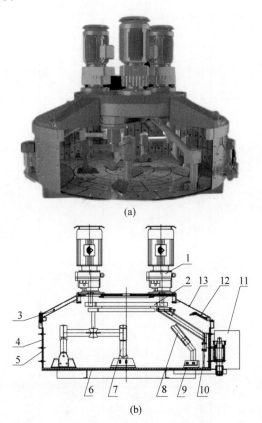

(a)

(b)

1—电机减速机；2—传动装置；3—上盖；4—搅拌罐体；5—耐磨侧衬板；6—耐磨底衬板；7—行星臂；
8—公转底臂；9—卸料门；10—公转侧臂；11—液压系统；12—喷水管；13—检修门及观察口。

图 10-15　SYN 系列立轴行星式搅拌机
资料来源:山东森元重工科技有限公司

表 10-7　SYN 系列立轴行星式搅拌机技术参数

搅拌机型号	SYN 200	SYN 250	SYN 350	SYN 500	SYN 750	SYN 1000	SYN 1500	SYN 2000	SYN 2500	SYN 3000
出料容量/L	200	250	350	500	750	1000	1500	2000	2500	3000
进料容量/L	300	375	525	750	1125	1500	2250	3000	3750	4500
搅拌机额定功率/kW	11	11	18.5	22	37	45	2×30	3×30	3×37	3×45
卸料功率/kW	气动	气动	气动	气动	2.2	2.2	3	3	3	3
行星搅拌叶片数量/个	1×2	1×2	1×2	1×2	1×3	1×2	2×2	2×3	2×3	2×3
高速搅拌装置数量/个	1	1	1	1	1	1	1	1	1	1
侧刮板数量/个	1	1	1	1	1	1	1	1	1	1
卸料刮板数量/个	1	2	1	1	1	1	2	2	2	2
搅拌机质量/kg	1300	1600	1900	2300	3800	6000	7500	9800	11 200	12 800
外形尺寸/(mm × mm × mm)	1386× 1450× 1702	1580× 1775× 1782	1686× 1886× 1895	2004× 2189× 2089	2296× 2508× 2394	2516× 2728× 2426	2906× 3320× 2463	3216× 3420× 2608	3310× 3528× 2630	3530× 3922× 2794

资料来源：山东森元重工科技有限公司。

表 10-8 SYN 高速立轴行星式搅拌机技术参数

搅拌机型号	SYN 50	SYN 100	SYN 200	SYN 350	SYN 500	SYN 750	SYN 1000	SYN 1500	SYN 2000	SYN 2000B	SYN 2500	SYN 3000	SYN 4000	SYN 5000
出料容量/L	50	100	200	350	500	750	1000	1500	2000	2000	2500	3000	4000	5000
进料容量/L	75	150	300	525	750	1125	1500	2250	3000	3000	3750	4500	6000	7500
搅拌机额定功率/kW	2.2	4	7.5	15	18.5	30	37	2×30	3×30	2×37	3×37	3×37 (45)	3×55	3×75
卸料功率/kW	气动	气动	气动	气动	气动	2.2	2.2	3	3	3	4	4	4	4
行星搅拌叶片数量/个	1×2	1×2	1×2	1×2	1×2	1×3	2×2	2×2	3×2	2×3	3×2	3×2	3×2, 2×3	3×2, 2×3
侧刮板数量/个	1	1	1	1	1	1	1	1	1	1	1	1	1	1
卸料刮板数量/个	1	1	1	1	1	1	1	1	2	1	2	2	2	2
搅拌机质量/kg	440	561	1200	1800	2200	3600	5800	7200	9500	9500	10 900	12 500	19 100	25 300
外形尺寸/(mm× mm×mm)	1025× 1112× 1148	1238× 1282× 1057	1386× 1450× 1702	1686× 1886× 1895	2004× 2189× 2089	2296× 2508× 2394	2516× 2728× 2426	2906× 3320× 2463	3216× 3420× 2608	3216× 3420× 2608	3310× 3528× 2630	3530× 3922× 2794	4780× 4160× 2750	5350× 4460× 2800

资料来源：山东森元重工科技有限公司。

10.3.2 立式搅拌机

1. 立式搅拌机的工作原理

立式搅拌机的工作原理是利用螺杆的快速旋转将原料从筒体底部由中心提升至顶端,再以伞状飞抛散落,回至底部,这样原料在筒内上下翻滚搅拌,短时间内即可将大量原料均匀地混合完毕。图 10-16 所示为立式搅拌机外形图。

图 10-16 立式搅拌机

2. 立式搅拌机的技术参数

立式搅拌机的螺旋循环搅拌使得原料混合更加均匀、快速。典型立式搅拌机技术参数如表 10-9 所示。

表 10-9 典型立式搅拌机技术参数

搅拌机型号		JS500
进料容量/L		800
出料容量/L		500
生产率/(m³/h)		≥25
骨料最大料径/mm	卵石	80
	碎石	60
搅拌叶片	转速/(r/min)	35
	数量/个	2×7
搅拌电动机	型号	Y180M-4
	功率/kW	18.5
卷扬电动机	型号	YEZ132S-4-B5
	功率/kW	5.5
水泵	型号	50DWB20-BA
	功率/kW	0.75
料斗提升速度/(m/min)		18
整机质量/kg		4000

10.3.3 卧轴式搅拌机

1. 卧轴式搅拌机结构原理

卧轴式搅拌机有单轴式和双轴式两种。双卧轴式搅拌机有两个相连的搅拌筒,每个筒内各有一根转轴,其上装有搅拌叶片,两轴相向转动,由于叶片与轴中心线成一定角度。当叶片转动时,它不仅使筒内物料作圆周运动,而且使它们沿轴向往返窜动。所以,这种搅拌机有很好的搅拌效果。由于物料在卧轴式搅拌机中的运动速度较为理想,因此,不必用加大叶片线速度的方法来提高搅拌效果。这样就从根本上克服了盘式强制式搅拌机功率大、磨损大的缺点。此外,这种搅拌机还具有容量大、体积小、质量轻、卸料快、清洗方便等优点,已在国内外广泛应用。

2. 典型双卧轴搅拌机

双卧轴混凝土搅拌机由搅拌系统、密封装置、传动装置、驱动电机、耐磨衬板、卸料门及润滑系统等组成。双卧轴强制式搅拌机搅拌混凝土时间短,搅拌均匀,耗能低,污染少,残留量少,耐磨性好,生产效率高,维修方便。该系列搅拌机型号有 JS350、JS500、JS750、JS1500、JS2000 等,可以单独使用,也可作为搅拌站的主机,可搅拌各种砂浆、轻骨料混凝土、流动性混凝土、干硬性混凝土、塑性混凝土等,适用于各种类型施工工地。图 10-17 所示为成都金瑞建工机械有限公司 JS 标准型双卧轴搅拌机主机。

成都金瑞建工机械有限公司双卧轴搅拌机主机的特点如下:

(1)配置高性能角传动行星减速机(见图 10-18),输入螺旋伞齿可任意互换,无须配对选用。

(2)搅拌主机监控系统(见图 10-19)实时对液压泵和减速器油温、油位进行监控,通过监控器实现中文信息提示、声光报警提示以及运行记录、报警记录存储。系统自带功能按键,可通过监控器查看主机运行时间、卸料次数等各种运行参数,并参考监控器保养提示信息进

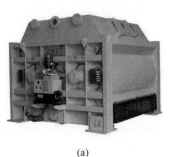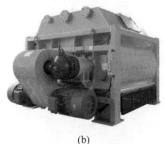

(a)   (b)

图 10-17 成都金瑞建工机械有限公司 JS 标准型双卧轴搅拌机主机

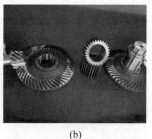

(a)   (b)

图 10-18 角传动行星减速机

图 10-19 搅拌主机监控系统

图 10-20 润滑系统

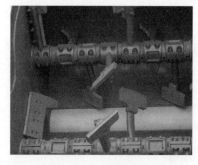

图 10-21 搅拌系统

行主机相应的维护和保养。多种智能润滑模式设定和控制,实现了主机轴端密封件的自动润滑。

(3)润滑系统(见图 10-20)采用监控系统智能控制电动润滑泵,四个泵芯分别向四个轴端供油,可提高轴端密封效果和寿命,同时又确保用油量最少。轴端采用多重密封和油压密封等技术,关键部位采用特殊耐磨材料,可以有效延长轴端的使用寿命。

(4)搅拌系统(见图 10-21)采用多搅刀设计,无死角,在短时间内即可达到完美均匀的搅拌效果。搅拌叶片和衬板为成都金瑞建工机械有限公司自制高铬合金耐磨铸铁,其硬度

高,耐磨性好。

(5)采用多管路喷水设计,如图 10-22 所示,使水能在短时间内喷洒均匀。从喷嘴喷出的水不但用于搅拌,还可以清洗搅拌轴、叶片、

轴端,从而防止混凝土抱轴,可保证搅拌臂的搅拌效率和达到不让泥浆浸蚀轴端的目的。

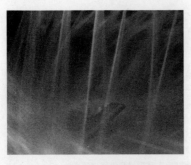

图 10-22 多管路喷水

(6) 搅拌机上盖检修门处设有一个接触式限位开关(见图 10-23(a)),当打开检修门时搅拌机主电机停止工作,从而保护进入搅拌罐体内进行检修或更换配件的工作人员的人身安全。罐体上装有钥匙安全开关(见图 10-23(b)),供紧急停止和检修时使用,按下此开关可使整机全部断电,取下钥匙可避免他人误操作。

表 10-10 所示为成都金瑞建工机械有限公司 JS 系列标准型双卧轴搅拌机主机技术参数。

 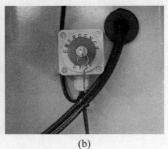

(a)   (b)

图 10-23 接触式限位开关和钥匙安全开关

表 10-10 JS 系列标准型双卧轴搅拌机主机技术参数

搅拌机型号	JS1250	JS1500	JS2000	JS3000	JS4000	JS4500
进料容量/L	2000	2400	3200	4800	6400	7200
出料容量/L	1250	1500	2000	3000	4000	4500
理论生产率/(m^3/h)	75	90	120	180	240	270
搅拌轴转速/(r/min)	29.67	26.75	23.5	23.4	22.85	22.85
搅拌电机功率/kW	2×22	2×30	2×37	2×55	2×75	2×75
润滑油泵电机功率/kW	0.09	0.09	0.09	0.09	0.09	0.09
液压系统电机功率/kW	2.2	2.2	2.2	2.2	3	3
电磁阀电源电压/V	DC24	DC24	DC24	DC24	DC24	DC24
搅拌臂数量/根	16	12	16	18	22	22
骨料最大粒径(碎石/卵石)/mm	60/80	60/80	80/120	100/150	100/150	100/150

续表

外形尺寸/ (mm×mm× mm)	3000×2750× 2000	2900×3000× 2150	3450×3000× 2250	3900×3300× 2230	4500×3300× 2240	4700×3300× 2240
运输状态尺寸 /(mm×mm× mm)	3000×2000× 2000	2900×2320× 2150	3450×2320× 2250	3900×2600× 2230	4500×2600× 2240	4700×2600× 2240
整机质量/kg	5200	6200	7500	9800	11 800	12 300

资料来源：成都金瑞建工机械有限公司。

3．单卧轴搅拌机

单卧轴混凝土搅拌机包括 JD350、JD500、JDY350、JDY500 等多种规格。

单卧轴混凝土搅拌机的特点如下：

（1）搅拌系统由圆柱齿轮传动。

（2）上料机构采用提升电动机。

（3）卸料机构配置双作用液压缸顶伸搅拌筒旋转，采用电动开关式出料，出料迅速，克服了转动筒体式出料存留剩料的弊端。

（4）筒体与机架固定不动，搅拌轴不再承受物料和筒体自重的压力，从而延长了搅拌轴的使用寿命。

（5）液压系统由换向阀控制，操作十分简便。

（6）生产效率高。可搅拌干硬性、流动性及轻骨料混凝土和砂浆，适用范围广。

表 10-11 所示为 JD 系列单卧轴混凝土搅拌机主要技术参数。

表 10-11 JD 系列单卧轴混凝土搅拌机主要技术参数

搅拌机型号	JD350	JD500	JDY350	JDY500
出料容量/L	350	500	350	500
进料容量/L	560	800	560	800
骨料最大料径/mm	40/60	40/80	40/60	40/80
搅拌电动机功率/kW	15	22	15	22
提升电动机功率/kW	4.5	5.5	4.5	5.5
出料电动机功率/kW	1.1	2.2	1.1	2.2
水泵电动机功率/kW	1.1	1.1	1.1	1.1
搅拌速度/(r/min)	25	25	25	25
料斗提升速度/(m/min)	18	18	18	18
生产率/(m³/h)	18～21	20～30	18～21	20～30
外形尺寸/(mm×mm×mm)	2530×2300× 2850	2600×2790× 3200	2530×2300× 2850	2600×2790× 3200
整机质量/kg	3000	3700	3000	3700

10.3.4 滚筒式搅拌机

滚筒式搅拌机是最早出现的一种搅拌机，也曾是我国建筑施工中应用最广的一种搅拌机。

1．滚筒式搅拌机结构原理

滚筒式搅拌机由搅拌筒、进料机构、出料机构、原动机和传动系统、配水系统以及底盘等部分组成，其外观及结构图如图 10-24 所示。

滚筒式搅拌机的传动系统如图 10-25 所示。其原动机一般适用电动机，但也可换装柴油机，动力经 V 带、齿轮减速器、主动小齿轮带动大齿圈，驱动搅拌筒。水泵和提升进料斗也

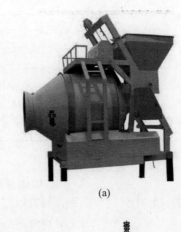

(a)

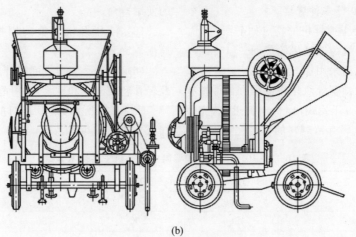

(b)

图 10-24　滚筒式搅拌机

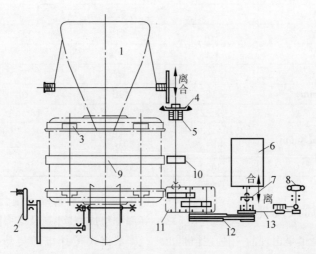

1—进料斗；2—手轮；3—托轮；4—进料离合器；5—钢丝绳卷筒；6—电动机；7—主离合器；8—配水泵；9—大齿轮圈；10—主动小齿轮；11—齿轮减速器；12—传动 V 带(B68)；13—水泵 V 带(A62)。

图 10-25　滚筒式搅拌机的传动系统

由同一台原动机驱动。

滚筒式搅拌机搅拌筒的结构如图 10-26 所示。搅拌筒的两端各有一进料口和卸料口,筒内装有两组叶片,进料口一侧有四块斜向叶片,卸料口一侧有八块弧形叶片,筒壁镶有耐磨衬板。搅拌筒外侧有两个轮圈,轮圈支承在四个托轮上。搅拌筒的外侧还装有一个大齿圈,它是搅拌筒的驱动部件。大齿圈带动搅拌筒在托轮上滚动。

进料斗的升降机构由进料离合器、制动器、钢绳卷筒组成。当上料时,首先合上离合器,卷筒通过钢丝绳把料斗提起。料斗上升到上止点时,自动限位装置使离合器自动脱开,同时合上制动器。为了使物料迅速全部装入搅拌筒内,在离合器同一轴上装有一凸轮机构。凸轮转动时,通过杠杆使进料斗振动,促使物料迅速卸出。出料机构由卸料槽与手轮组成。

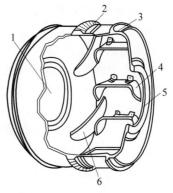

1—进料口;2—大齿轮圈;3—轮圈;
4—弧形拌叶;5—卸料口;6—斜向拌叶。

图 10-26 搅拌机搅拌筒结构图

搅拌用水由水泵经三通阀送至装在机器上部的配水箱。配水箱的结构如图 10-27 所示。配水箱的进水与放水由三通阀控制。三通阀可使吸水管与水泵相通,或与搅拌筒相通。进水时,把吸水管与水泵相连,水进入水箱

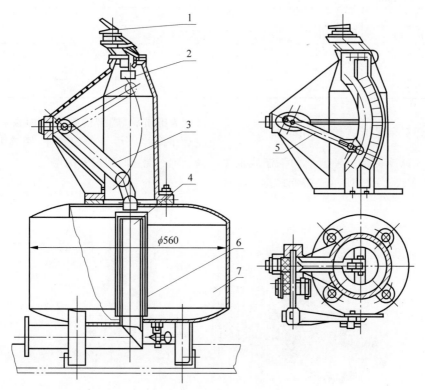

1—指示器;2—空气阀;3—拐臂;4—套管;5—指针;6—吸水管;7—水箱。

图 10-27 配水箱结构图

中,水箱内的空气经空气阀排出。当水装满时,空气阀浮起,把排气孔堵住,使水不致外溢,同时把指示器顶起。放水时,转动三通阀,把吸水管与搅拌筒相连。水靠自重流入搅拌筒内,靠虹吸作用经吸水管与活动套管之间流出。当水位降到活动套管下缘时,虹吸作用被破坏,供水停止。因此,升降活动套管即可改变供水量。水箱外有指针和刻度,用于指示供水量。拐臂的上端与指针安装在同一根轴上,所以调节指针的上下位置时套管随之升降,水量亦随之减增。

2. 滚筒式搅拌机性能参数

表 10-12 所示为滚筒式混凝土搅拌机主要技术参数。

表 10-12 滚筒式混凝土搅拌机主要技术参数

搅拌机型号		JG150	JGR150	JG250	JGR250	JG750
出料容量/L		150	150	250	250	750
进料容量/L		240	240	400	400	1200
滚筒转速/(r/min)		20	20	18	18	14
滚筒尺寸(直径×高度)/(mm×mm)		1218×920	1218×920	1447×1178	1447×1178	1720×1370
搅拌时间/(s/次)		120	12	90	90	100
动力来源及参数	动力来源	电动机	285-1 柴油机	电动机	2105-3 柴油机	电动机
	功率/kW	5.5	7.3	7.5	14.6	17
	转速/(r/min)	1450	1500	1500	1500	1450
水箱容量/L		45	45	65	65	0~200
生产率/(m³/h)		4	4	6.5	6.5	19
外形尺寸/(mm×mm×mm)		3150×2100×2525	3150×2100×2525	3500×2600×3000	3500×2600×3000	3000×2400×2560
整机质量/kg		1700	2100	2850	3200	4800

10.3.5 螺带式搅拌机

螺带式搅拌机是一种新型的强制式混凝土搅拌机,如图 10-28 所示。螺带式搅拌机的叶片为螺带状,螺带的数量为两条或三条,被安装在搅拌机中央的螺杆上,具有搅拌效率高、节能、搅拌时间短等优点。

(a)

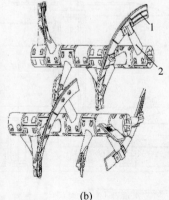
(b)

1—螺带叶片;2—搅拌臂。

图 10-28 螺带式搅拌机

螺带式搅拌机采用双卧轴复合螺带,外圈连续螺带叶片、内圈断续搅拌叶片设计。根据流体力学与摩擦学理论设计的外圈搅拌叶片具有螺旋曲面,最大限度地降低了砂石料对叶片的摩擦和冲击,因此在连续推进实现物料整体高速环形流动的同时,可保证搅拌机工作平稳;内圈断续的铲片式搅拌叶片是搅拌回转小半径区域的主要搅拌力量,能对料流进行强力的径向剪切;内外两者的组合实现了对物料的三维沸腾式激烈搅拌,且有效避免了常规单铲叶片式搅拌机冲击载荷大和单纯双螺带式搅拌装置易"抱轴"的问题。

螺带式搅拌系统有单螺带和双螺带两种类型,单螺带搅拌系统外圈为连续的螺带叶片,主要结构如图10-28(b)所示。双螺带搅拌系统的内、外圈均有连续的螺带叶片。螺带式搅拌系统对物料有很强的轴向推动力,搅拌效率高,对于常规商品混凝土,一般需要20～25 s即可搅匀。

10.3.6　混凝土制浆机

1. 混凝土制浆机的工作原理

混凝土制浆机的工作原理是利用电动机驱动高速涡轮泵,浆从底部成涡流状吸入,从筒上端喷出,产生高速液流,并在筒内形成强烈涡流,使干粉与水充分均匀搅拌,从而达到制备低水胶比浆体的目的。在生产过程中,其主要用于辅助搅拌装备,具有一定的应用市场。

如图10-29所示,混凝土制浆机的主要结构组成与滚筒式混凝土搅拌机基本相同,见10.3.4节。

图10-29　混凝土制浆机

2. 混凝土制浆机的技术参数

高速制浆机是灌浆工程中用于快速制配浆液的专用设备,不仅可以制浆,且具备一定的送浆能力。该机利用高速离心泵叶轮旋转产生高速液流,在制浆体内形成强烈的涡流,使物料得到充分均匀搅拌,快速制成浆液。它主要用于水电、铁路、公路、建筑、矿山等行业的工程施工中,将灌浆料或压浆剂、水泥与水混合后可快速制成浆液。与一般叶片式搅拌机相比,具有制浆效率高、操作简便、浆液均匀等特点,且具有短距离输送功能。

表10-13所示为XGZJ-600型高速涡流搅拌制浆机技术参数。

表 10-13　XGZJ-600型高速涡流搅拌制浆机技术参数

参　数	数　值
容量/L	600
水灰比	0.28∶1
制浆时间/min	≤1
额定功率/kW	7.5
整机质量/kg	480
外形尺寸/(mm×mm×mm)	1100×1100×1850

10.4　设计计算与选型

混凝土搅拌机的选型直接影响到工程的造价、进度和质量。因此,必须在符合国家相关政策法规(如禁止在城市城区现场搅拌混凝土)的前提下,根据工程量的大小、混凝土搅拌机的使用期限、施工条件以及混凝土原材料的特性(如骨料的最大粒径等)、坍落度大小、强度等级等具体情况来正确选择。

1. 按国家、地方政策法规选型

2003年11月6日,中华人民共和国商务部、公安部、建设部、交通部联合下发了《关于限期禁止在城市城区现场搅拌混凝土的通知》,通知中规定北京等124个城市城区从2003年12月31日起禁止现场搅拌混凝土,其他省、自治区、直辖市从2005年12月31日起禁止现场搅拌混凝土;通知中还要求"按规定应当使用预拌混凝土的建设工程未经批准擅自现场搅拌的,有关城市建设行政主管部门要责令其停工并限期改正"。

所以,搅拌机选型的首要考虑因素是国家以及地方的政策法规以及工程需要。如果当地政策法规是明确"禁现"的,或建设工程明确规定了要用预拌混凝土,则必须选用配置固定式混凝土搅拌机的预拌混凝土搅拌站(楼)。随着国家、地方对预拌混凝土绿色生产和产业升级的进一步推进,预拌商品混凝土行业逐渐向集约化、环保型方向发展,建议优先选用环保型混凝土搅拌站(楼)。

2. 按工程量和工期选型

若混凝土工程量大且工期长,宜选用中型和大型固定式混凝土搅拌机,配置在混凝土搅拌站(楼)上使用。若混凝土工程量不

大(如 10 万～40 万 m³),工期不太长(如 1～2 年),则宜选用中小型固定式混凝土搅拌机配固定式或移动式混凝土搅拌站使用。若混凝土需求比较零散且量较少,则应选用小型的固定式混凝土搅拌机配站(固定式或移动式混凝土搅拌站)或选用移动式混凝土搅拌机为宜。混凝土实验室常选用小型的混凝土搅拌试验机。

3. 按动力方面选型

若施工场地电源充足,应选用电力驱动的混凝土搅拌机。在电源供给不足或缺乏电源的地区,应选用以汽油或柴油机等内燃机为原动机的混凝土搅拌机。

4. 按混凝土以及原材料的特性选型

根据混凝土以及原材料的物理性能和用途,相应有不同类型的混凝土搅拌机供用户选用,见表 10-14。

表 10-14 混凝土搅拌机对各种混凝土以及原材料的适应性

项　　目	混凝土主要技术特征	典型混凝土名称	双卧轴式		立轴行星式	立轴涡桨式	锥形反转出料式	锥形倾翻出料式
			螺带式	铲片式				
重混凝土	表观密度>2500 kg/m³	重晶石混凝土	●	◎	◎	◎	◎	◎
		核电站混凝土	△	★	△	△	◎	◎
普通混凝土	表观密度1950～2500 kg/m³	商品混凝土	★	●	◎	◎	△	△
		结构混凝土	★	●	◎	◎	△	△
轻质混凝土	表观密度≤1950 kg/m³	轻骨料混凝土	★	●	★	◎	◎	◎
		多孔混凝土	★	●	★	◎	◎	◎
干硬性混凝土	坍落度≤10 mm	碾压混凝土	△	★	◎	◎	◎	◎
		道路混凝土	●	◎	◎	◎	◎	◎
塑性混凝土	坍落度为10～90 mm	管桩混凝土	●	◎	◎	◎	△	△
		预应力构件混凝土	●	◎	◎	◎	△	△
流动性混凝土	坍落度>90 mm	泵送混凝土	★	●	◎	◎	◎	◎
		PC构件混凝土	★	◎	★	◎	◎	◎
		自密实混凝土	★	●	◎	◎	◎	◎
强度等级	≤C55	普通混凝土	★	●	◎	◎	◎	◎
	>C60	高强混凝土	★	◎	●	◎	△	△
最大骨料粒径	≤80 mm	商品混凝土	★	●	◎	◎	◎	◎
	>80 mm	水工混凝土	△	★	△	△	◎	◎
其他要求:如对搅拌质量要求较高			★	●	★	◎	△	△

注:适应性从高到低依次为 ★→●→◎→△。

当搅拌机用来生产水工混凝土以及其他含大骨料和超大骨料的混凝土时,其有效容积要适当减少,一般需要乘 0.75 的系数,特别是小方量的搅拌机。综合各方面因素,双卧轴搅拌机成为应用最广泛的混凝土搅拌机,是商品混凝土搅拌站(楼)的首选。

5. 按转场的方便性选型

如果混凝土搅拌机在完成相应的工程后需要搬迁,如道路、隧道等延伸性工程,建议选用移动式混凝土搅拌机或配置固定式搅拌机的移动式搅拌站。

6. 按技术先进性选型

混凝土搅拌机应当具有工作原理先进、搅拌效率高、易损件耐久性好和环保性能好的特点。自落式搅拌机因搅拌时间长、效率低、搅拌质量相对较差等原因,已被商品混凝土市场逐渐淘汰,所以商品混凝土搅拌机的选型,建议首选强制式双卧轴混凝土搅拌机。

7. 按已有配套设备选型

混凝土搅拌机的选型应同时兼顾用户已有的配套设备,如搅拌机的出料容积应该与混凝土制品成型机的成型周期相匹配,否则会影响生产线生产效率。

8. 按设备制造商品牌选型

选择混凝土搅拌机的品牌时应优先考虑设备制造商在行业内的专业程度和知名度,应该从技术人员配置、生产工艺能力、质量保障能力、安装调试水平、技术指导与培训是否到位、售后服务是否及时、备件是否充分等多个维度综合衡量,切忌贪图便宜,购买三无产品或不正规厂家的产品。

10.5 相关技术标准

以下为搅拌机相关技术标准:

(1)《搅拌传动装置系统组合、选用及技术要求》(HG 21563);

(2)《建筑施工机械与设备 混凝土搅拌机》(GB/T 9142)。

10.6 设备使用及安全要求

10.6.1 运输与安装

(1)整体搅拌设备的搬运一般采用吊机和运输车辆配合进行。吊装和运输时必须保持设备的平衡,切忌剧烈晃动。短距离内的搬运可用卷扬机、导链、千斤顶配合滚杠的方法缓慢平稳拖动。

(2)立轴行星式搅拌机主机吊运至安装位后,调整入料口方位后,即可直接放置于安装平台上。搅拌机底部开有四个固定孔,直接对应于搅拌平台上的固定孔,采用合适规格的螺丝固定牢靠后即可。搅拌主机安装好后,其余附属设备即可依次安装就绪。

10.6.2 使用与维护

1. 正确使用

1)混凝土搅拌机的使用环境条件

(1)作业温度:1~40 ℃。

(2)相对湿度:不大于90%。

(3)作业海拔高度:≤2000 m。

2)混凝土搅拌机开机前的检查

(1)针对自带上料机构的混凝土搅拌机,上料口周围应垫高夯实,防止地面水流入坑内。上料轨道架的底端支承面应夯实或铺砖,轨道架的后面应采用木料加以支承,应防止作业时轨道变形。

(2)混凝土搅拌机的操纵台应使操作人员能看到各部分工作情况。电动搅拌机的操纵台应垫上橡胶板或干燥木板。

(3)料斗放到最低位置时,在料斗与地面之间应加一层缓冲垫木。

(4)电源电压升降幅度不应超过额定值的5%。

(5)检查电源、水源,确定电源、水源能否满足正常工作,并确认电气、液压、机械等系统准确无误。

(6)各传动机构、工作装置、制动器等均紧到可靠,开式齿轮、带轮等均有防护罩。

（7）确认齿轮箱的油品、油量是否符合规定，确认各转动部位是否注油。

（8）搅拌机启动前必须先对机器周围进行检查，保证搅拌机的启动不会导致人员伤亡。

（9）作业前应进行料斗提升试验，应观察并确认离合器、制动器灵活可靠，钢丝绳无断丝、锈蚀情况。

（10）每次倒班过程中，对搅拌机至少进行一次外观上的仔细检查，及时发现并向负责主管报告设备上出现的损伤和缺陷。如果情况严重，应该立即关闭机器设备，并锁上总开关。

3）混凝土搅拌机的操作流程

混凝土搅拌机的操作流程大致可分为以下几步：

（1）关闭卸料门；

（2）启动搅拌机；

（3）投料；

（4）搅拌；

（5）混凝土经卸料门排出；

（6）排出完毕，关闭卸料门；

（7）定期清洁搅拌机。

2．维护保养

（1）搅拌时，严禁中途停机，如中途发生停电事故，须立即扳动液压泵上的手动开关，使液压缸动作，打开卸料门，放净搅拌筒内的拌和料，并用水冲洗干净搅拌机内部，防止残留混凝土凝固。

（2）新机工作或者更换、调整搅拌臂、叶片以及衬板等零配件五个搅拌周期后，应用扭力扳手检查各紧固螺栓有无松动。

（3）新机应经常检查皮带的松紧度及磨损度。

（4）应经常检查操纵台各主令开关按钮、指示灯的准确性和可靠性。

（5）按规定定期对各润滑点加注润滑油、脂，特别注意搅拌机轴端密封处的供油情况。

（6）经常检查各衬板等易损件的磨损情况，根据需要及时更换。

（7）经常检查上料机构的运动部件的磨损情况，根据需要及时更换。

（8）搅拌机应每工作日完成后派专人进行维护和清洗，以防止发生粉料抱轴、卸料门损坏和管口堵塞。

10.6.3　常见故障及其处理

混凝土搅拌机的常见故障按功能模块可以划分为整机、卸料门、耐磨件、传动装置及轴端和润滑装置等几大部分，具体故障原因及排除方法如下。

1．整机部分

混凝土搅拌机整机部分的常见故障及排除方法见表10-15。

2．卸料门

混凝土搅拌机卸料门的常见故障及排除方法见表10-16。

3．耐磨件

混凝土搅拌机耐磨件的常见故障及排除方法见表10-17。

4．传动装置

混凝土搅拌机传动装置的常见故障及排除方法见表10-18。

5．轴端及润滑装置

混凝土搅拌机轴端及润滑装置的常见故障及排除方法见表10-19。

表 10-15　混凝土搅拌机整机部分的常见故障及排除方法

故障现象	故障原因	解决方法
空载状态下无法启动	主电动机接线错误	正确连接电动机电源（针对双卧轴搅拌机，正确的搅拌轴转动方向为左轴逆时针、右轴顺时针）
	有机械卡阻	1. 检查叶片与相邻衬板是否干涉； 2. 检查两轴叶片搅拌臂是否干涉； 3. 检查叶片是否被底部残余混凝土卡住，如是，需清理

续表

故障现象	故障原因	解决方法
搅拌机盖漏水、漏灰	密封条损坏	更换密封条或打密封胶
	观察门关不严	更换观察门密封条,处理压平
	观察窗关不上	更换观察窗或密封条或压紧装置
搅拌机异响	搅拌叶片与衬板发生摩擦	调整搅拌叶片与衬板间隙
	搅拌叶片变形、损坏	拆除清理变形或断裂搅拌叶片,重新更换
	配料超标	排查配料方面部件故障
	润滑不及时造成的轴头异响或轴承损坏	维修轴端密封或更换损坏的轴承
	电动机异响	检查电动机保护罩有无松动,轴承有无问题
	三角皮带异响	三角皮带太松,应及时张紧或成组更换三角皮带

表 10-16　混凝土搅拌机卸料门的常见故障及排除方法

故障现象	故障原因	解决方法
卸料门漏浆	门衬板磨损	更换门衬板
	卸料门密封条磨损	更换密封条
卸料门运行不畅	液压动力单元电磁阀不工作,阀芯卡在中位不能换向	1. 检查线路是否接好以及供电是否正常; 2. 检修电磁阀阀芯是否有卡滞、拉伤,如是,更换电磁阀
	油缸不动,压力表显示很高压力	1. 卸料门被卡住,应及时清理卸料门,排除卡在卸料门上的结块; 2. 油缸被卡住,应调节油缸前后座的直线度; 3. 电磁阀不工作,参考"卸料门运行不畅"第一条排除解决; 4. 转换阀没有调到位,按照操作说明调整到位
	液压系统故障,压力偏小	1. 安全阀失灵,应及时更换或清洗安全阀; 2. 油箱内的滤油器堵塞,应清洗滤油器并更换液压油; 3. 齿轮泵损坏,应更换齿轮泵; 4. 油缸内窜油,应维修或更换油缸; 5. 电磁阀窜油,应更换电磁阀
	液压系统故障,没有压力	1. 电磁阀不工作,参考"卸料门运行不畅"第一条排除解决; 2. 油缸内窜油,维修或更换油缸; 3. 油位过低,加注液压油至油镜1/2处
	液压动力单元电动机不工作	1. 电动机故障,应维修或更换; 2. 电源缺相、控制线路短路、三相反接,应修复
	接近开关损坏	更换接近开关
	相关机械连接断裂	更换或补焊
	轴承损坏	更换轴承

续表

故 障 现 象	故 障 原 因	解 决 方 法
液压动力单元手动泵失效	手动泵推不动	1. 转换阀没有调到位,按照操作说明调整到位; 2. 手动泵单向阀失效,应检修单向阀
	手动泵推得动,但油缸不动	1. 油缸内窜油,应维修或更换油缸; 2. 油箱内的手动泵过滤器堵塞,应清洗并更换液压油; 3. 手动泵单向阀失效,应检修单向阀

表 10-17 混凝土搅拌机耐磨件的常见故障及排除方法

故 障 现 象	故 障 原 因	解 决 方 法
衬板断裂	衬板自身尺寸、材质不达标,存在微裂纹及其他铸造缺陷	更换损坏衬板
	壳体弧板尺寸不达标,与衬板贴合不良,导致应力集中	在安装面增加调整垫,保证贴合良好
	衬板螺栓锁太紧,拉断衬板	按照规定扭矩锁紧衬板螺栓
叶片断裂	叶片自身尺寸、材质不达标,存在微裂纹及其他铸造缺陷	更换损坏叶片
	搅拌臂安装面尺寸不达标,与叶片贴合不良	1. 在安装面增加调整垫,保证贴合良好; 2. 更换搅拌臂
	叶片螺栓锁得太紧	按照规定扭矩锁紧叶片螺栓
	两轴相位错误,打断叶片	按照规定调整两轴相位
衬板和叶片的磨损过快	搅拌时间太长	针对不同混凝土,按搅拌机的说明书设置搅拌时间
	叶片与衬板之间的间隙太大	重新调整叶片的位置,尽量保证间隙小于 5 mm
	衬板、叶片材质及热处理问题,导致硬度不足	磨损后及时更换衬板、叶片

表 10-18 混凝土搅拌机传动装置的常见故障及排除方法

故 障 现 象	故 障 原 因	解 决 方 法
搅拌机停机跳闸	电动机损坏	维修或者更换电动机
	控制回路故障	检修控制回路
	检视门限位开关故障	更换限位开关
	三角皮带变松,磨损	及时张紧三角皮带,如磨损严重,应成组更换
	叶片与衬板之间间隙太大,造成石块卡在间隙之间	重新调整叶片的位置,尽量保证间隙小于 5 mm
	搅拌主机超载	排查配料机及输送系统,看是否重复进料
	操作人员的误操作,如频繁启动	加强培训,避免误操作
	减速机损坏	维修或者更换减速机
	轴承损坏	更换轴承

续表

故障现象	故障原因	解决方法
传动装置异响	三角皮带变松,磨损	及时张紧三角皮带,如磨损严重,应成组更换
	电动机皮带轮和减速机皮带轮错位	调整两皮带轮,确保电动机皮带轮和减速机皮带轮平面相差不大于 1 mm
	电动机故障	更换电动机

表 10-19　混凝土搅拌机轴端及润滑装置的常见故障及排除方法

故障现象	故障原因	解决方法
轴端漏浆	供油问题导致轴端密封损坏	更换轴端密封装置,检修润滑油泵并按规范用油
物料在搅拌轴、搅拌装置或主机盖上黏结严重	每次工作停机 0.5 h 以上未清洗搅拌装置	如停机时间超过 0.5 h,必须及时清理搅拌机
	投料顺序不合理	粉料须延迟投料
	粉料的进料管未安装软连接	安装软连接
润滑油泵不工作	机械损坏,如马达故障	更换马达或者泵体
	电气连接故障	检修电气线路
润滑油泵工作,但不出油	油罐中油量不足	按规范加注润滑油
	油脂中有空气	润滑泵工作 10 min 左右,即可正常出油
	泵芯失效	更换泵芯
润滑油泵安全阀溢流	系统压力超过安全阀设定值	1. 检查并疏通管路或更换分配器; 2. 按规范用油,环境温度低于 10 ℃时需用 1 号锂基脂
	阀损坏或被污染	更换安全阀

第11章

预制混凝土摊布设备

11.1 概述

11.1.1 定义和功能

1. 定义

预制混凝土摊布设备是在模台上完成构件支模绑筋后，用于将混凝土均匀地浇注在模腔内，且能实现摊布的专业设备。

2. 原理与功能

预制混凝土摊布设备可通过预制混凝土摊布机、提吊式料斗和混凝土泵车等形式来实现摊布过程。

（1）预制混凝土摊布机可实现纵向、横向平移摊布，摊布范围覆盖整个模台，纵向、横向跨度可根据不同的模台要求进行特定设计。可选配升降功能，满足不同厚度构件的摊布需求。料门机构能够灵活地组合料门启闭，进行单门或多门摊布，能够很好地满足模台的多种形状布置需求。摊布机构的搅拌轴具有匀料的功能，还可防止物料在料仓内较长时间存放时出现凝结和离析。摊布机构上的附着式振动电机采用特殊的安装结构形式，可以使摊布斗整面均匀振动，破拱、下料效果更好；摊布装置的强制出料方式，可适应小坍落度物料的出料。摊布机设有摊布闸门，可保证精准摊布，同时防止余料掉落；在设备突然断电时，能手动打开料仓，将料仓内物料清除，保护设备；计

量系统可随时显示料仓内混凝土的储量；在螺旋摊布轴被卡住时，可点动控制螺旋轴反转排除故障。

（2）提吊式料斗采用吊车提吊形式实现摊布过程，料斗体设置自动开关门机构，下料方便，操作简单，但受吊车条件限制，应用范围有限。

（3）混凝土泵车摊布采用泵车形式实现摊布过程，在泵送压力允许的情况下，实现混凝土的输送摊布。

11.1.2 国内外现状与发展趋势

1. 国外现状与发展趋势

为加快建筑建设速度以及提高建筑物质量，满足人们对美好居住条件的向往，国内外对混凝土摊布设备的研究及改进从未停止。混凝土摊布技术在国外起步较早，在多个国家的发展都很迅速。早在1978年，位于德意志民主共和国的劳塞西混凝土构件厂就已经拥有一条用于生产板形构件的流水线，此条生产线的混凝土摊布机结构较为简单，包括行走支架和驱动机构、料斗和卸料系统、精压碾和提升装置，此时的摊布机还是摊铺式摊布机。20世纪末期，出现了双螺旋摊布机。21世纪初期，则出现了多螺旋混凝土摊布机，使用多螺旋摊布机输送混凝土，使混凝土摊布更加均匀。现在国外应用最为广泛的摊布机是以德国沃乐特和德国艾巴维为代表的螺旋混凝土摊布机，

此种摊布机的摊布方式为螺旋强制出料,一次性摊布宽度可达 1850 mm,每个摊布螺旋均独立控制,可根据预制构件的形状自动开关卸料闸门,在提高摊布效率的同时实现精确摊布。

2. 国内现状与发展趋势

国内预制混凝土构件工业化生产技术与装备起步较晚,采用的摊布设备种类繁多,在预制构件工厂化生产方面,主要采用的是摊铺摊布机和螺旋输送摊布机。

20 世纪末期,国内普遍采用轨道式摊铺摊布机。此时的轨道式摊铺摊布机的输送装置为铲形,能绕中心轴旋转半圈,其移动灵活,在操作人员的帮助下可实现均匀摊铺。21 世纪初期,在轨道式摊铺摊布机的内部增加了星形轴,此摊布机通过星形轴来送料和分料,通过滑阀排料,滑阀宽度可调节,从而使出口的宽度可以适应不同种类的预制构件,提高了摊布效率、减少了原料的浪费。

11.2 分类

预制混凝土摊布设备根据摊布形式分为预制混凝土摊布机、提吊式料斗、预制混凝土浇注台车等形式。

预制混凝土摊布机按工作原理分为螺旋式预制混凝土摊布机、摊铺式预制混凝土摊布机和锥斗式预制混凝土摊布机。其中,螺旋式预制混凝土摊布机通过摊布螺旋轴实现混凝土的强制浇注,适应各种坍落度的混凝土且浇注量准确可控;摊铺式预制混凝土摊布机利用混凝土自重下落实现混凝土的浇注,对坍落度大的混凝土具有良好的摊布效果;锥斗式预制混凝土摊布机采用中间振捣棒振动挤压式下料,液压系统能快速启闭布料口,保证精准摊布,同时防止余料掉落。

根据预制构件生产线形式的不同,又可分为固定式和移动式螺旋预制混凝土摊布机,固定式和移动式摊铺预制混凝土摊布机。固定式预制混凝土摊布机适用于模台流转式生产线,移动式预制混凝土摊布机适用于模台固定式生产线。

综上所述,预制混凝土摊布设备的分类见表 11-1。

表 11-1 预制混凝土摊布设备分类

预制混凝土摊布设备	摊布形式	生产线形式
预制混凝土摊布机	螺旋式	固定式
		移动式
	摊铺式	固定式
		移动式
提吊料斗	提吊料斗摊布	
锥斗式	锥斗式摊布	
浇注台车	台车摊布	

常用的摊布机主要包括以下几种。

1. 固定式螺旋预制混凝土摊布机

固定式螺旋预制混凝土摊布机采用螺旋式摊布,适应多种坍落度的混凝土摊布作业,其实物及结构图如图 11-1 所示。每个摊布口均可独立控制,下料速度可控,摊布均匀。摊布斗内设有搅拌轴,防止离析,安装有辅助落料振动电机。在断电情况下可手动开启料斗,可配置称重装置、升降装置、遥控摊布装置和自动摊布装置。

2. 固定式摊铺预制混凝土摊布机

固定式摊铺预制混凝土摊布机采用摊铺式布料,每个摊布口均可独立控制,其实物及结构图如图 11-2 所示。固定式摊布斗内的结构与螺旋摊布机一致。

3. 移动式螺旋预制混凝土摊布机

移动式螺旋预制混凝土摊布机可平稳地在轨道上行走,采用螺旋式摊布,适应多种坍落度的混凝土摊布作业,其实物及结构图如图 11-3 所示。摊布料口与摊布斗内的结构与固定式螺旋摊布机相同。

4. 移动式摊铺预制混凝土摊布机

移动式摊铺预制混凝土摊布机可平稳地在轨道上行走,采用摊铺式摊布,每个布料口均可独立控制,其实物及结构图如图 11-4 所示。摊布斗内部结构与螺旋摊布机相同。

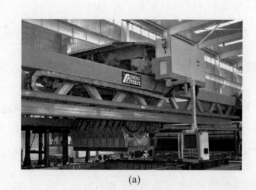
(a)

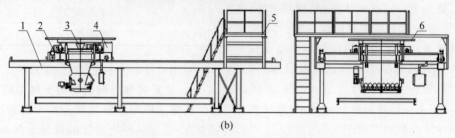
(b)

1—固定式钢支架；2—液压系统；3—螺旋布料机组；4—电控系统；5—冲洗平台；6—防护平台。

图 11-1 固定式螺旋预制混凝土摊布机

(a)

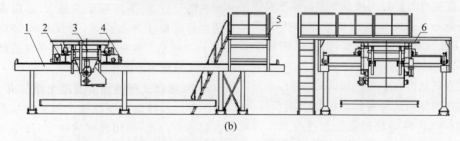
(b)

1—固定式钢支架；2—电控系统；3—摊铺布料机组；4—液压系统；5—冲洗平台；6—防护平台。

图 11-2 固定式摊铺预制混凝土摊布机

(a)

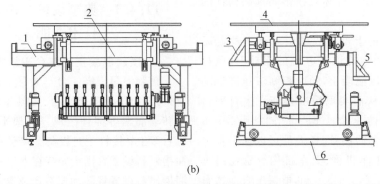

(b)

1—移动式钢支架；2—螺旋布料机组；3—液压系统；4—防护平台；5—电控系统；6—走行轨道。

图 11-3　移动式螺旋预制混凝土摊布机

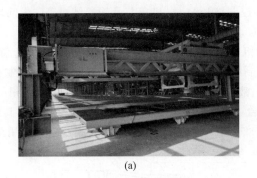

(a)

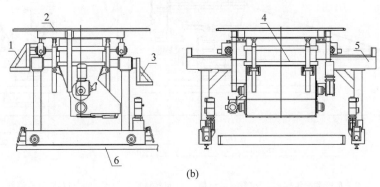

(b)

1—液压系统；2—防护平台；3—电控系统；4—摊铺布料机组；5—移动式钢支架；6—走行轨道。

图 11-4　移动式摊铺预制混凝土摊布机

11.3 水平螺旋式摊布机

11.3.1 典型设备结构原理与系统组成

1. 典型设备结构原理

水平螺旋式预制混凝土摊布机的功能是对放置在预制构件模台上的模具模腔进行混凝土浇注,其性能的好坏直接影响预制构件的产品质量。

料斗装置的上部接收输料车运送的混凝土物料,下部的螺旋轴在电机的驱动下,通过螺旋运动来挤压混凝土,同时控制液压缸带动出料门开/合,从而实现精准摊布。挡料平台的主要作用是防止输料车在工作时污染摊布机料斗和小车上的设备,且人员可以在平台上检修、清洗。小车机构、大车机构分别在两个相互垂直方向(X、Y 向)运动,能保证自动摊布机在模具模腔各个位置摊布。通过上位机读取预制构件的图纸数据(CAD、DXF 格式),并编译成机器可识别代码,控制液压缸、电机等执行机构运行,从而实现自动化摊布。

2. 水平螺旋式摊布机系统组成

该设备是 PC 工厂预制构件生产线的核心设备,主要由基础钢支架、液压系统、螺旋布料机组、电控系统、冲洗平台、防护平台等组成。其结构组成图可参见图 11-1。

11.3.2 设计计算与选型

对于水平螺旋式摊布机,根据其结构组成及其技术性能,从以下方面进行设计计算与选型:基础钢支架、液压系统、螺旋布料机组和电控系统。

11.4 预制混凝土浇注台车

11.4.1 典型设备结构原理与技术性能

1. 预制混凝土浇注台车结构原理

预制混凝土浇注台车为移动式浇注设备,它由走行台车、支架平台、接料斗、固定溜槽以及转动溜槽等部件组成。支架平台安装于走行台车上;接料斗安装在支架平台上部;固定溜槽倾斜设置且固定安装在支架平台上;转动溜槽倾斜设置且转动安装于支架平台上,转动溜槽下口的高度高于桥梁模板的上口高度。该浇注台车可以解决预制混凝土搅拌不均匀及输送结块等质量问题,保证施工的预制混凝土质量。

2. 预制混凝土浇注台车系统组成

铁路混凝土预制梁浇注车(以下简称"台车")是"机-电-液"相结合的高技术产品,其结构如图 11-5 所示。其采用液压驱动、全桥刚性悬挂、独立转向,采用工业级微机来控制驱动、

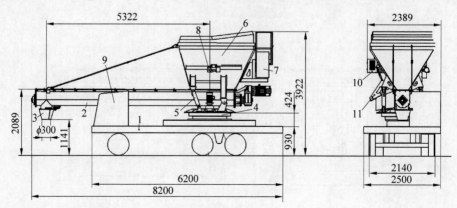

1—布料行走组件;2—布料螺旋组件;3—布料闸门组件;4—布料臂旋转组件;5—布料臂升降组件;6—储料仓组件;7—电控系统组件;8—辅助下料振捣器;9—驾驶操作室;10—液压系统组件;11—清洗卸料组件。

图 11-5 浇注台车结构组成

转向,同时能够实现直行、斜行、原地转向等多种运行模式。台车由车架结构、下料系统、行走系统、转向系统、动力系统、液压系统、电气系统、控制系统、监控系统和驾驶室等部件组成。台车车架呈双门字结构,发电机组和动力舱位于两肩,料仓中置。台车有两轴线,驱动轴线前置(驾驶室侧),从动轴线后置,轮胎采用 4 条 12.00-24 实心轮胎。台车采用刚性悬挂、液压驱动、电液转向,控制系统采用现场总线控制模式。

3. 典型厂家的产品规格及技术参数

浇注台车的主要技术参数见表 11-2。

表 11-2　浇注台车主要技术参数

参　　数	数　　值
额定载重/t	25
重载车速/(km/h)	0~1.8
空载车速/(km/h)	0~2.4
轴距/mm	4680
轮距/mm	3960
悬挂/轴线	4/2
轮胎型号	12.00-24
最大爬坡度/%	3
整机功率/kW	50
整机自重/t	16

11.4.2　设计计算与选型

浇注台车的设计内容与选型参考摊布机。

11.5　相关技术标准

预制混凝土浇注台车技术标准如下:《混凝土及灰浆输送、喷射、浇注机械　安全要求》(GB 28395)、《混凝土布料机》(JB/T 10704)、《建筑机械使用安全技术规程》(JGJ 33)等。

11.6　设备使用及安全要求

11.6.1　运输与安装

(1)预先放置垫铁在每个支腿的基础坑上面,将两组大车行走横梁分别与各自的支腿连接在一起后放置在垫铁上。

(2)将两端横撑与两个大横梁连接,使摊布机钢支架形成一个整体框架,通过检测、调整框架对角线长度及横梁与横撑的水平度,调整钢支架方正。

(3)将地脚螺栓和上下螺母安装在支腿的底板上,使地脚螺栓进入基础坑内,进行第一次混凝土浇注。

(4)待混凝土凝固,强度达到要求的 70% 后,撤去垫铁,通过调整地脚螺母的高低位置保证钢支架的高度要求。两个大横梁上走行轨道的标高误差≤±1.5mm;平行度误差≤±1.5mm。

(5)待上述调整工作完成后即可进行第二次灌浆。

(6)按图纸要求依次安装好大车行走机构、摊布斗主体等各构件。

(7)按图纸依次安装好各电液附件。

11.6.2　使用与维护

摊布机的维护、维修等都应有相对应的文件和记录。设备应有日常保养计划和实施的工作卡,由设备操作人员负责执行,主要包括检查、清洁、调整、润滑等工作。摊布机的日常维修策略可选择预防维修为主,纠正性维修、故障维修等为辅的维修策略。

第12章

混凝土制品生产用输送设备

12.1 概述

12.1.1 定义和功能

1. 定义

混凝土制品生产用输送设备是在制品生产线上按照一定的线路输送物料的设备。混凝土制品生产用输送设备可进行水平、倾斜输送,也可组成空间输送线路,输送线路一般是固定的。

2. 功能

制品生产过程中,生产线上所需的各种原料、半成品、成品以及辅助装备等需完成从一个工位向下一个工位的移动,输送设备的功能便是完成这种移动,以确保生产的连续性,因此输送设备是生产线必备的设备。

12.1.2 国内外现状与发展趋势

1. 国外现状

1868 年,在英国出现了带式输送机;1887年,在美国出现了螺旋输送机;1892 年,美国人汤麦斯·罗宾斯(Thomas Robins)发明了槽形结构,输送机才开始在矿业工程中使用,并确定了当代输送机的基本形式。1905 年,在瑞士出现了钢带式输送机;1906 年,在英国和德国出现了惯性输送机,此后陆续出现网带输送机、皮带输送机、滚筒输送机、链板输送机、链条输送机、斗式提升机等。

国外的发展可以简单概括为多样化和标准化。皮带输送机制造业发展迅速,各种结构形式的皮带输送机已经在生产中得到广泛应用,苏联、美国、德国、日本等工业发达国家在皮带输送机的研究方面都有一定的进展。近年来皮带输送机的制造技术早已进入了成熟阶段,并形成了专业化和规模化的生产,它的通用和专用产品均有较多的类型,规格品种比较齐全,而且结构形式多种多样,因此可以满足各行各业生产的需要。同时,这些国家也十分重视皮带输送机的标准化工作,从 20 世纪50 年代起,这些国家就开始进行制定皮带输送机标准的工作,经过不断地更新和完善,实现了规范并推动皮带输送机在生产制造中的标准化、系列化和通用化的目的,而且保证和促进了皮带输送机的制造质量和技术水平。

随着技术的进步,各种新的输送方式比如电磁等也开始被制品输送设备采用。

2. 国内现状

制品生产用输送设备在我国起步较晚。究其原因是制品生产在很长一段时间的自动化水平较低,对输送设备的需求也低。20 世纪80 年代之前,皮带输送机仅在生产加工车间内的机械化流水生产线中得到较大规模的应用,但是所使用的皮带输送机以专用的或者非标准的设备为主,远远没有形成通用产品的批量生产制造。90 年代后,制品行业的发展带动了输送设备的快速发展。

目前国内制品生产用输送设备还没有专业的厂家,基本作为成套设备生产厂的配套设备,也没有针对制品行业的标准和规范,而是参照其他行业的输送设备标准和规范。

3. 发展趋势

制品生产用输送设备的发展趋势是:①更节能,以满足节能和环保需要,具体做法就是使用更高效、高精度的电机,甚至采用能量回收技术;②自动化、智能化,采用自行输送车,以节约人工、减少事故并有效控制品质;③使输送机的构造满足物料搬运系统自动化控制对单机提出的要求;④更多的输送种类的采用,比如电磁力;⑤减少各种输送机在作业时所产生的粉尘、噪声和排放的废气。

12.2　分类

各项工业生产及社会生活中应用的输送设备的种类相当多,并已有专业的标准和分类。适用于混凝土制品生产用的输送设备,其作用是输送生产混凝土制品所需要的原料、辅助材料以及制成品,因此必须根据混凝土制品生产时所输送的物料和制品结合生产过程的阶段性进行分类。

1. 混凝土拌和料制备用物料输送设备

根据设备的连续性,混凝土拌和料制备用物料输送设备分为连续性输送设备和非连续性输送设备。

1) 连续性输送设备

皮带输送机:用于砂石料、破碎回收的颗粒原料及拌和料的输送。

螺旋式输送机:俗称搅龙,用于输送粉状原料,如水泥、粉煤灰、矿粉、粉状颜料及各种粉状添加剂等。

输送管道:利用压缩空气,用于颜料、添加剂等粉状物料的输送。

输送泵:用于水、液体添加剂等的输送。

2) 非连续性输送设备

此类设备需借助容器完成输送,主要包括以下两种。

斗式输送机:用于输送砂石料、混凝土拌和料等。

罐式输送机:用于输送混凝土拌和料等。

2. 混凝土制品输送设备

除了混凝土拌和料制备物料和拌和料输送外,在混凝土制品制造过程中,中间产品(半成品或称湿产品)和成品都需要专门的输送设备完成输送工作。此类输送设备按照输送方式的不同可分为如下几类:

(1) 节距式运输机,包括推送式输送设备(如顶推机,用于托板或者制品的输送)和举升式输送设备(一般为液压驱动,用于托板和制品的输送)。

(2) 牵引式输送设备:如输送托运车。用外挂拖车牵引托运车实现制成品的输送。

(3) 皮带式输送设备:如输送皮带。混凝土制品生产线上用于制品或托板输送。也可设计为游离于生产线外,用于混凝土制品向深加工或码垛设备进行输送。

(4) 链板式输送设备:如链板机。钢制链板结构,电机驱动,用于生产线上托板、托盘及成品垛的输送。

(5) 辊道式输送设备:如辊道输送机,可配置驱动装置,也可无动力驱动,用于混凝土成品垛输送。

(6) 龙门式输送设备:如带吊具、属具的龙门吊。用于大型预制构件的输送。

(7) 摩擦轮输送设备:用于加气混凝土生产线输送模具侧板、模具等。

(8) 轨道式转运输送车:如子母车,中央程序控制、电力驱动,用于混凝土制品半成品及养护完成后的成品进出养护窑。

(9) 无轨道转运输送车:如叉车或自动行走转运车(AGV)。直线式混凝土制品生产线一般用叉车完成半成品及成品的输送。随着制品生产线智能化水平的提升,自动行走的运转车(AGV)在混凝土制品生产线上的应用将逐步替代叉车成为主流的制品输送设备。

表 12-1 给出了几种典型的输送设备的适用范围。

表 12-1 典型混凝土制品生产用输送设备的适用范围

形　式	适用范围
辊道式输送机	适用于固体类物料的运输,既可以直线运输,也可以拐弯多方向运输
链板式输送机	适用于载荷较大的物品运输,位置精度高
皮带式输送机	适用范围较广,运输散料、袋装物品优势明显
节距式输送机	适用于单个或成组产品等距离输送
龙门式输送设备	适用于大型预制构件的输送
无轨道运输车	适用于半自动生产线制品的运输

12.3　辊道输送机

12.3.1　典型设备结构原理与技术性能

1. 辊道输送机结构原理

辊道输送机也称辊子或辊筒输送机,如图 12-1 所示。将穿过辊子中心线的轴的两端固定在左右两侧的支架上,数个被固定的辊子按一定间隔排列就构成了辊道输送机。

辊子也称托辊或辊筒,它是在被切断的管材两端装上轴承构成的。辊子按形状可分为直线形及圆锥形。直线形用于直线辊子输送机,圆锥形用于圆曲形转角辊子输送机。根据使用场合,辊子可选用钢材、铝材、不锈钢、树脂、复合结构等材料。辊子输送机按驱动方式分为重力(驱动)辊道输送机和动力(驱动)辊道输送机两大类。

辊道输送机是利用辊子的转动来输送物品的输送机。它可沿水平或曲线路径进行输送,其结构简单,安装、使用、维护方便,对不规则的物品可放在托盘或者托板上进行输送。

辊道输送机由辊子(包括长辊、短辊和滚轮)、机架、驱动装置和辅助装置组成。动力辊道由驱动装置带动牵引链条,链条带动各动力辊筒上的链轮转动,带动辊道上的物品实现输送工作。在实际应用中,通常将辊道输送机分成标准的直线段和曲线段及辅助装置,根据需要把它们组合起来,即可获得不同长度和不同类型的辊道输送机。

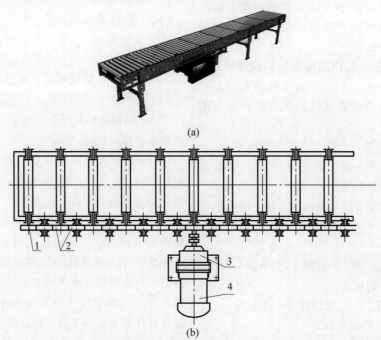

(a)

(b)

1—辊子轴;2—柱齿轮;3—减速器;4—电动机。

图 12-1　辊道输送机

1) 辊子

（1）长辊

辊筒一般采用无缝钢管或铸铁管制成，辊筒与轴间装有滚动轴承，辊子轴固定在支架上。或将辊子轴用轴承座安装在支架上，辊筒固连在辊子轴上。常用的辊子直径有五种：$\phi73$ mm（$\phi76$ mm）、$\phi85$ mm（$\phi89$ mm）、$\phi105$ mm（$\phi108$ mm）、$\phi130$ mm（$\phi133$ mm）、$\phi155$ mm（$\phi159$ mm）。括号内为当辊筒面不需要加工时辊子的直径系列。辊子长度 l 系列为：150 mm、200 mm、250 mm、300 mm、320 mm、400 mm、500 mm、630 mm、800 mm、1000 mm 和 1250 mm。

通常根据物品或托盘的宽度来确定辊子输送机宽度后，再选用合适的辊子。

在辊子输送机的曲线段，可根据需要将辊子加工成圆锥形（曲线段外侧辊子直径大），以保证所输送的物品在通过曲线段时，不会在离心力的作用下滑出输送线路。除辊筒外，其结构与圆柱形辊子结构相同，其结构见图12-2。

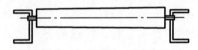

图 12-2 圆锥形辊子结构

（2）短辊和滚轮（统称为轮形辊）

短辊（又称多辊）是由多根固定在支架上的长轴及安装在其上的若干辊子组成的。相邻两轴上的短辊子相互交错排列，辊子的结构与不带轮缘的滚轮相似。

滚轮（又称边辊）的特点是自重较轻，节省材料。但是它对输送物品的尺寸和输送过程要求比较严格。

2) 机架

机架由支架和支腿两部分组成。支架多用型钢制成，且为具有标准长度的通用件，以便设计时直接选用。常用标准长度系列为 1000 mm、1500 mm 和 3000 mm；曲线段常用标准转弯角度为 30°和 90°。当选用轮子直径为 $\phi73$ mm（$\phi76$ mm）、$\phi85$ mm（$\phi89$ mm）和 $\phi105$ mm（$\phi108$ mm）时，常采用不等边角钢焊接而成，角钢上间隔开有槽和孔，并且左右两边的槽和孔相互交错布置，如图 12-3（a）所示。当选用辊子直径为 $\phi130$ mm（$\phi133$ mm）和 $\phi155$ mm（$\phi159$ mm）时，常采用槽钢，并用螺栓连接，在槽钢翼缘板开有孔，用压板和螺栓来固定辊子轴，如图 12-3（b）所示。

3) 驱动装置

辊道输送机依靠转动着的辊子与物品间的摩擦使物品向前移动。驱动辊子的方法有两种：一是单独驱动，即每个辊子上都配有一个独立的驱动装置；二是成组驱动，即若干个辊子连成一组，配有一个驱动装置。目前多采用成组驱动。在该种驱动方式中，常用电动机与减速器组合，再通过链条传动、齿轮传动或带传动来驱动轮子旋转。

（1）链条传动

该种传动方式分单链和双链两种形式，是在每个辊子轴或辊筒上装有两个相同的链轮（单链传动用单链轮，双链传动用双链轮），分别用链条与前后辊子上的链轮相连，当驱动装置驱动与它相连的第一个辊子时，其余的辊子则通过链条传动依次被带动。

（2）齿轮传动

齿轮传动的轮子输送机有两种形式：一是圆锥齿轮传动，该传动方式是在每个辊子轴或辊筒上装有一个圆锥齿轮，在主动轴上对应于每个辊子都装有与之啮合的圆锥齿轮，当驱动装置驱动主动轴时，啮合圆锥齿轮使所有的辊子以相同速度和方向转动，达到输送物品的目的；二是圆柱齿轮传动，该种传动方式是在每个辊子轴或辊筒上装有一个圆柱齿轮，每个辊子上的圆柱齿轮通过一个过渡齿轮啮合，当驱动装置驱动第一个与其相连的辊子时，过渡齿轮使所有的辊子以同向同速转动，达到输送物品的目的。

（3）带传动

带传动有以下几种方式：

① 同步带传动方式。同步带的传动原理与上述链传动方式类似，在每个辊子轴或辊筒上装两个相同的带轮，分别用同步带与前后辊子上的带轮相连。同步带传动的成本较链条

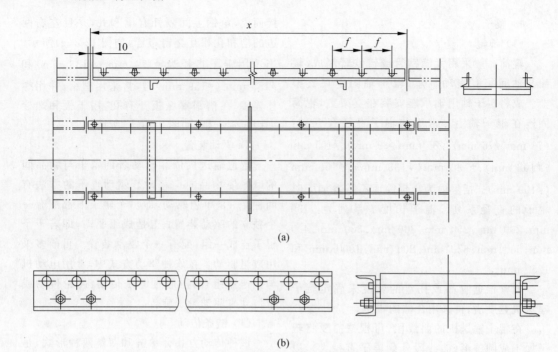

x—不等边角钢长度；f—孔间距

图 12-3　辊子输送机机架

传动低。

② 输送带（平带）传动方式。当驱动装置驱动输送带时，输送带与上层辊子间的摩擦使辊子转动并带动物品向前移动。

③ V 带和圆带传动方式。它是采用独立的 V 带和圆带传动结构，由 V 带和圆带的外表面与辊子间的摩擦使辊子转动并带动物品向前移动。

4）辅助装置

为了满足物品的不同运输需求，辊子输送机需要配置辅助装置，包括以下几种。

（1）十字交叉转运装置

同一平面上十字交叉的辊子输送机一般都采用专用的转运装置。直接转运既费力又会使辊子磨损严重，所以只有当物品较轻（质量≤100 kg）时才采用直接转运方式。

（2）叉道转运装置

同一平面内的一条辊子输送机向另两条不同方向的辊子输送机转运时，通常采用叉道结构。常用的有翻转式叉道和摆动式叉道两种形式。

（3）辊道式升降台

不在同一平面的辊子输送机间的转运需要利用升降台来进行。常用的有气动式和液压式升降台，分别由起升气缸或液压油缸和带有轮子排的机架组成。通常情况下，升降与改变运输方向是同时进行的，也就是说，可升降的机架由前述的转运装置组成。

（4）辊道式转运车

把物品从多条相互平行的辊子输送机转运到与它们平行的另一条辊子输送机时，可以采用辊道式转运车。在有轨小车上装有与辊子输送机参数相同的辊子排，根据需要将小车停靠在不同的辊子输送机线路上，完成物品的转运。

（5）活动辊道

在输送线路中，将某一段机架一端用铰销固定在输送线路上，另一端制成可翻转的活动段，以便于必要时操作人员或设备横穿辊子输送机。

2．辊道式输送机性能参数

辊子输送机的基本参数包括辊子长度、辊

子间距、辊子直径、圆弧段半径、输送机高度、输送速度等。

12.3.2 设计计算与选型

1. 辊子长度

1）辊子输送机直线段

圆柱形辊子输送机直线段的辊子长度一般可参照图12-4，按式（12-1）计算：

$$l = B + \Delta B \tag{12-1}$$

式中，l 为辊子长度，mm；B 为物件宽度，mm；ΔB 为宽度裕量，mm，可取 $\Delta B = 50 \sim 150$ mm。

采用轮形辊子的多辊（短辊）输送机，其输送宽度一般可参照图12-5，按式（12-2）计算：

$$W = B + \Delta B \tag{12-2}$$

式中，W 为输送宽度，mm；B 为物件宽度，mm；ΔB 为宽度裕量，mm，可取 $\Delta B = 50$ mm。

当多辊少于 4 列时，只宜输送刚度大的平底物件，物件宽度应大于输送宽度，可取 $W = (0.7 \sim 0.8) B$。

2）辊子输送机圆弧段

辊子输送机圆弧段的圆锥形辊子，其辊子长度可参照图12-6，按式（12-3）计算：

$$l = \sqrt{(R+B)^2 + (L/2)^2} - R + \Delta B \tag{12-3}$$

式中，l 为圆锥形辊子长度，mm；R 为圆弧段内侧半径，mm；B 为物件宽度，mm；L 为物件长度，mm；ΔB 为宽度裕量，mm，可取 $\Delta B = 50 \sim 150$ mm，B 较大时取较大值。

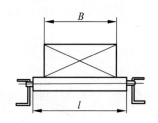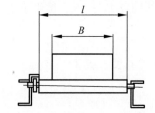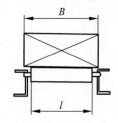

图 12-4 圆柱形辊子输送机断面图

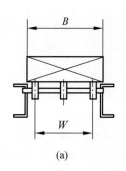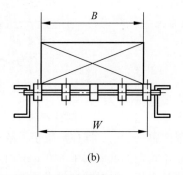

(a)   (b)

图 12-5 多辊（短辊）输送机断面图

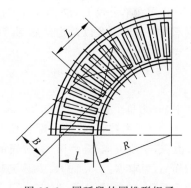

图 12-6 圆弧段的圆锥形辊子

在既有直线段又有圆弧段的辊子输送机线路系统中，输送同一宽度尺寸的物件，圆弧段的辊子长度要大于直线段的辊子长度。一般取圆弧段的辊子长度作为该线路系统统一的辊子长度。如直线段和圆弧段的辊子长度不便统一而需采用不同的尺寸时，须在相邻的直线段和圆弧段连接处设置过渡直线段，其辊子长度与圆弧段相同，过渡段的长度应不小于一个物件的长度。

2. 辊子间距

辊子间距 p 应保证一个物件始终支承在三个以上的辊子上。一般情况下可按式（12-4）选取：

$$p = \frac{1}{3}L \qquad (12\text{-}4)$$

对要求输送平稳的物品,按式(12-5)计算:

$$p = \left(\frac{1}{4} \sim \frac{1}{5}\right)L \qquad (12\text{-}5)$$

式中,p 为辊子间距,mm;L 为物件长度,mm。

对柔性大的细长物品,还需核算物件的挠度,物件在一个辊子间距上的挠度应小于1/500,否则需适当缩小辊子间距。

辊子输送机的物品装载段如承受冲击载荷时,也需缩小辊子间距或增大辊子直径。

对双链传动的辊子输送机,辊子间距应为1/2 链条节距的整数倍。

辊子输送机以圆弧段中心线上的辊子间距作为计算所用辊子间距。当圆弧段采用链传动时,相邻两传动辊子的夹角宜小于 5°,以改善传动状况。

3. 辊子直径

辊子直径 D 与辊子承载能力有关。辊子上的载荷可按式(12-6)选取:

$$F \leqslant [F] \qquad (12\text{-}6)$$

式中,F 为作用在单个辊子上的载荷,N;$[F]$ 为单个辊子上的允许载荷,N。

作用在单个辊子上的载荷 F 与物件质量、支承物件的辊子数以及物件底部特性有关,可按式(12-7)计算:

$$F = \frac{mg}{K_1 K_2 n} \qquad (12\text{-}7)$$

式中,m 为单个物件的质量,kg;K_1 为单列辊子有效支承系数,与物件底部特性及辊子平面度有关,一般可取 $K_1 = 0.7$;对底部刚度很大的物品,可取 $K_1 = 0.5$;K_2 为多列辊子不均衡承载系数,对单列辊子,取 $K_2 = 1$;对双列辊子,取 $K_2 = 0.7 \sim 0.8$;n 为支承单个物件的辊子数;g 为重力加速度,取 $g = 9.81 \text{ m/s}^2$。

单个辊子的允许载荷$[F]$与辊子直径及长度有关。在确定需要的单个辊子允许载荷及辊子长度以后,即可选择适当的轮子直径 D。

4. 圆弧段半径

辊子输送机产品的圆弧段半径一般为与辊子直径及长度有关的给定尺寸,可从产品样本或手册中查取。如需自行设计圆弧段,可按下列情况考虑:

1) 圆锥形辊子输送机

圆锥形辊子输送机的圆弧段半径参照图 12-7,按式(12-8)计算:

$$R = \frac{D}{K} - C \qquad (12\text{-}8)$$

式中,R 为圆弧段内侧半径,mm;D 为圆锥形辊子小端直径,mm;K 为辊子锥度。常用的辊子锥度 K 值为 1/16、1/30、1/50,锥度愈小,物品在圆弧段运行愈平稳。布置空间比较宽裕时,K 可取较大值,否则取较小值。C 为圆锥辊子小端端面与机架内侧的间隙,mm。

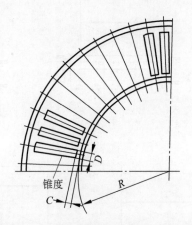

图 12-7 圆锥形辊子输送机圆弧段

2) 圆柱形辊子输送机圆弧段

圆柱形辊子一般采用单列布置,如辊子长度 l 大于 800 mm 时,宜采用双列辊子。其圆弧段的内侧半径 R 一般按表 12-2 选取。

5. 输送机高度

辊子输送机高度 H 根据物品输送的工艺要求(如线路系统中工艺设备物料出入口的高度,装配、测试、装卸区段人员操作位置等)确定,一般取 $H = 500 \sim 800 \text{ mm}$,也可不设支腿,将机架直接固定在地坪上。

表 12-2　圆柱形辊子输送机圆弧段内侧半径　　　　　　　　　　　　单位：mm

项　目	辊子直径 D								
	25	40	50	60	76	89	108	133	159
圆弧内侧半径 R	630	630	800/900	800/900	800/900	1000	1000	1250	1250
	800	800	1000	1000	1000	1250	1250	1600	1600

6．输送速度

辊子输送机的输送速度 v 根据生产工艺要求和输送方式确定。一般情况下，无动力式辊子输送机可取 $v=0.2\sim0.4$ m/s，动力式辊子输送机可取 $v=0.25\sim0.5$ m/s，并尽可能取较大值，以便在同样满足输送量要求的前提下，使物品分布间隔较大，从而改善机架受力情况。当工艺上对输送速度严格限定时，输送速度应按工艺要求选取，但无动力式辊子输送机不宜大于 0.5 m/s，动力式辊子输送机不宜大于 1.5 m/s，其中链传动辊子输送机不宜大于 0.5 m/s。

12.3.3　相关技术标准

辊道式输送机技术标准为《辊子输送机》(JB/T 7012)，该标准规定了辊子输送机的型式、参数、技术要求、试验方法、检验规则、标志、包装、运输和储存，适用于输送成件物品的圆柱形长辊输送机。有特殊要求的输送机，其通用部分也应参照使用。

12.4　链板式输送机

12.4.1　典型设备结构原理与技术性能

1．链板式输送机结构原理

链板式输送机是一种以标准链板为承载面，以马达或减速机为动力进行传动的传送装置。链板式输送机由动力装置（电机）、传动轴、滚筒、张紧装置、链轮、链条、轴承、润滑剂、链板等构成。

其中带动物料输送的两个主要部分为：链条，利用它的循环往复运动提供牵引动力；金属板，作为输送过程中的承载体。可以通过多列链板并行，使链板输送机做得很宽并形成差速，利用多列链板的速度差使多列输送在无挤压的情况下变为单列输送，从而满足单列输送的要求。链板式输送机结构见图 12-8。

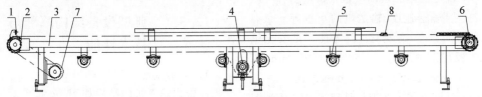

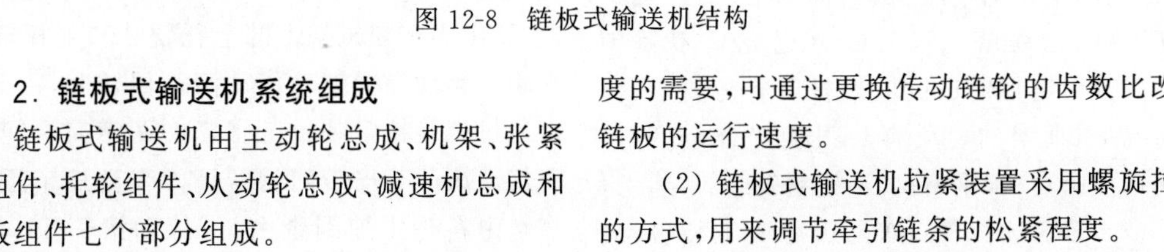

1—挡板；2—主动轮总成；3—机架；4—张紧轮组件；5—托轮组件；6—从动轮总成；7—减速机总成；8—链板组件。

图 12-8　链板式输送机结构

2．链板式输送机系统组成

链板式输送机由主动轮总成、机架、张紧轮组件、托轮组件、从动轮总成、减速机总成和链板组件七个部分组成。

（1）链板式输送机驱动装置由电动机、减速器、传动装置及主动链轮装置等组成。动力是由驱动装置通过一对套筒滚子链轮传给主轴，进而带动链板运行。为了适应不同输送速度的需要，可通过更换传动链轮的齿数比改变链板的运行速度。

（2）链板式输送机拉紧装置采用螺旋拉紧的方式，用来调节牵引链条的松紧程度。

（3）链板式输送机链板部分由牵引链和链板组成。牵引链采用耐冲击、运行平稳可靠的片式牵引链，内链片中间装有滚轮，在轨道上滚动，以减少摩擦阻力和磨损。链板用螺栓与牵引链紧固在一起。

（4）链板式输送机机架由头架、尾架、中间架组成，用槽钢、角钢及加强钢板焊接而成。该机架中间有四条供滚轮运行的轨道，采用轻

轨制成。

3. 典型产品规格及技术参数

链板式输送机主要技术参数见表12-3。

表 12-3　HB 型链板、链斗式输送机主要技术参数

机型		HR50	HR60	HR70	HR80	HR100
链斗(板)宽/mm		500	600	700	800	1000
输送速度/(m/min)		7～14				
输送能力/(m³/h)	斗	15～25	20～35	30～40	40～50	50～70
	板	15～20	20～30	30～35	40～45	45～55
输送距离/m		一般≤40，最大70				
允许上倾角/(°)	斗	≤45				
	板	≤15				
输送物料最大粒径/mm	斗	80	100	140	160	200
	板	120	160	200	240	300

12.4.2　设计计算与选型

（1）根据输送产品选择类型：根据实际情况确定重型链板输送机或轻型链板线。

（2）确定输送方向：根据不同的输送方向，可选择直线链板输送机、爬坡链板输送机、转弯链板输送机、工作台式链板输送机、垂直链板输送机、曲线链板输送机、积放链板输送机等。

（3）确定线体的基础参数：如宽度、高度、节距、长度、输送速度、输送机的承重等。只有采用正常的宽度、高度、长度，才能保证安全输送。链板输送机以宽度 500～1800 mm，高度＜1500 mm，长度＜3×10⁴ mm 为宜。

（4）确定材质等详细设计要点。一般情况下，链板的材质有 PP（聚丙烯）、PE（聚乙烯）、ACETAL（乙缩醛）、NYLON（尼龙）、不锈钢等。以及对链板输送机框架材质有无要求，一般情况下，框架的材质有高强度铝合金型材、碳钢钢板折弯、碳钢槽钢、不锈钢等。

（5）确定选配件：如是否需要工装板、夹具等。总之，链板输送机成本低，结构简单，输送速度高，性能稳定，便于安装维护，是中小型企业流水线的首选。

12.4.3　相关技术标准

链板式输送机技术标准为《平板式输送机》（JB/T 7014）。该标准规定了平板式输送机的型式、基本参数、技术要求、试验方法、检验规则、标志、包装、运输和储存，适用于输送成件物品的固定式输送机。

12.5　皮带式输送机

12.5.1　典型设备结构原理与技术性能

1. 皮带式输送机结构原理

皮带式输送机的结构如图12-9所示，一条无端的皮带1绕在传动滚筒14和改向滚筒6上，并由固定在机架上的上托辊2和下托辊10支承。驱动装置带动传动滚筒回转时，由于皮带通过螺旋拉紧装置7张紧在两滚筒之间，便由传动滚筒与皮带间的摩擦力带动皮带运行。物料由料斗4加到带上，由传动滚筒14端部卸出。

2. 皮带式输送机系统组成

通用带式输送机一般由输送带、托辊、滚筒及驱动、制动、张紧、改向、装载、卸载、清扫

等装置组成。

1）输送带

带宽是带式输送机的主要技术参数。常用的输送带有橡胶带和塑料带两种。橡胶带适用于工作环境温度在-15～40℃之间,物料温度不超过50℃的工况条件。向上输送散粒料的倾角一般在12°～24°之间。对于大倾角输送可用花纹橡胶带或带裙边及隔挡的橡胶带。塑料带具有耐油、酸、碱等优点,但对气候的适应性差,易打滑和老化。

2）托辊

托辊按用途分为槽形托辊、平行托辊、调心托辊、缓冲托辊等。

槽形托辊由2～5个托辊组合成托辊组,主要用以输送散粒物料;平行托辊可分为平行上托辊和平行下托辊,平行上托辊主要用于输送

成件物品,平行下托辊主要用于回程时支撑输送带;调心托辊用以调整带的横向位置,避免跑偏;缓冲托辊装在受料处,以减小物料对带的冲击。

3）滚筒

滚筒分为传动滚筒和改向滚筒。传动滚筒是传递动力的主要部件,分单滚筒(胶带对滚筒的包角为210°～230°)、双滚筒(包角达350°)和多滚筒(用于大功率)等。

4）张紧装置

其作用是使输送带达到必要的张力,以免在驱动滚筒上打滑,并使输送带在托辊间的挠度保持在规定范围内。

3. 典型厂家的产品规格及技术参数

皮带式输送机的主要技术参数见表12-4。

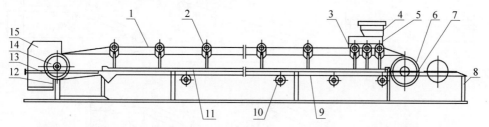

1—皮带;2—上托辊;3—缓冲托辊;4—料斗;5—导料槽;6—改向滚筒;7—螺旋拉紧装置;8—尾架;
9—空段清扫器;10—下托辊;11—中间架;12—弹簧清扫器;13—头架;14—传动滚筒;15—头罩。

图12-9　皮带式输送机的结构

表12-4　皮带式输送机主要技术参数

输送量 /(t/h)	带宽/mm	带速 /(m/s)	最大输送 长度/m	主电机 功率/kW	传动滚筒 直径/mm	托辊 直径/mm	倾角/(°)
400	800	2	800	2×40	500	89	18
400	800	2	800	2×55	500	89	18
400	800	2	1000	90	630	108	18
400	800	2	800	2×40	500	89	±18
400	800	2.5	800	2×55	630	89	±18
630	1000	1.9	1000	2×75	630	108	18
800	1000	2.5	1000	160	630	108	18
800	1000	2.5	1500	2×160	630	108	18
1200	1200	2.5	1000	2×160	800	133/159	±5
1200	1200	2.5	1000	2×200	800	133/159	18
1500	1200	3.15	1500	2×200	800	133/159	18

12.5.2 设计计算与选型

对带式输送机的选型,需进行以下主要计算:确定输送量和带速,确定带的规格尺寸,计算运行阻力、带的张力、张紧装置的张紧力、驱动功率以及制动力矩等。为了进行这些计算,必须了解物料的特性、输送的长度与倾角以及工作条件(包括工作环境、温度、湿度和装卸方法)等。

1. 生产率(输送量)的计算

单位时间内所运送物料的质量或体积、件数等称为输送机的生产率(单位为 t/h 或 m³/h)。生产率 Q 可用单位长度上的物料质量与带的运动速度的乘积来表示,即

$$Q = 3.6qv \qquad (12-9)$$

式中,q 为胶带单位长度上的物料质量,或称线载荷,kg/m;v 为带的运动速度,m/s。

皮带输送机的基本布置形式如图 12-10 所示。

1)输送成件物品

输送成件物品时,线载荷 q 的计算式为

$$q = \frac{W}{a} \qquad (12-10)$$

式中,W 为单件物品的质量,kg;a 为每件物品在输送带上的间距,m。

2)输送散状物料

假设物料在带上的分布是连续均匀的,带上的物料横截面为 F,则线载荷 q 的计算式为

$$q = 1000Fp \qquad (12-11)$$

式中,F 为物料横截面面积,m²;p 为物料容积密度,t/m³,见表 12-5。

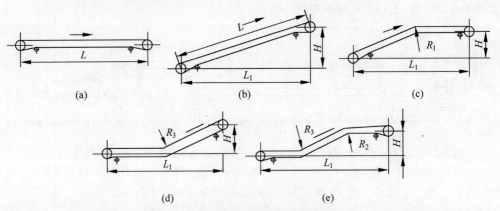

图 12-10 皮带输送机的基本布置形式

(a) 水平布置;(b) 倾斜布置(有向上倾斜和向下倾斜两种);(c) 带有凸弧线段布置;
(d) 带有凹弧线段布置;(e) 有凸弧和凹弧线段布置

表 12-5 几种散状物料的容积密度和堆积角

物料名称	容积密度 /(t/m³)	堆积角 θ/(°)		物料名称	容积密度 /(t/m³)	堆积角 θ/(°)	
		动态堆积角	静态堆积角			动态堆积角	静态堆积角
干粉煤灰	6~7	30	40~45	干松黏土	12	20	30
湿粉煤灰	9~11	35	45~50	湿松黏土	17	30	—
块状煤渣	8~10	30	40~50	块生石灰	10~14	25	—
块石灰石	14~18	25	30~40	消石灰粉	4~5	30	35~40
碎石	18	20	30	水淬矿渣	7~13	30	—
干砂	14~16.5	30	40~50	磷石膏	8~12	35	—

物料横截面 F 的计算方法：采用槽形托辊时，物料的横截面可以认为由梯形面积 F_1 和弓形面积 F_2 相加而成。设带宽为 B，槽形托辊的中间托辊长度为 $0.4B$，物料在横截面上的宽度为 $0.8B$，物料在带上的动堆积角为 θ，托辊槽角为 $30°$，则梯形面积 F_1 为

$$F_1 = 69\,300B^2 \qquad (12\text{-}12)$$

式中，F_1 为梯形面积，m^2。

弓形面积 F_2 为

$$F_2 = 10^4 \times \frac{8B^2}{\sin^2\theta}(2\hat\theta - \sin2\theta) \qquad (12\text{-}13)$$

式中，$2\hat\theta$ 为弧度；F_2 为弓形面积，mm^2。

如果是平形托辊，则 $F_1 = F_2$，其生产率的计算方法与槽形托辊的方法相似。

对于不同的物料，根据其堆积角可求得相应的横截面面积，从而得到相应的生产率公式，这些公式仅系数不同。同时考虑到倾斜程度和速度的影响，得到生产率的计算式为

$$Q = KB^2\rho vC\xi \qquad (12\text{-}14)$$

式中，K 为断面系数，与堆积角 θ、带宽 B 有关，其值见表 12-6；C 为倾斜角系数，与输送机的倾斜角 β 有关，其值见表 12-7；ξ 为速度影响系数，其值见表 12-8；Q 为生产率，t/h。

表 12-6 断面系数 K

B/mm	θ									
	15°		20°		25°		30°		35°	
	槽形	平形	槽形	平形	槽形	平形	槽形	平形	槽形	平形
500、600	300	105	320	130	355	170	390	210	420	250
800、1000	335	115	360	145	400	190	435	230	470	270
1200、1400	355	125	380	150	420	200	455	240	500	285

表 12-7 倾斜角系数 C

β	≤6°	8°	10°	12°	14°	16°	18°	20°	22°	24°	25°
C	1	0.96	0.94	0.92	0.90	0.88	0.85	0.81	0.76	0.74	0.72

表 12-8 速度影响系数 ξ

v/(m/s)	≤1.0	1.0~1.6	1.6~2.5	2.5~3.2	3.2~4.5
ξ	1.05	1.0	0.98~0.95	0.94~0.90	0.84~0.80

2. 带速的确定

输送散状物料时，带速的选择决定于物料的特性、带的宽度、输送机的倾斜角以及卸料方法等。一般说来，为了提高生产率应尽量提高输送机的带速。但是，当输送大块石料或粉尘很大的物料时，带速不宜过大。因为前者会产生冲击，而后者有粉尘飞扬。一般的带速范围见表 12-9。当输送成件物品时，带速应在 $1.25\,m/s$ 以下。

3. 带宽的确定

(1) 输送散状物料时，带宽是根据输送机的生产率和物料的块度来确定的，公式为

$$B = 1000\sqrt{\frac{Q}{K\rho vC\xi}} \qquad (12\text{-}15)$$

按上式求得带宽后，再按物料块度校核带宽值：

对于未选分的物料，

$$B \geqslant 2a_{max} + 200 \qquad (12\text{-}16)$$

对于已选分的物料，

$$B \geqslant 3.3a' + 200 \qquad (12\text{-}17)$$

式中，B 为带宽，mm；a_{max} 为物料的最大块度，mm；a' 为物料的平均块度，mm。

不同带宽推荐输送的物料最大块度见表 12-10。

表 12-9　输送散状物料时带速选择　　　　　　　　　　　　　单位：m/s

物料性质	带宽 *B*/mm		
	500、650	800、1000	1200、1400
无磨琢性或磨琢性小的物料(煤、砂)	0.8~2.5	1.0~3.15	1.0~4.0
有磨琢性的中小块物料(碎石、炉渣)	0.8~2.0	1.0~2.5	1.0~3.15
有磨琢性的大块物料(大块石料)	0.8~1.6	1.2~2.0	1.0~2.5

注：(1) 较长的水平输送机可取较高的带速；输送机倾角愈大，输送距离愈短，则带速应愈低。

(2) 用于带式给料器或输送粉尘很大的物料时，带速应取 0.8~1.0 m/s。

(3) 采用电动卸料小车时，带速不宜超过 2.5~3.15 m/s；采用犁式卸料器时，带速不宜超过 0.2 m/s。

表 12-10　不同带宽推荐输送最大块度

带宽 *B*/mm		500	650	800	1000
块度/mm	筛分过	100	100	180	250
	未筛分	150	200	300	400

(2) 输送成件物品时，带宽应比物料的横向尺寸大 50~100 mm，物件在输送带上的单位面积压力小于 5 kPa。

4. 张力计算

欲计算胶带输送机的功率，必须先确定作用于传动滚筒上的圆周力。如前所述，圆周力为传动滚筒趋入点张力与奔离点张力之差，即 $P_y = S_a - S_1$。因此，下面先讨论张力的计算。

输送带的张力一般是利用所谓逐点计算法来确定的。如图 12-11(a) 所示，将整个输送机的轮廓划分为若干相间的直线段和曲线段，段与段的连接点依次标以一定的号码，然后从传动滚筒上奔离点的输送带张力 S_1 开始，沿输送带运行方向进行计算。任一点的张力等于前一点的张力和该两点间阻力之和，即

$$S_i = S_{i-1} + W_{(i-1)\sim i} \qquad (12\text{-}18)$$

式中，S_{i-1}，S_i 分别为点 $i-1$ 及点 i 的张力；$W_{(i-1)\sim i}$ 为点 $i-1$ 至点 i 间区段的阻力。

输送带的运行阻力主要可分为三部分：直线区段上的运行阻力、绕过改向装置时的运行阻力以及装料和卸料处所引起的局部阻力。

1) 直线区段上的运行阻力

在输送机的直线区段上，当输送带在托辊上运动时，由于物料质量与胶带、托辊自重产生的压力，在托辊轴承处产生摩擦力；而物料与胶带本身的质量在向上输送时也形成阻力，

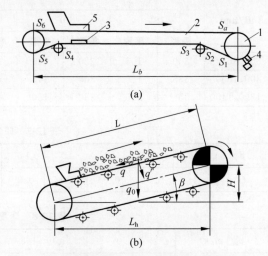

1—驱动滚筒；2—胶带；3—空段清扫器；
4—弹簧清扫器；5—导料栏板。

图 12-11　计算简图
(a) 逐点法张力计算简图；(b) 带式输送机计算简图

因此直线区段的运行阻力可计算如下，计算简图见图 12-11(b)。

承载段：

$$W = g(q + q_0 + q')L_h\omega' \pm g(q + q_0)H \qquad (12\text{-}19)$$

向上输送时取"＋"号，向下输送时取"－"号。

空载段：

$$W_0 = g(q_0 + q'')L_h\omega'' \mp gq_0 H \qquad (12\text{-}20)$$

向上输送时取"－"号，向下输送时取"＋"号。

以上两式中：L_h 为两滚筒轴线间水平距离；g 为重力加速度，9.8 m/s^2；q 为输送带每米长度上的物料质量，kg/m，$q = Q/3.6v$；q_0 为每米长度上胶带的质量，kg/m；q' 为输送机每米长度上托辊转动部分的质量，kg/m，可查有关手册；ω' 为槽形托辊的阻力系数，采用滚动轴承时其值见表 12-11；q'' 为每米长度下托辊转动部分的质量，kg/m，可查有关手册；ω'' 为平形托辊的阻力系数，采用滚动轴承时其值见表 12-11。

表 12-11　托辊阻力系数 ω'、ω''

工 作 条 件	槽形托辊阻力系数 ω'	平形托辊阻力系数 ω''
清洁、干燥	0.020	0.018
少量灰尘、正常湿度	0.030	0.025
少量灰尘、湿度大	0.040	0.035

2）曲线段上的阻力

当带绕过驱动滚筒时，在计算传动机构的效率时已考虑滚筒轴承的摩擦阻力，而带的僵性阻力可忽略不计。

当带绕过改向滚筒时，其运动阻力由带的僵性阻力与轴承的摩擦阻力组成。改向滚筒阻力系数一般用带的奔离点张力与趋入点张力表示：

$$K' = \frac{S_i}{S_{i-1}} \qquad (12\text{-}21)$$

式中，S_i 为改向滚筒奔离点的张力，N；S_{i-1} 为改向滚筒趋入点的张力，N；K' 为改向滚筒阻力系数，见表 12-12。

表 12-12　改向滚筒阻力系数 K'

带在改向滚筒上的包角 $\alpha/(°)$	≈45	≈90	≈180
改向滚筒阻力系数 K'	1.02	1.03	1.04

3）卸料器的阻力

（1）电动卸料小车的阻力，表达式为

$$S_1 = 1.1S_2 - qgH' \qquad (12\text{-}22)$$

式中，S_1、S_2、H' 见图 12-12，单位 N；H' 的值见表 12-13。

（2）犁式卸料器的阻力，表达式为

$$W_L = \frac{Bqg}{8} + a \qquad (12\text{-}23)$$

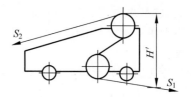

图 12-12　卸料小车计算简图

式中，a 为犁头阻力，N，其值见表 12-13。

表 12-13　H' 及 a 的值

带宽 B/mm	500	650	800	1000	1200	1400
卸料高度 H' /mm	1700	1800	1040	2120	2370	2620
犁头阻力 a/N	250	300	350	600	700	—

4）清扫器的阻力

（1）弹簧清扫器，其阻力一般可取为

$$W_a = (700 \sim 1000)B \qquad (12\text{-}24)$$

W_a 为弹簧清扫器阻力，N。

（2）空段清扫器，其阻力可取为

$$W_a' = 200B \qquad (12\text{-}25)$$

式中，B 为带宽，m；W_a' 为空段清扫器阻力，N。

5）导料栏板阻力

导料栏板阻力的表达式为

$$W_d = (16B^2 \rho g + 70)l \qquad (12\text{-}26)$$

式中，l 为导料栏板长度，m；ρ 为物料容积密度，t/m^3；g 为重力加速度，9.8 m/s；B 为带宽，m；W_d 为导料栏板阻力，N。

6）进料口物料加速阻力

进料口物料加速阻力的表达式为

$$W_m = \frac{qv^2}{2} \qquad (12\text{-}27)$$

式中，v 为带速，m/s；q 为胶带每米长度上的物料质量，kg/m。

由上述可知，利用张力逐点计算法最后可得到传动滚筒趋入点输送带张力 S_n 与奔离点输送带张力 S_1 之间的函数关系式为

$$S_n = f(S_1) \qquad (12\text{-}28)$$

式中 S_n、S_1 均为未知数。

另一方面，为了保证输送带不打滑，还应满足如下条件

$$S_n \leqslant S_1 e^{\mu a} \qquad (12\text{-}29)$$

5．带强度验算

计算出带的最大张力 S_n（即 S_{max}）后，结合

相关公式,就可求得所需的帆布层数,只要所选的胶带的帆布层数大于计算值,就能保证胶带的强度。

此外还必须验算承载段两托辊间胶带的挠度(下垂度)是否过大,要保证带的实际倾角不超过允许值。通常最大挠度产生在承载段最小张力处。散状物料和胶带的质量可以认为是均布的,若托辊的间距为 L_0(m),则最大挠度为

$$f_{max} = \frac{g(q + q_0)L_0^2}{8S_{min}} \qquad (12\text{-}30)$$

带的允许挠度通常取为 $f_{max} = 0.025L_0$。

6. 计算拉紧装置的拉紧力

在验算带的强度和垂度后,即可计算拉紧装置的拉紧力以确定重锤的质量。拉紧力 P_e 应等于张紧滚筒上带的趋入点张力 $S_\text{入}$ 和奔离点张力 $S_\text{出}$ 之和,即

$$P_e = S_\text{入} + S_\text{出} \qquad (12\text{-}31)$$

(1)当选用车式拉紧装置时,所需重锤质量为

$$G = \frac{P_e/g + 0.04G_k\cos\beta - G_k\sin\beta}{\eta_1^n} \qquad (12\text{-}32)$$

式中,G_k 为车式拉紧装置(包括改向滚筒)的质量,kg;β 为输送机的尾架倾角,(°);η_1 为拉紧绳的滑轮效率,一般取 $\eta_1 = 0.903$;n 为滑轮的数目。

(2)选用垂直式拉紧装置时,所需重锤的质量为

$$G = \frac{P_e}{g} - G'_x \qquad (12\text{-}33)$$

式中,G'_x 为垂直式拉紧装置(包括改向滚筒)的质量,kg。

7. 功率计算

为了确定电动机的功率,必须先算出驱动滚筒上的牵引力,公式为

$$P_y = S_n - S_1 \qquad (12\text{-}34)$$

若带的速度为 v(m/s),则驱动滚筒所需要的功率(单位为 kW)为

$$N = \frac{P_y v}{1000} \qquad (12\text{-}35)$$

电动机的功率(kW)为

$$N = \frac{KN_0}{\eta} \qquad (12\text{-}36)$$

式中,K 为满载起动系数,对 JO2 型电动机取 $K = 1.4$,对 JO3 型电动机及采用液力联轴器的驱动装置取 $K = 1.0$;η 为驱动机构的效率(包括驱动滚筒的轴承效率),一般对光面滚筒取 $\eta = 0.88$,对胶面滚筒取 $\eta = 0.90$。

目前在设计中,除了对于较长的输送机利用逐点法以外,常采用简易计算法。由于考虑了许多实际使用的因素,故简易计算法的计算结果接近于实际情况。

驱动滚筒轴的功率为

$$N_0 = (K_1 L_h v + K_2 Q L_h \pm 0.000\,273QH)K_3 \qquad (12\text{-}37)$$

式中,$K_1 L_h v$ 为输送带及托辊转动部分运转功率,kW;$K_2 Q L_h$ 为物料水平输送功率,kW;$0.000\,273QH$ 为物料垂直提升功率,kW,向上输送时取正号,向下输送时取负号;Q 为物料输送量(生产率),t/h;K_1 为空载运行功率系数,见表 12-14;K_2 为物料水平运行功率系数,见表 12-14;K_3 为附加功率系数,见表 12-15;N_0 为驱动滚筒轴功率,kW。

表 12-14　K_1、K_2 的取值

工作条件		清洁、干燥		少量灰尘、正常温度		大量灰尘、湿度大	
		平形	槽形	平形	槽形	平形	槽形
托辊阻力系数 ω'		0.018	0.020	0.025	0.030	0.035	0.040
K_1	带宽 B/mm 500	0.0061	0.0067	0.0084	0.0100	0.0117	0.0134
	650	0.0074	0.0082	0.0103	0.0124	0.0144	0.0165
	800	0.0100	0.0110	0.0137	0.0165	0.0192	0.0220
	1000	0.0138	0.0153	0.0191	0.0229	0.0267	0.0306
K_2		4.91×10^{-6}	5.45×10^{-6}	6.82×10^{-6}	8.17×10^{-6}	9.55×10^{-6}	10.89×10^{-6}

表 12-15　附加功率系数 K_3

β	L_h								
	15	30	45	60	100	150	200	300	>300
0°	2.80	2.10	1.80	1.60	1.55	1.50	1.40	1.30	1.20
6°	1.70	1.40	1.30	1.25	1.25	1.20	1.20	1.15	1.15
12°	1.45	1.25	1.25	1.25	1.20	1.15	1.15	1.14	1.14
20°	1.30	1.20	1.15	1.15	1.15	1.13	1.13	1.10	1.10

注：系数 K_3 值与输送机水平投影长度 L_h、倾角 β、物料容积密度 ρ 及托辊阻力系数有关，K_3 是在考虑有一个空段清扫器、一个弹簧清扫器、一个 3 m 长的导料栏板及物料加速阻力等因素情况下的取值，但未考虑卸料装置的附加功率。

8．制动力计算

在倾斜布置的输送机中是否需要设置制动装置应经计算确定。使带下滑的力是承载段的向下分力 S'（单位为 N），表示为

$$S' = g(q + q_0)H \tag{12-38}$$

而阻止带下滑的阻力为运输机全线路的各线段阻力之和（单位为 N），表示为

$$S'' = g(q + q_0 + q')L_h\omega' + g(q_0 + q'')L_h\omega'' + q_0 gH \tag{12-39}$$

其他布置形式的倾斜输送机的 S' 和 S'' 视具体布置而定。

如果 $S' > S''$，则驱动滚筒上所需的制动圆周力（单位为 N）为

$$P_制 = 1.5 \times (S' - S'') \tag{12-40}$$

12.5.3　相关技术标准

皮带输送机相关技术标准如下：

（1）《带式输送机》（GB/T 10595）

该标准规定了带式输送机（以下简称输送机）的基本参数、技术要求、试验方法、检验规则、标志、包装和储存，适用于输送各种块状、粒状等松散物料以及成件物品的输送机。有特殊要求和特殊型式的输送机，其通用部分亦

可参照使用。

（2）《带式输送机　基本参数与尺寸》（GB 987）

该标准规定了带式输送机的带宽、名义带速、滚筒直径、托辊直径等，适用于输送散状物料或成件物品的带式输送机。

（3）《带式输送机　安全规范》（GB 14784）

该标准规定了带式输送机在设计、制造、安装、使用、维护等方面最基本的安全要求。适用于输送各种块状、粒状等松散物料以及成件物品的输送机。

12.6　节距式输送机

12.6.1　典型设备结构原理与技术性能

1．节距式输送机结构原理

节距式输送机是将托板按节距运送至下一工位的输送装置。一般用于小型混凝土制品生产线。节距式输送机的结构如图 12-13 所示。

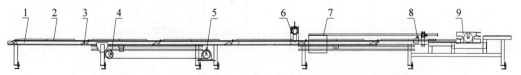

1—主机架总成；2—托砖板；3—送板框总成；4—从动轮总成；5—减速机总成；
6—滚刷总成；7—送板框推板组件；8—压轮组件；9—翻板装置组件。

图 12-13　节距式输送机的结构

2．节距式输送机系统组成

节距式输送机由主机架总成、送板框总成、从动轮总成、减速机总成、滚刷总成、送板框推板组件、压轮组件和翻板装置组件等部分组成。

节距式输送机驱动装置由电动机、减速器、传动装置及主动链轮装置等组成。动力是由驱动装置通过链条传给送板框，进而送板框上推块带动托砖板和送板框推板组件运行，送板框推板组件把翻板机上的托砖板推送到收板机上。为了适应不同输送速度的需要，可通过改变传动链轮的齿数比改变送板框的运行速度。

12.6.2 设计计算与选型

节距式输送机的设计计算与选型基本与前面三种类型的输送机类似。

12.7 举升式输送机

1．结构原理

举升式输送机实物如图 12-14 所示，其结构如图 12-15 所示。

2．技术参数与工作原理

图 12-14 所示典型举升式输送机的技术参数如表 12-16 所示。

图 12-14　典型举升式输送机

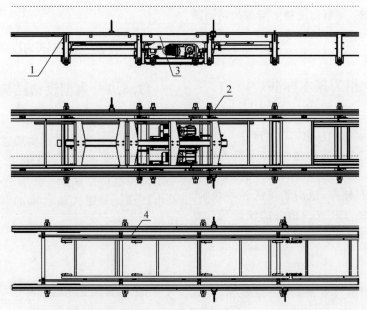

1—固定机架；2—举升活动架段；3—升降机构；4—推爪活动架段。

图 12-15　典型举升式输送机结构图

表 12-16　举升式输送机技术参数

最大输送载荷/kg	升降功率/kW	行走功率/kW	机器自重/kg	步距/mm	工位数/个	外形尺寸/(mm×mm×mm)
12 000	5.5	11	6500	1700	15	24 360×1810×1015

资料来源：托普维克(廊坊)建材机械有限公司。

举升式输送机用于输送托板,托举托板前进,减少托板的磨损,同时降低行走电机功率,最终供生产线完成产品的输送、整理、码垛,托板运送等工序。

举升式输送机由固定机架、举升活动架、推爪活动架和升降机构组成。其工作原理为:托板前进时,升降电机驱动曲臂升降机构,使升降活动架被托举一定高度,然后行走电机驱动活动架前进;托板前进至推爪活动段时,托板则在固定架上面靠推爪推动与固定架耐磨板摩擦推动向前运动。

12.8　设备安装及使用要求

12.8.1　安装

皮带输送机的安装一般按下列要求进行。

安装皮带输送机的机架时是从头架开始的,然后依次安装各节中间架,最后装设尾架。在安装机架之前,首先要在输送机端头中心位置沿全长拉引一条中心线,因保持输送机的中心线在同一直线上是输送带正常运行的重要条件,所以在安装各节机架时必须对准中心线,同时也要搭架子找平,机架对中心线的允许误差,每米机长为±0.1 mm。但在输送机全长上对机架中心线的误差不得超过35 mm。当全部单节安设并找准之后,可将各单节连接起来。

安装驱动装置时,必须注意使皮带输送机的传动轴与皮带输送机的中心线垂直,使驱动滚筒的宽度的中线与输送机的中心线重合,减速器的轴线与传动轴线平行。同时,所有轴和滚筒都应找平。轴的水平误差,根据输送机的宽窄,允许在0.5～1.5 mm的范围内。在安装驱动装置的同时,可以安装尾轮等拉紧装置,拉紧装置的滚筒轴线应与皮带输送机的中心线垂直。

托辊在机架、传动装置和拉紧装置安装之后安装,可以安装上下托辊的托辊架,使输送带具有缓慢变向的弯弧,弯转段的托辊架间距为正常托辊架间距的1/2～1/3。托辊安装后,应使其回转灵活轻快。

皮带输送机的最后找准是为保证输送带始终在托辊和滚筒的中心线上运行。安装托辊、机架和滚筒时,必须满足下列要求:

(1) 所有托辊必须排成行、互相平行,并保持横向水平。

(2) 所有的滚筒排成行,互相平行。

(3) 支承结构架必须呈直线,并且保持横向水平。为此,在驱动滚筒及托辊架安装以后,应该对输送机的中心线和水平作最后找正。

然后将机架固定在基础上。皮带输送机固定之后,可安装给料和卸料装置。挂设输送带时,先将输送带带条铺在空载段的托辊上,围抱驱动滚筒之后,再敷在重载段的托辊上。挂设带条可使用0.5～1.5 t的手摇绞车。在拉紧带条进行连接时,应将拉紧装置的滚筒移到极限位置,对小车及螺旋式拉紧装置要向传动装置方向拉移;而垂直式拉紧装置要使滚筒移到最上方。在拉紧输送带以前,应安装好减速器和电动机,倾斜式输送机要装好制动装置。

皮带输送机安装后需要进行空转试机。在空转试机过程中,要注意输送带运行时有无跑偏现象,以及驱动部分的运转温度、托辊运转中的活动情况、清扫装置和导料板与输送带表面的接触严密程度等,同时要进行必要的调整,各部件都正常后才可以进行带负载运转试机。如果采用螺旋式拉紧装置,在带负荷运转试机时,还要对其松紧度再进行一次调整。

12.8.2 使用与维护

1. 使用

输送机一般应在空载的条件下启动。在顺次安装有数台皮带输送机时,应采用可以闭锁的启动装置,以便通过集控室按一定顺序启动和停机。除此之外,为防止突发事故,每台输送机还应在就地位置设置急停装置,可以单独停止任意一台。为了防止输送带由于某种原因而被纵向撕裂,当输送机长度超过 30 m 时,沿着输送机全长应间隔一定距离(如 25～30 m)安装一个停机按钮。

2. 维护

为了保证皮带输送机运转可靠,最主要的是及时发现和排除可能发生的故障。为此操作人员必须随时观察运输机的工作情况,如发现异常应及时处理。机械工人应定期巡视和检查任何需要注意的情况或部件,这是很重要的。例如一个托辊,人们觉得它可能不会有多大危险,但输送磨损物料的高速输送带可能很快把它的外壳磨穿,出现一个刀刃,这个刀刃就可能严重地损坏一条价格昂贵的输送带。受过训练的工人或有经验的工作人员能及时发现即将发生的事故,并防患于未然。皮带输送机的输送带在整个输送机成本中占相当大的比重。为了减少更换和维修输送带的费用,必须对操作人员和维修人员进行输送带的运行和维修知识的培训。

3. 输送机使用维护管理的基本要求

(1)皮带输送机在工作过程中应有固定人员看管。看管人员必须具有一般技术常识及对本输送机的性能比较熟悉。

(2)企业对于输送机应制定"设备维护、检修、安全操作规程"以便看管人员遵守。看管人员必须有交接班制度。

(3)向皮带输送机给料应均匀,不得给料过多而使进料漏斗被物料塞满而溢出。

(4)输送机工作过程中,非看管人员不得靠近机器,任何人员不得触摸任何旋转部件。发生故障时,必须立即停止运转,消除故障。如有不易立即消除但对工作无过大影响的缺陷,应作记载,待检修时消除。

(5)看管输送机时,应经常观察各部件的运行情况,检查各处连接螺栓,发现松动及时拧紧。但绝对禁止在输送机运转时对输送机的运转部件进行清扫和修理。

(6)尾部装配的螺旋拉紧装置应调整适宜,保持输送带具有正常工作的拉力。看管人员应经常观察输送带的工作情况,对局部损坏的地方,应视其破损程度(即是否对生产造成影响)而决定是否立即更换或待检修时更换新的。对拆下的输送带应视其磨损程度而另作他用。

(7)日常维护时应观察其工作状态,及时清扫、润滑以及检查调整螺旋拉紧装置等。

(8)皮带输送机一般情况下应在无负荷时起动,在物料卸完后停车。

(9)输送机除在使用过程中保持正常的润滑和拆换个别损坏的零部件外,每工作 6 个月必须全面检修一次。检修时必须消除在使用中及记载的缺陷,拆换损废零部件及更换润滑油等。

(10)企业可根据输送机的工作条件制定检修周期。

12.8.3 常见故障及其处理

输送机种类很多,在此总结 7 种常见的故障及解决方法,见表 12-17。

表 12-17 常见的故障及解决方法

故障现象	故障原因	解决方法
减速机漏油	密封圈损坏、减速机箱体结合面不平、对口螺栓不紧	更换密封圈、拧紧箱体结合面和各轴承盖螺栓

续表

故障现象	故障原因	解决方法
减速机声音异常	轴承及齿轮过度磨损,间隙过大,或螺丝松动	更换轴承,调整间隙或更换整体减速机进行大修
托辊不转	托辊轴承损坏,托辊两侧密封圈进粉尘后堵住不转,使托辊轴受力过大弯曲	更换托辊,修复,减小落货点的高差,或落货点使用防震托辊
皮带跑偏	皮带在运行中有横向力产生。产生横向力的原因有以下几种:输送机装货偏于一侧,而不是装在正中位置;托辊和滚筒安装轴线与输送带中心不垂直;机身钢丝绳高低不一致;输送带接头不正、不直;落料滚筒位置没有调整好;机尾滚筒、导向滚筒没有调整好等	调整时要注意皮带运行方向和跑偏方向,如果皮带向右跑偏,就在皮带开始偏的地方顺着输送带运行的方向移动托辊右轴端,或顺着运行的方向移动托辊左轴端,使托辊左端稍向前倾斜。调整时要多调几个托辊,每个托辊要少调些,调整量过大皮带将会向另一方向跑偏。皮带向左跑偏时调整方法如上所述,只是调整方向相反。如果皮带跑偏发生在导向滚筒、尾滚筒、卸载滚筒,可调整头架、机尾架上的方铁及螺栓,调整前要将滚筒轴两端螺栓放松一些以利于调整,调整后要拧紧,上好跑偏托辊
减速机升温过快	油量过多或过少、散热性能差、减速机被材料埋住	调整油量、清除堆积的材料
皮带不转	皮带张力不够、拉紧装置没有调整好、皮带过长、重载起动、皮带尾堆煤多等	调紧拉紧装置,增加张力等
皮带易断开	皮带张力过大、接头不牢固、皮带扣质量差、皮带使用时间长或维修质量差等	调紧拉紧装置,减少张力,及时更换新皮带,加强维修质量等

第13章

托板转运及清理设备

13.1 概述

13.1.1 定义和功能

1. 定义

托板转运及清理设备包括生产混凝土制品用托板在生产线上的移送及清理设备。其中,托板转运设备是指生产混凝土制品用托板在生产线上的移送设备,包括翻板机、送板机、叠板解板机、升降板机、托板堆垛机、子母车等;托板清理设备是指对混凝土制品生产线用托板进行清刮、清刷等处理的设备,包括刮板机及托板刷等。

2. 功能

托板转运与清理设备是组成混凝土制品生产线的重要部件,用于承载混凝土制品成型的托板通过托板转运设备完成在生产线上的流转,通过清理设备对托板进行维护。

13.1.2 分类

1. 托板转运设备的分类

托板转运设备按照功能可分为翻板机、送板机、叠板解板机、升降板机、托板堆垛机及子母车等几种。其中翻板机、送板机和叠板解板机按照驱动源又可分类如下:

翻板机分为机械翻板机、气动翻板机、液压翻板机等。

送板机分为链条推动送板机、液压推动送板机等。

叠板解板机分为液压叠板解板机、气动叠板解板机、机械叠板解板机等。

2. 托板清理设备的分类

托板清理设备按照其功能可分为托板刷和刮板机等。

13.2 国内外现状与发展趋势

托板转运设备属于输送机的一种,各种现代结构的输送机最早在 19 世纪中叶就相继出现,此后,输送机受到机械制造、电机、化工和冶金工业技术进步的影响,不断成为制造业生产车间内部输送的关键设备,成为各行业物料转运系统机械化、自动化不可或缺的重要组成部分。

托板转运及清理设备大多为工业上通用的附属配套设备,在汽车、化工、钢铁等传统工业中广泛应用,通用性很强,它是随着相关工业的技术进步而发展的。相较于在其他行业的应用,该类设备在混凝土制品机械行业的应用历史相对较短,尤其是翻板机、送板机、升降板机等,是随着环形混凝土制品生产线的诞生才得到应用的。

托板转运及清理设备是随着工业革命的发展而产生的,其在工业各行业都有应用,运用到混凝土制品机械上的时间相对较晚。混凝土制品成型机自美国 BESSER 于 20 世纪初发明以来，到 20 年代开始广泛使用，尤其是第二次世界大战后，涌现了一大批专业制造混凝土制品（砌块）成型机的厂商，主要包括美国的 BESSER、COLUMBIA，德国的 MASA、HESS 等。初始阶段，成型机都是以单机形式出现，人工辅助完成制品生产全过程。随着工业技术的进步，制品的社会需求增大，劳动力成本增加，半自动、全自动的混凝土制品成型机生产线应运而生，各种通用的输送机械被用于混凝土制品生产线。到 20 世纪末，经过近一个世纪的技术进步与革新，欧美全自动混凝土制品生产线已成为技术十分成熟、自动化程度非常高的专业装备，被大量用于世界各地的基本建设领域。

我国的混凝土制品成型设备从简单的振动台开始，到七八十年代，部分企业相继开发制造出混凝土制品成型机单机，这些装备主要依靠人力及简单的运输设备实现物料的流转。到了 90 年代末，半自动、全自动制品生产线逐步成型，形式多样的托板转运设备及清理设备得到了广泛运用。

近年随着我国基本建设规模的扩大，国内混凝土制品机械得到了飞速发展，快速高效智能化的托板转运设备及清理设备被逐步开发出来，为制品生产线整体技术水平提升起到了极大的推进作用。

13.3　翻板机

13.3.1　典型设备功能与结构组成

1. 设备功能

翻板机是将移去制品后的托板翻转一定角度的机械设备。翻板机用于将水平状态的托板翻转相应的角度，然后辅助装置（送板机）将托板运送至下一工位，翻板机复位。托板翻转的目的是将托板的两面交替使用，以延长托板的使用寿命。

2. 结构组成

典型的转盘式翻板机主要由机架、驱动系统（电动或液压驱动）、支撑架、抓板转盘等构成，如图 13-1 所示，其结构如图 13-2 所示。

图 13-1　典型的转盘式翻板机实物图

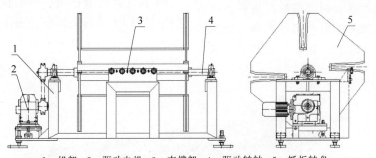

1—机架；2—驱动电机；3—支撑架；4—驱动转轴；5—抓板转盘。

图 13-2　典型的转盘式翻板机结构图

13.3.2　典型设备性能参数

典型的转盘式翻板机性能参数如表 13-1 所示。

液压驱动转盘式翻板机与电驱动翻板机的驱动方式不同，但其结构原理相同（结构图略）。液压驱动转盘式翻板机的技术参数如表 13-2 所示。

表 13-1　液压翻板机性能参数

参　数	数　值	参　数	数　值
有效翻转角度/(°)	90	功率/kW	0.75
旋转速度/(r/min)	7.26	每次翻板数量/板	1

资料来源：福建鸿益机械有限公司。

表 13-2　液压驱动转盘式翻板机技术参数

参数及项目	数值及形式	参数及项目	数值及形式
型号	FB2.5-Y	液压系统压力/MPa	0～10
最大承重/t	2.5	台面大小/(mm×mm)	810×810
油缸推力/kN	3×2(总6)	操作方式	线控(5 m)手动按钮操作
泵站电机功率/kW	2.2	最大翻转角度/(°)	180
油箱容量/L	60	机器自重/t	2.5
油缸缸径/mm	ϕ100,2套；ϕ63,1套	电源电压	三相四线 380 V　50 Hz
油缸行程/mm	500	导轨润滑方式	手摇润滑泵
翻转速度/((°)/s)	0～50	设备外形尺寸/(mm×mm×mm)	2500×1200×1300
传动方式	液压式		

资料来源：福建鸿益机械有限公司。

13.4　送板机

13.4.1　典型设备功能与结构组成

1. 设备功能

送板机是将移去制品后的托板自动送回混凝土制品成型主机内的机械设备。送板机用于向成型主机输送空托板，以保持生产线连续运转。

2. 结构组成

送板机主要由机架、驱动电机、托板仓、推板机构等组成。送板机与成型主机相连，产品托板由馈板线推板机构推送至托板仓内，一般托板仓内可储存多块托板，送板机依成型主机节拍，依次将托板推送一个板位，直至推入成型主机内，模具阴模落在托板上，进入制品成型工序。典型送板机实物图如图 13-3 所示，典型送板机结构如图 13-4 所示。

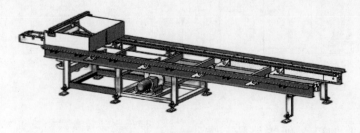

图 13-3　典型送板机实物图

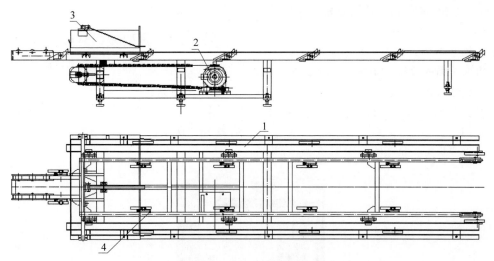

1—机架；2—驱动电机；3—托板仓；4—推送机构。

图13-4　典型送板机结构图

13.4.2　典型设备性能参数

典型的送板机性能参数如表13-3所示。

表13-3　送板机性能参数

参数及项目	数值及形式
主机驱动方式	电机驱动
送板油缸行程/mm	850
托板尺寸/(mm×mm×mm)	880×680×25
外形尺寸/(mm×mm×mm)	4460×916×920

资料来源：福建鸿益机械有限公司。

13.5　叠板解板机

13.5.1　典型设备功能与结构组成

1. 设备功能

叠板解板机是叠板机与解板机的统称，两种设备结构组成一致，分别用于生产线不同工序段。叠板解板机一般应用于简易混凝土制品生产线中。

叠板机是将托板及其上的未养护制品逐板提升并叠放成多层板的垛，便于转移到养护区域的设备。叠板机的结构组成包括机架、轨道、提升机构等。

解板机是用于将养护完的带制品的托板垛按层依次放于节距输送机上，便于下一步码垛作业的设备。解板机一般与码垛机相连接。

2. 结构组成

叠板解板机是混凝土制品生产线的配套设备，主要由机架、提升机构、行走机构、轨道及设置于机架内的放板架和可移动托架等装置组成。其结构包括水平布置的滑轨和连接在滑轨上的支架，支架上连接有升降架，且支架上设置有用于驱动支架在滑轨上滑动的行走电机和用于驱动升降架上下滑动的提升电机；升降架的两侧分别设置有夹紧装置，夹紧装置包括上端传动连接在升降架上的活动架和缸体固定连接在升降架上的夹紧气缸，夹紧气缸的活塞杆在活动架的中部位置与活动架传动连接，活动架的下端设置有卡爪。在支架的两侧分别设置有导轨，升降架的两侧分别设置有与导轨配合的导轮。在支架的上端设置有与提升电机传动连接的第一主动轴，第一主动轴上传动连接有第一主动链轮，支架的下端设置有第一从动链轮，第一主动链轮和第一从动链轮之间绕设有第一链条，升降架与第一链条固定连接。支架的上端还设置有与行走电机传动连接的第二主动轴，第二主动轴上传动连接有第二主动链轮，支架的下端设置有与滑轨配合的滑轮，滑轮上传动连接有第二从动链轮,第二主动链轮和第二从动链轮之间绕设有第二链条。

两侧升降架之间形成可托载沿平行于两托架方向排列的单排或多排成品托板的空间,以便设备逐板叠解,这个空间的长度一般为双排成品托板的长度。解板机入口处通常设有引导机构。

典型叠板解板机实物如图 13-5 所示,其结构如图 13-6 所示。

13.5.2 典型叠板解板机性能参数与工作原理

1. 性能参数

图 13-5 所示的典型叠板解板机性能参数如表 13-4 所示。

图 13-5 典型双板位叠板解板机实物图

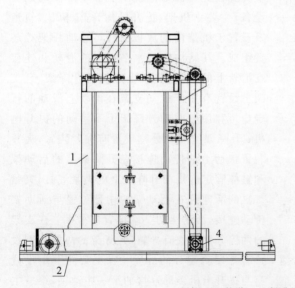
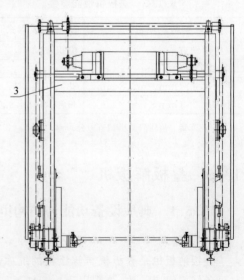

1—机架;2—轨道;3—提升机构;4—行走机构。

图 13-6 典型叠板解板机结构图

表 13-4 典型叠板解板机技术参数

参数及项目	数值及形式	参数及项目	数值及形式
工作方式	机械式	机器质量/kg	2000
功率/kW	4.4	外形尺寸/(mm×mm×mm)	2360×1590×2160

资料来源:福建鸿益机械有限公司。

2．工作原理

在简易生产线上，停留在送砖机滚轮上的带托板制品由叠板机的托架或棘爪提升至上位，然后移到马腿上方，托架或棘爪下降，把带托板制品码放在马腿上后，托架或棘爪继续下降到下位，然后，托架或棘爪移至送砖机的滚轮下方，等下一板制品的到来。待堆垛在马腿上的板数达到足够数量后，叉车把成垛的带托板制品取出并送养护区养护。

解板机和叠板机的结构相同，其工作过程与叠板机相反。解板机用于把成垛的养护完的带托板制品逐一放到输送机上进行码垛，码垛机将混凝土制品移出托板，解板机将空出的托板码放成托板垛。

13.6　升板降板机

13.6.1　典型设备功能与结构组成

升板降板机是升板机和降板机的统称。升板机与降板机的结构一致，工作方向相反，一般用于环形混凝土制品生产线。

1．设备功能

混凝土制品生产线上，升板机用于接取载有湿产品的托板，按等高间距将其提升至额定层数，以便子母车叉取运至养护窑内养护。

降板机用于接取子母车送来的载有成品的托板，将托板分层降至纵向节距输送机上，托板在输送机上运行至码垛机进行码垛。

2．结构组成

升板降板机由机架、提升装置、驱动装置、同步装置、托板托架组成。机架用坚固的型钢焊接而成；提升装置由电机链轮组、起重链轮组和重型滚子链组成；驱动装置由两台装有抱闸的电机减速机组组成，两台电机尾部用弹性联轴器连接，保证提升过程的同步平稳运行，能够适应频繁的启停及持续带载状态；提升装置的起重链条上按照设计的层间距安装托架，用于最终托载托板升高或降低到预定层数；托板托架本身均设计成能进行托板对中的弯角结构，避免托板在转运过程中与其他设备或养护窑碰撞。升板降板机由位置开关和光控限位

开关实现控制和监测。升板机入板方向及两侧、降板机出板方向及两侧装有安全护栏。

升板降板机实物如图13-7所示，其结构如图13-8所示。

图13-7　典型升板降板机实物图

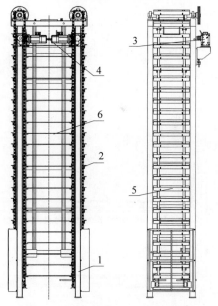

1—机架；2—提升装置；3—驱动电机；
4—同步机构；5—托架；6—产品托板。

图13-8　典型升板降板机结构图

13.6.2　典型升板降板机性能参数

图13-7所示典型升板降板机的性能参数如表13-5所示。

表 13-5 升板降板机性能参数

机　　型	层数	层间距/mm	托板容量/块	承载能力/t
RH2000	22	350	22	15
RH1400，	18	350	18	15
RH1500	12	400	24	15
RH510	10	400	20	10
RH500	10	400	20	7

资料来源：托普维克(廊坊)建材机械有限公司。

13.7 刮板机

13.7.1 典型设备功能与结构组成

1. 设备功能

刮板机是混凝土制品生产线上用于清除托板上粘连、掉落的残余物的设备。刮板机上一般装有气动刮板。

2. 结构组成

刮板机由机架、摆动装置和刮板组成，一般由气动驱动。机架由型材焊接而成，摆动装置以轴承为转轴安装在机架上，气动驱动摆动装置使刮板提升或下降。设备整体安装在生产线的节距式输送机上，当托板从该机下通过时，刮板下降，与托板上表面接触，从而将托板上的残留物刮除。通常在节距式输送机的刮板机位置下部设置废料收集装置。

刮板机实物如图 13-9 所示，其结构如图 13-10 所示。

13.7.2 典型设备性能参数

图 13-9 所示典型刮板机的性能参数如表 13-6 所示。

图 13-9 典型刮板机实物图

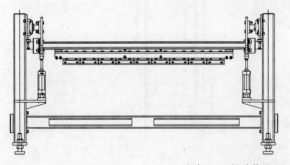

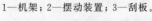

1—机架；2—摆动装置；3—刮板。

图 13-10 典型刮板机结构图

表 13-6 刮板机性能参数

参数及项目	数值及形式	参数及项目	数值及形式
驱动形式	气动	设备质量/kg	350
适合托板宽度/mm	1400	外形尺寸/(mm×mm×mm)	2180×1040×1130

资料来源：托普维克(廊坊)建材机械有限公司。

13.8 托板刷

13.8.1 典型设备功能和结构组成

1. 设备功能

托板刷是用于对托板表面进行清扫的设备。

2. 结构组成

托板刷由机架、驱动电机、滚刷和废料托盘组成。机架由型材焊接而成,高度依托板厚度和输送机高度进行调整,由减速机电机驱动滚刷旋转,当托板从该机器下方通过时,电机启动带动辊刷旋转,从而托板得到清扫,当辊刷被磨损后,定期调节机器高度,设备可继续工作,以保证清扫效果,扫落的废料落入置于托板刷下方的废料托盘中,应定期清理。托板刷也可设计为无动力驱动形式。

托板刷实物如图13-11所示,其结构如图13-12所示。

13.8.2 典型设备性能参数

图13-11所示典型托板刷的性能参数如表13-7所示。

图 13-11　典型托板刷

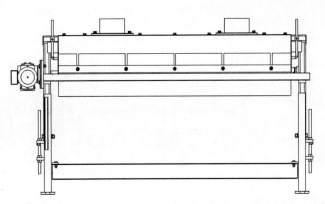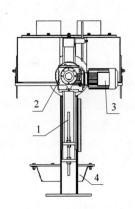

1—机架；2—辊刷；3—驱动电机；4—接渣盘。

图 13-12　典型托板刷结构图

表 13-7　托板刷性能参数

参数及项目	数值及形式
驱动形式	电动
适合托板宽度/mm	1400
功率/kW	0.75
设备质量/kg	450
外形尺寸/(mm×mm×mm)	2200×790×1140

资料来源：托普维克(廊坊)建材机械有限公司。

13.9 托板堆垛机

13.9.1 典型设备功能与结构组成

1. 设备功能

托板堆垛机是环形混凝土制品生产线上用于托板转运、码垛的设备。当成型机端生产速度高于码垛端的码垛速度时,就会造成成型机短时缺板,造成停滞等板。托板堆垛机则可以解决此问题。当成型机将要等板时,托板堆垛机及时从托板缓存仓中抓取托板,为馈板线补充托板;当码垛端的码垛速度高于主机端的生产速度时,码垛端的托板堆积,影响码垛速度,造成生产线停滞,此时托板堆垛机将多余的托板码垛到托板缓存仓中,确保码垛机能正常运行。

托板堆垛机可以很好地调节成型机侧与码垛机侧的运行效率,也可满足成型机侧和码垛机侧单循环工作。

2. 结构组成

托板堆垛机由机架、行走机构、提升机构和磁力吸具组成。采用龙门型支撑结构,其横跨于托板缓存仓和横向节距输送机上,通过磁力吸盘抓取设备上的钢托板(每次抓取 1 片),使托板在两台设备之间进行转运,以实现短时间内多余托板的存储和托板不足时的供给,以更好地调节成型机侧与码垛机侧的运行效率。

托板码垛时,磁力吸具从馈板线上吸起托板,提升并行走到托板缓存仓上方,下降并释放托板,反复运行,从而实现托板的码垛。当托板拆垛时,执行相反动作,将成垛的托板拆垛并放到横向节距输送机上。采用磁力吸具的托板堆垛机只适用于钢托板的生产线,木质托板或复合托板的生产线需选用抱夹等其他夹具完成托板的抓取。

托板堆垛机实物如图 13-13 所示,其结构如图 13-14 所示。

13.9.2 典型设备性能参数

图 13-13 所示典型托板堆垛机的性能参数

图 13-13 典型托板堆垛机

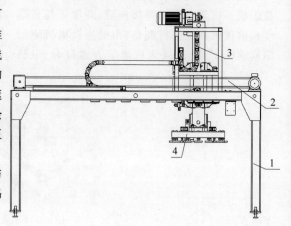

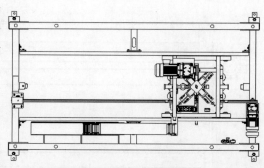

1—机架;2—行走装置;3—提升装置;4—磁力吸具。

图 13-14 典型托板堆垛机结构图

如表 13-8 所示。

表 13-8 托板堆垛机性能参数

参数及项目	数值及类别
适合托板	钢托板
最大载荷/kg	300
功率/kW	4.1
设备质量/kg	2100
外形尺寸/(mm×mm×mm)	4000×2200×3200

资料来源:托普维克(廊坊)建材机械有限公司。

13.10 子母车

13.10.1 典型设备功能与结构组成

1. 设备功能

子母车是环形生产线上用于从升板机上取出带制品托板送至养护窑及从养护窑中取出托板送入降板机的设备,也称作窑车。

从升板机上取出的托板上带有刚生产出来未经养护的产品也称湿产品,从养护窑中取出的托板上带有养护完成的产品也称干产品。

有时在设备检修时,子母车也会空板运转。

2. 结构组成

子母车分子车与母车两部分,由驱动装置、液压站、线缆卷筒、顶升油缸、挡辊、叉齿等部件组成。子车分别在升板机、降板机、养护窑间完成叉接取放托板的工作,母车则用来转接子车在升板机、降板机、养护窑之间来回移动。当养护窑窑口方向与升板降板机相对时,子车具备旋转功能,从升板机取出托板后子车旋转180°,将托板送入养护窑,取出托板后同样需要旋转180°,方可将托板送入降板机。图 13-15 所示为子母车实物图,图 13-16 所示为典型的子母车结构图。

图 13-15　子母车实物图

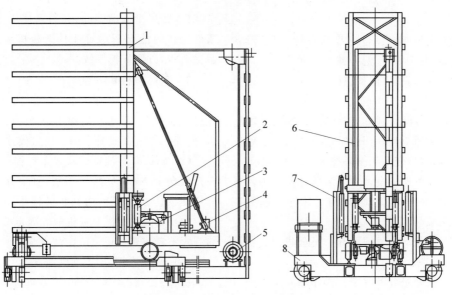

1—叉齿;2—顶升油缸;3—驱动装置;4—液压站;5—线缆卷筒;6—子车;7—挡辊;8—母车。

图 13-16　典型的子母车结构图

13.10.2 典型设备性能参数

ZMC2000 子母车的性能参数如表 13-9 所示。

表 13-9 ZMC2000 子母车性能参数

参　　数	数　　值
额定载重量/t	14
总容板数/个	22
层间距/mm	350
每层板数/个	1
层数/层	22
液压系统压力/MPa	16
液压系统流量/(L/min)	11.8
整机功率/kW	26
整机自重/t	13.4

资料来源：托普维克(廊坊)建材机械有限公司。

13.11 相关技术要求

目前,相关托板转运及清理设备一般遵循下列技术要求：

(1) 设备设计符合人机原理,操作方便安全,最大限度减少工艺动作、降低劳动强度且不会对操作人员个人身体条件提出高于正常的要求。

(2) 充分考虑设备可靠性设计,保证设备运行稳定,故障率低,易于维修维护。

(3) 设备安装、调整、移位方便可靠。不得出现因结构不合理引起的变形或破坏。

(4) 设备设计制造充分考虑产品质量的稳定性和品种适应性,有开放性结构,方便后续产品的品种、型号变换和设备技术的升级换代。

(5) 设备整体设计和安装质量符合国家有关规范,设备外形美观,结构工艺性合理并按规范工艺安装到位。

(6) 设备动作灵敏可靠;安全防护装置设计周到,防护合理。

(7) 设计充分考虑工艺操作和安全生产所需要的分别控制、启停、急停、联动、产品保护等,保证生产连续、流畅、均衡进行,减少设备

急开紧停、系统等待等原因引发的效率损失。

(8) 设备运行过程中无异常声音和振动,温升符合标准,液压系统压力在允许范围之内。

(9) 润滑装置以及气、油等过滤装置齐全,能耗正常。

(10) 设备原材料和部件选择优质产品,原材料和部件无设计缺陷,连续 10 万次以上的启停动作不会造成控制失效和过度磨损。

(11) 设备设计应充分考虑部件的标准化和通用性。

13.12 设备安装及使用要求

13.12.1 安装

1. 送板机安装

(1) 首先确定送板方向,一般当成型机、搅拌机一条线安装时采用侧面送板方式,成型机、搅拌机垂直摆放时采用后面送板方式。

(2) 确认布料油缸或其他布料移动机构不在托板仓上方,以免影响下板,如有影响要采取移动板仓、送板机等方式将其移开。

(3) 确认成型机上板机前方固定链轮位置的方管不碰皮带机。

(4) 确认成型机上板机放托板位置有叉车、液压转运车运动空间,并力求使用方便,在条件允许的情况下尽可能让上板机旁边位置留得大些,方便托板摆放。

2. 叠板解板机安装

(1) 首先确定送板方向,一般当成型机、搅拌机一条线安装时采用侧面送板方式,成型机、搅拌机垂直摆放时采用后面送板方式。

(2) 确认布料油缸或其他布料移动机构不在托板仓上方,以免影响下板,如有影响要采取移动板仓、送板机等方式将其移开。

(3) 确认成型机上板机前方固定链轮位置的方管不碰皮带机。

(4) 确认成型机上板机放托板位置有叉车、液压转运车运动空间,并力求使用方便。在条件允许的情况下尽可能让上板机旁边留有足够的空间,方便托板摆放。

13.12.2　使用与维护

1.使用

叠板解板机工作前：设备工作前检查各开关、按钮、指示灯、安全光电指示灯、各感应开关、工作气压(0.4～0.6 MPa)是否正常,将设备上的一切与生产无关的工具、材料、劳保用品、废料全部清除,检查是否有漏油、漏气,各部位螺栓、螺丝、急停按钮是否正常或锁紧。

工作中：在确认机器无误时,将主控制开关打至 ON 状态,电源指示灯亮,触摸屏启动,触摸屏上操作选择直通模式或叠板模式,选择手动模式,调整轨道,调整叠板间隙保证单块托板送出;如有异常需要调整轨道大小和叠板间隙时,需要手动控制或按下急停开关,调整完毕后重新放置托板自动操作。自动运行中发现双层或多层托板叠放情况,第一时间按下急停开关,机器完全停止并确定安全后将机器内的托板取出,重新检查问题并解决后才能自动操作。

工作后：下班后,开关位置应停止于正常位置,按下触摸屏停止按钮,切断电机电源,将开关切入 OFF 位置,停机后将台面清理干净,并用抹布和吸尘器清理机器内外各部位灰尘或杂物。

设备运行过程中的操作注意事项:

(1)开机时先确认设备前后光电管处有无工件,如有先取出,开机后先确认设备动作是否正确再投入生产。

(2)开机时先确认液压或气动回路工作是否正常,如发现噪声大、油温过高、漏油、线圈有焦煳味时应立即停机检修;当生产线不开动时(超过半小时),应关机使油泵停止工作。

(3)设备发生故障应两人配合进行检查,一人操作一人查看,当检查行程开关及调整设备时,手不能进入夹持器或转动的滚筒范围内。

(4)遇到紧急情况时应立即停止作业,如有人触电立即切断电源,发生工伤事故时应采取紧急措施对伤者进行抢救。

(5)不允许在设备运转时用手去触摸感应器、限位开关,避免当机器出现故障时造成人身安全伤害。不允许在机器正常运行时将身体部位伸入机器动作部位,以免造成叠板夹伤或推刀划伤。不允许私自接线或者动线,进行调试时要按下急停开关,维修时要关闭电源,在作保养或清洁卫生时一定要在停机、停电后方可进行。

2.维护

对维护工人的一般要求如下:

(1)维护人员应了解各种托板转运设备的构造性能,熟悉设备的操作方法,具有一定的安全维修知识,并经考核合格后,方可上岗进行维护。

(2)设备检修后,应对托板转运设备的检修质量进行检查和验收,并按规定签字。

(3)对违章操作现象有权进行监督、制止和指导。如果不听劝阻,应向有关领导反映。

(4)发现设备有异常现象仍继续工作,应及时停车。

3.执行交接班制度

交接程序如下:

(1)交班方必须填好交接班记录表。

(2)交班、接班双方在托板转运设备前当面交接,要求交班方对托板转运设备当班运行情况、工作状况及其他情况向接班方口头说明。

(3)对于重要调整和维修问题,交接班双方必须到达现场,进行实地验收。

(4)接班方对托板转运设备确认后,双方必须在交接班记录表上签字。交接工作必须严肃对待、认真执行;交班方应实事求是说明情况,接班方应查证核实、认真接收。

4.坚持巡检、重点检查和定期检查制度

(1)操作人员在操作时密切注意托板转运设备的运行情况,在交接班或工余时间,操作人员必须对托板转运设备进行巡检、点检。

(2)在进行点巡检时,必须采取可靠措施切断电源,并有专人监护,确保检查人员的人身安全。

(3)在点巡检时,如果需要开动设备,检查人员必须站在安全处,并有专人指挥。

5. 托板转运设备重点检查部位

1) 电机及制动器

(1) 检查电机温度是否过高,如果温度过高,立即报调度室,要求派电工进行检查处理。

(2) 查看电机连接螺栓是否松动,若松动应立即报修。

(3) 抱闸调整不适,过松(闸皮与轮子抱不紧)或过紧(运行时冒烟或运行不稳)均应立即报修,排除潜在的安全隐患。

2) 减速机

(1) 打开减速机正上方两个窥视孔盖,由操作工对翻板机进行360°点动旋转,观察减速机各齿轮状况、各轴承运转情况,若有缺损或异常现象,应立即报机修工处理。

(2) 检查减速机油位是否正常,若油位降至减速机内1/3处以下,则必须加油,如发现漏油也应及时处理。

(3) 检查地脚螺栓是否松动、减速机是否移位,若有异常情况,要及时报修处理,并通知车间主任到现场查看。

3) 传动轴及翻臂轴承座

(1) 检查连接螺栓和地脚螺栓有无松动,轴承座运行时有无摆动现象。

(2) 检查轴承是否缺油或破损,主要看有无异常响声,有无颤动现象。

4) 长短拉杆及撑杆

(1) 检查有无变形和弯曲现象。

(2) 检查调整螺栓有无丝扣损坏和轴向窜动现象;若有异常情况,应及时报机修工,并通报车间主任。

5) 翻臂及关键传动件

经常对翻臂及关键传动件进行检查和维修;对其供油情况,易磨损部位的磨损情况,拖轮有无抱死,螺栓有无松动及其他情况进行登记;并逐一要求机修工整改。

6. 维护检查标准

(1) 螺纹连接,以手锤打不动为正常。

(2) 齿轮的磨损,以齿顶厚度的磨损量不超过原轮厚的1/3为正常,传动平稳,无异常响声为正常。

(3) 轴承工作情况判断。滑动轴承:温度不超过60℃,磨损间隙不大于名义尺寸的(4~4.5)/1000为正常。滚动轴承:温度不超过70℃,运转响声无异常为正常。

(4) 抱闸皮磨损量不大于原闸皮厚度的1/2为正常,凡铆钉露出打火花的闸皮都要重铆或更换。

(5) 抱闸轮壁厚的磨损量不超过原壁厚的1/3,并未发现严重裂纹和掉肉现象为正常。

(6) 电机在以下情况下为正常:直流电机的外壳温度不超过70℃,运转无异常现象;交流电机的外壳温度不超过60℃,运转无异常现象。

(7) 利用油泵集中加油时,每班应加1~2次。间断工作时,在使用前必须加油。加油时,各给油器必须换向。

7. 保养

(1) 每工作8 h宜清理一次。清理前应停机,并断开总电源,然后清理机身污垢,清除废弃物,清扫工作场地。

(2) 每工作60 h后,应检查各紧固件、旋转件是否松动,输送带的张紧程度、机器的磨损以及各旋转件的润滑等情况。

(3) 定期按要求进行润滑。

(4) 每工作240 h后应检查各输送带、皮带工作底板、皮带托槽、轴承等的磨损情况。如有较大磨损,影响板的传送,导致不合格率超出允许范围时,对上述部件应予以调整或更换。

(5) 每工作1800 h后,除检查上述各项外,还应按规定进行润滑,若情况严重则对其进行清洗及更换润滑油。

(6) 每工作一年后要进行整线全面维修,对旋转部件、密封件等应作必要的检测修理或更换,并按要求进行调整,使设备达到正常生产的要求。

13.12.3 常见故障及其处理

1. 翻板机

托板转运设备翻板机常见故障及处理如表13-10所示。

2．叠板解板机

托板转运设备叠板解板机常见故障及处理如表 13-11 所示。

表 13-10　翻板机常见故障及处理

故 障 现 象	故 障 原 因	处 理 方 法
同一个传动主轴上的翻板杆不同步	传动轴上的齿轮联轴器非刚性，有齿侧间隙	将两传动轴上的齿轮联轴器改为刚性联轴器，并注意刚性联轴器的键槽必须成对同时加工，解决齿侧间隙造成的同一传动轴上翻板杆的不同步问题
两侧翻板杆回到初始位置时出现一高一低的现象	连杆的长度和曲柄回转中心的标高失准	重新调整曲柄摇杆机构中连杆的长度和曲柄回转中心的标高，将两翻板杆的初始位置调整为 0°，并解决好位置控制问题
两套传动装置间的传动轴上的联轴器螺栓发生剪断	电动机的容量和关键传动件的强度不合适	将 2 套曲柄摇杆机构同时驱动 1 根传动轴改为由 1 套机构传动，并通过力学分析，适当调整电动机的容量和关键传动件的强度，解决传动干涉问题，并将连杆设计成长度可调式，以弥补制造及安装误差
滑动轴承损坏	轴承选择不合适	将滑动轴承改为剖分式滚动轴承，增加一对大锥角双列圆锥滚子轴承，解决传动轴的轴向定位问题

表 13-11　叠板解板机常见故障及处理

故 障 现 象	故 障 原 因	处 理 方 法
电源开关打开后指示灯不亮	保险丝熔断；紧急开关未打开	更换保险丝；打开紧急开关
行程不准	行程计数器坏；行程计数器灰尘太多	更换行程计数器；清理灰尘
刀撞左侧板	左行程光感开关坏；左行程开关灰尘太多	更换左行程光感开关；清理灰尘
刀撞右侧板	右行程光感开关坏；右行程开关灰尘太多	更换右行程光感开关；清理灰尘
电机转，刀不转	联轴器顶丝松动	打开后壳，顶紧顶丝

第14章

码 垛 机

14.1 概述

14.1.1 定义和功能

1. 定义

码垛机是将混凝土制品有序编组按排列顺序码放到成品托盘上并进行自动堆码的设备,可以沿垂直方向多层堆码,然后推出,便于叉车运至成品堆场储存。码垛机能够替代人工,在自动化生产线中完成把混凝土制品自动码放到托盘的过程。

2. 功能

码垛机主要由机械结构主体、驱动系统、手臂机构、末端执行器(抓手)、末端执行器调节机构以及检测机构组成,按不同的制品、堆垛顺序、层数等要求进行参数设置,实现不同类型的码垛作业。

14.1.2 国内外现状与发展趋势

1. 国外现状与发展趋势

码垛机最早是从欧美发达国家发展起来的,随着机械化水平的提高和产量的不断扩大,传统的人工码垛工序已经无法满足生产需要,为了提高混凝土制品的产量和减少生产线工人数量,码垛机的使用逐步普遍化。20世纪50年代后,英、法、德等发达国家陆续在制品生产线中采用了机械化设备进行码垛,提高了制品产量并减少了码垛所消耗的人工。20世纪60年代,意大利、日本等国相继研制出半自动、全自动码垛机,经过不断改进,已广泛用于石油化工粉粒产品、化肥、粮食、食品、饮料、药品和混凝土制品等的码垛作业。目前欧、美、日的各种码垛机器人在码垛机市场的占有率均超过了90%,绝大多数码垛作业由码垛机器人完成。

2. 国内现状与发展趋势

我国码垛机从20世纪80年代起步,之后逐渐在粮食、油脂加工及混凝土制品等方面得到应用。码垛机根据用途和使用场所不同可分为多种结构形式,随着控制技术的发展,码垛机的功能趋向多样化,应用范围越来越广泛,在医药、混凝土制品成型生产线、食品生产线、铝锭生产线等的码垛和车载自动码垛等领域中发挥重要的作用。在混凝土预制件生产线中,构件本身的尺寸和质量对码垛机的承载能力、安全性能和运行效率方面都提出了更高的要求。相对于码垛机来说机械手是近几年才兴起的,在国外的工业化生产中机械手已经得到广泛应用,在国内由于机械手的技术稳定性以及价格的制约令使用厂家有所顾虑。机械手的优势主要体现为码垛速度调节性大以及码垛变换性强。通过近年的技术升级,机械手的码垛速度已经有了很大的提高。

流混凝土制品成型机大都配置高位码垛机。

下面介绍几种典型码垛机的结构组成、工作原理和性能参数。

14.2 分类

根据生产线整体划分,码垛机可分为在线式码垛机和离线式码垛机。在线式码垛机即码垛机与制品成型机主机通过转运输送等设备在生产工艺上连接到一起,生产时主机与码垛机高效完成工艺上协同作业;离线式码垛机即码垛机与制品成型机主机分开,可不受主机即时生产节拍的限制,完成独立作业功效。

根据生产设备特征划分,码垛机可分为高位码垛机和低位码垛机。高位码垛机一般分为桥式码垛机、坐标式码垛机和关节式码垛机。高位码垛机通过对混凝土制品进行包夹、提升、旋转、行走和码放到木托盘上来完成码垛工作;低位码垛机是通过推送和阻挡装置对混凝土制品定位后,将支撑混凝土制品的钢板抽走,使混凝土制品落到木托盘上来完成码垛工作的码垛机。

高位码垛机一般用于单板或双板成模数的制品生产线,直接进行包夹码垛。低位码垛机更加适用于不成模数的码垛生产线,同时需要其他辅助设备来实现混凝土制品模数的拼凑编组。中大型混凝土制品成型机多使用高位码垛机,以德系制品成型机为代表;而中小型混凝土制品成型机一般使用低位码垛机多一些,以日、美系制品成型机为代表。我国主

14.3 坐标式码垛机

14.3.1 典型设备结构组成和工作原理

圆柱坐标式码垛机也称为码垛机器人(或重载坐标式码垛机器人),适用于重载且工作周期要求严格的工况。相较于关节型码垛机器人其运行轨迹路径规划简单,采用通用控制技术,操作简捷,安全边际稍高,借助于质量对重平衡系统,动力驱动系统更加直接有效,动力引擎能量利用率高,维修成本低。

直角坐标式码垛机器人(X-Y经纬式坐标码垛机)适用于轻载且工作周期相对宽松的工况。以桥式架构为主,运行轨迹可视为平面二维X-Y横纵坐标系运动,直观简洁,全伺服驱动及控制方式,运行平稳,安全边际高,但由于所采用的动力引擎系统配置各自独立,所对应环节较多,维修成本高。

图14-1所示为圆柱坐标式码垛机。

14.3.2 典型设备性能参数

坐标式码垛机的性能参数如表14-1所示。

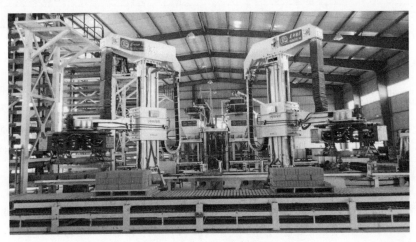

图14-1 圆柱坐标式码垛机

表 14-1　坐标式码垛机性能参数

性能参数	型　号		
	坐标式码垛机 YM RT-600	圆柱坐标式码垛机 Cougar Ⅲ	直角坐标式码垛机 Cougar Ⅱ（AC伺服电机驱动）
控制轴数	4	3	
运动速度 J1	±180°（95°/s）	±180°	
运动速度 J2	−30°～45°（62°/s）		
运动速度 J3	−10°～90°（64°/s）		
运动速度 J4	±180°（99°/s）	±180°	±180°
腕部允许惯量/(kg·m²)	250	300	300
重复精度/mm	±2	±3	±5
码垛块数/(块/次)(块的尺寸：390 mm×190 mm×190 mm)	18	18	18
码垛层数/层	6	6	6
码垛周期/s	12	15	20
提升速度/(m/s)		0.50～0.65	0.50～0.62
码爪组件最大回转半径/mm	2880	1800	
码爪组件有效工作行程/mm			2500
码爪组件最大提升行程/mm		1320	1280
腕部额定载荷/kg	650	1200	1200
动力驱动功率/kW	35（AC伺服电机）	20	24（AC伺服电机）
液压泵功率/kW		7.7（AC伺服电机）	7.7（AC伺服电机）
液压系统压力/MPa		8.5	8.5
外形尺寸/(mm×mm×mm)	2600×1500×2800	3810×1780×4770	5900×2500×4900
安装方式	落地式	落地式	落地式
质量/kg	2800	5800	6200

资料来源：西安银马实业发展有限公司。

14.4　桥式码垛机

14.4.1　典型设备结构组成和工作原理

1. 设备结构组成

桥式码垛机具有高强度、高刚性的机械结构，可轻松搬运超重的物品，同时采用新伺服技术使码垛机的运动更快速、平稳。全速、大负荷工作条件下，依旧可保证±0.5 mm的重复精度。

桥式码垛机是针对精确、高速和重负荷码垛应用而设计的，可应用于各式码垛或拆垛处理系统。实行智能化操作管理，简便、易掌握，可大大地减少劳动人员和降低劳动强度。

在自动生产线上，桥式码垛机下方左侧节距式干品输送机上的带托板混凝土制品由码垛机取走，然后逐一堆垛在右侧的成品链板输送机的成品托板上，堆至设定层数，送入打包工位打包，留在干品输送机上的托板返回供板系统。桥式码垛机如图14-2所示。

(a)

(b)

图 14-2　桥式码垛机

（a）工作场景图；（b）外形图

桥式码垛机的主要组成部分包括机架、行走小车、油缸、升降架总成、行走传动链条、旋转包夹部件和液压站等。桥式码垛机的结构如图 14-3 所示。

1）旋转包夹部件

旋转包夹部件利用液压缸驱动主夹、副夹工作，通过齿轮、齿条保证两端同步，实现对产品的包夹。旋转包夹部件的结构如图 14-4 所示。

2）升降架

升降架的减速机与小齿轮连接，带动回转支撑旋转，回转支撑与旋转部件连接，实现旋转部件的旋转，升降架通过液压缸驱动升降。升降架的结构如图 14-5 所示。

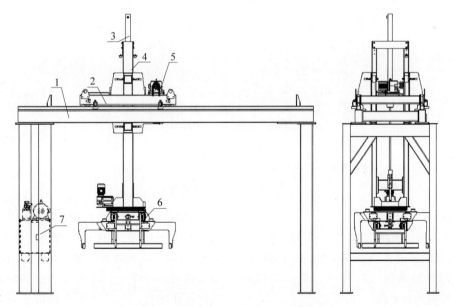

1—机架；2—行走小车；3—油缸；4—升降架总成；
5—行走传动链条；6—旋转包夹部件；7—液压站。

图 14-3　桥式码垛机的结构

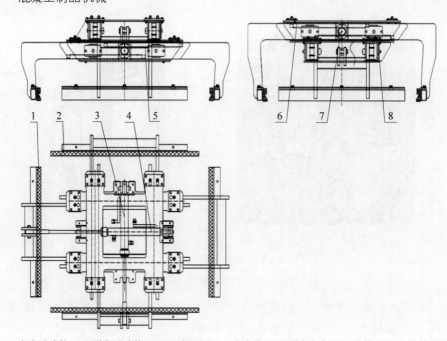

1—主夹活动件；2—副夹活动件；3,4—液压缸；5—主夹齿；6—副夹齿条；7—齿轮；8—齿轮轴总成。

图 14-4　旋转包夹部件的结构

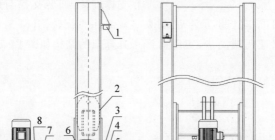

1—下限胶墩；2—升降架立腿；3—吊板；4—连接螺栓；5—回转支撑；
6—旋转接头；7—减速机；8—小齿轮。

图 14-5　升降架的结构

3）行走小车

行走小车采用减速机结合变频电机的结构，通过链轮带动传动轴转动，齿轮滚动（齿条安装在码垛机机架上），带动行走小车运动。行走小车的结构如图 14-6 所示。

2．工作流程

图 14-7 以图解方式介绍了设备的操作顺序。码垛机开始工作需要其他辅助设备联动才能完成。根据产品高度在控制面板上设置

相应的参数；待养护好的制品输送到旋转包夹机构的正下方，包夹机构接收到信号后，油缸开始下降，主副夹进行整理包夹；包夹完毕，减速机接到信号后开始提升，提升到预定高度后油缸停止工作；行走小车收到信号后开始工作，小车带动包夹机构行走到木托板正上方，然后停止运动；油缸接到信号后开始下降，把制品放在木托盘上，油缸停止工作；包夹油缸接到信号后开始工作，主夹副夹张开；油缸接

到信号后开始工作,提升一定高度,油缸停止工作;行走小车接收到信号后开始工作,小车带动包夹机构行走到输送机正上方,准备进行下一个循环。在偶数次循环时,在小车带制品行走时旋转电机接收到信号,开始工作,包夹机构带着制品旋转90°,并且在小车停止运动前完成;在小车返回输送机正上方时,旋转电机接收到信号,包夹机构反方向旋转90°,回到原位,并且在小车停止运动前完成。

14.4.2 典型设备性能参数

桥式码垛机的性能参数如表14-2所示。

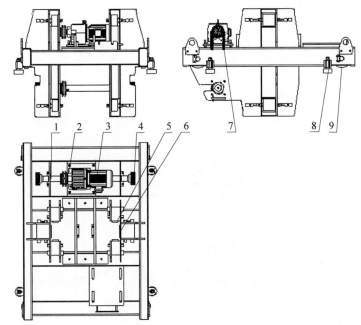

1—传动轴;2—链轮;3—减速机+变频电机;4—齿轮;5—升降导向轮1;6—升降导向轮2;7—链条;8—侧导向轮;9—行走滚轮。

图 14-6 行走小车的结构

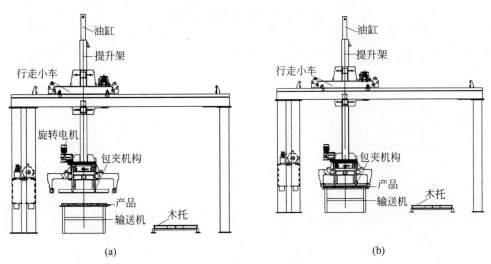

(a)   (b)

图 14-7 码垛机的工作流程

(a)初始状态;(b)油缸工作,提升架下降,包夹机构工作;(c)油缸工作,提升架带砖上升,行走小车工作,偶数次循环时旋转电机工作,包夹旋转;(d)油缸工作,提升架带砖下降,行走小车停止工作,包夹机构工作;(e)油缸工作,提供架上升,行走小车工作,准备下一循环

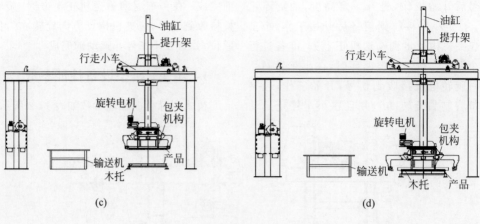

(c)　　　　　　　　　　　　　(d)

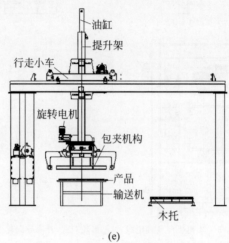

(e)

图 14-7 （续）

表 14-2　桥式码垛机性能参数

参　　　数	数　　　值
有效码放高度/mm	1200
码放层数/层	最多 20
主夹活动范围/mm	750～1300
副夹活动范围/mm	880～1350
升降架有效行程/mm	1366
平移小车有效行程/mm	2400
平移小车最大运行速度/(m/s)	0.82
回转支承外齿圈齿数(Z)	104
齿轮模数/mm	$m=8, x=+0.5$
工作周期/s	15～25（可调）

资料来源：福建鸿益机械有限公司。

14.5 离线双抱夹码垛机

14.5.1 典型设备结构组成和工作原理

图 14-8 所示为双抱夹码垛机。离线双抱夹码垛机的主要结构与在线桥式码垛机相同,只是为了将托板码成垛增加了一个抱夹,当然也有单抱夹的离线码垛机,这里不重点介绍。

离线双抱夹码垛机下有 3 台节距式输送机,中间节距式输送机上堆有从养护堆场运来的成堆的带托板混凝土制品。码垛机的主要工作流程如下:码垛机的右抱夹把堆好的混凝

土制品夹到右侧节距式输送机的混凝土制品托盘上;左抱夹把堆好的混凝土制品托板夹起;左抱夹和右抱夹升至上位,并一起回到码垛机的左位;右抱夹把托板堆放在左侧节距式输送机上,并回到上位;随后右抱夹把中间的节距式输送机上的混凝土制品夹起,并回到上位;码垛机的左抱夹和右抱夹一起运动到右位,左抱夹把混凝土制品堆在上一步的混凝土制品上,右抱夹夹起托板,循环工作直到把中间节距式输送机的混凝土制品取完。双抱夹码垛机结构简图如图 14-9 所示。

14.5.2 典型设备性能参数

双抱夹码垛机的性能参数如表 14-3 所示。

图 14-8 双抱夹码垛机外形图

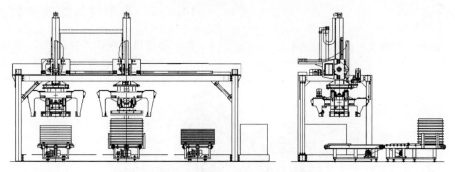

图 14-9 双抱夹码垛机结构简图

表 14-3 双抱夹码垛机性能参数

参　数	数　值	参　数	数　值
有效码放高度/mm	1000	升降架有效行程/mm	300
码放层数/层	最多16	回转支承外齿圈齿数(Z)	104
主夹活动范围/mm	800～1350	齿轮模数/mm	$m=8, x=+0.5$
副夹活动范围/mm	800～1350	工作周期/s	15～25(可调)

资料来源:福建鸿益机械有限公司。

14.6 离线免托盘码垛机

离线免托盘码垛机是为简易生产线(一字线)配置的专用码垛装备,离线免托盘码垛机由抬板装置、传送装置、码板装置、数控编排机构、码垛编组装置、打包装置等部分组成,采用电机及气动驱动,电气变频调速,具有稳定、高效的特点。

离线免托盘码垛机根据制品规格及在托板上的排布进行计算,在编排码垛顺序时,在预先设计好的位置留出空隙,根据制品高度确定空隙的高度,空隙上层错位码放,保证上层制品不掉落在预留空隙中。码垛到设计高度时,设备将成品垛推送至打包工位进行打包,叉车叉齿深入到预留的空隙中,将打包好的成品垛叉起运送到堆场。图 14-10 所示为离线免托盘码垛机外形图。

图 14-10 离线免托盘码垛机外形图

14.7 低位码垛机

14.7.1 典型设备结构组成和工作原理

低位码垛机是低位码垛系统的一个结构,低位码垛需要全系统的运转才能完成。低位码垛系统可对多种制品进行码垛,养护完成的制品进入低位码垛系统,可完成整理、排序、码垛的全过程,尤其适用于单板面积较小、成品托盘较大的制品生产线。低位码垛系统主要由产品输送线、分板机、砖板分离装置、收板机及低位码垛机组成。图 14-11 所示为低位码垛系统结构简图。

低位码垛机主要由主框架、动力总成、推砖装置、移动板、码垛包夹装置和动力提升装置组成。砖板分离装置将托板上的制品推向移动板,达到预设模数后,移动板启动行走至码垛机正下方,码垛机包夹装置下行将制品护好,与此同时动力提升装置将木托提到移动板下方,移动板回退,将砖留在成品托盘上。

图 14-12 所示为低位码垛机的结构。

14.7.2 典型设备性能参数

低位码垛机的性能参数如表 14-4 所示。

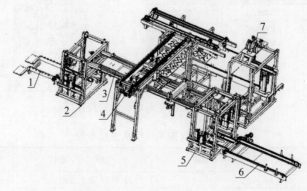

1—分板前输送;2—分板机;3—分板输送;4—砖板分离装置;5—收板机;6—收板输送机;7—低位码垛。

图 14-11 低位码垛系统结构简图

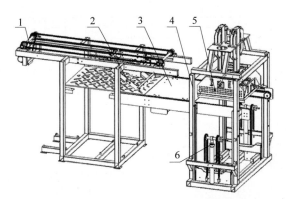

1—动力总成；2—推砖装置；3—移动板；4—主框架；5—码垛包夹装置；6—动力提升装置。

图 14-12　低位码垛机的结构

表 14-4　低位码垛机性能参数

参　数	数　值
码包尺寸/(m×m)	1.2×1，1×1，1.2×1.2
码包周期/s	18
功率/kW	25
外形尺寸/(mm×mm×mm)	15 000×6400×3500

14.8　自动编组机

14.8.1　典型设备结构组成和工作原理

小型混凝土制品生产线成型面积因机型的不同而大小不一，一般情况下，成型面积较小的生产线尤其是混凝土砌块生产线多采用自动编组机来配套，可大幅缩短码垛时间、节省成品托板的占用，提高生产效率。如可将制品码成 1.2 m×1.2 m、6 层高的方垛，底层制品为平卧位置（制品孔为水平），使用运输工具如叉车伸入底层制品孔中，可将制品垛叉起运走。为了使各层制品纵向不对缝，各层制品的排列需要错位调整，按不同的组合形式排列，如图 14-13 所示。

1. 结构组成

自动编组机一般由皮带输送机、辊道台、翻块装置、推块装置、拨叉、回转盘、集层输送平板、止回挡板、夹紧装置、光电管、送垛辊道台及升降架等装置和部件组成，其结构组成见图 14-14。

2. 工作原理

自动编组机的工作原理为：将由推块机推出的制品送上皮带输送机 1，当到达皮带输送机 2 时，由于皮带输送机 2 输送速度略高于前面皮带输送机 1 的速度，因此制品之间出现了约 400 mm 的间距。在制品进入翻块装置 4 时，光电管 3 发出信号，翻块机将制品逐个翻转 90°，使制品芯孔翻转成水平位置。翻转后的制品进入排块机拨叉 6，拼成两块一组，由两支拨叉轮换将两块一组制品拨到回转盘 7 上，按需要可将每组制品转 90°。当拨叉框内的一组小型混凝土制品被送上回转盘时，拨叉的外壁就将回转后的一组制品送上辊道台 8，再经由辊道台 9 送上码垛机的辊道台 12。当排列到三组制品（共 6 块）时，码垛机的推块装置 11 将制品推到集层输送平板 10 上，当推满三排，排够一层时，输送平板由升降架 17 升到要求码垛的高度（码第一层时仅需升起平板高度），这时输送平板载着该层制品，向前运行进入码垛区送垛辊道台 16 的位置，同时止回挡板 13 落下，挡住该层制品后边，并由两侧的夹紧装置 14 将该层制品的两侧边夹住，然后输送平板从制品底面抽回。再经升降架慢降，将制品降落到下层制品上（如为第一层制品，则降落在送垛辊道台上），此时夹紧装置松开，升降架快速下降到原始位置，止回挡板升起，开始码下一层，直到码至 6 层高。升降架每次升高的位置由光电管 15 发信控制。码成的方垛由送垛辊道台 16 整垛送出车间，再由叉车（2 t）将制品垛运到堆场。

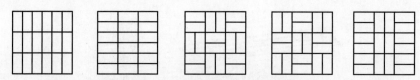

图 14-13　小型混凝土制品层排列形式

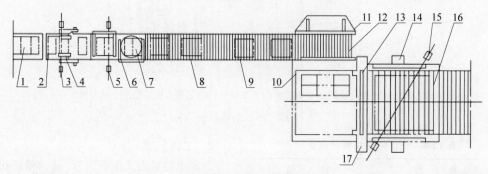

1,2—皮带输送机；3,5,15—光电管；4—翻块装置；6—拨叉；7—回转盘；8,9,12—辊道台；10—集层输送平板；
11—推块装置；13—止回挡板；14—夹紧装置；16—送垛辊道台；17—升降架。

图 14-14　自动编组机结构组成

14.8.2　自动编组机主要组成结构

1. 码垛机

码垛机（见图 14-15）由推块装置、集层输送平板、止回挡板、升降机、夹紧装置、光电管和机架组成。

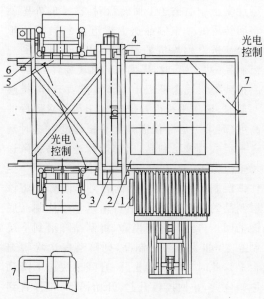

1—推块装置；2—集层输送平板；3—止回挡板；
4—升降机；5—夹紧装置；6—机架；7—光电管。

图 14-15　码垛机结构图

升降架由液压系统控制，升降速度可调控，升降速度由升降油缸油路中调速阀控制。码垛机快升与慢降由升降油缸双速控制回路来实现。当集层输送平板抽回原位后，被夹紧的制品层将要落到下层制品时，升降油缸控制缸油路中二位三通阀开启，三位四通阀关闭，靠升降机自重将升降缸油压入慢降控制缸，升降架遂慢速下降，然后夹紧油缸松开制品层，将制品码在下层的制品上表面。慢降缸在升降架自重作用下使活塞杆升起碰到行程开关后发信，使二位三通阀关闭，三位四通阀开启，停止慢降并转为快速下降，直至集层输送平台降至原始位置为止。

2. 送垛辊道台

如图 14-16 所示，送垛辊道台分三段，前端为主动辊道，后两段为被动辊道，安装时有一定斜度，靠制品垛自重向后滑出。

送垛辊道台由针摆齿轮减速电机 4 通过链传动 7 带动两个三角皮带轮转动，使两根三角皮带通过转向带轮 2，绕到托辊 3 下面的支承带轮 6，靠三角皮带与托辊的摩擦力带动托辊转动。所有支承皮带轮均安装在钢板 5 上，用螺栓 1 调整钢板位置，可以使托辊与三角皮带压紧。

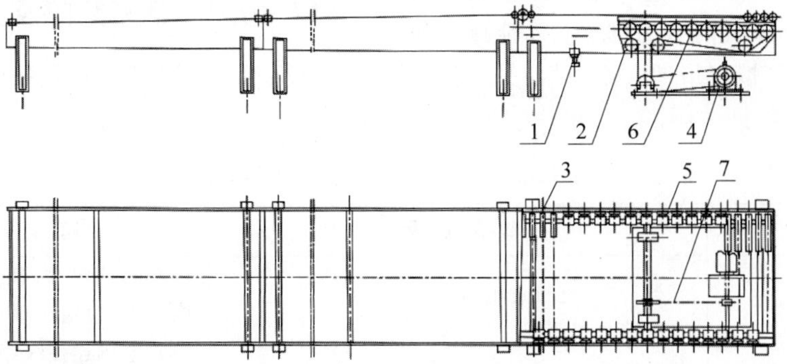

1—螺栓；2—转向带轮；3—托辊；4—针摆齿轮减速电机；5—钢板；6—支承带轮；7—链传动。

图 14-16 送垛辊道台结构图

14.9 码垛机的相关技术标准

码垛机的技术标准为：《混凝土制品机械 混凝土砌块生产线》(JB/T 11986)、《码垛机通用技术条件》(JB/T 12751)、《码垛机安全要求》(GB/T 36521)等。

14.10 设备使用及安全要求

14.10.1 安装

1．零件匹配度

安装设备时务必确认好零件和零件之间的匹配度，只有匹配的零件才能安装。如果将不匹配的零件安装在一起，不仅会损伤零件，也会影响设备。

2．安装顺序

安装时要注意安装顺序，由于码垛机的部件众多，不同部件的安装顺序不同，一旦安装出现问题，就会影响设备的整体安装。

3．安装要点

安装码垛机时一定要注意安装要点，以保证安装顺利进行。码垛机的安装要点是零件归类、单人安装等。

4．检测

码垛机安装好之后，用户应检测，确保设备能正常运行。同时，在检测的过程中要注重每一个部分，保证设备每一个安装部分都没有问题。

5．试运行

码垛机检测完毕之后应进行试用，确保设备能正常工作。在使用中，用户还要观察设备是否存在运行问题，如果发现问题，一定要及时解决，确保设备运行正常。

14.10.2 使用与维护

(1) 液压系统维修与保养

① 液压系统必须保持清洁度。使用过程中要加强维护，避免脏物污染系统。定期检查清洗吸、回过滤器，必要时应更换。

② 液压系统的油液要选用 N46 抗磨液压油。使用过程中不得同时加入不同型号的液压油，液压油受污染、变质时要及时更换。

③ 液压泵更换或安装时，主动轴不允许受径向力和轴向力，并且与原动机(电动机)的输出轴要求同轴。

(2) 做好码垛机养护保护的记载和归档，将技能养护的项目内容标准化、表格化。码垛机设备在出厂时，已提出了日养护和定时养护的具体内容和要求。应根据养护项目内容，编制相应的技能养护表格以便于进行养护并做好记载，还应建立相应的设备档案，为今后养护和判别机械情况以及修理提供可靠的依据。

(3) 应对操作人员及养护人员进行培训，保证各项养护作业能按"规程"进行。码垛机的主机操作人员应当经过严格的操作训练持证上岗,针对码垛机的结构、原理、功能以及作业中的协调性等拟定培训方案,对相关人员进行定期培训。

14.10.3 常见故障及其处理

码垛机常见故障与排除方法如表 14-5 所示。

表 14-5　码垛机常见故障与排除方法

故障现象	故障原因	解决方法
电机故障	负载过大,电机过电流; 电机缺相; 电机损坏	调整降低负载,使之在许用范围内工作,避免超载运行; 检查电机连接线路; 检查电机有无损坏
推块机、分层机、升降机变频器故障	设置变频器参数时,电机电流设置过小; 电机接线错误; 机器运行时机械摩擦阻力大,电机过电流	正确设置变频器参数; 检查电机连线; 查找阻力点,排除机械故障

第15章

小型混凝土制品成型机模具

15.1 概述

15.1.1 定义和功能

1. 定义

混凝土制品成型机模具是一种根据所需混凝土制品,针对不同制品成型机及其配套设备经由专业设计并采用不同金属材料通过不同加工工艺生产制造而成的,具有一定形状与尺寸的型腔工具,主要由阳模、阴模、模芯与紧固装置构成,与制品成型机及其配套机构配合使用,通过将不同混凝土材料填充至模具模腔内,生产出具有特定的形状、尺寸、功能和质量的混凝土制品,满足构件的使用要求。

2. 功能

混凝土制品成型机模具制造精度精确,模具与成型机紧密连接。成型机通过布料装置将混凝土拌和料填充至模具模腔内,然后通过设定的程序,生产出具有特定的形状、尺寸、功能和质量的混凝土制品。生产不同形状、尺寸、功能的混凝土制品由相关设计的不同模具来实现。混凝土制品的尺寸、外形在一定程度上受模具影响,其他方面的质量(如强度、抗折性、抗冻性等物理及化学性能)则更多取决于原材料、工艺配比及制品成型机性能等。

15.1.2 国内外现状与发展趋势

1. 国外发展现状与发展趋势

混凝土制品成型机用模具的产业水平是混凝土制品机械行业发展水平的重要标志之一。

最初的混凝土制品——地砖由先祖们人工用天然材料打磨或堆砌而成,后来人们发现塑性材料(比如泥土)更有可塑成型性,并可通过干燥、煅烧等工艺得到不同强度。经过长年累月的经验积累,人类创造了模型,实现了批量化生产。古人通过长期的实践与经验总结,由石灰、石膏水泥到早期人工混凝土的应用为模制混凝土制品打开了大门,经过工业革命,欧洲则推进了现代混凝土的升级,使其具备更优秀的可塑性、强度与外观。随着西方工业文明的发展,19世纪末西方世界对混凝土制品的批量生产与外观设计取得突破性进展,并于19世纪末20世纪初逐步实现混凝土制品生产的批量化。20世纪后,混凝土制品自动化生产取得了较大突破,而自动化批量生产的需求推动了相应模具的需求与开发。随着现代工业的发展,现代建筑对建材需求样式多样性、品质稳定性提高的同时,对供应效率提出了更高要求。传统手工打造、手工模制建材已经无法满足现代建筑对建材的供应需求。随着混凝土制品机械的自动化程度越来越高,与之相匹配的,对所需求制品用模具的强度、尺寸、寿命等要求越来越严苛。

进入21世纪,各种涂层技术、热处理技术取得较大突破,欧洲逐渐发展为制品成型机用模具的技术中心与生产中心,尤其以德国为典型代表。

日本的模具产能占到世界的40%,每年向国外出口大量的模具,随着模具市场竞争的日趋激烈,日本模具行业也在努力地降低生产成本。模具行业是人力成本较高的行业,所以日本现在将技术含量不高的模具转向人力成本较低的地区去生产,本国只生产技术含量较高的模具。欧美的状况同样如此,欧美地区在高速发展时期出现众多模具加工厂,但由于不同工艺、成本等原因,多数跟不上时代及市场需求的模具加工厂逐渐被淘汰。目前仍以德国为技术中心,辐射全球。

2. 国内发展现状与发展趋势

国内混凝土制品成型机用模具经历了与欧美类似的进程,但由于历史原因,我国改革开放之前并未在此领域取得突破性发展,直到20世纪80年代,才随着我国制品成型机的发展而逐渐发展起来。近年来,随着信息化时代的到来,目前世界正进行着新一轮的产业调整,这既是机遇也是挑战,对工业发展提出更高的要求,如中国制造2025、德国的工业4.0,这些都会促进模具行业的发展。一些模具制造逐渐地从传统的欧美日等发达国家和地区向发展中国家转移,中国正成为世界模具大国。近二十多年来,由于国家经济技术的快速发展及人民生活水平的提高,混凝土制品的市场需求越来越大,特别是进入2010年后,为抢占市场,众多大大小小的模具加工厂如雨后春笋般地出现于全国各地,造成恶性市场竞争和模具品质下降,也给各家建材厂造成选择障碍。可喜的是随着我国城市建设的迅猛发展,尤其是海绵城市建设和城市更新项目的实施,对品质的追求越来越高,各家建材厂对混凝土制品的品质追求也越来越高,近年来对于高品质模具的需求提升较为明显。

虽然我国的模具总量目前已经达到相当的规模,但模具的制造水平还有待提高,特别是在总体水平上落后于德、美、日、法、意等工业强国。我国面临着发达国家的技术优势和发展中国家的价格优势的双重压力,所以,我国的模具企业只有在技术、管理和人才培训方面下功夫,积极引进先进的模具制造技术,提升高端的模具开发能力,才能让我国的模具制造业继续保持较快的发展速度。

目前国内主流模具制造商围绕在制品成型机制造中心及其周边,以福建、江苏、天津为主要代表。我国目前所设计生产的制品成型机用模具,除满足我国混凝土建材行业对模具的需要之外,也越来越多地供应到国际市场上,目前主要供应地为亚洲、非洲、拉美等地的发展中国家,但与欧美日等发达国家和地区相比,仍有一定差距。国内制品成型机用模具企业多数规模不大,人数一般不超过100人,年产值较低。绝大部分模具厂家以生产常规模具为主,基本能满足国内市场需求。与国外相比,模具的平均价格是国外先进模具企业平均价格的$1/2 \sim 1/3$,寿命也只达到其一半左右。现阶段我国制品成型机用模具行业仍处于转型期,多数企业面临着上下两难的状况,一些自身技术过硬并且管理完善的企业,若能顶住压力在合适的机遇下可向更高层次迈进,而技术一般且管理疏漏明显的企业将面临裁员、精简甚至转型的危机。

模具制造产业从单一离散性的制造模式正向集中标准化模式转变,但仍以个性化需求为主,随着混凝土制品成型装备的标准化水平的提升,模具制造业也将全面进入产业重组和制造模式转变的时期。而重塑产业组织与制造模式,重构模具与用户的关系,重塑产业组织与制造模式,需要依靠数字化、信息化,以动态质量数据为先导,以降本增效为目的的企业模具设计、制造、反馈制造将成为模具企业转型升级的主要任务。另外,从预制构件模具设计与制作方面来说,其关键点是"快装、快拆、快制"。预制构件模具对于预制构件生产企业而言,其重要性不言而喻。实现模具的"快装、快拆、快制",可为预制构件企业占领市场和获得良好口碑提供有力的支撑。

15.2　分类

15.2.1　按模具结构分类

小型混凝土制品成型机模具按模具结构分类如下：

(1) 整板式模具；

(2) 组拼式模具；

(3) 组焊式模具。

15.2.2　按模具工艺分类

小型混凝土制品成型机模具按模具工艺分类如下：

(1) 液压开合模具；

(2) 压头加热模具；

(3) 大板模具；

(4) 带振捣器模具；

(5) 可拆卸衬板模具。

15.2.3　按模具功能、材质分类

(1) 按功能分，常见的小型混凝土制品成型机模具有建筑制品模具、路面砖模具、路缘石模具、水工模具、园林装饰模具、静压机用混凝土板模具、静压机用路缘石模具、预制混凝土仿石荒料模具以及特殊制品模具等。

(2) 根据材质不同，小型混凝土制品成型机模具种类有钢质模具和复合材质模具等。

15.3　典型小型混凝土制品成型机模具

15.3.1　普通路面砖模具

普通路面砖模具由阳模和阴模组成，其中阳模由固定板、连接板和压头成型板组成，整板式阴模模框与衬板为一个整体，组拼和组焊式阴模模框与衬板经焊接或组装在一起，制品成型时，阳模压头压入阴模模腔中。图15-1所示为普通路面砖模具。

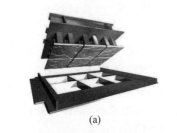

(a)

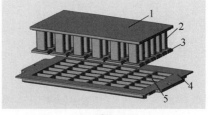

(b)

1—阳模固定板；2—连接板；3—压头成型板；
4—阴模模框；5—阴模衬板。

图15-1　普通路面砖模具

15.3.2　路缘石模具

路缘石模具的结构与路面砖基本相同，一般模腔深度大，模腔数量较少。由于模腔深度较大，因此对脱模有较高要求，一般阴模模腔拔模斜度设计在制品的非拼接面两侧，这样可以保证制品安装精度，相互连接的两块路缘石可以密封安装，不留缝隙。路缘石模具如图15-2所示。

图15-2　路缘石模具

15.3.3　建筑制品模具模芯

台振式成型机与模振式成型机模具的结构有所不同。台振式建筑制品模具的阴模通

常由模芯、模具框架、模具衬板几个组件组成，模芯由吊梁固定在模具框架上，由于模芯的耐磨程度要低于衬板，所以模芯固定的方式一般采用组拼式，当模芯损坏时可更换模芯，而不必更换模框，如图15-3所示。模振式成型机模具为带有振动器的模具，将作为特殊功能模具在后文专门介绍。

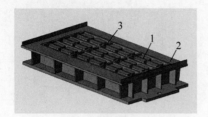

1—模具模芯；2—模具框架；3—模具衬板。

图15-3 台振式成型机建筑制品模具模芯

15.4 特殊功能模具

15.4.1 液压开合模具

固定模腔模具不具备侧立面二次布料的功能，为了使制品侧立面能够布上彩色面料，增加美观效果，须采用阴模模腔可开合的模具。液压开合模具由模具本体、液压缸、导向柱、可移动衬板和限位组件等组成（见图15-4），其中模具本体由模框与吊装板组焊或组装而成，可移动衬板与导向柱和油缸缸杆连接到一起，模具与导向套和固定板连接，可移动衬板在油缸的作用下前后移动，导向柱与导向套起导向作用，可移动衬板在模腔里的位置由限位组件决定。

15.4.2 压头加热模具

混凝土制品成型机用压头加热模具如图15-5所示。

压头加热模具是在阳模压头与连接板之间连接一块电加热板，电加热板与压头和连接板依靠螺丝固定在一起，加热板通过线缆与电加热系统连接。生产中，压头在加热板的作用下可始终保持一个可设定的温度，可以提升制品的成型效果。

(a)

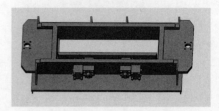

(b)

图15-4 液压开合模具

1—电加热板；2—成型板；3—模具本体。

图15-5 压头加热模具

15.4.3 大板模具

混凝土制品成型机用大板模具如图15-6所示。

1—连接板；2—胶墩；3—成型板；4—模具本体。

图15-6 大板模具

大板模具通常是在下连接板和压头成型板中间加上几个胶墩，通过螺栓连接。在制品成型过程中，可减轻因振动造成的阳模倾斜，从而解决制品厚度不均及强度离散的现象。一般单块制品成型面积大于 400 mm×400 mm 时常采用此种模具。

15.4.4 带振动器模具

混凝土制品成型机用带振动器模具如图 15-7 所示。

带振动器模具是模振式成型机的专用模具,由模箱、模芯和偏心振动器等部件组成。模箱置入模框中,模箱可拆卸,在磨损或需要更换产品规格时,只需要更换模芯和衬板即可。模框可长期使用。模箱上装有偏心振动器,一般每套模箱配有四组偏心块,可根据制品及原材料的不同进行选择,调整成型激振力。与普通台振模具相比,模振模具对于薄壁深腔类制品具有下料快、均匀、密度好等特点。在正常工作状态下,能有效缩短布料和成型振动时间,提高产品质量和产量。

15.4.5 可拆卸衬板模具

混凝土制品成型机用可拆卸衬板模具如图 15-8 所示。

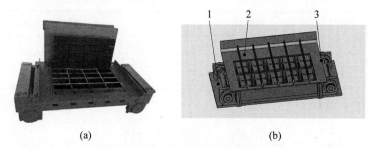

(a)　　　　　　　(b)

1—振动器;2—模具本体;3—偏心块。

图 15-7　带振动器模具

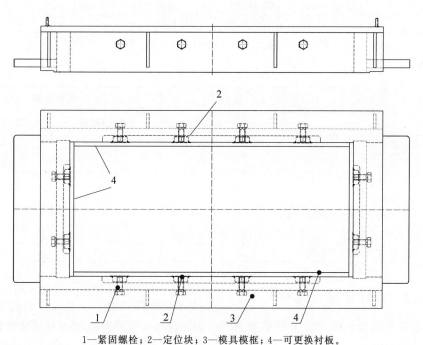

1—紧固螺栓;2—定位块;3—模具模框;4—可更换衬板。

图 15-8　可拆卸衬板模具

可拆卸衬板模具由模具模框、紧固螺栓、可更换衬板等几部分组成,通过螺栓和连接在衬板上的定位块连接,可实现衬板的自由更换,更加方便地调整制品的形状大小;当衬板出现磨损时,更换也比较便捷。

割、焊接、热处理等工艺进行加工,必须满足精度准确、耐磨性强、抗冲击等技术要求。

15.5 典型产品技术性能

小型混凝土制品成型机模具是成型机生产制品重要的配套机具,模具品质的好坏直接影响制品的品质和生产效率。模具虽然属于易耗品,但其加工制造的要求很高,材料多采用高规格耐磨钢材,经线切割或加工中心切

15.5.1 性能参数

小型混凝土制品成型模具的主要技术参数包括单边间隙、阴模型腔尺寸偏差及模具几何公差等。相关技术性能指标要求见表15-1~表15-3。

表 15-1 模具单边间隙 单位:mm

制品类型	空心砌块		路(地)面砖		
制品长度	≤400	>400	≤500	500~1000	>1000
压板与箱壁间隙	≤1.2	≤1.5	≤0.5	≤0.75	≤1
压板与模芯间隙	≤1.2	≤1.5	≤1.5	≤1.5	≤1.5

注:其他制品应符合相应标准。

表 15-2 阴模型腔尺寸偏差 单位:mm

砌块类型	空心砌块		路(地)面砖		
制品长度	≤400	>400	≤500	500~1000	>1000
长宽尺寸偏差	不超出±0.5	不超出±0.8	不超出±0.5	不超出±0.8	不超出±1
高度	≤1.2	≤1.5	≤1.2	≤1.5	≤1.8

注:其他制品应符合相应标准,并且尺寸要素误差不大于制品标准合格品规定的相应允许偏差的40%。

表 15-3 模具几何公差 单位:mm

项 目	允许误差	
	空心砌块	路(地)面砖
腔壁与底面垂直度	0.7	0.6
阴模腔壁的平面度	0.6	0.5
阴模底面的平面度	0.5	0.4
压板底面的平面度	0.5	0.4
阴模安装上平面与压板底面的平行度	0.5	0.4
阴模上平面、阴模主机连接板的支撑面与阴模底面的平行度	0.4	0.3
阴模主机连接板支撑面的平面度	0.4	0.3

15.5.2 设计计算与选型

混凝土制品成型机模具设计计算与选型主要应考虑如下内容:

(1)小型混凝土制品成型模具是安装在成型机上的关键配套件,成型机规格型号不同,所配备的模具肯定不同,这是最基本的原则。

(2)每款成型机阳模连接装置的结构各不相同,选购模具时必须要确认阳模连接方式,如阳模连接方式错误,模具将无法安装。

(3)成型机的成型面积各不相同,即便是相同型号(标准块数)的成型机其成型面积也会有差异。振动方式、振动器的布局也各不相同,在订购模具时,阴模模腔不得超过成型面

积,比如,15 型机 200 mm×100 mm 的荷兰砖模具一般为 54 腔,最多可排布 60 腔,但要考虑成型方向。若超过 60 腔,制品会出现布料不匀、强度离散等问题。

（4）订购模具时,应充分考虑单边间隙,一般不应超过标准规定的间隙量。间隙量过小会造成制品翘角,脱模障碍,间隙量过大会出现制品飞边。但间隙量不是绝对的,上表面无倒角的模具间隙量可适当减小,互锁型水工砖模具间隙量要适当加大。

（5）在确定模腔深度时应充分考虑成型机的激振力和材料的压缩比。激振力大、压缩比大的模腔深度应深,反之要浅些。

（6）路缘石模具,尤其是立式成型的,要将拔模斜度安排在相邻路缘石不接触的两边。

（7）制品工厂收到模具时要检查焊接是否牢固、螺栓是否紧固、阴模是否平整、间隙是否一致等。

15.5.3　相关技术标准

小型混凝土制品成型机模具相关技术标准为《建筑施工机械与设备　砌块成型机模具》(JB/T 12923)。

15.6　典型厂家常规产品谱系

15.6.1　典型厂家常规制品模具图谱

1. 路面砖类模具

路面砖类制品多种多样,图 15-9 所示为典型的台振式成型机路面砖模具,表 15-4 所示为常规路面砖砖型图谱,制品成型机模具需要与这些砖型一一对应匹配。

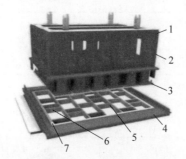

1—阳模主机连接板;2—连接板;3—压板;4—模框;5—模芯;6—型腔隔板;7—型腔侧板。

图 15-9　路面砖模具

表 15-4　常规路面砖砖型图谱

形状图	规格/(mm×mm)	形状图	规格/(mm×mm)
	200×100		225×112.5
	100×100		112.5×112.5
	200×100		230×115

续表

形状图	规格/(mm×mm)	形状图	规格/(mm×mm)
	200×100		115×115
	240×120		250×250
	120×120		250×250
	250×250		250×250
	250×150		250×250
	210×110		200×200
	110×110		200×200
	200×160		200×200
	100×160		342.4×197.7
	300×300		272×190
	200×195		400×400
	160×140		197×135

续表

形状图	规格/(mm×mm)	形状图	规格/(mm×mm)
	240×160		226×176
	200×200		191.4×177.9
	191×146		275×256.3
	245×220		240×160
	204×204		227×137
	225×129.9		199×185.6
	226.3×226.3		500×250
	500×500		1000×500
	600×300		180×120
	120×120		120×190
	120×71		120×50

资料来源：福建泉工股份有限公司。

2. 路缘石类模具

路缘石是重要的道路构件,包括侧石、缘石、侧卧石、平石等品种,其规格也多种多样,一般长高尺寸较大,在成型机上可立式成型或卧式成型。图 15-10 所示为典型的路缘石模具。表 15-5 所示为部分路缘石外形图谱。

图 15-10　路缘石模具外形图

表 15-5　路缘石外形图谱

形状图	规格/(mm×mm×mm)
	800×250×120
	1000×300×150
	1000×300×150
	580×300×150(外径 φ1000)
	1000×300×150

资料来源:福建泉工股份有限公司。

3. 植草砖类模具

植草砖是市政园林重要的铺装材料,柔性铺装的植草砖,砖预留的孔洞或砖与砖之间的缝隙可以种草,从而提高道路园林景观的绿化水平。图 15-11 所示为典型植草砖模具,表 15-6 所示为常规植草砖砖型图谱。

图 15-11　植草砖模具外形图

表 15-6　常规植草砖砖型图谱

形状图	规格/(mm×mm)
	400×400
	400×200
	250×250
	300×300
	240×160
	453×453
	245×185
	400×400
	198×198
	230×230
	300×300

资料来源:福建泉工股份有限公司。

4．水工砖模具

水工砖是河道堤岸护坡的重要制品，一般砖与砖间具有互锁功能。柔性铺装的水工砖既能保护水土不流失，也能保护河道堤岸的生态系统不被破坏。图 15-12 所示为典型的水工砖模具，表 15-7 所示为常规水工砖砖型图谱。

图 15-12　水工砖模具外形图

表 15-7　常规水工砖砖型图谱

形状图	规格/(mm×mm)
	400×300
	432×287
	500×400
	500×300
	500×400
	1000×600

资料来源：福建泉工股份有限公司。

5．挡土砖模具

挡土砖主要用于砌筑河道、丘陵、山坡、园林景观等工程的挡土墙，具有较强的装饰效果。图 15-13 所示为典型的挡土砖模具，表 15-8 所示为常规挡土砖砖型图谱。

图 15-13　挡土砖模具外形图

表 15-8　常规挡土砖砖型图谱

形状图	规格/(mm×mm×mm)
	305×305×170
	605×305×140
	419×240×170
	409×240×190
	409×240×190
	990×990×190
	204.5×240×190
	204.5×240×190

资料来源：福建泉工股份有限公司。

6. 建筑砌块模具

建筑砌块可分为承重砌块、轻集料砌块、保温和装饰砌块等多种类别，块型多达百种以上，是砌块结构建筑的主要材料。轻集料砌块也可作为框架结构建筑的填充物使用，装饰砌块是建筑外装修的重要材料，尤其是带保温功能的装饰砌块，既可起到外沿装饰效果，又具有外墙保温的功效，适用于比较广泛的建筑材料。图 15-14 所示为典型的建筑砌块模具，表 15-9 所示为常规建筑砌块块型图谱。

图 15-14　建筑砌块模具

表 15-9　常规建筑砌块块型图谱

形状图	规格/(mm×mm×mm)	形状图	规格/(mm×mm×mm)
	390×190×190，400×200×200		390×190×190，400×200×200
	390×190×190，400×200×200		390×190×190，400×200×200
			240×115×290

形状图	规格/(mm×mm×mm)	形状图	规格/(mm×mm×mm)
	400×200×200		500×200×250
	390×140×190		520×150×200
	370×140×200		500×90×250
	390×190×190		400×200×200
	400×200×200		400×200×200

资料来源：福建泉工股份有限公司。

15.6.2　典型厂家常规模具图

小型混凝土制品成型机的结构原理以及成型面积等参数不尽相同，因此，与之相配套的模具多种多样，加之制品的种类繁多，导致模具的种类、形状千变万化。9类典型的模具实体形态，如图15-15～图15-23所示。

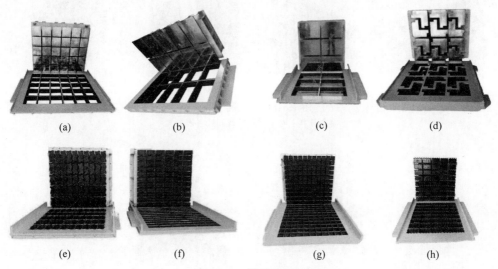

(a)　　　(b)　　　(c)　　　(d)

(e)　　　(f)　　　(g)　　　(h)

图15-15　路面砖模具

资料来源：海安时新机械制造有限公司

(i)

图 15-15 （续）

(a)

(b)

(c)

(d)

图 15-16 路缘石类模具
资料来源：海安时新机械制造有限公司

(a)

(b)

(c)

(d)

图 15-17 植草砖类模具
资料来源：海安时新机械制造有限公司

(a)

(b)

(c)

(d)

图 15-18 水工砖类模具
资料来源：海安时新机械制造有限公司

(a)

(b)

图 15-19 铰链式水工砖类模具
资料来源：海安时新机械制造有限公司

(a)　　　　　　　　(b)　　　　　　　(c)　　　　　　　(d)

图 15-20　带水平拉孔装置的模具

资料来源：海安时新机械制造有限公司

(a)　　　　　　　　(b)　　　　　　　(c)

图 15-21　挡土砖类模具

资料来源：海安时新机械制造有限公司

(a)　　　　　(b)　　　　　　(c)　　　　　　(d)

图 15-22　模振机模具

资料来源：海安时新机械制造有限公司

图 15-23　保温砌块类模具

资料来源：海安时新机械制造有限公司

15.7　使用及安全要求

15.7.1　运输与安装

模具运输时应做好防护，需注意以下

事项。

（1）模具运输时应放置于合适的托板上。

（2）给模具加防滑装置。

（3）完全固定模具，防止模具有任何松动的部位。

（4）选用合适的装载方式运输模具。

（5）应使用专用的起重装置及提升装置。

15.7.2　使用与维护

模具是混凝土制品生产的重要组成配套件，制品的生产离不开模具，模具的好坏直接影响到制品的外观品质、生产效率和生产成本等，因此模具的使用管理尤为重要。

1. 使用

1）模具使用要求

模具在生产结束后且近期不会使用时，要对其进行全面清理，与混凝土接触面的模腔及压板要涂刷脱模油等进行防锈保护，整理后的模具要运回模具仓库储存，并在模具台账中更新模具状态和存储位置。一套模具使用的成型次数是有限的，多套同种规格模具应交替使用。

2）模具编号

模具应有统一编号并记录在模具台账中，尽可能在模具显著位置标注模具编号，使用过的模具应记录使用次数，同一形式模具的模芯应统一编号并记录使用次数。

3）生产过程中的清理

模具是制品生产重要组件，每班次清理设备时需要对模具进行清理；除清除黏附的混凝土外，还要对模具压板与阳模及模具与成型机连接部位进行清理。清理时，必须完全停止设备并确保模具部件不会意外移动。在清理过程中有如下注意事项：

（1）遵守操作说明。

（2）携带操作说明中给出的防护设备。

（3）工作时间佩戴防护靴及安全帽。

（4）阳模提升后必须采取支撑措施，防止阳模意外滑落。

（5）需要拆解模具或将模具从成型机移出时，必须采用适当的起重装置才能进行操作。

4）防范尖锐物划伤风险

在操作模具的过程中应佩戴好防护手套，尤其要注意在模具倒角锋利的边缘存在危险。

5）使用高压空气喷射器的注意事项

使用高压空气喷射器清理残留在模具上的混凝土时应戴好防护手套和护目镜。

2. 维护

1）模具维修

生产中模具发生问题时，生产人员要及时联系设备维护人员进行抢修维修，如无法自行维修的，应根据规定联系模具商维修。

2）模具维护要点

模具在生产过程中要及时维护，并在模具台账中更新使用周转次数和维护记录。

（1）操作工人在拆装模具时禁止使用铁锤等工具大力敲打模具，避免因暴力拆装而造成模具损坏。

（2）生产结束后要及时清理模具表面黏附的混凝土，确保模具清洁，避免模具生锈影响寿命。

（3）生产过程中要根据模具使用记录表要求的内容定期检查模具。每个班次进行一次检查，当生产的制品出现异常情况时也要对模具进行检查，检查模具变形等问题，要及时进行整形修正或更换。

15.7.3　常见故障及其处理

小型混凝土制品成型机模具常见故障与排除方法如表 15-10 所示。

表 15-10　小型混凝土制品成型机模具常见故障与排除方法

故障现象	故障原因	处理方法
模具损坏	1. 多条筋板断裂； 2. 阴模框架断裂； 3. 阳模支撑断裂、弯曲变形	无法修复，报废处理
模具磨损	1. 阴模底脚磨损超过 2 mm 但小于 5 mm； 2. 个别阳模压板间隙磨损超过 1 mm； 3. 路缘石模具阳模压头缺角或卷刃	可修复处理。采用补焊、堆焊和局部热处理

续表

故障现象	故障原因	处理方法
连接故障	1. 阳模压板松动； 2. 阳模与成型机连接螺栓松动、溢扣或连接叉齿变形	可修复处理。紧固或更换故障部件
其他故障	1. 阳模腿弯曲变形； 2. 工艺孔补焊脱落； 3. 压板断裂	可修复处理。更换阳模腿，补焊，更换断裂压板或拆除压板及支撑腿，堵塞对应阴模模腔

参 考 文 献

[1] 向再励.搅拌机设计和使用中主要参数的选取[D].西安:长安大学,2008.

[2] 金义华.浅谈混凝土搅拌机的结构特点及性能设计[J].无线互联科技,2012(04):79.

[3] 孙秀颖.混凝土搅拌机的特点及使用[J].民营科技,2016(05):172.

[4] 彭海新.浅论混凝土搅拌机机械维修技术[J].江西建材,2015(03):57.

[5] 周磊,韦赵滨,石小虎,等.混凝土预制构件摊布机设计研究[J].建筑机械化,2018,39(11):25-27.

[6] 覃艳明,王向南,和锋,等.铁路混凝土预制梁浇筑车的研制[J].机电信息,2019(12):38-40.

[7] 运输机械设计选用手册编辑委员会.运输机械设计选用手册(上册)[M].北京:化学工业出版社.

[8] 黄学群,唐敬麟,栾桂鹏,等.运输机械选型设计手册[M].北京:化学工业出版社,2011.

[9] 郎桐.输送机的分类及选型与设计[J].砖瓦,2011(05):15-19.

[10] 王世雄,张萌.链板输送机在输送设备行业发展趋势的探究[J].建筑工程技术与设计,2018(7):181.

第4篇

混凝土制品深加工设备

第16章

劈　裂　机

16.1　概述

16.1.1　定义和功能

1. 定义

劈裂机又称劈离机,是将混凝土制品材料以脆性断裂方式劈裂开以实现特殊制品表面效果的装置。劈裂过程要求混凝土制品的砌块强度等级不低于 MU15(15 MPa),才能实现脆性断裂。相较于模具成型的规制平整表面,劈裂面会随机形成,更富有变化,配合骨料被拉断后的颜色和形状组合,劈裂成为外墙和园林景观装饰的主要手段。

2. 功能

劈裂机的功能为:通过机械传动将人力或机械力作用到劈裂刀具上,一组或对向两组刀具共同作用,将具有一定强度的混凝土制品施压到屈服强度从而发生脆性断裂。

16.1.2　国内外现状与发展趋势

用于混凝土制品的劈裂机产生于 20 世纪五六十年代。最早是以手工为主的小型机械,用于劈裂施工现场的地砖等小型制品,后逐渐演变为复杂、自动的系统,以适应生产大量劈裂制品的要求。具体的趋势有:

(1) 动力:以液压为主。

(2) 劈裂动作自动化:要求劈裂机对制品精准定位,自动加压。

(3) 整个劈裂过程自动化:连续自动劈裂并自动上料和卸料。大批量生产时可以在线劈裂。如果不是在线,也要有辅助装置将制品上线和下线。

(4) 多刀口:适应制品形状,采用多刀口设计。

(5) 柔性接触:刀头带有弹簧,可以柔性接触制品,使得多个刀头共同作用,降低因为制品表面凸起引起的次品率。

(6) 刀头处理:采用硬化工艺。

(7) 大产量:从工地的手工劈裂,到现代化工厂中大批量生产劈裂制品时需要每分钟 20 次以上的劈裂。

(8) 柔性工作台:采用柔性连接可以避免劈裂的后坐力传导到劈裂机的主体结构上。

(9) 更大尺寸:随着制品尺寸的加大,可以劈裂的制品从 200 mm 地砖到 400 mm 砌块,到 600 mm 挡土墙,再到 1000 mm 景观产品,劈裂产品的尺寸在变大。

16.2　分类

劈裂机分为手动和机动两类。手动劈裂机劈裂力小,适于劈裂铺地砖;机动劈裂机用于劈裂截面较大的混凝土制品。

机动劈裂机按动力站类型可分为液压、电动两种,其中常见的为液压劈裂机;按自动化程度分为全自动劈裂机和半自动劈裂机；按是否在线分为在线劈裂机、离线劈裂机。

在离线劈裂机前后可以增加设备帮助上下制品，组成劈裂线。按制品上下劈裂线的方式可分为全自动劈裂线、辅助设备装卸载劈裂线（半自动）和人工装卸劈裂线。

16.3　手动劈裂机

16.3.1　典型设备结构组成和性能参数

1. 结构组成

手动劈裂机具有刀锋相对的一对刀条，分别为上刀条和下刀条。通常下刀条与机架固定，而上刀条与滑块连接，可在手柄和偏心轮的作用下劈裂混凝土地砖。手动劈裂机的结构简图如图16-1所示。

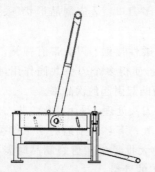

图 16-1　手动劈裂机的结构简图

2. 性能参数

手动劈裂机的性能参数如表16-1所示。

表 16-1　手动劈裂机性能参数

参数及项目	数　值
杠杆比	200
上下刀条的压力/kN	9.8
液压站功率/kW	11

资料来源：福建鸿益机械有限公司。

16.3.2　设计计算与选型

劈裂机一般是混凝土制品生产线配套设备，尤其是装饰性混凝土制品，如装饰性混凝

土砌块、挡土砌块等都需要使用劈裂机进行深加工。需要对要加工的混凝土制品几何尺寸及外观要求进行分析确定，才能选择合适的劈裂机设备。

劈裂机的选择及与生产线的配套取决于如下因素。

1. 需劈裂加工的制品几何尺寸

需劈裂加工的制品尺寸，尤其是最大尺寸决定了要选择的劈裂机的刀口宽度（可劈裂最大尺寸）；需劈裂加工的制品最大高度决定了劈裂机劈裂高度的选择。

2. 需劈裂加工的制品总量和比例

如果需劈裂加工的制品的比例大于30%而且每班劈裂量在100 m³混凝土制品以上，建议采用在线劈裂的方式。当然设计的时候也需要适当考虑增加养护容量以提高制品劈裂时的强度。如果需劈裂加工的制品总量低于全部制品产量的5%或全年需劈裂加工的制品总量不足1000 m³，可以考虑采用人工劈裂加工或配备离线式半自动劈裂线。

16.4　液压自动劈裂机

16.4.1　典型设备结构原理与技术性能之一

1. 结构组成

液压自动劈裂机由液压泵站和劈裂头两大部分组成，其外形分别如图16-2、图16-3所示。

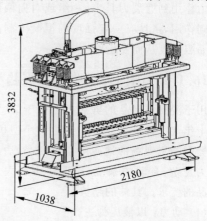

图 16-2　液压自动劈裂机劈裂头外形图

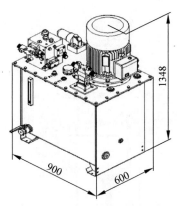

图 16-3 液压泵站和控制部件外形图

2．工作原理

TS 120/40-120T/4 液压自动劈裂机是带着四个立柱的封闭式设备，可劈裂不同大小的混凝土制品。此设备由内部移动结构和外部的固定结构两部分组成。

此设备的劈裂头由一个底部刀片和一个顶部刀片组成，用于制品的表面切割和劈裂。设备的底部刀片被固定在移动的内部结构上，顶部的刀片则固定在液压缸轴上，分离力由液压油缸施加，液压油缸的移动是通过安装在控制单元的泵提供的，由电机驱动。劈裂过程是通过顶部和底部的刀片同时移动实现的。

3．技术性能

TS 120/40-120T/4 液压自动劈裂机的性能参数如表 16-2 所示。

表 16-2　TS 120/40-120T/4 液压自动劈裂机性能参数

参　　数	数　　值
序列号	665
劈裂力/t	120
压力/MPa	30
功率/kW	11
电压/V	400/660（50 Hz）
辅助电压/V	16

资料来源：福建鸿益机械有限公司。

TS 120/40-120T/4 液压自动劈裂机外形尺寸和质量如表 16-3 所示。

表 16-3　TS 120/40-120T/4 液压自动劈裂机设备尺寸和质量

参　　数	数　　值
高度/mm	3832
最大长度/mm	2180
宽度/mm	1038
质量/kg	3700

资料来源：福建鸿益机械有限公司。

TS 120/40-120T/4 液压自动劈裂机控制部件参数如表 16-4 所示。

表 16-4　TS 120/40-120T/4 液压自动劈裂机控制部件参数

参　　数	数　　值
高度/mm	1348
长度/mm	600
宽度/mm	900
质量（装配完成）/kg	550
油罐容量/L	200
电机功率/kW	11

资料来源：福建鸿益机械有限公司。

16.4.2　典型设备结构原理与技术性能之二

1．结构组成

液压自动劈裂机由刀锋相对的两对刀条（一对上下刀条和一对侧刀条）组成。液压自动劈裂机的结构简图如图 16-4 所示，其外形图如图 16-5 所示。连体混凝土砌块由侧滚道送至横挡位，然后由油缸推至纵挡位实现在工作台上的定位。在弹簧的作用下，工作台台面高于下刀条的刃口。完成定位后，侧刀条先压向砌块，然后上刀条也在油缸的作用下压向砌块，把工作台压下后与下刀条合作把制品劈裂。刀条刀尖楔角为 60°～90°。

2．性能参数

典型液压自动劈裂机性能参数如表 16-5 所示。

液压自动劈裂机性能参数如表 16-6 所示。

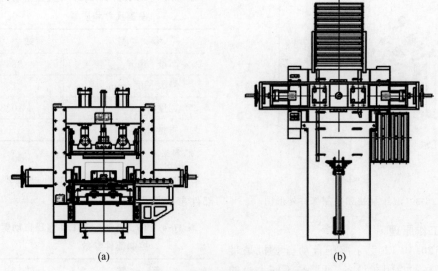

(a)   (b)

图 16-4　液压自动劈裂机结构简图

图 16-5　液压自动劈裂机外形图

表 16-5　典型液压自动劈裂机性能参数

最大加工件尺寸 /(mm×mm×mm)	推料油缸行程 /mm	上刀头油缸 行程/mm	侧刀头油缸 行程/mm	外形尺寸 /(mm×mm×mm)	设备质量 /kg
600×600×300	800	250	100	3610×2910×2300	4000

资料来源：福建鸿益机械有限公司。

表 16-6　液压自动劈裂机性能参数

参　　数	数　　值
杠杆比	—
上下刀条的压力/kN	10 000
液压站/MPa	16
电机/kW	7.5

资料来源：福建鸿益机械有限公司。

16.4.3　设计计算与选型

设计计算与选型参照手动劈裂机。

16.5　设备使用及安全要求

16.5.1　运输与安装

1. 运输

该设备可以通过任何能够支撑其质量和尺寸的正常装置运输，它必须被放置在指定的使用区域。当设备必须与其他设备结合使用时，在移动过程中要留出足够的空间来放置和操纵设备。

1）用叉车移动设备

设备站立时，用叉车移动。可以使用具有合适提升特征的叉车来移动设备。

（1）使用叉车时，通过将叉车叉子插入外部结构下的横梁来升高设备。

（2）将叉车叉齿插入控制器下方来移动控制器。

图 16-6 所示为叉车移动设备示意图。

2）利用桥式起重机移动设备

（1）使用起重机时，可将提升链插入设备上的孔中。

要特别注意起重机吊钩的极限载荷，该吊钩承受力必须大于劈裂机质量。

（2）可通过起重带连接控制器。

要特别注意起重机吊钩的极限载荷，该吊钩承受力必须大于劈裂机质量。

图 16-7 所示为桥式起重机移动设备示意图。

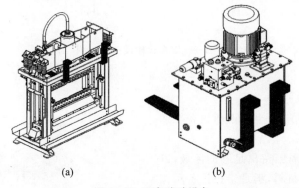

(a)　　　　　　　(b)

图 16-6　叉车移动设备

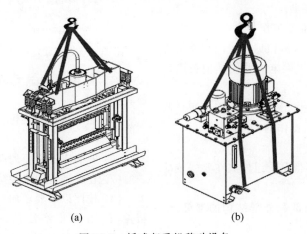

(a)　　　　　　　(b)

图 16-7　桥式起重机移动设备

3) 卡车运输

用卡车运输设备时,必须遵循以下要求:将顶部刀片调到"全部向上"的位置;将定位缸推到顶部刀片的凸耳上,关闭液压龙头,将设备侧放在卡车上,取下侧刀,刀刃朝向设备平放于卡车车斗内。

(1) 如图 16-8(a)所示,用直径与管道开口一致的塞子堵住液压管道开口。

(2) 为确保设备内部和外部结构的稳定,通过安装在设备两侧的螺母进行固定。设备安装时固定螺母即可移除。

(3) 用桥式起重机将设备放在车斗的中央。设备下部应垫放两块木块,如图 16-8(b)所示,并用扎带或链条固定。确保设备不发生倾倒或位移。

(4) 采用敞篷车斗运输时应用防水尼龙布苫盖设备。

图 16-8 所示为卡车运输设备示意图。

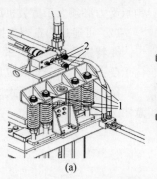 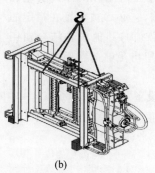

(a)　　　　　　　　(b)

1—固定螺母;2—管道塞。

图 16-8　卡车运输设备示意图

2. 安装

1) 安装前的筹备工作

(1) 应选择满足吊装质量的起重设备在适合的场地卸下劈裂机。

(2) 必须在机器周围留出足够的区域,以便于操作和移动安装材料,满足维护设备和调整操作的需要,从而使工作场所达到最佳的人体工程学和安全性要求。

2) 电气系统的准备工作

(1) 必须由专业人员根据接线图和安全规则来连接电气系统,提供电力并使其他关联设备同步运转。

(2) 必须充分提供工作场所的安全规章制度所规定的关于机械操作的安全措施。

3) 组装准备工作

(1) 将设备和其他系统组件放在要安装的位置。

(2) 拆下固定内部和外部结构的螺母,如图 16-9 所示。

(3) 使用 M20 mm × 200 mm 的锚固定设备。

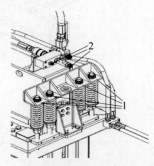

1—固定螺母;2—管道塞。

图 16-9　拆下固定内部和外部结构的螺母

(4) 将控制器放置在设备附近的指定位置。

(5) 通过联轴器将管子从控制器连接到设备上。

(6) 安装完成必要的电气连接。

(7) 在设备周围安装防护网。

(8) 按照以下要求向控制器注油:拆下油箱盖,使用漏斗将油注入控制器中(200 ~ 220 L)。正确的油位会在油箱的油位指示计显示,如图 16-10 所示。

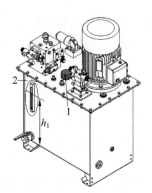

1—油箱盖；2—油位指示计。

图16-10 向控制器注油

（9）启动设备，刀片上升下降几次后再次检查油位。由于回路和油缸充满油，油位可能下降。（检查油位时，刀片必须向上。）

16.5.2 使用与维护

1. 使用须知

（1）操作员需取得合格的操作资格证书或经过专业培训达到上岗要求。

（2）必须具备满足生产需求的操作员数量。

（3）设备状态良好，经调试符合开机生产要求。

（4）操作人员配备必要的个人防护装备。

① 不穿着有突出部件的衣服，因为这些衣物可能被设备的部分卡住。

② 不穿着领带或者其他宽松飘逸的衣服。

③ 不佩戴戒指或者手镯，以避免扣住机器。

（5）预防误操作。

① 在自动模式下操作设备，绝对禁止拆卸固定或移动安全防护装置。

② 禁止在设备上安装其他安全设备。

③ 一般情况下不允许在缺少安全防护措施下操控设备。在安全防护措施缺失的情况下为了抢修或调控设备时，必须严格按照说明书提供的说明执行。

④ 在设备安全状况降低的情况下操作机器后，必须尽快恢复安全防护装置，使设备回到正常状态。

（6）系统操作必须在电气和气动电源开关设置在OFF位置时进行。

2. 使用限制

（1）不得随意篡改机器的任何部分。

（2）不得在没有专业人员的监督下移动运动部件。

（3）不得在非完全启动的情况下使用设备。

（4）未经制造商明确授权，不得修改设备改变其原本的恰当用途。

（5）设备发生源故障情况下不得手动拆解移动设备可移动部件。

3. 环境限制

该设备必须安装在光线充足和通风的坚固平整的地方。设备运行的环境温度要求为$5 \sim 40 \ ℃$。

4. 设备的投入使用

1）运行模式

按钮面板一定要有选择器，允许选择自动或者手动模式。自动模式允许工作循环，手动模式允许操作运行维护。

2）正常停止

在工作循环结束时，把设备换成手动模式，关闭控制器。将主开关模式从ON切换到OFF，从而切断电源。

3）紧急停止

设备紧急停止操作主要是通过按红色蘑菇形"紧急"按钮进行的，这可以使所有机器运动部件立即停止。

4）重置

重置发生在紧急停止后。

将蘑菇形紧急停止按钮手动复位后，顺时针旋转约$30°$，可以按照相应的程序重新启动设备。

5）设备停止运行

设备在长时间不使用的情况下，把电源从主电气面板断开是必要的，并将所有其他动力（气动、液压）所需的电源断开。

5. 维护

技术人员能够在正常条件下操作设备，在点动操作模式下操作设备并禁用安全防护装置，执行机械调整、维护和维修。不准在设备带电时进行操作。

维护的一般规则如下：

（1）每月一次，通过无负载运行系统部分或单个设备检查所有紧急停止按钮的操作，以确保按钮正确干预（通过停止所有动作）。

每当出现故障时，仅将故障排除操作分配给专业人员或联系电气控制制造商提供技术支持服务。

（2）每隔两年，根据规定的要求来检查接地电路的完整性。

（3）设备不在操作最佳状态时应停止运行并进行维护，以使其始终保持高效率。

（4）目视检查每个设备部件的状况，并确保设备部件未发生变形。

（5）对于不需要向电源机构输入电压的所有维护操作，必须通过断开主控制面板上的电源，并使用特殊挂锁将其锁定在关闭状态来停止系统。

设备的日常维护保养如下：

（1）用软布擦干或用温和的洗涤剂溶液润湿擦设备保护外壳、面板和控制器。切勿使用可能损坏设备表面的溶剂，如酒精或汽油。

（2）所有压力超过 10 Pa 的柔性液压管都与电缆连接，以减轻高压管路断裂而导致的液压冲击。需要定期每月检查这些电缆的紧固状态。图 16-11 所示为电缆的状态图。

劈裂机程序化维护表如表 16-7 所示。

6. 预防措施

在刀片区域的维护操作期间，顶部刀片必须停留在 4 个油缸上。

将劈裂刀片区域置于安全情况下的进程如下：

（1）将刀片置于抬起位置。

（2）将 4 个定位油缸置于顶部刀片的凸耳上的升起位置，如图 16-12(a)所示。

（3）关闭液压阀，如图 16-12(b)所示。

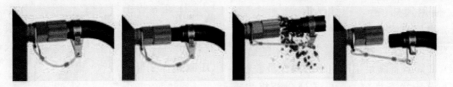

图 16-11　电缆的状态图

表 16-7　劈裂机程序化维护

维　护	间　隔	机器状态
底部刀片的日常清洁	每天一次	隔离进行维护
检查内/外部结构导向轴承的状态	每三个月一次	
检查附件螺钉	每年或每 100 个工作时一次	
紧固管道连接	每三个月一次	
润滑刀片	每两个月一次	
替换/打磨工具	必要时	

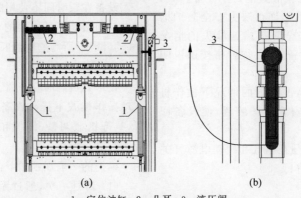

(a)　　　　　　　　　　　　　(b)

1—定位油缸；2—凸耳；3—液压阀。

图 16-12　预防措施示意图

16.5.3 常见故障及其处理

所示。

劈裂机常见故障与排除方法如表 16-8

表 16-8 劈裂机常见故障与排除方法

故障现象	故 障 原 因	处 理 方 法
油缸不动	换向阀损坏、系统压力不达标、电路断开、阀芯堵塞；在确认泵站无故障后,油缸是否内漏	检查电路、调整系统压力,检查油缸和阀
无法劈裂开制品	劈裂物强度大于劈裂力值,劈裂力值因故障降低	调整制品强度,排除劈裂机故障

第17章

水 洗 机

17.1 概述

17.1.1 定义和功能

1. 定义

水洗机是将新制作的混凝土制品的表面利用高压水流冲洗以获得特殊表面效果的设备。水洗机通常安装在制品成型机出产品的湿线一侧。

2. 功能

水洗装置首先将带有产品的托板一侧抬起,形成20°左右倾斜。之后高压水自顶部向底部冲洗制品,同时喷嘴会左右摆动以保证整板制品的冲洗均一性。调节水压、喷嘴角度和冲洗时间可以实现不同的冲洗深度(制品效果)。位于下游的喷嘴管可以在高压冲洗后的表面上吹气或用(干净的)低压水冲洗表面。含有被冲掉的混凝土组分的废水收集盆位于清洗站下方,废水将从那里排出,进入到回收系统中。

17.1.2 国内外现状与发展趋势

混凝土制品水洗机随着混凝土制品的发展,技术不断提升。其形式从最初简单的表面处理设备,发展到现在的可适应不同材质、不同面层形状的表面处理。在原理结构、系统组成及处理方式等方面都得到长足发展。

17.2 分类

混凝土制品水洗机可分为一站式、两站式、三站式。一般常用的也是效果最好的为三站式水洗机。

17.3 三站式水洗机

1. 三站式水洗机的主要组成

三站式水洗机安装在湿产品输送线上,产品运转过程中清洗混凝土制品表面,生产托盘稍微倾斜让水流失。

第一站,高压喷嘴对表面进行清洗。

第二站,由低压喷嘴将表面剩下的水泥粒子冲洗掉。

第三站,用压缩空气将剩余的水吹掉。

水洗机如图 17-1 所示。

图 17-1 水洗机

1）喷嘴支架的导轨

用于喷嘴托架轨道的旋转机构位于框架中。喷嘴支架的驱动侧有一个可调节的螺丝扣，用于设置平行于凸起的生产托盘轨道倾斜位置，以确保一致的洗涤操作。

喷嘴支架的导轨如图 17-2 所示。

图 17-2　喷嘴支架的导轨

2）托板提升装置

具有仅在一侧提升产品托板提升臂的提升托架位于框架中，具有曲柄臂的驱动马达通过可调节的推杆与升降托架连接，最大行程为 170 mm。但是当在托板下方更改空行程时，可以通过调节推杆来改变。

托板提升装置如图 17-3 所示。

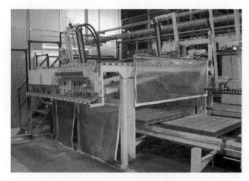

图 17-3　托板提升装置

3）喷嘴支架

喷嘴支架通过链传动装置在框架中来回移动，喷嘴管用夹子固定在高度可调节的连接件上。

调节喷嘴高度可改变水射流的宽度，使制品表面具有特殊的效果。

每个喷嘴管上有 17 个喷嘴，配有精细筛网和止回阀，以防止污染。

带止回阀的精滤器安装在喷嘴的吹嘴内，如果喷嘴发生故障，应拧下吹嘴并取下精滤器，清洁后将其放回吹嘴内。集成止回阀需要 2.80 Pa 的开启压力。从主水泵供应的水压必须至少为 3.5 Pa。可以在夹紧连接处设定和调节喷射角度，其中也可以断开整个喷嘴管，为此，必须先断开水管。为了调整喷嘴管的高度，松开夹紧桥并通过将螺栓插入其中一个光栅钻孔中来选择所需的高度。

喷射速度可通过驱动单元的频率控制选择，频率控制范围为 17~60 Hz。

喷嘴支架如图 17-4 所示。

图 17-4　喷嘴支架

4）高压泵供水

高压柱塞泵（活塞泵）位于水洗机的前侧。它由马达驱动，马达通过风扇皮带与泵连接。

水通过过滤器引入泵中，它将通过可调压力阀引入喷嘴管。

在水洗过程完成后，电磁阀将中断水流，并且压力阀在旁路操作期间将保持无压力。压力阀可以在 17~100 Pa 的压力范围内操作。下游有一个单独的压力阀，水压设定在 2~26 Pa 之间。

水或空气可以通过管道连接供应到第三喷嘴管，阀将从那里将相关介质引导到喷嘴。

高压泵供水如图 17-5 所示。

2．水洗装置的工作流程

（1）初始位置为支架处于最高位，控制面板显示为"喷嘴支架处于顶部位置"。

（2）抬起托板。

（3）预洗（振荡和频率控制）。

（4）喷嘴支架空转（频率控制，快速向上）。

图 17-5　高压泵供水

（5）向下重新冲洗（摆动和频率控制）并用第三个喷嘴管或通过吹气重新冲洗。

（6）降低托板（周期时间约为 20～22 s）。

3．水洗装置的技术参数

典型水洗机的技术参数如表 17-1、表 17-2 所示。

表 17-1　水洗机尺寸与质量

参　　数	数　　值
总长度/mm	3600
总宽度/mm	1450
高度/mm	2300
质量/kg	800

表 17-2　水洗机功率、工作压力与生产周期

参　　数	数　　值
上升装置功率/kW	1.1
平移装置功率/kW	0.75
摆动装置功率/kW	0.37
水泵功率/kW	3
工作压力/MPa	0.2～2.6
生产周期/s	20～22

17.4　设备使用及安全要求

（1）使用单位应按照现场具体情况设计水洗机基础施工图，将水洗机稳固地安装在结实的混凝土基础上。

（2）安装时必须将设备按安装图要求的倾斜角度安装。

（3）电动机安装在导轨上，以便调整皮带的松紧度，皮带轮与电机皮带轮在安装时应保持平行。

（4）按上述要求调整好后，将转子盘转动几转，以检查有无卡住、碰撞现象。

第18章

抛　丸　机

18.1　概述

18.1.1　定义和功能

1. 定义

抛丸机是利用高速抛出的钢丸击打加工件(铸件、石材、混凝土制品)表面,以达到清除杂质或形成特殊面层效果的设备。在混凝土制品加工过程中采用的抛丸机,其概念源于金属加工的抛丸机,也是利用高速抛出的金属或陶瓷球体对制品表面进行连续击打,从而获得表面粗糙的质感并提高防滑性。所不同的是,由于制品的强度低于金属强度,用于制品的抛丸速度要低;而且不同于金属抛丸的除锈,制品抛丸考虑的是表面结构美观和防滑。

2. 功能

由电气控制的变频电机驱动辊道将制品送进抛丸机内抛射区时,其上表面(有时包括侧面)受到来自不同坐标方位的强力密集弹丸的打击与摩擦,使工件上的胶凝材料和集料不同程度破碎脱落,制品表面获得一定粗糙度,并且骨料可以显露不同的结构。落入工件上面的弹丸与碎料进入循环回收系统,弹丸回收后继续使用而废料被分离出来,像其他后期加工处理设备一样,抛丸机的主要功能是使制品表面具有不同质感,同时粗糙防滑。

18.1.2　国内外现状与发展趋势

1. 国外发展历史

100 多年前世界上制造出了第一台抛丸设备,经过一个多世纪的发展,抛丸清理工艺已经成熟。抛丸机的核心部件抛丸器诞生于1870 年。以美国、德国、日本为代表的国家,在抛丸机的研发制造方面处于世界领先地位。20 世纪 30 年代美国公司在世界上制成第一台抛丸机。

2. 国内现状与发展趋势

中国 20 世纪 50 年代开始生产抛丸强化设备,抛丸设备适用于混凝土制品处理则出现在20 世纪 70 年代。随着科学技术的不断进步,抛丸机行业也进入了快速发展时期。在各方多年的共同努力下,经历了漫长过程,至今已基本具备了生产各类型抛丸清理设备的能力。在国内,尤其是江苏、山东地区部分企业已经打下了良好基础,并且对长远的发展也有具体的规划。市政建设对铺路材料的防滑要求对抛丸机的发展提出了新的需求。国内很多专业生产抛丸机的企业已经在改造他们的抛丸机以使之适应混凝土制品抛丸需求,同时许多业内的机械和制品厂家也纷纷研发各自的抛丸机,以及上下游的装载卸载和回收处理设备,并基本掌握各种制品抛丸处理所需要的参数。

18.2 分类

抛丸机的种类很多,目前混凝土制品处理常用连续通过式抛丸机。连续是指制品在传送带上依次不停留地进入抛丸室,而通过式是指制品在抛丸室直线向前运动通过,制品不发生其他方向的运动和旋转。

18.3 通过式抛丸机

1. 设备结构

1)概述

混凝土制品所用抛丸机型号参照金属加工行业抛丸机型号代号,由机械用途、分类代号及主参数号代号组成。各企业的代码各有不同,按行业标准 JB/T 10704,其代码含义如图 18-1 所示。

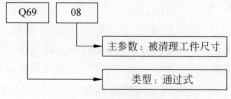

图 18-1 抛丸机代号含义

下面主要介绍 Q69 系列的通过式抛丸机。

Q69 系列常见的型号有 Q6908、Q6912、Q6915、Q6920、Q6925、Q6930 等。通过式抛丸机主要由抛丸清理室、气动开关门、抛丸器总成、丸料循环净化系统、输送机(无级调速)、除尘系统和控制系统等部分组成,其外形图如图 18-2 所示。

图 18-2 Q69 系列通过式抛丸机

2)设备结构原理

(1)抛丸清理系统

抛丸清理系统由抛丸清理室、抛丸器总成和前后密封室等部分组成。抛丸清理室壳体由型钢骨架与 12 mm 厚钢板焊接而成,另外在其内壁镶嵌 12 mm 厚的高铬耐磨铸铁护板进行防护,并使用防护螺帽将其压紧。而前后密封室的壳体由型钢骨架与 8 mm 厚钢板焊接而成,其左右两侧设有检修门,易于拆换维修,为防止粉尘外逸并增加其密封性,可在底部设置毛刷排。图 18-3 所示为抛丸清理系统示意图。

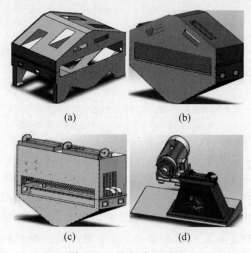

(a)   (b)

(c)   (d)

图 18-3 抛丸清理系统

该系统采用高锰钢护板加强防护能力,延长机器使用寿命。充分利用弹丸反弹功能,充分有效地击打工件表面,有利于提高清理质量与清理效率。

清理室上设宽敞的维修门(抛丸清理段),便于维修与更换室内易损件,门上方装有安全连锁开关,只有维修门关闭后才能启动抛丸器。

清理室内耐磨防护板采用耐磨遮盖包铸螺母栓接,可保护螺栓头部不易损坏,拆装更换方便。设备总长度达到 6 m,前后辅室分别配置 3 道密封挡板以保持较好的密封效果,有效减少弹丸飞出。

抛丸器采用变频调速控制,它由进丸管、分丸轮、定向套和叶轮等组成。抛丸器的位置和角度经过计算机模拟后确定。在确保工件清理效果的基础上,尽量减少丸料的空抛,最大限度地提高弹丸的利用率,减少耐磨防护板的磨损。

作为抛丸机的核心工作部件,抛丸器被安装在抛丸室上面。工作时,弹丸通过高速旋转的叶片获得动能,高速飞行的弹丸冲击到被清理工件的表面上以达到清理的目的。抛丸清理机的技术和经济指标主要取决于抛丸器的性能。

(2) 工件输送系统

工件输送系统由工件输入、抛丸室内输送和工件输出辊道组成,该系统有以下特点:为提高辊轴的使用寿命,同时保证辊轴的刚度和强度,抛丸室辊道装有可方便更换的高铬耐磨铸铁护套;为了提高轴承的使用寿命并实现防砂尘、防磕碰的目的,辊轴两端采用耐磨轴瓦、迷宫盘、聚氨酯密封圈、轴承垫板等多级密封。

工件由辅助辊道输送系统和橡胶履带输送系统输送。工件穿过主机抛丸室,在主机外形成封闭环。工件清理前,由桁架机械手(或工人)把工件排放在输送带上,进入清理室清理,清理完毕出室由桁架机械手(或工人)卸料。整个过程是连续的,橡胶履带的输送速度在 $0\sim6.8$ m/min 之间连续可调(变频调速),在橡胶履带和前后输送网带之间分别设有数根机动辊,可保证砖块的平稳运行。抛丸线如图 18-4 所示,展示了上料、抛丸、除尘、卸载全线。

图 18-4　抛丸线

(3) 丸料循环净化系统

丸料循环净化系统可分为循环系统和丸料分离净化系统,由螺旋输送器、溜丸管、斗式提升机、丸砂分离器、气动供丸闸阀、输丸管等组成。

螺旋输送器由纵向和横向各一套组成,为保证螺旋轴两端的同轴度,整个轴采用焊后整体加工。螺旋输送器由摆线针轮减速机、螺旋轴(螺旋叶片采用 16Mn 材料)、输送罩、带座轴承等组成。

斗式提升机由摆线针轮减速机、上下滚筒、输送胶带、料斗、封闭料筒和紧固装置等组成。斗式提升机采用带式传动,进料口与横向螺旋相连,通过皮带上的料斗将其底部的丸料挖起,其出料口与分离器相连,提升的丸料利用离心力送入分离器。为了方便检测、维修,在其壳体上添加检修门。为了能张紧松弛的皮带以防止其跑偏,提升机设有一套紧固装置,通过调整螺栓来张紧皮带,其调整的范围可达 200 mm。

为了保证工作时输送胶带不打滑,滚筒被做成鼠笼型,这样既可提高提升胶带与带轮间的摩擦力,避免老式光皮带轮的打滑现象,又可降低提升皮带的预紧力,从而延长其使用寿命。同时提升机设有一套张紧装置。当皮带松弛时,通过调节提升机上部两侧的调整螺栓,可以张紧皮带。提升机的下部轴上装有脉冲轮,可检测并跟踪提升机的工作状态,一旦出现提升机转不动或打滑等故障,可及时将信号反馈至 PLC 处理,保证设备的安全运转。图 18-5 所示为丸料循环净化系统。

图 18-5　丸料循环净化系统及其除尘器

提升机罩壳上设有检修门,可维修和更换料斗。打开下罩壳上的门盖,可维修下部传动机构,也可排除底部堵塞的弹丸。当提升机皮带松弛时,调整提升机上部的螺栓可张紧皮带,如图 18-6 所示。

图 18-6　抛丸机传送带

该系统还配置了分离器,丸料从斗式提升机流入,混合物中的杂物(毛刺、飞边等)由分离器上筛网过滤隔离。大颗粒废料从分离器丸料溢流口流出,净化后的弹丸进入丸料仓进行循环,丸料仓设有可视钢化玻璃窗,从外部可见料仓储丸情况,工人可适时增添丸料。

(4)除尘系统

除尘系统由重力除尘装置、旋风除尘装置、脉冲反吹布袋除尘装置、离心风机等组成,如图 18-5 所示。

工作原理:抛丸机在工作时,产生的含尘气流经过重力除尘进入旋风除尘器。含尘气流在旋风除尘器罩壳的作用下形成旋风,大颗粒的灰尘沉降在灰斗内,带有小颗粒的气流经过管道进入脉冲反吹布袋除尘器过滤,过滤后的洁净空气通过离心风机向外排放。

设备通过离心风机抽风使抛丸室体内形成一定负压,使工作时产生的粉尘不向抛丸室体外飘溢。主机设有泄爆口等安全防范设施。设备上部设有安全护栏,侧面设有检修平台和梯子。

(5)电力控制系统

电力控制系统采用 PLC 与触摸屏联合自动控制,可以与生产线中央控制系统连接,又可以独立控制。控制系统运行时,可

由变频器控制履带输送速度,观察并调整抛丸器负荷。

设有提升机与螺旋输送器互锁、丸阀与抛丸器互锁、检修门与抛丸器互锁以及提升机打滑报警装置。触摸屏上有工况显示,有电子版操作手册,具有电子故障检索功能。抛丸机两侧的抛丸器可以选择分别控制运行。

2.性能参数

(1)抛丸机(加变频器)参数如表 18-1 所示。

表 18-1　抛丸器参数

参　　数	数　　值
电机功率/kW	$15 \times 2 + 7.5 \times 2 = 45$
数量/台	4

(2)提升机参数如表 18-2 所示。

表 18-2　提升机参数

参　　数	数　　值
提升量/(t/h)	45
功率/kW	4

(3)分离器参数如表 18-3 所示。

表 18-3　分离器参数

参　　数	数　　值
分离量/(t/h)	45

(4)螺旋输送器参数如表 18-4 所示。

表 18-4　螺旋输送器参数

参　　数	数　　值
输送量/(t/h)	45
功率/kW	3

(5)弹丸参数如表 18-5 所示。

表 18-5　弹丸参数

参　　数	数　　值
首次装入量/kg	1000
弹丸直径/mm	$\phi 0.5 \sim 1.5$

（6）除尘系统参数如表18-6所示。

表18-6　除尘系统参数

参数及项目	数值及形式
三级除尘	重力除尘＋旋风除尘＋脉冲反吹布袋除尘
总风量/（m³/h）	11 000
风机功率/kW	15
布袋数量/只	150

（7）橡胶履带输送系统参数如表18-7所示。

表18-7　履带输送系统参数

参　数	数　值
有效宽度/mm	1200
输送速度/（m/min）	0～6.8
工作速度/（m/min）	3.0～6.0
功率/kW	3

（8）辅助辊道输送系统参数如表18-8所示。

表18-8　辅助辊道输送系统参数

参　数	数　值
有效宽度/mm	1200
输送速度/（m/min）	0～6.8
工作速度/（m/min）	3.0～6.0

（9）高压风机参数如表18-9所示。

表18-9　高压风机参数

参　数	数　值
内部风机功率/kW	5.5

（10）总功率约73.5 kW。

（11）抛丸机设备尺寸参数如表18-10所示。

表18-10　设备尺寸参数　　单位：mm

参　数	数　值
长度	6500
宽度	4800
高度	6100

18.4　设备使用及安全要求

18.4.1　运输与安装

1．运输

用桥式起重机将机器放在车斗的中央，把机器放在两块木头上，并用带子或链条固定。用带子捆扎设备，使其不会发生突然或危险的运动。如果暴露在露天环境中，必要时请用尼龙布覆盖设备。

2．安装

1）安装前的筹备工作

（1）必须在安装前准备好足以满足设备吊装的起重设备，且必须在适合的场地内卸下设备。

（2）必须在机器周围留出足够的区域，以便于操作和移动设备，从而使工作场所达到最佳的人体工程学和安全性要求。

2）电气系统的准备工作

（1）必须由专业的合格人员根据接线图和一般安全规则以及有效管理电气系统和工作场所的当地法规来连接电气系统，并使其他机器同步运转。

（2）必须充分提供工作场所安全规章制度规定的关于机械操作的安全措施。

抛丸机在安装过程中，应遵循以下原则：

① 主机就位：主机就位时其水平度及设备基础必须达到图纸要求。

② 分部件安装应由下至上、由内至外进行。

③ 在试车时应先部分预试，正常后再全部运转。操作工在操作抛丸机设备过程中必须注意观察其电柜仪表显示是否正常。

18.4.2　使用与维护

1．设备使用

抛丸机是混凝土制品深加工的重要设备，抛丸机的使用应遵循以下原则：

（1）操作人员要培训上岗。抛丸机相对于其他的设备来说，操作方式比较简单，因此很多企业在操作人员的选择上不会有太多的要求。正因为如此,很多时候在运行过程中会出现问题,而无法及时进行修整,导致抛丸机使用寿命有限。

(2) 严格按照说明书进行操作。抛丸机同其他的机械设备一样,需要按照说明书来进行操作。虽然其操作方式简单,但是每一步都要严格把控,要按照一定的操作程序进行运转,这样才能保证机械的正常运行。同时,日常的维护与保养是非常有必要的,不能擅自主张,随意进行操作,而是要严格按照要求进行,这样才能起到保护的作用。

(3) 禁止非操作人员使用抛丸机。禁止非专业操作人员使用抛丸机,一旦对设备进行随意操作,容易造成机械故障发生,同时会对操作人员造成一定的危险。为此,使用抛丸机的时候要注意不能让非专业人士靠近,从而避免不必要的危险产生。

(4) 使用前要对设备进行检查。使用抛丸机之前一定要对其进行全方位的检查,一旦发现设备存在故障隐患,必须及时进行维护。如果配件处于损坏的状态,强行运行会造成更多的设备连带损坏,后果是非常严重的。

(5) 操作人员必须穿戴好防护工作服、眼镜等。

(6) 操作人员开机时特别注意面板各类仪表指示,待各仪表指示全部达到正常值时,才能操作小吊车(辊道)进入工作程序。如发现个别仪表指示有较大的误差(不正常)应立即关机。检查设备存在的故障并处理完毕后才能正常开机。

(7) 设备运行中,操作人员对设备必须巡视检查,及时发现异响及各部位过热现象。运行中发现设备有严重故障时,即按"急停"按钮停机待修,配合专业人员排除设备故障。

(8) 操作人员必须对本设备按设备管理要求进行日常保养及周保养(包括润滑)。每周及时清理除尘器内的粉尘及杂物,确保设备的完好率,以免影响除尘质量。

(9) 操作人员必须做到文明生产及安全生产,同时严格执行交接班制度。

(10) 工作结束,立即将设备电源开关切断,并清理好工作场地。

设备的使用寿命关键在于维护保养。根据设备特点制作维护保养手册。维护保养的原则如下:

① 润滑部分:定期对减速机、液压件、油雾器及轴承链条加注润滑油。

② 机械部分:巡检、点检转动件、易损件磨损情况,及时对磨损部件进行更换。

③ 每天检查钢丸量是否满足使用要求,如缺失应及时补充。

2. 设备维护

不准在设备带电时进行维护和维修作业。维护的一般规则如下。

1) 周维护及保养

(1) 检查分丸轮,如磨损 3 mm 以上就应更换。

(2) 检查定向套,开口增大 6 mm 以上就应更换。

(3) 检查抛丸器护板是否严重磨损和错位。

(4) 检查抛丸器的三角带张紧情况,应能向里压 10 mm 左右,否则应调整。

(5) 检查隔板和溜板的磨损情况,如有必要应及时更换。

(6) 检查钢丸管中是否有合格的弹丸可回收利用。

(7) 检查提升机的皮带张紧程度、螺栓、接头是否合适,是否跑偏和磨损。

(8) 检查螺旋器中是否有异物和发生磨损。

(9) 检查底板栅格,如有漏洞及时修补。

(10) 检查套管接头,以免空气、粉尘等泄漏。

(11) 检查除尘器滤筒上的粉尘,并及时使用脉冲反吹机构。

(12) 对四个抛丸器的轴承座进行润滑一次。

(13) 对空压机、储气罐和油水分离器进行放水一次。

2）月维护及保养

（1）检查及调整闸阀，使它的开闭程度满足抛丸电机的电流值为 25～30 A。

（2）调整驱动链条的松紧程度，并予以润滑。

（3）检查斗式提升机的皮带松紧度，并给予调整；检查料斗螺栓，并紧固。

（4）检查减速机的润滑油，若低于规定油面，须加注相应润滑脂。

（5）检查各交流接触器及刀开关的触点状态，进行吹灰清洁。

（6）检查动力和控制部分的电线电缆是否松动，如有松动应紧固。

（7）对各电机分别单试，听声音是否正常，看空载电流大小，每台电机运转时间不少于 5 min。

（8）检查风机、风管磨损和固定情况。

（9）每月对提升机两头轴承座、分离器和螺旋输送机的轴承座加注 2 号钙基润滑脂一次。

（10）每月对空压机换机油一次。

3）季度维护及保养

（1）检查轴承、电控箱的完好情况，并添注润滑脂。

（2）检查抛丸器耐磨护板的磨损情况。

（3）抛丸器主轴轴承和抛丸电机轴承更换新的高速润滑脂。

（4）检查所有电机、减速机、风机、螺旋输送机的固定螺栓及连接法兰的紧密性。

4）年维护及保养

（1）检修所有轴承（包含电动机轴承）的润滑情况，并补充新润滑脂。

（2）更换或焊补主室体护板。

（3）检查 PLC 和变频器的接触可靠性。

（4）检测电流表是否显示准确。

（5）检查除尘器滤筒，若损坏需更换，若粘灰过多则用气枪清理。

（6）对风管进行必要的疏通和修补。

18.4.3　常见故障及其处理

抛丸机常见故障与排除方法如表 18-11 所示。

抛丸机运行中产生振动与磨损，常见故障为易损件的磨损破坏，主要为叶片、叶轮、分丸轮、导向套、叶轮、护板等零件。图 18-7 所示为抛丸器易损件。

表 18-11　抛丸机常见故障与排除方法

故障现象	故障原因	处理方法
抛头轴承故障	安装不规范、缺少润滑油、外力损坏	严格按照规范进行安装并定期检修轴承，加注润滑油，改善润滑条件
叶片故障	磨损破坏	检查发现叶片出现深沟或磨损一半以上要及时更换
定向套损坏故障	磨损破坏	定向套磨损 10 mm 以上应及时更换
分丸轮损坏故障	磨损破坏	分丸轮磨损 15 mm 以上应及时更换
叶轮损坏故障	磨损破坏	叶轮应定期检查有无晃动，检查叶轮轮盘的圆度及偏重情况
护板损坏故障	磨损破坏	端护板磨损或有裂纹，应及时更换；侧护板有严重磨损或裂纹，应及时更换
抛丸机漏油	轴与孔相互磨损	更换密封胶圈
	减压轴胶圈老化失效	更换新胶圈
	球阀磨损	更换球阀
	发动机密封填料及紧固螺纹损坏	修复或更换紧固件和更换密封填料

故障现象	故障原因	处理方法
除尘系统	粉尘从抛丸室飞出	检查抛丸室密封情况
	排风调节挡板错位造成风量不足	调节挡板
	过滤袋积灰过多造成排风量不足	清理或更换过滤袋
	设备故障	应检修设备
	风机接线故障	风机反转,应重新接线
	除尘管道密封不严	检测各部件密封

图 18-7　抛丸器易损件

第19章

磨 光 机

19.1 概述

19.1.1 定义和功能

1. 定义

磨光机是用来进行混凝土制品表面打磨处理的设备,连续磨机是一种装有粗磨、细磨、精磨及抛光等多磨头的专用混凝土制品磨光机。

2. 功能

对于混凝土制品行业来说,磨光处理的主要目的是把预生产的制品经表面磨光后,达到美化面层的效果,提升制品的装饰性。磨光的过程分为铣平、粗磨、中磨、细磨、精磨和抛光六道工序。

19.1.2 国内外现状与发展趋势

1. 国外发展现状

在国外,混凝土制品磨光设备大多采用普通四爪、六爪磨头(盘)的布拉磨块的连续磨机和应用法兰克磨料的连续磨机,其生产企业主要生产大型连续磨光机。

2. 国内发展现状

在国内,磨光机主要用于石材加工业,随着混凝土制品制造水平的提高和社会对装饰性混凝土制品需求的逐步扩大,磨光机也大量用于混凝土制品的深加工。经过磨光处理后,

大大提高了混凝土制品的美观性和装饰性,扩大了混凝土制品的应用范围。初期磨光设备采用手扶式磨光机,采用大型连续磨光机的较少。但是随着我国经济的不断发展,对环境的要求提高和人工成本的上升,对加工的混凝土制品质量的稳定性和表面平整度、光泽度的要求也在不断提高,桥式磨光机开始进入混凝土制品深加工企业的视野,得到了广泛的应用。

随着社会需求的增长及产业生产效率提高,大型连续磨光机应运而生。大型连续自动磨光机生产效率高,工人劳动强度大幅降低,安全可靠性增强,现已成为磨光机的主流,尤其是应用在混凝土制品的深加工层面,具有很强的竞争优势,是当前的主导机型。

19.2 分类

1. 手扶式磨光机

手扶式磨光机由主电机带动主轴转动,主轴转动带动磨盘旋转,手柄可以使得磨盘沿着制品表面作平面移动,加压装置使得磨光材料对制品表面产生一定的磨削压力。

2. 桥式磨光机

桥式磨光机有单磨头和双磨头两种类型。混凝土制品可通过导轨进行移动,主机带动转盘水平旋转,磨头可以沿着横梁作横向运动,磨头的升降系统可使磨头沿纵向上下移动,向

下压紧在磨光件上,通过横向运动和导轨的前后行进,完成整个板面的抛磨。

3. 大型连续磨光机及生产线

连续磨光机利用不同的磨料可以加工不同的混凝土制品或石材,同时因加工件材质的加工工艺要求不同可选择摆动式磨头或固定式磨盘。多头连续磨光机有 8 头、16 头等多种类型。

19.3 手扶式磨光机

手扶式磨光机的结构如图 19-1 所示。

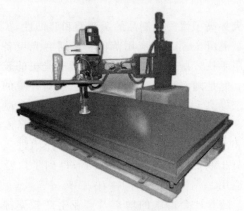

图 19-1 手扶式磨光机

典型手扶式磨光机的技术参数如表 19-1 所示。

表 19-1 手扶式磨光机技术参数

型号	ZXM-B10C-200
磨头直径/mm	150～200
加工板厚/mm	20～80
加工宽度/mm	60～200
成型电机功率/kW	7.5
抛光电机功率/kW	5.5
磨削速度/(mm/min)	0～700
总功率/kW	71

资料来源:福建盛达机器股份有限公司。

19.4 桥式磨光机

1. 桥式磨光机的基本结构

桥式磨光机以机架为基础部件,机器的其他部件,如横梁、磨头、电机等主要零部件都以机架为基准进行组装。安装在机架两端的辊筒机构由电机减速机驱动,由此带动特大型输送带运转,加工件由此输送带连续送入磨削区进行自动磨光。

(1)桥式磨光机的外形及尺寸如图 19-2 所示。

(2)典型桥式磨光机的主要技术参数如表 19-2 所示。

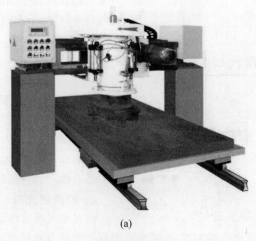

(a)

图 19-2 桥式磨光机的外形及尺寸

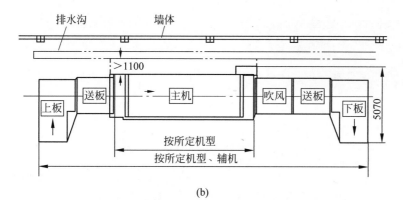

(b)

图 19-2 （续）

表 19-2 桥式磨光机的主要性能参数

型号	DTMJ-3200
加工板材尺寸/(mm×mm×mm)	3200×2000×50
磨头直径/mm	500
工作台尺寸/(mm×mm)	3200×2000
加工速度/(m/s)	10～50
总功率/kW	18
耗水量/(m³/h)	4
外形尺寸/(mm×mm×mm)	5620×2950×2066

资料来源：福建盛达机器股份有限公司。

2. 桥式磨光机的工作原理

桥式磨光机使用相应的磨头高效率地自动磨削加工件。根据用户的需求，还可以适当改变自动磨光机的磨头转速、进给速度等工艺参数来进行混凝土制品、大理石或花岗岩等硬质材料的磨削与抛光。

该磨光机的主要特点是采用 PLC 中控系统，通过工艺参数的优化，实现各个精密部件协调运动，使得由大型输送带自动送入的加工件进行磨光的全过程得到实时监控。其另一个主要特点是采用触摸式操作终端，可以直接与 PLC 连接，设备运行过程中发生机电故障时，能引导专业人员进行排除。

3. 主要结构介绍

1）机架

机架的上平面用来承载加工件受到的磨削压力、输送带移运过程的摩擦力。传动特大型输送带的减速机电机可以无级调速，输送带的运行速度因此得以变化，操作过程中加工件的纵向磨削进给速度可作细微的优选。机架

的两端设置带有辊筒的调整机构，用于输送带的适当张紧和跑偏调整。机架如图 19-3 所示。

图 19-3 机架

2）输送带调整结构

输送带调整结构如图 19-4 所示。

3）横梁

横梁上成组装配了多磨头、冷却水系统、减速机电机等零部件，通过减速传动轴、齿轮齿条的换向实现横梁主体和磨头的往复快速移动。

横梁主体机构的往复移动可以无级调速。操作过程中加工件的横向磨削速度可作优选。

横梁主体的承载机构是特制密封的油浸

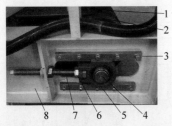

1—输送带；2—输送带滚筒总成；3—调整导轨；
4—滚筒轴；5—带滑座球轴承；6—拼紧螺母；
7—调整螺杆；8—机座大梁。

图 19-4　输送带调整结构

式导轨，能可靠地防止粉尘、水雾。充足的导轨油能有效地减少快速移动过程产生的摩擦热。

横梁结构外观如图 19-5 所示，横梁传动系统如图 19-6 所示，横梁检测结构如图 19-7 所示。

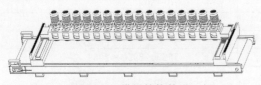

图 19-5　横梁结构外观

图 19-6　横梁传动系统

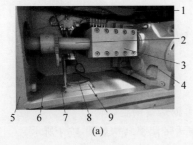

(a)

(b)

1—横移梁；2—传动轴；3—联轴器；4—减速机；5—端梁；6—检测大齿轮；7—检测小齿轮；8—编码器；9—检测座板；10—齿条。

图 19-7　横梁检测结构

4）电机传动结构

电机传动结构如图 19-8 所示。

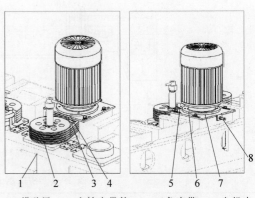

1—横移梁；2—主轴皮带轮；3—三角皮带；4—电机皮带轮；5—磨头电机；6—紧固螺栓；7—电机板；8—调整螺栓。

图 19-8　电机传动结构

19.5　自动磨光机

1. 连续自动磨光机

1）连续自动磨光机的基本结构

连续自动磨光机主要由机架、横梁、磨头、控制导轨部分组成。机架是设备的基础部分，装有大型先进的加工件输送带，由电动减速机带动主动轴旋转，从而带动皮带前进，且能进行无级调速；横梁带动磨头通过电机及齿轮条往复运动，并能通过变频调速调节横梁运动的速度；磨头是直接磨削加工件的部件，由电机通过三角带带动主轴及磨头进行磨光，磨头通过气缸实现升降，并由调压阀调整每个磨头的压力，然后显示在压力表上。

2）连续自动磨光机的工作原理

磨头相对于加工件的运动包括纵向运动（由传动带传动）、横向运动（由承载磨头的磨机横梁横向摆动完成）、旋转运动（磨头电机带动主轴转动）、摆动（行星轮系机构实现磨头左右摆动）。图 19-9～图 19-13 示出了一些型号连续自动磨光机外形及结构。

3）技术性能

典型连续自动磨光机的性能参数如表 19-3 所示。

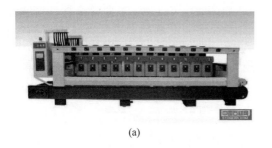 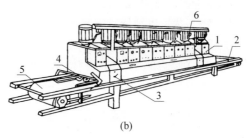

(a)　　　　　　　　　　　　　　　　(b)

1—磨头；2—床身；3—调整装置；4—压紧装置；5—传送装置；6—供水装置。

图 19-9　ZDMJ-16C 连续自动磨光机的结构图

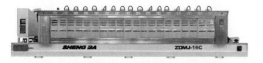

图 19-10　ZDMJ-16C 连续自动磨光机

图 19-11　ZDMJ-20S 连续自动磨光机

图 19-12　ZDMJ-20C 连续自动磨光机

图 19-13　ZDMJ-20C-2 连续自动磨光机

表 19-3　连续自动磨光机主要技术参数

型　号	参　数							
	磨头数/个	可磨加工件宽度/mm	可磨加工件厚度/mm	皮带进给速度/(mm/min)	磨头电机功率/kW	总功率/kW	排水量/(m³/h)	外形尺寸/(mm×mm×mm)
ZDMJ-14C	14	600～1900	15～50	0～2500	11	162.6	22	10 810×3970×2560
ZDMJ-16C	16	600～1900	15～50	0～2500	11	184.6	25	11 900×3970×2560
ZDMJ-19C	19	600～1900	15～50	0～2500	11	228.6	28	13 990×3970×2560
ZDMJ-20C	20	600～2000	15～50	0～2500	11	233.3	30	14 000×3970×2560

资料来源：福建盛达机器股份有限公司。

4）设备特点

（1）采用 PLC 控制系统，变频驱动。

（2）送料方式采用平板直行输送自动连续喂料。

（3）人机交互界面操作，设备运行参数化、自动化、程序化。

（4）整机一般与其设备组合成自动生产流水线，具有高度自动化流水加工生产特点。

（5）适用于大理石、人造石板、混凝土板块表面磨光加工，可加工宽度 2200 mm。

（6）加工件形状及输送位置自动侦测，动梁摆幅、磨盘升降自动调整控制。

（7）与其他养护设备、辅助设备组成磨光加工流水线。

5）结构特性

（1）采用两纵一横，横梁坐落于两个纵梁上，纵梁坐落于机架上。

（2）主轴箱体总成处于一段式横梁中心线

上,可保证磨头平稳移动。

(3)磨头内配置独特减震装置,避免碎板,可延长磨料寿命。

(4)每个磨头升降均采用双气缸独立控制,磨抛压力可调,达到初磨、细磨、抛光恒定平稳。

(5)大梁采用双驱同步传动,避免大梁错位。

(6)机架工作面采用大型龙门铣一次加工成形,保证加工件在磨光中不会破裂。

(7)两端纵轨安装油浸式滚柱排,为大梁摆动提供平稳运行轨道。

6)产品优势

(1)整机采用一体桥式动梁设计,不需现场拼装,从而不会影响精度,调试方便快捷。

(2)磨盘升降采用两段式设计,保证不规则板面边缘处可以抛磨到位。

(3)多个检测装置实时监测板材形状,可以自动控制各个磨头升降和横梁摆幅。

(4)磨头呈直线排列,单梁整体摆动,加工件不易破裂。

2.条板磨光机

1)条板磨光机的基本结构

条板磨光机是一种装有粗磨、中磨、精磨及抛光磨头的专用于磨抛板材的加工设备,因板材喂料采用连续输送方式,又称为连续磨机。

用不同的磨料可以加工不同的板材,按磨抛材料不同又分为大理石、花岗岩和人造石等其他材料的磨光机,同时因加工件材质和加工工艺不同可选择摆动式磨头或固定式磨盘,是一种高效率的磨光加工设备。条板磨光机如图19-14所示。

图 19-14　条板磨光机

2)条板磨光机的结构特性

条板磨光机一般采用 PLC 控制系统,变频驱动;纵梁式一体结构,采用磨盘式磨具,四类磨盘按直线排列安装于纵梁,送料方式采用平板直行输送自动连续喂料;采用人机对话操作界面,设备运行参数化、自动化、程序化;整机一般与其他设备组成自动生产流水线,具有高度自动化流水加工生产特点;适用于大理石、人造石等大板表面磨抛加工,可加工板材宽度2200 mm;磨光光泽度最高可达90°;加工件板形尺寸及输送位置自动侦测,动梁摆幅、磨盘升降自动调整控制;与其他养护设备、辅助设备组成磨抛加工流水线,常用磨盘直径260 mm。

3)技术性能

条板磨光机的技术参数如表19-4所示。

表 19-4　条板磨光机技术参数

型号	XMJ1050-16C	XMJ1050-20C
磨头数/个	16	20
可磨加工件宽度/mm	600～1050	600～1050
可磨加工件厚度/mm	10～50	10～50
皮带进给速度/(mm/min)	0～2500	0～2500
磨头电机功率/kW	7.5	7.5
总功率/kW	128.6	158.6
排水量/(m³/h)	15	18
外形尺寸/(mm×mm×mm)	7400×3150×2450	8700×3150×2450

资料来源:福建盛达机器股份有限公司。

3.薄板条板磨光机

1)薄板条板磨光机的基本结构

薄板条板磨光机其基本结构与条板磨光机相同,在设备的前端增加了一组定厚磨头,采用金刚石磨盘,可快速将加工件的厚度磨削至设定厚度,更适合厚度较薄、尺寸严格的石材、人造石及装饰混凝土制品的深加工。

薄板条板磨光机如图 19-15 所示。

图 19-15 薄板条板磨光机

2）技术性能

薄板条板磨光机的技术参数如表 19-5 所示。

表 19-5 薄板条板磨光机技术参数

型号	TBM650-10C＋2
可磨板材宽度/mm	650
可磨板材厚度/mm	15～50
皮带进给速度/(mm/min)	0～2500
定厚磨头电机功率/kW	15 或 22
磨头电机功率/kW	7.5
总功率/kW	111.5
排水量/(m³/h)	15
外形尺寸/(mm × mm × mm)	10 700×2445×2859

资料来源：福建盛达机器股份有限公司。

19.6 设计计算与选型

磨光机的选型应根据生产企业加工量来确定。混凝土制品深加工是近年来随着我国城市建设规模的发展和个性化装饰性需求的增加而发展起来的，从长远来看是混凝土制品多元化发展的必然趋势。手扶式磨光机和桥式磨光机生产效率较低，加工过程需要较多人为参与，加工质量差异性较大，磨光类混凝土制品订单量大的生产企业不宜选择。但是手扶式磨光机和桥式磨光机有操作简便、易于加工异型制品的特点，对于一些规格形状不大的制品的磨光加工有一定的优势，比如异型路缘石类制品比较适用。因此，对混凝土制品生产企业来讲，根据加工量需求适当配备几台手扶磨光机或桥式磨光机作为辅助设备应该是必要的选择。

对于制品磨光加工量较大制品企业应该选择连续自动磨光机。连续自动磨光机具有生产效率高、自动化程度高的特点，混凝土制品生产应根据产能需求，选择不同磨头数的连续自动磨光机，并与混凝土制品堆场容量等相配套，确保生产线生产出的半成品能够及时进行磨光加工，减少堆场场地占用。对于仿石材混凝土路面砖产品，有的企业先生产出一定厚度的大规格板，经磨光加工后，根据客户需求再切割成不同规格的路面砖成品，这种生产企业配置连续自动磨光机尤为适合。

无论选择哪种磨光机，都要根据企业总装机容量、车间面积、水源及当地环保政策要求来确定，尤其要做好研磨废水及沉淀物的无害化处理。

19.7 相关技术标准

相关技术标准有：《水磨石磨光机》(JG/T 5026)、《电动湿式磨光机》(JB/T 5333)等。

19.8 设备使用及安全要求

19.8.1 运输与安装

1. 运输

（1）运输途中应避免碰撞、挤压，要有防晒防雨措施，不得与酸性货物混运，装卸时应该轻放轻卸。

（2）利用能够支撑其质量和适应其尺寸的正常的运输设备，必须将设备放置在指定的使用区域。当磨光机必须与其他设备结合使用时，在移动过程中要留出足够的空间来放置和操纵设备。

（3）用桥式起重机将设备放在车斗的中央，把设备放在两块木头上，并用带子或链条固定。

（4）用扎带捆扎设备，使其不发生倾倒和位移。

（5）如果暴露在露天环境中，必要时用尼

龙布覆盖设备。

2．安装

1）安装前的筹备工作

（1）适当地用起重设备卸下磨光机，同时应在足够宽敞的场地进行操作。

（2）必须在设备周围留出足够的区域，以便于操作和移动设备，从而使工作场所达到最佳的人体工程学和安全性要求。

2）电气系统的准备工作

（1）必须由专业的人员根据接线图和安全规则要求来连接电气系统，提供电力并使其他设备同步运转。

（2）必须充分提供工作场所安全规章制度规定的关于机械操作的安全措施。

19.8.2 使用与维护

1．操作使用说明

1）开机顺序

（1）打开电控柜，检查三相电源进线。

（2）合上电源总控空开。

（3）顺序合上各分支回路空开，最后合上控制回路空开。

（4）复位急停按钮给控制回路供电。

（5）系统 PLC 和终端正常连接运行后，方可进行后续手动或自动操作。

2）操作顺序

（1）将待加工的加工件放在送板机上，位置最好是加工件的中心线与磨光机皮带中心线基本重合。

（2）将防护窗关闭，并将各磨头的手动与自动控制开关打向自动位置。如果不是连续进板，可以手动进行磨头的升降。

（3）根据加工件的厚度和表面平整度，在操作面板上和触摸屏幕上设定相应的参数、横梁的移动速度与皮带的运动速度。需注意的是，一些系统规定的数值不能修改。

（4）在操作面板上，打开磨头冷却水开关，打开吹干机与清洁刷开关。

（5）将所有手动与自动切换开关打到自动位置后，按下系统自动启动按钮，系统开始进入自动运行，自动运行灯亮。

3）关机顺序

（1）触摸终端自动停机或面板选择开关打到手动位置停机后，按下急停按钮，切断控制回路电源。

（2）断开电控柜内的总控开关，切断电源，锁好电控柜与手动控制面板。

（3）切断水源和气源。

（4）清洁工作区环境。

4）注意事项

（1）在开机之前，检查气源、水源、电源是否正常。

（2）磨削参数的设定要考虑加工件的厚度和平整度。因为磨削压力、磨头转速、进给速度等参数直接关系到磨削效率、磨削质量与磨削成本。根据岩石磨抛学理论可知：磨削进给速度对磨削效率没有影响，但与磨料的磨损率成正比关系。磨头转速与磨削效率和磨料磨损率成正比关系。而磨削压力也与磨削效率和磨料磨损率成正比关系，但对磨料磨损率影响更大。所以在选用工艺参数时，应尽可能采用低的进给速度和低的磨削压力，而磨削压力的下降对生产效率的影响可通过提高转速来补偿。

（3）停机更换磨料时，要根据每个磨头对应的型号进行更换。但是每个磨头的型号配置要根据板料的质量来定，如果是连续生产，可设定每个磨头固定使用某个型号的磨料。

（4）皮带在使用过程中难免会造成表面破坏，应对表面破坏严重的地方进行切除整平。

（5）加工件平整度误差过大者，尽量不要用来加工。因为这样不仅会造成加工件在加工的过程中炸裂，而且对磨头的损坏是相当严重的。当然，如果对加工件进行了定厚处理，可以不用考虑这个问题。

（6）连续生产时，要注意加工件前后的间隔距离，一般在 50 cm 左右。

（7）在磨机的成品出口处，应及时对加工过程中产生的碎片进行处理，以免损坏皮带。

（8）如果出现加工件的炸裂，应该按紧急停止按钮，并分析原因，采取合理的处理措施。

（9）操作人员应严格按操作规程操作，并

持证上岗。

2．安全守则

（1）操作人员必须按规定穿戴劳保用品。

（2）在磨机运行中必须关闭防护窗，禁止在工作期间靠近窗户。

（3）严禁在机器工作期间擅离岗位，以免磨光机发生紧急故障时造成不必要的损失。

3．保养及维护

自动磨光机属于大型设备，自动化程度较高，在生产作业流程中承担着主要工序。为确保其可靠稳定的性能，新安装或停用闲置时间超过一个月的机器应按规定作全面检查。维护及保养按检查期限分为日检、月检和年检，如表 19-6～表 19-8 所示。

表 19-6　自动磨光机日维护及保养

检 查 部 位	检 查 内 容 说 明	更 正 措 施	检 查 周 期
磨头	每单组磨头逐个检查升降是否灵活		一天
磨头	每单组磨头压力是否在设定的范围	调整恢复压力	一天
磨盘	每单组磨盘逐个检查磨料剩余量	调整损耗严重的磨料	一天
气动三联体	开机检查气源总压力是否达到	调整恢复压力	一天
气动三联体	给过滤器的水杯排水		一天
输送带	是否有跑偏的现象	调整恢复压力	一天
横梁限位	限位开关是否灵敏可靠，撞块到位		一天
横梁移动	运行速度是否稳定	调整恢复	一天
输送带	运行速度是否稳定	调整恢复	一天
润滑系统	按照润滑系统要求每班加注油脂	加注润滑油脂	一天
操作面板	急停按钮是否灵活可靠	右旋复位	一天
电控柜	电源开关是否异常或松动	检查更换	一天
吹风机	是否正常吹风		一天
送板机	运行情况是否稳定正常		一天
上下板机	运行情况是否稳定正常		一天
设备周边空间	运行通过空间是否有异常障碍物	检查排除	一天

表 19-7　自动磨光机月维护及保养

检 查 部 位	检 查 内 容 说 明	更 正 措 施	检 查 周 期
磨头	每单组磨头逐个检查旋转是否灵活	加注润滑油脂	一个月
磨头电机	每个电机负载电流是否在设定的范围	调整损耗严重的磨料	一个月
磨盘电机	每单组逐个检查皮带是否松紧适度	调整恢复	一个月
气动系统	气源排水、润滑是否正常	检查空压机、干燥机	一个月
气动三联体	清洗过滤器		一个月
输送带	是否有严重磨损现象	调整恢复张紧度	一个月
横梁移动	运行动作是否平稳	调整齿隙	一个月
横梁移动电机	减速机电机运转动作是否稳定无噪声	检查、加注润滑油脂	一个月
气缸	连接螺栓、螺母是否异常有松动	紧固恢复	一个月
润滑系统	按照润滑系统要求每月的加油点	加注润滑油脂	一个月
操作面板	所有开关按钮是否灵活可靠	检查更换	一个月
电控柜	电源开关是否异常或松动	检查更换	一个月
电控柜	接触器触头是否严重烧灼或磨损	检查更换	一个月
磨盘	每单组运行情况是否稳定正常	加注液压油到磨盘	一个月

续表

检查部位	检查内容说明	更正措施	检查周期
上下板机	油压系统是否稳定正常	加注液压油到油窗	一个月
供水系统	检查所有接头是否有松动	调整更换	一个月
吹风机	是否正常吹风	加注润滑油脂	一个月
送板机	运行情况是否稳定正常		一个月

表 19-8　自动磨光机年维护及保养

检查部位	检查内容说明	更正措施	检查周期
磨头	每单组磨头逐个检查工作是否正常	有异常的更换轴承	一年
磨头横梁	两端齿轮齿条逐个检查工作是否正常	调整齿隙或更换齿轮	一年
磨盘电机	每个电机负载电流是否在设定的范围	保养电机	一年
输送带滚筒	输送带滚筒法兰紧固螺栓、轴承座	保养紧固	一年
横梁传动	传动轴与减速机、紧固轴承座螺栓	保养减速机	一年
气动系统	所有接头是否有漏气	保养空压机等	一年
电气性能	全部电气的绝缘电阻是否达标	检查电气线路	一年
过渡架吹风机	所有传动零部件是否正常	保养加油	一年
上下板机	所有油缸等液压件的漏油	更换油封等	一年

19.8.3　常见故障及其处理

磨光机常见故障与排除方法如表 19-9 所示。

表 19-9　磨光机常见故障与排除方法

故障现象	故障原因	处理方法
皮带计数编码器故障	编码器不传递计数信号	检查编码器和导线连接处是否连接正常
横梁计数编码器故障	编码器不传递计数信号	检查编码器和导线连接处是否连接正常
横梁前极限故障	前极限位行程开关或导线不正常	检查前极限位行程开关和导线连接是否正常
横梁变频器故障	检查变频器的代码	检查该变频器的故障显示代码,判断、排除变频器故障
磨头缺磨料超时故障	某个磨头磨料已用完	及时更换缺损磨料
磨头过载总成故障	某个磨头主轴系统故障或磨削压力不适合	查明该主轴系统故障或适当调低磨削压力
PLC 电池电压低故障	PLC 储存器电池的低电压警告	及时更换 PLC 储存器电池
压缩空气压力低	空压机未启动或设定压力值偏低	查明空压机,调整核对设定的压力值

第20章

切 割 机

20.1 概述

20.1.1 定义和功能

1. 定义

混凝土制品切割机是对混凝土制品进行切割使之改变几何形状的专用设备。本章介绍的混凝土制品切割机是混凝土制品深加工设备,不包含加气混凝土切割机。混凝土制品切割机与石材切割机通过调整切割片的质地可以通用。

2. 功能

随着混凝土制品制造技术的发展,混凝土仿石材制品、静压式高强混凝土板、混凝土荒料等制品的出现,对其深加工的需求越来越大,通过混凝土切割机的加工,可以满足不同设计要求,荒料可以切割成板材,进而加工成具有不同面层效果和几何图形的制品。

20.1.2 国内外现状与发展趋势

从发展角度来看,没有纯粹的混凝土制品切割机,切割机的诞生与发展都是围绕石材行业的需求进行的。随着混凝土制品制造技术的飞速发展,尤其是近年社会对混凝土制品的综合品质有了更高的要求,因此,混凝土制品深加工技术得到了深度开发与运用,混凝土制品的切割是其中一项重要技术。

切割机技术主要经历了从人工手摇式切割机到桥式红外切割机、串珠绳切割机、全自动组合锯片切割机等的发展过程。不同类型的切割机具有不同技术特点。一般切割荒料和大型预制构件需要组合锯片切割机或串珠绳切割机,其他相对较薄的预制制品的切割利用桥式切割机即可完成。

20.2 分类

根据切割机的使用方式,有以下几种分类:手摇式切割机、桥式切割机、异型切割机、双向切割机、串珠绳切割机、组合锯片切割机等。

20.3 典型设备的结构原理与技术性能

20.3.1 手摇式切割机

手摇式切割机是最早出现的半自动切割设备,是一种垂直和水平方向均可独立调整结构的切割机,通过调整,可以适应多种规格加工件的切割。手摇式切割机可加装水平锯片完成双向切割,配置专用夹具可对加工件开槽;机头倾斜可对加工件进行倒角。手摇式切割机如图 20-1 所示。

手摇式切割机主要由主机架、立柱、水平工作台、导轨、行进丝杠、电机、减速器等部件组成,其结构如图 20-2 所示。

表 20-1 列举了部分型号的手摇式切割机性能参数。

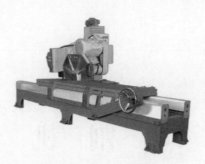

图 20-1　手摇式切割机

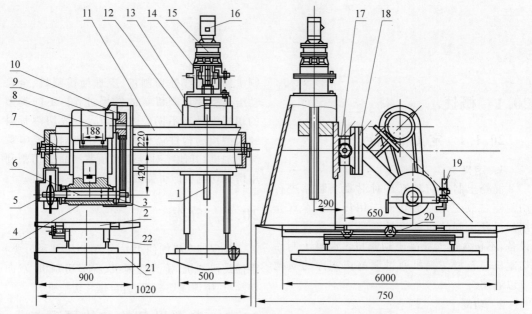

1—垂直进给丝杠；2—工作台；3—带轮；4—主轴箱；5—锯片；6—主轴；7—横向丝杠；8—主电动机；9—电动机带轮；10—V带；11—横向导轨；12—垂直导轨；13—立柱；14—联轴器；15—减速器；16—电动机；17—垂直运动溜板；18—水平运动溜板；19—水管；20—工作台手轮；21—混凝土基础；22—工作台导轨。

图 20-2　手摇式切割机结构图

表 20-1　手摇式切割机性能参数

性能参数及特点	型　号				
	SYJ-350	SQJ-20	YSQJA-20	YSQJA-16	SSQJ-16
最大加工长度/mm	3000	3000	2500	2000	1500
最大加工宽度/mm	1100	1000	1000	1000	1000
最大加工厚度/mm	70	70	70	50	50
金刚石圆锯片直径/mm	350～400	350～600	350～500	350～500	250
主电机功率/kW	11	11	7.5	7.5	4
耗水量/(m³/h)	2	3	3	3	5

续表

性能参数及特点	型　号				
	SYJ-350	SQJ-20	YSQJA-20	YSQJA-16	SSQJ-16
外形尺寸/(mm×mm×mm)	4800×2200×1700	4100×1960×1435	3800×1650×1488	2600×1650×1488	3200×2000×1200
质量/kg	2500	3000	1700	1500	2000
锯片升降行程/mm	200	350~550	160	160	40
工作台长度/mm	2000	2000	2000	1600	1600
分片总行程/mm	1050~1250	1200	1200	1200	1200
升降分片操作形式	手动、电动	手动、电动	手动、电动	手动、电动	手动、电动
特点	油浸式轨道，旋转刀架	该型号分为连体型和分体型两种，主机切头可45°旋转	特点同SQJ-20	连体式结构，油浸密封式导轨，油润滑主轴，可高速切削	龙门式连体结构，双刀切割，油浸密封式导轨，油润滑主轴，两切头可同时工作

资料来源：福建盛达机器股份有限公司。

20.3.2　桥式切割机

1. 桥式切割机的种类与结构原理

桥式切割机是架在基座轨道上作直线运动，带动金刚石圆锯片完成切割作业的切割机。桥式切割机是石材及混凝土制品切割作业的主要设备，种类很多，一般有装有红外线定位的红外线自动桥式切割机、可进行曲线切割的数控五轴切割机、红外线导柱桥式切割机、旋转桥式切割机及一体式桥式切割机等多种类型。部分桥式切割机如图 20-3 所示。

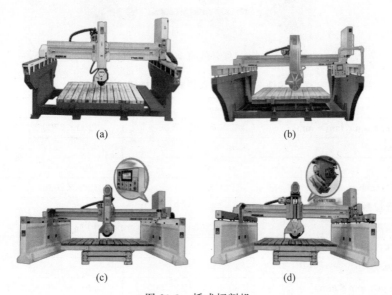

图 20-3　桥式切割机

(a) 一体式桥式切割机；(b) 旋转桥式切割机；(c) 红外线自动桥式切割机；(d) 红外线导柱桥式切割机

桥式切割机主要由基座、工作台、机架、驱动机构、红外线对锯仪及控制系统等组成,其结构简图如图20-4所示。

2. 典型桥式切割机的结构原理与技术性能

1) 红外线自动桥式切割机

红外线自动桥式切割机具备所有桥式切割机的主要结构,机架安装于混凝土基座上,工作台可旋转90°,红外线对锯定位,适用于切割花岗石、大理石、合成石、混凝土仿石制品等。其外形如图20-5所示。

表20-2列举了两款红外线自动桥式切割机的技术参数。

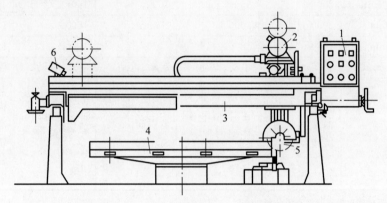

1—控制箱;2—驱动机构;3—机架;4—工作台;5—金刚石圆锯片;6—红外线对锯仪。

图 20-4　桥式切割机的结构图

图 20-5　红外线自动桥式切割机

表 20-2　红外线自动桥式切割机技术参数

型号	ZDCQ-400	ZDCQ-600
最大加工尺寸/(mm×mm×mm)	3200×3200×65	3200×3200×160
锯片直径/mm	400	600
升降行程/mm	200	400
工作台尺寸/(mm×mm)	3200×2000	3200×2000
工作台垂直翻板角度/(°)	0~85	0~85
工作台旋转角度/(°)	90 或 360	90 或 360
主电机功率/kW	18.5	22
耗水量/(m³/h)	4	4
外形尺寸/(mm×mm×mm)	6000×5000×2800	6000×5000×3000

资料来源:福建盛达机器股份有限公司。

2）数控五轴桥式切割机

数控五轴桥式切割机是平面板材异型加工的主要设备，可对花岗岩、大理石、混凝土仿石材板材、瓷砖等进行曲线切割和造型，具有如下特点：

（1）机头360°任意摆动，可对加工件（板材）进行任意角度、任意形状的切割。

（2）平台85°翻转，方便加工件的投放与取运。

（3）计算机控制，操作便捷。

图20-6所示为典型的数控五轴桥式切割机。

图20-6　数控五轴桥式切割机

典型数控五轴桥式切割机的技术参数如表20-3所示。

表20-3　数控五轴桥式切割机技术参数

型号	CNC-5-625
纵向 X 行程/mm	3500
横向 Y 行程/mm	2600
Z 轴锯片垂直行程/mm	450
锯片直径/mm	625
主轴电机功率/kW	22
固定台面尺寸/(mm×mm)	3200×2000
机头旋转角度/(°)	360
工作台倾斜角度/(°)	85

资料来源：福建盛达机器股份有限公司。

3）红外线一体桥式切割机

图20-7所示为红外线一体桥式切割机。该机配置PLC控制系统，切割尺寸在电脑终端输入，所有操作都可以通过手动或电脑程序自动完成；控制面板在机器右侧，方便操作者在放置板材时调整机器；面板上有操作按钮、编码器和液晶显示器；最多可同时设定8种不同

切割尺寸，每个尺寸最多可重复9999次，可设定分次降锯片切割模式；配有红外线对锯仪，可准确定位；切割进给速度由变频器调整；锯片由电机直接带动，也可由液压传动，可自动旋转90°；最大可切割面积3200 mm×2000 mm；工作台可承重600 kg，配置可翻转0°～85°的一体式支撑架和机架，可快速安装使用，移动方便。

图20-7　红外线一体桥式切割机

4）其他桥式切割机

桥式切割机种类很多，除了上面介绍的两种外，还有红外线导柱桥式切割机、旋转桥式切割机等，其基本结构、性能各具特点。图20-8所示为两种其他类型桥式切割机。

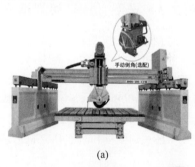

(a)

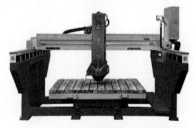

(b)

图20-8　其他桥式切割机外形图

（a）红外线导柱桥式切割机；（b）旋转桥式切割机

桥式切割机是目前混凝土制品深加工的主要装备，不同规格的桥式切割机其主要结构基本一致，性能参数有所不同，如表20-4所示。

表 20-4　系列桥式切割机性能参数

型号	ZDCQ-400	ZDCQ-500	YTQQ-500	XZQQ-625	XZQQ-625A
最大加工板材尺寸/(mm× mm×mm)	3200×3200× 80	3200×3200× 180	3200×2000× 100	3200×3200× 200	3200×3200× 200
锯片直径/mm	400	600	500	625	625
工作台尺寸/(mm×mm)	3200×2000	3200×2000	3200×2000	3200×2000	3200×2000
工作台垂直翻板角度/(°)	0～85	0～85	0～85	0～85	—
工作台旋转角度/(°)	0～360	0～90	0～360	0～360	—
主电机功率/kW	15	15	15	15	15
耗水量/(m³/h)	4	4	4	4	4
外形尺寸/(mm×mm× mm)	6000×5000× 2800	6000×5000× 2800	6000×2700× 2250	6000×5000× 2600	6000×5000× 2600
机头旋转角度/(°)	—	—	0～45	0～45	0～45
质量/kg	4500	4800	7090	7210	7340
最大一次切割深度/mm	70	170	130	190	190
切割转速/(r/min)	210	130	1430	1430	1430
锯片升降行程/mm	200	400	200	400	400

资料来源：福建盛达机器股份有限公司。

20.3.3　异型（仿形）切割机

异型（仿形）线条切割机，是加工端面为曲线面的一种专用设备。随着混凝土制品装饰性效果的开发和市场个性化需求的多样化发展，曲面异型加工的需求加大，原先的手工或简单手持机具加工已经无法满足市场需求，异型切割机是在手摇式切割机和桥式切割机的基础上发展起来的，一般配有红外线感光寻迹跟踪定位系统，可大批量加工事先设计好并输入计算机的各种异型端面线条，其外形如图 20-9 所示。

异型（仿形）线条切割机一般配置微电脑系统，双切割结构，由机架、活动工作台、电机、可旋转机头、液压升降装置及控制系统组成。表 20-5 所示为系列异型（仿形）线条切割机性能参数。

图 20-9　异型（仿形）线条切割机外形图

表 20-5　异型（仿形）线条切割机性能参数

型号	DNFX-1200	QSFX-1600	SKFX-1200
最大加工尺寸/(mm×mm×mm)	3000×1100×600	3000×1600×600	3000×1200×600
最大加工深度/mm	180	250	180

续表

型号	DNFX-1200	QSFX-1600	SKFX-1200
锯片直径/mm	350～600	350～500	350～600
切割速度/(mm/min)	0～750	0～750	0～750
主电机功率/kW	15	15	15
耗水量/(m³/h)	4	4	4
外形尺寸/(mm×mm×mm)	5000×2200×2300	5000×4000×2500	5000×2200×2400
质量/kg	4800	4500	4800
工作台尺寸/(mm×mm)	3000×1200	3000×1200	2000×1000
刀具升降最大行程/mm	600	500	600
金刚石圆锯片旋转角度/(°)	0	0	0～90

资料来源：福建盛达机器股份有限公司。

20.3.4 双向切割机

四柱框式多片锯（双向）切割机，也称框式薄板多片锯、四柱组合薄板切割机，是一种整机采用四根导柱连体结构的圆锯片（多片）切割机。由于整个机体采用四柱结构，因而机身稳定，导向精确，悬臂主轴工作端采用支撑方式使主锯切运动能达到理想状态，保证了切割的高效、精确。双向切割机主要用于石材荒料和混凝土仿石荒料的切割。图20-10所示为典型的双向切割机。

国内厂家多款双向切割机性能参数如表20-6所示。

图 20-10　双向切割机外形图

表 20-6　双向切割机性能参数

型号	KGQ-120B	GSD-20	GS-3500	DPJ-20/1600	DPJ-30/1200	HSMQE40
金刚石圆锯片直径/mm	1200	900～1300	900～1600	1600	1200	1200～1600
金刚石圆锯片数量/片	16	20	20	20	30	20×2
锯片升降行程/mm	900	2200	2200	1600	1600	1800
可锯荒料尺寸/(mm×mm×mm)	3500×1300×450	3200×2000×2000	2500×2000×2000	3000×1500×1300	3000×1500×1300	3200×1600×1800
主电机功率/kW	55	60	60	80	80	75
总功率/kW	57.6	70	70	82.5	82.5	137
质量/kg	7500	20 000	20 000	11 000	11 000	33 000

续表

型号	KGQ-120B	GSD-20	GS-3500	DPJ-20/1600	DPJ-30/1200	HSMQE40
外形尺寸/(mm ×mm×mm)	3000×1500 ×1200	6800×5140 ×4530	6800×5140 ×4530	5800×4000 ×4700	5800×4000 ×4700	10 000×8700 ×4700
可加工工件厚度/mm	8～50	8～80	8～80	8～50	8～50	8～50
垂直切割板材宽度/mm	500	500	600	600	600	180
切割速度/(mm/min)	0～5000	0～5000	0～5000	0～5000	0～5000	0～5000
桥架升降速度/(mm/min)	180	180	180	180	180	180
水平锯片直径/mm	300	400	400	400	400	300
台车尺寸/(mm×mm)	3000×2000	3050×2000	3050×2000	3000×2000	3000×2000	3000×2200
液压工作压力/MPa	4.5	4.5	4.5	4.5	4.5	4.5
耗水量/(m³/min)	4	6	6	16.8	18	60

资料来源：福建盛达机器股份有限公司。

20.3.5　串珠绳切割机

金刚石串珠绳锯，也称串珠绳切割机，是一种利用金刚石串珠绳循环运动而切割石材及混凝土制品的设备，与计算机配合，可以根据事先编制、设定好的图形尺寸进行可视化加工。其外形如图 20-11 所示。

金刚石串珠绳切割机主要由基座、横梁、导轨、料车、串珠绳、大小齿轮、电动机、减速机、液压系统和控制系统等组成，其结构如图 20-12 所示。

金刚石串珠绳切割机主要用于切割形状复杂的异型加工件，工作过程为：将天然石材或预制混凝土仿石材荒料放入料车固定，置于串珠绳工作范围内，根据计算机设置的工作程序，通过串珠绳进行往复曲线运动，切割加工件，完成异型加工。国内主要串珠绳切割机的性能参数如表 20-7 所示。

图 20-11　串珠绳切割机外形图

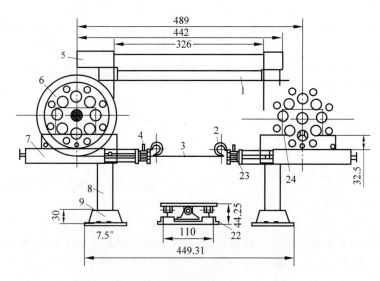

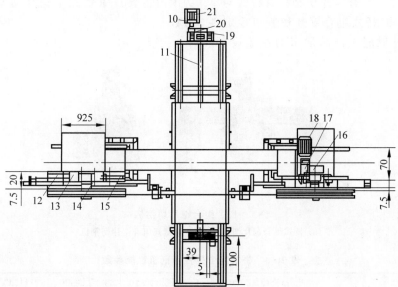

1—横梁；2—导向轮；3—金刚石串珠绳；4—步进电机；5—机罩；6—从动轮；7—滑座；8—立柱；9—底座；
10—联轴器；11—料车丝杠；12—导轨；13—滑动架；14—主轴；15—液压缸；16—大带轮；17—小带轮；
18,21—电动机；19—大齿轮；20—小齿轮；22—料车；23—减速器；24—主动轮。

图 20-12　金刚石串珠绳切割机结构图

表 20-7　串珠绳切割机性能参数

型号	SDNFX-2000	SDNSB-3000	SJE15U	KTSJ-150
最大加工尺寸/(mm×mm×mm)	2000×2000×1500	3500×2000×2000	2500×1500×2000	2500×2400×1400
金刚石串珠绳长度/mm	16 000	19 400	14 700	15 300
金刚石串珠绳直径/mm	8～10	8～10	8.6～10.8	8～10
切割线速度/(m/s)	25～45	25～45	25～33	20
主电机功率/kW	11	22	13	7.5

型号	SDNFX-2000	SDNSB-3000	SJE15U	KTSJ-150
耗水量/(m³/h)	4	4	3	4
外形尺寸/(mm×mm×mm)	6000×7000×4000	6000×8000×4500	6700×5850×4100	6600×5000×4000
质量/kg	6800	6800	6500	7500

资料来源：福建盛达机器股份有限公司。

20.3.6　组合锯片切割机

组合锯片切割机是利用一根主轴装卡不同直径的锯片，多锯片同时工作的一种切割设备。连接锯片的横梁架设在混凝土基础上，可装卡一片锯片，也可装卡多片锯片，以满足不同的加工需求。组合锯片切割机有桥式与单臂式两种结构，桥式组合锯片切割机稳定性好，为石材及混凝土制品加工的主流设备。

图 20-13 所示为组合锯片切割机。

国内外主要桥式组合锯片切割机的性能参数如表 20-8 所示。

桥式组合锯片切割机是在桥式单锯片切割机的基础上研发而成的，作为基础的桥式单锯片切割机仍有广泛市场应用。表 20-9 所示为国内主要厂家桥式单锯片切割机的性能参数。

(a)　　　　　　　　(b)

图 20-13　组合锯片切割机
(a) 桥式组合锯片切割机；(b) 单臂式组合锯片切割机

表 20-8　桥式组合锯片切割机性能参数

型号	QSQJ-2000-9	QSQJ-2500-16	TBG30	HLQY-1600/2600
最大加工长度/mm	3000	2500	3000	2600
最大加工宽度/mm	2000	2000	3500	2000
最大加工高度/mm	850	1100	2000	1200
锯片最大直径/mm	2000	2500	1300	1600
锯片最大数量/片	6~16	6~16	32	12
主电机功率/kW	55	55	132	30
外形尺寸/(mm×mm×mm)	7300×3800×6300	7300×3800×6300	6500×8500×5800	7000×5000×4000
质量/kg	10 000	11 000	26 000	7000
水平锯片直径/mm	350~400	350~400	350~400	350~400
水平锯片电机功率/kW	15	15	15	15
主轴装卡锯片长度/mm	120	120	650	1000

续表

型号	QSQJ-2000-9	QSQJ-2500-16	TBG30	HLQY-1600/2600
水平锯片最大垂直行程/mm	150	150	700	1000
垂直锯片行走速度/(mm/min)	0～180	0～180	0～180	0～180
横梁上下行走速度/(mm/min)	70～300	70～300	70～400	70～300
荒料车行车速度/(mm/min)	0～850	0～850	0～850	0～850

资料来源：福建盛达机器股份有限公司。

表20-9　桥式单锯片切割机性能参数

型号	QJ-2500	SQC-1200	JCS01-6A/YN	JCS01-8A/YN
使用金刚石圆锯片最大直径/mm	2500	1200	1000、1200、1300	900、1000、1100、1200
锯片最大横向行程/mm	3300	3000	2500	3000
锯片最大升降行程/mm	1300	780	500	550
主轴转速/(r/min)	183～208	180～210	180～210	180～210
锯片进给速度/(mm/min)	0～2000	0～2000	0～2000	0～2000
台车尺寸/(mm×mm)	1720×1720	3000×800	1800×2000	2400×1600
可加工荒料最大尺寸/(mm×mm×mm)	2000×1600×1300	3600×2500×450	2500×2000×550	3000×2000×470
耗水量/(m³/h)	6	4	5	3.6
主电机功率/kW	37	18.5	22	15
升降电机功率/kW	1.5	1.5	1.5	1.5
进给电机功率/kW	1.5	1.5	1.5	1.5
总功率/kW	40	22	26	18
使用锯片数量/片	1	1	1	1
质量/kg	8400	9000	8500	10 000

资料来源：福建盛达机器股份有限公司。

20.4　设计计算与选型

混凝土制品的切割主要是为了获得客户需求的几何形状，以及将预制混凝土仿石材荒料切割成不同厚度的板材而进行的一种加工工艺。切割设备是专业厂家的定型产品，其主要参数都有明示，加工能力各不相同，切割设备的配置主要参照制品企业生产能力需求和水电能源的消耗量来计算。设备的选型主要遵循以下基本原则：

（1）根据制品企业的产品结构需要而定。混凝土制品企业有深加工需求的，一般需要配

置切割设备，比如，生产混凝土大板的企业需将大板切割成不同规格尺寸的小板，需要配置桥式切割机，依据制品产量决定配置切割机的数量。

（2）随着静压成型机和压振一体机的开发应用，制品企业已经开始制造混凝土仿石材荒料，荒料的切割需要使用双向切割机，将荒料切割成不同厚度的板材，再进行深度加工。

（3）有异型加工需求的制品企业需要配置数控五轴切割机，可以根据需要将预制混凝土板材加工成各种曲线型成品。

（4）静压成型与压振一体机生产的混凝土制品，其品质已达到装饰性要求，可以使用异

型(仿形)切割机将预制的混凝土构件加工成形状各异的装饰线条或板材。大体量的异型加工件可选用串珠绳切割机,比如加工预制混凝土城市家具等。

20.5 设备使用及安全要求

20.5.1 运输与安装

1. 运输

运输时,应防止碰撞和滑落,尽量避免雨水淋湿设备。

2. 安装

(1)按安装基础图先做好混凝土基础,达到混凝土基础要求后安装。

(2)主切机、工作台、电控箱的安装、接线,应在专业人员的指导下完成,应按照产品说明书的精度及安全要求完成安装。

20.5.2 使用与维护

1. 使用

(1)应严格按照产品说明书的要求操作切割机。

(2)开机前,应检查所有电气装置是否安全有效。

(3)检查刀盘和紧固部位螺钉有无松动。

(4)根据加工物料的强度、硬度选择合适的锯片,设置合理的进给速度和切削深度。

(5)圆锯片运转正常后才能送入物料开始切割,千万注意:锯刀与加工件相抵时不允许启动。

(6)切割时冷却水必须充足,严禁无水或少水切割。

2. 维护

(1)开机前主轴箱、升降减速器、台车减速器等加注机油,油量以充满箱体的 2/3 为宜,使用一个月后,应全部更换一次。注意经常检查主轴箱是否有足够的润滑机油。

(2)滑动导轨部位、升降丝杆部位、分片丝杆部位全部涂机油,应经常保持清洁,使用过程中每 8 h 涂注一次。

(3)升降螺母、分片螺母是关键易损件,一般情况下每年需换一次。

(4)使用前空机、空车试运转,检查各部位确认可靠后,方可正常使用。

(5)定期检查螺钉连接处是否有松动现象,如有,应采取维护措施。

(6)每班工作完毕,对传动部件必须注油。

20.5.3 常见故障及其处理

切割机常见故障与处理方法如表 20-10 所示。

表 20-10　切割机常见故障与处理方法

故 障 现 象	故 障 原 因	处 理 方 法
锯片进给失控	油缸漏油、活塞油封老化、密封不严;电磁阀阀芯密封不严,或由于油内杂质较多,阀芯关闭不到位,有卸压现象	首先清洗电磁阀阀芯,如果液压油杂质较多或起泡沫则更换液压油;再检查锯片升降油缸是否漏油、活塞油封老化情况
切割时床身慢慢移动跑偏	夹紧缸锈死	如果开始时就不能夹紧,有可能夹紧缸锈死,可拆下清理或更换;若开始夹紧,然后慢慢松开,则主要检查、清洗电磁阀阀芯;液压油如果起泡、起沫、进水变质,比较明显的表现就是夹紧缸自动卸压,导致床身移动切割跑偏,则更换液压油即可

续表

故 障 现 象	故 障 原 因	处 理 方 法
电机转而床身不移动	离合器不动作	检查继电器是否良好；用万用表进行检测，确定离合器线圈及线路是否良好，一般情况为离合器线圈断线或接插头接触不良
电机不转	电机缺相运行，变频器 GF1 保护	检查电机是否烧坏或缺相、电机线是否断相。检查夹紧缸是否松不开，导致电机过流保护，拆下夹紧缸进行清理
床身移动时有异响或走到一定位置突然停止	两侧油池内齿条缺齿或松动	检查两侧油池内齿条是否有断齿、松动，若有则予以更换或紧固，特别是两头的齿条容易松动。如果两根齿条之间的间隙达到一个齿距以上，则床身移动到该位置时就会出现响声且立即停止，复位后砸紧定位销，拧紧螺栓即可

参 考 文 献

[1] 苏永定,侯建华,王黔丰,等.石材机械与工具
    实用手册[M].北京:化学工业出版社,2014.

[2] 何开明,汪承林.石材劈裂机理及劈裂机研制
    [J].非金属矿,1996(5):54-57.

第5篇

混凝土制品生产线控制与企业信息化服务

第21章

混凝土制品生产线控制及企业信息化应用实例

21.1 概述

21.1.1 定义和功能

1. 自动生产线的定义

自动生产线是指由自动化机械体系实现产品工艺过程的一种生产组织形式。它是在连续流水线的基础上进一步发展形成的。其特点是：加工对象自动地由一台机械设备传送到另一台机械设备，并由设备自动地进行加工、转运、检验等；工人的任务仅是调整、监控和管理自动生产线，不参加直接操作；所有的机械设备都按统一的节拍运转，生产过程高度连续。

自动生产线主要由五个部分组成，分别是基本工艺设备、传送系统、检测系统、控制系统、驱动系统，以及一些核心的技术应用。下面通过混凝土制品自动生产线的组成结构来说明这五个组成部分。

（1）基本工艺设备：完成制品生产加工的主要装置，是生产线的执行部件。主要由两种技术类型组成，即气动驱动和液压驱动技术。气动驱动是指以压缩空气为动力源来驱动和控制各种机械设备以实现生产过程机械化和自动化的一种技术。液压驱动是指以液体为工作介质进行能量传递和控制的一种传动方式。混凝土制品自动生产线中的布料机、成型

机、码垛机等都属于基本工艺设备。

（2）自动生产线传送系统一般包括上下料装置、输送转运装置和储料装置等。传送系统是构成自动生产线的重要组成部分，传送系统设计是否合理直接关系到生产线运行的流畅性与合理性、关系到生产节拍和运行效率。传送装置包括重力输送式或强制输送式的料斗或料道、提升、转位和分配装置等。有时采用机械手完成传送装置的某些功能。在自动线中当加工对象有合适的输送基面时，采用直接输送方式，其传递装置有各种步进式输送装置、转位装置和翻转装置等，对于外形不规则、无合适的输送基面的加工对象，通常装在随行夹具上定位和输送。混凝土制品自动生产线中的原材料上料系统、干湿品输送线、子母车、链板机等都属于传送系统。

（3）检测系统：生产线运行过程中各设备运行状态、运行位置等信息通过传感器、编码器等检测元件进行测量，并将测量到的各类信息传输到控制系统进行记录、处理、存储，控制系统将处理过的信息及时回馈给相应设备，从而达到对生产线的控制。在混凝土制品自动生产线上包含大量的传感器或编码器，分别检测布料车行走、阳模提升、码垛机升降等相关位置信息。这些装置构成了混凝土制品自动生产线的监测系统。

（4）控制系统：控制系统是自动生产线的大脑，目前混凝土制品自动生产线一般采用

PLC 控制系统，PLC 是可编程逻辑控制器，用于内部存储程序，执行逻辑运算、顺序控制、定时、计数与算数操作等面向用户的指令，并通过数字或模拟式输入/输出控制各种类型的机械生产过程，是专门为工业自动生产设计具有数字逻辑运算操作的电子装置。它将存储的数据经过核心 CPU 的处理运算后转化为数字信息，反馈至执行部件去调整运行状态来执行指令，同时也是工业控制的核心部分。

（5）驱动系统：自动生产线动力源为电力，通过步进电机和伺服电机将动力输送到各个系统驱动生产线的运行。电机是驱动系统重要组成部件。步进电机是将电脉冲信号转变为角位移或线位移的开环控制电机；伺服电机是指在伺服控制系统中控制机械元件运转的发动机，是一种补助马达间接变速装置。伺服电机可使控制速度、位置精度非常准确，可以将电压信号转化为转矩和转速以驱动控制对象。随着工业技术的发展，混凝土制品自动化生产线在成型机、码垛机、子母车等关键部位均已采用伺服电机，设备运行效率和精度得到大幅提升。

自动生产线的核心技术包括传感检测技术、机械技术、人机界面、气动技术、伺服控制技术、PLC 技术和网络通信技术。

混凝土制品成型机是集机、电、液为一体的建材生产设备。它以水泥、砂子和石子或者工业废料、炉渣、火山灰、粉煤灰为原料，使用不同的模具压制成形状各异、尺寸不同的混凝土制品。整机由多个子系统构成，占地面积大，控制流程复杂，这给生产现场的管理、故障点的检查带来一定困难。为此，应当采用上位工业控制计算机与下位机进行通信，实现动态监控、故障报警等，以提高生产质量和工作效益。

混凝土制品生产线是利用一整套自动设备（全自动配料、全自动搅拌、全自动成型、全自动输送等）经过中央控制系统自动地完成产品生产过程的生产线。产品生产过程所经过的路线，即从原料进入生产线开始，由配料、搅拌、成型、养护、码垛、打包等一系列生产制造活动所构成的闭环路线。这个路线循环往复，每个工作循环结束下一个循环即开始。混凝土制品自动生产线中，子母车系统由子母车和养护窑组成。子母车主要负责混凝土制品连同托板的运送，母车在主轨道中作横向运动，运动范围在降板机、升板机到养护窑各窑位之间，子车作纵向运动，其运动轨迹是从升板机将成型后的湿产品取出，经母车将湿产品送至指定养护窑口，子车将湿产品送入指定窑位；然后，子车再进入另外窑位取出养护完毕的干产品，经母车送至降板机位，子车将干产品送入降板机，进入整理码垛工序。这是一个由控制系统设定的工作循环。养护窑的作用是对混凝土制品进行养护，从而提高混凝土制品的质量和提升生产线运行速度。

因此，采用自动生产线进行生产的产品应有足够大的批量；产品设计和工艺应先进、稳定、可靠，并在较长时间内保持基本不变。在大批量生产中采用自动生产线能提高劳动生产率，保持产品质量的稳定性，改善劳动条件，缩减生产占地面积，降低生产成本，缩短生产周期，保证生产均衡性，具有显著的经济效益。

2．自动生产线的功能

在制造企业中，如果物料的传送、零部件的装配、工件的上下料等都由人工来操作，将需要配备大量的操作工人，人力成本巨大；人力操作生产环节容易受到个人情绪或体质的影响，也会造成生产效率变化以及产品质量的不稳定。而采用自动化生产线生产，使用自动化机械实现物料的输送、零部件的装配等操作，不会受到外界因素的干扰，可以长时间工作，既可提高生产效率，又可以使产品的质量得到可靠保证。只需少部分的操作人员进行设备的操作即可，减少了很大部分的人工费用支出，提高了企业的经济效益。虽然采用自动化生产线前期投入会比较大，但是只是一次性的投入，相比雇用工人，长期来看还是很划算的。自动化生产线的应用正好解决了这个问题，既不会耽误生产，又无须大量的工人，还提高了企业的竞争力。

自动生产线在无人干预的情况下按规定

的程序或指令自动进行操作或控制,其目标是"稳,准,快"。自动化技术广泛用于工业、农业、军事、科学研究、交通运输、商业、医疗、服务和家庭等。采用自动生产线不仅可以把人从繁重的体力劳动、部分脑力劳动以及恶劣、危险的工作环境中解放出来,极大地提高劳动生产率,增强人类认识世界和改造世界的能力。

3.控制系统设计

混凝土制品生产线机械设备多,生产工艺复杂。若采用整体设计方法,软件设计难度大,硬件投资费用高,系统维护困难。基于上述原因,应采用模块化的设计思想。所谓模块化设计是将一个大型系统的设计过程按照一定的规则分解为相对独立的小系统,通过首先独立设计各个小系统,然后将各个设计好的小系统组织起来,形成一个大型系统的设计方案的设计思想。

控制系统的设计主要包括以下两方面主要内容。

(1)系统配置。由于混凝土制品的主要原材料为水泥、砂石料和工业固体废弃物,通常混凝土制品生产线现场环境相对恶劣,设备布局较为分散,对控制系统的要求相对较高。PLC具有控制精度高、信号强、传送距离远、稳定可靠等优点,最适合在混凝土制品生产企业现场的高粉尘、强振动等恶劣环境下采用。PLC控制系统配有显示终端、操控盘及报警系统,可设定生产线各作业单元的运行程序,且具备对生产线的运行过程进行实时监控、故障报警及任务指令回馈的功能。选择PLC控制系统可分别采用联机或单机两种工作方式。在选择单机工作方式时,通过程序屏蔽总控制台的所有输出端,这时就可分别操作各个小系统,实现单机运转;当选择联机工作方式时,由总控制台发出联机信号,检测各小系统是否准备就绪,当各个小系统准备就绪,各个小系统联合向总控制台发出联机反馈信号,启动联机工作,实现联机运转。

(2)程序设计。控制系统程序设计包括如下步骤:①根据控制要求,确定控制的操作方式(手动、自动、连续、单步等),应完成的动作(动作的顺序和动作条件),以及必须的保护和连锁;还要确定所有的控制参数,如转步时间、计数长度、模拟量的精度等。②根据生产线的需要,把所有的按钮、限位开关、接触器、指示灯等配置按照输入、输出分类;每一类型设备按顺序分配输入/输出地址,列出PLC的I/O地址分配表。每一个输入信号占用一个输入地址,每一个输出地址驱动一个外部负载。③对于较复杂的控制系统,应先绘制出控制流程图,参照流程图进行程序设计。可以用梯形图语言,也可以用助记符语言。④对程序进行模拟调试、修改,直至满意为止。调试时可采用分段调试,并利用计算机或编程器进行监控。⑤程序设计完成后,应进行在线统调。开始时先带上输出设备(如接触器、信号指示灯等),不带负载进行调试。调试正常后,再带上负载运行。全部调试完毕,交付试运行。如果运行正常,可将程序固化到EPROM(可擦除可编程只读存储器)中,以防程序丢失。

典型的台振式混凝土制品自动化生产线由配料搅拌系统、布料系统、成型系统、输送系统、码垛系统及养护系统等部分组成。配料搅拌系统主要由水泥仓、装载机、配料机、水泥配料秤、螺旋输送机、强制式搅拌机、皮带输送机等设备和控制系统组成。其工作方式为首先在控制系统中设置所需的配比,包括砂、石、水泥、水、其他胶凝材料、外加剂及固体废弃物等的质量,配比设定完成后,把配比系统设置为自动运行状态。装载机负责往配料机料斗中分别添加砂、石子和固体废弃物,同时输送机输送砂、石及固体废弃物到称重料斗,到达设定的质量后,将称重料斗提升卸入搅拌机搅拌筒内。同时利用螺旋输送机将水泥和其他胶凝材料从水泥仓或胶凝材料仓中抽出,经过称重投入搅拌机料搅拌筒内,搅拌机开始工作,并加水进行混合。搅拌完成后搅拌机开启卸料门将拌和料卸到皮带机上或转运料斗内,由皮带输送机或转运料斗输送到混凝土制品成型机主机料斗中待用。成型系统由送板机、成型机、推板机、升板机构成。送板机将托板送入成型机振动台上,成型机开始工作。成型后,生产出来的湿产品经推板机送至升板机,升板机升板满后子车进入将载有湿产品的托板叉出,回到母车上,子母车行走到指定养护窑口,子车将托板送入指定窑位进行养护。码垛系统由降板机、推板机、输送机、翻板机、码垛机、成品托盘仓和链板输送机组成。子车从养护窑指定位置取出已经养护好的带托板的干产品,回到母车,子母车运行到降板机前,由子车将托板送入到降板机,进入降板机的托板底面与输送机轨道处于同一平面,这时码垛系统推板机自动调节到降板机后位,逐层将托板推入输送机,每推一层降板机下降一层高度,直到将每层托板全都推入输送机;同时,成品托盘仓的推板器将一个成品托盘推送到链板机上,码垛机把推板机推送过来的干产品逐层码放到成品托盘上,码放到设定层数后形成成品垛,链板机启动将成品垛移到下一工位(板位),同时推板机把空托板推到馈板线上。空托板经推板机送入到翻板机上进行翻板,以除去托板表面洒落的混凝土料渣等杂物。由于翻板机每次翻一板,所以其另外一面的一张托板就由推板机上面的联动机构推入到推板机当中,为下一次工作循环做好准备,到此完成一个工作循环。

21.1.2 国内外现状与发展趋势

1. 国内外现状

国外混凝土制品成型机的发展历史较长,尤其第二次世界大战以后得到迅速发展,主要以美国、德国、意大利和日本公司为代表。其中美国、日本公司的混凝土制品成型机以模振式为主,欧洲公司则以台振式为主。它们的共同特点是自动化程度高、故障率低、运行稳定可靠,振动加速度一般可达到 $8g$ 以上,个别机型甚至更高;成型周期最快可达到 $10\ s$ 以下;生产的混凝土制品抗压强度高、差异较小、质量稳定。国外生产的混凝土制品成型机规格种类齐全,从小型手动型成型机到大型全自动的生产线,几乎涵盖了所有混凝土制品品种,且自成系列,可满足各种用户的需求。这类设备的主要特点如下:

(1)自动化程度高,成型周期短、综合产能大,必要时可进行手动操作。

(2)材质优异,抗冲击、抗振动,耐久性强。可保证机械性能的稳定,增加使用寿命。

(3)振动系统、码垛系统等均采用伺服电机,极大地提升了运行效率。

(4)控制系统采用最先进的 PLC,信号传输迅速、故障反应及时、人机对话界面、程序运行可靠,生产线自动运行,很少人为干预。大型生产线仅需 3 人监控即可。

(5)计量系统设有灵敏度很高的传感器和电、光、液控制的执行机构,并通过中央电子自动系统进行操作,可保证物料配比准确,确保产品质量。

(6)输送设备采用程控子母车系统,运行稳定,可保证垂直和水平输送的准确定位,节省人力。

(7)整个系统的运行动作和工作周期均由计算机控制。

国外混凝土制品成型设备,如德国策尼特、托普维克、玛莎及日本虎牌等,其振动成型的垂直同步水平及调整振频和振幅的技术优异,规模及自动化水平较高。但国外的自动化生产线造价高,一条生产线总投资可高达三四千万元,有些甚至达上亿元,投产后产品成本居高不下。一些企业购置进口设备后很难赢得应有的利润并使企业背上沉重的还贷包袱。因此发展国内混凝土制品成型自动化生产设备,研制高水平、大规模混凝土制品生产设备提到了议事日程。开发一种价廉、可靠、小型、有一定档次的混凝土制品成型机,不仅使用户的投资风险减小到最低限度,也满足了日益担心市场变化莫测的用户心理需求。

近年国内生产线控制系统的技术水平取得了较大的进步,但与国际相比国内生产线设备控制系统的研发还存在很大差距,尤其是PLC主要靠从德国、日本等国家进口,极大地制约了国产装备控制系统技术水平的提升。相信随着我国装备制造业智能化发展战略的实施,国产的芯片、控制器将逐步替代进口产品,为混凝土制品生产线多样化、智能化水平的提升带来可靠保证。

2.发展趋势

虽然目前国内外混凝土制品生产线的制造能力取得了长足进展,但在实现混凝土制品自动化生产线的数字化、智能化操控,解决成型机的振动不均、布料不均、提高油缸使用寿命、成型设备的实时监控与诊断维护等方面,还存在许多技术上的不足。很多制造商已经着手开发新型布料装置、高强耐久油缸及组件、成型机实时监控装置等,优化生产线远程诊断与维护系统已经取得了初步成果。因此,自动化生产线的控制系统是国内外各类混凝土制品生产线的核心,是制约生产线智能化水平的关键环节。生产线数字化、智能化和管控一体化的深度开发,并逐步走向柔性化、集成化和网络化是混凝土制品机械高水平发展的方向。

随着市场需求的扩大和用户对产品质量及生产效率要求的提高,混凝土制品生产线控制系统也在不断更新。将人机对话界面、触摸屏控制技术引入混凝土制品生产线中,并采用机、电、液三结合的控制方法,控制系统结构紧凑,安装操作方便,自动化程度较高。触摸屏作为显示终端,可以随时直观显示设备的运行状态及故障信息,便于操作人员掌握设备状态,快速处理故障。同时,省去了大量的操作按钮、指示灯等易损器件,使连线简化,系统的可靠性大为提高。

混凝土制品生产线的工艺过程涉及的设备环节较多,不论是设备的安装与调试,还是设备的运行过程都对设备的自动化程度有较高的要求。而采用先进的控制技术是解决这一问题的有效途径。设备运行与管理的有效控制保证生产线的可靠运行,降低对操作工人的技术要求,减小了操作工人的劳动强度。采用专家系统、人工神经网络、模糊控制技术等人工智能技术,可根据加工对象的属性和要求自动选用配比及成型参数,确保加工质量最优,进一步提高生产线的优化能力和适应性。

对混凝土制品自动化生产线这类较复杂的机电系统,为用户提供及时的、优质的售后服务是提高企业竞争力的关键之一。传统的服务人员的现场服务,费时费工,及时性差。引入网络化技术,通过互联网实现对混凝土制品生产线的远程监控、诊断和维护,可以克服时空障碍,为客户提供及时准确的服务,可以保证设备及时排除故障、安全稳定地运行。同时也可以及时反馈生产线实时运行状态,发现提升与改造的关键点,为设备制造商改进设备技术水平提供原始数据。

21.2　分类

混凝土制品生产线可分为全自动生产线和半自动生产线,全自动生产线也称为环型生产线,半自动生产线也称为直线型生产线。

生产线按其生产节拍的特性可分为固定节拍生产线和非固定节拍生产线两种形式。

1.固定节拍生产线

固定节拍生产线是指自动生产线中组成生产线的所有设备单元均按照统一的或整数倍的生产节拍运行。混凝土制品全自动生产线即属于固定节拍生产线。

2.非固定节拍生产线

非固定节拍生产线是指生产线中各设备单元的工作周期不同,整条生产线没有统一的节拍,混凝土制品半自动生产线即属于无固定节拍。

21.3　典型生产线控制及信息化系统原理与应用实例

21.3.1　混凝土制品自动化生产线控制系统

1.控制系统需求分析

基于混凝土制品自动化生产线生产工艺的复杂性及恶劣的工作环境及设备的特殊要求,自动化生产线控制系统必须具有较高的可靠性及故障自诊断能力。综合分析混凝土制品自动化生产工艺流程,控制系统总体应具有以下需求。

1) 功能需求

针对目前生产过程中存在问题的分析以及控制系统的总体要求,生产监控系统总体上应具有以下功能,各功能分布在现场控制级和上层监控级上。各级的具体功能如下:

(1) 现场控制级

① 生产过程控制:控制各设备按照工艺流程全自动运行,控制系统控制生产线正确有序地运行。

② 生产过程数据采集与处理:采集自动化生产线重要工艺参数上报给上位机,便于及时调整重要工艺参数,确保混凝土制品质量最优。

③ 设备状态数据采集与处理:实时采集各设备运行状态数据,若设备出现故障必须能自动停机报警。

④ 报警与紧急事件处理:当遇到操作或参数设置错误情况,必须做出相应报警处理以便操作员及时发现错误,减少设备故障发生率。

⑤ 与上位机实时通信:实时把采集的数据信息上传给上位机,并在上位机显示,方便生产线的自动监控。

(2) 监控级

① 设备状态监控:现场监控用于操作员对生产线的监控,企业监控用于混凝土制品生产企业对生产线的监控,方便制品生产企业对生产现场的管理。

② 关键工艺参数监控:自动化生产线可以生产多种型号的混凝土制品,各种型号的制品工艺参数各不相同,工艺参数中的液压系统流量、振动时间、码垛层数必须能根据实际情况作相应的修改或设定。

③ 历史数据收集、归档和分析:对所有的生产产量及工艺参数进行存档分析,为今后相关工艺参数设定定下参照标准。

④ 数据分析及优化:对生产工艺参数进行全面分析和优化,从而提高混凝土制品的生产效率及质量。

⑤ 信息集成服务:提供与远程故障诊断模块的通信接口,实现远程故障诊断维护模块与控制系统的信息集成。

2) 信息需求

基于生产监控系统的功能需求,确立其信息需求如下:

(1) 控制系统及上层系统下达给生产监控系统的信息

• 工艺指标工艺参数设置信息。
• 质量指标标准质量参数信息。
• 生产质量分析数据产品质量信息报表分析。

(2) 生产监控系统的上报信息

• 主要设备运行状况信息。
• 关键工艺点信息,包括温度、压力、流量、速度等。
• 质量信息。

(3) 生产监控系统内部采集与处理的信息

• 生产工况信息。
• 设备运行状态信息。
• 生产安全保护信息。
• 报警信息。
• 控制参数。
• 现场质量信息。

3) 性能需求

生产监控系统的性能需求表现:

• 实现与远程故障维护系统的信息集成,实时监控自动化生产线的状态信息。
• 硬软件体系结构应具有较好的开放性。
• 良好的安全可靠性,系统要适应恶劣的作业环境。
• 系统的人机界面友好,使用维护方便。
• 满足生产需要的实时多任务处理性能。

2. 选型应用

1) 集散控制系统(DCS)模型

集散控制系统也称为分布式计算机控制系统,产生于 20 世纪 70 年代,随着计算机技术、信号处理技术、测控技术、网络通信技术及人机接口技术相互渗透发展而产生。集散控制系统是由过程控制级、控制管理级和生产管理级所组成的一个以通信网络为纽带的多级计算机网络控制系统,具有显示、操作、管理集中,控制相对分散,配置灵活,组态方便的优点,是目前工业控制自动化系统应用及选型的主流。其典型体系结构如图 21-1 所示。

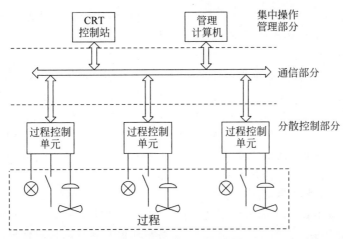

图 21-1　典型 DCS 体系结构

集散控制系统具有如下特点：

（1）分散性和自治性。如图所示，各工作站是通过网络接口连接起来的，各个工作站相互独立自主地完成系统分配给自己的任务，控制功能分散，危险分散，提高了系统可靠性。

（2）协调性。DCS 各工作站通过通信网络相互传送各种信息，相互协调工作，以实现系统的总体功能。

（3）灵活性和开放性。DCS 硬件结构采用积木式结构，可灵活配置成小、中、大各类系统。另外还可根据系统需要扩展系统，改变其配置。

（4）友好性。DCS 的人机接口和软件面向技术人员和操作人员，方便操作、显示直观、方便直观监控设备的运行状态。

（5）可靠性。DCS 采用了容错设计、冗余设计技术及一系列抗干扰措施，系统具有故障诊断能力，使系统可靠性得到全面提高。

2）控制系统结构设计

控制系统主要由上位 PC 机、工业触摸屏、PLC 控制器、变频器、接近开关、光电开关、电磁换向阀及异步电机等组成。本控制系统采用二级监控结构，由现场控制级、企业监控级组成。现场控制级采用 PLC 控制器和信号传感器的传统模式，传感器采集的信号传给控制器，控制器根据实时信号控制生产线的执行机构，并把相关信息传给人机界面，操作员通过人机界面来监测和控制生产线。企业监控级主要由上位机组成，人机界面把生产线现场的

信息通过 RS-485 或者 PROFINET 通信技术传送给上位机，通过一定的操作权限设置，系统参数的设置及修改必须在上位 PC 机上或人机界面进行，操作员工只能进行生产线的普通操作。控制系统结构如图 21-2 所示。

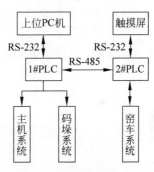

图 21-2　控制系统结构示意图

图 21-2 中 1♯PLC 为主控制器，控制主机系统及码垛系统，上位 PC 为主监控中心，2♯PLC 为辅控制器，控制窑车系统。两个 PLC 之间距离较远，且子母窑车的特殊运行状态，系统采用传输距离远、抗干扰能力强的通信手段。

采用双 PLC 控制的优点如下：

（1）子母窑车在高温、潮湿的环境中工作故障率比较高，若只用一个控制站控制整条生产线，一旦子母窑车系统出现故障，整条生产线就瘫痪了，会大大降低生产效率。而采用两个控制站，当子母窑车系统出现故障时，可以一边用叉车或人工暂时代替子母窑车进行半自动生产，一边进行子母窑车的维修，提高生

产线生产效率。

（2）考虑到子母窑车移动的特殊工况，子母窑车的所有线缆均通过一个布线器随子母窑车的移动自动收放。若使用单控制站的方式，所涉及的动力线、信号线都必须并到一起并随着子母窑车的移动自动收放，变频器的动力输出线会对接近开关、光电传感器及通信系统产生严重干扰，影响生产线的正常工作。采用双控制站的方式，把变频器的动力输出线单独隔离出来，使动力输出线尽可能短地直接接到电动机上，可以减小其产生的电磁干扰，有利于提高控制系统可靠性。

　　3）控制系统功能设计

　　基于对自动化生产线控制功能需求分析及混凝土制品生产企业的总体要求，自动化生产线控制系统应具有两大模块：现场控制和企业监控模块。各模块的具体功能如下：

　　（1）现场控制

　　其功能为：自动化生产线生产流程控制；生产过程工艺参数采集及生产产量统计；设备状态数据采集及处理；操作错误报警及紧急事件处理；与上位机实时通信，返回生产线设备状态。

　　（2）企业监控

　　其功能为：设备状态监控及限位显示；工艺参数设置及监控显示；历史数据收集、归档；工艺参数数据分析及优化。

　　在整个生产线控制系统中，采用集散控制系统结构，控制系统总体方案图如图 21-3 所示。

　　① 1♯PLC 的主要功能

　　a. 根据行程开关和光电开关的输入信号，分析托板及制品的位置情况，控制送板机、成型机、升板机、降板机、码垛机、链板机、馈板机（返板机）及翻板机的电机及油缸的动作，也就是对生产线主体部分进行控制。

　　b. 通过与 2♯PLC 实时通信，告知 2♯PLC 升降板机的工作状态。

　　c. 将生产线主体部分各个生产环节的生产工艺参数和设备状态上传给上位 PC 机，以实现上位机对生产线的实时监控，对各类故障报警做出及时分析和合理的处理。

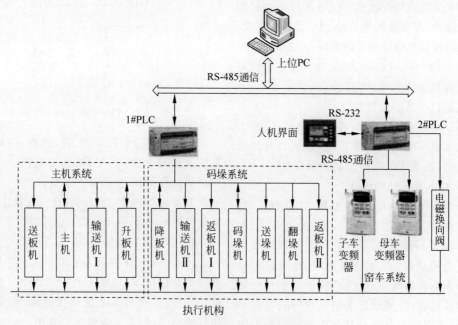

图 21-3　控制系统总体方案图

　　② 2♯PLC 的主要功能

　　a. 与 1♯PLC 实时通信，读取升降板机的工作状态，控制子窑车及时运动至升降板机位并控制校正停靠位置；自动进出窑，完成存取托板的工作。

b. 随时向 1♯PLC 报告自己的工作状态，以便采取控制动作。

c. 上传子母窑车的状态及生产工艺参数给触摸屏，以便现场工作人员对子母窑车的操作。

3．系统开发环境

系统开发必须有相应的开发环境，在本控制系统中软件开发主要包括 PLC 控制程序、触摸屏监控程序、上位 PC 监控程序三部分。

1) PLC 控制程序开发软件

PLC 作为控制系统的核心，其程序优劣直接决定着生产线的生产工艺能否顺利完成。在本控制系统中，PLC 程序采用常见的梯形图语言编程，它通俗易懂，使用方便，修改灵活，调试监控简单。PLC 控制程序开发采用台达专用编程软件 WPLSoft。它功能强大，操作方便，支持三种编程方式：指令编程、梯形图编程及顺序功能图编程。本控制系统采用梯形图编程方式，其符号及规则充分体现了电气技术人员的读图及思维习惯，简洁直观。其主要特点如下：

（1）软件通用性较强，适合台达所有系列 PLC 的程序编写，实现了设置操作共用化，方便控制程序协同设计。

（2）快捷菜单功能丰富，几乎所有的操作在菜单上都有快捷操作方式，许多常用的模块化设计都有快捷功能菜单，如通信格式设置、上网拨号、PLCLink。每条指令都支持热键操作，可极大提高编程效率。

（3）可进行在线离线模拟调试，对 PLC 内部数据可以方便地读写或实现辅助继电器的复位置位操作，极大地方便了程序的调试。

（4）可以在线联机调试，实现对内部数据实时监测，及时发现及更正程序中的错误，极大缩短了调试时间。

2) PLC 控制程序开发

PLC 程序开发主要包括 1♯PLC 控制程序开发和 2♯PLC 控制程序开发，其中 1♯PLC 控制程序用于控制主机系统及码垛系统，2♯PLC 控制程序用于实现子母窑车系统的全自动控制。下面就以上两部分程序设计作相关说明。

① 1♯PLC 控制程序设计

1♯PLC 用来控制混凝土制品自动化生产线除窑车系统以外的绝大多数设备，根据自动化生产线的工艺流程及功能需求，自动化生产线在进入全自动化生产方式之前必须保证各个设备处于工作原点位置，若不在工作原点须经手动调整后方可进入全自动化生产。程序主要由主机系统程序和码垛系统程序两部分组成，两部分程序既可自动运行也可手动控制，其控制程序流程图如图 21-4 所示。

a. 主机系统程序设计。无论选择何种送板方式，主机系统必须能自动运行。主机系统程序主要控制送板机、混凝土制品成型主机、输送机及升板机，当升板机升板满层时就发送通信指令呼叫子母窑车取板。主机系统控制程序流程如图 21-5 所示。

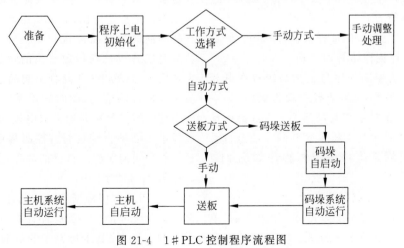

图 21-4　1♯PLC 控制程序流程图

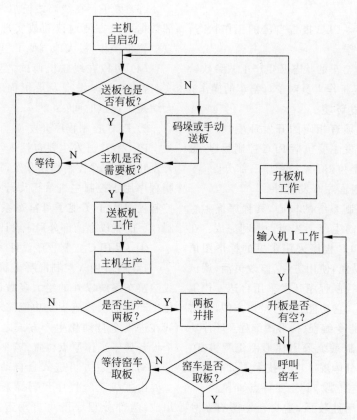

图 21-5　主机系统控制程序流程图

b. 码垛系统程序设计。码垛系统程序主要控制降板机、输送机、码垛机、链板机、翻板机及馈板机各个设备的正常运行,当降板机空板时呼叫子母窑车放板。当送板方式选择码垛送板时,若码垛系统处于工作原点位置,只需手动输入码垛自动启动按钮,码垛系统便进入全自动运行方式。码垛系统为主机系统源源不断地提供托板,保证托板循环利用。码垛系统控制程序流程如图 21-6 所示。

码垛系统控制程序与主机系统程序既相互独立又相互联系,当选择手动送板时,码垛系统不工作,主机系统自动运行;当选择码垛送板时,码垛系统与主机系统共同完成全自动化生产。码垛系统部分控制程序如图 21-7 所示。

② 2#PLC 控制程序设计

该程序主要控制子母窑车,分为点动、单步及自动运行三种工作方式。子母窑车在自动运行之前必须将其手动调整至工作原点,即升板机前,若距离原点较远就使用单步调整,若较近则使用点动调整。当子母窑车处于工作原点就可以进入自动运行了,自动运行根据实际工况分为单循环和全循环模式。全循环就是窑车从升板机中把半成品混凝土制品搬运至养护窑指定窑位,然后从指定窑位取出养护好的混凝土制品运送到降板机中。单循环只需完成升板机到指定窑位的搬运工作。单循环用于养护窑没有混凝土制品或混凝土制品未养护好的情况,此时码垛系统不需工作。全循环用于需要从养护窑取空板的情况,此时码垛系统必须自动运行。控制程序根据升降板机的呼叫情况决定自己的动作,其控制流程图如图 21-8 所示。

2#PLC 程序根据实时情况计算各窑位存储状况及子母窑车移动脉冲计数,传递上位机设定的参数,控制子母窑车的运动,部分程序

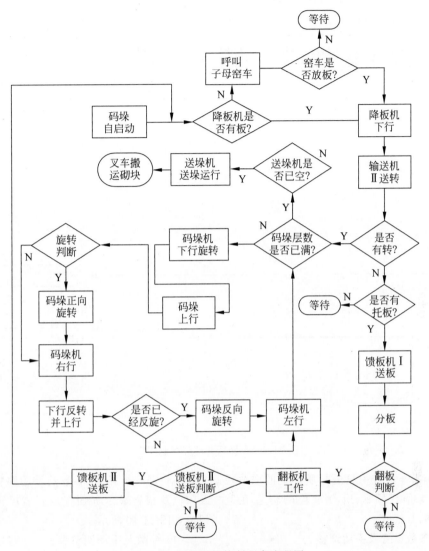

图 21-6　码垛系统控制程序流程图

实例如图 21-9 所示。该程序说明由上位机设定的、存取托板窑位值 D200、D201 分别放入变址寄存器 E、F 中，全循环时根据 D200 及 D201 值的大小判断母车移动方向及移动脉冲，若 D200 值大于 D201，则表示放板窑位在取板窑位的右边，全循环时窑车放完板后左行取板，行走脉冲数目为 D200—D201，用变址寄存器 E、F 便于对寄存器值进行查询及计算。

3）触摸屏监控实现

由于子母窑车的位置特殊及工作环境相对恶劣，必须单独设有一个现场监控设备，监控主要由触摸屏来实现，它处于本控制系统的"设备监控级"，主要起过程监视及参数设置作用，把子母窑车系统的实时状态信息返回给操作员工，方便操作人员及时对子母窑车作相应的调整。

（1）过程监视

当系统进入正常工作状态后，触摸屏的主要作用就是显示子母窑车工作状态、养护窑窑位储存状态及进行限位显示，方便操作员选择取放板窑位，提醒操作员工进行必要的参数设置及参数设置错误。由于所用的触摸屏尺寸较

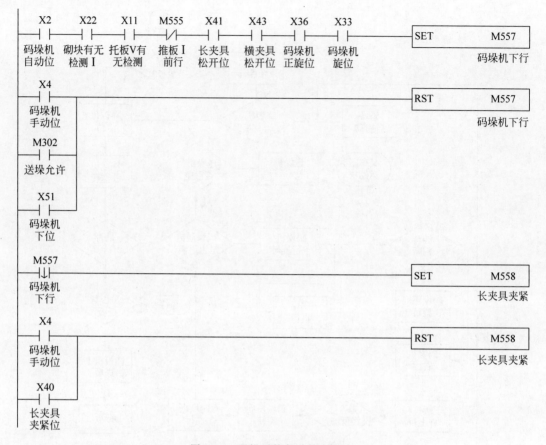

图 21-7　码垛系统部分控制程序

小,在子母窑车监控中只进行所选定的取放板窑位的状态信息显示,所有窑位的信息在监控室 PC 机上显示。

(2) 参数设置及手动调整

在子母窑车系统中需要设置的参数主要有子车、母车快速及慢速运行频率、取板窑位设定值及出板窑位设定值。由于生产时各种因素的影响,相关的工艺参数必须作相应的修改,触摸屏的配置必不可少。此外,触摸屏监控系统必须保证系统操作的安全性及生产管理严密性,针对不同级别的操作员,必须设置不同的操作权限,只有一定级别的操作员才能进行部分参数的修改,防止一般员工操作失误造成重大安全事故。

4) 子母窑车监控界面设计

子母窑车监控程序采用台达组态软件编写,相关内容前文已介绍。子母窑车监控程序主要由自动运行界面、参数及手动调整界面以及限位及报警显示界面组成。监控程序模块组成如图 21-10 所示。

(1) 参数及手动调整界面:子母窑车开始工作之前必须进行相关的工艺参数设定,当子母窑车进入自动运行状态时需调整,使其回到工作原点,或出现故障时必须手动调整子母窑车的运动。在参数及手动界面中可以实现上述功能,其界面主要包含子母车运行及减速频率参数设定及手动调整按钮,如图 21-11 所示。

(2) 自动运行界面:当子母窑车系统参数设置及手动调整完成后,子母窑车就能进行自动运行了。在自动运行中由操作员选择合适的进出板窑位,当操作错误时,限位及故障显示界面中会显示报警信息。该界面包含存取窑位的选择及所选窑位的托板存放情况,当存

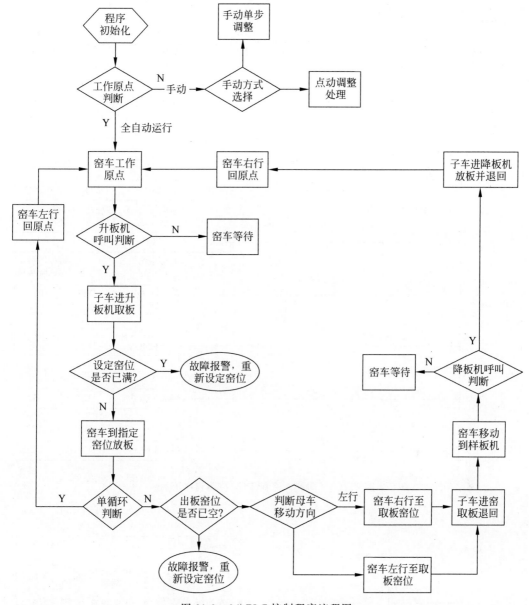

图 21-8 2♯PLC控制程序流程图

板为10时,表示该窑位已经存板10车混凝土制品,还有5车的放板余量或10车取板余量。该界面显示如图21-12所示。

(3)限位及报警显示界面:该界面主要显示子母窑车重要位置信息及故障报警记录。在手动控制子母窑车移动时,子母窑车的移动是有条件互锁的,如母车移动时子车必须在母车上,子车移动时母车中位必须有信号。手动调整时通过限位指示可以知道子母窑车的位置情况,方便操作员进行子母窑车手动调整及进出板窑位的选择。窑车限位及报警显示界面如图21-13所示。

子母窑车监控程序提供了良好的人机对话界面,可以实现对子母窑车系统的实时监控,方便一线操作员工实时掌握生产线的状态信息,以便对相关工艺参数做出相应修改,优化产品质量,提高生产线的生产效率。

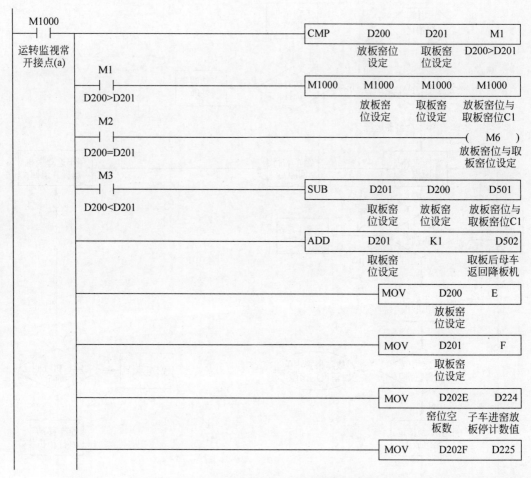

图 21-9　子母窑车系统 PLC 控制程序示例

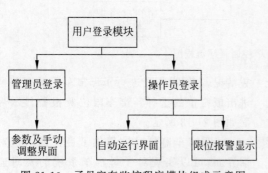

图 21-10　子母窑车监控程序模块组成示意图

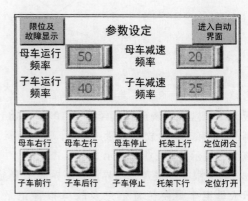

图 21-11　子母窑车参数及手动调整界面

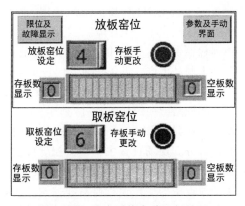

图 21-12　窑车系统自动运行界面

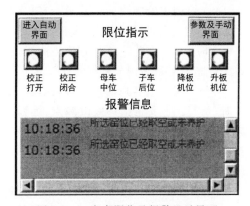

图 21-13　窑车限位及报警显示界面

21.3.2　生产线信息化系统及云服务平台

1. 目的意义

混凝土制品成型机和混凝土搅拌机是基础设施建设中不可或缺的生产设备,同时又是一个多环节的复杂控制系统。在混凝土制品的生产过程中,配料的计量精度、配料的材料配比、原材料的含水率与搅拌供水量等会直接影响到混凝土的质量,除此之外,在控制系统PLC与硬件设备的连接、配方数据的管理、生产过程中原材料登记、仓库管理、操作人员登录记录、产品运输记录等方面的管理等也会直接影响企业生产效率。因此,对混凝土制品成型机和混凝土搅拌机的自动化控制要求越来越高,进行精确控制和完善的生产数据管理已成为建材制品设备发展的普遍趋势,同时,对于设备生产厂商来说,随着企业的发展,售出设备的数量不断增加、竞争日益升级,迫使各个机械设备制造商的服务不断升级。然而传统的人工现场维护已经远远不能满足要求,高昂的人工成本、维护成本逐步成为企业发展的障碍,甚至成为企业的发展瓶颈,因此对设备的远程监控管理需求尤为迫切。也就是说,技术人员无须亲临现场(尤其在恶劣环境下)就可以对现场的生产情况进行监控,以便了解现场设备或者生产线的实时情况,对现场进行实时跟踪和维护,实现在线调试、故障诊断、预防性维护等。

同时,随着经济全球化和知识经济时代的到来,以及全球制造的出现,信息技术在推动制造业技术创新和管理创新方面的作用日益重要。企业通过信息技术提升管理水平是一种趋势,其逐渐将管理、决策、市场信息和现场监控信息结合起来。我国当前需要大力发展先进的装备制造业,全面提高信息化水平,推动信息化和工业化的深度融合。对于设备生产厂商来说,信息化的推进将对产品的质量统计和分析、产品生命周期分析、产品能耗统计和分析、为客户提供增值服务、为下一代产品研发提供依据等打下良好的基础。

如福建泉工股份有限公司建立的智能装备云服务平台,解决了混凝土制品生产企业面临的远程运行指导需求、运行维护需求、信息共享需求等。建立智能装备云服务平台将大大减少人力,降低现场维护成本,加快信息处理的速度,提高信息的准确性和可靠性。智能装备云服务平台建成后使该公司设备的运行维护管理水平步入国内先进行列。项目投入使用后有效地消除了信息流通不畅的问题,现场所出现的问题都可被及时发现、及时反馈和及时解决,因此可以避免现场运行中可能出现的漏洞,大大地加强维护的有效性和及时性。

该智能装备云服务平台主要完成以下目标:

(1) 客户管理。主要包括客户档案和设备档案管理。

(2) 售后产品管理。主要包括设备售后的维护维修、备件等管理。

（3）对销售给客户的产品进行远程监控。主要包括对设备的运行状态、参数设置等进行远程实时监控，并提供专业的趋势曲线控件，如 XY 曲线、棒图饼图分析等。

（4）对销售给客户的产品进行远程分析、诊断、预警。主要包括诊断故障点、远程排除故障、在设备出现问题之前及时报警并做出调整，并将数据转发给数据请求者，这样可以预防事故的发生，同时大大降低设备维护成本。

（5）对销售给客户的产品进行远程调试维护。主要包括程序的远程调试、上传下载及系统升级更新等，可大大降低设备维护成本。

（6）对产品能耗进行统计和分析。主要包括对设备使用过程中消耗的电、油等进行统计和分析，对混凝土制品成型机设备提出更好的能耗优化方案或建议。

（7）为客户提供增值服务——客户可以主动通过这个系统获得一定的服务。包括通过 Web 浏览的方式，远程查询产品的实时运行状态、参数设置，查询设备的能耗情况和提出合理化建议等，让服务给设备制造企业带来新的利益增长。

（8）增加混凝土制品成型机设备的检测点，建立远程监控平台，为提高产品稳定性提供依据。

（9）为下一代产品研发提供有效依据，整体上大大提高企业在同行业的竞争力。

2. 总体架构设计

上述智能装备云服务平台建立了一个远程控制中心，对销售到世界各地的混凝土制品生产线进行远程运营监控和分析管理，从而使得各相关技术人员都能在授权范围内全面、精细、充分地了解产品运行状态，充分预测设备运行趋势和客户服务需求，制定个性化解决方案，有效提高了系统服务能力，并为备品备件、维修检修、性能诊断、升级改造等服务提供前瞻性信息。

通过物联网监控，监控中心可密切掌握用户设备运行状态，并可将设备运行参数调至最佳状态，达到更可靠、更节能的效果。通过使用该系统，客户可以减少非计划停机次数，降低故障率，缩短停机检修时间，延长检修周期，

延长设备连续运行时间，减少维修费用，也为远程监控系统提供了安全保障。

该远程控制中心与全国甚至世界各地的泉工混凝土制品生产线设备联网，24 小时提供在线服务。根据远程控制中心的功能，画出远程控制中心网络架构图如图 21-14 所示。

整个系统结构图分为现场设备及远程控制中心两部分。现场设备主要由监控软件、控制系统（PLC）等设备构成，可完成本地混凝土制品生产线设备的生产运行监测和控制功能，这些设备的运行状态将通过内置的以太网或 RS-232/485 接口将数据传给远程监控模块，远程监控模块数据通过 5G 网络传到远程控制中心。远程控制中心管理计算机中的平台软件通过 Internet 网络访问相应的远程监控模块，对现场设备的运行状态和参数进行采集和监控。

远程控制中心由设备远程控制维护平台系统、防火墙、I/O 服务器、数据库服务器、HMI/Web 工作站、工程师站及硬件维护站等设备组成，可以完成对分散在各地的生产线设备的重要数据的采集、存储、历史备份、Web 发布、数据分析、报警等功能，实现对混凝土制品生产线的远程控制与维护。建立本远程控制中心平台后，将大大加强设备的远程诊断和远程控制能力。客户的机器联网后，当设备发生故障时，可以将机器远程连接至诊断中心，由制造商的技术人员进行远程诊断，并可以进行一些远程维护工作。如无重大、重要故障发生，一般不需要供应商技术人员进入现场维护。这样的方式能够比较快地解决用户设备的问题，而且降低了维护成本，可以为用户提供更快捷的维护服务。图 21-15 所示为远程控制中心运行流程。

为了实现上述功能，本系统利用现有的网络技术和硬件资源，只需在混凝土制品生产线现场加装远程通信和安全模块，维护工程师就可以通过 Internet 公共网络进行远程 PLC 和本地控制 PC 之间的互相通信，可以实现数据采集，程序上下载和在线诊断、维护，不但减少了人员出差成本，还有效地减少了设备维修时间。系统构成如图 21-16 所示。

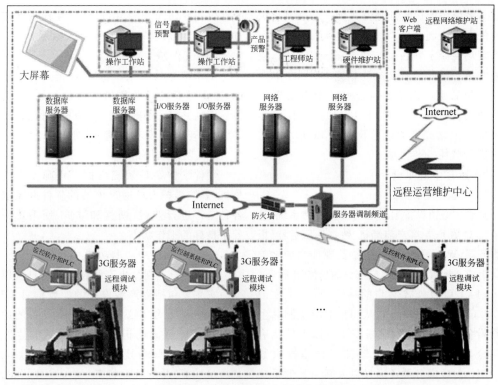

图 21-14 远程控制中心网络架构图

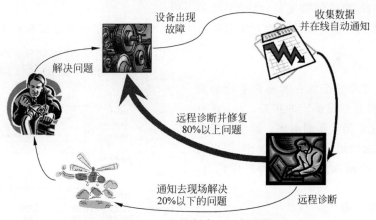

图 21-15 远程控制中心运行流程

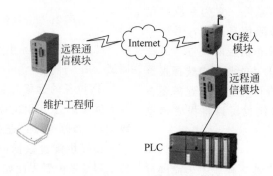

图 21-16 系统构成

本系统中的诊断处理方式为：监控中心对各地的混凝土制品生产线设备进行实时监控，如果现场混凝土制品生产线设备出现故障，监控中心第一时间能收到故障信息，客户在本地混凝土制品生产线设备监控系统上点击申请远程协助，远程维护工程师可以通过监控中心的硬件维护站或者通过公网对故障现场 PLC 程序进行监控、诊断、修改。

3. 运营中心平台

1) 运营中心组成

运营中心由设备远程运营维护平台系统、防火墙、I/O 服务器-客户前端机、数据库服务器、报警服务器、Web 服务器、工作站及硬件维护站等设备组成。运营中心各组成部分的功能如下：

(1) I/O 服务器-客户前端机

I/O 服务器主要负责从用户混凝土制品生产线设备中读取数据，根据需要可以下传相应的指令，并为系统的各个监控工作站提供数据，此外，I/O 服务器还通过以太网与其他系统进行数据交换。I/O 服务器不仅采集数据，还对数据进行分析，提供报警复位、处理手段等服务，并将采集的数据传送给数据库服务器存档记录等。

(2) 数据库服务器

数据库服务器用于保存和提供系统的重要数据，也是和上一级系统的接口，是实现资源共享，网络化协调运作的枢纽。整个监控系统中的重要数据均记录在此数据库中，可以为监控、分析、绘制曲线、编制报表等提供依据，并且可以显示和打印。

(3) 报警服务器

报警服务器用于将设备故障信号转化为报警信息并存储这些信息等。它为系统提供实时的和历史的两种报警信息。在各系统中可实现滚动显示，方便操作员及时查看各系统的报警情况；通过在报警功能画面中选择报警时间和类型，操作员可进行筛选查找到需要查看的历史报警信息。系统也可以将报警信息打印出来。

(4) Web 服务器

Web 服务器，把生产线工作状态生成网页文件供用户访问查看，用户可以在任意地点通过网页查看该设备的相应画面及数据。

(5) 工作站

工作站是具备人机界面的交互功能的终端，主要用于现场设备状态参数的显示、大屏幕界面的共享、权限管理、相关报警信息（短信报警、声音报警、邮件报警）的处理等。

(6) 硬件维护站

硬件维护站是系统维护工程师使用的计算机，系统维护人员通过该站的软件对系统的各种工作进行监视、调整和维护，使系统一直处于良好的工作状态。

2) 运营维护中心的功能

(1) 混凝土制品生产线设备的信息管理

它主要包括生产线设备的原始信息管理。在运营中心平台上必须对每一个设备的原始状态有比较全面的记录，包括设备的生产厂家、出厂时间、设备规格型号、设备利用率、设备质量性能、设备运行状态、设备参数档案、维护维修记录、故障记录、备件管理等方面的内容。

设备信息管理界面如图 21-17 所示。

图 21-17 设备信息管理界面

(2) 混凝土制品生产线设备的远程配置和调试

① 设备的远程配置管理。可在该运营平台上远程配置生产线各设备工作中所需的参数，实现修改、增加、查看、删除、同步功能；该平台还提供配置数据的备份和恢复功能。设备远程参数配置界面如图 21-18 所示。

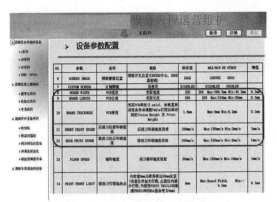

图 21-18　设备远程参数配置界面

② 设备的远程调试。针对设备的 PLC,混凝土制品生产线设备远程运营维护中心可以对远程设备进行数据采集、监控、程序修改、下载配方、录制现场视频及语音等;实时监测生产线各设备状态,有任何状况第一时间预警。实现的主要功能和特点如下:

a. 可实现一对多远程控制,所有设备可集中控制,数据程序安全可靠,可建立预警机制,S-Link 数据多种加密方式,可在线升级。

b. 速度快,支持有线宽带和无线 5G 上网,带宽越宽、速度越快,多机高速互联,可实时在线,利用现场的网络可传输视频、音频信号。

c. 不需要写任何的通信程序,所有协议解析与转换已经固化到产品中,由厂家简单配置后即可使用。后续使用时不需要额外的通信费用。

d. 工程师实时响应,全球 Internet 覆盖支持,全球互联互通,PLC 程序级控制,数据 OPC 采集等。可以确保用最短的停机时间解决设备问题。

(3) 混凝土制品生产线设备的远程实时监控

可以远程对混凝土制品生产线设备进行实时监控,采集远程设备运行的相关参数。设备用户在通过安全认证的条件下,可以通过实时监控查询本生产线设备的运行实时状态。其主要功能包括:

① 采集和监测混凝土制品生产线设备的运行参数、电量参数、工作状态、保护状态等。

混凝土制品生产线由多种设备构成,这些设备的运行及状态将通过内置的以太网或 RS-232/485 将数据传给远程监控模块,进入远程监控模块的数据通过 5G 网络传到远程运营维护中心,设备现场的监控软件同时对设备的运行状态和参数进行采集和监控。运营中心管理计算机中的平台软件通过 Internet 网络访问相应的远程监控模块。

② 直观模拟显示设备的运行状态图。系统画面主要以地图方式将所有设备分布、运行、故障等情况进行集中显示,不同状态在画面中通过不同表示方法显示出来,可以使相关人员快速了解远程控制系统当前总体使用情况。系统为每台远程设备开发一张单独画面,画面中包括该设备的实时数据、实时曲线、历史曲线、相应报表等内容。

③ 具备设备故障或者预警功能,保证设备的安全正常运行。包含远程混凝土制品生产线设备的报警信息发送到运营平台,运营平台对机械设备运行参数进行持续监控、评估,准确把握设备发生故障前的非正常数据,对即将发生的事故提前报警。远程控制系统具有监测混凝土制品生产线设备的实时数据报表、历史数据报表等功能,避免人为记录的不真实性,同时为设备检修提供了真实的历史依据。

④ 具有设备运行的数据曲线、历史数据曲线、工况曲线等。系统提供专门的趋势曲线控件,并支持实时曲线和历史曲线的在线切换。曲线可任意自由放大/缩小时间轴,控件支持多绘图区域、多横轴、多纵轴,每个绘图区域应支持 10 条以上的曲线。支持多参数同一时段的曲线对比。系统提供专业的趋势曲线控件,可以绘制多种设备运行曲线,如设备运行数据曲线、历史数据曲线及工况曲线等,如图 21-19 所示。也可编绘设备运行棒图和饼图等。

⑤ 具有历史数据保存和显示功能。远程控制系统具有对混凝土制品生产线设备的故障、报警记录信息查询功能,同时具有数据处理及转发功能,即平台中心能够对采集的数据进行处理,并将数据转发给数据请求者。数据记录包括采集数据的历史记录、报警记录和用

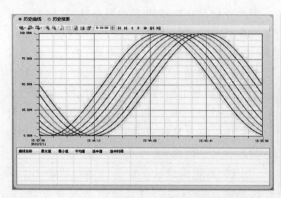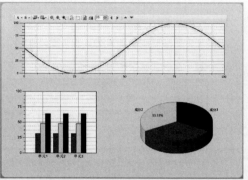

图 21-19 设备运行的数据曲线、历史数据曲线、工况曲线

户操作记录等。数据历史记录包括整个系统的所有采集的数据，记录方式分为变化记录和定时记录。报警记录存储整个系统的报警信息，用户可以根据需要配置需要记录的报警信号。用户操作记录包括用户的登录、退出以及用户通过操作界面对系统数据的修改等。历史记录、报警记录和用户操作记录可以通过相应的查询工具进行查询，可以以历史趋势曲线、报表等方式进行展示和分析，可以自动统计最大值、最小值、最大/最小值发生时间、平均值、累计运行时间等，记录和分析结果可以打印。支持对数据传输性能、链路状态进行诊断。

⑥ 浏览功能。通过 Web 浏览的方式，经服务器授权的用户可以利用浏览器查询相关设备的运行状态和运行参数。B/S 网络架构方式允许通过 Web 将运营平台监控的画面和数据以网页的形式发布到互联网上，客户端不需要安装任何软件，通过浏览器就可以访问发布工程的画面和数据，使得运营平台的系统管理人员，以及设备用户的相关人员不必深入现场就可以获得相关设备的运行信息，实现远程监控。

⑦ 可设置及打印各种数据报表。用户可以设置所需的设备运行情况报表，系统本身也具备预置的报表格式，可以自动生成各类日、月、年报表或统计报表，如图 21-20 所示。报表具有存储、打印等功能。

图 21-20 数据报表

⑧ 用户权限管理。系统根据不同的监控内容和操作员的层级,设置相应的密码与操作权限,以保证系统的安全,有效预防非安全性操作。同时,系统对操作员的操作进行记录并自动形成系统日志,可对操作错误等进行事后分析和责任判定,如图 21-21 所示。

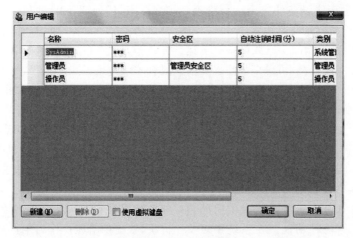

图 21-21　用户权限管理

4. 混凝土制品生产线设备的在线诊断和预警

传统的设备在线诊断系统服务模式为:当设备出现问题的时候,用户拨打厂商服务电话求助,厂商派出维护工程师前往客户现场进行检查和维修,在此过程中,有可能出现维护工程师携带的配件不合适,或者他不能解决,需要更高级的工程师到现场才能解决等问题。整个维护的过程是典型的有故障才有反应的过程,这样的"故障—反应式"维护只能在设备故障停机后才能起到作用。

建立远程运行维护中心平台可以从根本上解决故障处理的时效性差的问题,该系统利用现有的网络技术和硬件资源,只需在混凝土制品生产线客户端加装远程通信模块及安全模块,维护工程师就可以通过互联网,实现远程监控与通信,实时采集设备运行数据,监控设备运行状况,及时反馈设备故障,设备供应商可对设备故障进行在线诊断与维护。本系统只需要生产线现场配备互联网络,配上远程安全通信模块,设备供应商就可以对用户的生产线设备进行在线诊断和维护 PLC 程序,可以有效地缩短设备维修时间。在本系统中诊断处理方式为在监控中心对各地的混凝土制品生产线设备进行实时监控,如果用户设备出现故障,在远程运行维护中心第一时间就能收到故障信息,客户在生产现场监控系统上点击申请远程协助,远程维护工程师可以通过监控中心的硬件维护站或者通过互联网,对故障现场 PLC 程序进行监控、诊断和修改。远程运行维护系统实时监控混凝土制品生产线设备的运行状况,可对设备运行进行预警,提供可靠的设备信息,以便用户及时对设备进行维护保养,保持正常的生产秩序与节奏,确保生产达到预定的产量、质量指标。一旦设备的日常使用、维护保养、计划检修、定期检查和安全运行等任何一个管理环节上执行不到位,都会造成生产秩序的混乱,影响生产任务指标的完成,同时,设备管理出现问题直接导致产品质量降低,严重时还会造成重大的设备事故等。另外,设备处于非正常状态运行时,还会导致原材料消耗的加大、生产运营成本的增加,对环境造成污染等。因此,设备的日常管理要从问题的根源入手,"绝不能出事故才报警"。对设备的运行状态、各部位的关键参数要进行实时监控和对比分析,以降低生产线设备事故发生的概率,要做到对设备运行参数进行持续性实时监控、评估,准确把握设备发生故障前的非正常数据,对即将发生的事故提前预警,及时调整与维护。事后报警抢修不如提前预警,可防患于未然。远程运行维护系统的预警系统具有以下功能：

（1）将网络通信、软件管理等最新技术运用于混凝土制品生产线设备的安全运行管理，全面提升生产线设备自动化管理水平；

（2）实现对混凝土制品生产线设备安全运行状态的 24 小时在线监测，可对事故隐患提前预警；

（3）实现混凝土制品生产线设备由被动检修转变为主动检修，及时消除事故隐患，确保设备安全可靠运行；

（4）提供混凝土制品生产线设备的运行工况和最佳工况，实现设备的高效经济运行。

远程运行维护中心平台系统提供实时报警和报警信息存储两种功能。在系统中可实现滚动显示最新的报警信息，方便操作员及时查看系统的报警信息；通过在报警功能画面中选择条件可筛选并查找到需要查看的历史报警信息。系统具备报警信息打印功能，如图 21-22 所示。

系统中重要报警产生时，将会在工作站操作界面上弹出报警信息窗口，产生相应的声光报警等信号，并触发相应的事故预案。报警信息可以以声音、短信、Email、MSN 等多种方式传送到用户手机、邮箱等用户自定义的接收器内，系统会自动记录每一条报警的详细信息，信息包括报警事件的内容、时间、报警值、报警级别、设备位置等，系统将报警事件日志作为重要的历史数据储存在硬盘中，以便进行查询、打印，任何人不能对其进行修改。系统通过报警匹配、报警延时、报警过滤、报警分时段屏蔽等方式对报警进行确认，只有满足条件的报警才认为是真正的报警，从而充分有效地排除了各种干扰造成的报警误报，保证了报警的准确有效。同时系统采集处理数据速度快，从而有效地避免了报警漏报的现象。

5. 混凝土制品生产线设备的能耗分析

该运营平台的能耗分析主要是指针对混凝土制品生产线设备生产过程中消耗的主要能源和原材料，包括电能、油品等进行统计和分析，并提供给客户作为生产指挥与调度的依据，做到合理生产，节能降耗。数据的采集和存储是整个系统的基础，没有大量的数据就无法进行有效的分析，没有有效的分析就无法得到正确的能源管理措施。数据内容主要包括：设备运行状态参数、各设备能耗数据等。获取的参数越多、运行的周期越长，越容易得到准确的结论。可以通过为设备建立模型，设定参数，模拟计算出该设备的能耗。通过对设备的能耗数据进行统计、分析，结合模型设备能耗对比，确定设备的能耗状况和设备能耗效率，从而提出设备能耗管理的优化措施。

图 21-22　报警信息

参 考 文 献

[1] 黄沛渊.生产线信息化系统设计与研究[D].
上海：上海交通大学,2009.

[2] 李艳兵.QT9-15 混凝土砌块成型自动化生产
线控制系统开发[D].南京：南京理工大
学,2010.

[3] 李云宝,吴锡发,周杰,等.加气混凝土砌块生

产线自动控制系统的设计与实现[J].中国建
材装备,1998(05)：33-34.

[4] 王明睿,王景胜,郑元喜,等.装配式建筑混凝
土预构件自动化生产线信息管理系统的研究
[J].制造业自动化,2022(9)：150-154.

混凝土制品机械典型产品

RH 1400混凝土砌块成型机

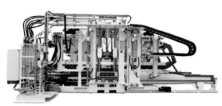

RH 1500混凝土砌块成型机

RH 2000混凝土砌块成型机

UNI 500混凝土砌块成型机

资料来源：托普维克（廊坊）建材机械有限公司

砖/石智能装备
固废高值化利用方案服务商

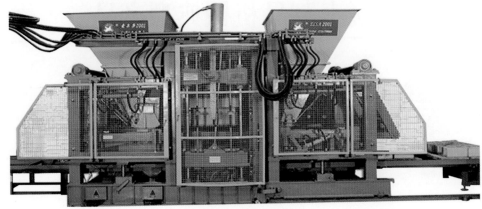

爱尔莎2001牌（15型）

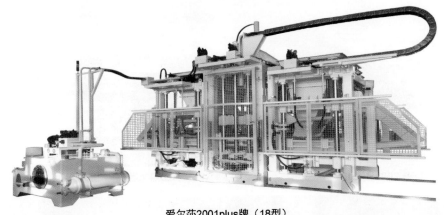

爱尔莎2001plus牌（18型）

资料来源：西安银马实业发展有限公司

银马2025全能砖/石一体机

| 人造仿石砖 | PC仿石面路沿石 | 仿石材路沿石 |
| 环保砌块 | 生态护坡砖 | 生态透水砖 |

资料来源：西安银马实业发展有限公司

流水生产线

预应力生产线

柔性生产线

固定模生产线

智能化装配式建筑预制构件生产系统

预应力轨枕生产线

高速铁路多类型构件生产线

轨道板生产线

双块式轨枕生产线

智能化轨道交通预制构件生产系统

资料来源：河北新大地机电制造有限公司

市政构件生产线

高速公路多类型构件生产线

装配式桥梁生产线

装配式管廊生产线

智能化市政工程预制构件生产系统

装配式建筑模具

预应力模具

模块化房屋模具

装配式桥梁模具

高速铁路模具

中小构件模具

预制构件模具

资料来源：河北新大地机电制造有限公司

JN单驱动立轴行星式搅拌主机

JN多驱动立轴行星式搅拌主机

JS双卧轴强制式搅拌主机

商品混凝土搅拌站

高铁、公路、水电站等工程用混凝土搅拌站

砌块、管桩、PC构件混凝土搅拌站

资料来源：成都金瑞建工机械有限公司

应用案例1

应用案例2

复合轻质墙板生产线

混彩路面砖

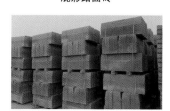

路侧石

连锁水工制品

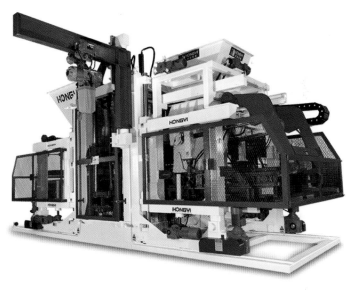

混凝土成套设备

资料来源：福建鸿益机械有限公司

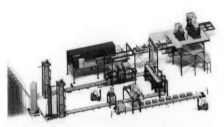

混凝土砌块/地砖/路缘石生产线

XL型混凝土砌块成型机

S350/500搅拌机

产品传送线

湿法路面板生产线

湿法路缘石生产线

灰砂砖压机及码垛装置

加气混凝土块/板材切割设备

资料来源：玛莎（天津）建材机械有限公司

SYN立轴行星式搅拌机

SYNG快速立轴行星搅拌机

SYNL轮碾式搅拌机

资源来源：山东森元重工科技有限公司

上海建工集团建筑构件产业化基地

可扩展组合式PC构件数字化生产线

数字化生产装备

资料来源：上海建工建材科技集团股份有限公司

两段式自动磨机

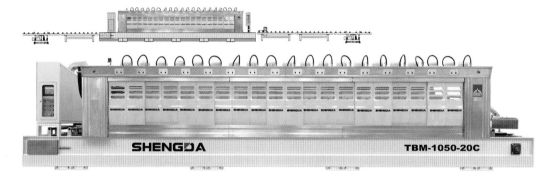

条板磨机

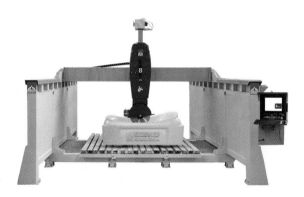

金刚8号数控五轴切割机

资料来源：福建盛达机器股份公司

美国贝赛尔

德国托普维克

德国玛莎

德国玛莎

德国海斯

西安银马

混凝土机械模具典型产品

资料来源：海安时新机械制造有限公司

海格力斯18型全自动制砖生产线

U18-15免托板全自动制砖生产线

QT系列简易全自动制砖生产线

"金刚"系列新型制砖生产线

带自动码垛全自动制砖生产线

资料来源：福建卓越鸿昌环保智能装备股份有限公司

27年专注混凝土预制成型智能装备研发制造，可为用户定制各种生产线及模具

PC综合生产线

滑动式多功能预应力构件生产线

大型成组立模墙板生产线

新泽西市政构件生产线

资料来源：德州海天机电科技有限公司

BLC混凝土布料车

住宅排气道自动化生产线

轻型预制板全自动生产线

资料来源：廊坊凯博建设机械科技有限公司

全自动固定式小型混凝土制品成型机

海绵城市透水砖

彩色路面砖

建筑砌块

园林景观砖

水利砖

挡土砖

产品应用案例精选

资料来源：福建泉工股份有限公司

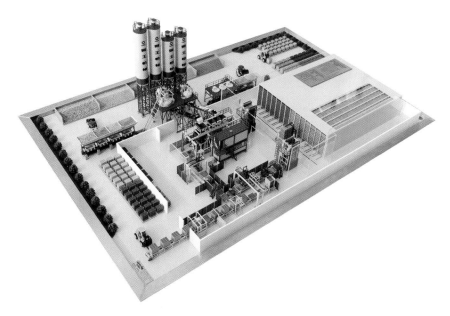

小型混凝土制品成型机全自动闭式流水线

资料来源：福建泉工股份有限公司

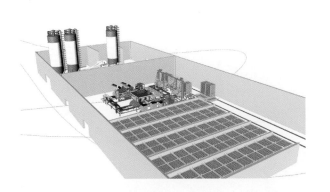

环形生产线

码垛机

QT18砌块成型机

模具

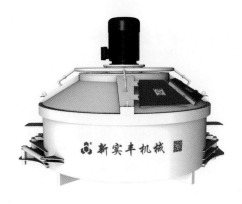

搅拌机

资料来源： 天津市新实丰液压机械股份有限公司